“十二五”普通高等教育本科国家级规划教材

西安电子科技大学优秀教材一等奖

工程电磁兼容

（第三版）

赵晓凡　谭康伯　余志勇　路宏敏　李万玉　编著

西安电子科技大学出版社

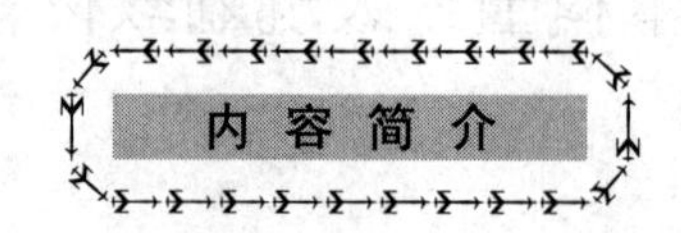

本书是在第二版的基础上修订的，第二版入选了“十二五”普通高等教育本科国家级规划教材，这次修订增补了EMC学科前沿的部分内容和标准更新情况、电磁兼容性仿真分析以及电磁兼容诊断与整改，重新编著了部分章节，并增加了第12章和第13章。

全书共13章，内容分别为绪论、电磁兼容基本概念、电磁骚扰的耦合与传输理论、电磁兼容性控制、屏蔽理论及其应用、接地技术及其应用、搭接技术及其应用、滤波技术及其应用、EMC标准简介、EMC测量、PCB的电磁兼容性、电磁兼容性仿真分析、电磁兼容诊断与整改。各章后均附有习题和参考文献。

本书内容全面丰富、深入浅出，既有理论分析与基本原理阐述，又有工程应用问题的解决方法，具有较强的可读性和实用性。

本书适合电子信息工程、电磁场与无线技术、通信工程、仪器和测试技术、电气工程等电气信息类相关专业的师生使用，也可供航天、航空、电子和兵器等相关领域的工程技术人员参考。

图书在版编目(CIP)数据

工程电磁兼容/路宏敏等编著. —3版. —西安：西安电子科技大学出版社，2019.8

ISBN 978-7-5606-5375-4

Ⅰ. ①工…　Ⅱ. ①路…　Ⅲ. ①电磁兼容性　Ⅳ. ①TN03

中国版本图书馆CIP数据核字(2019)第129929号

责任编辑　蔡雅梅　雷鸿俊　刘玉芳

出版发行　西安电子科技大学出版社(西安市太白南路2号)

电　　话　(029)88242885　88201467　　邮　　编　710071

网　　址　www.xduph.com　　电子邮箱　xdupfxb001@163.com

经　　销　新华书店

印刷单位　陕西天意印务有限责任公司

版　　次　2019年8月第3版　2019年8月第6次印刷

开　　本　787毫米×1092毫米　1/16　印张27.5

字　　数　654千字

印　　数　16 001～19 000册

定　　价　63.00元

ISBN　978-7-5606-5375-4/TN

XDUP　5677003-6

前　言

2018年是中国改革开放40周年，中国特色社会主义进入了新时代。2018年召开的第五次“全国教育大会”和“新时代全国高等学校本科教育工作会议”标志着中国高等教育进入了新时代。为了响应这两次重要会议的精神，我们对《工程电磁兼容(第二版)》进行了修订。本书自2003年初版和2010年9月再版以来，15年中广大读者和业内同行对本书提出了许多宝贵的意见和建议。据不完全统计，除西安电子科技大学电子信息类国家级特色专业选作本科教材外，十余所985和211高校均选用本书作为教材。众多国家骨干研究所和企业也选用本书作为电磁兼容技术培训参考书。本书深受读者好评，先后获得西安电子科技大学优秀教材一等奖、入选“十二五”普通高等教育本科国家级规划教材。

信息化、智能化时代，人类活动的电磁环境日趋复杂。复杂电磁环境中产品的电磁兼容性、电子电气设备和系统的电磁环境适应性，已经成为产品功能实现、性能发挥和市场竞争的重要技术指标。电磁兼容(EMC)理论和技术基础宽广，工程实践性和综合性强，与许多学科交叉，是电子、电力、信息和其他相关领域从业人员必须掌握的专业基础知识。经济社会发展急需能够解决复杂工程问题且具有EMC专业知识的复合型人才，因此笔者对二版书进行了修订。

这次修订，以第二版为基础，广泛采纳读者的意见和建议，融合科学技术发展的前沿性和时代性，修正了一些不足之处，重新编著了“PCB的电磁兼容性”这一章的内容，对“EMC标准简介”这一章增添了一节内容，增加了“电磁兼容性仿真分析”和“电磁兼容诊断与整改”两章内容。

本书共13章，第11章由中国人民解放军火箭军工程大学余志勇教授(博士)编著，第13章由中国兵器工业集团第201研究所赵晓凡研究员编著，第12章由西安电子科技大学谭康伯副教授(博士)编著，第9章9.5节由中国兵器工业集团第206研究所李万玉研究员(博士)编著，其余部分由西安电子科技大学路宏敏教授(博士后)编著。全书由路宏敏教授统稿。

在编著本书的过程中，西安电子科技大学博士研究生官乔、张光硕、陈冲冲、陈鹏和刘玉龙以及硕士研究生孟晓娇、李敏玥、王坤博、宋丙鑫、王宇豪、胡宽、徐桃、谢旭彤、何川侠和赵能武等同学对本书的文字录入、图表绘制等作出了贡献。西安电子科技大学出版社的云立实、刘玉芳、蔡雅梅等编辑提出了建设性指导建议。在此对他们一并表示衷心感谢。

本书获得了西安电子科技大学教材建设基金的重点资助。

由于编著者水平有限，书中内容难免有不足之处，敬请读者批评指正。

编著者

2018年12月

第二版前言

本书内容比第一版有较多的增补，主要增补了EMC标准简介、EMC测量和PCB的电磁兼容性三章。此外，使用第一版的同行和读者提出了许多宝贵意见和建议，作者在本书中对此也作了修订和补充。

电磁兼容(EMC)是一门新兴的综合性交叉学科，与很多学科互相渗透、结合。它起源于解决实际中的无线电干扰问题，又在处理用电设备或系统的电磁兼容性过程中获得了发展。它是在无线电抗干扰技术的基础上，经过扩展、延伸和系统化所形成的一门新兴学科，是自然科学和工程学的一个分支。电磁兼容的理论基础宽广，工程实践综合性强，是电力、电子和其他相关领域从业工程师必须掌握的基础知识和技术。

复杂电磁环境下，产品的电磁兼容性是其功能实现和保障其生存能力的重要技术指标。社会急需EMC专门人才。为了满足市场需求和科学技术发展的要求，提高科技和产品的竞争力，必须对电子工程技术人员进行电磁兼容技术培训，对在校大学生、研究生进行电磁兼容性理论和技术的教育，加强电磁兼容性技术的研究。这就是本书的编写目的。

本书共11章。中国人民解放军第二炮兵工程学院余志勇副教授(博士)编写了第11章，中国兵器工业集团第206研究所李万玉研究员(博士)编写了第10章第4节，其余部分由路宏敏教授编写。全书由路宏敏统稿。

我们在编写本书的过程中，得到了西安电子科技大学梁昌洪教授、西安交通大学傅君眉教授的指导和建议。西安电子科技大学研究生滑润霞、张磊、张卫东、崔杨、张华等对本书的文字录入和图片绘制作出了贡献。西安电子科技大学出版社的云立实副编审也提出了不少建设性意见。在此对他们表示诚挚的感谢。

本书获得了西安电子科技大学教材建设基金的支持。

因编著者水平有限，书中错误和不当之处在所难免，衷心希望广大读者批评指正。

编著者

2010年6月

第一版前言

随着现代科学技术的发展，各种电子、电气设备已广泛应用于人们的日常生活、国民经济的各个部门和国防建设中。电子、电气设备不仅数量及种类不断增加，而且向小型化、数字化、高速化及网络化的方向快速发展。然而，电子、电气设备正常工作时，往往会产生一些有用或无用的电磁能量，影响其他设备、系统和生物体，导致电磁环境日趋复杂，造成了“电磁污染”，形成电磁骚扰。电磁骚扰有可能使电气、电子设备和系统的工作性能偏离预期的指标或使工作性能出现不希望的偏差，即工作性能发生了“降级”，甚至还可能使电气、电子设备和系统失灵，或导致寿命缩短，或使电气、电子设备和系统的效能发生不允许的永久性下降，严重时还可能摧毁电气、电子设备和系统，而且会影响人体健康。因此，人们面临着一个新问题，这就是如何提高现代电气、电子设备和系统在复杂的电磁环境中的生存能力，以确保电气、电子设备和系统达到初始的设计目的。正是在这样的背景下产生了电磁兼容的概念，形成了一门新兴的综合性学科——电磁兼容(Electromagnetic Compatibility，EMC)。

电磁兼容是一门新兴的综合性交叉学科，与很多学科互相渗透、结合，其核心仍然是电磁场与电磁波。它起源于解决实际无线电干扰问题，并在处理用电设备或系统的电磁兼容性过程中获得了发展。它是在无线电抗干扰技术的基础上，经过扩展、延伸和系统化所形成的一门新兴学科，是自然科学和工程学的一个交叉学科，其理论基础宽广，工程实践综合性强，也是电力、电子和其他相关从业工程师必须掌握的基础知识和技术。

我国的电磁兼容性研究与国外科学技术发达的国家相比，起步晚，差距较大。加入WTO后，国产用电设备要站稳国内市场，进入国际市场，就必须符合相关EMC标准。为了适应市场要求和科学技术的发展，提高我国科技和产品的竞争能力，就必须对电子工程技术人员进行电磁兼容技术培训，对在校大学生、研究生进行电磁兼容性理论和技术的教育，加强电磁兼容性技术研究。这就是本书的编写目的。

本书是作者近年来在电子、航空航天、兵器工业等部门为部分工程技术人员举办电磁兼容性原理、技术和应用培训班，以及在西安电子科技大学讲授“电磁兼容”课程的讲稿基础上形成的。书中总结了作者从事电磁兼容性科学研究的部分成果和讲授“电磁兼容”课程的教学经验，吸收了国内、国外许多学者、专家的研究成果和资料。全书共分九章。第一章以实例介绍了电磁干扰与电磁污染的危害，引入了电磁兼容性的概念，叙述了电磁兼容学科的发展历史、研究内容和学科特点。第二章系统概述了电磁兼容的基础知识。第三章着重介绍电磁骚扰的耦合与传输理论。第四章论述控制电磁兼容性的策略和准则。第五章详细地介绍了电磁屏蔽的基本理论、分类和评价屏蔽效果的技术指标，叙述了计算屏蔽效能的电磁场方法和电路方法，并提出了几种规则形状屏蔽体的屏蔽效能计算公式；通过对屏蔽的平面波模型的分析，说明影响屏蔽效能的主要因素；最后介绍了孔隙的电磁泄漏及抑制电磁泄漏的工程措施。第六章从接地的概念出发，阐述了接地的分类、导体阻抗的频率特性、地回路干扰的成因；介绍了屏蔽体接地的原理和方法；指出了抑制电磁干扰的接地点选择技术；分析了抑制地回路干扰的几种常用技术措施。第七章详细地介绍了搭接的一般概念，叙述了搭接的有效性及其影响因素，并涉及搭接实施的关键问题和处理方法；最后介绍搭接的设计、典型搭接举例和搭接质量的测量方法。第八章从滤波器件的应用角度出发，着重介绍滤波器件的类型、特性 、工作原理、应用场合、选用、安装等内容。第九章分析传输线上任意位置处的集总激励源注入连接于传输线两端负载上的干扰电压和干扰电流；利用传输线理论建立高频传导干扰的模型；以矩阵表示传导干扰的负载响应，给出计算实例。

本书可作为高等院校有关专业的硕士研究生、高年级大学生的教材，也可作为电气、电子等相关专业的工程技术人员的培训教材或参考书。

在本书的编写过程中，西安电子科技大学博士生导师王家礼教授对本书进行了全面审阅，西安电子科技大学前任校长、博士生导师梁昌洪教授对作者的编写工作给予了指导，西安交通大学博士生导师傅君眉教授对本书的内容也提出了许多宝贵意见和建议，西安电子科技大学电子工程学院电信系的朱满座、王新稳、赵永久副教授和西安电子科技大学硕士研究生李晓辉、周力、夏昌明、陈常杰、杜娟、刘宁艳、吴聪达、肖壮等参加了本书的编写工作，西安电子科技大学出版社的云立实副编审也提出了不少建设性意见，在此一并表示诚挚的感谢。

由于电磁兼容学科内容丰富，发展迅速，涉及面广，加之编者水平有限，书中错误和不当之处在所难免，衷心希望广大读者批评指正。

编　者

2003 年 3 月于西安

目　录

第1章 绪 论

本章简明地介绍了电磁干扰对军用装备、工业设备、人类生活和生产环境以及人体产生的电磁危害案例；给出了电磁兼容性(EMC)、电磁干扰(EMI)的定义；回顾了电磁兼容的发展历史；介绍了电磁兼容的研究内容；指出了电磁兼容学科的特点。通过宏观概述，使读者对电磁兼容学科有一个清晰、全面的认识。

1.1 电磁干扰与电磁污染

现代科学技术的发展使各种电子、电气设备广泛应用于人们的日常生活、国民经济的各个部门及国防建设中。电子、电气设备不仅数量及种类不断增加，而且向小型化、数字化、高速化及网络化的方向快速发展。电子、电气设备正常工作时，往往会产生一些有用或无用的电磁能量，可能影响其他设备、系统和生物体所处的环境，导致电磁环境日趋复杂，造成电磁污染。下面介绍电磁干扰及电磁污染危害案例，以表明电磁环境防护及电磁兼容的重要性。

1. 土星Ⅴ-阿波罗12事件

1969年11月14日上午11时22分，由美国土星Ⅴ火箭运载的“阿波罗”12号宇宙飞船竖立在肯尼迪试验场的第39号发射架上准备发射，如图1-1所示。这是阿波罗计划的第五次飞行，也是第二次载人登月飞行。当时发射场的天气情况是：在距地面240～250 m及650～33 000 m之间有两层云，发射场周围细雨绵绵，在发射前后6小时内，周围无雷电，地面风速为7 m/s。这些条件基本符合允许发射的气象条件。火箭发射时，一切正常，飞行稳定。随着时间的推移，一百多米长的火箭和飞船逐渐变远、变小，火箭尾部喷出的火焰似乎在告诉人们它正按预定程序飞向太空。成功的喜悦愈来愈多地占据着人们的心田。可是，天公发怒了，当计时秒针走到第36.5 s、火箭飞行高

图1-1 土星Ⅴ火箭

度达到 1920 m 时，从云层到火箭直到地面之间发生了雷电现象，只听到一声霹雳，就见两道平行的闪电从云中直劈下来。发射场上的 4 台摄像机都拍下了瞬间出现的雷电现象。火箭遭到了雷击。起飞 52 s、飞船高度达到 4300 m 时，闪电又一次击中飞船，这便是轰动一时的大型运载火箭和载人飞船在飞行中诱发雷击的事件。

由于雷击，飞船的电源被破坏，飞行控制中心的遥测信号突然消失，飞船的导航系统失效，飞行平台失控。幸亏飞船上装有备用电源，宇航员们及时修复了被损坏的设备，使“阿波罗”12 号飞船按时完成了飞行计划。美国及其他国家在发射导弹时也曾发生过类似事故。

故障分析及研究试验的结果表明，此次事故是由于火箭及其发动机火焰所形成的导体(火箭与飞船共长一百多米，火焰折合导电长度约 200 m)在云层至地面之间、云层至云层之间人为地诱发了雷电所造成的。

为什么火箭发射易诱发雷电呢?

在大气中没有雷电的情况下，由于人的活动改变了自然界大气电场而产生的雷电称为诱发雷电。诱发雷电的出现是与大气电场的被迫改变分不开的。通常，将一根长导体放在电场为 1×10^4 V/m 的大气中，若导体头部的电场发生突然变化，超过了 1×10^6 V/m，就能诱发雷电。据研究，此次土星Ⅴ火箭发射时，地面电场为 3000 V/m，云中电场为 1×10^4 V/m。火箭起飞后，由于火焰及气流也能导电，因此火箭这一导体的长度不断增加，结果造成两端的电场急剧增大，火箭顶端和地面之间的电场达 2×10^6 V/m，这足以使大气被击穿而产生诱发雷电。由此可见，为防止和减少火箭飞行中出现诱发雷电事故，在发射场附近有雷电或云层厚度超过 1500 m 时，应停止发射。在发射火箭前，可以用小火箭、飞机、雷达等来测量大气电场强度，若大气电场强度超过诱发雷电的临界值，则必须停止发射。

2. 民兵Ⅰ导弹飞行故障

民兵Ⅰ导弹的遥测试验弹多次发射成功后，1962 年开始进行战斗弹状态的飞行试验。其前两发导弹的发射均遭到失败。这两次发射的故障现象相似，都是在导弹Ⅰ级发动机关机前炸毁，一个高度为 7.6 km，另一个为 21.8 km。在炸毁前，两发导弹的制导计算机均因受到脉冲干扰而失灵。经过分析，故障是由于导弹飞行到一定高度时，在相互绝缘的弹头结构与弹体结构之间出现了静电放电，它产生的干扰脉冲破坏了计算机的正常工作而造成的。

3. 英国“谢菲尔德”号导弹驱逐舰惨剧

1982 年 4 月初，阿根廷和英国因地处大西洋南部的马尔维纳斯群岛的主权问题发生战争。1982 年 5 月 4 日在大西洋马尔维纳斯群岛以南海域，阿根廷空军侦察情报系统收到英军“谢菲尔德”号导弹驱逐舰的目标指示数据后，派出了 3 架“超级军旗”攻击机接近目标。进入英军远程雷达警戒区后，其中 2 架“超级军旗”攻击机关闭机载雷达，飞行高度降至 40～50 m，以 900 km/h 的速度向目标接近。剩下的 1 架采取佯攻动作，迅速爬高，精确定位“谢菲尔德”号的航向、距离、航速等参数，并将数据及时发送给下面的 2 架超低空飞行的攻击机组。目标越来越近，在 46 km 处，攻击机组突然跃升至 150 m，并同时启动机载雷达。雷达锁定目标后，2 枚“飞鱼”式反舰导弹直扑目标。此时，“超级军旗”的机载告警系统“嘟嘟”作响，表明战机已被雷达锁定。随后，这 3 架“超级军旗”攻击机迅速转弯并急剧下降高度，高速退出战场返航。

但战斗仍在继续。“飞鱼”式导弹发射数秒后，很快降至15 m高度转入巡航飞行段。在距“谢菲尔德”号12～15 km处，导弹进入搜索时刻，导弹上的主动雷达开始搜索并迅速捕捉到目标。这时，导弹迅速降到2～3 m浪尖高度实施掠海机动飞行。“谢菲尔德”号的舰载雷达警戒系统与舰载卫星通信系统的电磁兼容性差，不能同时工作。当它与英国本土通信时，恰遇阿根廷的“飞鱼”式导弹来袭。直到“飞鱼”式导弹近至“谢菲尔德”号5 km的目视距离时才被舰员发现。舰长急呼“注意规避”，并迅速启动密集阵防御系统向来袭导弹射击，但不幸的是，该系统因计算机故障竟然无法启动。这种情况下，一切都为时已晚。导弹击穿舰舷，经过数秒的沉寂后，弹头在舰体内轰然炸响，并引发大火。顿时，“谢菲尔德”号上烟雾弥漫，火光冲天。这艘造价高达1.5亿美元，首次参加实战的现代化军舰，很快沉没于南大西洋海底。图1-2为马岛冲突中，英国“谢菲尔德”号驱逐舰被阿方发射的“飞鱼”式导弹击中起火的情形。

图1-2 英国“谢菲尔德”号导弹驱逐舰被阿方发射的“飞鱼”式导弹击中起火的情形

1982年6月14日，阿根廷与英国进行的争夺马尔维纳斯群岛主权的战争结束，英军重新占领该岛。

4. 大力神ⅢC运载火箭故障

1967年大力神ⅢC运载火箭的C-10火箭在起飞95 s、飞行高度达26 km时，制导计算机发生故障。C-14火箭在起飞76 s、飞行高度为17 km时，制导计算机也发生了故障。经过分析，故障原因是制导计算机中采用了液体循环冷却方案，冷却液体在外部带有钢丝编织网套的聚四氟乙烯软管内流动。此钢丝套软管是用经阳极化处理的铝支架分段固定的。金属网套的不少地方因支架阳极化氧化层破裂而接地，但也有几段未接地。当冷却液体流动时，金属网套没有接地的部分与火箭地之间产生电压。当火箭飞行高度增加，气压下降到一定值时，此电压产生的火花放电使计算机发生了故障。

5. “宇宙神”导弹爆炸事件

一发“宇宙神”导弹在起飞数秒后即发生爆炸，并造成发射台严重损坏。经查，原因是接地汇流条与连接面之间的连接件因不够紧固而产生锈蚀，此锈蚀表面形成了非线性整流结(锈螺栓效应)，从而使指令接收机收到虚假指令信号而引起爆炸。

6. 可变速感应电动泵抽油站的电磁干扰

为了处理不断增长的北海石油矿藏，苏格兰建立了两个6 MW可变速感应电动泵抽油站，其中一个在Negherly，另一个在Balbeggie。2001年10月16日，这两台设备一投入运行，本地电站和电话局收到的投诉便如洪水般涌来。从区域看，投诉集中在距离这两台设备的高空供电线(33 kV)12英里(1英里=1.6093 km)以内的范围。距离供电线4英里的付费电话非常嘈杂，几乎不能使用。然而仅隔一条街道，一住户的电话却不受影响。其他现象还有：电视帧同步丢失(屏幕滚动)，辉光放电电路振铃。尽管这两台装置的设计符合电力工业的G5/3谐波标准，但上述现象证实它包含更高次谐波。这个问题成为某些行业工作人员共同头痛的一个问题。最终，这个问题引起了政府部门的注意，并决定做些EMC补救工作。尽管这样做极度困难，且石油泵站停机的代价非常高，但最终还是完成了。

7. 医疗设备的失灵

1992年，医务工作者在将一心脏病人送往医院的途中，始终用救护车上的监视器/电震发生器对她进行观察。不幸的是，当医务人员一打开无线通话机请求帮助时，监视器就会关闭。结果这位病人死了。分析表明：因为救护车车顶已由金属材料改为玻璃钢，使得监视器单元暴露在特别强的电磁场内，同时车内又安装有远程无线天线。这一事故证明：汽车屏蔽效能的降低与强辐射信号的结合对监视器设备干扰极大。

8. 电吹风机引起的民事罚款

美国洛杉矶Hartman公司已同意支付60 000美元的民事罚款，以补偿其1992年生产的型号为Hartman Pro1600的吹风机由于自身的缺陷所带来的损失。美国消费品安全委员会(CPSC)认定，这种吹风机在开/关旋钮处于“断开”位置时仍能自动接通电源，而且当加热器工作时，其风扇不转，可能引起内部器件过热而发生火灾。

9. 飞机导航系统的故障

美国航空无线电委员会(RTCA)曾在一份文件中提到，由于没有采取对电磁骚扰的防护措施，一位旅客在飞机上使用调频收音机时，使导航系统的指示偏离10°以上。因此，1993年美国西北航空公司曾发表公告，限制乘客在飞机上使用移动电话、便携电脑、调频收音机等，以免骚扰导航系统。

10. 雷击引起的浪涌电压

雷击引起的浪涌电压属于高能电磁能量，具有很大的破坏力。1976年至1989年，我国南京、茂名、秦皇岛等地的油库以及武汉石化厂均因遭受雷击而引爆原油罐，造成惨剧。1992年6月22日傍晚，雷电击中北京国家气象局，造成了一定的破坏和损失。因为雷击有直接雷击和感应雷击两种，避雷针只能局部地防护直接雷击，对感应雷击则无能为力，所以对感应雷击需要采用电磁兼容防护措施。

11. 强电磁辐射对军械的危害

关于射频辐射能量对军械系统危害的问题，最早是由英国人在1932年提出的。美国早在20世纪50年代就已发现电磁辐射对军械的危害问题(Hazards of Electromagnetic Radiation to Ordnance，简称HERO问题)。美国海军特别重视HERO问题，这绝非偶然。为了提高舰船的战斗力，舰船上的无线电电子设备成倍增加，但甲板的空间、面积有限，不可能像在陆地上那样用拉开距离的方法来隔离。此外，海军使用的无线电、雷达等的频带很宽、功率很大，加上舰船上层建筑及金属构件的不规则反射，使通信和雷达天线的近场分布复杂，电磁环境恶劣。于是，舰船上的武器就可能在强电磁场环境中贮备、运输、安装和使用。也就是说，在舰船特殊的条件下，海军必须重视在强电磁场下武器的电磁易损性问题。

12. 电磁辐射对人体的危害

科学家致力于电磁辐射与生物体之间的相互作用的研究已有五十多年了。他们将辐射电磁能量在生物体中的吸收以及随之而来的生物物理和生物化学过程的直接相互作用定义为原始作用，将由原始作用所引起的生物机体的结构和功能的变化定义为生物效应。在原始作用的部位产生的瞬间生物效应可以引起进一步的急性和慢性的间接变化。

经过大量科学实验发现：高功率密度一般大于 10 mW/cm^2，此时以明显的热效应为主。长时间接受高功率密度的辐射，将会造成机体损伤甚至死亡；短时间接受高功率密度的辐射，将会引起眼睛的损伤，易引发白内障。在低于 1 mW/cm^2 的低功率密度下，热效应不起主要作用。长时间接受低功率密度的辐射，人类的神经系统、造血系统、细胞免疫功能会受损害。另外，电磁辐射对人类的遗传、生育功能也会产生影响。

13. 手机辐射——人类健康的潜在危险

手机是现代人们生活和工作中常用的一种通信工具。随着科学技术的发展和生活水平的提高，手机的地位越来越重要，其普及程度也越来越广泛。然而，手机在为人们相互通信带来快捷和方便的同时，也带来了一些麻烦，尤其是给人们的健康带来了一些影响。目前世界各国的科学家和研究人员都在积极探索手机对人类健康所产生的危害，并正在采取相应措施来消除这种影响。

1）电磁辐射形成污染

众所周知，手机在使用的过程中会产生电磁辐射，这种电磁辐射是以光速传播的，可以通过传输通道间的交互作用形成污染，干扰人类的正常活动。因此，世界各国对日益严重的手机电磁污染格外重视，纷纷制定相关法规治理手机电磁辐射环境。

早在 1993 年 1 月，美国各大报纸就曾在头版报道了佛罗里达州的凯瑞京状告 NEC 公司，诉其夫人因长期使用该公司的移动电话而致癌，要求该公司进行巨额赔偿。随后世界上相关的公司开始制定研究手机的生物效应计划，并着手降低移动电话对人体的电磁辐射强度。

尽管学术界对手机电磁生物效应的某些机理尚有争议，但不可否认其在一定条件下会对人体产生危害。瑞典的一家科研机构对一万多个使用手机的瑞典人作了一项调查，结果表明，使用手机越频繁的人，其身体不舒服的感觉越明显。科技工作者已研究证明：人体持续受一定强度的电磁辐射后会产生致热效应和非致热效应，可能会引起皮肤发热、眼球白内障、睾丸退化、身体疲倦、头痛、免疫功能下降等症状。

2）手机微波易入人脑

瑞典隆德大学的研究人员近来还发现，手机发出的微波有可能为毒素进入人脑打开方便之门。隆德大学的一个研究小组是在对老鼠进行试验后得出这一结论的。他们把接受试验的老鼠置于一个相当于手机发出的微波量的环境中生活了一段时间，结果发现，老鼠血液中的白蛋白可以突破鼠脑中的防护层进入鼠脑。白蛋白是血液中的一个正常组成部分，但对鼠脑却有害。

隆德大学附属医院神经外科专家说，我们在鼠脑中发现了极微量的白蛋白，目前还不清楚这将对鼠脑造成什么样的伤害，但其他的试验已经显示，即使向鼠脑注射非常少量的白蛋白，鼠脑细胞也会受到伤害，如果白蛋白的数量达到一定程度，鼠脑神经细胞将被杀死，其后果是可能引发自体免疫性疾病，还可能引发早老性痴呆和帕金森氏病等病症。

隆德大学的研究人员认为，手机的微波是否对人脑也造成这样的后果，目前还不得而知，但人脑对血液中有害成分的防护功能与鼠脑是一样的，既然白蛋白能突破防护层而进入鼠脑，那么比白蛋白更小或同样大小的分子也可能进入人脑。

3）英国科学家弃用手机

国际医疗界对手机危害人类健康的事实早已有所察觉，最近牛津大学对此又提供了新的证据。该大学著名物理学家科林不久前指出，经他们广泛调查和实验取证，发现手机确实对人类健康有潜在危险，因为它会危害人脑的认知能力、记忆力与注意力，驾驶汽车时使用手机的影响更大。科林是英国无线电保护委员会的辐射顾问，已接受政府委托负责监督全国手机的使用安全标准。科研人员在英国皇家医院也进行了手机志愿者实验。这些志愿者的头部被连接到一台发射器上，然后一半人在一小时内接受 915 MHz 手机发出的微波，一半人不接受。紧接着让志愿者接受有关心理检测，以判断大脑受影响的情况。结果表明，没有接受微波辐射的一组人的记忆力、注意力都优于或同于以前，而接受微波辐射的一组人则普遍不如以前。

科学家指出，手机发出的低强度辐射会影响大脑或神经细胞中传送信息的化学物质，由于这些物质带有电荷，因此射线会影响它们的功能。《星期日泰晤士报》报道，已有大量英国一流科学家开始少用或不用手机。

4）多用手机容易衰老

英国科学家还警告说：多用手机容易使人衰老，就好像常吸烟的人衰老得快一样。据最新发布的研究结果显示，手机的低度辐射会加速细胞的活动。而医学界相信肿瘤、心脏病及老年痴呆症很可能是由辐射引起的。据英国生物科学院一项研究显示，当细胞受到影响时，生物的防御系统就会启动，产生蛋白质“黏附”在细胞上，用以保护和修补细胞。而对于用量大的手机使用者来说，过多的蛋白质反而会“黏结”细胞，阻碍自然的修补程序。领导这项研究的波梅拉博士表示：“细胞会慢慢地不能如常运作，新陈代谢作用变得呆滞。”他说：“如果细胞修补活动过剧，就会出现过早衰老的现象。”波梅拉表示，他们曾利用昆虫进行相关实验，发现昆虫的寿命缩短，并相信这种现象也会在人体发生。不过他们还需要进行更大型的研究去确定人体的反应。

5）微波使老鼠丧失记忆

据英国一项人体测试结果显示，手机发出的电磁波有可能伤害肝脏和肾脏。手机长期挂在腰部且免持听筒接听更是危险。同时，电磁波在腰间持续地接收和发射，会影响肾脏功能，使得人们患慢性肾衰的概率增加。此外，男性应避免把手机放在前裤袋内，因为离睾丸和输精管太近。美国华盛顿大学专门研究手机的专家曾用老鼠做实验，将 100 只老鼠放进一个盛满水的大水桶中，水中则放置一个救生浮台，然后训练这些老鼠爬上救生浮台。为了让爬浮台的知识留在老鼠的长期记忆中，他重复训练这批老鼠 6 次。这位专家把其中 50 只老鼠暴露于与手机辐射类似的微波辐射中，结果发现这 50 只老鼠差不多全部丧失记忆，不知如何爬上浮台；而另外 50 只不曾暴露在微波辐射中的老鼠，仍能驾轻就熟地由水中爬上浮台。

6）患脑癌机会增加

过去的实验曾认为，使用手机会令人丧失短期记忆，忘记一些刚做过或看过的事，但这次实验却显示手机对长期记忆亦有显著影响。对老鼠的实验研究显示，手机发出的微波辐射除可能影响使用者的短期记忆外，也可能祸及长期记忆，把早已存储在脑中的记忆除掉。

英国《每日快报》透露，华盛顿的卡洛博士花了六年时间，研究使用手机对健康构成的影响，结果发现手机使用者死于脑癌的机会较高，患脑外肿瘤的机会也较高。

7）建议用免提式手机

卡洛曾于1999年2月将研究报告提交给资助研究计划的26家美国移动电话公司，但这些公司一直没有就报告结果采取任何适当措施保护消费者，英美两国的移动电话使用量也不减反增。卡洛接受采访时表示："移动电话公司现正花费数以百万计的钱来抹黑我，因为他们不喜欢我告诉他们的事实。"卡洛对此感到愤怒及失望，他一再表示，任何人(包括小孩子)使用手机是安全的说法都是不正确的。

卡洛的研究显示，脑部右边生肿瘤，可能跟人们把手机黏在右耳来听有关。研究也发现手机的天线所释放的辐射会损害遗传基因。卡洛建议消费者减少使用手机，或使用免提式手机，避免手机接触耳部。

1999年初英国的研究员发现手机会产生辐射热点，损害小孩子正在发育的脑部。另外，英国电讯一名前雇员科尼于1999年上诉法院，控告公司提供给他的手机导致他脑部受损。40岁的科尼曾任职英国电讯，过去科尼每天都会使用几小时手机，他称手机的辐射令他短暂失去记忆。另一名受害人是27岁的多米尼西斯，他过去两年每天也使用手机几小时，以致患上罕有的"何杰金氏病"。估计日后有关手机的诉讼会增多，情形就如烟民控告烟草商一样。

8）各国研制防范措施

到目前为止，有关手机对人类健康影响的大小问题，在科学界和学术界依然争论不休；但经过科学实验，可以肯定的是：长期使用手机的人的健康会因为手机的电磁辐射而受到危害，其程度虽然有所不同，但是也不容忽视。因此，日本、以色列等国的科研机构都在积极探索降低手机辐射的新举措。以色列的科技人员近来研制出了能够在一些重要公共场所禁止使用手机的新装置，以避免在医院、机场等场所，由于手机的使用而造成公共危害。日本科学家也将海洋中贝类的壳体经过加工，研制出了能够涂抹在手机外罩上的涂层，以减少或降低手机的电磁辐射。一些国家的管理部门还成立了专门机构研究手机对人类健康的影响程度，以便采取相应措施。相信随着现代科学技术的发展，人们一定会找到既安全又方便的降低手机电磁辐射的新方法和新技术，从而使手机更好地为现代人类的生活和通信服务。

凡此种种，不胜枚举。由于电磁骚扰的频谱很宽，可以覆盖0～40 GHz频率范围，所以"电磁污染"已和水与空气受到的污染一样，正在引起人们的极大关注。

综上所述，可以看到，电磁骚扰有可能使电气、电子设备和系统的工作性能偏离预期的指标或使工作性能出现不希望的偏差，即工作性能发生了"降级"，甚至还可能使电气、电子设备和系统失灵，或导致寿命缩短，或使电气、电子设备和系统的效能发生不允许的永久性下降，严重时还可能摧毁电气、电子设备和系统，而且还将影响人体健康。因此，人们面临着一个新问题，就是如何提高现代电气、电子设备和系统在复杂的电磁环境中的生存能力，以确保电气、电子设备和系统达到初始的设计目的。正是在这样的背景下产生了电磁兼容的概念，形成了一门新兴的综合性学科——电磁兼容(Electromagnetic Compatibility，EMC)。

1.2 电 磁 兼 容

现代电子信息系统通常处于复杂的电磁环境中，既发射有用电磁能量，也发射无用电磁能量；同时接收同一环境中其他电子信息系统的电磁能量。如图 1－3 所示的机载、弹载、舰载、车载电子信息系统是典型的电磁能量发射、接收系统；处于复杂电磁环境中的卫星通信系统也不例外，如图 1－4 所示。

(a) 地空导弹　(b) 空警-2000

(c) 美国 F-16D战斗机　(d) 高机动雷达

(e) “维京人”全地形车　(f) 航母

图 1－3　机载、弹载、舰载、车载电子信息系统

自然界和人类活动环境中，电磁干扰源大量普遍存在，电磁干扰现象大量出现。电磁

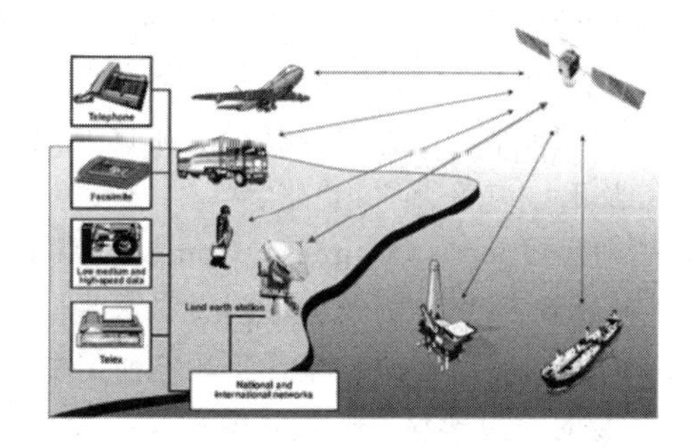

图 1-4 卫星通信系统工作示意图

干扰的产生使用电设备、分系统和系统的工作性能降级或发生电磁兼容性故障，还会对有生命的物体产生危害。

那么，究竟什么是电磁干扰(Electro-Magnetic Interference，EMI)和电磁骚扰(Electro-Magnetic Disturbance，EMD)呢？

1.2.1 电磁干扰与电磁骚扰

电磁干扰是指电磁骚扰引起的设备、传输通道或系统性能的下降。这里，电磁骚扰是指任何可能引起装置、设备或系统性能降低，或者对有生命或无生命物质产生损害作用的电磁现象；而电磁干扰是指由电磁骚扰产生的具有危害性的电磁能量或者引起的后果。电磁骚扰可能是电磁噪声(Electro-Magnetic Noise)、无用信号(Unwanted Signal 或 Undesired Signal)或传播媒介自身的变化。人们在生产及生活中使用的电气、电子设备工作时，往往会产生一些有用或无用的电磁能量，这些电磁能量影响处于同一电磁环境中的其他设备或系统的工作，这就是电磁骚扰。可见，电磁骚扰强调任何可能的电磁危害现象，而电磁干扰强调这种电磁危害现象产生的结果。

我国国家军用标准 GJB 72—85《电磁干扰和电磁兼容性名词术语》中指出，**电磁干扰(EMI)是指任何能中断、阻碍、降低或限制通信电子设备有效性能的电磁能量**。这种解释强调电磁干扰是一种具有危害性的电磁能量，也隐含了它所导致的后果。一些国家、国际组织也制定了各自的电磁兼容性标准，阐明了电磁兼容性名词术语。美国电气与电子工程师协会(IEEE)、国际电工技术委员会(IEC)给出了如下定义：Electro-Magnetic Disturbance is any electromagnetic phenomenon that may degrade the performance of a device, equipment or system, or adversely affect inert or living matter. An electromagnetic disturbance may be electromagnetic noise, an unwanted signal or a change in the propagation medium itself. The abbreviation EMI stands for Electro-Magnetic interference and it is defined as the degradation of the performance of a device, equipment or system by an Electro-Magnetic disturbance. RFI stands for Radio-Frequency Interference and this is defined as the degradation of the reception of a wanted signal caused by a radio-frequency disturbance.

1.2.2 电磁兼容的含义

什么是兼容呢？一般来说“兼容”描述一种和谐的共存状态，在这个意义上，它广泛用于各种自然的和人造的系统中。例如，某一近海中鱼类的生态问题，如果近海水域被生活污水和工厂排放的工业污水所污染，导致鱼类品种减少或死亡，那么人类及工厂与鱼类就“不兼容”。然而，若采取适当的有效措施使生活污水和工业污水得到净化处理，达到鱼类在其中生存的标准，鱼类在含有经过净化处理的污水的近海水域生存就不会受到污水的威胁，人类及工厂与鱼类就均“兼容”。

电磁兼容(Electro-Magnetic Compatibility，EMC)对于设备或系统的性能指标来说，直译为“电磁兼容性”；但作为一门学科来说，应译为“电磁兼容”。电磁兼容是研究在有限的空间、时间和频谱资源等条件下，各种用电设备(广义的还包括生物体)可以共存，并不致引起降级的一门学科。电磁兼容性是指设备或系统在其电磁环境下能正常工作，并且不对该环境中任何事物构成不能承受的电磁骚扰的能力。在工程实践中，人们往往不加区别地使用“电磁兼容”和“电磁兼容性”，且采用同一英文缩写 EMC。

为了使系统达到电磁兼容性，必须以系统整体电磁环境为依据，要求每个用电设备不产生超过规定限度的电磁发射，同时又要求它具有一定的抗干扰能力。只有对每个设备作这两方面的约束，才能保证系统达到完全兼容。我国国家军用标准 GJB 72－85《电磁干扰和电磁兼容性名词术语》中给出电磁兼容性的定义为：“**设备(分系统、系统)在共同的电磁环境中能一起执行各自功能的共存状态。即：该设备不会由于受到处于同一电磁环境中其他设备的电磁发射导致或遭受不允许的降级；它也不会使同一电磁环境中其他设备(分系统、系统)因受其电磁发射而导致或遭受不允许的降级。**”可见，从电磁兼容性的观点出发，除了要求设备(分系统、系统)能按设计要求完成其功能外，还要求设备(分系统、系统)一要有一定的抗干扰能力，二要不产生超过规定限度的电磁干扰。

世界上各个国家、国际组织为了用电设备或系统相互兼容地工作，制定了各自的电磁兼容性标准，阐明了电磁兼容名称术语。美国电气与电子工程师协会(IEEE)给电磁兼容性下的定义是：“Electro-Magnetic Compatibility，EMC，is the ability of a device，equipment or system to function satisfactorily in its electromagnetic environment without introducing intolerable electromagnetic disturbances to anything in that environment.”国际电工技术委员会(IEC)认为电磁兼容是一种能力的表现，它给出的电磁兼容性定义为“电磁兼容性是设备的一种能力，它在其电磁环境中能完成它的功能，而不至于在其环境中产生不允许的干扰。”

现在电磁兼容学科的科技工作者又进一步探讨电磁环境对人类及生物的危害和影响，学科范围已不仅限定于设备与设备间的问题，而进一步涉及人类自身，因此一些国内外学者也把电磁兼容称为“环境电磁学”。

1.2.3 系统电磁兼容性

1. 系统与分系统

我国军用标准 GJB 72－85 对电磁兼容领域中的常用术语——“系统”给出了明确定义，即系统(system)指若干设备、分系统、专职人员及可以执行或保障工作任务的技术组合。一个完整的系统除包括有关的设施、设备、分系统、器材和辅助设备外，还包括在工作和保障环境中能胜任工作的操作人员。从电磁兼容性的角度考虑，下列任何一种状态都可以认为是分系统(subsystem)：① 作为单独整体起作用的许多装置或设备的组合，但并不要求其中的装置或设备独立起作用；② 作为在一个系统内起主要作用并完成单项或多项功能的许多设备或分系统的组合。以上两类分系统内的装置或设备，在实际工作时可以分开安装在几个固定或移动的台站、运载工具及系统中。

需要注意的是，“系统”与“分系统”的概念是相对的，因为在“系统”的定义中若排除操作人员，那么同一物理系统在某一环境中可能被认为是“分系统”，而在另一环境中也可能被认为是“系统”。例如车载通信系统可以被认为是电子战系统的分系统，然而当其单独执行通信任务时可以被认为是相对独立的系统。

2. 系统内与系统间的电磁兼容性

系统电磁兼容性(Systems EMC)也称为系统级电磁兼容性(System Level EMC)。美国军用标准 MIL-E-6051D 包含系统电磁兼容性要求，这一标准以系统电磁干扰裕度作为衡量系统电磁兼容性的一个重要指标。对于军事系统，电磁干扰裕度为 20 dB。

系统电磁兼容性分为系统之间的电磁兼容性和系统内部的电磁兼容性。某系统与它运行所处的电磁环境或其他系统之间的电磁兼容性称为系统之间的电磁兼容性，IEEE 的定义为：“Intersystem electromagnetic compatibility is the condition that enables a system to function without perceptible degradation caused by electromagnetic sources in another system.”影响系统之间的电磁兼容性的主要因素有天线与天线的耦合、天线与电缆的耦合等。在给定系统内部的分系统、设备及部件相互之间的电磁兼容性称为系统内部的电磁兼容性，IEEE 的定义为：“Intra-system electromagnetic compatibility is the condition that enables the various portion of a system to function without perceptible degradation caused by electromagnetic sources in other portions of the same system.”系统内公共阻抗的耦合、设备机壳间的耦合、机壳与电缆的耦合、天线间的耦合等是影响系统内电磁兼容性的主要因素。

1.3　电磁兼容学科的发展

电磁兼容是研究电磁干扰这一传统问题的扩展与延伸，其发展历史可上溯至 19 世纪。下面我们以时间顺序透视其发展概况。

1.3.1　第二次世界大战前

电磁环境的干扰作为实际重要的主题，在 20 世纪 20 年代开始获得认识。随着无线电广播传输的开始，无线电噪声(也称为电磁噪声)干扰受到美国电力设备制造商和电力事业公司的关注。这一电磁噪声严重到足以导致由美国国家电光协会(the National Electric Light Association)和美国国家电气制造商协会(the National Electrical Manufacturers Association)设立技术委员会以检验无线电噪声。当时的目的是发展适合的测量技术和执行标准。为此目的，在 20 世纪 30 年代，这些努力导致几份技术报告、一份测量方法文件的出版和测试设备的发展。具体的进展包括测量架空电力输电线附近电场强度的步骤、测量无线电广播电台产生的场强、开发测量无线电噪声和场强的设备以及确定无线电噪声容限的信息库。

几乎同时，在几个欧洲国家，涉及无线电干扰各个方面的技术论文开始出现。1881 年英国科学家希维赛德发表了“论干扰”的文章，标志着研究干扰问题的开端。这些论文不仅研究无线电传输的电磁干扰，而且研究无线电接收的干扰。1888 年德国物理学家赫兹首创了天线，用实验证实了电磁波的存在，从此开始了对电磁干扰问题的实验研究。在英国，人们于 1934 年详细分析了一千多个与无线电干扰相关的案例所产生的故障。人们发现这些无线电干扰来自使用电动机、开关和汽车点火装置的运行。人们还观察了来自电力牵引和电力输电线的干扰。在欧洲有这样的认识：无线电干扰领域有国际级的共同技术研究价值，无线电干扰问题的国际合作是必要的，因为无线电传输“不认识”地理和国家边界。此外，各种离开制造国，使用电动机、开关等的仪器和设备很可能在许多国家销售和使用。因此，这些设备必须符合所有相关国家的执行标准。国际电工技术委员会和国际广播联盟(the International Union of Broadcasting)携手联合，在 20 世纪 30 年代提出了相关的技术问题。这样，在 1933 年国际无线电干扰特别委员会(the International Special Committee on Radio Interference，CISPR—Comite International Special des Perturbations Radioelectrique)成立。CISPR 的第一次会议于 1934 年 6 月 28 日至 30 日在法国巴黎召开。CISPR 起初提出的两个重要问题是可以接受的无线电干扰限制和测量无线电干扰的方法。从此开始了对电磁干扰及其控制技术的世界性的有组织的研究。在后来的两三年内，发展了测量无线电干扰方法的已接受了的基础和频率为 160～1605 kHz 的测试设备。在这一时期重要的里程碑包括：

◇ 1940 年，美国公布了一个关于测量无线电噪声方法的报告。

◇ 1934 年到 1939 年，CISPR 会议录和报告 RI1～8 的发表，提供了关于测量接收机的设计、场测量等的资料。

◇ 规定了频段为 0.15～18 MHz 的无线电噪声和场强仪。

◇ 对架空电力传输线附近的无线电广播场强和无线电噪声场强进行了实际测量。

◇ 在 160～1605 kHz 的频率范围内，发展了测量来自电气设备的传导无线电噪声的步骤。

◇ 设计并制造了用于上述测量的测量接收机、无线电噪声场强仪和其他测试设备。

1.3.2 第二次世界大战及其以后的 25 年

第二次世界大战给人们提供了认识和控制无线电噪声的一种新动力。第二次世界大战期间，在 CISPR 支持下的技术工作完全停止。

第二次世界大战期间，军方对使用电信和雷达设备有广泛兴趣，并对无线电干扰以及比正常无线电广播频率更高的频段感兴趣。20 世纪 40 年代，军方的这些兴趣引起了对军标的研究及对直到 20 MHz 的电磁干扰进行可靠测量的测试设备的开发。20 世纪 50 年代频率提高到 30 MHz，60 年代频率提高到 1000 MHz。一开始，军方执行的标准就非常严格。在航空和航天系统、卫星技术中，电磁干扰的概念和消除这样的干扰的有效步骤具有最重要的意义。这导致了许多实际面向技术的工作，然而，技术工作的成果长期处于保密状态。

第二次世界大战后，CISPR 会议恢复。当时美国、加拿大和澳大利亚参加了 CISPR 的审议。CISPR 论坛成为达成无线电干扰测量方法之协议及为此目的所使用的测量设备的技术集会。随着更高频率的使用，越来越多的来自亚洲和世界上其他洲的国家以及几个国际组织也开始参加 CISPR 会议。由于日益增加的国际参与和技术领域的扩展，CISPR 会议在发展电磁干扰国际协议和国际合作中成为重要的媒介物。因此，更高频率(比如1000 MHz)使用的测量技术和详细的实验方案在这一论坛上得到了发展。

第二次世界大战后期，随着无线电通信非军事应用的日益增加，在制造各种电信产品的过程中，电磁干扰问题和执行一些设计原理的需求变得更明显。这样，涉及干扰机理及其效应的几种主要技术研究、测量技术、使电磁干扰最小化的设计步骤，在美国和欧洲的许多国家成为研究的热点问题。在这一时期，为了估计几种电气和电子设备及系统发射的无线电噪声，人们作了许多实际测量。在CISPR会议上，作为CISPR审议的部分技术背景，无线电和电视、电力输电线、家用仪器、汽车和工业科学医疗(industrial/scientific/medical)设备发射的电磁噪声获得详细的测量、报道和广泛讨论。起初，着重达成了测量步骤和测量方法的协议，然而留下了更困难的问题。诸如美国的FCC(the Federal Communications Commission)和英国的BSI(the British Standards Institution)这样的国家制定规章的机构，开始颁布适用于他们各自国家的干扰控制极限。

为了解决电磁干扰问题，保证设备和系统的可靠性，20世纪40年代初人们提出了电磁兼容性的概念。1944年德国电气工程师协会制定了世界上第一个电磁兼容性规范VDE-0878。1945年美国颁布了美国最早的军用规范JAN-I-225。

1.3.3 20世纪60年代后

20世纪60年代后，电气与电子工程领域已经迅速发展，其中包括数字计算机、信息技术、测试设备、电信、半导体技术领域的发展。在所有这些领域内，电磁噪声和克服电磁干扰引起的问题是人们所关注的，其结果是电磁噪声领域的世界范围的许多技术活动得以开展。

虽然电磁干扰问题由来已久，但电磁兼容这个新兴的综合性边缘学科却是近代形成的。美国IEEE学报Transactions RFI分册于1964年改名为IEEE Transactions on Electro-Magnetic Compatibility(EMC分册)，若以此作为电磁兼容学科形成的标志，则距今已50多年了。从20世纪40年代提出电磁兼容性概念，使电磁干扰问题由单纯的排除干扰逐步发展成为从理论、技术上全面控制用电设备在其电磁环境中发挥正常工作性能的系统工程。电磁兼容的理论、技术基础不断深化，研究内容不断发展，涉及范围不断扩大。

CISPR继续审议产生了CISPR第16号出版物。这是一本把这一领域的各种测量程序和电磁干扰推荐极限合并在一起的独立的出版物。CISPR的审议也产生了包括无线电及电视接收机、工业科学医疗设备、汽车、荧光灯的电磁噪声及其测量的出版物。在20世纪80年代，随着信息技术和数字电子产品的发展，CISPR也出版了包括信息技术设备在内的第22号出版物。

军方对电磁噪声的兴趣使得电磁干扰和测量及控制电磁干扰技术的领域也获得了许多发展。在认识电磁干扰、实现电磁兼容技术的过程中，几个重要进展是在这一领域美国军方所做工作的直接结果。由于军事和商业的原因，个别产品的许多技术活动仍然处于保密状态。已经发布的重要军事文件包括涉及EMI技术的定义和测量单位的MIL-STD-463以及最新版本的MIL-STD-461、MIL-STD-462。虽然有几个国家的军事力量利用大量的资料形成并发布了他们自己的标准以限制电磁干扰，然而美国军方所发布的标准继续在这一领域起示范作用。除了基本的军事标准MIL-STD-461/462/463外，美国军方也发布了几个其他标准，这些标准涉及系统电磁兼容和诸如雷达、飞行器电源、航天系统、海军平台、移动通信等各种设备的设计和运行要求。

在20世纪80年代，数字技术，包括数字技术在工业自动化方面的应用，在世界范围内的成长影响了与电磁噪声相关问题的发展。数字设备和系统易于对电磁噪声敏感，因为这些数字设备和系统不能区分脉冲信号和瞬时噪声，导致它们容易出现故障。同时，数字电路和设备也产生了大量的电磁噪声，这样的电磁噪声基本上是在数字设备中使用的非常短的脉冲上升时间所引起的宽带噪声。用在数字电路和数字设备中的时钟频率也会产生电磁噪声。数字电子设备广泛使用了固态器件和集成电路，而固态器件和集成电路易于被瞬态电磁噪声所损坏。因此，为了使敏感的半导体器件不受电磁环境的损坏，特殊设计和工程方法是必需的。这一领域在过去的20年中受到了相当的关注，在世界范围内，有关这一主题的许多论文已经发表，关于这些技术的讨论继续支配许多国内和国际会议。

几个国家把特别的注意力集中于用公式表示各种电气和电子设备发射的电磁噪声之允许极限以及这些设备和仪器出售之前它们必须经受得住的抗扰极限。因此，诸如美国的FCC(the Federal Communications Commission)、德国的FTZ(Fernmelde Technisches Zentralamt)、英国的BSI(British Standards Institution)、日本的VCCI(Voluntary Control Council for Interference)和其他国家的类似协会都颁布了控制电磁噪声发射和抗扰性技术要求的执行标准。政府内的专门机构，诸如美国的NASA(the National Areonautics and Space Administration，国家航空和航天管理局)和NTIA(the National Telecommunication and Information Agency，国家电信和情报局)，以及其他国家的类似组织也发布了控制电磁辐射和电磁抗扰性的执行标准。诸如ICAO(the International Civil Aviation Organization，国际民用航空组织)、IMCO(the International Maritime Consultative Organization，国际海事协商组织)也把相当的注意力集中于电磁噪声和电磁噪声允许的极限。

随着欧洲自由贸易区(the European Free Trade Area)的出现，在20世纪80年代，欧洲国家特别注意发展控制电磁噪声发射和电磁噪声抗扰性极限的共同执行标准。为了使欧洲的工厂能够在全欧洲出售他们的产品，统一的方法和相同的标准是必需的。在欧洲经济共同体(the European Economic Community)内，欧洲电气产品标准委员会(the European Standards Committee for Electrical Products，CENELEC—Comite European de Normalization ELECtrotechniques)于1973年成立，它负责制定设备的电磁噪声和执行极限的已协调的欧洲标准，这些标准涉及无线电接收机、电视机、信息技术设备、工业科学医疗设备等。

产品电磁兼容性达标认证已由一个国家发展到一个地区或一个贸易联盟采取统一行动。从1996年1月1日起，欧洲共同体12个国家和欧洲自由贸易联盟的北欧6国共同宣布实行电磁兼容许可证制度，使得电磁兼容认证与电工电子产品安全认证处于同等重要的地位。

1.3.4　中国的电磁兼容发展概况

我国由于过去的工业基础比较薄弱，电磁环境危害尚未充分暴露，对电磁兼容认识不足。因此，我国电磁兼容理论和技术的研究起步较晚，与国际间的差距较大。第一个干扰标准是1966年由原第一机械工业部制定的部级标准JB-854-66《船用电气设备工业无线电干扰端子电压测量方法与允许值》。直到20世纪80年代初才有组织地、系统地研究并制定了国家级和行业级的电磁兼容性标准和规范。1981 年颁布了第一个航空工业部较为完整的标准 HB 5662－81，即《飞机设备电磁兼容性要求和测试方法》。此后，在标准和规范的研究与制定方面，我国有了较大进展。截至 1999 年 8 月底，现行的 EMC 国家标准共计 76 个，其中强制性标准 29 个。

20 世纪 80 年代以来，国内电磁兼容学术组织纷纷成立，学术活动频繁开展。1984 年中国通信学会、中国电子学会、中国铁道学会和中国电机工程学会在重庆召开了第一届全国性电磁兼容性学术会议，此次会议录用论文 49 篇；1992 年 5 月中国电子学会和中国通信学会在北京成功地举办了"第一届北京国际电磁兼容学术会议(EMC'92/Beijing)"，此会议录用论文 173 篇，这标志着我国电磁兼容学科在迅速发展并参与世界交流。

20 世纪 90 年代以来，随着国民经济和高新科技产业的迅速发展，在航空、航天、通信、电子、军事等部门，电磁兼容技术受到格外重视，并投入了较大的财力和人力，建立了一批电磁兼容试验和测试中心，引进了许多现代化的电磁干扰和敏感度自动测试系统及试验设备。一些军种、部门、研究所及大学陆续建立了电磁兼容性实验研究室，电子、电气设备研究、设计及制造单位也都纷纷配备了电磁兼容性设计、测试人员。电磁兼容性工程设计和预测分析在实际的科研工作中得到了长足的发展。

电磁污染作为环境污染的一种，其危害性已日益引起政府部门的重视。国家环境保护局于 1997 年 3 月 25 日发布实施《电磁辐射环境保护管理办法》。该办法规定的电磁辐射包括信息传递中的电磁波发射，工业、科学、医疗应用中的电磁辐射，高压送变电中产生的电磁辐射。2009 年 9 月首届电磁环境效应与防护技术学术研讨会在昆明召开，由总装备部电磁兼容与防护专业组、强电磁场环境模拟与防护技术国防科技重点实验室等单位主办此次会议。会议讨论了电磁兼容的发展趋势。

其他与电磁环境相关的标准、规定如下：

* GB 8702－1988《电磁辐射防护规定》，国家环境保护局。
* GB 9175－1988《环境电磁波卫生标准》，国家卫生部。
* GB 10436－1989《作业场所微波辐射卫生标准》，国家卫生部。
* GB 10437－1989《作业场所超短波辐射卫生标准》，国家卫生部。
* GB 16203－1996《作业场所工频电场卫生标准》，国家卫生部。
* GB 18555－2001《作业场所高频电磁场职业接触限制》，国家卫生部。
* GB 12638－1990《微波和超短波通信设备辐射安全要求》。
* GJB 5313－2004《电磁辐射暴露限值和测量方法》。
* GJB 1446.40－1992《舰船系统界面要求 电磁环境 电磁辐射对人员和燃油的危害》。
* GJB 6520－2008《战场电磁环境分类与分级方法》。
* GJB 6130－2007《战场电磁环境术语》。

国家出入境检验检疫局 1999 年国检认联[1998]122 号文颁布了"关于对六种进口商品实施电磁兼容强制检测的通知"，该通知规定对计算机、显示器、打印机、开关电源、电视机、音响设备等六种进口商品，自 1999 年 1 月 1 日起强制执行电磁兼容检测。上述六种进口商品自 2000 年 1 月 1 日起必须获得国家出入境检验检疫局签发的进口商品安全质量许可证并贴有安全认证标志后方能进口、销售。

军用设备和分系统的电磁兼容性标准目前执行的是 GJB 151B－2013《军用设备和分系

统 电磁发射和敏感度要求与测量》等，系统电磁兼容标准为GJB 1389A－2005《系统电磁兼容性要求》。国家军用标准对军用设备、分系统的研制、装备、使用和维护发挥了重要作用。

科学技术的发展以及产品研发对电磁兼容专门人才的需求旺盛，导致国内部分重点高等院校相继开设了电磁兼容原理、技术和设计课程，翻译和编写了一批教材。从近几年的本科生、研究生的就业情况看，我国急需大批电磁兼容专门人才。

1.4 电磁兼容的研究内容

电磁兼容(EMC)是自然科学和工程学的一个分支，在某种意义上它与设备设计和工作有关，它使得设备免除某种程度的电磁干扰，同时要求设备产生的干扰保持在规定的极限之内。EMC的范围很广，因为它实际上包括了所有由电源供电的设备。实际上，所有工程系统都含有电源调整和信息处理单元，因而都属于EMC之内的设备。EMC涉及的频率范围由DC扩展到光波以及这个频谱中的某些部分。

电磁兼容性的研究是围绕构成电磁干扰的三要素(电磁干扰源、干扰耦合途径和敏感设备)进行的。其研究内容包括：电磁干扰产生的机理、电磁骚扰源的发射特性以及如何抑制电磁骚扰源的发射；电磁干扰以何种方式通过什么途径耦合(或传输)，以及如何切断电磁干扰的传输途径；敏感设备对电磁骚扰产生何种响应，以及如何提高敏感设备的抗干扰能力。

从总体考虑，EMC的研究内容涉及电磁干扰源的干扰特性、敏感设备的抗扰性、传输途径的传输函数以及电磁兼容性控制技术、电磁兼容性分析和预测、电磁兼容性设计、频谱工程、EMC标准和规范、EMC试验和测量等。

1. 电磁干扰特性及其传播理论

人们为了抑制电磁干扰，首先必须了解电磁干扰的特性和它的传播机理。对于电磁干扰源的研究，包括电磁骚扰源的频域和时域特性，产生的机理以及抑制措施等；对于电磁骚扰传输特性的研究，包括对传导电磁骚扰传输特性和辐射电磁骚扰传播特性的研究，例如根据干扰信号的频谱特性可以了解它是宽带干扰还是窄带干扰，根据干扰信号的时间特性可知其为连续波、间歇波，还是瞬态波，以便采取不同的措施加以抑制。因此对电磁干扰特性及其传播理论的研究是电磁兼容学科最基本的任务之一。

2. 电磁危害及电磁频谱的利用和管理

人为的电磁污染已成为人类社会发展的一大公害。电磁能危害的主要表现为射频辐射、核电磁脉冲放电和静电放电对人体健康的危害，还有对电引爆装置和燃油系统的破坏、对电子元器件及其电路功能的损害，这些危害将影响到安全性和可靠性。

在关注电磁能危害的同时，人们还清醒地认识到人为的电磁频谱污染问题也已相当严重。电磁频谱是一种有限的自然资源，被占用的频谱范围和数量日益扩张，而频谱利用方法的进展远慢于频谱需求的增加，以致使电磁兼容问题出现许多实施方面的困难，不得不由专门的国际电信联盟机构来加以管理。在中国境内，由中国无线电管理委员会分配和协调无线电频段。因此，有效管理、保护和合理地利用电磁频谱也是电磁兼容学科研究的一项必要的内容。

3. 电磁兼容性的工程分析和电磁兼容性控制技术

电子设备和系统的结构日益复杂，技术更加密集，频谱占用拥挤。在实际工程中，电磁干扰的耦合和传输很少以单一的基本耦合形态发生，而是多种基本耦合形态的组合，表现为综合性的典型耦合模式。例如两根平行导线间的电磁耦合实质上是电容性耦合和电感性耦合的组合；电磁场对导线的感应耦合并传输到导线终端的耦合模式，实质上是空间辐射耦合和传输线传导两种基本形态的组合。这些典型的耦合模式在实际工程分析中通常作为一种固定的工程模式直接用于分析更复杂的电磁干扰问题，从而使电磁兼容工程分析的理论更加成熟。因此，分析和研究典型耦合模式成为电磁兼容研究中快速识别干扰机理的捷径。

电磁兼容性技术在不断发展。工程实践中被广泛采用的滤波、屏蔽、接地、搭接和合理布局等抑制电磁干扰的技术措施都是有效的。但是随着设备和系统的集成化、数字化和处理信息的高速化，以上措施的采用往往会与成本、质量、功能要求产生矛盾，因此必须权衡利弊，研究出最合理的措施来满足电磁兼容性要求。另外，新的导电材料、屏蔽材料以及工艺方法的出现，使得电磁兼容控制技术不断向前发展，新的抑制电磁干扰的措施不断涌现。因此，电磁兼容控制技术始终是电磁兼容性学科中最活跃的研究课题。

4. 电磁兼容设计理论和设计方法

任何一项工程设计，最起码和最主要的是对费效比的考虑，当然它也是电磁兼容设计的一项重要指标。在一个产品从设计到投产的过程中，可以分为设计、试制和投产三个阶段，若在产品设计的初始阶段就能解决电磁干扰问题，则投资最少，控制干扰的措施最容易实现。如果到产品投产后发现电磁干扰问题再去解决它，成本就会大大上升。因此，费效比的综合分析是电磁兼容设计研究的一部分。

电磁兼容性设计不同于设备和系统的功能设计，它往往是在功能设计方案基础上进行的。电磁兼容工程师必须和系统工程师密切配合，反复协调，把电磁兼容性设计作为系统设计的一部分，以达到电磁兼容性系统设计的目的。

5. 电磁兼容性测量和试验技术

电磁兼容性的测量和试验研究是至关重要的，它贯穿于电磁兼容性分析、建模、产品开发、产品检验、干扰诊断等各个阶段，主要研究测量设备、测量方法、测量场所和数据处理方法。电磁干扰特性和电磁环境复杂，电磁干扰信号的频率带宽范围宽广，用电设备和系统占用的空间有限，所有这些都迫使对设备和系统的电磁兼容性测量和试验项目增多，这就促进了测量技术的提高和测量设备的革新。在电磁兼容性试验中，对设备进行敏感度测量时，需要多种不同类型的模拟信号源及其装置来模拟产生传导和辐射干扰信号，因此推动了试验装置的研究开发，促进了测量和试验设备的自动化程度的日益提高。高精度的电磁干扰及电磁敏感度自动测量系统的研制、开发及应用，都是电磁兼容学科研究的重要内容。

6. 电磁兼容性标准、规范与工程管理

电磁兼容性标准、规范是电磁兼容性设计和试验的主要依据。通过制定和实施标准和规范来控制用电设备和系统的电磁发射和电磁敏感度，从而降低设备和系统相互干扰的可能性。标准规定的测试方法和极限值要求必须合理，以便符合国家经济发展综合实力和工业发展水平，这样才能促进产品质量的提高和技术的进步，否则会造成人力、物力和时间的浪费。因此制定标准和规范时必须进行大量的实验和数据分析研究。

为了保证设备和系统在全寿命期内有效而经济地实现电磁兼容性要求，必须实施电磁兼容性管理。电磁兼容性管理的基本职能是计划、组织、监督、控制和指导。管理的对象是研制、生产和使用过程中与电磁兼容性有关的全部活动。因此电磁兼容性管理要有全面的计划，从工程管理的高层次抓起，建立工程管理协调网络和工作程序，确立各个研制阶段的电磁兼容性目标，突出重点，加强评审，提高工作的有效性。

7. 电磁兼容性分析和预测

电磁兼容性分析和预测是合理进行电磁兼容性设计的基础。通过对电磁干扰的预测，能够对潜在的电磁干扰进行定量的估计和模拟，避免采取过高的抑制措施，造成不必要的浪费；同时也可以避免设备和系统建成后才发现不兼容的难题。如果在设备和系统建成后再修改设计，重新调整布局要花费很大的代价，有时也未必能够彻底解决不兼容问题，因此在设备和系统设计的最初阶段就进行电磁兼容性分析和预测是十分必要的。

电磁兼容性分析和预测的方法是采用计算机数字仿真技术，将各种电磁干扰特性、传输函数和电磁敏感度特性全部都用数学模型描述并编制成计算机程序，然后根据预测对象的具体状态，运行预测程序以便获得潜在的电磁干扰预测结果。这种预测方法在世界许多发达国家已普遍采用，实践证明它是行之有效的方法。因此研究预测数学模型、建立输入参数数据库、提高预测准确度等已成为电磁兼容学科预测和分析技术深入发展的基本内容。

8. 信息设备的电磁泄漏及防护技术

随着科学技术的发展，计算机系统已广泛应用于机密信息的存储和数据处理。当计算机或其他机要电子设备工作时，机密信息可能通过设备泄漏的电磁场以辐射方式发射出去，也可能通过电源线、地线、信号线等以传导方式耦合出去。因此，在一定距离内，往往不需要采用特殊设备，便可以清晰、稳定地接收到这些机要设备所发射的机密信息的内容，造成信息技术设备所处理的机密信息严重泄漏。为了防止信息技术设备的电磁泄漏，美国政府规定，对国防电子产品、机要电子信息设备，从研制、生产、测试、验收到监护都要严格接受保密设计规范的指导，必须满足经美国国家安全局确认的瞬态电磁脉冲辐射标准(Transient Electro-Magnetic Pulse Emanation Standard)，以限制电磁信息泄漏，保证机密信息的安全保密。如何解决信息技术设备的电磁泄漏问题已成为一项专门技术，这项技术称为防电磁泄漏技术，即所谓的 TEMPEST。TEMPEST 是 Transient Electro-Magnetic Pulse Emanation Standard Technology 的缩写。它的任务是检测、评价和控制那些危及工作任务安全的信息技术设备的非功能性传导发射和辐射发射，以防止泄漏机密信息。

TEMPEST 和电磁兼容技术都是用于抑制电磁发射的技术，两者有许多共同的概念和技术，因此将它们列入电磁兼容学科的研究范围。但是它们在有些方面存在着本质上的差别，TEMPEST 与电磁兼容性技术相比，所要求的控制电磁泄漏的技术和标准更高，所以它还有许多特别的研究内容。

9. 环境电磁脉冲及其防护

电磁脉冲(EMP)是十分严重的电磁干扰源。其频谱覆盖范围宽广，可以从甚低频到几百兆赫兹；场强很大，电场强度可达40 kV/m或更高；作用范围很广，可达数千千米。受电磁脉冲作用的架空天线、输电线、电缆线、各种屏蔽壳体都会被电磁脉冲感应，产生强大的射频脉冲电流。这种射频脉冲电流如进入设备内部将产生严重的电磁干扰，甚至使设备遭到严重破坏。电磁脉冲对卫星、航天飞机、宇宙飞船、导弹武器、雷达、广播通信、电力和电子设备或系统将造成严重的影响。所以，电磁脉冲及其防护已成为近年电磁兼容学科的一个重要研究内容。

10. 系统内与系统间的电磁兼容性

一个系统之内与若干系统之间的电磁兼容性问题往往十分复杂，表现为干扰源可能同时也是敏感设备、传播的途径往往是多通道的、干扰源与敏感设备不只一对，等等。这就需要对系统内与系统间的电磁兼容性问题进行分析与预测。

电磁兼容领域的研究成果以论文形式主要发表于下列期刊和会议录，有兴趣的读者可参阅。

* IEEE Transactions on Electro-Magnetic Compatibility。
* IEEE Symposium on Electro-Magnetic Compatibility。
* IEEE EMC Society Newsletters。
* 安全与电磁兼容。
* IEEE Trans. Microwave Theory and Techniques。
* IEEE Transactions on Antennas and Propagation。
* Journal of Electro-Magnetic Waves and Applications。
* Microwave and Optical Technology Letters。
* Progress in Electro-Magnetics Research。
* IEEE Microwave and Wireless Components Letters。
* Electronics Letters。
* 其他电气、电子类期刊。

1.5　电磁兼容学科的特点

电磁兼容学科是一门新兴的综合性交叉学科。它虽然有其独立的理论体系，但由于它的学科形成还处于发展和完善的过程中，因此它的理论体系还存在一些不够严密和系统的地方。此外，它涉及的基础知识覆盖面宽广。因此对于初学者来说，掌握电磁兼容理论和技术具有一定的难度。读者只有对电磁兼容学科的特点有清楚的认识才能减少“入门”的障碍。

电磁兼容学科最主要的特点如下。

(1) 电磁兼容学科的理论体系以电磁场理论为基础。

电磁兼容学科的核心仍然是电磁场与电磁波。大部分电磁干扰源产生的电磁干扰，往往以电磁场的形态出现。分析这样的电磁干扰源的干扰特性、预测其对敏感设备的潜在威胁和探索控制干扰的措施都要采用电磁场理论的方法和结论。电磁兼容性仿真、电磁兼容性测量和试验、电磁干扰的数值分析方法在电磁兼容性工程中的广泛应用也离不开电磁场理论的支持。所以电磁兼容原理和技术的基础是电磁场理论。

(2) 电磁兼容学科是一门新兴的综合性交叉学科。

电磁兼容学科与很多学科互相渗透、结合。它不仅涉及和直接应用数学、电磁场理论、电工原理、电子技术、通信理论、材料科学、计算机与控制理论、核物理学、电磁测量、信号分析、自动控制、生物医学、材料及工艺、机械结构等知识，而且与舰船、飞机、卫星、雷达、广播通信、导弹武器、车辆、宇宙飞船、电力和电子仪器等密切相关。它是在无线电抗干扰技术的基础上，经过扩展、延伸和系统化所形成的一门新兴学科，也是电力、电子和其他相关从业工程师必须掌握的基础知识和技术。

(3) 计量单位的特殊性。

在电磁兼容领域，无论是标准、规范，还是测量、试验方法，都广泛采用分贝(dB)作单位。分贝本身是一个无量纲的比值。经常听人们谈到场强或电压有多少分贝，这显然是不严格的。对不同的物理量，如果规定其基准参考值就赋予了该物理量的分贝值。电工、电子学科通常采用 W、V、A 及其相应导出单位分别表示功率、电压、电流，而电磁兼容学科广泛采用 dBW、dBV、dBA 作单位分别表示功率、电压、电流的相对大小。电磁兼容领域采用的这些特殊计量单位的定义、换算及其导出单位将在后续内容中介绍。

(4) 大量引用无线电技术的概念和术语。

电磁干扰起初仅在无线电技术中比较突出。随着电报、电话、广播电视、通信等技术的飞速发展，各种电磁干扰问题日益突出，控制电磁干扰的理论和技术随之形成并迅速应用于工程实践。后来随着半导体微电子技术的迅猛发展和电子技术的广泛应用，电磁兼容性从无线电抗干扰技术的基础上延伸到所有用电设备和系统，确立了电磁兼容学科的公共技术基础地位。因此，在电磁兼容性学科的形成和发展过程中，大量沿袭了无线电技术的概念和术语。例如，把导线之间的电磁相互耦合有时称为“串扰”；时变电磁场在导线上产生的响应称为“电磁场激励”等。电磁兼容性名词术语对于从事非无线电工程的读者来说十分生疏。因此初学者必须依据它的物理本质理解和掌握电磁兼容性名词术语。

(5) 极强的实用性。

电磁兼容性学科是一门实用性极强的学科。它起源于解决实际无线电干扰问题，又在处理用电设备或系统的电磁兼容性过程中获得了发展。用电设备和系统的数字化、信息处理的高速化、小型化和设备构件的非金属化使用电设备或系统的抗干扰能力降低。为什么会产生这样的效应呢？首先，现代的数字逻辑和信号处理与基于电的老技术相比有低的门限电压，所以现代系统的抗扰性本来就低；其次，在追求高处理速度的过程中，使用了较短的脉冲上升时间，在高频贡献了相当数量的能量，根据辐射机理它们具有在长距离上传播的能力；第三，现代设备的构件设计基本上使用塑料而少使用金属，显然，与全金属机箱相比这大大降低了其固有的电磁屏蔽；最后，小型化以及由此而引起的密集设计的趋势使各个元件、器件、组件、连接线等的空间布局缩小，所以也带来了电磁兼容性问题。

(6) 强烈地依赖于测量。

电磁兼容学科理论基础宽广，工程实践综合性强，形成电磁干扰的物理现象复杂，所以在观察与判断物理现象或解决实践问题时，实验与测量具有重要的意义。正如美国肯塔基大学的 C. R. Paul 教授在一篇文章中所说：“对于最后的成功验证，也许没有任何其他领域像电磁兼容那样强烈地依赖于测量”。在电磁兼容领域中，我们所面对的研究对象无论其频域特性还是时域特性都十分复杂；研究对象的频率范围非常宽，使得电路中的集中参数与分布参数同时存在，近场与远场同时存在，传导与辐射同时存在。为了在国际上对这些物理现象有统一的评价标准并使研究的结果全球共享，对测量设备与设施的特性以及测量方法等均予以严格的规定是首要条件。

此外，用电设备或系统的整个设计和试制阶段为确保其电磁兼容性必须进行电磁兼容性测量，这种诊断性的测量有助于识别潜在的干扰问题范围，有助于测试各种补救方法的有效性。这些测量完全处于设计者和测试工程师的控制下，所以根据情况需要，可以使用有效的控制干扰的技术和措施。产品制造完成后，必须依据电磁兼容性标准进行严格的试验测量，以确保设备或系统符合规定的电磁兼容性要求，保证用电设备或系统在规定的电磁环境中能够可靠安全地运行。

习 题

1. 以亲身经历的EMI案例及其解决方法为例，阐述EMC的重要性。
2. 什么是电磁干扰与电磁骚扰？它们的区别何在？结合具体案例分析电磁干扰与电磁骚扰的区别。
3. EMC的定义是什么？依据系统组成，电磁兼容性应该如何分类？
4. EMC学科形成的标志、起源是什么？
5. 电磁兼容学科的研究内容、特点是什么？
6. 简要叙述涉及电磁兼容学科的行业、领域。
7. 以具体研究、应用领域为例，综述该领域电磁兼容理论与技术的发展及其研究热点问题。
8. 列举从事EMC研发的国内外有影响力的大学、机构。
9. 简述商业通用EMC分析和设计软件的基本原理、优缺点、适用性及最新版本。

参考文献

[1] 刘尚合. 静电放电及危害防护. 北京：北京邮电大学出版社，2004.
[2] 刘尚合，等. 静电理论与防护. 北京：兵器工业出版社，1999.
[3] 马伟明. 电力电子系统中的电磁兼容. 武汉：武汉水利电力大学出版社，2000.
[4] 马伟明，张磊，孟进. 独立电力系统及其电力电子装置的电磁兼容. 北京：科学出版社，2007.
[5] 全国无线电干扰标准化技术委员会E分会，中国标准出版社. 电磁兼容国家标准汇编. 北京：中国标准出版社，1998.
[6] 爱. 弗. 万斯. 电磁场对屏蔽电缆的影响. 高攸钢，等译. 北京：人民邮电出版社，1988.
[7] RONAID P O'R. 电气工程接地技术. 沙斐，吕飞燕，谭海峰，等译. 北京：电子工业出版社，2004.
[8] 陈淑凤，马蔚宇，马晓庆. 电磁兼容试验技术. 北京：北京邮电大学出版社，2001.
[9] 白同云，吕晓德. 电磁兼容设计. 北京：北京邮电大学出版社，2001.

[10] 蔡仁钢. 电磁兼容原理、设计和预测技术. 北京:北京航空航天大学出版社,1997.
[11] 国家标准 GB/T 4365—1995《电磁兼容术语》.
[12] 国家标准 GB/T 17624.1—1998《电磁兼容 综述 电磁兼容基本术语和定义的应用与解释》.
[13] 高攸纲. 电磁兼容总论. 北京:北京邮电大学出版社,2001.
[14] 顾希如. 电磁兼容的原理、规范和测试. 北京:国防工业出版社,1988.
[15] 诸邦田. 电子线路抗干扰技术手册. 北京:北京科学技术出版社,1988.
[16] 张松春,等. 电子控制设备抗干扰技术及其应用. 北京:机械工业出版社,1989.
[17] 赖祖武.电磁干扰防护与电磁兼容. 北京:原子能出版社,1993.
[18] 赵玉峰,等. 现代环境中的电磁污染. 北京:电子工业出版社,2003.
[19] OTT Henry W. Noise Reduction Techniques in Electronic Systems. 2nd ed. John Wiley and Sons, 1988.
[20] PISCATAWAY N J. EMC/EMI principles, measurements and technologies. Institute of Electrical and Electronics Engineers, Inc. , 1997.
[21] KEISER B. Principles of Electromagnetic Compatibility. 3rd ed. MA: Artech House, Inc. , 1987.
[22] WESTON D A. Electromagnetic Compatibility: Principles and Applications. New York: Marcel Dekker, Inc. , 1991.
[23] MONTROSE M I. Printed circuit board design techniques for EMC compliance: a handbook for designers. 2nd ed. New York: IEEE Press, 2000.
[24] TESCHE F M, IANOZ M V. EMC analysis methods and computational models. New York: John Wiley & Sons, Inc. , 1997.
[25] CARR J J. The technician's EMI handbook: clues and solutions. Boston: Newnes, 2000.
[26] PRASAD K V. Engineering Electromagnetic Compatibility: Principles, measurements, and Technology. New York: IEEE Press, 1996.
[27] WILLIAMS T, ARMSTONG K. EMC for systems and installations. Oxford: Newnes, 2000.
[28] TSALIOVICH A B. Electromagnetic shielding handbook for wired and wireless EMC applications. Boston: Kluwer Academic, 1999.
[29] CHATTERTON P A, HOULDEN M A. EMC: Electromagnetic Theory to Practical Design. New York: John Wiley & Sons Ltd, 1992.
[30] WESTON D A. Electromagnetic Compatibility: Principles and Applications. New York: Marcel Dekker, Inc. , 1991.
[31] WHITE D R J, MARDIGUIAN M. EMI Control Technology and Procedures. Gainesville, Virginia: Interference Control Technologies, Inc. , USA, 1988.
[32] PAUL C R, NASAR S A. Introduction to Electromagnetic Fields, 2nd ed. New York: McGraw-Hill, 1987.
[33] VIOLETTE J L N, WHITE D R J, VIOLETTE M F. Electromagnetic Compatibility

Handbook. New York: van nostrand reinhold company, 1987.

[34] OZENBAUGH R L. EMI Filter Design. New York: Marcel Dekker, Inc. , 1996.

[35] ARCHAMBEAULT B, RAMAHI O M, BRENCH C. EMI/EMC Computational Modeling Handbook. Boston: Kluwer Academic Publishers, 1998.

[36] PAUL C R. Analysis of Multi-conductor Transmission Lines. New York: John Wiley & Sons Ltd. , 1994.

[37] SMITH A A, Jr. Coupling of External Electromagnetic Fields to Transmission Lines. New York: John Wiley & Sons Ltd. , 1977.

[38] PLONSEY R, COLLIN R E. Principles and Applications of Electromagnetic Fields. New York: McGraw-Hill, 1961.

[39] RAMO S, WHINNERY J R, VAN D T. Fields and Waves in Communication Electronics, 2nd ed. New York: John Wiley and Sons, 1989.

[40] VANCE E F. Coupling to Shielded Cables. R. E. Krieger, Melbourne, FL, 1987.

[41] VIOLETTE N J L, WHITEL D R J, VIOLETTE M F. Electromagnetic Compatibility Handbook. Van Nostrand Reinhold Co. , New York, 1985.

[42] RICKETTS L W, BRIDGES J E, MILETTA J. EMP Radiation and Protective Techniques. John Wiley and Sons, New York, 1976.

[43] WHITE D R J. A Handbook on Electromagnetic Shielding Materials and Performance. Don White Consultants, Inc. , 1975.

[44] WHITE D R J. A Handbook on Electromagnetic Interference and Compatibility. Don White Consultants, Inc. , 1973.

[45] DENNY H W. Grounding for the Control of EMI. Don White Consultants, Inc. , 1983.

[46] MARDIGUIAN M. EMI troubleshooting techniques. New York: McGraw-Hill, 2000.

[47] A handbook for EMC: testing and measurement. London: Peter Peregrinus Ltd. , 1994.

[48] MONTROSE M I. EMC and the printed circuit board: design, theory, and layout made simple. New York: IEEE Press, 1999.

[49] O'HARA M. EMC at component and PCB level. Oxford, England: Newnes, 1998.

[50] ARCHAMBEAULT B, et al. EMI/EMC computational modeling handbook. Boston: Kluwer, 1998.

[51] WILLIAMS T. EMC for product designers. Boston: Newnes, 1992.

[52] MACNAMARA T. Handbook of antennas for EMC. Boston: Artech House, 1995.

[53] MOLYNEUX-C J W. EMC shielding materials. 2nd ed. Boston: Newnes, 1997.

第2章 电磁兼容基本概念

本章详细地介绍了基本的电磁兼容术语；简要地描述了产生电磁干扰的条件；对电磁兼容领域广泛采用的测量单位和换算关系进行了定义、说明和推导；介绍了电磁骚扰源及其分类；指出了描述电磁骚扰性质的常用参数；最后引入了电磁环境的定义和分类。

2.1 基本电磁兼容术语

电磁兼容作为一门新兴的综合性学科，必然要定义一系列的名词和术语。电磁兼容要解决一个国家、一个地区甚至世界范围内的电力电子系统兼容工作的问题，以保障电力电子设备、系统的可靠运行，所以必须在相应的范围内规定统一的名词术语，保证叙述、设计及论证的统一性，保证试验、测量和检验结果的可比性。电磁兼容标准的一个重要内容就是统一规定名词术语。我国国家军用标准 GJB 72－85 规定了《电磁干扰和电磁兼容名词术语》，EMC 国家标准 GB/T 4365－1995 规定了《电磁兼容术语》，EMC 国家标准 GB/T 17624.1－1998 规定了《电磁兼容 综述 电磁兼容基本术语和定义的应用与解释》；对应的国际标准有 IEC 61000 - 1(61000 - 1 - 1，part 1：General. Section 1：Application and interpretation of fundamental definitions and terms)。

为了确切地理解电磁兼容的基本概念，我们先介绍一些基本电磁兼容术语，其他的名词术语将在以后的内容叙述中陆续介绍。我们还将介绍对应的国际标准 IEC 61000 - 1 中的名词术语。必须注意：某些电磁兼容术语与电力、电子工程中的习惯理解不完全相同，且名词术语的定义、理解和应用仅适用于电磁兼容学科的范围。下列基本电磁兼容名词术语的定义引自 EMC 国家标准 GB/T 4365－1995 及参考文献[1，7，12，18～21]。

2.1.1 一般术语

(1) 设备(Equipment)：“作为一个独立单元进行工作，并完成单一功能的任何电气、电子或机电装置。”

(2) 分系统(Subsystem)：“从电磁兼容性要求的角度考虑，下列任一状况都可认为是分系统：

① 作为单独整体起作用的许多装置或设备的组合，但并不要求其中的装置或设备独立起作用；

② 作为在一个系统内起主要作用并完成单项或多项功能的许多设备或分系统的组合。以上两类分系统内的装置或设备，在实际工作时可以分开安装在几个固定或移动的台站、运载工具及系统中。”

(3) 系统(System)：“若干设备、分系统、专职人员及可以执行或保障工作任务的技术组合。一个完整的系统，除包括有关的设施、设备、分系统、器材和辅助设备外，还包括在工作和保障环境中能胜任工作的操作人员。”

2.1.2　噪声与干扰术语

(1) 电磁噪声(Electro-Magnetic noise)：“一种明显不传送信息的时变电磁现象，它可能与有用信号叠加或组合。”电磁噪声通常是脉动的和随机的，但也可以是周期的。“Electro-Magnetic noise: A time-varying electromagnetic phenomena apparently not conveying information and which may be superimposed or combined with a wanted signal.”

(2) 自然噪声(Natural noise)：“由自然电磁现象产生的电磁噪声。”来源于自然现象而不是由机械或其他人造装置产生的噪声。“Natural(atmospheric) noise: Electro-Magnetic noise having its source in natural (atmospheric) phenomena and not generated by man-made devices.”

(3) 人为噪声(Man-made noise)：“由机电或其他人造装置产生的噪声。”“Man-made (equipment) noise: Electro-Magnetic noise having its source in man-made devices.”

(4) 无线电噪声(Radio frequency noise)：“射频频段内的电磁噪声。”一般可以认为无线电频率从 10 kHz 开始向上，而“电磁现象”则包括所有的频率，即除包括无线电频率之外，还包括所有的低频(含直流)电磁现象。“Radio frequency noise: Electro-Magnetic noise having components in the radio frequency range.”

(5) 电磁骚扰(Electro-Magnetic disturbance)：“任何可能引起装置、设备或系统性能降级或对有生命或无生命物质产生损害作用的电磁现象。电磁骚扰可能是电磁噪声、无用信号或传播媒介自身的变化。”“Electro-Magnetic disturbance: any electromagnetic phenomenon that may degrade the performance of a device, equipment, or system, or adversely affect living or inert matter. (An Electro-Magnetic disturbance may be electromagnetic noise, an unwanted signal or a change in the propagation medium itself.)”

(6) 电磁干扰(Electro-Magnetic interference)：“电磁骚扰引起的设备、传输通道或系统性能的下降。”电磁骚扰仅仅是电磁现象，即客观存在的一种物理现象；它可能引起降级或损害，但不一定已经形成后果。而电磁干扰是由电磁骚扰引起的后果。过去在术语上并未将物理现象与其造成的后果划分明确，统称为干扰(interference)。只是进入 20 世纪 90 年代，IEC 50(161)于 1990 年发布后，才明确引入了 disturbance 这一术语。为了明确与过去惯用的干扰一词的区分，中译文称之为“骚扰”。这一标准还扩大了电磁骚扰的范畴，过去称之为电磁干扰的常仅指电磁噪声，现在电磁骚扰还包括了无用信号。例如，对于受寻呼台干扰的电视频道而言，该寻呼台信号对寻呼系统而言是有用信号，但对被干扰的电视频道而言则为无用信号。此外，电磁骚扰还包括了传播媒介自身的变化，这属于无源骚扰。例如：短波通信电离层的变化，空气中雨、雾等对微波通信的影响。“Electro-Magnetic interference (EMI): degradation of the performance of a device, equipment, or system

caused by an electromagnetic disturbance."

(7) 无线电干扰(Radio interference):"由一个电磁骚扰所引起的,对接收有用无线电信号的损害。""Radio Frequency Interference (RFI): Degradation of the reception of a wanted signal caused by radio frequency disturbance."

(8) 工业干扰:"由输电线、电网以及各种电器和电子设备工作时引起的电磁干扰。"

(9) 宇宙干扰:"由银河系(包括太阳)的电磁辐射引起的电磁干扰。"

(10) 天电干扰:"由大气中发生的各种自然现象所产生的无线电噪声引起的电磁干扰。"

(11) 辐射干扰:"由任何部件、天线、电缆或连接线辐射的电磁干扰。"

(12) 传导干扰:"沿着导体附近传输的电磁干扰。"

(13) 窄带干扰:"一种主要能量频谱落在测量接收机通带之内的不希望有的发射。"

(14) 宽带干扰:"一种能量频谱相当宽的不希望有的发射。当测量接收机在±2个脉冲带宽内调谐时,它对测量接收机输出响应的影响不大于3 dB。"

2.1.3 发射术语

(1) (电磁)发射(Electro-Magnetic emission):"从源向外发出电磁能的现象。"即以辐射或传导形式从源发出的电磁能量。"Emission: radiation produced or the production of radiation, by a radio transmitting station. (For example, the energy radiated by the local oscillation or a radio receiver would not be an emission but a radiation.) Note: However in the field of EMI/EMC, the term emission is used to describe the electromagnetic interference (both radiated and conducted) generated by an apparatus or appliance." 此处的"发射"与通信工程中常用的"发射"含义并不完全相同。电磁兼容中的"发射"既包含传导发射,也包含辐射发射;而通信工程中的"发射"主要指辐射发射。电磁兼容中的"发射"常常是无意的,因而并不存在有意制作的发射部件,一些本来做其他用途的部件(例如电线、电缆等)充当了发射的角色;而通信中则是由无线发射台产生并精心制作发射部件(例如天线等)。通信中的"发射"也使用 emission,但更多的是使用 transmission。

(2) (电磁)辐射(Electro-Magnetic radiation):"由不同于传导机理所产生的有用信号的发射或电磁骚扰的发射。""Electro-Magnetic radiation: the phenomenon by which energy in the form of electromagnetic waves emanates from a source into space. Energy transferred through space in the form of electromagnetic waves." 注意"发射"与"辐射"的区别,"发射"指向空间以辐射形式和沿导线以传导形式发出的电磁能量,而"辐射"指脱离场源向空间传播的电磁能量(Radiation: The outward flow of energy from any source in the form of radio waves),不可将两者混淆。

(3) 辐射发射(Radiated emission):"通过空间传播的、有用的或不希望有的电磁能量。"

(4) 传导发射(Conducted emission):"沿电源、控制线或信号线传输的电磁能量。"

(5) 宽带发射(Broadband emission):"能量谱分布足够均匀和连续的一种发射。当电磁干扰测量仪在几倍带宽的频率范围内调谐时,它们的响应无明显变化。""Broadband emission: An emission that has a bandwidth greater than that of a particular measuring apparatus or receiver."

（6）窄带发射（Narrowband emission）：“带宽比电磁干扰测量仪带宽小的一种发射。”“Narrowband emission：An emission that has a bandwidth less than that of a particular measuring apparatus or receiver.”

（7）乱真发射（Spurious emission）：“在必要发射带宽以外的一个或几个频率上的电磁发射。这种发射电平降低时不会影响相应信息的传输。乱真发射包括谐波发射、寄生发射及互调制的产物，但不包括为传输信息而进行的调制过程在仅靠必要发射带宽附近的发射。”“Spurious emission (of a transmitting station)：emission on a frequency or frequencies that are outside the necessary bandwidth and the level of which may be reduced without affecting the corresponding transmission of information.”

2.1.4　电磁兼容性术语

（1）（性能）降低（Degradation of performance）：“装置、设备或系统的工作性能与正常性能的非期望偏离。”应注意，此种非期望偏离（向坏的方向偏离）并不意味着一定会被使用者觉察，但也应视为性能降低。“Degradation (of performance)：An undesired departure in the operational performance of any device，equipment，or system from its intended performance. (The term degradation can apply to temporary or permanent failure.)”

（2）电磁环境（Electromagnetic environment）：“存在于给定场所的所有电磁现象的总和。”“给定场所”即“空间”；“所有电磁现象”包括了全部“时间”与全部“频谱”。“Electro-Magnetic environment：The totality of electromagnetic phenomena existing at a give location.”

（3）无用信号（Unwanted signal，undesired signal）：“可能损害有用信号接收的信号。”“Unwanted signal；undesired signal：A signal that may impair the reception of a wanted signal.”

（4）干扰信号（Interfering signal）：“损害有用信号接收的信号。”比较术语“无用信号”和“干扰信号”可见，其差别仅在于无用信号是“可能损害 ……”，而干扰信号是“损害……”。表明无用信号在某些条件下还是有用的、无害的；而干扰信号在任何情况下都是有害的。“Interfering signal：A signal that impairs the reception of a wanted signal.”

（5）（对骚扰的）抗扰度（Immunity to a disturbance）：“装置、设备或系统面临电磁骚扰而不降低运行性能的能力。”“Immunity (to a disturbance)：the ability of a device，equipment，or system to perform without degradation in the presence of an electromagnetic disturbance.”

（6）抗扰度电平（Immunity level）：“将某给定的电磁骚扰施加于某一装置、设备或系统而其仍能正常工作并保持所需性能等级时的最大骚扰电平。”也就是说：超过此电平，该装置、设备或系统就会出现性能降低。而“敏感性电平”是指刚刚出现性能降低的骚扰电平。所以对某一装置、设备或系统而言，抗扰度电平与敏感性电平是同一个数值。“Immunity level：The maximum level of a given electromagnetic disturbance incident on a particular device，equipment，or system for which it remains capable of operating at a required degree of performance.”

（7）抗扰度限值（Immunity limit）：“规定的最小抗扰度电平。”“限值”是人为规定的参数，而“电平”是装置、设备或系统本身的特性。“Immunity limit：The specified minimum immunity level."

(8) 抗扰度裕量(Immunity margin):"装置、设备或系统的抗扰度限值与电磁兼容电平之间的差值。""Immunity margin: The difference between the immunity limit of a device, equipment, or system and the electromagnetic compatibility level."

(9) 电磁敏感性(Electro-Magnetic susceptibility, EMS):"在存在电磁骚扰的情况下,装置、设备或系统不能避免性能降低的能力。"实际上,抗扰度与敏感性都反映的是装置、设备或系统抗干扰的能力,仅仅是从不同的角度而言。敏感性高,则抗扰度低,反之亦然。"Electro-Magnetic susceptibility: The inability of a device, equipment, or system to perform without degradation in the presence of an electromagnetic disturbance. (susceptibility is a lack of immunity.)"

(10) 辐射敏感度(Radiated susceptibility):"对造成设备降级的辐射干扰场的度量。"

(11) 传导敏感度(Conducted susceptibility):"当引起设备不希望有的响应或造成其性能降级时,对在电源、控制或信号引线上的干扰信号电流或电压的度量。"

(12) 电磁兼容电平(Electro-Magnetic compatibility level):"预期加在工作于指定条件的装置、设备或系统上规定的最大电磁骚扰电平。""Electro-Magnetic compatibility level: The specified maximum electromagnetic disturbance level expected to be impressed on a device, equipment, or system operated in particular conditions."

(13) 电磁兼容裕量(Electro-Magnetic compatibility margin):"装置、设备或系统的抗扰度限值与骚扰源的发射限值之间的差值。""Electro-Magnetic compatibility margin: The radio of the immunity level of a device, equipment, or system to the reference disturbance level."

(14) 骚扰抑制(Disturbance suppression):"削弱或消除电磁骚扰的措施。"骚扰抑制是施加于电磁发射源上的措施。"Disturbance suppression: Action that reduces or eliminates electromagnetic disturbance."

(15) 干扰抑制(Interference suppression):"削弱或消除电磁干扰的措施。""Interference suppression: Action that reduces or eliminates electromagnetic interference."

(16) (时变量的)电平(Level of time-varying quantity):"用规定方式在规定时间内求得的诸如功率或场参数等时变量的平均值或加权值。"

(17) 骚扰限值(允许值)(Limit of disturbance):"对应于规定测量方法的最大电磁骚扰允许电平。"限值是人为制定的一个电平,在规定限值时一定需要规定测量方法。"允许值"一词是我国过去对"limit"一词的译法。按国家标准应首选"限值"这一译名。"Limit of disturbance: The maximum permissible electromagnetic disturbance level, as measured in a specified way."

(18) 干扰限值(允许值)(Limit of interference):"电磁骚扰使装置、设备或系统最大允许的性能降低。"干扰限值是性能降低的指标,不是电磁现象的指标。"Limit of interference: Maximum permissible degradation of the performance of a device, equipment, or system due to an electromagnetic disturbance."

(19) (骚扰源的)发射电平(Emission level of a disturbance source):"用规定的方法测得的由特定装置、设备或系统发射的某给定电磁骚扰电平。"所谓"特定装置……",是根据particular一词译出的,实际上是指"某一个"的意思。"某给定电磁骚扰电平……"指的是某种电磁现象的量，例如功率、电压、场强等，也包括频率在内。

(20)（来自骚扰源的）发射限值(Emission limit from a disturbance source)：“规定电磁骚扰源的最大发射电平。”此术语应按其解释去理解，也就是说发射限值是人为规定的，而不是骚扰源本身的特性。所以，此术语中的“来自”二字不应译出。

(21) 试样或受试设备(EUT)：“待试验或正在试验中的装置、设备、分系统或系统。”“Equipment Under Test (EUT)：A device or system used for evaluation that is representative of a product to be marketed.”

(22) 关键点：“分系统中对干扰最敏感的点，它与灵敏度、固有的敏感度、任务目标的重要性以及所处的电磁环境等因素有关。实际上这是一个电气点，通常处于分系统输出级之前。”

(23) 电磁干扰测量仪：“测量各种电磁发射电压、电流或场强的仪器。它实质上是一种按规定要求专门设计的接收机。”

(24) 敏感度门限：“使试样呈现最小可辨别的、不希望有的响应的信号电平。”

(25) 电磁干扰安全系数：“敏感度门限与出现在关键试验点或信号线上的干扰之比。”

(26) 电磁兼容性故障：“由于电磁干扰或敏感性原因，系统或有关的分系统及设备失灵，从而导致使用寿命缩短、运载工具受损、飞机失事或系统效能发生不允许的永久性下降。”

2.1.5　相关术语之间的关系

为了理解上述术语之间的关系，将各个值绘出，如图 2-1 及图 2-2 所示。

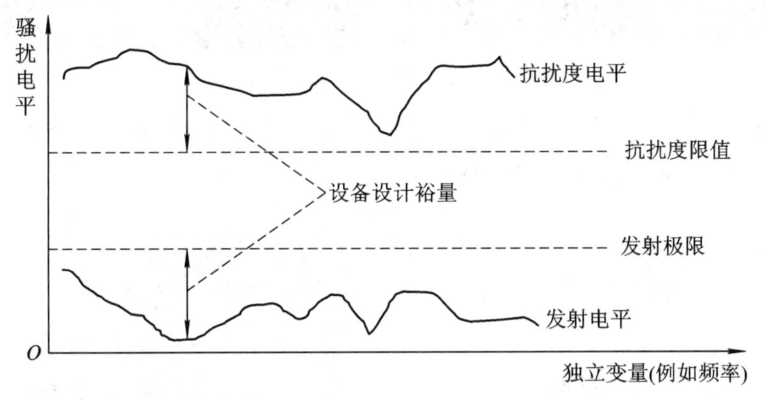

图 2-1　发射设备和敏感设备的限值、电平与独立变量(例如频率)的关系

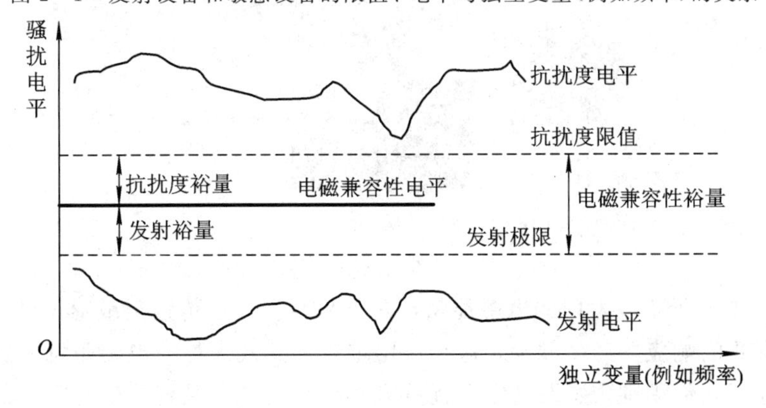

图 2-2　各个限值、电平、裕量与独立变量(例如频率)的关系

2.2　电磁干扰的产生条件

2.2.1　电磁干扰三要素

在现代高技术战争中大量使用了电子信息装备，显示了信息战的优势。信息战电磁信号类型众多、影响各异、无形无影、无处不在、变幻莫测、密集交叠、无限宽广、密度不均、数量繁多、波形复杂。电子信息装备不仅数量庞大、体制复杂、种类多样，而且功率大，使得战场空间的电磁信号非常密集，形成了极为复杂的电磁环境。电磁环境效应直接影响着武器装备的战斗效能发挥和战场生存能力。图 2-3 为战斗机的电磁环境效应试验及电子器件的电磁毁伤。

图 2-3　电磁环境效应示例

电磁干扰是一种有害的电磁效应，轻则使设备或系统的性能降级，重则使设备或系统失效。通常电磁干扰源借助前门耦合或者后门耦合作用于敏感对象，如图 2-4 所示。

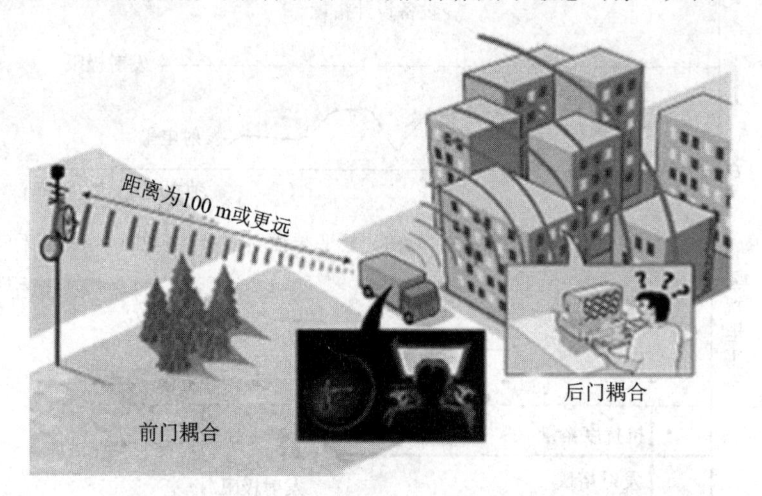

图 2-4　电磁干扰源的耦合途径

一般地，电磁干扰源发射的电磁能量通过某种耦合通道传输至敏感设备，导致敏感设备出现某种形式的响应并产生效果，这一作用过程及其效果称为**电磁干扰效应**。电磁干扰效应普遍存在于人们周围。如果电磁干扰效应表现为设备或系统发生有限度的降级，就称为**电磁兼容性故障**。

图 2-5 示出了可能的电磁干扰源及其作用于敏感设备(以电视接收机为例)的潜在干扰传播途径。雷电、汽车和计算机产生的辐射干扰以电磁波辐射的方式施加于电视接收机(以带箭头的实线表示);计算机产生的传导干扰,通过与电源线相连的电源插座,沿电源线作用于电视接收机(以带箭头的虚线表示)。

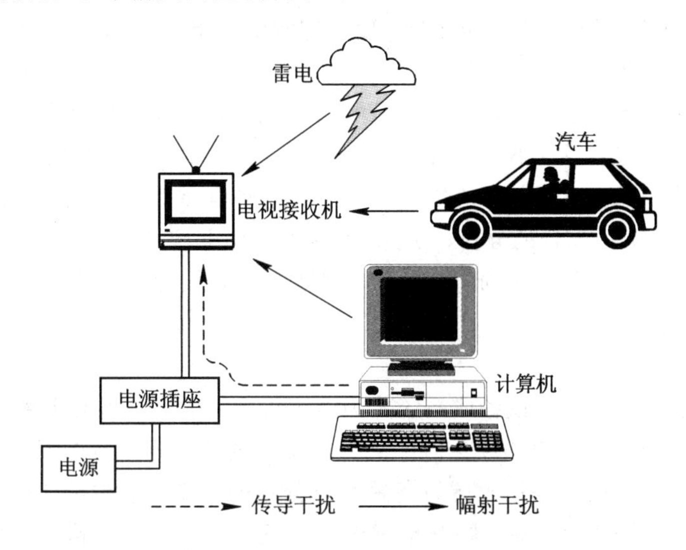

图 2-5　电磁干扰源作用于敏感设备的耦合途径

不论复杂系统还是简单装置,任何一个电磁干扰效应必须具备三个基本条件:首先应该具有电磁干扰源,即要有产生电磁能量的物体或现象,如日光灯的开关、汽车的点火系统、雷达、大功率用电设备、处理数字信息的设备、雷电放电等;其次要有传输干扰能量的途径(或通道);第三还必须有被干扰对象(敏感设备)的响应。在电磁兼容理论和实践中,敏感设备是被干扰对象的总称,它可以是一个很小的元件或一个电路板组件,也可以是一个单独的用电设备,甚至可以是一个大系统。电磁干扰源是指产生电磁干扰的任何元件、器件、设备、系统或自然现象。使电磁干扰能量传输至敏感设备的通路或媒介则被称为干扰传播途径(或耦合途径、耦合通道)。

因此,电磁干扰源、干扰传播途径和敏感设备称为**电磁干扰三要素**。图 2-6 是电磁干扰三要素的示意图。如果用时间 t、频率 f、距离 r 和方位 θ 的函数 $S(t, f, r, \theta)$、$C(t, f, r, \theta)$、$R(t, f, r, \theta)$ 分别表示电磁干扰源、电磁能量的干扰耦合、敏感设备的敏感性,则产生电磁干扰时,必须满足如下关系:

$$S(t, f, r, \theta) \cdot C(t, f, r, \theta) \geqslant R(t, f, r, \theta)$$

辐射耦合
干扰耦合途径
电磁干扰源
敏感设备
传导耦合

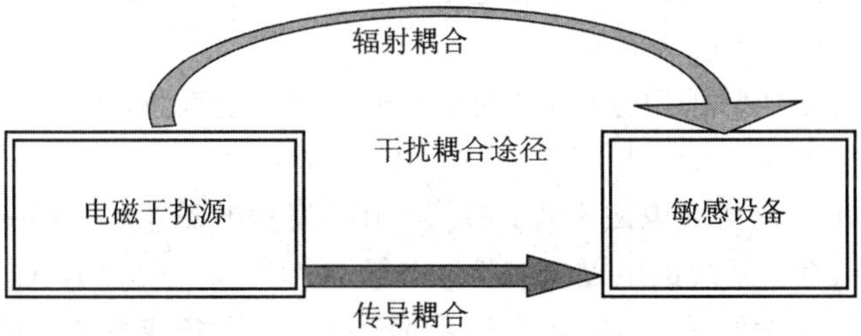

图 2-6　电磁干扰三要素示意图

从上式可以看出，形成电磁干扰时，电磁干扰源、耦合途径、敏感设备这三个要素缺一不可。这就是说，能产生巨大电磁能量的干扰源，如大功率雷达、核爆炸、雷电放电等，未必一定能够形成电磁干扰，只能说它们是潜在的电磁干扰源。同样，对电磁能量比较敏感的设备，如计算机、信息处理设备、通信接收机等，也未必一定能被干扰，只能说它们是潜在的电磁敏感设备。此外，上式也表明：要想抑制电磁干扰，排除电磁干扰故障，使用电设备或系统电磁兼容地工作，必须使 $S \cdot C < R$。

事实上，任何一台用电设备，既可能是电磁干扰源，又可能是电磁敏感设备。在电磁兼容性设计中，电磁兼容性工程师通常对电磁干扰源的特性、电磁敏感设备的性能提出具体的电磁兼容技术要求，由器件、设备供应商考虑这些电磁兼容性技术要求，并按要求提供器件、设备。电磁干扰耦合的分析、预测，系统的电磁兼容性，则主要由电磁兼容性工程师依据系统的组成、布局和系统的电磁兼容性技术要求，从总体上进行系统设计。

2.2.2 敏感设备

受电磁骚扰影响的电路、设备或系统称为敏感设备。敏感设备受电磁骚扰影响的程度用敏感度来表示。敏感度指敏感设备对电磁骚扰所呈现的不希望有的响应程度，其量化指标是敏感度门限。敏感度门限指敏感设备最小可分辨的不希望有的响应信号电平，也就是敏感电平的最小值。敏感度越高，则其敏感电平越低，抗干扰能力越差。敏感度门限的概念在分析、设计和预测电磁兼容性中是描述敏感设备电磁特性的重要参数。

不同类型的敏感设备，其敏感度门限的表达式是不一样的，大多数以电压幅度表示，但也有以能量和功率表示的，如受静电放电干扰的设备为能量型，受热噪声干扰的设备为功率型。电子设备是所有用电设备中性能较优良、体积较小、应用较广泛的一种，其敏感度主要取决于电子设备的灵敏度和频带宽度。一般认为电子设备的敏感度 S_U 与灵敏度 G_U 成反比，与频带宽度 B 成正比。

1. 电磁干扰安全系数

为了说明电磁骚扰源是否对敏感设备造成干扰，人们引入电磁干扰安全系数 M，它定义为敏感度门限与出现在关键试验点或信号线上的干扰电平之比。设 I 表示出现在关键试验点或信号线上的干扰电平，N 表示敏感设备的噪声电平(因为只有外来信号或骚扰电平超过其噪声电平时，敏感设备才能有响应，因此 N 一般可看成受感设备的灵敏度或敏感度门限值)，所以电磁干扰安全系数(安全裕量)可写为

$$M = \frac{N}{I}$$

显然，当 $I>N$ 时，$M<1$，表示存在潜在电磁干扰；当 $I<N$ 时，$M>1$，表示电磁兼容；当 $I=N$ 时，$M=1$，表示处于临界状态。

电磁兼容工程中，通常采用分贝 dB 表示电磁干扰安全系数，即

$$M(\text{dB}) = N(\text{dB}) - I(\text{dB})$$

此时 $M<0$ dB，表示存在潜在电磁干扰；$M>0$ dB，表示电磁兼容；$M=0$ dB，表示处于临界状态。为了保证设备、系统的电磁兼容性，一般取 $M=(3\sim6)$ dB，对于军用设备还需提出更高的要求。值得注意的是，不能认为只要 $M>0$ dB，设备或系统就能电磁兼容地工作，而是 M 大于一定数值时，设备或系统才会以一定概率电磁兼容地工作。M 值越大，设备或

系统能够电磁兼容工作的概率就越大。

2. 模拟电路的敏感度

模拟电路的敏感度通常表示为

$$S_U = \frac{K}{N_U} f(B)$$

式中，S_U 为以电压表示的模拟电路敏感度；N_U 为热噪声电压；B 为模拟电路的频带宽度；K 为与干扰有关的比例系数。

为了比较各类敏感设备的相对敏感性能，取 $K=1$，这样

$$S_U = \frac{1}{N_U} f(B)$$

模拟电路的敏感度与频带宽度 B 的依赖关系 $f(B)$，随干扰源性质的不同而不同。当干扰源的干扰信号特性在相邻的频率分量间作有规则的相位和幅度变化时(例如瞬变电压或脉冲信号等)，模拟电路的敏感度与频带宽度 B 的依赖关系 $f(B)$ 是线性关系。设 $f(B)=B$，则有

$$S_U = \frac{B}{N_U}$$

当干扰源的干扰信号特性在相邻的频率分量间的相位和幅度变化是无规则随机变化时(例如热噪声、非调制的电弧放电等)，模拟电路的敏感度与频带宽度 B 成正比。设 $f(B)=\sqrt{B}$，则有

$$S_U = \frac{\sqrt{B}}{N_U}$$

模拟电路的灵敏度 G_U 与热噪声 N_U 之间常有依赖关系 $N_U=2G_U$，因此，常用灵敏度表示敏感度，即

$$S_U = \frac{B}{2G_U} \qquad \left(\text{或 } S_U = \frac{\sqrt{B}}{2G_U}\right)$$

模拟电路的敏感度还可以用功率表示，记为 S_P，它与以电压表示的敏感度 S_U 成平方关系，即

$$S_P = S_U^2 = \frac{B^2}{4G_U^2}$$

由于以电压度量的热噪声 N_U 可以转换成以功率表示的热噪声 N_P，所以上式可以表示为

$$S_P = \frac{B^2}{4RN_P}$$

式中，$N_P=G_U^2/R$，R 是模拟电路的输入阻抗。

3. 数字电路的敏感度

数字电路的敏感度通常可以表示为

$$S_d = \frac{B}{N_{dl}}$$

式中：S_d 为数字电路的敏感度；B 为数字电路的频带宽度；N_{dl} 为数字电路的最小触发电平。一般地，数字电路的最小触发电平远比模拟电路的噪声电平大得多，因此数字电路的

敏感度值比模拟电路的敏感度值要小得多，这表明数字电路具有较强的抗干扰能力。

在电磁兼容工程中，敏感度常常以分贝(dB)表示，这样，模拟电路与数字电路的敏感度还可以依次表示为

$$S_{\mathrm{dBV}} = 20\ \lg S_U = 20\ \lg f(B) - 20\ \lg N_U = 20\ \lg f(B) - N_{\mathrm{dBV}}$$

和

$$S_{\mathrm{dBd}} = 20\ \lg B - 20\ \lg N_{\mathrm{dl}}$$

2.3　常用 EMC 单位及换算关系

测量单位的特殊性是电磁兼容学科的主要特点之一。在电磁兼容测量中，常用不同的单位表示测量值的大小。EMC 问题中人们主要感兴趣的量是传导发射(电压，以伏特(V)为单位；电流，以安培(A)为单位)和辐射发射(电场，以伏特每米(V/m)为单位；磁场，以安培每米(A/m)为单位)。与电压、电流、电场和磁场相联系的就是以瓦特(W)为单位的功率和以瓦特每平方米($\mathrm{W/m^2}$)为单位的功率密度。EMC 领域中这些量的取值范围相当大。例如，电场可以从 1 μV/m 到 200 V/m，这意味着电场幅值的动态范围达到了 8 个数量级(10^8)。因为 EMC 领域中以 V、A、V/m、A/m、W 和 $\mathrm{W/m^2}$ 为单位表示的量的范围相当大，所以 EMC 单位常采用分贝(dB)来表示。数量以分贝(dB)表示的单位，不是它的绝对单位，它具有能够将较大的数量压缩成较小数量的特性。为了在 EMC 领域中变换、理解和使用以 dB 表示的单位，回顾对数运算是非常必要的。

以 m 为底的对数运算定义为

$$\log_m A = n \tag{2-1}$$

A 为以 m 为底的 n 次幂，即

$$A = m^n \tag{2-2}$$

其他对数运算的主要特性为

$$\log_m(A \times B) = \log_m A + \log_m B \tag{2-3}$$

$$\log_m(A^k) = k\ \log_m A \tag{2-4}$$

$$\log_m\left(\frac{A}{B}\right) = \log_m A - \log_m B \tag{2-5}$$

注意：

$$\log_m(A + B) \neq \log_m A + \log_m B$$

分贝起初是为了描述电话机电路中的噪声影响而引入的，因为人的听力趋于对数形式，所以很自然地以 dB 为单位来描述噪声影响。考虑如图 2-7 所示的放大器电路，开路电压 U_{S} 和源电阻 R_{S} 组成信号源，信号源发送一个信号并通过放大器将其传送到负载 R_{L}。

放大器的输入电阻用 R_{in} 表示，信号源传送到放大器输入端的功率为

$$P_{\mathrm{in}} = \frac{u_{\mathrm{in}}^2}{R_{\mathrm{in}}} \tag{2-6}$$

式中，输入电压表示为有效值(均方根(RMS))，不同于正弦电压的峰值 U_{peak}，$U_{\mathrm{RMS}} = U_{\mathrm{peak}}/\sqrt{2}$。

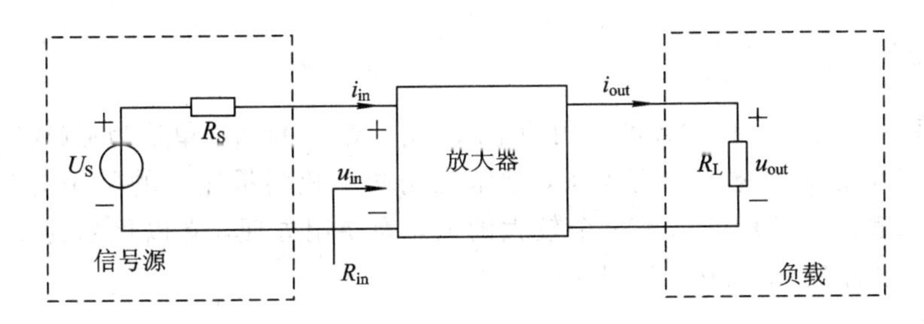

图 2-7　分贝定义和使用举例

有两种表示电压和电流的方法：峰值和有效值。如果将正弦电压表示为 $u=U\sin(\omega t+\phi)$，那么其波形的最大值或者峰值为 U。如果该电压施加于电阻 R 两端，那么馈给电阻的平均功率为 $P_{av}=(1/2)\cdot(U^2/R)$；另一方面，测量设备几乎都以有效值(RMS)来校准，而不是以峰值来校准。这种情况下，馈给电阻的平均功率为 $P_{av}=U_{RMS}^2/R$，不需要因子 1/2。

放大器的输出功率，即负载上获得的功率为

$$P_{out}=\frac{u_{out}^2}{R_L} \tag{2-7}$$

则放大器的功率增益 G_P 为

$$G_P=\frac{P_{out}}{P_{in}}=\frac{u_{out}^2}{u_{in}^2}\frac{R_{in}}{R_L} \tag{2-8}$$

以 dB 表示的功率增益 $G_P(\mathrm{dB})$ 定义为

$$G_P(\mathrm{dB})=10\lg\frac{P_{out}}{P_{in}} \tag{2-9}$$

类似地，放大器的电压增益 G_U、电流增益 G_I 分别定义为

$$G_U=\frac{u_{out}}{u_{in}} \tag{2-10}$$

$$G_I=\frac{i_{out}}{i_{in}} \tag{2-11}$$

以 dB 为单位定义的 $G_U(\mathrm{dB})$、$G_I(\mathrm{dB})$ 分别为

$$G_U(\mathrm{dB})=20\lg\frac{u_{out}}{u_{in}} \tag{2-12}$$

$$G_I(\mathrm{dB})=20\lg\frac{i_{out}}{i_{in}} \tag{2-13}$$

注意，以 dB 为单位的功率增益定义为 10 倍的以 10 为底的两个量的比值的对数，而以 dB 为单位的电压增益和电流增益定义为 20 倍的以 10 为底的两个量的比值的对数。

显然，如果放大器的输入电阻等于输出电阻，即 $R_{in}=R_L$，那么式(2-8)变为

$$G_P=\frac{P_{out}}{P_{in}}=\left(\frac{u_{out}^2}{u_{in}^2}\frac{R_{in}}{R_L}\right)_{R_{in}=R_L}=\left(\frac{u_{out}^2}{u_{in}^2}\right)_{R_{in}=R_L} \tag{2-14}$$

对应的以 dB 为单位的功率增益为

$$G_P(\mathrm{dB})=20\lg\left(\frac{u_{out}}{u_{in}}\right)_{R_{in}=R_L} \tag{2-15}$$

式(2-15)定义的功率增益与式(2-12)定义的电压增益是相同的。

2.3.1　功率

电磁兼容测量中，干扰的幅度可用功率来表述。功率的基本单位为瓦(W)，即焦耳/秒(J/s)。对于变化范围很宽的数值关系，常常应用两个相同量比值的常用对数(以“贝尔”(B)为单位)来表示。但是贝尔是一个较大的值，为使用方便，常以贝尔的1/10，即分贝(dB)为单位，这样功率可用分贝(dB)表示为

$$P_{dB} = 10\ \lg \frac{P_2}{P_1} \tag{2-16}$$

式中P_1和P_2应采用相同的单位。必须明确分贝仅为两个量的比值，是无量纲的。随着分贝表示式中的基准参考量的单位的不同，分贝在形式上也带有某种量纲。比如基准参考量P_1为1 W，则P_2/P_1是相对于1 W的比值，即以1 W为0 dB。此时是以带有功率量纲的分贝dBW表示P_2的，所以有

$$P_{dBW} = 10\ \lg \frac{P_W}{1\ W} = 10\ \lg P_W \tag{2-17}$$

式中：P_W是实际测量值，以W为单位；P_{dBW}是用dBW表示的测量值。

功率测量单位通常用分贝毫瓦(dBmW)来表示，更常用dBm来表示。它是以1 mW为基准参考量，即以1 mW为0 dBm，即

$$P_{dBm} = 10\ \lg \frac{P_{mW}}{1\ mW} \tag{2-18}$$

显然

$$0\ dBm = -30\ dBW \tag{2-19}$$

类似地，以1 μW作为基准参考量，表示0 dBμW，称为分贝微瓦。dBW、dBm、dBμW与W的换算关系为

$$\begin{aligned} P_{dBW} &= 10\ \lg P_W \\ P_{dBm} &= 10\ \lg P_W + 30 \\ P_{dB\mu W} &= 10\ \lg P_W + 60 \end{aligned} \tag{2-20}$$

因为

$$10\ \lg \frac{P}{10^{-3}} = 10\ \lg P - 10\ \lg 10^{-3} = 10\ \lg P + 30$$

可以将功率值通过10 lg运算变换为dBW (相对于1 W的dB值)，然后加上30得到dBm值。电磁兼容工程中，除了功率习惯用分贝单位表示外，电压、电流和场强也都常用分贝单位表示。

2.3.2　电压

电压的分贝单位表示为

$$\begin{cases} U_{dBV} = 20\ \lg \dfrac{U_V}{1\ V} = 20\ \lg U \\ U_{dBmV} = 20\ \lg \dfrac{U_{mV}}{1\ mV} \\ U_{dB\mu V} = 20\ \lg \dfrac{U_{\mu V}}{1\ \mu V} \end{cases} \tag{2-21}$$

电压以 V 为单位和以 dBV、dBmV、dBμV 为单位的换算关系为

$$
\begin{aligned}
U_{\mathrm{dBV}} &= 20\ \lg \frac{U_{\mathrm{V}}}{1\ \mathrm{V}} = 20\ \lg U \\
U_{\mathrm{dBmV}} &= 20\ \lg \frac{U_{\mathrm{V}}}{10^{-3}} = 20\ \lg U + 60 \\
U_{\mathrm{dB\mu V}} &= 20\ \lg \frac{U_{\mathrm{V}}}{10^{-6}} = 20\ \lg U + 120
\end{aligned}
\tag{2-22}
$$

功率与电压间的单位换算需要考虑测量设备的输入阻抗，对于纯电阻有

$$P = \frac{U^2}{R}$$

式中：P 表示功率，单位为 W；U 表示电压，单位为 V；R 表示电阻，单位为 Ω。若以分贝表示，上式可以写为

$$P_{\mathrm{dBW}} = 10\ \lg \frac{P_2}{P_1} = 20\ \lg \frac{U_2}{U_1} - 10\ \lg \frac{R_2}{R_1} \tag{2-23}$$

式(2－23)中右端的第一项为电压分贝值，通常以 dBμV 为单位。显然，0 dBμV＝－120 dBV。考虑到式(2－23)，则有关系：

$$P_{\mathrm{dBm}} - 30 = U_{\mathrm{dB\mu V}} - 120 - 10\ \lg \frac{R_\Omega}{1\ \Omega} \tag{2-24}$$

式中，R_Ω 表示以 Ω 为单位的电阻值。对于 50 Ω 的系统，应满足下式：

$$P_{\mathrm{dBm}} = U_{\mathrm{dB\mu V}} - 120 + 30 - 10\ \lg \frac{50\ \Omega}{1\ \Omega} = U_{\mathrm{dB\mu V}} - 107 \tag{2-25}$$

2.3.3　电流

电流常以 dBμA 为单位，即

$$I_{\mathrm{dB\mu A}} = 20\ \lg \frac{I_{\mathrm{\mu A}}}{1\ \mathrm{\mu A}} \tag{2-26}$$

式中，$I_{\mathrm{\mu A}}$ 表示以 μA 为单位的电流；$I_{\mathrm{dB\mu A}}$ 表示以 dBμA 为单位的电流。

2.3.4　功率密度

有时用功率密度表示空间的电磁场强度。功率密度定义为垂直通过单位面积的电磁功率，即坡印廷矢量 $\boldsymbol{S}$ 的模。坡印廷矢量表示电场强度矢量 $\boldsymbol{E}$、磁场强度矢量 $\boldsymbol{H}$ 之间的关系，即

$$\boldsymbol{S} = \boldsymbol{E} \times \boldsymbol{H} \tag{2-27}$$

式中：$\boldsymbol{S}$ 表示坡印廷矢量，以 $\mathrm{W/m^2}$ 为单位；$\boldsymbol{E}$ 表示电场强度矢量，以 V/m 为单位；$\boldsymbol{H}$ 表示磁场强度矢量，以 A/m 为单位。而空间任意一点的电场强度与磁场强度的幅度关系可用波阻抗描述为

$$Z = \frac{E}{H} \tag{2-28}$$

式中，Z 表示波阻抗，以 Ω 为单位。但对于满足远场条件的平面波(TEM 波)，电场强度矢量与磁场强度矢量在空间上相互垂直，其波阻抗在自由空间为

$$Z_0 = 120\pi\,\Omega = 377\ \Omega$$

此时，$S=E^2/Z_0$。

功率密度的基本单位为 W/m²，常用单位为 mW/cm² 或 μW/cm²。这些功率单位之间的关系为

$$S_{\mathrm{W/m^2}} = 0.1S_{\mathrm{mW/cm^2}} = 100S_{\mu\mathrm{W/cm^2}} \tag{2-29}$$

采用分贝表示时，对于满足远场条件的平面波有

$$10\ \lg S_{\mathrm{W/m^2}} = 20\ \lg E_{\mathrm{V/m}} - 10\ \lg 120\pi$$

即

$$S_{\mathrm{dBW/m^2}} = E_{\mathrm{dBV/m}} - 25.8 \tag{2-30}$$

2.3.5 电场强度与磁场强度

电场强度的单位有 V/m、mV/m、μV/m，采用 dB 表示时，有

$$E_{\mathrm{dB\mu V/m}} = 20\ \lg \frac{E_{\mu\mathrm{V/m}}}{1\ \mu\mathrm{V}/m}$$

显然

$$1\ \mathrm{V/m} = 0\ \mathrm{dBV/m} = 60\ \mathrm{dBmV/m} = 120\ \mathrm{dB\mu V/m}$$

磁场强度虽然在电磁兼容领域中经常使用，但它并非国际单位制中的具有专门名称的导出单位，导出单位是磁感应强度 **B**(磁通密度)。磁感应强度与磁场强度的关系为

$$\boldsymbol{B} = \mu \boldsymbol{H}$$

式中：**B** 表示磁感应强度矢量，以特斯拉(T)为单位，1 T=1 Wb/m²；**H** 表示磁场强度矢量，以A/m为单位；μ 表示介质的绝对磁导率，以 H/m 为单位。磁场强度的单位还有 mA/m、μA/m，采用分贝表示时，有

$$H_{\mathrm{dB\mu A/m}} = 20\ \lg \frac{H_{\mu\mathrm{A/m}}}{1\ \mu\mathrm{A/m}}$$

显然

$$1\ \mathrm{A/m} = 0\ \mathrm{dBA/m} = 60\ \mathrm{dBmA/m} = 120\ \mathrm{dB\mu A/m}$$

对于实际 EMC 工程应用而言，以 dB 表示的单位的变换和使用很重要。下面讨论如何将以 dB 为单位的值转换为绝对单位值。

【例 2-1】 将 108 dBμV 变换为相应的绝对单位值。

【解】 以 dB 为单位的值定义为

$$108\ \mathrm{dB\mu V} = 20\ \lg\frac{U}{10^{-6}}$$

由式(2-2)可得

$$U = 10^{108\ \mathrm{dB\mu V}/20} \times 10^{-6} = 0.2512\ \mathrm{V}$$

常见的转换式为

$$U = 10^{\square\mathrm{dB\mu V}/20} \times 10^{-6}\ \mathrm{V}$$

$$U = 10^{\square\mathrm{dBmV}/20} \times 10^{-3}\ \mathrm{V}$$

$$P = 10^{\square\mathrm{dB\mu W}/10} \times 10^{-6}\ \mathrm{W}$$

$$P = 10^{\square\mathrm{dBmW}/10} \times 10^{-3}\ \mathrm{W}$$

转换步骤为：

(1) 将以 dB 为单位的值除以 20(电压或电流)或者 10(功率)。

(2) 求以 10 为底的幂值。

(3) 对于 dBμV 和 dBμW，将结果乘以 10^{-6}；对于 dBmV 和 dBmW，将结果乘以 10^{-3}。同样的规则适用于以 dBμV/m、dBmV/m 为单位的电场量和以 dBμA/m、dBmA/m 为单位的磁场量。例如：

$$U = 10^{(60\ \mathrm{dB\mu V})/20} \times 10^{-6} = 1\ \mathrm{mV}$$

为了能够不使用计算器，合理地精确估计某个量以 dB 为单位的值，表 2-1 给出了一些常见的以 dB 为单位的值。

表 2-1　分 贝 转 换

比　值	U 或者 I/dB	P/dB
10^6	120	60
10^5	100	50
10^4	80	40
10^3	60	30
10^2	40	20
10^1	20	10
9	19	9.54
8	18.06	9.03
7	16.9	8.45
6	15.56	7.78
5	13.98	6.99
4	12.04	6.02
3	9.54	4.77
2	6.02	3.01
1	0	0
10^{-1}	−20	−10
10^{-2}	−40	−20
10^{-3}	−60	−30

表 2-1 中最有用的数是 2 和 3。比值为 2 的电压/电流的以 dB 为单位的值近似为 6 dB，而相同比值的功率以 dB 为单位的值近似为 3 dB；类似的，比值为 3 的电压/电流的以 dB 为单位的值近似为 10 dB，而相同比值的功率以 dB 为单位的值近似为 5 dB；把(绝对)数值写成 10 的幂次方与数字 2、3 和 10 的乘积，就可以不使用计算器，合理地精确估计某个量以 dB 为单位的值。例如：

$$25 \approx 24 = 3 \times 2 \times 2 \times 2$$

$$
\begin{aligned}
20\ \lg25 \approx 20\ \lg24 \\
&= 20\ \lg(3\times2\times2\times2) \\
&= 20\ \lg3 + 20\ \lg2 + 20\ \lg2 + 20\ \lg2 \\
&= 10+6+6+6 \\
&= 28\quad(27.9588)
\end{aligned}
$$

其精确值在式末括弧内给出。同样的例子如下：

$$
\begin{aligned}
20\ \lg360 &= 20\ \lg(3\times2\times3\times2\times10) \\
&= 20\ \lg3 + 20\ \lg2 + 20\ \lg3 + 20\ \lg2 + 20\ \lg10 \\
&= 10+6+10+6+20 \\
&= 52\quad(51.126)
\end{aligned}
$$

利用 dB 表示 EMC 单位，可以使系统中功率的计算变得简单。这里用图 2－8 举例说明。

放大器的功率增益 G_P 定义为输出功率与输入功率的比值，即

$$G_P = \frac{P_{out}}{P_{in}}$$

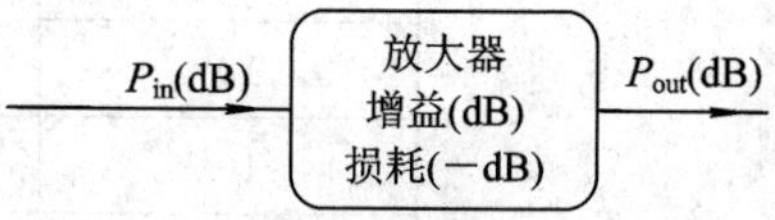

P_{in}(dB)
放大器
增益(dB)
损耗(－dB)
P_{out}(dB)

图 2－8　使用分贝计算系统中功率的传输

给定放大器输入功率时，其输出功率为

$$P_{out} = G_P \times P_{in}$$

对上式两边取 10 倍的以 10 为底的对数可得

$$P_{out\ dB} = G_P(dB) \times P_{in\ dB} \tag{2-31}$$

将 P_{out} 和 P_{in} 转换为 dB($P_{out\ dB}$ 和 $P_{in\ dB}$)时所用的参考量可选择任何方便的基准量，所以式(2－31)可以写成多种形式，如

$$P_{out\ dBm} = G_P(dB) \times P_{in\ dBm} \tag{2-32a}$$

$$P_{out\ dB\mu W} = G_P(dB) \times P_{in\ dB\mu W} \tag{2-32b}$$

注意，这两种情况下以 dB 为单位的增益是相同的。它是两个功率的比值，只要两个功率用相同的单位(比如 dBμW、dBm 等)表示，以 dB 为单位的增益就是不变的。因为信号源的输出通常用功率形式来表示，典型地以 dBm 给出，所以这使得系统中功率的计算变简单了。

【例 2－2】 某放大器的功率增益为 60 dB，输入功率是－30 dBm，求其输出功率。

【解】 依题意，由式(2－32a)得

$$P_{out\ dBm} = G_P(dB) \times P_{in\ dBm} = 60\ dB + (-30\ dBm) = 30\ dBm$$

同样的，**当传输函数用 dB 表示时，传输函数的乘积就转换成了求和**。在图 2－7 中，当 $R_{in}=R_L$ 时，传输函数是两个电压或两个电流的比值，或者是电压与电流的比值。虽然定义 dB 的方式不一样(功率用 10 lg，电压和电流用 20 lg)，但输出与输入都可以简单地通过以 dB 为单位的增益相联系，如

$$u_{out\ dB\mu V} = G_U(dB) + u_{in\ dB\mu V} \tag{2-33a}$$

$$u_{out\ dBmV} = G_U(dB) + u_{in\ dBmV} \tag{2-33b}$$

$$i_{out\ dB\mu A} = G_I(dB) + i_{in\ dB\mu A} \tag{2-33c}$$

$$i_{out\ dBmA} = G_I(dB) + i_{in\ dBmA} \tag{2-33d}$$

【例2-3】 某系统中的放大电路由放大器A和放大器B级联构成，放大器A的输入电压为20 dBμV、电压增益为30 dB，放大器B的电压增益为60 dB，求此放大电路的输出电压。

【解】 依题意，放大电路的输出电压为

$$u_{\text{out dB}\mu\text{V}} = (30+60)+20 = 110\ \text{dB}\mu\text{V}$$

2.4 电缆的功率损耗与信号源特性

电缆功率损耗与信号源特性对于EMC测试和EMC测试设备的校准十分重要，下面叙述相关内容，希望引起初学者重视。

2.4.1 电缆的功率损耗

开始长连接电缆功率损耗的讨论之前，首先需要简要回顾传输线理论。考虑如图2-9所示的长度为L的传输线。传输线通常用其特性阻抗$\hat{Z}_c$和传输线上波的传播速度v来表征其特性。虽然这里感兴趣的是当给传输线施加任意的时域脉冲时传输线呈现的特性，但是人们常常关注其正弦稳态特性，也就是当所有瞬态现象消失后，传输线对单一频率的正弦激励的响应特性。

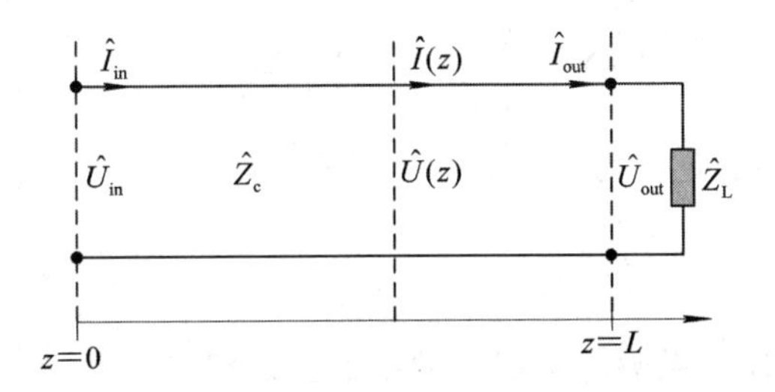

图2-9 传输线符号定义

正弦稳态激励下，传输线上坐标z处的电压和电流方程如下：

$$\hat{U}(z) = \hat{U}^+ e^{-\alpha z} e^{-j\beta z} + \hat{U}^- e^{\alpha z} e^{j\beta z} \tag{2-34a}$$

$$\hat{I}(z) = \frac{\hat{U}^+}{\hat{Z}_c} e^{-\alpha z} e^{-j\beta z} - \frac{\hat{U}^-}{\hat{Z}_c} e^{\alpha z} e^{j\beta z} \tag{2-34b}$$

式中，$\hat{U}(z)$和$\hat{I}(z)$分别是传输线的线电压相量和线电流相量，它们是传输线上坐标z的函数；$\hat{U}^+$和$\hat{U}^-$是未知数，将由与传输线相连的信号源和负载决定。我们将所有诸如电压相量和电流相量的复数用符号“^”来表示，每一个复数将包含幅度和相位，例如$\hat{U}=U\angle\theta_U$、$\hat{I}=I\angle\theta_I$和$\hat{Z}=Z\angle\theta_Z$。α表示传输线损耗(传输线导体及其周围媒质的损耗)所导致的衰减常数，如果传输线是无损耗的，则$\alpha=0$。α的单位是Np/m(奈培/米)；β表示波沿传输线传播时波本身的相移，即相位常数，β的单位是rad/m(弧度/米)。

式(2-34)可以写为

$$\hat{U}(z) = \hat{U}_f(z) + \hat{U}_b(z) \tag{2-35a}$$

$$\hat{I}(z)=\frac{\hat{U}_{\mathrm{f}}(z)}{\hat{Z}_{\mathrm{c}}}-\frac{\hat{U}_{\mathrm{b}}(z)}{\hat{Z}_{\mathrm{c}}} \tag{2-35b}$$

式中

$$\hat{U}_{\mathrm{f}}(z)=\hat{U}^{+}\mathrm{e}^{-\alpha z}\mathrm{e}^{-\mathrm{j}\beta z} \tag{2-36a}$$

$$\hat{U}_{\mathrm{b}}(z)=\hat{U}^{-}\mathrm{e}^{\alpha z}\mathrm{e}^{\mathrm{j}\beta z} \tag{2-36b}$$

$\hat{U}_{\mathrm{f}}(z)$和$\hat{U}_{\mathrm{b}}(z)$分别被称为正向行波和反向行波。

传输线上坐标z处的电压和电流方程的相量式(2-35)可以转换成对应的时域形式：

$$\begin{aligned}v(z)&=\mathrm{Re}[\hat{U}(z)\mathrm{e}^{\mathrm{j}\omega t}]\\&=U^{+}\mathrm{e}^{-\alpha z}\cos(\omega t-\beta z+\theta^{+})+U^{-}\mathrm{e}^{\alpha z}\cos(\omega t+\beta z+\theta^{-})\end{aligned} \tag{2-37a}$$

$$\begin{aligned}i(z)&=\mathrm{Re}[\hat{I}(z)\mathrm{e}^{\mathrm{j}\omega t}]\\&=\frac{U^{+}}{Z_{\mathrm{c}}}\mathrm{e}^{-\alpha z}\cos(\omega t-\beta z+\theta^{+}-\theta_{Z_{\mathrm{c}}})-\frac{U^{-}}{Z_{\mathrm{c}}}\mathrm{e}^{\alpha z}\cos(\omega t+\beta z+\theta^{-}-\theta_{Z_{\mathrm{c}}})\end{aligned} \tag{2-37b}$$

式中，t是时间变量，其中的复数写成$\hat{U}^{+}=U^{+}\angle\theta^{+}$、$\hat{U}=U^{-}\angle\theta^{-}$和$\hat{Z}_{\mathrm{c}}=Z_{\mathrm{c}}\angle\theta_{Z_{\mathrm{c}}}$；符号Re[ ]表示对括号内的复数取实部。正向行波包含$\cos(\omega t-\beta z+\theta)$项。随着时间变量$t$的增加，为了跟踪波形上某点的运动轨迹，必须增加空间变量z，也就是说，保持$\cos(\omega t-\beta z+\theta)$的自变量为常数。因此，这个波是沿$z$轴正向传播的波，即为正向行波。类似地，反向行波包含$\cos(\omega t+\beta z+\theta)$项。

通常将**电压反射系数**$\hat{\Gamma}(z)$定义为反向电压相量与正向电压相量的比值，即

$$\hat{\Gamma}(z)=\frac{\hat{U}_{\mathrm{b}}(z)}{\hat{U}_{\mathrm{f}}(z)}=\frac{U^{-}}{U^{+}}=\mathrm{e}^{2\alpha z}\mathrm{e}^{\mathrm{j}2\beta z} \tag{2-38}$$

负载端的电压反射系数$\hat{\Gamma}_{\mathrm{L}}$定义为

$$\hat{\Gamma}_{\mathrm{L}}=\frac{\hat{Z}_{\mathrm{L}}-\hat{Z}_{\mathrm{c}}}{\hat{Z}_{\mathrm{L}}+\hat{Z}_{\mathrm{c}}} \tag{2-39}$$

传输线上任意位置处的反射系数与负载端的反射系数相关，即

$$\hat{\Gamma}(z)=\hat{\Gamma}_{\mathrm{L}}\mathrm{e}^{2\alpha(z-L)}\mathrm{e}^{\mathrm{j}2\beta(z-L)} \tag{2-40}$$

可用反射系数表示传输线上任意位置处的电压和电流相量方程(2-34)：

$$\hat{U}(z)=\hat{U}^{+}\mathrm{e}^{-\alpha z}\mathrm{e}^{-\mathrm{j}\beta z}[1+\hat{\Gamma}(z)]=\hat{U}_{\mathrm{f}}(z)[1+\hat{\Gamma}(z)] \tag{2-41a}$$

$$\hat{I}(z)=\frac{\hat{U}^{+}}{\hat{Z}_{\mathrm{c}}}\mathrm{e}^{-\alpha z}\mathrm{e}^{-\mathrm{j}\beta z}[1-\hat{\Gamma}(z)]=\frac{\hat{U}_{\mathrm{f}}(z)}{\hat{Z}_{\mathrm{c}}}[1-\hat{\Gamma}(z)] \tag{2-41b}$$

传输线上任意位置处的输入阻抗可由电压与电流相量的比值得到，即

$$\hat{Z}_{\mathrm{in}}(z)=\frac{\hat{U}(z)}{\hat{I}(z)}=\hat{Z}_{\mathrm{c}}\frac{1+\hat{\Gamma}(z)}{1-\hat{\Gamma}(z)} \tag{2-42}$$

如果$\hat{Z}_{\mathrm{L}}=\hat{Z}_{\mathrm{c}}$，则传输线被认为是匹配的，负载端的反射系数和传输线上任意位置处的反射系数均为零($\hat{\Gamma}_{\mathrm{L}}=0$、$\hat{\Gamma}(z)=0$)，传输线上没有反向行波。因此，匹配传输线的相量表达式可简化为

$$\hat{U}(z)=\hat{U}^{+}\mathrm{e}^{-\alpha z}\mathrm{e}^{-\mathrm{j}\beta z}=\hat{U}_{\mathrm{f}}(z) \tag{2-43a}$$

$$\hat{I}(z)=\frac{\hat{U}^{+}}{\hat{Z}_{\mathrm{c}}}\mathrm{e}^{-\alpha z}\mathrm{e}^{-\mathrm{j}\beta z}=\frac{\hat{U}_{\mathrm{f}}(z)}{\hat{Z}_{\mathrm{c}}} \tag{2-43b}$$

匹配传输线上任意位置处的输入阻抗为

$$\hat{Z}_{in}(z)=\frac{\hat{U}(z)}{\hat{I}(z)}=\hat{Z}_c,\quad \hat{Z}_L=\hat{Z}_c \tag{2-44}$$

传输线上任意位置 z 处向负载方向传输的平均功率为

$$P_{av}(z)=\frac{1}{2}\mathrm{Re}[\hat{U}(z)\times\hat{I}^*(z)] \tag{2-45}$$

式中，星号“*”表示共轭复数运算。式(2-45)引出了用于测量仪器之间相互连接的电缆上的功率损耗的概念和特性。典型的连接电缆是同轴电缆，由位于内部轴心处的内导体和圆柱形屏蔽层构成，波在整个屏蔽层的内部空间传输，这个空间通常充满用相对介电常数 ε_r 和相对磁导率 $\mu_r=1$ 表征的介质。同轴电缆内部传输的电压波和电流波的速度为

$$v=\frac{v_0}{\sqrt{\mu_r\varepsilon_r}} \tag{2-46}$$

式中，v_0 为波在自由空间传播的速度。

电缆生产商通常给出以下同轴电缆的以下特性参数：① 假设损耗很小的特性阻抗的幅值(如同轴电缆 RG58U，内部填充的是聚四氟乙烯，$\varepsilon_r=2.1$，$Z_c=50\ \Omega$；② 作为自由空间传播速度百分比的传播速度(对于 RG58U，$v=0.69v_0$)；③ 给定频率上每 100 ft(1 ft= 0.3048 m)电缆的损耗(例如，100 MHz 时，RG58U 同轴电缆的损耗为 4.5 dB/100 ft)。

传输线的损耗是传输线导体的损耗及其周围介质的损耗。常用频率范围内的主要损耗是传输线导体的损耗。由于集肤效应，导体的阻抗以正比于 f 的速率增加，所以必须在每个感兴趣的频率上规定电缆损耗。通常，**电缆生产商会在几个选定的频率上规定电缆损耗，规定损耗时假设电缆是匹配的**($\hat{Z}_L=\hat{Z}_c$)。匹配传输线上的反射系数为零，只存在正向行波，将式(2-43)代入式(2-45)，可得传输线上任意位置 z 处向负载方向传输的平均功率为

$$P_{av}(z)=\frac{1}{2}\frac{U^{+2}}{Z_c}e^{-2\alpha z}\cos(\theta_{Z_c}),\quad \hat{Z}_L=\hat{Z}_c=Z_c\angle\theta_{Z_c} \tag{2-47}$$

电缆的输入功率为

$$P_{av}(z=0)=\frac{1}{2}\frac{U^{+2}}{Z_c}\cos(\theta_{Z_c}) \tag{2-48}$$

传输到负载端的功率为

$$P_{av}(z=L)=\frac{1}{2}\frac{U^{+2}}{Z_c}e^{-2\alpha L}\cos(\theta_{Z_c}) \tag{2-49}$$

因此，电缆的功率损耗定义为

$$\text{功率损耗}=P_{av}(z=0)-P_{av}(z=L) \tag{2-50}$$

电缆生产商不是像式(2-50)那样描述电缆损耗的，而是将电缆损耗定义为电缆输入功率与输出功率的比值，即

$$\text{功率损耗}=\frac{P_{in}}{P_{out}}=\frac{P_{av}(z=0)}{P_{av}(z=L)}=e^{2\alpha L} \tag{2-51}$$

电缆生产商通常以 dB/长度为单位给出电缆损耗，这意味着

$$\text{电缆损耗}=10\lg e^{2\alpha L}=20\alpha L\ \lg e=8.68\alpha L \tag{2-52}$$

式中，L 选择为某些长度，如 100 ft。通过测量传输到该长度电缆上的功率和匹配负载上的功率可以获得电缆损耗，所以将式(2-51)转换成以 dB 为单位的值可得

$$\text{电缆损耗} = P_{\text{in dBx}} - P_{\text{out dBx}}$$

式中，dBx 表示参考某种基准电平的功率，典型地用 dBm。

已知生产商规定的电缆损耗，由式(2-52)可以获得该频率上的衰减常数为

$$\alpha = \frac{\text{单位长度功率损耗(dB)}}{8.686L}$$

式中的 L 是生产商用来规定电缆损耗时采用的长度。例如规定 100 MHz 时，RG58U 同轴电缆的损耗为 4.5 dB/100 ft，所以在 100 MHz 时的衰减常数为

$$\alpha = \frac{4.5}{8.686 \times 100} = 5.18 \times 10^{-3}$$

注意，**如果电缆不匹配，那么规定电缆损耗是毫无意义的**。对于大多数电缆，损耗很小，因此其特性阻抗为实数(不是复数)，特性阻抗的相角(近似)为 0。所以，为了传输线匹配，匹配负载只能为纯电阻。

2.4.2　信号源特性

信号源(脉冲或者正弦)可以用图 2-10 所示的戴维南等效电路来描述，U_{OC} 是开路电压，R_{S} 是源阻抗。实际上，现在所有的信号源都是 $R_{\text{S}}=50\ \Omega$。而且用来测量信号的大部分仪器的输入阻抗也都是 50 Ω，其特性可以用如图 2-11 所示的等效电路来描述。图中，$C_{\text{in}}=0$，$R_{\text{in}}=50\ \Omega$。信号测量仪的等效电路有些例外，特别是电压表和某些示波器。一般地，如果测量仪的输入阻抗不能设计为 50 Ω，那么将被设计为非常大，并且输入电路一般可以用一个电容和一个大电阻并联来表示。要确定一台特定信号测量仪输入端的特性是很容易的，因为生产商都明确给出了输入连接器附近的参数。例如，用来显示信号频谱的典型频谱分析仪，其 $C_{\text{in}}=0$，$R_{\text{in}}=50\ \Omega$；示波器的高输入阻抗，典型的是 $C_{\text{in}}=47$ pF，$R_{\text{in}}=1$ MΩ，但是也有其他的输入端参数为 $C_{\text{in}}=0$，$R_{\text{in}}=50\ \Omega$ 的示波器。

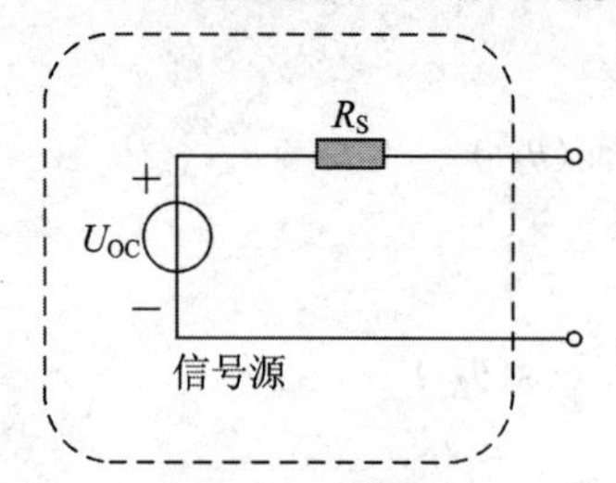

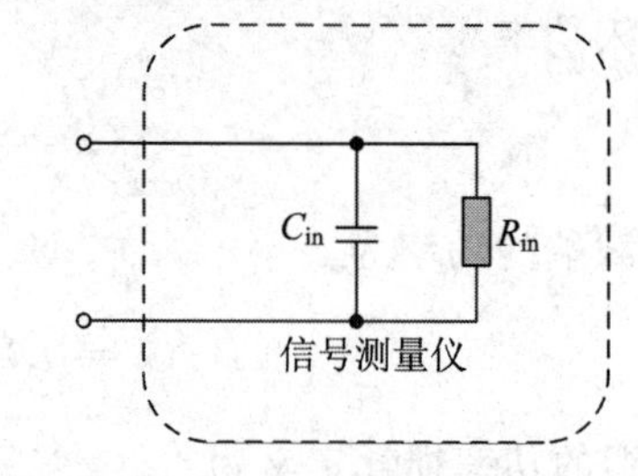

图 2-10　用戴维南等效电路表示的信号源　　图 2-11　信号测量仪输入端的等效电路

考虑如图 2-12 所示的用一定长度的同轴电缆来连接信号源和信号测量仪的测量电路。假设信号测量仪的输入阻抗为 50 Ω(纯电阻)，连接用同轴电缆具有的特性阻抗 $\hat{Z}_{\text{c}}=50\ \Omega$(同轴电缆损耗很小，其特性阻抗近似为纯电阻)，现在与电缆端接的信号测量仪(负载)的输入阻抗也为 50 Ω。显然 $\hat{Z}_{\text{L}}=\hat{Z}_{\text{c}}=50\ \Omega$，因此电缆是匹配的，并且对于任意长度的电缆在任意频率上的输入阻抗都有 $\hat{Z}_{\text{in}}=\hat{Z}_{\text{c}}=50\ \Omega$。这表明了为什么信号测量仪的输入阻抗一般为 50 Ω，而同轴电缆的 $\hat{Z}_{\text{c}}=50\ \Omega$。选择 50 Ω 以外的其他任何特性阻抗都是合适

的，但 50 Ω 已经成为工业标准。**如果电缆的终端阻抗(信号测量仪的输入阻抗)不等于电缆的 $\hat{Z}_c$，那么从信号源向负载方向看过去的电缆输入阻抗也不再对所有频率和所有长度的电缆都是 50 Ω，而是会随着频率和电缆长度的变化而变化**。所以要确定电缆输入阻抗非常困难，并且这个阻抗随着频率和电缆长度的变化而变化，从而使信号源的输出也发生变化(虽然图 2-10 所示的信号源的开路电压是稳定的，但其输出电压将取决于源阻抗 R_S 和接在其端口处的负载阻抗)。一般地，能够实现扫频测量很重要，扫频测量时信号源频率在一个频段上扫描。如果无法确定信号源输出随频率是不变的，那么这种扫频测量就毫无用处。这说明**为什么大量的现代 EMC 测试设备具有 50 Ω 的纯输入阻抗和信号源阻抗，并且用 50 Ω 的同轴电缆来连接**。

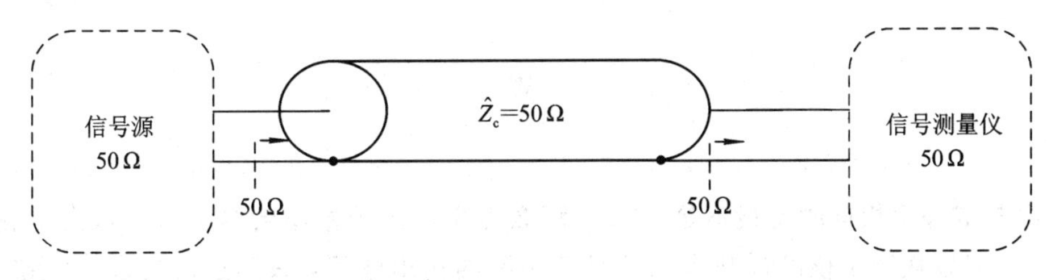

图 2-12　信号源阻抗、测量仪输入阻抗和连接电缆阻抗均为 50 Ω 的测量电路

信号源向测量仪传送信号电平的计算，以及信号源输出电平和测量仪上电平读数的判断，决定着 EMC 测量结果。信号源的输出通常依据匹配负载上的输出功率，以 dBm 显示在测量仪上。讨论如图 2-13 所示电路，如果 $R_S=R_L$，那么信号源端口处的输出电压 U_{out} 仅仅是开路电压 U_{OC} 的一半，即

$$U_{out}=\frac{R_L}{R_L+R_S}U_{OC}=\frac{1}{2}U_{OC} \tag{2-53}$$

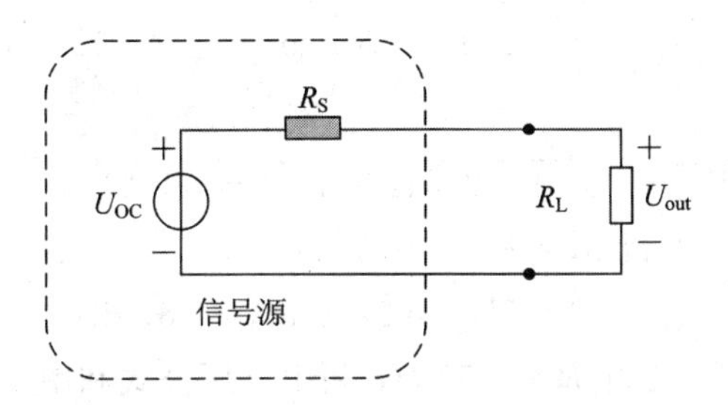

图 2-13　信号源输出电平计算

一般地，假设信号源与其负载匹配，即 $R_S=R_L=50$ Ω，传送到负载 $R_L=50$ Ω 上的功率以 dBm 为单位给出，则有

$$P_{out}=\frac{U_{out}^2}{R_L} \tag{2-54}$$

式中，U_{out} 表示负载电压有效值(RMS 值)。传送到负载 $R_L=50$ Ω 上的输出功率通过测量仪以 dBm 为单位读出如下：

$$P_{out\,dBm}=10\lg\left(\frac{P_{out}}{1\text{ mW}}\right) \tag{2-55}$$

【例 2-4】 如果负载 $R_L=50\ \Omega$ 上的电压 $U_{out}=120\ \mu V=41.48\ dB\mu V$，求这个负载上的功率。

【解】 依题意得负载上的功率为

$$P_{out}=\frac{(120\times10^{-6}\ V)^2}{50\ \Omega}=2.88\times10^{-7}\ mW=-65.4\ dBm$$

【例 2-5】 假设测量仪读数给出的输出功率(假设为 50 Ω 负载)为 −37 dBm，求负载上的电压有效值。

【解】 依题意得负载上的电压有效值为

$$-37\ dBm=2\times10^{-4}\ mW=2\times10^{-7}\ W$$

因此有

$$2\times10^{-7}\ W=\frac{U_{out}^2}{50}$$

$$U_{out}=\sqrt{50\times2\times10^{-7}}=\sqrt{10\times10^{-6}}=\sqrt{10}\times10^{-3}=3.162\ mV=70\ dB\mu V$$

如果与信号源相连的负载不是 50 Ω，那么测量仪的读数不会给出该负载上的输出功率。但是，可以从测量仪的读数求出信号源实际的输出电压，只不过需要进行一些计算。求解实际输出电压的最简单方法是：

(1) 假设负载为 50 Ω 的情况下确定信号源的 U_{OC}(假定测试仪的读数已经过校准)。

(2) 计算给定负载情况下该负载上的实际输出电压 U_{out}。

【例 2-6】 假设一个信号源(源阻抗为 50 Ω)将输出设置为 −26 dBm，且端接 150 Ω 的负载，求该负载上的电压。

【解】 (1) 信号源输出设置为 −26 dBm 时，在其端接 50 Ω 负载情况下，50 Ω 负载上的功率为

$$P_{out}=10^{-26/10}=2.512\times10^{-3}\ mW=2.512\times10^{-6}\ W$$

50 Ω 负载上的电压为

$$U_{out}=\sqrt{50\times P_{out}}=\sqrt{50\times2.512\times10^{-6}}=11.21\ mV=80.99\ dB\mu V$$

所以，信号源的开路电压(假设 $R_S=R_L=50\ \Omega$)为

$$U_{OC}=2\times U_{out}=22.4\ mV=87\ dB\mu V$$

(2) 现在依据 $R_S=50\ \Omega$ 和 $R_L=150\ \Omega$，利用分压公式和图 2-13 计算 150 Ω 负载上的实际电压(信号源的实际输出电压)：

$$U_{out}=\frac{R_L}{R_L+R_S}\times U_{OC}=\frac{150}{150+50}\times22.4\ mV=16.8\ mV=84.5\ dB\mu V$$

当负载是 50 Ω 时，将信号源(源阻抗为 50 Ω)输出电压翻一番能够直接得到开路电压，即

$$U_{OC\ dB\mu V}=6\ dB+U_{out\ dB\mu V}\big|_{R_L=50\ \Omega}=6\ dB+80.99\ dB\mu V=87\ dB\mu V$$

因此，信号源实际输出电压为

$$U_{out\ dB\mu V}=20\ \lg\left(\frac{150}{150+50}\right)+U_{OC\ dB\mu V}=-2.5\ dB+87\ dB\mu V=84.5\ dB\mu V$$

同样，一台 50 Ω 的信号发生器与输入阻抗为 25 Ω 的信号测量仪相连，信号发生器

指示的输出电平为－20 dBm，求信号测量仪的输入电压。以 dBμV 为单位，其答案为 83.47 dBμV。

大多数信号测量仪(频谱分析仪、EMI 测量接收机)也规定了输入阻抗为 50 Ω 时它们的响应。例如，－25 dBm 的电平意味着信号测量仪 50 Ω 输入阻抗上消耗的功率是－25 dBm。

假设负载阻抗为 50 Ω，将其两端以 dBm 为单位的功率转换为以 dBμV 为单位的电压为

$$P_{\text{out mW}} = 10^{P_{\text{out dBmW}}/10}$$

$$P_{\text{out W}} = 10^{-3} \times P_{\text{out mW}} = 10^{-3} \times 10^{P_{\text{out dBmW}}/10}$$

$$U_{\text{out V}} = \sqrt{50 \times P_{\text{out W}}} = \sqrt{50 \times 10^{-3} \times 10^{P_{\text{out dBmW}}/10}}$$

$$U_{\text{out }\mu\text{V}} = 10^6 \times \sqrt{50 \times P_{\text{out W}}} = 10^6 \times \sqrt{50 \times 10^{-3} \times 10^{P_{\text{out dBmW}}/10}}$$

以 1 μV 为基准，对上式两边取 20 lg 运算得：

$$\begin{aligned} U_{\text{out dB}\mu\text{V}} &= 20\ \lg 10^6 + 20\ \lg\left(\sqrt{50 \times 10^{-3} \times 10^{P_{\text{out dBmW}}/10}}\right) \\ &= 120\ \text{dB} + 10\ \lg(50 \times 10^{-3}) + 10\ \lg\left(10^{P_{\text{out dBmW}}/10}\right) \\ &= 120\ \text{dB} - 13\ \text{dB} + P_{\text{out dBmW}} \\ &= 107\ \text{dB} + P_{\text{out dBmW}} \end{aligned} \tag{2-56}$$

因此，消耗－25 dBm 功率的 50 Ω 负载两端的电压就是 107－25＝82 dBμV。

给定某一频率上电缆损耗和信号源指示计上的输出读数，可以利用上述原理来计算图 2-12(信号源阻抗、测量仪输入阻抗和连接电缆阻抗均为 50 Ω)中的信号测量仪所测得的信号电平。如果信号源阻抗、测量仪输入阻抗和连接电缆阻抗不是 50 Ω，下面所述没有意义，而且由信号测量仪测得的实际信号电平难以确定或者根本无法确定(不做其他测试)。假设信号源指示计显示在 100 MHz 时输出－30 dBm 的信号电平，电缆(RG58U)的长度是 150 ft，同轴电缆的损耗为 4.5 dBm/100 ft，则接收功率为

$$P_{\text{rec}} = \frac{\text{电缆输出功率}}{\text{电缆输入功率}} \times P_{\text{source}} \tag{2-57}$$

对上式两边取 10 lg 得

$$\begin{aligned} P_{\text{rec dBm}} &= \text{电缆增益}_{\text{dB}} + P_{\text{source dBm}} \\ &= -\frac{4.5\ \text{dBm}}{100\ \text{ft}} \times 150\ \text{ft} + (-30\ \text{dBm}) \\ &= -36.75\ \text{dBm} \end{aligned} \tag{2-58}$$

由式(2-56)得

$$U_{\text{rec dB}\mu\text{V}} = 107 + P_{\text{rec dBm}} = 107 - 36.75 = 70.25\ \text{dB}\mu\text{V}$$

注意，dB 定义为功率比值的 10 lg，电压和电流比值的 20 lg，所以可以将电缆损耗(功率比值)的 dB 值转换为电压，其前提是 $R_{\text{in}} = R_{\text{L}}$(如图 2-7 所示)，所以在功率损耗转换为电压时需要如图 2-12 所示的匹配负载。

【例 2-7】 一台 50 Ω 的信号源与 30 ft 长的 RG58U 电缆相连，信号源调谐于 100 MHz 时，其指示计的输出电平为－15 dBm，求信号测量仪的输入电压，以 dBμV 为单位。

【解】 信号测量仪的输入电压为 78.5 dBμV。过程省略。

2.5 电磁骚扰源

干扰来源于骚扰源。为了抑制干扰，一般来说，在骚扰源方面采取措施是比较方便的。当干扰严重时，不仅要对所设计的电子、电气设备进行检查，同时也要对干扰源进行检查。因此在解决电子、电气设备的防干扰问题时，首先应对干扰源进行分析。

2.5.1 电磁骚扰源的分类

一般来说，依据骚扰的来源分类，电磁骚扰源分为两大类：自然骚扰源和人为骚扰源，见图 2-14。

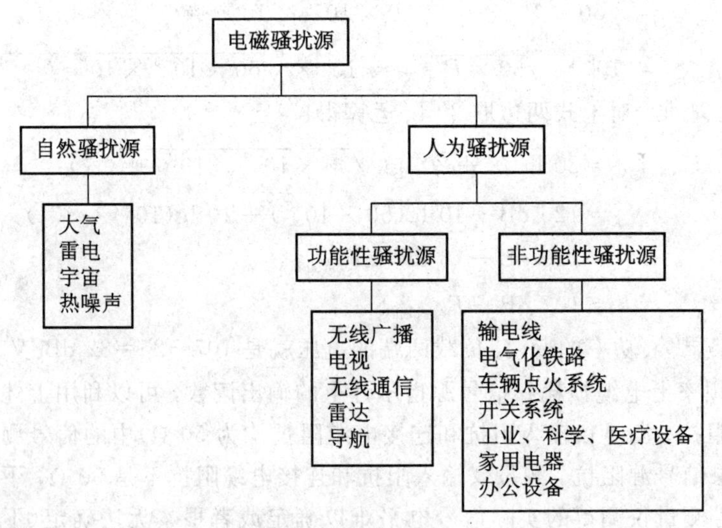

图 2-14　电磁骚扰源分类

自然骚扰源主要来源于大气层的天电噪声、地球外层空间的宇宙噪声、沉积静电噪声以及热噪声。天电噪声、宇宙噪声、沉积静电噪声既是地球电磁环境的基本要素的组成部分，又是对无线电通信、空间技术造成干扰的干扰源。

人为骚扰源包括功能性骚扰源和非功能性骚扰源。**功能性骚扰源**指设备、系统在实现自身功能的过程中所产生的有用电磁能量对其他设备、系统造成干扰的用电装置。例如，各种无线电设备发射的电磁能量对其他设备的干扰。**非功能性骚扰源**指设备、系统在实现自身功能的过程中所产生的无用电磁能量对其他设备、系统造成干扰的用电装置。无用的电磁能量可能是自然现象产生的，也可能是某些设备、系统工作时所产生的副产品，例如开关闭合或断开产生的电弧放电干扰。

骚扰源的分类方法很多，除了上述分类以外，还可根据电磁骚扰的耦合途径、性质、方式、频谱宽度、频率范围等进行分类。从电磁骚扰的耦合途径可将骚扰源分为传导干扰和辐射干扰。传导干扰是指通过导体传输的干扰，而辐射干扰是指通过媒介以电磁场的形式传播的干扰。有的电磁骚扰源产生的电磁干扰既可以用传导干扰方式传输又可以用辐射干扰方式辐射，所以它既是传导干扰源，又是辐射干扰源。根据干扰场的性质可将骚扰源分为电场干扰、磁场干扰和电磁场干扰；根据干扰波形可将骚扰源分为连续波、周期脉冲波和非周期脉冲波；根据干扰的频谱宽度可将骚扰源分为宽带干扰和窄带干扰。依据实施干扰者的主观意向可将骚扰源分为有意干扰源和无意干扰源；根据干扰频率范围的分类见表 2 - 2。

表 2 - 2　电磁骚扰的频率范围分类

电磁骚扰源根据频率范围分类	频率范围	典型电磁骚扰源
工频及音频干扰源	50 Hz 及其谐波	输电线、电力牵引系统、有线广播
甚低频干扰源	30 kHz 以下	雷电等
载频干扰源	10～300 kHz	高压直流输电高次谐波、交流输电及电气铁路高次谐波
射频、视频干扰源	300 kHz～300 MHz	工业、科学、医疗设备，电动机、照明电气
微波干扰源	300 MHz～100 GHz	微波炉、微波接力通信、卫星通信发射机

2.5.2　自然电磁骚扰源

自然电磁骚扰源主要分为宇宙干扰、大气干扰、热噪声和沉积静电干扰。

从太阳、月亮、恒星、行星和星系发出的宇宙干扰，是来自太阳系、银河系的电磁骚扰。宇宙干扰包括太空背景噪声、太阳无线电噪声以及月亮、木星和仙后座 A 等发射的无线电噪声。太空背景噪声是由电离层和各种射线组成的；太阳无线电噪声则随着太阳的活动，特别是太阳黑子的发生而显著增加。太阳的干扰频率从 10 MHz 到几十吉赫兹。太阳黑子会导致地球表面的磁暴。在磁暴期间，地球不同地点的地电位会出现变化，并且会在通信线路中感应电磁噪声。太阳黑子的大量出现也会影响电离层，从而可能会干扰短波的传播。宇宙干扰在 20～500 MHz 的频率范围内的干扰相当明显。其干扰的主要对象是通过卫星传送的通信和广播、航天飞行器等。

大气干扰主要是由夏季本地雷电和冬季热带地区雷电所产生的。地球上平均每秒钟发生 100 次左右的雷击放电。雷电是一连串的干扰脉冲，其电磁发射借助电离层的传输可传播到几千千米以外的地方。大气干扰的频谱主要在 30 MHz 以下，对地球上 20 MHz 以下的无线电通信影响很大。大气层中的其他自然现象也会形成较强烈的电磁噪声源，例如沙暴、雨雾等。

热噪声是指处于一定热力学状态下的导体中所出现的无规则电起伏，它是由导体中自由电子的无规则运动引起的，例如电阻热噪声、气体放电噪声、有源器件的散弹噪声等。

沉积静电干扰是指大气中的尘埃、雨点、雪花、冰雹等微粒在高速通过飞机、飞船表面时，由于相对摩擦运动而产生电荷迁移从而沉积静电，当电势升高到 1000 kV 时，就发生火花放电、电晕放电，这种放电产生的宽带射频噪声频谱分布在几赫兹到几千赫兹的范围内，严重影响高频、甚高频和超高频频段的无线电通信和导航。

2.5.3　人为电磁骚扰源

一般情况下，人为电磁骚扰源比自然电磁骚扰源发射的骚扰强度大，对电磁环境的影响更严重，所以我们重点讨论人为电磁骚扰源。

1. 工业、科学、医疗设备(ISM)

工业、科学、医疗设备是指有意产生无线电频率的电磁能量，对其加以利用并不希望产生电磁骚扰的设备。

工业设备中的射频(RF)氦弧焊机、射频加热器等是较强的人为电磁骚扰源。

典型的氦弧焊应用基本频率为2.6 MHz的射频电弧进行焊接，其频率范围为3 kHz～120 MHz。值得注意的是，它含有低于2.6 MHz的骚扰频率。测试表明某一稳定的射频(RF)氦弧焊机在305 m处所测得的辐射电平如表2-3所示。

表2-3 某一稳定的射频(RF)氦弧焊机在305 m处测得的辐射电平

频率/MHz	辐射电平/(dB μV/(m · MHz))
0.7	75
25	82
30	70

当然，距离越近，所测得的值越大，比如2 m距离、30 MHz频率时测得的辐射电平为124 dBμV/(m · MHz)。射频(RF)氦弧焊是一种较强的人为电磁骚扰源，它对无线电接收机的电磁干扰效应是一种“油炸”噪声。

射频加热器主要有感应加热器和介质加热器。感应加热器主要用于锻造、冶炼、淬火、焊接和退火等工艺，其加工对象是电导体或半导体，工作频率较低，在1 kHz～1 MHz范围，应用较多的是数百千赫兹。而介质加热设备，例如高频塑料热合机、三夹板干燥机等，其加工对象是电介质，工作频率较高，在13 MHz～5.8 GHz范围。这些加热设备都使用单一频率的电磁能量，由国家指配了专用的频点。它们是窄带电磁骚扰源，但其谐波次数往往可以高达9次以上，因而可以在很宽的频率范围内发射强的电磁噪声。对4个不同工厂生产的10种不同型号的介质加热器进行测试的结果表明，基频为27 MHz、距离为30 m时，辐射电平是75～98.8 dBμV/(m · MHz)，但其6次谐波的辐射电平降低为38～84 dBμV/(m · MHz)。射频加热器虽然功率强大，但只要进行良好的EMC控制，其电磁骚扰是不足为害的。

用于科学研究的射频设备在我国不是主要的电磁骚扰源。

随着科学技术的发展，医疗射频设备逐渐成为一个重要的电磁骚扰源，医院内的电磁干扰问题与日俱增，主要的电磁骚扰源包括从短波到微波的各种电疗设备、外科用高频手术刀等。

2. 高压电力系统

作为电磁骚扰源的高压电力系统包括架空高压送电线路与高压设备。其电磁骚扰源主要来自以下三方面：

(1) 导线或其他金属配件表面对空气的电晕放电。

(2) 绝缘子的非正常放电。

(3) 接触不良处的火花。

3. 信息技术设备

信息技术设备的工作特点是以高速运行及传送数字逻辑信号为特征。其典型代表是数字计算机、传真机、计算机外围设备等。随着计算机时钟频率的不断提高，其电磁骚扰的发射频率已经高达数百兆赫。信息技术设备不仅会产生电磁骚扰，而且会泄漏机密信息。

4. 静电放电

静电放电也是一种有害的电磁骚扰源。当两种介电常数不同的材料发生接触，特别是发生相互摩擦时，两者之间会发生电荷的转移，而使各自成为带有不同电荷的物体。当电荷积累到一定程度时，就会产生高电压，此时带电物体与其他物体接近时就会产生电晕放电或火花放电，形成静电骚扰。

静电骚扰最为危险的是可能引起火灾，导致易燃、易爆物引爆，可能使测量、控制系统失灵或发生故障，也可能使计算机程序出错、集成电路芯片损坏。

5. 无线电发射设备

通信、广播、电视、雷达、导航等大功率无线电发射设备发射的电磁能量都是带有信息的，对于其本身的系统来说是有用信号，而对其他系统就可能成为无用信号而造成干扰，并且其强功率也可能对其周围的生物体产生危害。

大功率的中、短波广播电台或通信发射台的功率以数十千瓦、百千瓦计。这些大功率发射设备的载波均经过合法指配，一般不会形成电磁骚扰源。但是，一旦发射机除了发射工作频带内的基波信号外，还伴随有谐波信号和非谐波信号发射，它们将对有限的频谱资源产生污染。

6. 家用电器、电动工具与电气照明

这是一批种类繁多、骚扰源特性复杂的一大类装置或设备。按其产生电磁骚扰的原因，大致可以将这类设备划分如下：

(1) 由于频繁开关动作而产生的所谓"喀呖声"骚扰。这是一类在时域上有明确定义的电磁噪声。这一类设备有电冰箱、洗衣机等。

(2) 带有换向器的电动机旋转时，由电刷与换向器间的火花形成的电磁骚扰源设备，如电钻、电动剃须刀等。

(3) 可能引起低压配电网各项指标下降的骚扰源，如空调机、感性负载等。

(4) 各种气体放电灯，如荧光灯等。

7. 内燃机点火系统

发动机点火系统是最强的宽带干扰源之一。产生干扰最主要的原因是电流的突变和电弧现象。点火时将产生波形前沿陡峭的火花电流脉冲群和电弧，火花电流峰值可达几千安培，并且具有振荡性质，振荡频率为 20 kHz～1 MHz，其频谱包括基波及其谐波。点火骚扰的干扰场对环境影响很大。

8. 电牵引系统

电牵引系统包括电气化铁路、轻轨铁道、城市有轨与无轨电车等，它们的共同特点是从线路上获取电流，而不是自身携带电源。它们的导电弓装置因跳动、抖动而产生周期性的随机脉冲骚扰，脉冲电流一方面沿导线进入电网形成传导干扰，另一方面向空间发射电磁波。

9. 核电磁脉冲(NEMP)

核爆炸时会产生极强的电磁脉冲，其强度可达 10^5 V/m 以上，分布的范围极广。高空核爆炸的影响半径可达数千千米。核电磁脉冲对武器、航天飞行器、舰船、地面无线电指挥系统、工业控制系统、电力电子设备等都会造成严重的干扰和破坏。

上面简单介绍了一些常见电磁骚扰源的基本性质及其危害。电磁骚扰源的详细性质、骚扰方式等需要在实际研究中继续深入了解。

2.6 电磁骚扰的性质

为了确定电磁骚扰源产生的干扰效应，必须确定电磁骚扰源发射的电磁能量的空间、时间、频率、强度和形式。

通常电磁骚扰的性质可以由下述参数描述。

1. 频谱宽度

电磁骚扰按其频谱宽度可以分为窄带骚扰和宽带骚扰。骚扰的基本频谱能量处于所用电磁干扰测量仪的通频带以内，则称之为窄带骚扰；骚扰具有足够宽的频谱能量分布，以致所用的电磁干扰测量仪在正负两个脉冲带宽内调谐时，其输出响应变化不大于 3 dB，则称之为宽带骚扰。所谓骚扰带宽的“窄”和“宽”，是相对于所用电磁干扰测量仪的带宽而言的。因此，窄带骚扰的测量与测量仪本身的带宽无关，若电磁干扰测量仪调谐正确，可以认为在其一个调谐位置的测量就包含了全部骚扰，因此只需一个读数。宽带骚扰测量所得的则是单位带宽内的骚扰电平大小。窄带骚扰的带宽一般为几十赫兹，最宽也只有几百千赫兹。而宽带骚扰的带宽可达几十到几百兆赫兹，甚至更宽。宽带骚扰一般是由上升、下降时间都很短的窄脉冲形成的，脉冲周期越短，上升时间、下降时间越快，则脉冲频谱越宽。

但是由于人们对电磁干扰测量仪的带宽概念理解不一致，因而出现操作不一致的现象。为了避免因此而引发的问题，人们逐渐倾向于取消“宽带”和“窄带”的概念，而规定固定带宽，并将所有频域极限值用正弦波等效均方根值(RMS)来表示，以便对所有发射极限值进行鉴定。

2. 幅度或电平

电磁骚扰幅度或电平通常用各频段内的骚扰功率(或场强)随时间的分布来表示，可以表现为多种方式。除了用不同形式的幅度分布(即概率，它是指定的幅度值出现的百分率)表示外，还可以用正弦的(具有确定的幅度分布)或随机的概念来说明骚扰的性质。因此规定带宽条件下的发射电平是电磁骚扰的重要性质。

3. 波形

波形是决定电磁骚扰频谱宽度的一个重要因素。电磁骚扰有各种不同的波形。以脉冲波形为例，其频谱中的低频含量取决于脉冲波形下的面积，而高频含量与脉冲前、后沿的陡度有关，前、后沿越陡，频谱宽度就越宽。在所有脉冲波形中，高斯脉冲所占有的频谱最窄，而单位脉冲函数的频谱最宽。因此，从减小骚扰的角度考虑，脉冲前、后沿应尽可能具有较小的陡度。

4. 出现率

电磁骚扰功率或场强(电磁骚扰能量)随时间的分布与电磁骚扰源的工作时间、电磁骚扰的出现率有关。按电磁骚扰随时间的出现率，可以将其分为三种类型：周期性骚扰、非周期性骚扰和随机骚扰。周期性骚扰是指在确定的时间间隔(称之为周期)内能重复出现的骚扰；非周期性骚扰虽然不能在确定的周期内重复出现，但其出现是确定的，而且是可以预测的；随机骚扰是不能按预测的方式出现和变化，即它的表现特性是没有规律的，一般采用概率论的统计方法描述它。

周期性骚扰、非周期性骚扰一般都是功能性的电磁骚扰，即为了用于某种特定目的而产生的骚扰，例如电源产生的交流声骚扰、指令脉冲产生的骚扰等。随机骚扰可能是设备、系统工作时产生的副产品，或是自然骚扰，例如冲击噪声(由内燃机点火系统、电源线放电、冲气管放电、马达电刷产生的火花所产生)、热噪声及热噪声与冲击噪声的组合等。

5. 辐射骚扰的极化特性

辐射骚扰的性质除了可采用频谱宽度、幅度、波形和出现率进行描述外，按其空间传播的特点，还必须引入极化特性、方向特性、天线有效面积等参数。

辐射骚扰的极化特性是指在空间给定点上，电磁骚扰的电场强度矢量的空间取向随时间变化的特性，它取决于天线的极化特性。当骚扰源天线与敏感设备天线极化特性相同时，辐射骚扰在敏感设备输入端产生的感应电压最强。图 2-15 为某区域特定测试点(某时刻)的环境电场垂直极化和水平极化测量值。

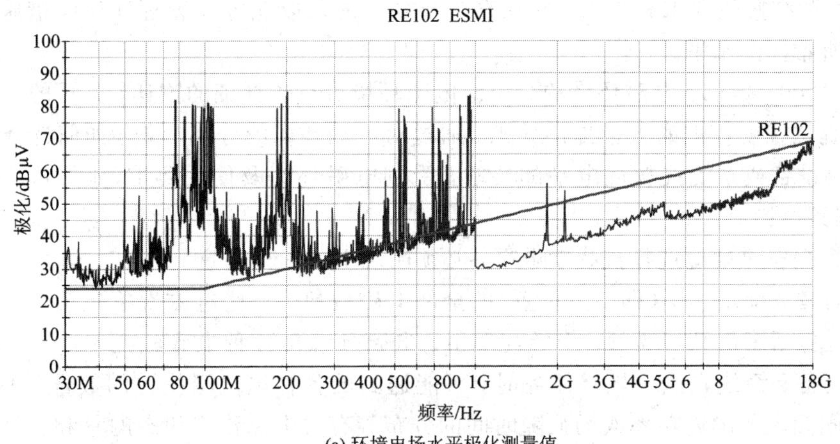

(a) 环境电场水平极化测量值

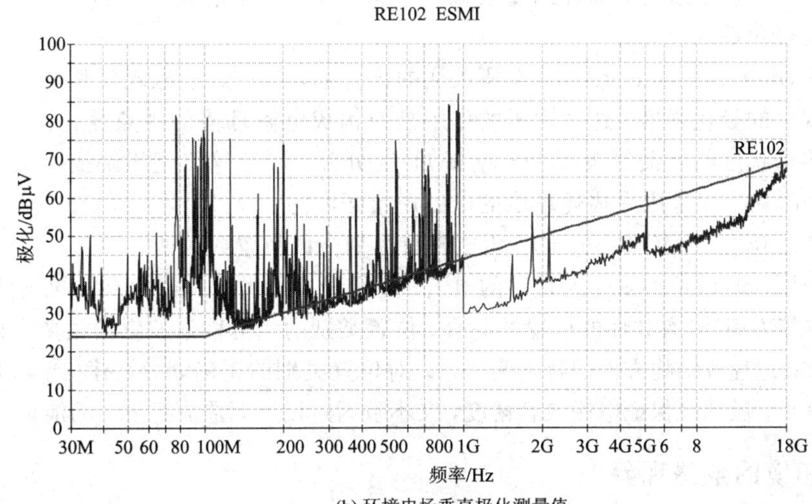

(b) 环境电场垂直极化测量值

图 2-15　环境电场极化测量

6. 辐射骚扰的方向特性

辐射骚扰源向空间各个方向辐射电磁骚扰或敏感设备接收来自空间各个方向的电磁骚扰的能力是不同的，描述这种辐射能力或接收能力的参数称为方向特性。方向特性的量化描述包括方向图、主瓣宽度、副瓣电平、前后比、增益等，其中方向图是指离开电磁骚扰源(敏感设备)一定距离处，其辐射(骚扰)的相对骚扰场强(或功率)随空间方向的变化特性。

7. 天线有效面积

天线有效面积是表征敏感设备接收骚扰场强能力的参数。它等于传送到匹配负载的平均功率密度与入射到天线上的电磁波平均功率密度之比。显然，天线的有效面积越大，敏感设备接收电磁骚扰的能力就越强。

2.7 电磁环境

电磁环境是提出和确定线路、设备、系统电磁兼容性设计指标要求，实施电磁兼容的前提。只有首先明确和依据预期的电磁环境，确定和遵循正确的设计、研制、试验、生产、安装、使用和维修的要求和步骤，并在整个寿命期内采取充分的管理和保障措施，才能最佳地达到所希望的水平。

IEC 61000-2-5：电磁环境的分类对电磁环境进行了详细的论述，其目的在于为编制设备与系统抗扰度标准的人员提供导则。通过对电磁环境的分类，指导如何选择抗扰度电平。因为对设备或系统抗扰度电平的要求，受到电磁环境及使用要求(比如可靠性、安全性)两个因素的制约。

为了根据电磁环境选择抗扰度电平，必须明确下列术语的意义：

电磁环境：给定场所(即给定位置)的全部电磁现象。这些电磁现象包括全部时间、全部频谱，也包括了低频与高频、传导与辐射。电磁环境由各种电磁骚扰源产生。电磁环境即线路、设备和系统在执行规定任务时，可能遇到的各种电磁骚扰源的数量、种类、分布以及在不同频率范围内功率或场强随时间的分布等有关电磁作用状态的总和。此外在分析电磁环境时，还应考虑骚扰脉冲的重复频率、脉冲宽度、频谱覆盖范围、骚扰源天线主瓣和副瓣以及极化等因素。

骚扰度(disturbance degree)：在所关注的环境中，与特定电磁现象相对应的骚扰电平范围内所规定的量化强度。这一术语的作用是使构成电磁环境的现象量化。必须注意，在概念上应将骚扰度与严酷等级(severity level)区分开。严酷等级是用来描述试验的电磁信号强度的，而骚扰度是用来描述环境的电磁现象强度的。

电磁兼容位置(EMC location)：由电磁特性划分的位置或场所。

位置类别(location class)：与使用的电气和电子设备的类型和密度有关的(包括安装条件和外部影响等方面)具有共性的位置的集合。位置类别的划分以该位置的主要电磁特性为基础，而不以其地理或结构方面的特性为基础。对位置类别的正确划分，有利于合理地确定抗扰度试验电平，做到既保证电磁兼容裕度，又不致因过设计而造成经济上的浪费。

2.7.1 环境的电磁现象

电磁环境是非常复杂的。大致可用三类现象来描述所有的电磁骚扰：

(1) 低频现象(传导和辐射低频现象，不含静电放电现象)。

(2) 高频现象(传导和辐射高频现象，不含静电放电现象)。

(3) 静电放电(Electro Static Discharge，ESD)现象(传导和辐射的静电放电现象)。

一般情况下，一个设备或系统的“大小”或“长短”都是相对于所关注的电磁现象的波长而言的。如果线路、设备、系统的物理尺寸远远小于其工作波长，那么这个线路、设备、系统就分别被称为短线路、小设备、小系统。相反地，当它们的物理尺寸与其工作波长的比值大于 1 时，这个线路、设备、系统就分别被称为长线路、大设备、大系统。但是作为标准，按上述的区分办法则不易操作。因而在有关电磁兼容性标准中规定，低频现象是指电磁骚扰频谱中低于 9 kHz 的分量占主要成分的情况；高频现象是指电磁骚扰频谱中远大于 9 kHz 的分量占主要成分的情况。若某种电磁现象在时域有小的过冲，而其频域特性进入另一频率范围，则确定其骚扰类型时，占主要成分的频谱的分界线可能需要稍做移动以保持该电磁现象在所描述的范围之内。

全面地描述电磁环境是既不可能又不必要的。因此，我们只对电磁环境的某些特性进行描述。描述电磁环境时首先应选择那些与可能产生电磁干扰的各种电磁现象相对应的电磁特性。表 2-4 列出了基本电磁骚扰现象的类型。表 2-4 中的分类是相当广泛的，包括了绝大多数电磁现象。这并不意味着一个给定设备的抗扰度要以所有的这些电磁现象为背景来进行试验，但是可以根据与设备有关的电磁现象和固有的特性来选择几种现象进行组合。

表 2-4　基本的电磁骚扰现象

<table>
<tr><td>低频传导现象：
谐波、谐间波
信号电压
电压波动
电压暂降与短时中断
电压不平衡
电网频率变化
低频感应电压
交流电网络中的直流</td><td>高频传导现象：
感应连续波电压与电流
单向瞬态
振荡瞬态</td></tr>
<tr><td>低频辐射现象：
磁场
电场</td><td>高频辐射现象：
磁场
电场
电磁场(连续波、瞬态)</td></tr>
<tr><td colspan="2">静电放电现象</td></tr>
</table>

为了帮助设备的设计者和使用者在确定抗扰度电平时进行合适的选择，IEC 61000-2-5 中所采用的分类法表明对每一种现象、每一类位置只有一个兼容电平。每一种现象的特征是以表格形式提供的，可以根据表格进行选择。这种方法给希望安装在各种位置的设备规定其运行要求提出了一个公共的参考。

2.7.2　端口的概念

电磁骚扰以辐射和传导方式侵害设备、系统。端口(见图 2-16)就如传输的“界面”，通过这些端口，电磁骚扰进入(或出自)被考虑的设备，并且电磁骚扰现象的性质和骚扰程度也与端口的类型有关。比如辐射骚扰如果是在所考虑的设备壳体以外耦合到与设备相连的导线上，那么对设备来说，就变成了从电源或信号端口进入的传导骚扰。而真正的辐射骚扰是通过设备外壳端口进入设备的骚扰。

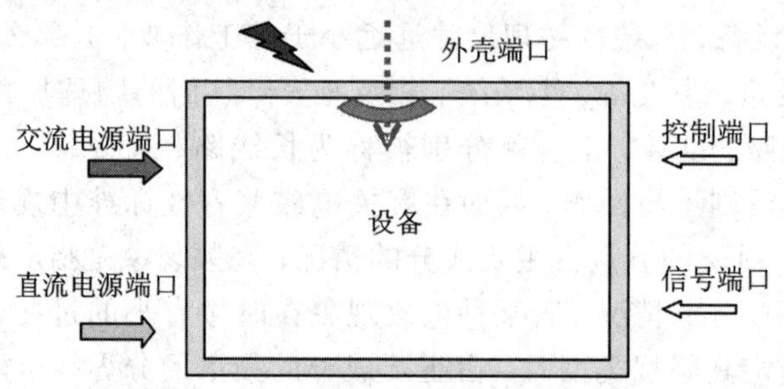

图 2-16　电磁骚扰进入设备的端口

辐射骚扰出现在设备周围的媒体中，而各种传导骚扰出现在各种金属媒体中。各种媒体端口可以分为如下五种：

(1) 外壳端口。

(2) 交流电源端口。

(3) 直流电源端口。

(4) 控制线或信号线端口。

(5) 接地端口，即系统和地或参考地之间的连接。

各种位置类别的兼容电平是按照对应的端口概念得出的。

2.7.3　环境分类与设备位置

电磁环境除按前述的电磁现象分类外，在具体分类列表时主要是按设备安装和工作的位置与电磁骚扰入侵的设备端口进行的，并用两种参数来规定电磁现象的骚扰情况，这两种参数是骚扰度和骚扰电平。骚扰电平是一个给定的、用特定的方法测量的电磁骚扰电平；骚扰度是在与被关注的环境中所遇到的特定电磁现象相对应的骚扰电平范围内所规定的量化强度。所有的电磁现象均可分为若干个骚扰度(参见 IEC 61000-2-5 中的表 1～表 14)，不同环境的每个骚扰度都有相应的骚扰电平。

设备安装的位置千差万别，若将所有位置进行分类，那么列出的分类范围就太广，情况将变得十分复杂。因此，在 IEC 61000-2-5 的附录 A 中，按相关端口的属性列举了 8 类位置。第 1 类～第 8 类位置的典型代表分别为：

① 农村居民区；

② 城市居民区；

③ 商业区；

④ 轻工业区；

⑤ 重工业区、发电厂或开关站；

⑥ 交通区；

⑦ 通信中心；

⑧ 医院。

应再次强调，位置是根据电磁特性划分的，上述 8 类位置的称呼仅仅是某类位置可能的典型代表。下面以上述第⑤类位置为例，列举部分电磁现象针对设备端口可能达到的骚扰电平。其中 U_n 为正常运行电压，n 为谐波次数。其余 7 类位置的电磁现象针对设备端口可能达到的骚扰电平详见 IEC 61000-2-5 的附录 A 中的表 A1～表 A8。

1. 外壳端口

低频辐射：工频电场 20 kV/m；工频磁场 30 A/m；谐波磁场(30/n)A/m。

高频振荡辐射：9 kHz～27 MHz，30 V/m；27～100 MHz，10 V/m。

高频脉冲辐射：雷电波脉冲，100 V/(m·ns)；气体绝缘开关开断脉冲，3000 V/(m·ns)；非气体绝缘开关开断脉冲，1000 V/(m·ns)。

2. 交流电源端口

谐波：各次谐波的骚扰电平随 n 变化。

低频传导：电压波动≤10% U_n；电压暂降≤3 s，当电压变化范围为 10%U_n～99%U_n 时；短时中断<60 s；频率变化 2%。

高频传导：相对于参考地的连续波(10 kHz～150 MHz)，3 V，21 mA；单向瞬态(近距离雷电波)，4 kV；振荡瞬态(0.5～5 MHz)，2 kV。

3. 直流电源端口

低频传导：电压波动≤3%U_n；电压暂降≤800 ms，电压变化范围为 10%U_n～99%U_n 时。

高频传导：相对于参考地的连续波(10 kHz～150 MHz)，3 V，21 mA；单向瞬态(近距离雷电波)，2 kV。

4. 控制线或信号线端口

高频传导：相对于参考地的连续波(10～150 kHz)，10 V，70 mA；0.15～30 MHz，30 V，210 mA；30～150 MHz，3 V，21 mA 。

单向瞬态(近距离雷电波)，4 kV。

振荡瞬态(0.5～5 MHz)，1 kV。

5. 接地端口

供电网络故障时的低频感应电压，1000 V。

2.8　电尺寸与电磁波频谱

EMC 领域中，研究对象的电尺寸与电磁辐射结构辐射的电磁波频谱是解决 EMC 问题的基础内容，应当引起足够重视。

2.8.1　电尺寸

判断电路或电磁辐射结构(有意或无意的电磁辐射)的电尺寸时，天线等电磁辐射结构的物理尺寸并不重要，而用波长表示的电尺寸更为重要。电尺寸用波长来度量，定义为电磁辐射结构的物理尺寸与其辐射的电磁波波长的比值。

虽然麦克斯韦方程可以解释所有的电磁现象，但从数学上来讲它们是相当复杂的。因此，在可能的情况下，就使用较简单的近似方法，如集总参数电路模型和基尔霍夫定律。那么，分析问题时，何时可以用简单的集总参数电路模型和基尔霍夫定律来近似(代替)麦克斯韦方程呢？基本的回答是电路的最大物理尺寸为电小尺寸时，例如电路的最大物理尺寸远小于激励源频率所对应的波长时。通常使用一个准则：电路的最大物理尺寸小于波长 λ 的 1/10 时，认为电路是电小尺寸。电磁现象是真正的分布参数过程，电容和电感等的结构特性实际上分布于整个空间，而不是某几个离散点。当构造集总参数电路模型时，忽略了电磁场的分布特性。

考虑图 2-17 所示的元件及其连接导线构成的集总参数电路。作为时间 t 的函数的元件电流(假设为正弦电流)，从左边的连接导线流入，经过元件从右边的连接导线流出。电流实际上是以速度 v 传播的电磁波。如果连接导线周围的媒质是空气，那么电流的传播速度为光速 $v_0=2.997\ 924\ 58\times10^8$ m/s 或近似为 $v_0=3\times10^8$ m/s。由于波的传播效应，穿过元件和连接导线的电流波所需的有限时延为

$$T_D = \frac{l}{V} \tag{2-59}$$

式中，l 为元件及其连接导线的总长度。例如自由空间中传播的电磁波经过 1 m 的距离所需的时延近似为 3 ns。

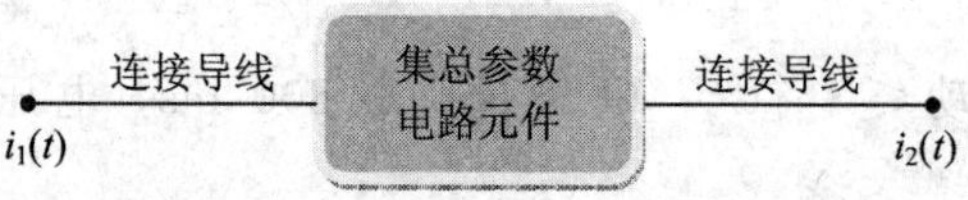

图 2-17 时延效应举例

假设电流及其相关波形为正弦波：

$$i(z,\ t) = I\cos(\omega t - \beta z) \tag{2-60}$$

当电磁波从左边的连接导线的一端开始传播，经过元件，到达右边的连接导线的另一端时所经历的相移为

$$\phi = \beta l \tag{2-61}$$

由于波长是电磁波的相位改变 2π rad(即 360°)时电磁波所经过的距离，所以波长与相位常数之间的关系为

$$\beta\lambda = 2\pi \tag{2-62}$$

因此，式(2-61)可以改写为

$$i(t,\ z) = I\cos\left(\omega t - 2\pi\frac{z}{\lambda}\right) \tag{2-63}$$

由此可见，电流表达式中物理距离 z 并不是重要参数，以波长表示的电尺寸 z/λ 才是关键参数。此外，改写式(2-63)得

$$i(t,\ z) = I\cos\left[\omega\left(t - \frac{\beta}{\omega}z\right)\right] = I\cos\left[\omega\left(t - \frac{z}{v}\right)\right] \tag{2-64}$$

这个结果说明了波的相移等于时延 z/v。

从式(2-61)和式(2-62)可知，当电流沿连接导线传播一个波长的距离($l=\lambda$)时，其经历的相移 $\phi=2\pi$ rad$=360°$。换句话说，如果连接导线的总长度为一个波长，那么流入和流出连接导线的电流同相，但在穿越元件的过程中相位改变了 360°；另一方面，如果连接导线总长度为半个波长，即 $l=\lambda/2$，那么电流的相移为 180°，即流入和流出连接导线的电

流完全反相；如果连接导线总长度 $l=\lambda/10$，那么电流的相移为 36°，经过 $\lambda/20$ 的距离后电流相移为 18°，经过 $\lambda/100$ 的距离后电流相移为 3.6°。所以，当连接导线的物理长度使其相移可忽略不计时，电路的集总参数模型足以代替实际电路。

广义而言，在除自由空间以外的非导电媒质中，波的传播速度为

$$v=\frac{1}{\sqrt{\mu\varepsilon}}=\frac{v_0}{\sqrt{\mu_r\varepsilon_r}}$$

典型介质材料($\mu_r=1$)的相对介电常数(ε_r)在 2～5 之间，因此介质中电磁波传播速度的范围为 $0.70v_0$～$0.45v_0$。表 2-5 给出了各种介质材料的相对介电常数 ε_r。表 2-6 给出了各种材料的相对磁导率和相对电导率(相对于铜)。

表 2-5　介质材料的相对介电常数 ε_r

介质材料	ε_r	介质材料	ε_r
空气	1.0005	硅橡胶	3.1
泡沫聚苯乙烯	1.03	尼龙	3.5
聚乙烯泡沫	1.6	聚氯乙烯(PVC)	3.5
泡沫聚乙烯	1.8	环氧树脂	3.6
聚四氟乙烯	2.1	石英(熔凝)	3.8
聚乙烯	2.3	玻璃(耐热)	4.0
聚苯乙烯	2.5	环氧玻璃(PCB 基板)	4.7
胶木	4.9	氯丁橡胶	6.7
聚酯薄膜	5.0	聚氨酯	7.0
陶瓷	6.0	硅	12.0

表 2-6　各种材料的相对磁导率 σ_r 和相对电导率 μ_r(相对于铜)

导　体	σ_r	μ_r	导　体	σ_r	μ_r
银	1.05	1	铅	0.08	1
退火铜	1.00	1	锰乃尔铜-镍合金	0.04	1
金	0.7	1	不锈钢(430)	0.02	500
铝	0.61	1	锌	0.32	1
黄铜	0.26	1	铁	0.17	1000
镍	0.2	600	铍	0.10	1
青铜	0.18	1	μ 金属(1 kHz)	0.03	30 000
锡	0.15	1	坡莫合金(1 kHz)	0.03	80 000
钢(SAE1045)	0.1	1000			

2.8.2　电磁波频谱

广播电台和电视台发射的无线电波、雷达站发射的微波、可见光、X 射线和 γ 射线都

是电磁波。在自由空间中，所有这些电磁波都以光速 $c(3\times10^8\ \mathrm{m/s})$ 传播。波长与频率满足下列关系式：

$$\lambda=\frac{c}{f}$$

所以电磁波可以用波长或频率区分。波长或频率的变化范围可以覆盖多个数量级，为了简化数字，频率常用千赫、兆赫等表示，波长常用千米、毫米等表示，如表 2-7 和表 2-8 所示。

表 2-7　频率常用单位

名　称	简　写	与 Hz 的关系
千赫(kilohertz)	kHz	10^3
兆赫(megahertz)	MHz	10^6
吉赫(gigahertz)	GHz	10^9
太赫(terahertz)	THz	10^{12}
拍赫(petahertz)	PHz	10^{15}

表 2-8　波长常用单位

名　称	简　写	与 m 的关系
千米(kilometer)	km	10^3
毫米(millimeter)	mm	10^{-3}
微米(micrometer 或 micron)	μm	10^{-6}
纳米(nanometer)	nm	10^{-9}

理论上电磁波的频率可以从零到无穷大，实际上我们所掌握的电磁波的频率范围是有限的。电磁波的频率范围称为电磁波谱，如图 2-18 所示。

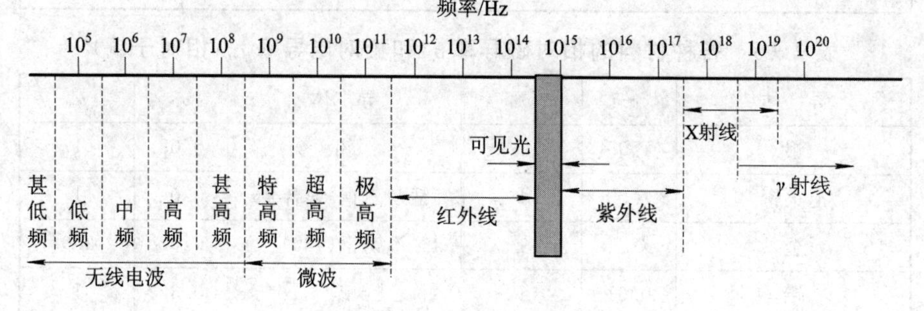

图 2-18　电磁波谱图

由图 2-18 可见，普通无线电波包括甚低频(VLF，3～30 kHz)、低频(LF，30～300 kHz)、中频(300～3000 kHz)、高频(HF，3～30 MHz)、甚高频(VHF，30～300 MHz)，频率从几千赫兹到 300 MHz。如果用波长来称呼，甚低频、低频、中频、高频、甚高频又叫做超长波、长波、中波、短波、超短波，波长从 10^5 m 到 1 m。广义地说，微波是指频率从 300 MHz 到 300 GHz 范围内的电磁波，其相应波长范围是 1 m 到 1 mm。根据应用特点，微波又可细分为分米波、厘米波、毫米波，见表 2-9。微波与红外线的过渡段称为亚毫米波。光波所指的频率范围比可见光(380～770 THz)要宽，依据现代激光和光学系统应用的频率，光波一般是指频率从 100 THz 到 1000 THz 的电磁波谱，相应波长为 3 μm～300 nm。

比可见光波长更短的是紫外线、X 射线、γ 射线。

表 2-9　微 波 波 段

波长范围	频率范围	波段名称			备　注
		依波长	依频率	代号	
10～1 m	30～300 MHz	米波	甚高频	VHF	普通无线电波与微波的过渡
1～0.1 m	300～3000 MHz	分米波	特高频	UHF	
0.1～0.01 m	3～30 GHz	厘米波	超高频	SHF	微　波
0.01～0.001 m	30～300 GHz	毫米波	极高频	EHF	
0.001～0.000 01 m	300～30 000 GHz	亚毫米波			微波与红外的过渡

由于电磁波应用广泛，工程师必须了解宽范围的电路工作频率。二战期间及其后不久，工业和政府部门的首次频谱指派是由美国国防部引入的。然而，今天使用的最常用频谱分类是由 IEEE 创建的，如表 2-10 所示。

表 2-10　IEEE 的频谱分类

波　段	频　率	波　长
ELF(Extreme Low Frequency，极低频)	30～300 Hz	10 000～1000 km
VF(Voice Frequency，音频)	300～3000 Hz	1000～100 km
VLF(Very Low Frequency，甚低频)	3～30 kHz	100～10 km
LF(Low Frequency，低频)	30～300 kHz	10～1 km
MF(Medium Frequency，中频)	300～3000 kHz	1～0.1 km
HF(High Frequency，高频)	3～30 MHz	100～10 m
VHF(Very High Frequency，甚高频)	30～300 MHz	10～1 m
UHF(Ultra-High Frequency，特高频)	300～3000 MHz	100～10 cm
SHF(Super-High Frequency，超高频)	3～30 GHz	10～1 cm
EHF(Extreme High Frequency，极高频)	30～300 GHz	1～0.1 cm
Deci-millimeter(十分之一毫米)	300～3000 GHz	1～0.1 mm
P Band(P 波段)	0.23～1 GHz	130～30 cm
L Band(L 波段)	1～2 GHz	30～15 cm
S Band(S 波段)	2～4 GHz	15～7.5 cm
C Band(C 波段)	4～8 GHz	7.5～3.75 cm
X Band(X 波段)	8～12.5 GHz	3.75～2.4 cm
K_u Band(K_u 波段)	12.5～18 GHz	2.4～1.67 cm
K Band(K 波段)	18～26.5 GHz	1.67～1.13 cm
K_a Band(K_a 波段)	26.5～40 GHz	1.13～0.75 cm
Millimeter Wave(毫米波)	30～300 GHz	7.5～1 mm
Sub-millimeter Wave(亚毫米波)	300～3000 GHz	1～0.1 mm

值得注意的是，电视接收机中遇到的 VHF/UHF 波段由波长首先达到与电子系统物理尺寸对应的波段构成。在这一波段中，我们必须开始考虑电子电路中电流和电压信号的波的性质。例如，当考虑 EHF 波段中 30 GHz 的频率点时，电子系统物理尺寸变得更关键。没有确切的频率范围指派，习惯上射频 RF 范围是 VHF 波段到 S 波段(30 MHz～4 GHz)。有时用一些特定的字母代表微波中的某一波段，这些代号起源于初期雷达研究的保密需要，后来沿用至今，没有严格和统一的定义，比较通行的代号如表 2-10 所示。

习 题

1. 何谓电磁干扰三要素？从系统观点出发，可以采用什么方法达到系统电磁兼容？

2. 不使用计算器，如何合理精确的估计(速算)某个 EMC 物理量(以 dB 为单位)的值。

3. 如何计算系统链路中功率的传输？

4. 查阅射频电缆相关国家标准，学习电缆的功率损耗、主要电气参数及其使用方法。

5. 查阅典型射频信号源使用说明书，学习射频信号源的主要电气参数及其使用方法。

6. 何谓雷电直接效应、雷电间接效应的作用机理？雷电效应测试标准和试验方法(国际标准、国家标准，军用标准)分别是什么？

7. 阐述微波炉的工作原理，并指出其相关国家 EMC 标准及其电磁兼容性测试方法。

8. 简述电磁脉冲(EMP)时域波形的对应频域干扰性质及电磁脉冲试验方法。

9. 功能性干扰源与非功能性干扰源有什么区别？举例说明。

10. 何谓传导干扰及辐射干扰？电磁骚扰主要通过何种途径传输(传播)？

11. 如何描述电磁骚扰的性质？举例说明。

12. 环境电磁现象如何分类，怎样界定？

13. 举例说明如何应用辐射骚扰的极化特性解决干扰问题。

14. 求下列各物理量以 dB 表示的值：

(1) $P_1=1$ mW 和 $P_2=20$ W；

(2) $v_1=10$ mV 和 $v_2=20$ μV；

(3) $i_1=2$ mA 和 $i_2=0.5$ A。

15. 试计算连接电缆的功率损耗(电缆特性阻抗与负载阻抗匹配)。

16. 采用 dB 表示放大器的性能参数——增益。如果放大器输入功率为 1 μW，增益为 60 dB，其输出功率为多少，以 dBμW 为单位。

17. 为什么大量的现代 EMC 测试设备具有 50 Ω 的纯电阻输入阻抗和信号源阻抗，并且用 50 Ω 同轴电缆进行连接？

18. 一台 50 Ω 的信号发生器(信号源)与输入阻抗为 25 Ω 的信号测量仪(EMI 接收机)相连，信号发生器指示的输出电平为 −20 dBm，求信号测量仪的输入电压(以 dBμV 为单位)。

19. 一台 50 Ω 的信号源与 30 英尺长的 RG58U 电缆相连，信号源调谐于 100 MHz 时，其指示计的输出电平为 −15 dBm，求信号测量仪的输入电压(以 dBμV 为单位)。

参 考 文 献

[1] DAVID M P. 微波工程. 3 版. 张肇仪，周乐柱，吴德明，等译. 北京：电子工业出版社，2007.

[2] LUDWIG R，BRETCHKO P. RF Circuit Design Theory and Applications(英文影印版). 北京：科学出版社，2002.

[3] 路宏敏，赵永久，朱满座. 电磁场与电磁波基础. 北京：科学出版社，2006.

[4] STUTZMAN W L，THIELE G A. 天线理论与设计. 2 版. 朱守正，安同一，译. 北京：人民邮电出版社，2006.

[5] 陈抗生. 电磁场与电磁波. 北京：高等教育出版社，2003.

[6] 全国无线电干扰标准化技术委员会 E 分会，中国标准出版社. 电磁兼容国家标准汇编. 北京：中国标准出版社，1998.

[7] 国家标准 GB/T 4365－1995《电磁兼容术语》.

[8] 国家标准 GB/T 17624.1－1998《电磁兼容　综述　电磁兼容基本术语和定义的应用与解释》.

[9] OTT H W. Noise Reduction Techniques in Electronic Systems. 2nd ed. John Wiley and Sons，1988.

[10] PISCATAWAY N J. EMC/EMI principles，measurements and technologies. Institute of Electrical and Electronics Engineers，Inc.，1997.

[11] KEISER B. Principles of Electromagnetic Compatibility. 3rd ed. MA：Artech House，Inc.，1987.

[12] WESTON D A. Electromagnetic Compatibility：Principles and Applications. New York：Marcel Dekker，Inc.，1991.

[13] MONTROSE M I. Printed circuit board design techniques for EMC compliance：a handbook for designers. 2nd ed. New York：IEEE Press，2000.

[14] TESCHE F M，IANOZ M V. EMC analysis methods and computational models. New York：John Wiley & Sons，Inc.，1997.

[15] CARR J J. The technician's EMI handbook：clues and solutions. Boston：Newnes，2000.

[16] PRASAD K V. Engineering Electromagnetic Compatibility：Principles，measurements，and Technology. New York：IEEE Press，1996.

[17] WILLIAMS T，ARMSTRONG K. EMC for systems and installations. Oxford：Newnes，2000.

[18] TS ALIOVICH A B. Electromagnetic shielding handbook for wired and wireless EMC applications. Boston：Kluwer Academic，1999.

[19] CHATTERTON P A，HOULDEN M A. EMC：Electromagnetic Theory to Practical Design. New York：John Wiley & Sons Ltd.，1992.

[20] WESTON D A. Electromagnetic Compatibility：Principles and Applications. New

York: Marcel Dekker, Inc. , 1991.

[21] WHITE D R J, MARDIGUIAN M. EMI Control Technology and Procedures. Gainesville, Virginia: Interference Control Technologies, Inc. , USA, 1988.

[22] PAUL C R, NASAR S A. Introduction to Electromagnetic Fields. 2nd ed. New York: McGraw-Hill, 1987.

[23] VIOLETTE J L N, WHITE D R J and VIOLETTE M F. Electromagnetic Compatibility Handbook. New York: van nostrand reinhold company, 1987.

[24] LEE O R. EMI Filter Design. New York: Marcel Dekker, Inc. , 1996.

[25] ARCHAMBEAULT B, RAMAHI O M and BRENCH C. EMI/EMC Computational Modeling Handbook. Boston: Kluwer Academic Publishers, 1998.

[26] PAUL C R. Analysis of Multi-conductor Transmission Lines. New York: John Wiley & Sons Ltd. , 1994.

[27] SMITH A A Jr. Coupling of External Electromagnetic Fields to Transmission Lines. New York: John Wiley & Sons Ltd. , 1977.

[28] PLONSEY R and COLLIN R E. Principles and Applications of Electromagnetic Fields. New York: McGraw-Hill, 1961.

[29] RAMO S, WHINNERY J R, VAN D T. Fields and Waves in Communication Electronics, 2nd ed. , New York: John Wiley and Sons, 1989.

[30] VANCE E F. Coupling to Shielded Cables. R. E. Krieger, Melbourne, FL, 1987.

[31] VIOLETTE N J L, WHITE D R J, VIOLETTE M F. Electromagnetic Compatibility Handbook. New York: Van Nostrand Reinhold Co. , 1985.

[32] RICKETTS L W, BRIDGES J E, MILETTA J. EMP Radiation and Protective Techniques. New York: John Wiley and Sons, 1976.

[33] WHITE D R J. A Handbook on Electromagnetic Shielding Materials and Performance. Don White Consultants, Inc. , 1975.

[34] WHITE D R J. A Handbook on Electromagnetic Interference and Compatibility. Don White Consultants, Inc. , 1973.

[35] DENNY H W. Grounding for the Control of EMI. Don White Consultants, Inc. , 1983.

[36] MARDIGUIAN M. EMI troubleshooting techniques. New York: McGraw-Hill, 2000.

[37] A handbook for EMC: testing and measurement. London: Peter Peregrinus Ltd. , 1994.

[38] MONTROSE M I. EMC and the printed circuit board: design, theory, and layout made simple. New York: IEEE Press, 1999.

[39] O'HARA M. EMC at component and PCB level. Oxford, England: Newnes, 1998.

[40] ARCHAMBEAULT B, et al. EMI/EMC computational modeling handbook. Boston: Kluwer, 1998.

[41] WILLIAMS T. EMC for product designers. Boston: Newnes, 1992.

[42] MACNAMARA T. Handbook of antennas for EMC. Boston: Artech House, 1995.

[43] MOLYNEUX-CHILD J W. EMC shielding materials. 2nd ed. Boston: Newnes, 1997.

第 3 章　电磁骚扰的耦合与传输理论

本章着重介绍电磁骚扰的耦合与传输概念，主要内容包括：电磁骚扰的耦合途径；传导耦合的基本原理；电磁辐射的基本理论；近场的阻抗；辐射耦合。

电磁干扰三要素表明，任何电磁干扰的产生必然存在电磁骚扰(或者骚扰电磁能量)的耦合与传输途径。这里“耦合”的概念指的是电路、设备、系统与其他电路、设备、系统之间的电能量联系，耦合起着把电磁能量从一个电路、设备、系统“传输”到另一个电路、设备、系统的作用。本章介绍电磁骚扰的耦合与传输理论。

3.1　电磁骚扰的耦合途径

一般而言，从各种电磁骚扰源传输电磁骚扰至敏感设备的通路或媒介，即耦合途径，有两种方式：一种是传导耦合方式；另一种是辐射耦合方式。

传导耦合是骚扰源与敏感设备之间的主要耦合途径之一。传导耦合必须在骚扰源与敏感设备之间存在有完整的电路连接，电磁骚扰沿着这一连接电路从骚扰源传输电磁骚扰至敏感设备，产生电磁干扰。传导耦合的连接电路包括互连导线、电源线、信号线、接地导体、设备的导电构件、公共阻抗、电路元器件等。

辐射耦合是指电磁骚扰通过其周围的媒介以电磁波的形式向外传播，骚扰电磁能量按电磁场的规律向周围空间发射。辐射耦合的途径主要有天线、电缆(导线)、机壳的发射对组合。通常将辐射耦合划分为三种：

(1) 天线与天线的耦合，指的是天线 A 发射的电磁波被另一天线 B 无意接收，从而导致天线 A 对天线 B 产生功能性电磁干扰。

(2) 场与线的耦合，指的是空间电磁场对存在于其中的导线实施感应耦合，从而在导线上形成分布电磁骚扰源。

(3) 线与线的感应耦合，指的是导线之间以及某些部件之间的高频感应耦合。

实际工程中，敏感设备受到电磁干扰侵袭的耦合途径是传导耦合、辐射耦合、感应耦合以及它们的组合。以图 2-5 为例，敏感设备(即电视接收机)除受到来自雷电、汽车点火系统、计算机发射的辐射骚扰外，也受到来自电源线上的传导骚扰侵袭，传导骚扰可能是空间电磁波作用于电源线形成的感应骚扰，也可能是计算机产生的骚扰通过电源插座以传导方式侵袭电视接收机。正因为实际中出现电磁干扰的耦合途径是多途径、复杂难辨的，所以才使电磁骚扰变得难以控制。

目前对传导耦合的具体划分，许多资料还存在一些分歧。有些资料认为：传导耦合的传输电路只限定于“电源线、信号线、控制线、导电部位(如地线、接地平面、机壳等)”等可见性连接。将电容性耦合和电感性耦合都归属于辐射传输的近场感应耦合，如图 3-1(a)所示。另一种观点认为：电容性耦合、电感性耦合以及这两者共同作用的两导体间的感应耦合均归属于传导耦合范围，且“传导耦合包括通过线路的电路性耦合，以及导体间电容和互感所形成的耦合”，如图 3-1(b)所示。还有些资料认为：传导耦合的传输电路是由“金属导线或集总元件构成的”，因此将导线与导线之间的分布参数耦合作为辐射耦合的一部分，如图 3-1(c)所示。

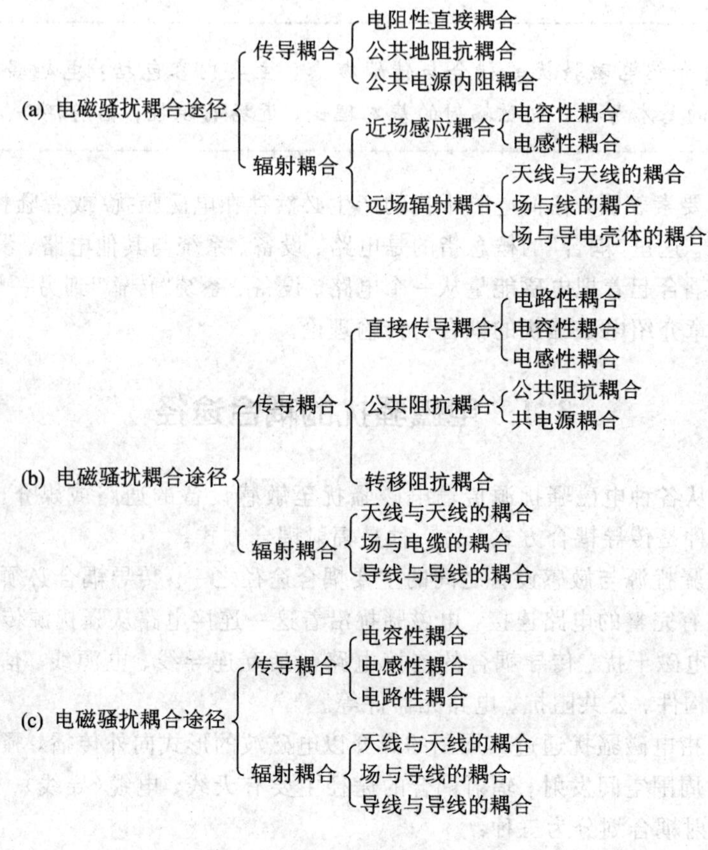

图 3-1 电磁骚扰耦合途径分类

3.2 传导耦合的基本原理

传导耦合按其耦合方式可以划分为电路性耦合、电容性耦合、电感性耦合三种基本方式。实际工程中，这三种耦合方式同时存在、互相联系。

3.2.1 电路性耦合

1. 电路性传导耦合的模型

电路性耦合是最常见、最简单的传导耦合方式。最简单的电路性传导耦合模型如图

3-2 所示。

图中 Z_1、U_1 及 Z_{12} 组成电路 1，Z_2、Z_{12} 组成电路 2，Z_{12} 为电路 1 与电路 2 的公共阻抗。当电路 1 有电压 U_1 作用时，该电压经 Z_1 加到公共阻抗 Z_{12} 上。当电路 2 开路时，电路 1 耦合到电路 2 的电压为

$$U_2 = \frac{Z_{12}}{Z_1 + Z_{12}} U_1 \tag{3-1}$$

若公共阻抗 Z_{12} 中不含电抗元件，则该电路为共电阻耦合，简称电阻性耦合。

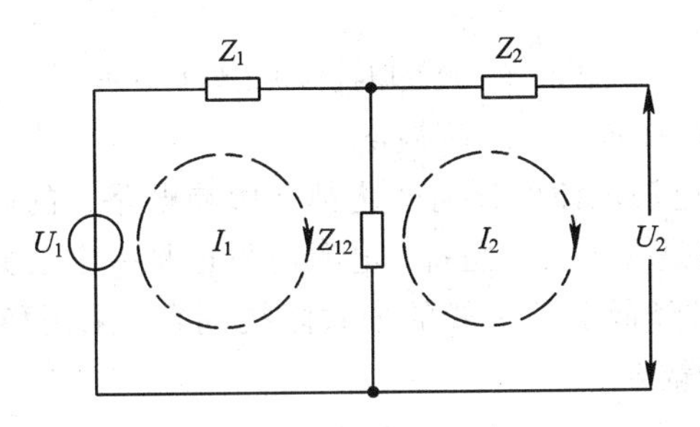

图 3-2　电路性耦合的一般形式

2. 电路性耦合的实例

1）直接传导耦合

由式(3-1)可知，若 $Z_{12}=\infty$，则 $U_1=U_2$，即电路 1 的电压 U_1 直接加至电路 2，形成直接传导耦合。骚扰经导线直接耦合至电路是最明显的事实，但却往往被人们忽视。导线经过存在骚扰的环境时，即拾取骚扰能量并沿导线传导至电路而造成对电路的干扰。

2）共阻抗耦合

当两个电路的电流流经一个公共阻抗时，一个电路的电流在该公共阻抗上形成的电压就会影响到另一个电路，这就是共阻抗耦合。形成共阻抗耦合骚扰的有电源输出阻抗(包括电源内阻、电源与电路间连接的公共导线)、接地线的公共阻抗等。图 3-3 为地电流流经公共地线阻抗的耦合。图中地线电流 1 和地线电流 2 流经地线阻抗，电路 1 的地电位被电路 2 流经公共地线阻抗的骚扰电流所调制。因此，一些骚扰信号将由电路 2 经公共地线阻抗耦合至电路 1。消除的方法是将地线尽量缩短并加粗，以降低公共地线阻抗。

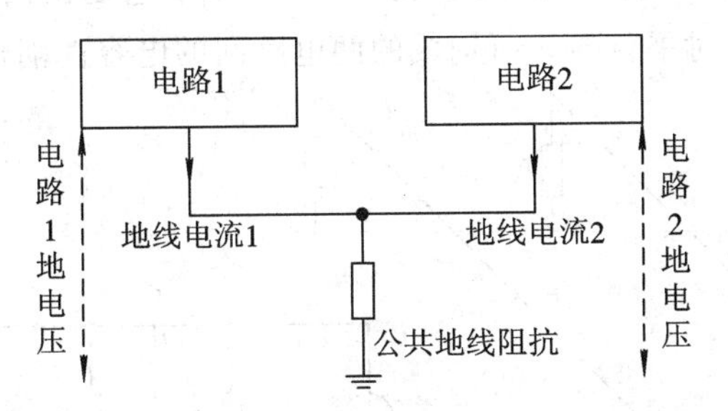

图 3-3　地电流流经公共地线阻抗的耦合

图 3-4 为地线阻抗形成的耦合骚扰。在设备的公共地线上存在各种信号电路的电流，并由地线阻抗变换成电压。当这部分电压构成低电平信号放大器输入电路的一部分时，公共地线上的耦合电压就被放大并成为干扰输出。采用一点接地就可以防止这种耦合干扰。

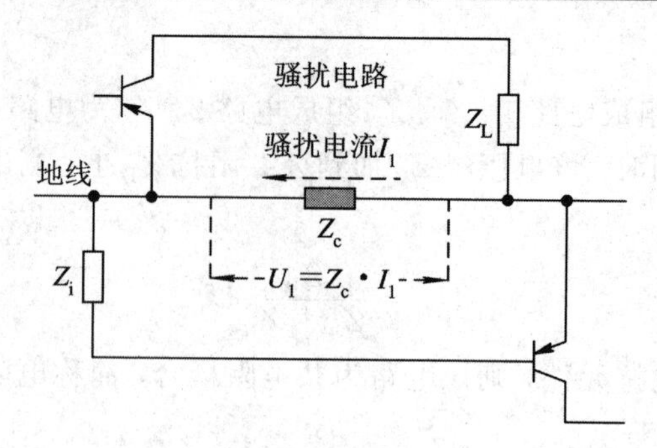

图 3-4　地线阻抗形式的骚扰电压

3）电源内阻及公共线路阻抗形成的耦合

图 3-5 中电路 2 的电源电流的任何变化都会影响电路 1 的电源电压，这是由两个公共阻抗造成的：电源引线是一个公共阻抗，电源内阻也是一个公共阻抗。将电路 2 的电源引线靠近电源输出端可以降低电源引线的公共阻抗耦合。采用稳压电源可以降低电源内阻，从而降低电源内阻的耦合。

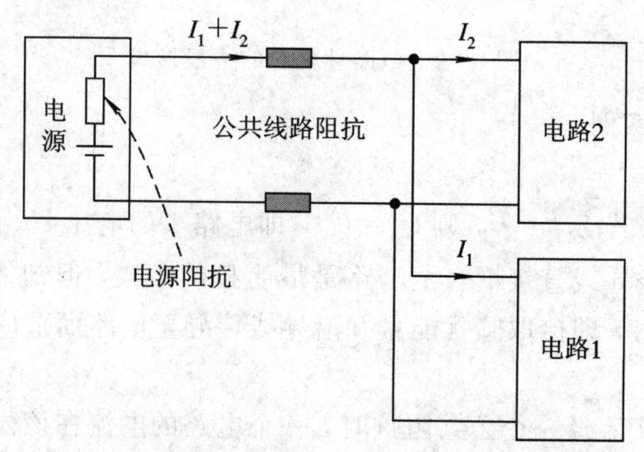

图 3-5　电源内阻及公共线路阻抗形成的耦合

3.2.2　电容性耦合

1. 电容性耦合模型

电容性耦合(the capacitive coupling)也称为电耦合，它是由两电路间的电场相互作用所引起。图 3-6 表示一对平行导线所构成的两电路间的电容性耦合模型及其等效电路。

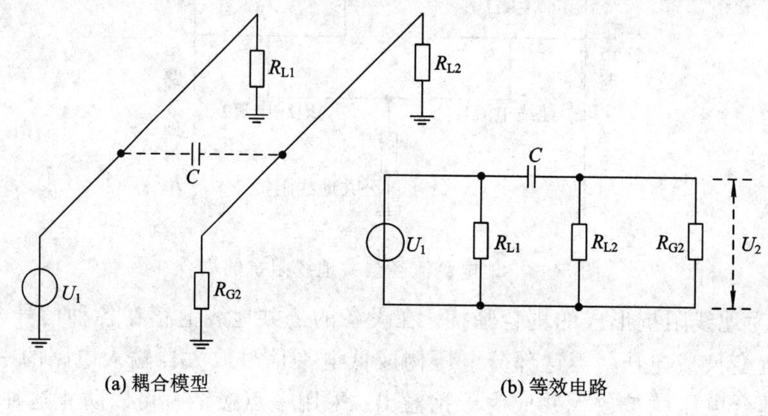

图 3-6　电容性耦合模型

假设电路 1 为骚扰源电路，电路 2 为敏感电路，两电路间的耦合电容为 C。根据图 3-6(b)的等效电路可以计算出骚扰源电路在电路 2 上耦合的骚扰电压为

$$U_2 = \frac{R_2}{R_2 + X_c}U_1 = \frac{j\omega CR_2}{1 + j\omega CR_2}U_1 \tag{3-2}$$

式中：

$$R_2 = \frac{R_{G2}R_{L2}}{R_{G2} + R_{L2}}, \qquad X_c = \frac{1}{j\omega C}$$

当耦合电容比较小时，即 $\omega CR_2 \ll 1$ 时，式(3-2)可以简化为

$$U_2 \approx j\omega CR_2U_1 \tag{3-3}$$

式(3-3)表示，电容性耦合引起的感应电压正比于骚扰源的工作频率、敏感电路对地的电阻 R_2(一般情况下为阻抗)、耦合电容 C 和骚扰源电压 U_1；电容性耦合主要在射频频率形成骚扰，频率越高，电容性耦合越明显；**电容性耦合的骚扰作用相当于在电路 2 与地之间连接了一个幅度为 $I_n = j\omega CU_1$ 的电流源。**

一般情况下，骚扰源的工作频率、敏感电路对地的电阻 R_2(一般情况下为阻抗)、骚扰源电压 U_1 是预先给定的，所以抑制电容性耦合的有效方法是减小耦合电容 C。

下面我们继续分析另一个电容性耦合模型，这一模型在前一模型的基础上，除了考虑两导线(两电路)间的耦合电容外，还考虑每一电路的导线与地之间所存在的电容。地面上两导体之间电容性耦合的简单表示如图 3-7 所示。图中，C_{12}是导体 1 与导体 2 之间的杂散电容。C_{1G}是导体 1 与地之间的电容。C_{2G}是导体 2 与地之间的电容。R 是导体 2 与地之间的电阻，它出自于连接到导体 2 的电路，不是杂散元件；电容 C_{2G}由导体 2 对地的杂散电容和连接到导体 2 的任何电路的影响组成。

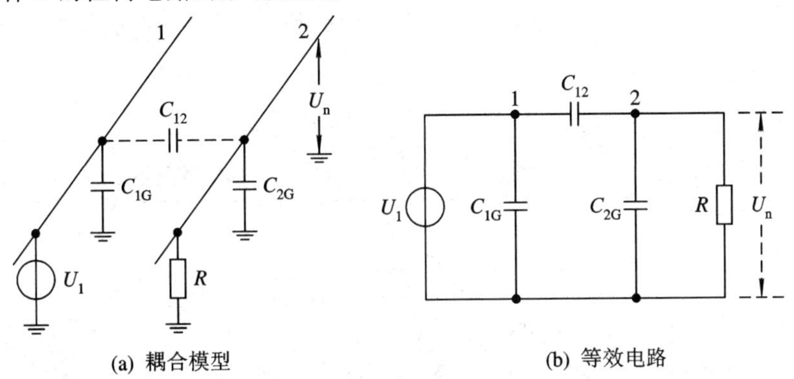

图 3-7　地面上两导线间电容性耦合模型

作为骚扰源的导体 1 的骚扰源电压为 U_1；受害电路为电路 2。任何直接跨接在骚扰两端的电容，比如图 3-7 中的 C_{12}能够被忽略，因为它不影响在导体 2 与地之间耦合的骚扰电压 U_n。根据图 3-7(b)的等效电路，导体 2 与地之间耦合的骚扰电压 U_n 能够表示如下：

$$U_n = \frac{j\omega C_{12}R}{1 + j\omega R(C_{12} + C_{2G})}U_1 \tag{3-4}$$

如果 R 为低阻抗，且满足

$$R \ll \frac{1}{j\omega(C_{12} + C_{2G})}$$

那么，式(3-4)可简化为

$$U_n \approx j\omega C_{12} R U_1 \tag{3-5}$$

式(3-5)表示，**电容性耦合的骚扰作用相当于在导体2与地之间连接了一个幅度为$I_n = j\omega C_{12} U_1$的电流源**。它是描述两导体之间电容性耦合的最重要的公式，清楚地表明了拾取(耦合)的电压依赖于相关参数。假定骚扰源电压U_1和工作频率f不能改变，这样只留下两个减小电容性耦合的参数C_{12}和R。减小耦合电容的方法是导体合理取向、屏蔽导体、分隔导体(增加导体间的距离)。

如果R为高阻抗，且满足

$$R \gg \frac{1}{j\omega(C_{12}+C_{2G})}$$

那么，式(3-4)可简化为

$$U_n \approx \frac{C_{12}}{C_{12}+C_{2G}} U_1 \tag{3-6}$$

式(3-6)表明在导体2与地之间产生的电容性耦合骚扰电压与频率无关，且在数值上大于式(3-5)表示的骚扰电压。

图3-8给出了电容性耦合骚扰电压U_n的频率响应。它是式(3-4)的骚扰电压U_n与频率的关系曲线图。正如前面已经分析的那样，式(3-6)给出了最大的骚扰电压U_n。图3-8也说明实际的骚扰电压U_n总是小于或等于式(3-6)给出的骚扰电压U_n。若频率满足如下关系

$$\omega = \frac{1}{R(C_{12}+C_{2G})} \tag{3-7}$$

则公式(3-5)就给出了是实际骚扰电压U_n(式(3-4)的值)的$\sqrt{2}$倍的骚扰电压U_n值。在几乎所有的实际情况中，频率总是小于式(3-7)表示的频率，式(3-6)表示的骚扰电压U_n总是适合的。

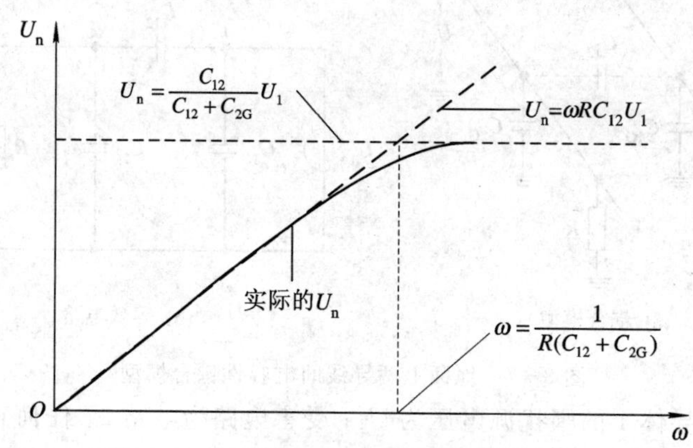

图3-8 电容性耦合骚扰电压与频率的关系

2. 屏蔽体对电容性耦合的作用

在前面分析电容性耦合的基础上，现在进一步考虑导体2有一管状屏蔽体时的电容性耦合，如图3-9所示。其中C_{12}表示导体2延伸到屏蔽体外的那一部分与导体1之间的电容，C_{2G}表示导体2延伸到屏蔽体外的那一部分与地之间的电容。C_{1S}表示导体1与导体2的屏蔽体之间的电容，C_{2S}表示导体2与其屏蔽体之间的电容，C_{SG}表示导体2的屏蔽体与地之间的电容。

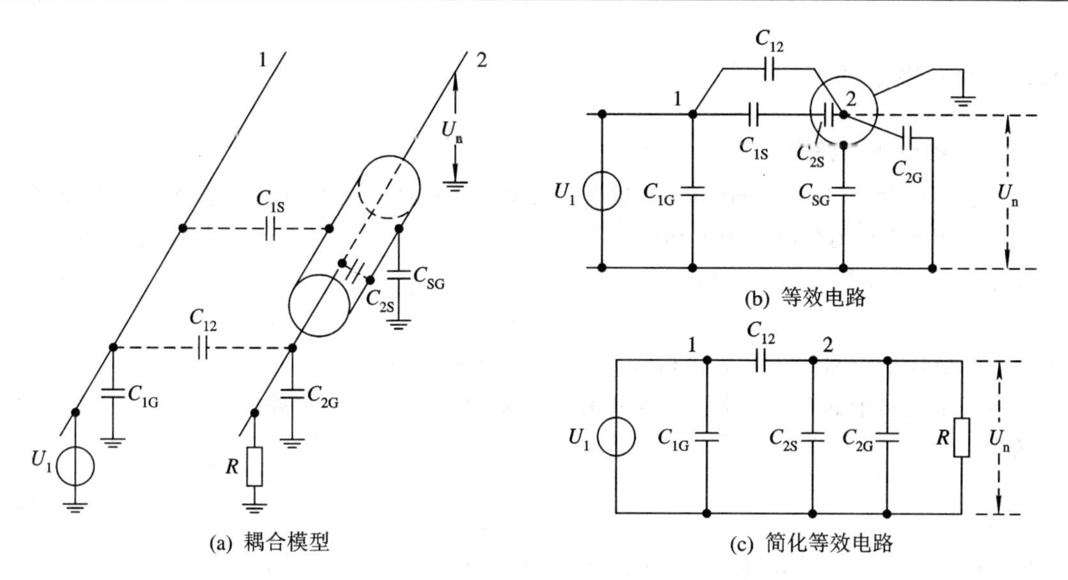

图 3-9　导体 2 具有屏蔽体时两导线间电容性耦合模型

首先考虑导体 2 的对地电阻为无限大的值，即导体 2 完全屏蔽，此时 C_{12}、C_{2G} 均为零。由图 3-9(b)可知屏蔽体拾取到的骚扰电压为

$$U_S = \frac{C_{1S}}{C_{1S} + C_{SG}} U_1 \tag{3-8}$$

由于没有耦合电流通过 C_{2S}，所以完全屏蔽的导体 2 所拾取的骚扰电压为

$$U_n = U_S \tag{3-9}$$

如果屏蔽体接地，那么电压 $U_S = 0$，从而有 $U_n = 0$。所以说导体 2 完全屏蔽，即导体 2 不延伸到屏蔽体外的情况是理想情况。

实际上，导体 2 通常确实延伸到屏蔽体外，如图 3-9(a)所示。此时，C_{12}、C_{2G} 均需要考虑。当屏蔽体接地，且导体 2 的对地电阻为无限大的值时，导体 2 上耦合的骚扰电压为

$$U_n = \frac{C_{12}}{C_{12} + C_{2G} + C_{2S}} U_1 \tag{3-10}$$

C_{12} 的值取决于导体 2 延伸到屏蔽体外的那一部分的长度。良好的电场屏蔽必须使导体 2 延伸到屏蔽体外的那一部分的长度最小，必须提供屏蔽体的良好接地。假定电缆的长度小于一个波长，单点接地就可以实现良好的屏蔽体接地。对于长电缆，多点接地是必需的。

最后我们考虑导体 2 的对地电阻为有限值的情况。比较图 3-7(b)和图 3-9(c)，根据图 3-9(c)的简化等效电路知，导体 2 上耦合的骚扰电压为

$$U_n = \frac{\mathrm{j}\omega C_{12} R}{1 + \mathrm{j}\omega R (C_{12} + C_{2G} + C_{2S})} U_1 \tag{3-11}$$

当

$$R \ll \frac{1}{\mathrm{j}\omega (C_{12} + C_{2G} + C_{2S})}$$

时，式(3-11)可简化为

$$U_n \approx \mathrm{j}\omega R C_{12} U_1 \tag{3-12}$$

式(3-12)和式(3-5)的形式完全一样，但是由于导体 2 此时被屏蔽体屏蔽，C_{12} 的值取决于导体 2 延伸到屏蔽体外的那一部分的长度，因此 C_{12} 大大减小，从而降低了 U_n。

3.2.3 电感性耦合

1. 电感性耦合模型

电感性耦合(inductive coupling)也称为磁耦合，它是由两电路间的磁场相互作用所引起的。当电流 I 在闭合电路中流动时，该电流就会产生与其大小成正比的磁通量 Φ。比例常数称为电感 L，因此我们能够写出

$$\Phi = LI \tag{3-13}$$

电感的值取决于电路的几何形状和包含场的媒质的磁特性。

当一个电路中的电流在另一个电路中产生磁通时，这两个电路之间就存在互感 M_{12}，定义为

$$M_{12} = \frac{\Phi_{12}}{I_1} \tag{3-14}$$

式中，Φ_{12} 表示电路 1 中的电流 I_1 在电路 2 产生的磁通量。

由法拉第定律(Faraday's Law)可知，磁通密度为 $\boldsymbol{B}$ 的磁场在面积为 $\boldsymbol{S}$ 的闭合回路中感应的电压为

$$U_n = -\frac{d}{dt}\int_S \boldsymbol{B}\cdot d\boldsymbol{S} \tag{3-15}$$

如果闭合回路是静止的，磁通密度随时间作正弦变化，但在闭合回路面积上是常数，那么式(3-15)可简化为

$$U_n = j\omega BS\cos\theta \tag{3-16}$$

如图 3-10 所示，S 是闭合回路的面积，B 是角频率为 ω(弧度/秒)的正弦变化磁通密度的有效值(RMS 值)，U_n 是感应电压的有效值。

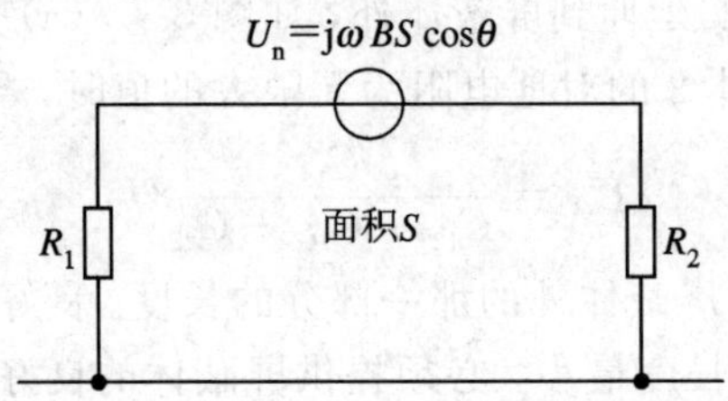

图 3-10 感应电压取决于骚扰电路围成的面积 S

因为 $BS\cos\theta$ 表示耦合到敏感电路的总磁通量，所以能够把式(3-14)和式(3-16)结合起来，用两电路之间的互感表示感应电压：

$$U_n = j\omega MI_1 \tag{3-17}$$

或者感应电压瞬时值

$$u_n = M\frac{di_1(t)}{dt}$$

表达式(3-16)和式(3-17)是描述两电路之间电感性耦合的基本方程。图 3-11 表示由式(3-17)描述的两电路之间的电感性耦合。I_1 是干扰电路中的电流，M 是两电路之间的互感。式(3-16)和式(3-17)中出现的角频率为 ω(弧度/秒)表明耦合与频率成正比。为了减小骚扰电压，必须减小 B、S、$\cos\theta$。采用两电路的物理分隔或者双绞线(假定电流在

双绞线中流动且没有流过接地面)，可以减小 B；把导体靠近接地面放置(如果回路电流通过接地面)，或者采用两个捻在一起的导体(如果回路电流是在两导体之一，而不在接地面中流动)，可以减小敏感电路的面积 S；调整骚扰源电路与敏感电路的取向，可以减小 $\cos\theta$。

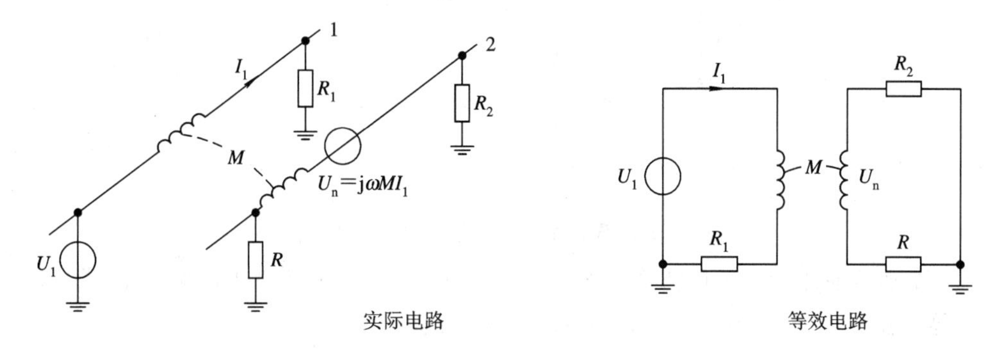

图 3-11　两电路之间的电感性耦合

根据图 3-11 可知，电路 1 中的干扰电流 I_1 在电路 2 的负载电阻 R 和 R_2 上产生的骚扰电压分别为

$$U_{n1}=j\omega MI_1\frac{R}{R+R_2},\qquad U_{n2}=j\omega MI_1\frac{R_2}{R+R_2}$$

注意　电容性耦合与电感性耦合之间的差异也许有益。对于电容性耦合，在敏感电路(导体 2)与地之间并联了一个骚扰电流源，如图 3-12(a)所示；对于电感性耦合，产生了一个与敏感电路(导体 2)串联的骚扰电压(感应电压)，如图 3-12(b)所示。实际工作中，可以采用下述方法来鉴别电容性耦合和电感性耦合。当减小电缆(导体 2)一端的阻抗时，可测量跨接于电缆另一端的阻抗上的骚扰电压。如果所测的骚扰电压减小，则为电容性耦合；如果所测的骚扰电压增加，则为电感性耦合。

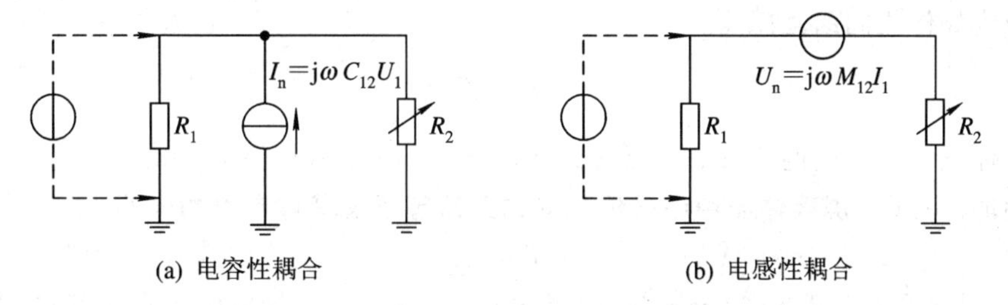

图 3-12　电容性与电感性耦合的骚扰等效电路

2. 屏蔽体对电感性耦合的作用

如果现在在导体 2 周围放置一没有接地的非磁性屏蔽体，那么电路就成为图 3-13 所示的耦合电路。图中 M_{1S}是导体 1 与屏蔽体之间的互感。由于屏蔽体对电路 1 与电路 2 之间的媒质磁特性和几何结构没有影响，故屏蔽体对进入导体 2 的感应电压没有影响。然而，屏蔽体确实拾取了导体 1 中的电流所感应的电压 U_S：

$$U_S=j\omega M_{1S}I_1 \tag{3-18}$$

屏蔽体一端的接地连接不会改变这种情况，因此，导体周围放置非磁性屏蔽体并且屏蔽体一端接地对该导体中的电感性感应电压没有影响。

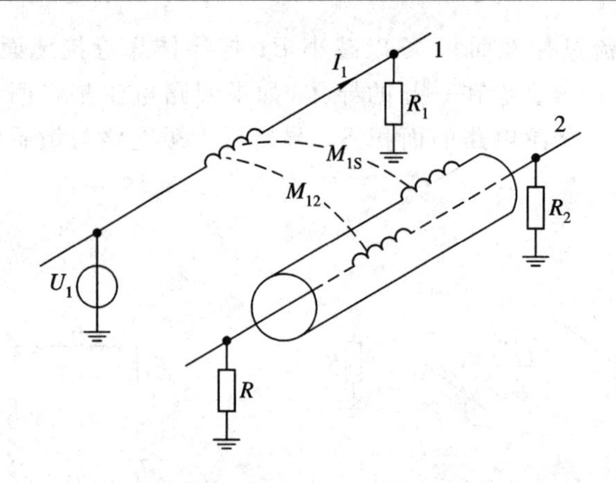

图 3-13 导体 2 带有屏蔽体的电感性耦合

但是，如果非磁性屏蔽体两端接地，那么由于 M_{1S} 所引起的进入屏蔽体的感应电压将使屏蔽体电流(shield current)流动。屏蔽体电流将感应第二个骚扰电压进入导体 2，必须考虑这一感应电压。在计算这一电压之前，必须确定屏蔽体与其中心导体之间存在的耦合。为此需要**计算空心导体管与放置在该导体管内部的任何导体之间的磁性耦合**。这一概念是讨论磁屏蔽的基础。

下面通过一个典型的例子来说明屏蔽体与其内导体之间的磁性耦合(magnetic coupling)。

首先考虑携带均匀轴向电流的管状导体产生的磁场。如果管状导体内的空腔和管状导体的外部同心，那么这一空腔中就不存在磁场，全部磁场在管状导体外部。现在让我们将一导体放置在管状导体内部形成同轴线，这样作为屏蔽体的管状导体上的电流 I_S 所产生的全部磁通量 Φ 将环绕内导体，屏蔽体的电感为

$$L_S = \frac{\Phi}{I_S} \tag{3-19}$$

屏蔽体与内导体之间的互感为

$$M = \frac{\Phi}{I_S} \tag{3-20}$$

因为屏蔽体电流所产生的全部磁通量环绕中心导体，所以式(3-19)和式(3-20)中的磁通量是相同的。因此，**屏蔽体与中心导体之间的互感等于屏蔽体自身的电感**，即

$$M = L_S \tag{3-21}$$

式(3-21)是一个非常重要的结论，我们经常会参考它。根据互感的互易性可知，内导体与屏蔽体间的互感也等于屏蔽体的自感。式(3-21)的合理性只取决于事实：在管状屏蔽体内部不存在屏蔽体电流产生的磁场。这就要求管状屏蔽体是圆柱形的且电流密度沿管状屏蔽体的周长均匀分布。但是并不要求屏蔽体与其内导体同轴。

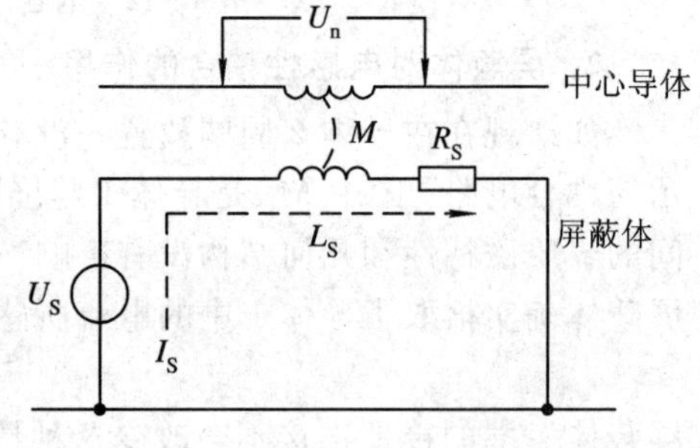

图 3-14 屏蔽导体的等效电路

现在计算屏蔽体中的电流 I_S 所产生的感应进入中心导体的电压 U_n。假定出自其他电路的感应进入屏蔽体的电压为 U_S，如图 3-14 所示。图中

L_S 和 R_S 是屏蔽体自身的电感和电阻。中心导体上的感应电压为

$$U_n = j\omega M I_S \tag{3-22}$$

屏蔽体电流 I_S 为

$$I_S = \frac{U_S}{L_S}\left(\frac{1}{j\omega + R_S/L_S}\right) \tag{3-23}$$

因此

$$U_n = \left(\frac{j\omega M U_S}{L_S}\right)\left(\frac{1}{j\omega + R_S/L_S}\right) \tag{3-24}$$

考虑到式(3－21)，即 $M=L_S$，有

$$U_n = \left(\frac{j\omega}{j\omega + R_S/L_S}\right)\cdot U_S \tag{3-25}$$

式(3－25)的曲线的折断点(the break frequency)定义为**屏蔽体截止频率**(the shield cutoff frequency)ω_c，且

$$\omega_c = \frac{R_S}{L_S} \qquad 或 \qquad f_c = \frac{R_S}{2\pi L_S} \tag{3-26}$$

由图 3－14 可见，感应进入中心导体的骚扰电压在直流时是零，在频率为 $5R_S/L_S$ rad/s 时增加到几乎 U_S。因此，如果允许屏蔽体电流流动，则感应进入中心导体的骚扰电压的频率在大于 5 倍的屏蔽体截止频率时，骚扰电压值几乎等于屏蔽体电压 U_S。这是屏蔽体内部导体的一个非常重要的特性。对于大多数电缆，5 倍的屏蔽体截止频率几乎是音频波段的高端。与其他电缆比较，铝薄膜屏蔽电缆具有更高的屏蔽体截止频率，约为 7 kHz。

下面讨论导体 2 周围放置两端接地的非磁性屏蔽体时的磁性耦合。由于屏蔽体两端接地，屏蔽体电流流动且产生一个骚扰电压进入导体 2，因此，感应进入导体 2 的骚扰电压有两部分：导体 1 的直接感应骚扰电压 U_2 和感应的屏蔽体电流产生的骚扰电压 U_c。注意这两个感应电压具有相反的极性。因此，感应进入导体 2 的骚扰电压可以表示为

$$U_n = U_2 - U_c \tag{3-27}$$

如果我们使用式(3－21)，且注意到导体 1 与屏蔽体间的互感 M_{1S} 等于导体 1 与导体 2 间的互感 M_{12}(相对于导体 1，屏蔽体和导体 2 放置于空间的相同位置)，式(3－27)变成为

$$U_n = j\omega M_{12} I_1 \left(\frac{R_S/L_S}{j\omega + R_S/L_S}\right) \tag{3-28}$$

如果式(3－28)中角频率比较小，以至于括号中的项等于 1，那么骚扰电压和非屏蔽电缆的骚扰电压相同。如果角频率较大，那么式(3－28)可以简化为

$$U_n = M_{12} I_1 \frac{R_S}{L_S} \tag{3-29}$$

因此，在低频屏蔽电缆中的骚扰电压与非屏蔽电缆中的骚扰电压相同；然而，在大于 5 倍的屏蔽体截止频率时，屏蔽电缆中的骚扰电压停止增加并且保持常数。

3.3　电磁辐射的基本理论

电磁兼容问题实际上是要解决系统内部或系统间的电磁干扰问题。骚扰源产生的骚扰通过辐射耦合或(和)传导耦合传输到接收器。在分析骚扰源时常常用到两个基本的骚扰源

(天线)模型，即表示在图 3-15 中的长为 l 的电基本振子(the short oscillating electric dipole，短线天线)和表示在图 3-16 中的半径为 a 的磁基本振子(the small loop antenna，小圆环天线)。“短”和“小”是相对于其辐射的电磁波的波长 λ 而言的，即 $l \ll \lambda$，$a \ll \lambda$。基本振子也称为偶极子。

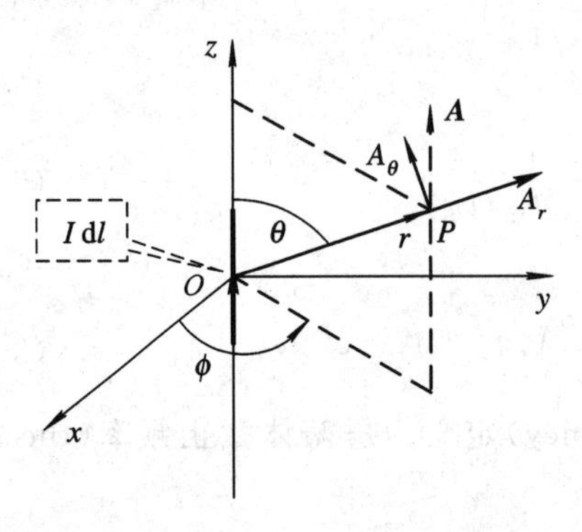

图 3-15 电基本振子

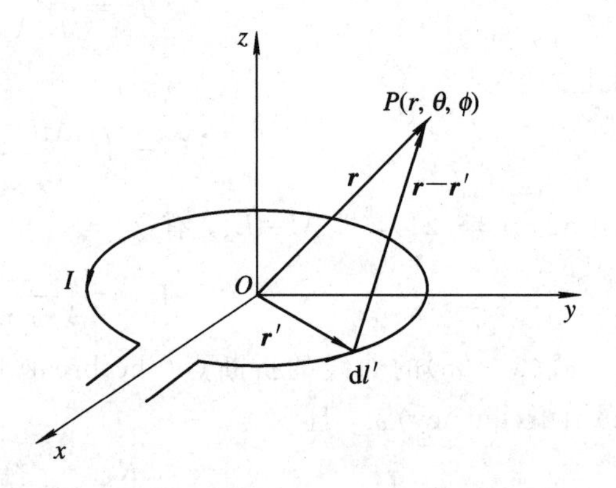

图 3-16 磁基本振子

3.3.1 电磁辐射的物理概念

人们已经知道，随时间变化的电磁扰动是以有限速度传播的，这称为电磁波动或电磁波。理论和实践都已经证明，电磁波的电场能量和磁场能量能够脱离场源在空间传播。电磁能量向远处传播而不再返回场源的现象称为电磁辐射。

电磁波就其与波源的关系来看，可以分为两类。一类是在波源附近的束缚电磁波，它的电磁能量不仅在电场能量与磁场能量之间来回转换，而且在波源与其周围空间之间来回转换。也就是说，某一时间束缚电磁波的电磁总能量是随时间增加的，这时波源供给能量；在另外的时间束缚电磁波的电磁总能量是随时间减少的，波源由电磁场吸收能量，也就是束缚电磁波交出能量。束缚电磁波的能量是不向远方辐射的。另一类是电磁能量完全辐射的，即自由电磁波。在远离波源的地方，电磁波能量基本上完全是自由电磁波能量。

当然在波源附近除了束缚电磁波以外，也有自由电磁波，只是束缚电磁波的能量或电磁场比自由电磁波大得多。束缚电磁波的电磁场也称为感应场，而自由电磁波的电磁场则称为辐射场。在离开波源相当远的区域，辐射场又比感应场强得多。

产生辐射的直接原因是变化的电场和变化的磁场的相互转化。麦克斯韦方程表明：电磁场变化的快慢决定了电磁场的强弱，也就决定了电磁辐射能量的多少。而电磁场变化的快慢是由波源的频率决定的，所以波源的频率是直接影响电磁辐射的重要因素之一。当波源频率很高时，电场的高速变化在空间形成强大的位移电流。位移电流接着在其邻近空间产生强的磁场，而这磁场随时间的变化又在附近产生变化的电场即位移电流，如此循环往复。变化的电磁场不但相互转化而且在空间向前推进，这种推进的过程即为电磁波的辐射过程。波源频率越高，位移电流就越强，辐射的电磁能量就越多。

3.3.2 基本振子电磁场分布的一般表示式

1. 电基本振子的电磁场分布

电基本振子是指一段载有高频电流的短导线，短是指其长度 l 远小于所辐射的电磁波

的工作波长 $\lambda(l \ll \lambda)$，这时导线上各点电流的振幅和相位可视为相同。虽然实际的线天线上各处电流的大小和相位不同，但其上的电流分布可以看成是由许多首尾相连的一系列电基本振子的电流组成，而各电基本振子上的电流可分别看做常数，因此电基本振子也称为电流元。电流元辐射场的分析计算是线天线工程计算的基础。

下面采用间接方法来求电基本振子的电磁场，即先由下式

$$\boldsymbol{A}(\boldsymbol{r}) = \frac{\mu}{4\pi}\int_V \frac{\boldsymbol{J}(\boldsymbol{r}')}{R}\mathrm{e}^{-\mathrm{j}kR}\,\mathrm{d}V' \tag{3-30}$$

求出电基本振子的矢量磁位 $\boldsymbol{A}(\boldsymbol{r})$，再将其代入$\boldsymbol{B}=\nabla\times\boldsymbol{A}$，确定磁感应强度 $\boldsymbol{B}(\boldsymbol{r})$，最后把磁感应强度$\boldsymbol{B}(\boldsymbol{r})$代入麦克斯韦第一方程求出电场强度 $\boldsymbol{E}(\boldsymbol{r})$。设电基本振子沿 z 轴方向，且置于坐标原点，如图 3-15 所示。取短导线的长度为 l，横截面积为 ΔS，因为短导线仅占有一个很小的体积 $\mathrm{d}v=l\cdot\Delta S$，故有

$$\boldsymbol{J}(\boldsymbol{r}')\mathrm{d}v' = \frac{I}{S}\cdot Sl\boldsymbol{a}_z = Il\boldsymbol{a}_z \tag{3-31}$$

又由于短导线放置在坐标原点，l 很小，因此可取$\boldsymbol{r}'=0$，从而有 $R=|\boldsymbol{r}-\boldsymbol{r}'|\approx r$。考虑到上述理由，根据式(3-30)可求出电基本振子在场点 P 产生的矢量磁位为

$$\boldsymbol{A}(\boldsymbol{r}) = \frac{\mu}{4\pi}\int_l \frac{I\,\mathrm{d}l\boldsymbol{a}_z}{R}\mathrm{e}^{-\mathrm{j}kR} \approx \boldsymbol{a}_z\frac{\mu}{4\pi}\cdot\frac{Il}{r}\mathrm{e}^{-\mathrm{j}kr} \tag{3-32}$$

为了采用球坐标系，将式(3-32)表示的矢量磁位 $\boldsymbol{A}(\boldsymbol{r})$进行坐标变换，得

$$\boldsymbol{A} = \boldsymbol{a}_r A_r + \boldsymbol{a}_\theta A_\theta + \boldsymbol{a}_\phi A_\phi = \boldsymbol{a}_r A_z\cos\theta - \boldsymbol{a}_\theta A_z\sin\theta \tag{3-33}$$

将上式代入 $\boldsymbol{B}=\nabla\times\boldsymbol{A}$，可求出电基本振子在场点 P 产生的磁场为

$$\boldsymbol{H}(\boldsymbol{r}) = \frac{1}{\mu}\nabla\times\boldsymbol{A} = \frac{1}{\mu r^2\sin\theta}\begin{vmatrix} \boldsymbol{a}_r & r\boldsymbol{a}_\theta & r\sin\theta\,\boldsymbol{a}_\phi \\ \dfrac{\partial}{\partial r} & \dfrac{\partial}{\partial\theta} & \dfrac{\partial}{\partial\phi} \\ A_z\cos\theta & -rA_z\sin\theta & 0 \end{vmatrix}$$

由此可解得

$$H_r = 0 \tag{3-34a}$$

$$H_\theta = 0 \tag{3-34b}$$

$$H_\phi = \frac{k^2 Il\sin\theta}{4\pi}\left[\frac{\mathrm{j}}{kr} + \frac{1}{(kr)^2}\right]\mathrm{e}^{-\mathrm{j}kr} \tag{3-34c}$$

将式(3-34)代入无源区中的麦克斯韦方程

$$\nabla\times\boldsymbol{H} = \mathrm{j}\omega\varepsilon\boldsymbol{E}$$

可得电场强度的三个分量分别为

$$E_r = \frac{2Ilk^3\cos\theta}{4\pi\omega\varepsilon}\left[\frac{1}{(kr)^2} - \frac{\mathrm{j}}{(kr)^3}\right]\mathrm{e}^{-\mathrm{j}kr} \tag{3-35a}$$

$$E_\theta = \frac{Ilk^3\sin\theta}{4\pi\omega\varepsilon}\left[\frac{\mathrm{j}}{kr} + \frac{1}{(kr)^2} - \frac{\mathrm{j}}{(kr)^3}\right]\mathrm{e}^{-\mathrm{j}kr} \tag{3-35b}$$

$$E_\phi = 0 \tag{3-35c}$$

由上可见：**$\boldsymbol{E}$ 和 $\boldsymbol{H}$ 互相垂直，$\boldsymbol{E}$ 处于振子所在的平面(子午面)内，而 $\boldsymbol{H}$ 则处于与赤道平面平行的平面内；磁场强度只有一个分量 H_ϕ，而电场强度有两个分量 E_r 和 E_θ。**无论哪个分量都随距离 r 的增加而减小，只是在与 r 有关的各项中，有的随 r 减小得快，有的则减小得

慢。此外，在源点的近区和远区，对场量贡献最大的项各不相同。

2. 磁基本阵子的电磁场分布

磁基本阵子是一个半径为 $a(a\ll\lambda)$ 的细导线小圆环，载有高频时谐电流 $i=I_m\cos(\omega t+\phi)$，其复振幅为 $I=I_m e^{j\phi}$，如图 3-16 所示。当此细导线小圆环的周长远小于波长时，可以认为流过圆环的时谐电流的振幅和相位处处相同，所以磁基本阵子也被称为磁偶极子。现在采用与求解电偶极子场相类似的方法来求解磁偶极子的电磁场。

取图 3-16 所示的球坐标系，借助式(3-30)，并将其中的 $\boldsymbol{J}(\boldsymbol{r}')\mathrm{d}v'$ 改为 $I\mathrm{d}\boldsymbol{l}'$，有

$$\boldsymbol{A}(\boldsymbol{r})=\frac{\mu I}{4\pi}\oint_L\frac{e^{-jkR}}{R}\mathrm{d}\boldsymbol{l}'=\frac{\mu I}{4\pi}\oint_L\frac{e^{-jk|\boldsymbol{r}-\boldsymbol{r}'|}}{|\boldsymbol{r}-\boldsymbol{r}'|}\mathrm{d}\boldsymbol{l}' \tag{3-36}$$

严格计算上式的积分比较困难，但考虑到 $\boldsymbol{r}'=a\ll\lambda$，所以其中的指数因子可以近似为

$$e^{-jk|\boldsymbol{r}-\boldsymbol{r}'|}=e^{-jkR}=e^{-jk(R-r+r)}=e^{-jkr}\cdot e^{-jk(R-r)}\approx e^{-jkr}[1-jk(R-r)]$$

其中已经用到了

$$e^{-jk(R-r)}=1-jk(R-r)-\frac{1}{2}k^2(R-r)^2+\cdots,\quad |-jk(R-r)|<+\infty$$

并忽略了高次幂项。将上式代入式(3-36)可得矢量磁位的近似表达式为

$$\boldsymbol{A}(r)=\frac{\mu I}{4\pi}\oint_L\frac{1}{R}(1+jkr-jkR)\cdot e^{-jkr}\,\mathrm{d}\boldsymbol{l}'$$

由于上式中的积分是对带“′”的坐标变量(源点)进行的，故可视 r(场点坐标)是常量，所以上式可改写为

$$\boldsymbol{A}(r)=(1+jkr)e^{-jkr}\left[\frac{\mu I}{4\pi}\oint_L\frac{\mathrm{d}\boldsymbol{l}'}{|\boldsymbol{r}-\boldsymbol{r}'|}\right]-\frac{jk\mu I}{4\pi}e^{-jkr}\oint_L\mathrm{d}\boldsymbol{l}' \tag{3-37}$$

显然，上式右边第二项的积分是零，第一项方括号中的因子与“静”磁偶极子(恒定电流环)的矢量磁位表达式相同。现将对此式的运算结果

$$\frac{\mu I}{4\pi}\oint_L\frac{\mathrm{d}\boldsymbol{l}'}{|\boldsymbol{r}-\boldsymbol{r}'|}\approx\boldsymbol{a}_\phi\frac{\mu SI}{4r^2}\sin\theta=\frac{\mu\,\boldsymbol{m}\times\boldsymbol{r}}{4\pi r^3}$$

用于式(3-37)，只要注意到对于现在讨论的“时变”磁偶极子而言，式中的 $\boldsymbol{m}=\boldsymbol{a}_z\pi a^2I=\boldsymbol{a}_zSI$ 是复矢量即可，于是有

$$\boldsymbol{A}(r)=\boldsymbol{a}_\phi\frac{\mu IS}{4\pi r^2}(1+jkr)\sin\theta\cdot e^{-jkr} \tag{3-38}$$

将式(3-38)代入 $\boldsymbol{H}=\mu^{-1}\nabla\times\boldsymbol{A}$ 可得磁基本阵子的磁场为

$$H_r=\frac{IS}{2\pi}\cos\theta\left(\frac{1}{r^3}+\frac{jk}{r^2}\right)e^{-jkr} \tag{3-39a}$$

$$H_\theta=\frac{IS}{4\pi}\sin\theta\left(\frac{1}{r^3}+\frac{jk}{r^2}-\frac{k^2}{r}\right)e^{-jkr} \tag{3-39b}$$

$$H_\phi=0 \tag{3-39c}$$

再由 $\boldsymbol{E}=(j\omega\varepsilon)^{-1}\nabla\times\boldsymbol{H}$ 可得磁基本阵子的电场为

$$E_r=0 \tag{3-40a}$$

$$E_\theta=0 \tag{3-40b}$$

$$E_\phi=-j\frac{ISk}{4\pi}\eta\sin\theta\left(\frac{jk}{r}+\frac{1}{r^2}\right)e^{-jkr} \tag{3-40c}$$

由以上诸式可见，磁基本阵子的电场强度矢量与磁场强度矢量互相垂直，这一点和电基本振子的电磁场相同；但是，**E** 在与赤道面平行的平面内，而 **H** 则在子午面内，这与电基本振子的电磁场取向正好相反。

3.3.3　近区场与远区场

由电基本振子和磁基本振子的电磁场分布表示式可见，电场强度和磁场强度由几项组成，各项的数值均随离开场源的距离的增加而减小，但是各项的减小程度不同。在 $kr \gg 1$ 的各点，电磁场主要取决于分母中含的 kr 的最低次幂项；而在 $kr \ll 1$ 的各点，电磁场主要取决于分母中含的 kr 的最高次幂项。根据这个概念，整个存在电磁场的空间分为三个区：$kr \gg 1$ 的远区，$kr \ll 1$ 的近区和 $kr \approx 1$ 的中间区。远区场和近区场比较简单，也比较重要，下面分别予以讨论。

1. 远区场——辐射场

当 $kr \gg 1$ 或 $r \gg \lambda/2\pi$ 时，场点 P 与源点的距离 r 远大于波长 λ，与这些点相应的区域称为远区。远区中

$$\frac{1}{kr} \gg \frac{1}{(kr)^2} \gg \frac{1}{(kr)^3}$$

故在式(3－34)和式(3－35)中，起主要作用的是含 $1/(kr)$ 的低次幂项，且相位因子 e^{-jkr} 必须考虑。基于此，电基本振子的远区电磁场表达式可简化为

$$E_\theta = j\frac{Ilk^2 \sin\theta}{4\pi\varepsilon\omega r}e^{-jkr} = j\frac{Il}{2\lambda r}\eta \sin\theta \cdot e^{-jkr} \tag{3-41a}$$

$$H_\phi = j\frac{Ilk \sin\theta}{4\pi r}e^{-jkr} = j\frac{Il}{2\lambda r}\sin\theta \cdot e^{-jkr} \tag{3-41b}$$

从式(3－41)可以看出，电场与磁场在时间上同相，因此平均坡印廷矢量不等于零，这表明有电磁能量向外辐射，辐射方向是径向，故把远区场称为辐射场。

从式(3－41)中可得出电基本振子的远区场有以下特点：

(1) 场矢量的方向。电场只有 E_θ 分量，磁场只有 H_ϕ 分量，其复坡印廷矢量为

$$\boldsymbol{S} = \frac{1}{2}\boldsymbol{E} \times \boldsymbol{H}^* = \boldsymbol{a}_r \frac{1}{2}E_\theta \cdot H_\phi^* = \boldsymbol{a}_r \frac{1}{2}\frac{|E_\theta|^2}{\eta}$$

可见，**E**、**H** 互相垂直，并都与传播方向 $\boldsymbol{a}_r$ 相垂直。因此电基本振子的远区场是横电磁波(TEM 波)。

(2) 场的相位。无论 E_θ 还是 H_ϕ，其空间相位因子中都有 e^{-jkr}，即其空间相位随离源点的距离 r 的增大而滞后，等相位面是以 r 为常数的球面，所以远区辐射场是球面波。由于等相位面上不同点的 **E**、**H** 振幅并非一定相同，所以又是非均匀球面波。$E_\theta/H_\phi = \eta$ 是一常数，等于媒质的波阻抗。

(3) 场的振幅。远区场的振幅与 r 成反比，与 I、l/λ 成正比。值得注意的是，场的振幅与电长度 l/λ 有关，而不是仅与几何尺寸 l 有关。

(4) 场的方向性。远区场的振幅还正比于 $\sin\theta$，在垂直于天线轴的方向($\theta=90°$)上，辐射场振幅最大；沿着天线轴的方向($\theta=0°$)，辐射场振幅为零。这说明电基本振子的辐射具有方向性。这种方向性也是天线的一个主要特性。

同样的，在远区($kr \gg 1$)，只保留 **E**、**H** 表达式中含 $1/(kr)$ 的项，可由式(3－39)和式

(3-40)得到磁基本振子的远区辐射场

$$H_\theta = -\frac{ISk^2}{4\pi r}\sin\theta\cdot e^{-jkr} = -\frac{\pi IS}{\lambda^2 r}\sin\theta\cdot e^{-jkr} \tag{3-42a}$$

$$E_\phi = \frac{ISk^2}{4\pi r}\eta\sin\theta\cdot e^{-jkr} = \frac{\pi IS}{\lambda^2 r}\eta\sin\theta\cdot e^{-jkr} = -\eta H_\theta \tag{3-42b}$$

由式(3-42)可以看出，磁基本阵子的远区辐射场具有以下特点：

(1) 磁基本阵子的辐射场也是TEM非均匀球面波。

(2) $E_\phi/(-H_\theta)=\eta$。

(3) 电磁场与$1/r$成正比。

(4) 与电基本振子的远区场比较，只是$\boldsymbol{E}$、$\boldsymbol{H}$的取向互换，远区场的性质相同。

2. 近区场——感应场

当$kr\ll 1$或$r\ll\lambda/(2\pi)$时，场点P与源点的距离r远小于波长λ，与这些点相应的区域称为近区。近区中

$$\frac{1}{kr}\ll\frac{1}{(kr)^2}\ll\frac{1}{(kr)^3},\quad e^{-jkr}\approx 1$$

故在式(3-34)和式(3-35)中，起主要作用的是$1/(kr)$的高次幂项，因而可只保留这一高次幂项而忽略其他项，则有

$$E_r = -j\frac{Il\cos\theta}{2\pi\omega\varepsilon r^3} = \frac{2p}{4\pi\varepsilon r^3}\cos\theta \tag{3-43a}$$

$$E_\theta = -j\frac{Il\sin\theta}{4\pi\omega\varepsilon r^3} = \frac{p}{4\pi\varepsilon r^3}\sin\theta \tag{3-43b}$$

$$H_\phi = \frac{Il\sin\theta}{4\pi r^2} \tag{3-43c}$$

式中，$p=Ql$是电偶极矩的复振幅。因为已经把载流短导线看成一个振荡电偶极子，所以其上下两端的电荷与电流的关系是$I=j\omega Q$。

从以上结果可以看出，近区中，电基本振子(时变电偶极子)的电场复振幅与静态场的“静”电偶极子的电场表达式相同；磁场表达式则与静磁场中用毕奥—沙伐定律计算的长为l、载电流为I的一段线电流产生的磁场的表达式相同。因此电基本振子的近区场与静态场有相同的性质，因此称为似稳场(准静态场)。此外，近区中电场与磁场有$\pi/2$的相位差，因此平均坡印廷矢量为零。也就是说，电基本振子的近区场没有电磁能量向外辐射，电磁能量被束缚在电基本振子附近，故近区场又称为束缚场或感应场。应该指出的是，这些结论是在满足$kr\ll 1$的条件下忽略了$\frac{1}{kr}$或$\frac{1}{(kr)^2}$等低次幂项后得出的，是一个近似的结果。实际上，正是那些被忽略了的低次幂项形成了远区场中的电磁波。

同样的，磁基本振子的近区场可以表示为

$$E_\phi = -j\frac{ISk\eta}{4\pi r^2}\sin\theta \tag{3-44a}$$

$$H_r = \frac{IS}{2\pi r^3}\cos\theta \tag{3-44b}$$

$$H_\theta = \frac{IS}{4\pi r^3}\sin\theta \tag{3-44c}$$

3.3.4　近区与远区之间的转换区

上面按距离场源的远近来区分近区和远区，现在定量地说明工程上如何划分这两个区域。为此将包含在式(3－35b)中的三项 $1/(kr)$，$1/(kr)^2$，$1/(kr)^3$ 随距场源的距离 kr 的变化规律表示在图 3－17 中。

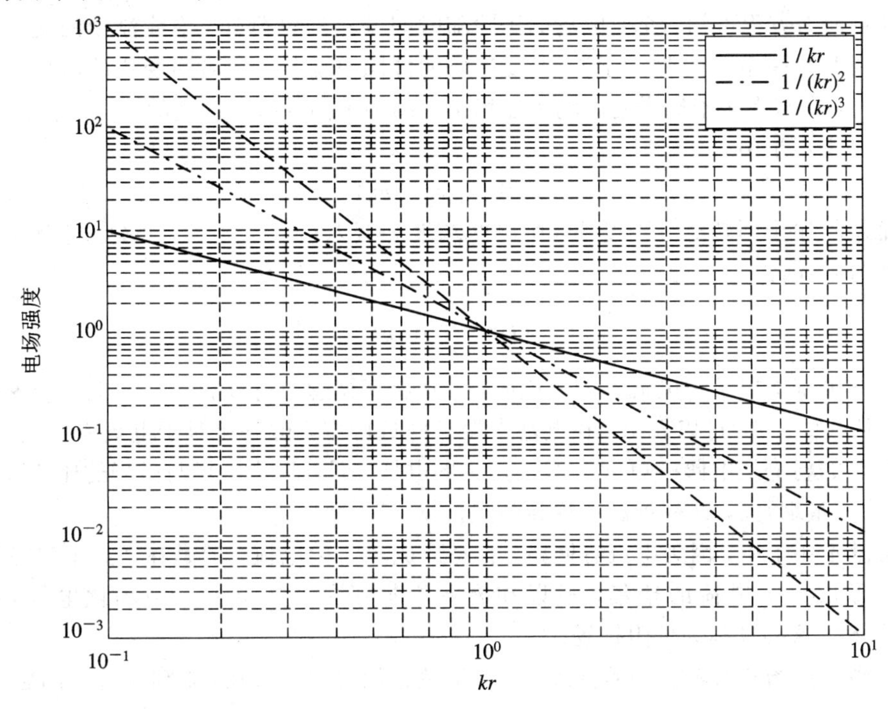

图 3－17　电基本振子产生的辐射场的一般表示式中各项对电场大小的贡献

从图 3－17 中可见，$kr=1$ 时，即在 $r=\lambda/(2\pi)$ 的地方，$1/(kr)$、$1/(kr)^2$、$1/(kr)^3$ 三项对场的贡献是一样的，该处附近通常看成是近区和远区的转换区域。工程上为了精确起见，常常把近区和远区定义如下：

远区　$r \geqslant 10\dfrac{\lambda}{2\pi}$　　　　近区　$r \leqslant 0.1\dfrac{\lambda}{2\pi}$

但是在电磁兼容手册上常常把近区和远区粗略地划分如下：

远区　$r \geqslant \dfrac{\lambda}{2\pi}$　　　　近区　$r \leqslant \dfrac{\lambda}{2\pi}$

表 3－1 中列出了不同频率情况下 $0.1\lambda/(2\pi)$、$\lambda/(2\pi)$、$10\lambda/(2\pi)$ 的值。

表 3－1　近区和远区的划分与频率的关系

频率/MHz	$\frac{0.1\lambda}{2\pi}$/m	$\frac{\lambda}{2\pi}$/m	$\frac{10\lambda}{2\pi}$/m
1.0	4.77	47.7	477
10.0	0.477	4.77	47.7
100.0	0.048	0.48	4.8
1000.0	0.005	0.05	0.5

以上的分析表明，近区和远区的特性是完全不同的，通常骚扰源的频谱是宽带的，在进行远区测量时，测量距离必须以骚扰频谱中最低的频率为依据来计算。

3.3.5 高阻抗场和低阻抗场

除了近区和远区的特性不同外，电基本振子和磁基本振子的近区特性也是完全不同的。从麦克斯韦方程可知，交变电场的源除随时间变化的电荷外，沿线流动的交变电流产生的交变磁场也是电场的源。同样，交变磁场的源除电流外，随时间变化的电场也是磁场的源。因此，在基本振子周围的电场和磁场是由两种不同的机理产生的。

在电基本振子中，电流为

$$I_z = I_m \cos(\omega t)$$

因为在电基本振子两端电流不连续，所以两端聚集有电荷，设分别为$\pm Q$。电荷是电流对时间的积分，所以

$$Q = \frac{I_m}{\omega} \sin\omega t$$

由于在电基本振子中电流不能形成回路，从物理概念上可以想象在其上难于形成大电流，因此从式(3-43)可以看出，在电基本振子的近区中，磁场相对于电场而言是很弱的，近区中主要的场将是电偶极矩 $p_m = Q_m l$ 产生的电场，即近区中电场与磁场的比值$|\boldsymbol{E}|/|\boldsymbol{H}|$(具有阻抗的量纲)大，这种近区场称为高阻抗场。

在磁基本振子中，因为电流有回路，容易形成较大的电流，但是在回路上电流处处连续，很难形成正负电荷的聚集，所以在磁基本振子的近区场中，磁场比电场占优势，$|\boldsymbol{E}|/|\boldsymbol{H}|$ 小，这种场称为低阻抗场。

引入高阻抗场和低阻抗场的概念，并弄清楚它们之间的区别，对研究屏蔽问题有益。

3.4 近区场的阻抗

通常将空间某处的电场与磁场的横向分量的比值称为媒质的波阻抗 Z_W。由于一般情况下电场和磁场不相同，因此波阻抗常常是复数，即 $Z_W = |Z_W| e^{j\phi}$。在 3.3.3 节中已经求出电基本振子和磁基本振子远区场的波阻抗为

$$Z_W = \sqrt{\frac{\mu}{\varepsilon}} = \eta$$

它等于媒质的波阻抗(特征阻抗)。在自由空间，基本振子的波阻抗可以简化为

$$Z_W = \sqrt{\frac{\mu_0}{\varepsilon_0}} = Z_0 = 120\pi \approx 377\ \Omega$$

但是近区场的波阻抗表示式复杂得多，且电基本振子和磁基本振子的近区场的波阻抗表示式完全不同。

3.4.1 电基本振子近区场的波阻抗

电基本振子的波阻抗定义为

$$Z_{EW} = \frac{E_\theta}{H_\phi}$$

将 E_θ 和 H_ϕ 的表示式(3 - 35b)和式(3 - 34c)代入上式，化简后求得：

$$Z_{EW}=\frac{-1}{j\omega\varepsilon}\frac{k^2-\dfrac{jk}{r}-\dfrac{1}{r^2}}{jk+\dfrac{1}{r}}=\frac{Z_W}{1+\left(\dfrac{1}{kr}\right)^2}\left[1-j\left(\frac{1}{kr}\right)^3\right] \tag{3-45}$$

所以波阻抗 Z_{EW} 的模为

$$|Z_{EW}|=Z_W\frac{\sqrt{1+\left(\dfrac{1}{kr}\right)^6}}{1+\left(\dfrac{1}{kr}\right)^2} \tag{3-46}$$

对于远区场，$r\gg\lambda/(2\pi)$，在式(3 - 46)的分子和分母中，相对于 1 而言，$1/(kr)$的高次幂项可以忽略，所以远区场的波阻抗的模$|Z_{EW}|=Z_W$。

对于近区场，$r\ll\lambda/(2\pi)$，在式(3 - 46)的分子和分母中，相对于 $1/(kr)$的高次幂项而言，1 可以忽略，所以近区场的波阻抗的模近似为

$$|Z_{EW}|=\frac{Z_W}{kr}=Z_W\frac{\lambda}{2\pi r} \tag{3-47}$$

另外，也可以将电基本振子近区场的表示式(3 - 43b)和式(3 - 43c)代入定义波阻抗的表达式，可求得电基本振子的近区波阻抗为

$$Z_{EW}=\frac{E_\theta}{H_\phi}=-j\frac{1}{\omega\varepsilon r}=-j\frac{k}{\omega\varepsilon}\left(\frac{1}{kr}\right)=-jZ_W\frac{\lambda}{2\pi r} \tag{3-48}$$

由此可见，**电基本振子的近区场波阻抗在数值上大于远区场波阻抗。**

在自由空间，近区场波阻抗还可以简化如下。

因为

$$\lambda f=\frac{1}{\sqrt{\mu_0\varepsilon_0}}=3\times10^8\quad(\mathrm{m/s}),\qquad Z_{EW}=-j120\pi\left(\frac{\lambda}{2\pi r}\right)$$

所以

$$Z_{EW}=-j\frac{1.8\times10^{10}}{fr}\quad(\Omega) \tag{3-49}$$

3.4.2 磁基本振子近区场的波阻抗

磁基本振子产生的辐射场的波阻抗定义为

$$Z_{HW}=\frac{E_\phi}{H_\theta} \tag{3-50}$$

将 E_ϕ 和 H_θ 的表示式(3 - 40c)和(3 - 39b)代入式(3 - 50)，化简后求得

$$Z_{HW}=-\frac{Z_W}{\left[\left(\dfrac{1}{kr}\right)^2-1\right]^2+\dfrac{1}{kr}}\left[1+j\left(\frac{1}{kr}\right)^3\right] \tag{3-51}$$

所以波阻抗的模为

$$|Z_{HW}|=Z_W\frac{\sqrt{1+\left(\dfrac{1}{kr}\right)^6}}{\left[\left(\dfrac{1}{kr}\right)^2-1\right]^2+\dfrac{1}{kr}} \tag{3-52}$$

对于磁基本振子的远区场，$r \gg \lambda/(2\pi)$，在式(3-52)的分子和分母中，相对于1而言，$1/(kr)$的高次幂项可以忽略，所以远区场的波阻抗的模$|Z_{HW}|=Z_W$。

对于磁基本振子的近区场，$r \ll \lambda/(2\pi)$，在式(3-52)的分子和分母中，相对于$1/(kr)$的高次幂项而言，1可以忽略，所以近区场的波阻抗的模近似为

$$|Z_{HW}| = Z_W kr = Z_W \frac{2\pi r}{\lambda} \tag{3-53}$$

另外，也可以将磁基本振子近区场的表示式(3-44a)和式(3-44c)代入式(3-50)，可求得磁基本振子的近区场波阻抗为

$$Z_{HW} = -\frac{E_\phi}{H_\theta} = jZ_W kr = jZ_W \frac{2\pi r}{\lambda} \tag{3-54}$$

由此可见，**磁基本振子的近区场波阻抗在数值上小于远区场波阻抗**。

在自由空间，磁基本振子的近区场波阻抗还可以简化如下：

因为

$$\lambda f = \frac{1}{\sqrt{\mu_0 \varepsilon_0}} = 3 \times 10^8 \quad (\text{m/s}), \qquad Z_{HW} = j120\pi\left(\frac{2\pi r}{\lambda}\right)$$

所以

$$Z_{HW} = j7.9 \times 10^{-6} fr \quad (\Omega) \tag{3-55}$$

现在将式(3-46)和式(3-52)表示的波阻抗对远区波阻抗归一化，即$|Z_{EW}|/Z_W$、$|Z_{HW}|/Z_W$。然后绘制归一化波阻抗与距离kr的关系图，如图3-18所示。从图中可以看出，在远区，电、磁基本振子的波阻抗均趋于媒质的波阻抗Z_W。在近区，电基本振子的波阻抗Z_{EW}大于媒质的波阻抗Z_W，它产生的近区场中的电场占优势，因此在电磁兼容工程中，简单地称电基本振子的骚扰源模型为电场骚扰源；磁基本振子的波阻抗Z_{HW}小于媒质的波阻抗Z_W，它产生的近区场中的磁场占优势，因此电磁兼容性工程中简单地将其称为磁场骚扰源。

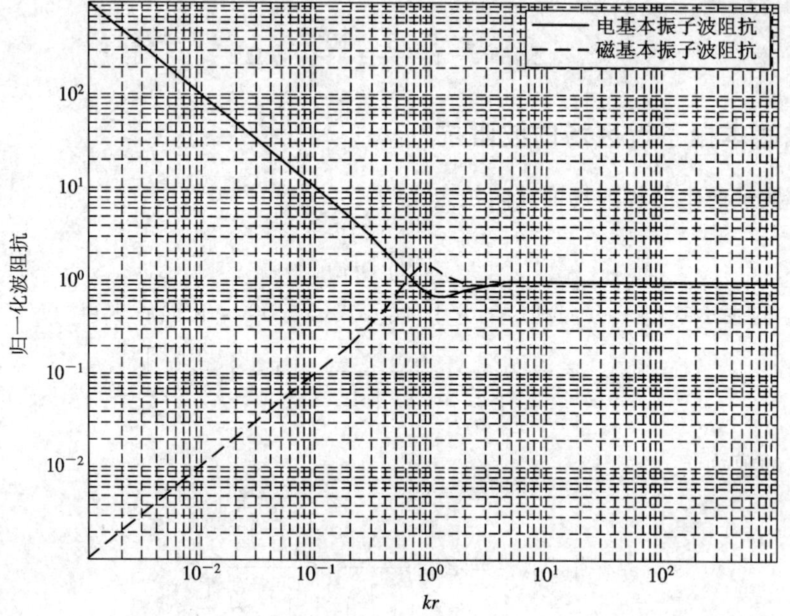

图3-18　基本振子的波阻抗与距天线的距离的关系

在近区场(the near field)中，波阻抗取决于源的性质和源到观察点的距离。如果源具有高电流、低电压(近区场波阻抗小于媒质波阻抗)的特性，那么近区场中占优势的场是磁场。相反地，如果源具有低电流、高电压(近区场波阻抗大于媒质波阻抗)的特性，那么近区场中占优势的场是电场。

在近区场中，必须分别考虑电场和磁场，因为近区场的波阻抗不是常数。然而，在远区场(the far field)中，电场和磁场结合起来形成了平面电磁波(具有媒质的波阻抗)。因此，当讨论平面电磁波的时候，假定电场、磁场处于远区场；当分开讨论电场、磁场时，就认为电场、磁场处于近区场。

3.5　辐射耦合

通过辐射途径造成的骚扰耦合称为辐射耦合。辐射耦合是以电磁场的形式将电磁能量从骚扰源经空间传输到接收器(骚扰对象)的，这种传输路径小至系统内可想象的极小距离，大至相隔较远的系统间以及星际间的距离。许多耦合都可看成是近区场耦合模式，而相距较远的系统间的耦合一般是远区场耦合模式。辐射耦合除了从骚扰源有意辐射之外，还有无意辐射。例如无线电发射装置除发射有用信号外，也产生带外无意发射。骚扰源以电磁辐射的形式向空间发射电磁波，把骚扰能量隐藏在电磁场中，使处于近区场和远区场的接收器存在着被骚扰的威胁。任何骚扰必须使电磁能量进入接收器才能产生危害，那么电磁能量是怎样进入接收器的呢？这就是辐射的耦合问题。一般而言，实际的辐射骚扰或者是通过电缆导线感应，然后沿导线传导进入接收器；或者是通过接收机的天线感应进入接收器；或者是通过接收器的连接回路感应形成骚扰；或者是通过金属机壳上的孔缝、非金属机壳耦合进入接收电路。因此，辐射骚扰通常存在四种主要耦合途径：天线耦合、导线感应耦合、闭合回路耦合和孔缝耦合。

3.5.1　导体的天线效应

众所周知，任何载有时变电流的导体都能向外辐射电磁场；同样，任何处于电磁场中的导体都能感应出电压。因此，金属导体在某种程度上可起发射天线和接收天线的作用。例如架空配电线、信号线、控制线均起天线作用，金属设备外壳也起天线作用。金属导体在辐射电磁场中产生的感应电动势正比于电场强度 E(单位为 V/m)。对中波无线电广播所发射的垂直极化波，此比例常数称为天线的有效高度 h_e(单位为 m)，则其感应电压 U_r 为

$$U_r = E \cdot h_e$$

虽然在 3.3 节中已经导出了电基本振子(电流源，短线天线)和磁基本振子(磁流元，小圆环天线，小电流环)产生的电磁场的表达式，但是这些表达式的限定条件(场源的尺寸足够小($l \ll \lambda$，$a \ll \lambda$)，场源上的高频电流均匀一致)与实际情况往往不符。例如要求一根长为 l 的导线上的电流均匀一致是不切实际的，因为导线的末端电流必须为零。在这种情况下，可以把导线分成若干小段，使每一小段中的电流近似均匀一致，长度 $\Delta l_i \ll \lambda$。如图 3-19 所示，长为 l 的导线的辐射场中 P 点的场强就等于每一小段直线 Δl_i 在该点产生的场强的叠加(要考虑每一小段对应的角度变化)，即

$$E_{\theta}=\sum_{i=1}^{n}E_{\theta_i},\quad E_r=\sum_{i=1}^{n}E_{r_i},\quad H_{\phi}=\sum_{i=1}^{n}H_{\phi_i}$$

同样的，一个半径远大于波长的载流导线圆环，也可以按其面积分成若干个小圆环，使小圆环的半径 $a_i \ll \lambda$，如图 3-20 所示。这样，大载流导线圆环在空间 P 点产生的辐射电磁场就等于每一小圆环在 P 点产生的辐射电磁场的叠加，即

$$H_{\theta}=\sum_{i=1}^{n}H_{\theta_i},\quad H_r=\sum_{i=1}^{n}H_{r_i},\quad E_{\phi}=\sum_{i=1}^{n}E_{\phi_i}$$

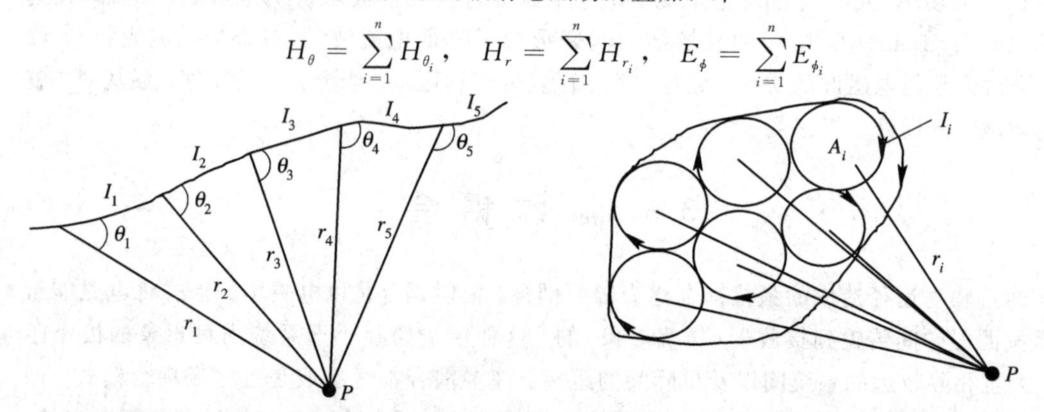

图 3-19　长导体辐射场的分段计算　　　　图 3-20　环形导体辐射场的分割计算

如果场点及源点不是处于自由空间，例如当辐射源靠近金属物体时，需要考虑金属物体表面的电磁场边界条件，可以利用镜像原理来计算辐射场。

3.5.2　辐射耦合方式

1. 天线与天线间的辐射耦合

天线与天线间的辐射耦合是一种强辐射耦合，它是指某一天线产生的电磁场在另一天线上的电磁感应。这种辐射耦合根据耦合的作用距离可划分为近场耦合和远场耦合，根据耦合作用的目的可划分为有意耦合和无意耦合。一般按照不同的性能要求和用途，采用金属导体做成特定形状，用于接收电磁波的装置就是天线。当电磁波传播到天线导体表面时，电磁波的电场和磁场的高频振荡在天线导体中引起电磁感应，从而产生感应电流，经馈线流入接收电路。

天线有目的地接收特定电磁辐射属于有意耦合；然而，在实际工程中，存在大量的无意电磁耦合。例如电子设备中长的信号线、控制线、输入和输出引线等具有天线效应，能够接收电磁骚扰，形成无意耦合。

2. 电磁场对导线的感应耦合

设备的电缆线一般是由信号回路的连接线、电源回路的供电线以及地线一起构成的，其中每一根导线都由输入端阻抗、输出端阻抗和返回导线构成一个回路。因此，设备电缆线是设备内部电路暴露在机箱外面的部分，它们最容易受到骚扰源辐射场的耦合而感应出骚扰电压或骚扰电流，沿导线进入设备形成辐射骚扰。

对于导线比较短、电磁波频率比较低的情况，可把导线和阻抗构成的回路看做理想的闭合回路，电磁场通过闭合回路引起的骚扰属于闭合回路耦合。对于电缆比较长、电磁波频率比较高的情况，导线上的感应电压不是均匀一致的，需要将感应电压等效成许多分布电压源，采用传输线理论来处理。

3. 电磁场对闭合回路的耦合

电磁场对闭合回路的耦合是指在回路受感应最大部分的长度小于1/4波长，辐射骚扰电磁场的频率比较低的情况下，辐射骚扰电磁场与闭合回路的电磁耦合。

4. 电磁场通过孔缝的耦合

电磁场通过孔缝的耦合指的是辐射骚扰电磁场通过非金属设备外壳、金属设备外壳上的孔缝、电缆的编织金属屏蔽体等对其内部的电磁骚扰。

上述辐射耦合的具体分析和计算将在后续章节中叙述。

习　题

1. 传导耦合的基本方式有哪些？
2. 试建立两根平行双导线电容性耦合的分析模型，详细分析电容性耦合骚扰电压与频率的关系，并绘制曲线。
3. 从等效源的观点出发，电容性耦合或电感性耦合骚扰，对于敏感电路的作用相当于引入了何种形式的骚扰源？
4. 何谓电基本阵子、磁基本阵子，它们的场分布有何差异？
5. 利用软件绘制电流元的辐射方向图(3D方向图、E面和H面方向图)。
6. 利用软件绘制电偶极子的动态辐射场分布。
7. 简述近区场与远区场的概念、划分准则及特征。
8. 若电流元长度和磁流元长度相同，哪一个辐射的电磁能大，比值是多少？
9. 简述近场阻抗的概念、表达式、工程应用。
10. 阐述辐射耦合的主要方式有哪些？
11. 阐明双绞线抑制EMI的原理。
12. 如何设计、优化、选择双绞线，使其抑制EMI的效果更佳。
13. 以理论或者仿真分析方法，分析天线与天线间的辐射耦合。
14. 以理论或者仿真分析方法，分析电磁场对导线的感应耦合。
15. 以理论或者仿真分析方法，分析平面波辐射干扰的孔缝耦合效应。

参考文献

[1] OTT H W. Noise Reduction Techniques in Electronic Systems. 2nd ed. John Wiley and Sons，1988.

[2] PISCATAWAY N J. EMC/EMI principles，measurements and technologies. Institute of Electrical and Electronics Engineers，Inc.，1997.

[3] KEISER B. Principles of Electromagnetic Compatibility. 3rd ed. MA：Artech House，Inc.，1987.

[4] WESTON D A. Electromagnetic Compatibility：Principles and Applications. New York：Marcel Dekker，Inc.，1991.

[5] MONTROSE M I. Printed circuit board design techniques for EMC compliance: a handbook for designers. 2nd ed. New York : IEEE Press, 2000.

[6] TESCHE F M, IANOZ M V. EMC analysis methods and computational models. New York: John Wiley & Sons, Inc. , 1997.

[7] PRASAD K V. Engineering Electromagnetic Compatibility: Principles, measurements, and Technology. New York: IEEE Press, 1996.

[8] WILLIAMS T, ARMSTRONG K. EMC for systems and installations. Oxford: Newnes, 2000.

[9] WESTON D A. Electromagnetic Compatibility: Principles and Applications. New York: Marcel Dekker, Inc. , 1991.

[10] WHITE D R J, MARDIGUIAN M. EMI Control Technology and Procedures. Gainesville, Virginia: Interference Control Technologies, Inc. , USA, 1988.

[11] ARCHAMBEAULT B, RAMAHI O M, BRENCH C. EMI/EMC Computational Modeling Handbook. Boston: Kluwer Academic Publishers, 1998.

[12] PAUL C R. Analysis of Multi-conductor Transmission Lines. New York: John Wiley & Sons Ltd. , 1994.

[13] SMITH A A Jr. Coupling of External Electromagnetic Fields to Transmission Lines. New York: John Wiley & Sons Ltd. , 1977.

[14] VANCE E F. Coupling to Shielded Cables. R. E. Krieger, Melbourne, FL, 1987.

[15] VIOLETTE N J L, WHITE D R J, VIOLETTE M F. Electromagnetic Compatibility Handbook. Van Nostrand Reinhold Co. , New York, 1985.

第 4 章　电磁兼容性控制

本章论述了分析和解决电磁兼容性问题的一般方法，介绍了抑制电磁骚扰的策略，简要说明了抑制电磁骚扰的技术措施。

一般而论，实现电路、设备和系统的电磁兼容性，需要采取的技术措施可分为两大类：第一类是尽可能选用相互干扰最小、符合电磁兼容性要求的器件、部件和电路，并进行合理布局、装配，以组成设备或系统；第二类是考虑形成电磁干扰的三要素，实施屏蔽、滤波、接地和搭接等技术抑制和隔离电磁干扰。这两大类控制电磁兼容性的技术措施紧密相连、相互影响，所以组合使用可以获得最佳效果。例如电路、设备和系统选择合适的信号电平、阻抗、工作频率以及电路、设备的合理布局将会降低对屏蔽、滤波、接地的要求。同样的，电路、设备和系统的良好接地又可以降低它们对屏蔽和滤波的技术要求；良好的接地、屏蔽还可以降低电路、设备和系统对滤波器的技术要求。因此，从系统电磁兼容性的要求出发，采用并行和系统的电磁兼容性设计，全面、合理实施抑制电磁干扰的策略和技术措施，是保障电磁兼容性的前提。

4.1　分析和解决电磁兼容性问题的一般方法

随着科学技术的发展，电路、设备和系统越来越复杂，占用的频谱越来越宽。但是人们认识和解决干扰问题的能力在不断提高，使分析和解决电路、设备和系统电磁兼容性问题的方法获得了长足的发展。电磁兼容学科的发展表明，分析和解决电路、设备和系统电磁兼容性问题的一般方法，依据发展的时间顺序，依次为问题解决法、规范法和系统法。下面逐一介绍。

4.1.1　问题解决法

问题解决法(the problem-solving approach)是指在建立电路、设备和系统之前不专门考虑电磁兼容性问题，而是先进行研制，然后根据研制成的电路、设备和系统在装配、调试中出现的电磁干扰问题，应用各种抑制干扰的技术去解决。这是一种落后而冒险的方法，因为设备或系统已经装配好，再去“解决”电磁干扰问题是很困难的。为了解决问题，可能要进行大量的拆卸和修改，也许还要重新进行设计。这不但造成人力和物力的浪费，延误电路、设备和系统的研制周期，而且会使电路、设备和系统性能下降。因此“问题解决法”是一种比较落后的方法，它是在电磁兼容性理论不够完善、抑制电磁骚扰的方法不够系统、电磁兼容性分析预测尚未形成的历史条件下产生的。它曾普遍被采用，目前它仍然被部分工程技术人员所采用。

用问题解决法分析和解决电路、设备和系统的电磁兼容性问题，首先必须正确地确定骚扰源。为了做到这一点，要求从事电磁兼容工作的工程师和技术人员能够比较全面地熟悉各种骚扰源的特性。在调试、装配现场清楚地确定下列问题将有利于解决电磁骚扰问题：

① 干扰多久发生一次？是连续的还是周期性的？是否有规律？

② 干扰的频率是多少？是否是周围电路、设备工作频率的谐波造成的？

③ 干扰的幅度是多大？

④ 干扰是宽带的还是窄带的？

确定了骚扰源后，再确定干扰的耦合途径是辐射耦合还是传导耦合，最终决定抑制、消除干扰的方法。

4.1.2 规范法

为了满足电磁兼容性要求，各国政府和工业部门尤其是军事部门都指定了许多强制执行的标准和规范，例如美国军用标准 MIL - STD - 461/2(MIL - STD - 461/2 apply to equipment and subsystems only)、MIL - STD - 464(is a document applicable to all agencies of the Department of Defense in the United States that contains system level EMC requirements)，中国的国家标准 GB 4824—1996《工业、科学、医疗射频设备电磁骚扰特性的测量方法和限值》。随着电磁兼容性标准和规范的完善和发展，电磁兼容性分析、设计方法发展成比较合理的规范法。规范法(the specification approach)是指按照已经颁布的电磁兼容标准和规范进行设备和系统的设计、制造、装配。这种方法可以在一定程度上预防电磁干扰问题的出现，比问题解决法更为合理。但由于标准和规范不可能是针对某个设备和系统制定的，因此，试图解决的问题不一定是要解决的问题，只是为了适应规范而已。另外，规范是建立在电磁兼容经验基础上的，没有进行电磁干扰的分析和预测，因而往往导致过量的预防储备，可能使设备和系统的研发成本增加。由于电磁兼容性标准和规范在一定程度上反映了设备或系统中存在的共性问题以及解决问题的规则，因此规范法对系统电磁兼容性分析、设计提供了预见性和综合性。

必须注意的是，满足电磁兼容性标准和规范的部件装配成的设备，不一定满足设备的电磁兼容性要求；满足电磁兼容性标准和规范的设备组成的系统，不一定满足系统的电磁兼容性要求。

4.1.3 系统法

系统法(the system approach)是采用计算机技术，按照预测程序，针对某个特定设备或系统的设计方案进行电磁兼容性分析和预测的方法。系统法从设计阶段开始就用分析程序预测在设备、系统中将要遇到的那些电磁干扰问题，以保障设备和系统的电磁兼容性，并在设备或系统的设计、试验、制造、装配过程中不断对其电磁兼容性进行分析和预测。若预测结果表明存在不兼容问题或存在太大的过量设计，则可以修改设计后再进行预测，直至预测结果表明完全合理，才进行硬件生产。采用这种方法基本上可以避免一般出现的电磁干扰问题或过量的电磁兼容性设计。系统法集中了电磁兼容性控制方法的研究成果，采用系统法是现代电力、电子设备或系统设计、试验、制造、装配的总趋势。系统法本身还在不断发展和进步。基于系统法，美国开发并研制成功了飞行器机载电子系统的电磁兼容、电磁辐射和电磁泄漏的一些计算机软件。例如，SEMCAP(System and ElectroMagnetic Compatibility Analysis Program)是一种大规模综合性的系统电磁兼容、电磁辐射和电磁泄漏分析程序，它是美国为航天事业于20世纪60年代开发的，以后做了大量补充；IAP(Intra-system Analysis Program)是美国空军研制的一种大规模系统内电磁兼容、电磁辐射和电磁泄漏分析程序；IPP-1(Interference Prediction Process-1)是一种大规模的电磁干扰预测程序。SEMCAP程序在一台CDC-6600或一台IBM-360/70计算机上用于分析B-1轰炸机的电磁兼容、电磁辐射和电磁泄漏特性分析时，运行时间分别为50分钟和20分钟。

一般在设备、系统设计早期若考虑电磁兼容性设计，则比较容易采取有效的技术措施，所需经费较少。根据美国贝尔实验室分析论证，在新产品设计阶段能把电磁干扰抑制在电路组件级、设备级或分系统级，就可以消除电磁干扰的80%～90%。反之，如果在产品试制成功后，发现电磁干扰再来解决它，问题就显得困难多了，无论在抑制电磁干扰的技术上，还是在投资的费用以及体积、质量上都会成倍增长，使费效比上升，造成很大的浪费。

4.2　电磁骚扰的抑制策略

电磁兼容性学科是在早期单纯的抗干扰方法基础上发展形成的，两者的目标都是为了使设备、系统在共存的电磁环境中互不产生干扰，最大限度地发挥其工作效能。但是，早期单纯的抗干扰方法和现代的电磁兼容技术相比，两者在控制电磁骚扰的策略、技术和实施方法上有着显著的差别。

单纯的抗干扰方法在抑制电磁干扰的策略上比较简单，或者认识比较肤浅，主要的思路集中在怎样设法抑制电磁骚扰的传输上，因此工程技术人员处于极为被动的地位，哪里出现电磁干扰就在哪里就事论事地给予解决，当然经验丰富的工程师也会采取预防措施，但这仅仅是被动的、依据经验的、局部的、单纯对抗式的解决方法。然而，电磁兼容技术在抑制电磁骚扰的策略上则采用了**主动预防、整体规划、“对抗”与“疏导”相结合的思想方法**。人类在征服大自然产生的各种灾难性危害中，总结出的预防和救治、对抗和疏导等一系列策略，在抑制电磁危害中同样是极其有效的思维方法。

电磁兼容性控制是一项系统工程，在设备、系统的设计、研制、生产、使用与维护的各个阶段都必须充分考虑和认真实施电磁兼容性。电磁兼容性标准和规范是实施电磁兼容性控制、抑制电磁干扰的组织措施。此外，先进、科学的电磁兼容工程管理也是电磁兼容性控制的重要组成部分。

就抑制电磁骚扰的方法而言，除了采用众所周知的抑制电磁骚扰传输的技术措施，例如屏蔽、滤波、接地、搭接、合理布线等方法以外，还可以采取回避和疏导的技术处理，例如空间方位分离、时间闭锁分隔、频率划分与回避、吸收和旁路等。有时这些回避和疏导技术简单、巧妙，可以替代成本昂贵、体积和质量较大的抑制电磁骚扰的装置，收到事半功倍的效果。**精明的工程师们经常采用回避和疏导技术**。

在抑制电磁骚扰的时机选择上，建议从问题解决法转移到系统法。也就是由电路、设备和系统研制后期暴露出不兼容问题而采取挽救、修补措施的被动控制方式，转变为在电路、设备和系统研制的初始设计阶段就开展电磁兼容性的预测、分析和设计的主动控制方式。预先全面规划电路、设备和系统的电磁兼容性实施细则和步骤，检验、计算电磁兼容性，做到防患于未然。**将电磁兼容性设计和可靠性设计、维护性和维修性设计、基本功能设计、结构设计等同时进行，并行展开**。

表 4-1 列出了电磁兼容性控制策略和电磁骚扰抑制方法的分类情况。

表 4-1 电磁兼容性控制策略和电磁骚扰抑制方法的分类

传输途径抑制	空间分离	时间分隔	频域管理	电器隔离
滤波 屏蔽 接地 搭接 布线	地点位置控制 自然地形隔离 方位角控制 电磁场矢量方向控制	时间共用准则 雷达脉冲同步 主动时间分隔 被动时间分隔	频谱管制 滤波 频率调制 数字传输 光电转换	变压器隔离 光电隔离 继电器隔离 DC/DC 变换 电动-发电机组

4.3 空间分离

空间分离是抑制空间辐射骚扰和感应耦合骚扰的有效方法。它通过加大骚扰源和接收器(敏感设备)之间的空间距离，使骚扰电磁场到达敏感设备时其强度已衰减到低于接受设备敏感度门限，从而达到抑制电磁干扰的目的。由电磁场理论可知：在近区感应场中，场强分布按 $1/r^3$ 衰减；远区辐射场的场强分布按 $1/r$ 减小。因此，空间分离实质上是利用干扰源的电磁场特性来有效抑制电磁骚扰的。

空间分离的典型应用在电磁兼容性工程中经常遇到。例如，在空间距离允许的条件下，为了满足系统的电磁兼容性要求，尽量将组成系统的各个设备间的空间距离增大；在设备、系统布线中，限制平行线缆的最小间距，以减少串扰；在印制电路板(PCB)设计中，规定印制线(trace)条间的最小间隔。

空间分离也包括在空间有限的情况下，对骚扰源辐射方向的方位调整、骚扰源电场矢量与磁场矢量的空间取向控制。例如，舰船、飞机和导弹上有许多通信设施，由于空间条件的限制，它们只能安装在有限的空间范围内。为了避免天线间的相互干扰(天线对天线的耦合)，常用控制天线方向图的方位角来实现空间分离。为了使电子设备外壳内的电源变压器铁芯泄漏的低频磁场不在印刷电路板中产生感应电动势，应该调整变压器的空间位置，使印制电路板上的印制线与变压器泄漏的磁场方向平行。

4.4 时间分隔

当骚扰源非常强，不易采用其他方法可靠抑制时，通常采用时间分隔的方法，使有用信号在骚扰信号停止发射的时间内传输，或者当发射强骚扰信号时，使易受骚扰的敏感设备短时关闭，以避免遭受损害。人们把这种方法称为时间分隔控制或时间回避控制。时间分隔控制有两种形式：一种是主动时间分隔，适用于有用信号出现时间与干扰信号出现时间有确定先后关系的情况；另一种是被动时间分隔，它是按照干扰信号与有用信号出现的特征，使其中某一信号迅速关闭，从而达到时间上不重合、不覆盖的控制要求。

对于有用信号出现时间与干扰信号出现时间有确定先后关系的情况，应采用主动时间分隔方式。例如干扰信号出现在 t_1 至 t_2 的时间内，而有用信号在时间 t_1 之前出现，此时应提前(在时间 t_1 前)发送有用信号，或者加快有用信号的传输速度，使有用信号在干扰信号出现之前尽快传输完毕。如果有用信号出现在干扰信号之后，可采用延迟发射电路让干扰信号通过后再使有用信号发射。这样就可以使接收信号的设备在时间上将干扰信号与有用信号区分开来，达到剔除干扰的目的。

如果干扰信号是阵发性的，而有用信号出现时间又是不可能预先确定的，这样就不能确定干扰信号和有用信号的出现时间，只能由其中一个来控制另一个，使干扰信号与有用信号分隔。例如飞机上的雷达工作时，发射强功率电磁波，是机载电子设备的强干扰源。为了不使无线电报警装置接收干扰信号而发出警报，可采用被动时间分隔法。由雷达先发送一个封锁脉冲，报警器接收封锁脉冲后立即将其电源关闭。这样雷达工作时，报警器就不会发出虚假警报，实现了时间分隔。雷达关闭后，报警器又重新接通电源恢复工作。时间分隔还可以应用于系统的不同任务剖面。

时间分隔方法在许多高精度、高可靠性的设备或系统中经常被采用，例如卫星、航空母舰、武器装备系统等。它已经成为简单、经济而行之有效的抑制干扰的方法。

4.5 频率划分和管制

频率划分或频率分配(Frequency Allocation)是指给某一种业务划定一个或一组使用频率的范围。**任何信号都是由一定的频率分量组成的，利用信号的频谱特性将需要的频率分量全部接受，将干扰的频率分量加以剔除，这就是利用频率特性来控制电磁干扰的指导思想。**在这个原则下形成了许多具体方法，如频谱管制、滤波、频率调制、数字传输、光电传输等具体技术方法。

4.5.1 频谱管制

为了防止电磁信号相互干扰，人们把频谱资源进行了合理分配和管理，以减少有意发射电磁波的相互干扰。例如将频谱划分成许多频段，不同用途的电磁波只能在自己的频段内工作和传播。我国现行的无线电波段名称和频率范围见表 4-2。

表 4-2　无线电频段和波段命名

<table>
<tr><th>段号</th><th>频段名称</th><th>频率范围
(含上限，不含下限)</th><th colspan="2">波段名称</th><th>波长范围
(含上限，不含下限)</th></tr>
<tr><td>1</td><td>极低频</td><td>3～30 Hz</td><td colspan="2">极长波</td><td>10^8～10^7 m</td></tr>
<tr><td>2</td><td>超低频</td><td>30～300 Hz</td><td colspan="2">超长波</td><td>10^7～10^6 m</td></tr>
<tr><td>3</td><td>特低频</td><td>300～3000 Hz</td><td colspan="2">特长波</td><td>10^6～10^5 m</td></tr>
<tr><td>4</td><td>甚低频(VLF)</td><td>3～30 kHz</td><td colspan="2">甚长波</td><td>10^5～10^4 m</td></tr>
<tr><td>5</td><td>低频(LF)</td><td>30～300 kHz</td><td colspan="2">长波</td><td>10～1 km</td></tr>
<tr><td>6</td><td>中频(MF)</td><td>300～3000 kHz</td><td colspan="2">中波</td><td>1000～100 m</td></tr>
<tr><td>7</td><td>高频(HF)</td><td>3～30 MHz</td><td colspan="2">短波</td><td>100～10 m</td></tr>
<tr><td>8</td><td>甚高频(VHF)</td><td>30～300 MHz</td><td colspan="2">米波</td><td>10～1 m</td></tr>
<tr><td>9</td><td>特高频(UHF)</td><td>300～3000 MHz</td><td>分米波</td><td rowspan="4">微
波</td><td>10～1 dm</td></tr>
<tr><td>10</td><td>超高频(SHF)</td><td>3～30 GHz</td><td>厘米波</td><td>10～1 cm</td></tr>
<tr><td>11</td><td>极高频(EHF)</td><td>30～300 GHz</td><td>毫米波</td><td>10～1 mm</td></tr>
<tr><td>12</td><td>至高频</td><td>300～3000 GHz</td><td>丝米波</td><td>1～0.1 mm</td></tr>
</table>

习惯上又将微波波段划分成若干频段并赋以相应的命名，详见表 4-3。

表 4-3　微波波段的划分及其命名

频段	S	C	X	K	Q	V
频率/GHz	1.5～3.9	3.9～6.2	6.2～10.9	10.9～36	36～46	46～56
波长/cm	20～7.69	7.69～4.84	4.84～2.75	2.75～0.833	0.833～0.625	0.625～0.535

在世界范围内，国际电信联盟(ITU)是负责协调国际无线电事宜的组织，它是联合国处理电信问题的专门机构。《国际无线电规则》是 ITU 进行无线电频率协调和管理的唯一依据，具有国际法性质，它规定了频率分配和使用的规则，制定了频率分配表。这个规则划分了 9 kHz～275 GHz 的频率范围，规定了广播、航空、航海、固定通信、移动通信、宇宙通信、探测、天文、科研等 39 种无线电业务的频率范围。规则中制定的频率分配表把全球按地理位置分成三个区域，区域一包括非洲、欧洲和整个原苏联地区；区域二包括美洲；区域三包括亚洲和澳洲。每个区域又分成若干个较小的地区，地区性频率分配主要针对 0.1～4 MHz 的中距离通信无线电波，对于更高频的远距离通信无线电波，可以在不同地区通用。对于 90 MHz 以下的频率范围，除了卫星通信外，4～7.5 MHz 的频率范围在全球范围内分配，作为各种专用业务频率，以避免电离层反射到全球引起干扰。

每个国家根据国际电信公约和国际无线电规则设立国家级的频谱管理机构，为本国分配和管理无线电频谱。我国现行的无线电管理体制为：由国家无线电管理委员会以及各省市(地区)的无线电管理委员会负责地方的无线电频率分配、协调和管理；中国人民解放军无线电管理委员会以及各军区无线电管理委员会负责军队的无线电频率分配、协调和管理。

频谱管制方法对于无意发射的电磁骚扰不适用，因为无意发射的电磁骚扰的频率不能由人工来指定。

4.5.2　滤波

滤波技术是一种常用的抑制电磁骚扰的技术措施。**滤波的实质是将信号频谱划分成有用频率分量和骚扰频率分量，剔除和抑制骚扰频率分量**。详细内容我们将在后续章节中介绍。

4.5.3　频率调制

通常在长距离信号传输过程中容易引入骚扰，而且这种骚扰的频谱较宽，频率范围难以确定。为了提高信号传输质量，可采用频率调制的方法。信号调制分为幅度调制和频率调制，详细内容参见其他通信原理方面的书籍。

4.5.4　数字传输

数字传输技术是将待传输的信号经过高速采样、模/数转换，使之变成数字信号，成为一系列对应于原信号幅度的调制脉冲。

数字传输技术的采样频率应大于两倍以上传送信号的最高频率成分，否则信号的信息就不能全部包含在数字信号中。经过采样后，将连续变化的信号波形变成阶梯形状的波形，通常称为量化。量化会带来误差，其误差大小取决于采样频率。当信号电平较小时，可提高采样频率来缩小量化误差。在数字传输技术中，还可以采用非线性量化的压缩和扩展技术，使量化噪声均匀。

信号的数字传输技术实质上也是一种频率变换的方法。

4.5.5　光电传输

随着光纤技术的发展，通信工程中越来越广泛地采用光纤传输信号。因为光信号的波长远小于一般电磁骚扰的波长，所以如同频率划分一样，它不会受电磁干扰。光电传输过程是：采用光电二极管或半导体激光器将电信号转换成红外光或可见光，使光的强度与电信号成比例变换，然后通过光导纤维传输，到达接收器后，再由光敏器件将光信号还原成电信号。

4.6　电气隔离

电气隔离是避免电路中传导干扰的可靠方法，同时还能使有用信号正常耦合传输。常见的电气隔离耦合原理有机械耦合、电磁耦合、光电耦合等。

机械耦合是采用电气—机械的方法，例如用继电器将线圈回路和触头控制回路隔离开来，产生两个电路参数不相关联的回路，实现电气隔离，但控制指令却能通过继电器动作从一个回路传递到另一个回路中。

电磁耦合采用的是电磁感应原理。例如变压器初级线圈中的电流产生磁通，此磁通再于次级线圈中产生感应电压，使次级回路与初级回路实现电气隔离，而电信号或电能却可以从初级传输到次级。这就使初级回路的干扰不能由电路直接进入次级回路。变压器是电源中抑制传导干扰的基本方法，常用的电源隔离变压器有屏蔽隔离变压器。隔离变压器(isolation transformer)的隔离方法，要求信号内没有直流分量。当信号的频域宽广时，把含直流分量的信号调制成交流信号，经电压互感器或电流互感器将其送到接收器再进行解调，这种隔离方法常用于工业检测领域。

光电耦合是采用半导体光电耦合器件实现电气隔离的方法。光电二极管或光电三极管把电流变成光，再经光电二极管或光电三极管把光变成电流。由于输入信号与输出信号的电平没有比例关系，所以不宜直接传输模拟信号。但因直流电平也能传输，所以若利用光脉宽调制，就能传输含直流分量的模拟信号，且具有优良的线性效果。这种方法最适宜传送数字信号。

DC/DC 变换器是直流电源的隔离器件，它将直流电压 U_1 变换成直流电压 U_2。为了防止多个设备共用一个电源引起共电源内阻干扰，应用 DC/DC 变换器单独对各电路供电，以保证电路不受电源中的信号干扰。DC/DC 变换器是应用逆变原理将直流电压变换成高频交流电压，再经整流滤波处理，得到所需直流电压的。由于 DC/DC 变换器是一个完整器件，所以它是一种应用广泛的电气隔离器件。

习　题

1. 实现并行和系统的电磁兼容性设计，需要采取的技术措施如何分类，包含哪些内容?
2. 分析和解决电磁兼容性问题的一般方法有哪些，各有什么优缺点?
3. 抑制电磁骚扰的策略采用何种思维方法?
4. 抑制电磁骚扰的方法如何分类，具体方法包含哪些技术措施?
5. 以实例表述并分析光电耦合抑制传导干扰的机理。
6. 以实例表述并分析电磁耦合抑制传导干扰的机理。
7. 试分析具体 DC/DC 变换器抑制干扰的机理。
8. 试用具体案例分析采用“空间分离”抑制辐射或者耦合骚扰的原理。
9. 以某一设计实例为参考，表述采用系统法分析和解决 EMC 问题的过程。

参考文献

[1] OTT H W. Noise Reduction Techniques in Electronic Systems. 2nd ed. John Wiley and Sons, 1988.

[2] PISCATAWAY N J. EMC/EMI principles, measurements and technologies. Institute of Electrical and Electronics Engineers, Inc., 1997.

[3] KEISER B. Principles of Electromagnetic Compatibility. 3rd ed. MA: Artech House,

Inc. , 1987.

[4] WESTON D A. Electromagnetic Compatibility: Principles and Applications. New York: Marcel Dekker, Inc. , 1991.

[5] MONTROSE M I. Printed circuit board design techniques for EMC compliance: a handbook for designers. 2nd ed. New York: IEEE Press, 2000.

[6] TESCHE F M, IANOZ M V. EMC analysis methods and computational models. New York: John Wiley & Sons, Inc. , 1997.

[7] CARR J J. The technician's EMI handbook: clues and solutions. Boston: Newnes, 2000.

[8] PRASAD K V. Engineering Electromagnetic Compatibility: Principles, measurements, and Technology. New York: IEEE Press, 1996.

[9] WILLIAMS T, ARMSTRONG K. EMC for systems and installations. Oxford: Newnes, 2000.

[10] TSALIOVICH A B. Electromagnetic shielding handbook for wired and wireless EMC applications. Boston: Kluwer Academic, 1999.

[11] CHATTERTON P A, HOULDEN M A. EMC: Electromagnetic Theory to Practical Design. New York: John Wiley & Sons Ltd. , 1992.

[12] WESTON D A. Electromagnetic Compatibility: Principles and Applications. New York: Marcel Dekker, Inc. , 1991.

[13] WHITE D R J, MARDIGUIAN M. EMI Control Technology and Procedures. Gainesville, Virginia: Interference Control Technologies, Inc. , USA, 1988.

[14] PAUL C R, NASAR S A. Introduction to Electromagnetic Fields, second edition. New York: McGraw-Hill, 1987.

[15] VIOLETTE J L N, WHITE D R J, VIOLETTE M F. Electromagnetic Compatibility Handbook. New York: van nostrand reinhold company, 1987.

[16] OZENBAUGH R L. EMI Filter Design. New York: Marcel Dekker, Inc. , 1996.

[17] ARCHAMBEAULT B, RAMAHI O M, BRENCH C. EMI/EMC Computational Modeling Handbook. Boston: Kluwer Academic Publishers, 1998.

[18] PAUL C R. Analysis of Multi-conductor Transmission Lines. New York: John Wiley & Sons Ltd. , 1994.

[19] SMITH A A, Jr. Coupling of External Electromagnetic Fields to Transmission Lines. New York: John Wiley & Sons Ltd. , 1977.

[20] PLONSEY R, COLLIN R E. Principles and Applications of Electromagnetic Fields. New York: McGraw-Hill, 1961.

[21] RAMO S, WHINNERY J R, DUSER T. V. Fields and Waves in Communication Electronics. 2nd ed. New York: John Wiley and Sons, 1989.

[22] VANCE E F. Coupling to Shielded Cables. R. E. Krieger, Melbourne, FL, 1987.

[23] VIOLETTE N J L, WHITE D R J, VIOLETTE M F. Electromagnetic Compatibility Handbook. Van Nostrand Reinhold Co. , New York, 1985.

[24] RICKETTS L W, BRIDGES J E, Miletta J. EMP Radiation and Protective Techniques. John Wiley and Sons, New York, 1976.
[25] WHITE D R J. A Handbook on Electromagnetic Shielding Materials and Performance. Don White Consultants, Inc., 1975.
[26] WHITE D R J. A Handbook on Electromagnetic Interference and Compatibility. Don White Consultants, Inc., 1973.
[27] DENNY H W. Grounding for the Control of EMI. Don White Consultants, Inc., 1983.
[28] MARDIGUIAN M. EMI troubleshooting techniques. New York: McGraw-Hill, 2000.
[29] A handbook for EMC: testing and measurement. London: Peter Peregrinus Ltd., 1994.
[30] MONTROSE M I. EMC and the printed circuit board: design, theory, and layout made simple. New York: IEEE Press, 1999.
[31] O'HARA M. EMC at component and PCB level. Oxford, England: Newnes, 1998.
[32] WILLIAMS T. EMC for product designers. Boston: Newnes, 1992.
[33] MACNAMARA T. Handbook of antennas for EMC. Boston: Artech House, 1995.
[34] MOLYNEUX-CHILD J W. EMC shielding materials, 2nd ed. Boston: Newnes, 1997.

第 5 章　屏蔽理论及其应用

本章首先详细介绍了电磁屏蔽的基本理论、分类和评价屏蔽效能的技术指标；然后叙述了计算屏蔽效能的电磁场方法和电路方法，并提出了几种规则形状屏蔽体的屏蔽效能计算公式；通过对屏蔽的平面波模型的分析，说明影响屏蔽效能的主要因素；最后介绍了孔隙的电磁泄漏分析方法及抑制电磁泄漏的工程措施。

屏蔽是电磁兼容工程中广泛采用的抑制电磁骚扰的有效方法之一。一般而言，凡是通过空间传输的电磁骚扰都可以采用屏蔽的方法来抑制。所谓屏蔽(shielding)，就是用由导电或导磁材料制成的金属屏蔽体(shield)将电磁骚扰源限制在一定的范围内，使骚扰源从屏蔽体的一面耦合或辐射到另一面时受到抑制或衰减。

电气、电子设备或系统中的各电路和元件有电流流过的时候，在其周围空间就会产生磁场。又因为电路和各元件上的各部分具有电荷，故在其周围空间也会产生电场。进一步地，这种电场和磁场作用在周围的其他电路和元件上时，在这些电路和元件上就会产生相应的感应电压和电流。而这种在邻近电路、元件和导线中产生的感应电压和电流，又能反过来影响原来的电路和元件中的电流和电压。这就是电气、电子设备或系统中电磁场的寄生耦合骚扰。它往往使电气、电子设备或系统的工作性能变坏，甚至使其根本不能正常工作，所以是一种极为有害的电磁现象。

频率高于 100 kHz 以上时，电路、元件的电磁辐射能力增强，电气、电子设备或系统中就存在着辐射电磁场的寄生耦合骚扰。

屏蔽的目的是采用屏蔽体包围电磁骚扰源，以抑制电磁骚扰源对其周围空间存在的接收器的干扰，或采用屏蔽体包围接收器，以保护、避免骚扰源对其进行干扰。

5.1　电磁屏蔽原理

5.1.1　电磁屏蔽的类型

电磁屏蔽按其屏蔽原理可分为电场屏蔽、磁场屏蔽和电磁场屏蔽。电场屏蔽包含静电屏蔽和交变电场屏蔽，磁场屏蔽包含静磁屏蔽(恒定磁场屏蔽)和交变磁场屏蔽，如图 5-1 所示。

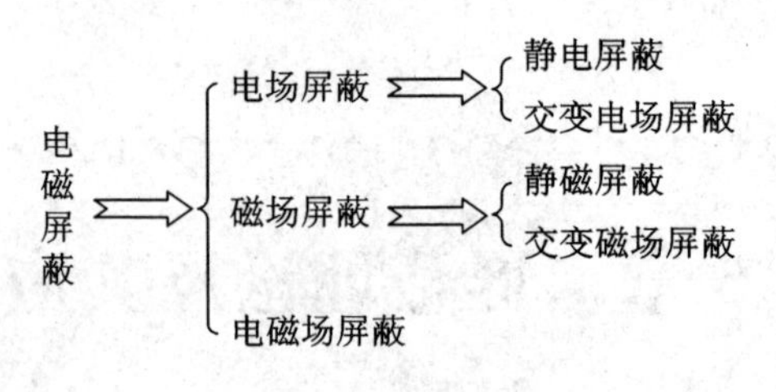

图 5-1　电磁屏蔽的类型

5.1.2　静电屏蔽

电磁场理论表明，置于静电场中的导体在静电平衡的条件下，具有下列性质：

(1) 导体内部任何一点的电场为零。

(2) 导体表面任何一点的电场强度矢量的方向与该点的导体表面垂直。

(3) 整个导体是一个等位体。

(4) 导体内部没有静电荷存在，电荷只能分布在导体的表面上。

即使导体内部存在空腔，它在静电场中也具有上述性质。因此，如果把有空腔的导体置入静电场中，由于空腔导体的内表面无净电荷，空腔空间中也无电场，所以空腔导体起了隔离外部静电场的作用，抑制了外部静电场对空腔空间的骚扰。反之，如果把空腔导体接地，即使空腔导体内部存在带电体产生的静电场，在空腔导体外部也不会存在由空腔导体内部存在的带电体产生的静电场。这就是静电屏蔽的理论依据，即静电屏蔽原理。

例如，当空腔屏蔽体内部存在带有正电荷 Q 的带电体时，空腔屏蔽体内表面会感应出等量的负电荷，而空腔屏蔽体外表面会感应出等量的正电荷，如图 5-2(a)所示。此时，仅用空腔屏蔽体将静电场源包围起来，实际上起不到屏蔽作用。只有将空腔屏蔽体接地(见图 5-2(b))，使空腔屏蔽体外表面感应出的等量正电荷沿接地导线泄放进入接地面，其所产生的外部静电场才会消失，才能将静电场源产生的电力线封闭在屏蔽体内部，屏蔽体才能真正起到静电屏蔽的作用。

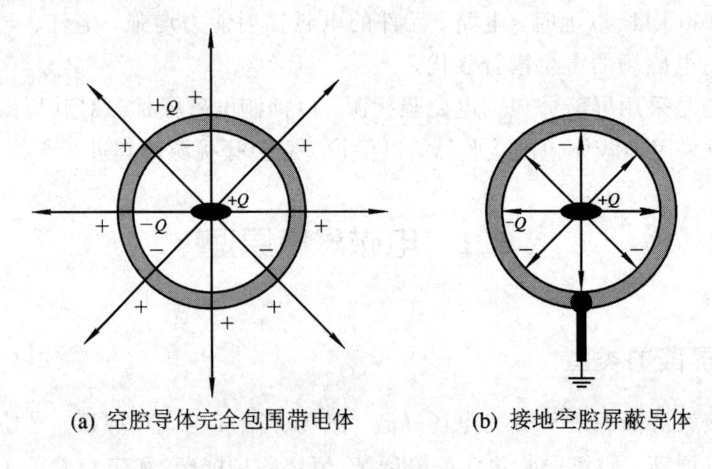

(a) 空腔导体完全包围带电体　　(b) 接地空腔屏蔽导体

图 5-2　静电屏蔽

当空腔屏蔽体外部存在静电场骚扰时，由于空腔屏蔽体为等位体，所以屏蔽体内部空间不存在静电场(见图5-3)，即不会出现电力线，从而实现静电屏蔽。空腔屏蔽体外部存在电力线，且电力线终止在屏蔽体上。屏蔽体的两侧出现等量反号的感应电荷。当屏蔽体完全封闭时，不论空腔屏蔽体是否接地，屏蔽体内部的外电场均为零。但是，实际的空腔屏蔽体不可能是完全封闭的理想屏蔽体，如果屏蔽体不接地，就会引起外部电力线的入侵，造成直接或间接的静电耦合。为了防止出现这种现象，此时空腔屏蔽体仍需接地。

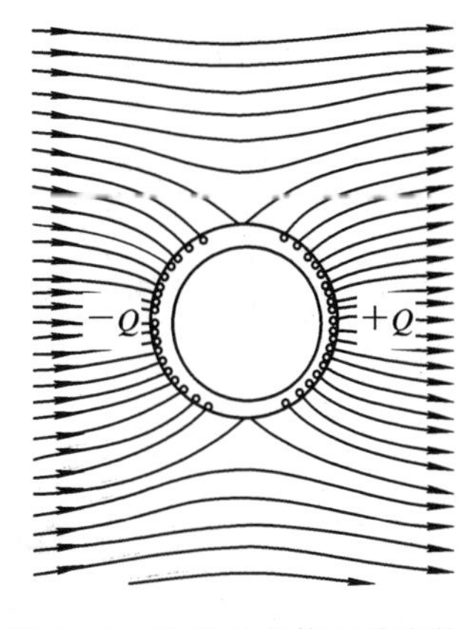

图 5-3　空腔屏蔽体对外来静电场的屏蔽

综上可见，**静电屏蔽必须具有两个基本要点：完整的屏蔽导体和良好的接地**。

5.1.3　交变电场屏蔽

交变电场的屏蔽原理采用电路理论加以解释较为直观、方便，因为骚扰源与接收器之间的电场感应耦合可用它们之间的耦合电容进行描述。

设骚扰源 g 上有一交变电压 U_g，在其附近产生交变电场，置于交变电场中的接收器 s 通过阻抗 Z_s 接地，骚扰源对接收器的电场感应耦合可以等效为分布电容 C_e 的耦合，于是形成了由 U_g、Z_g、C_e 和 Z_s 构成的耦合回路，如图 5-4 所示。接收器上产生的骚扰电压 U_s 为

$$U_s = \frac{j\omega C_e Z_s}{1 + j\omega C_e (Z_s + Z_g)} U_g \tag{5-1}$$

从式(5-1)中可以看出，骚扰电压 U_s 的大小与耦合电容 C_e 的大小有关。为了减小骚扰，可使骚扰源与接收器尽量远离，从而减小 C_e，使骚扰 U_s 减小。如果骚扰源与接收器间的距离受空间位置限制而无法加大时，则可采用屏蔽措施。

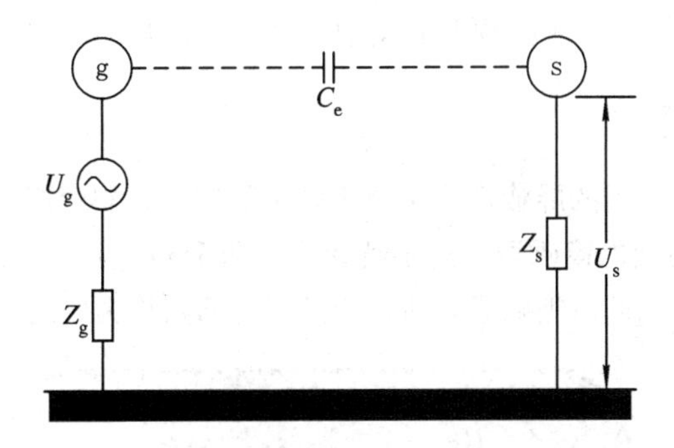

图 5-4　交变电场的耦合

为了减少骚扰源与接收器之间的交变电场耦合，在两者之间可插入屏蔽体，如图 5-5 所示。插入屏蔽体后，原来的耦合电容 C_e 的作用现在变为耦合电容 C_1、C_2 和 C_3 的作用。由于骚扰源和接收器之间插入屏蔽体后，它们之间的直接耦合作用非常小，所以耦合电容 C_3 可以忽略。

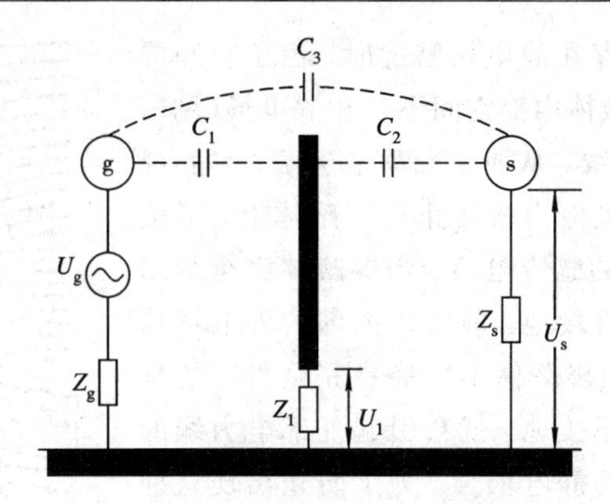

图 5-5　存在屏蔽体的交变电场耦合

设金属屏蔽体对地阻抗为 Z_1，则屏蔽体上的感应电压为

$$U_1 = \frac{j\omega C_1 Z'}{1 + j\omega C_1 (Z' + Z_g)} U_g \tag{5-2}$$

式中，$Z' = \dfrac{Z_1 (j\omega C_2 Z_s + 1)}{1 + j\omega C_2 (Z_1 + Z_s)}$。

从而接收器上的感应电压为

$$U_s = \frac{j\omega C_2 Z_s}{1 + j\omega C_2 (Z_1 + Z_s)} U_1 \tag{5-3}$$

由此可见，要使 U_s 比较小，必须使 C_1、C_2 和 Z_1(屏蔽体阻抗和接地线阻抗的和)减小。从式(5-2)可知，只有 $Z_1 = 0$，才能使 $U_1 = 0$，进而 $U_s = 0$。也就是说，屏蔽体必须接地良好，才能真正将骚扰源产生的骚扰电场的耦合抑制或消除，保护接收器免受骚扰。

如果屏蔽导体没有接地或接地不良，那么(因为平板电容器的电容量与极板面积成正比，与两极板间距成反比，所以耦合电容 C_1、C_2 均大于 C_e)接收器上的感应骚扰电压比没有屏蔽导体时的骚扰电压还要大，此时骚扰比不加屏蔽体时更为严重。

从上面的分析可以看出，**交变电场屏蔽的基本原理是采用接地良好的金属屏蔽体将骚扰源产生的交变电场限制在一定的空间内，从而阻断了骚扰源至接收器的传输路径**。必须注意，交变电场屏蔽要求屏蔽体必须是良导体(例如金、银、铜、铝等)并且接地良好。

5.1.4　低频磁场的屏蔽

低频(100 kHz 以下)磁场的屏蔽常使用高磁导率的铁磁材料(如铁、硅钢片、坡莫合金等)，**其屏蔽原理是利用铁磁材料的高磁导率对骚扰磁场进行分路**。由磁通连续性原理可知，磁力线是连续的闭合曲线，这样我们可把磁通管所构成的闭合回路称为磁路，如图 5-6 所示。

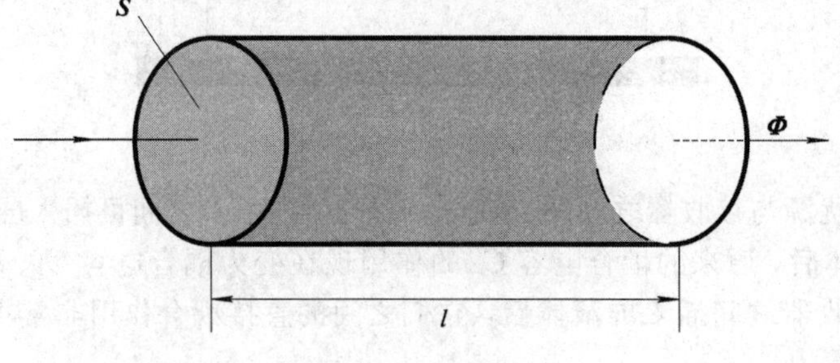

图 5-6　磁路与磁阻

磁路理论表明

$$U_m = R_m \cdot \boldsymbol{\Phi}_m \tag{5-4}$$

式中，U_m 为磁路中两点间的磁位差；$\boldsymbol{\Phi}_m$ 为通过磁路的磁通量，即

$$\boldsymbol{\Phi}_m = \int_S \boldsymbol{B} \cdot \mathrm{d}\boldsymbol{S} \tag{5-5}$$

R_m 为磁路中两点 a、b 间的磁阻

$$R_m = \frac{\int_a^b \boldsymbol{H} \cdot \mathrm{d}\boldsymbol{l}}{\int_S \boldsymbol{B} \cdot \mathrm{d}\boldsymbol{S}} \tag{5-6}$$

如果磁路横截面是均匀的，且磁场也是均匀的，则式(5－6)可化简为

$$R_m = \frac{\boldsymbol{H}l}{\boldsymbol{B}S} = \frac{l}{\mu S} \tag{5-7}$$

式中，μ 为铁磁材料的磁导率(单位为 H/m)；S 为磁路的横截面积(单位为 m^2)；l 为磁路的长度(单位为 m)。

显然，磁导率 μ 大则磁阻 R_m 小，此时磁通主要沿着磁阻小的途径形成回路。**由于铁磁材料的磁导率 μ 比空气的磁导率 μ_0 大得多，所以铁磁材料的磁阻很小。将铁磁材料置于磁场中时，磁通将主要通过铁磁材料，而通过空气的磁通将大为减小，从而起到磁场屏蔽作用。**

图 5－7(a)所示的屏蔽线圈用铁磁材料作屏蔽罩。由于其磁导率很大，其磁阻比空气小得多，因此线圈所产生的磁通主要沿屏蔽罩通过，即被限制在屏蔽体内，从而使线圈周围的元件、电路和设备不受线圈磁场的影响或骚扰。同样，如图 5－7(b)所示，外界磁通也将通过屏蔽体而很少进入屏蔽罩内，从而使外部磁场不致骚扰屏蔽罩内的线圈。

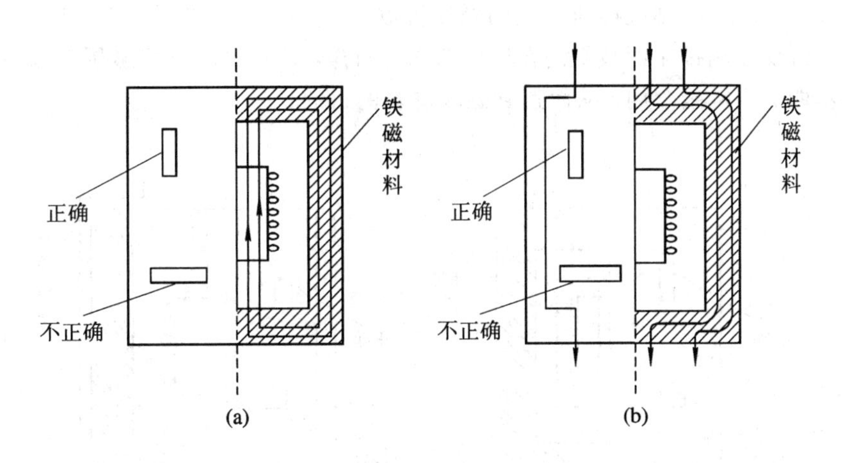

图 5－7　低频磁场屏蔽

铁磁材料作屏蔽体时要注意下列问题：

(1) 由式(5－7)可知，**所用铁磁材料的磁导率 μ 越高、屏蔽罩越厚(即 S 越大)，则磁阻 R_m 越小，磁屏蔽效果越好**。为了获得更好的磁屏蔽效果，需要选用高磁导率材料(如坡莫合金)，并要使屏蔽罩有足够的厚度，有时需用多层屏蔽。所以，效果良好的铁磁屏蔽往往既昂贵又笨重。

(2) **用铁磁材料做的屏蔽罩，在垂直磁力线方向不应开口或有缝隙**，因为若缝隙垂直于磁力线，则会切断磁力线，使磁阻增大，屏蔽效果变差。

(3) **铁磁材料的屏蔽不能用于高频磁场屏蔽，因为高频时铁磁材料中的磁性损耗(包括磁滞损耗和涡流损耗)很大，导磁率明显下降**。

5.1.5 高频磁场的屏蔽

高频磁场的屏蔽采用的是低电阻率的良导体材料，如铜、铝等。**其屏蔽原理是利用电磁感应现象在屏蔽体表面所产生的涡流的反磁场来达到屏蔽目的的**，也就是说，利用涡流反磁场对于原骚扰磁场的排斥作用来抑制或抵消屏蔽体外的磁场。

根据法拉第电磁感应定律，闭合回路上产生的感应电动势等于穿过该回路的磁通量的时变率。根据楞次定律，感应电动势会引起感应电流，感应电流所产生的磁通要阻止原磁通的变化，即感应电流产生的磁通方向与原磁通方向相反。应用楞次定律可以判断感应电流的方向。

如图 5-8 所示，当高频磁场穿过金属板时，在金属板中就会产生感应电动势，从而形成涡流。金属板中的涡流电流产生的反向磁场将抵消穿过金属板的原磁场，这就是感应涡流产生的反磁场对原磁场的排斥作用。同时感应涡流产生的反磁场增强了金属板侧面的磁场，使磁力线在金属板侧面绕行而过。

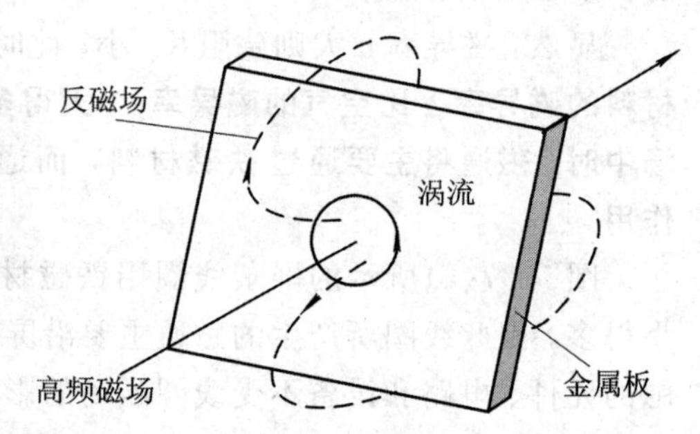

图 5-8 涡流效应

如果用良导体做成屏蔽盒，将线圈置于屏蔽盒内，如图 5-9 所示，则线圈所产生的磁场将被屏蔽盒的涡流反磁场排斥而被限制在屏蔽盒内；同样，外界磁场也将被屏蔽盒的涡流反磁场排斥而不能进入屏蔽盒内，从而达到磁场屏蔽的目的。

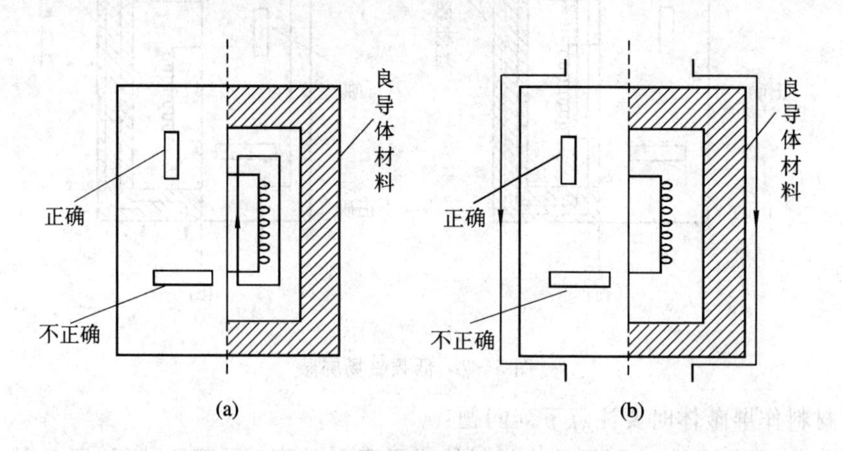

图 5-9 高频磁场屏蔽

由于良导体金属材料对高频磁场的屏蔽作用是利用感应涡流的反磁场排斥原骚扰磁场而达到屏蔽目的的，所以屏蔽盒上产生涡流的大小将直接影响屏蔽效果。屏蔽线圈的等效电路如图5-10所示。把屏蔽盒看成是一匝线圈，I 为线圈的电流，M 为屏蔽盒与线圈之间的互感，r_s、L_s 为屏蔽盒的电阻与电感，I_s 为屏蔽盒上产生的涡流。显然

$$I_s = \frac{j\omega M}{r_s + j\omega L_s} I \tag{5-8}$$

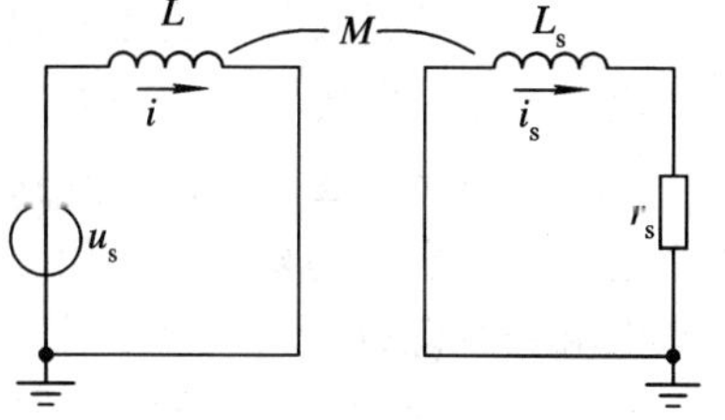

图5-10　屏蔽线圈的等效电路

现在我们对式(5-8)讨论如下：

(1) 频率。在频率很高时，$r_s \ll \omega L_s$。这时 r_s 可忽略不计，则有

$$I_s \approx \frac{M}{L_s} I = k\sqrt{\frac{L}{L_s}} i \approx k\frac{n}{n_s} i = kni \tag{5-9}$$

式中，k 为线圈与屏蔽盒之间的耦合系数；n 为线圈的圈数；n_s 为屏蔽盒的圈数，可以视为一匝。根据式(5-9)，屏蔽盒上产生的感应涡流与频率无关。这说明在高频情况下，感应涡流产生的反磁场已足以排斥原骚扰磁场，从而起到磁屏蔽作用，所以导电材料适于高频磁场屏蔽。另一方面也说明，感应涡流产生的反磁场任何时候都不可能比感应出这个涡流的那个原磁场还大，所以涡流随频率增大到一定程度后，频率如继续升高，涡流也不会再增大了。

在频率很低时，$r_s \gg \omega L_s$，式(5-8)可以简化为

$$I_s = \frac{j\omega M}{r_s} I \tag{5-10}$$

由此可见，低频时，产生的涡流也小，因此涡流反磁场也就不能完全排斥原骚扰磁场。故在低频时利用感应涡流进行屏蔽效果不好，这种屏蔽方法主要用于高频。

(2) 屏蔽材料。由式(5-10)可知，屏蔽体电阻 r_s 越小，产生的感应涡流就越大，而且屏蔽体自身的损耗也越小。所以，高频磁屏蔽材料需用良导体，例如铝、铜及铜镀银等。

(3) 屏蔽体的厚度。由于高频电流的集肤效应，涡流仅在屏蔽盒的表面薄层流过，而屏蔽盒的内层被表面涡流所屏蔽，所以高频屏蔽盒无需做得很厚——这与采用铁磁材料做低频磁场屏蔽体时不同。对于常用铜、铝材料的屏蔽盒，当频率 $f > 1$ MHz 时，机械强度、结构及工艺上所要求的屏蔽盒厚度，总比能获得可靠的高频磁屏蔽时所需要的厚度大得多。因此，**高频屏蔽一般无需从屏蔽效能考虑屏蔽盒的厚度。实际中一般取屏蔽盒的厚度为** 0.2～0.8 mm。

(4) 屏蔽盒的缝隙或开口。**屏蔽盒在垂直于涡流的方向上不应有缝隙或开口**。因为垂直于涡流的方向上有缝隙或开口时，将切断涡流，而这意味着涡流电阻增大，涡流减小，屏蔽效果变差。如果屏蔽盒必须有缝隙或开口时，则缝隙或开口应沿着涡流方向。正确的开口或缝隙对涡流的削弱较小，对屏蔽效果的影响也较小，如图5-9所示。屏蔽盒上的缝隙或开口尺寸一般不要大于波长的1/50～1/100。

(5) 接地。磁场屏蔽的屏蔽盒是否接地不影响磁屏蔽效果。这一点与电场屏蔽不同，电场屏蔽必须接地。但是，如果将由金属导电材料制造的屏蔽盒接地，则它就同时具有电场屏蔽和高频磁场屏蔽的作用。所以实际中屏蔽体都应接地。

5.1.6　电磁场屏蔽

通常所说的屏蔽，多半是指电磁场屏蔽。所谓电磁场屏蔽，是指同时抑制或削弱电场

和磁场。电磁场屏蔽一般也是指高频交变电磁屏蔽。

交变场中，电场和磁场总是同时存在的，只是在频率较低的范围内，电磁骚扰一般出现在近区，如前所述。近区随着骚扰源的性质不同，电场和磁场的大小有很大差别。高电压小电流骚扰源以电场为主，磁场骚扰可以忽略不计，这时就可以只考虑电场屏蔽；低电压高电流骚扰源以磁场骚扰为主，电场骚扰可以忽略不计，这时就可以只考虑磁场屏蔽。

随着频率的增高，电磁辐射能力增强，产生辐射电磁场，并趋向于远区骚扰。远区骚扰中的电场骚扰和磁场骚扰都不可忽略，因此需要将电场和磁场同时屏蔽，即电磁场屏蔽。高频时即使在设备内部也可能出现远区骚扰，故仍需要电磁场屏蔽。如前所述，采用导电材料且接地良好的屏蔽体，就能同时具有电磁场屏蔽和磁场屏蔽的作用。

电磁场屏蔽的机理有以下三种理论：

(1) 感应涡流效应。这种理论解释电磁场屏蔽机理比较形象易懂，物理概念清楚，但是难于据此推导出定量的屏蔽效果表达式，且对关于骚扰源特性、传播媒介、屏蔽材料的磁导率等因素对屏蔽效能的影响也不能解释清楚。

(2) 电磁场理论。严格来说，它是分析电磁场屏蔽原理和计算屏蔽效能的经典学说，但是由于需要求解电磁场的边值问题，所以分析复杂且求解繁琐。

(3) 传输线理论。它是根据电磁波在金属屏蔽体中传播的过程与行波在传输线中传输的过程相似的原理，来分析电磁场屏蔽机理并定量计算屏蔽效能的。

下面我们采用电磁场屏蔽的传输线理论来解释电磁场屏蔽原理。假设一电磁波向厚度为 t 的金属良导体投射，当电磁波到达金属良导体的表面时，部分电磁波被良导体反射，剩余的那一部分电磁波透过金属良导体的第一个表面进入良导体内，在良导体中衰减传输，经过距离 t 到达良导体的第二个表面时，又有部分电磁波被反射回良导体内，部分电磁波透过良导体的第二个表面进入良导体的另一侧。在良导体第二个表面上反射回良导体内的这一部分电磁波继续在良导体中反向衰减传输，经过距离 t 到达良导体的第一个表面时，又有部分电磁波透过良导体的第一个表面反向进入电磁波开始时投射的区域，另一部分电磁波仍然反射回良导体内继续传输，上述过程反复进行。由此可见，如果把电磁波刚进入良导体时被其反射的电磁波能量称为反射损耗，透射波在金属良导体内传播的衰减损耗称为吸收损耗，电磁波在金属良导体两表面之间所形成的多次反射产生的损耗称为多次反射损耗，那么金属屏蔽体对电磁波的屏蔽效果包括反射损耗、吸收损耗和多次反射损耗。

5.2 屏蔽效能

5.2.1 屏蔽效能的表示

屏蔽是抑制电磁骚扰的主要方法之一。如何描述屏蔽体的屏蔽效果？如何定量分析和表示屏蔽效果呢？通常采用屏蔽效能(shielding effectiveness)来表示屏蔽体对电磁骚扰的屏蔽能力和效果，它与屏蔽材料的性能、骚扰源的频率、屏蔽体至骚扰源的距离以及屏蔽体上可能存在的各种不连续的形状及其数量有关。下面介绍几种表示屏蔽效果的方法。

屏蔽系数 η 是指被骚扰电路加屏蔽体后所感应的电压 U_s 与未加屏蔽体时所感应的电

压 U_0 之比，即

$$\eta = \frac{U_s}{U_0}$$

传输系数 T 是指存在屏蔽体时某处的电场强度 E_s 与不存在屏蔽体时同一处的电场强度 E_0 之比，即

$$T = \frac{E_s}{E_0}$$

或者是存在屏蔽体时某处的磁场强度 H_s 与不存在屏蔽体时同一处的磁场强度 H_0 之比，即

$$T = \frac{H_s}{H_0}$$

屏蔽效能是指不存在屏蔽体时某处的电场强度 E_0 与存在屏蔽体时同一处的电场强度 E_s 之比，常用分贝(dB)表示，即

$$SE_E = 20\ \lg\left(\frac{E_0}{E_s}\right) \tag{5-11}$$

或者是不存在屏蔽体时某处的磁场强度 H_0 与存在屏蔽体时同一处的磁场强度 H_s 之比，常用分贝(dB)表示，即

$$SE_H = 20\ \lg\left(\frac{H_0}{H_s}\right) \tag{5-12}$$

一般而言，对于近区，电场和磁场的近区波阻抗不相等，电场屏蔽效能 SE_E 和磁场屏蔽效能 SE_H 也不相等；但是对于远区，电场和磁场是统一的整体，电磁场的波阻抗是一个常数，因此电场屏蔽效能和磁场屏蔽效能相等。

此外还可见，传输系数与屏蔽效能互为倒数关系，即

$$SE = 20\ \lg\frac{1}{T}$$

5.2.2　屏蔽效能的计算方法

屏蔽有两个目的：一是限制屏蔽体内部的电磁骚扰越出某一区域；二是防止外来的电磁骚扰进入屏蔽体内的某一区域。屏蔽的作用是通过一个将上述区域封闭起来的壳体实现的，这个壳体可以做成金属隔板式、盒式，也可以做成电缆屏蔽和连接器屏蔽。屏蔽体一般有实心型、非实心型(例如金属网)和金属编织带等几种类型，后者主要用作电缆的屏蔽。各种屏蔽体的屏蔽效果均用该屏蔽体的屏蔽效能来表示。

计算和分析屏蔽效能的方法主要有解析方法、数值方法和近似方法。解析方法是基于存在屏蔽体及不存在屏蔽体时，在相应的边界条件下求解麦克斯韦方程实现的。以解析方法求出的解是严格解，在实际工程中也常常使用。但是，解析方法只能求解几种规则形状屏蔽体的屏蔽效能，例如球壳、柱壳屏蔽体，且求解可能比较复杂。随着计算机和计算技术的发展，数值方法显得越来越重要。从原理上讲，数值方法可以用来计算任意形状屏蔽体的屏蔽效能。然而数值方法的成本可能过高。为了避免解析方法和数值方法的缺陷，各种近似方法在评估屏蔽体的屏蔽效能时就显得非常重要，在实际工程中获得了广泛应用。

此外，依据电磁骚扰源的波长与屏蔽体的几何尺寸的关系，屏蔽效能的计算又可以分

为场的方法和路的方法。

5.3　无限长磁性材料圆柱腔的静磁屏蔽效能

本节采用分离变量法分析无限长磁性材料圆柱腔的静磁屏蔽效能，推导其屏蔽效能的理论计算公式。据此，进一步推导出在一定条件下此屏蔽效能的近似计算表达式。

5.3.1　圆柱腔内的静磁场

将内、外半径分别为 a、b，磁导率为 μ 的无限长磁性材料圆柱腔放入均匀磁场 $\boldsymbol{B}_0$ 中。设 $\boldsymbol{B}_0=\boldsymbol{x}B_0$，圆柱腔轴沿圆柱坐标系$(r, \theta, z)$的 z 轴，如图 5-11 所示。显然，所论区域没有传导电流，且媒质分区均匀，因此可用磁标位求解各区域中的场。

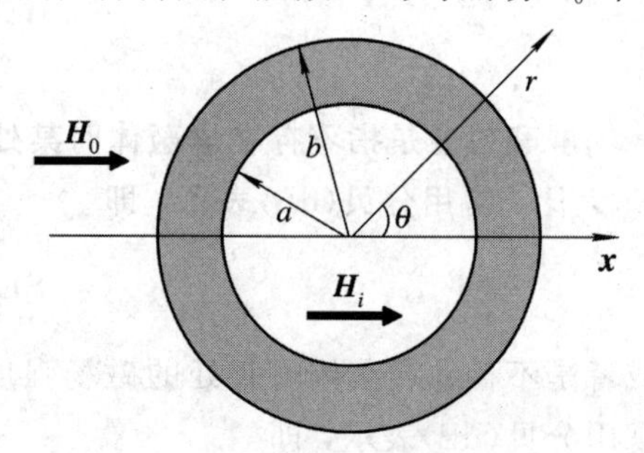

图 5-11　无限长圆柱腔横截面

设 U_{m1}、U_{m2}、U_{m3} 分别表示圆柱腔内$(r<a)$、圆柱腔壁$(a<r<b)$和圆柱腔外$(r>b)$的磁标位，则它们满足拉普拉斯方程

$$\nabla^2 U_{mi}=0 \quad i=1,2,3 \tag{5-13}$$

和边界条件

$$r=a,\quad U_{m1}=U_{m2},\quad \frac{\partial U_{m1}}{\partial r}=\mu_r\frac{\partial U_{m2}}{\partial r} \tag{5-14}$$

$$r=b,\quad U_{m2}=U_{m3},\quad \mu_r\frac{\partial U_{m2}}{\partial r}=\frac{\partial U_{m3}}{\partial r} \tag{5-15}$$

式中，μ_r 是圆柱腔壁的相对磁导率。

应用分离变量法求解圆柱坐标系中的拉普拉斯方程：

$$\frac{1}{r}\frac{\partial}{\partial r}\left(r\frac{\partial U_m}{\partial r}\right)+\frac{1}{r^2}\frac{\partial^2 U_m}{\partial \theta^2}+\frac{\partial^2 U_m}{\partial z^2}=0 \tag{5-16}$$

依据假定静磁场 $\boldsymbol{B}_0$ 沿 z 轴不变化，从而磁标位沿 z 轴不变化，所以式(5-16)可简化为

$$\frac{1}{r}\frac{\partial}{\partial r}\left(r\frac{\partial U_m}{\partial r}\right)+\frac{1}{r^2}\frac{\partial^2 U_m}{\partial \theta^2}=0 \tag{5-17}$$

式(5-17)的一般解为

$$\begin{aligned}U_m(r,\theta)=&A_0 r+B_0\\&+\sum_{n=1}^{\infty}r^n[A_n\cos(n\theta)+B_n\sin(n\theta)]\\&+\sum_{n=1}^{\infty}r^{-n}[C_n\cos(n\theta)+D_n\sin(n\theta)]\end{aligned} \tag{5-18}$$

式中，A_0、B_0、A_n、B_n、C_n、D_n 均为待定常数。

如果原点 $r=0$ 包含在场域中，为使 U_m 在该点保持有限值，式(5-17)的解应是

$$U_m(r,\theta)=\sum_{n=1}^{\infty}r^n[A_n\cos(n\theta)+B_n\sin(n\theta)] \tag{5-19}$$

远离圆柱腔处，不计磁化电荷的影响，磁场仍是 $\boldsymbol{B}_0=\mu\boldsymbol{H}_0$，磁标位则为

$$-H_0x=-H_0r\cos\theta,\quad H_0=-\nabla U_m$$

所以有自然边界条件

$$r\to\infty,\quad U_{m3}=H_0r\cos\theta \tag{5-20}$$

满足式(5-20)、式(5-14)和式(5-15)的磁标位解可简化为

$$U_{m3}=H_0r\cos\theta+Ar^{-1}\cos\theta \tag{5-21}$$

$$U_{m2}=(Cr+Dr^{-1})\cos\theta \tag{5-22}$$

$$U_{m1}=Fr\cos\theta \tag{5-23}$$

式中的常数 A、F、C、D 由式(5-14)、式(5-15)确定。将式(5-21)、式(5-22)和式(5-23)代入式(5-14)和式(5-15)，整理后得

$$\begin{bmatrix} a & a^{-1} & -a & 0 \\ \mu_r a & -\mu_r a^{-1} & -a & 0 \\ b & b^{-1} & 0 & -b^{-1} \\ \mu_r b & -\mu_r b^{-1} & 0 & b^{-1} \end{bmatrix}\begin{bmatrix} C \\ D \\ F \\ A \end{bmatrix}=\begin{bmatrix} 0 \\ 0 \\ -BH_0 \\ -BH_0 \end{bmatrix} \tag{5-24}$$

式(5-24)中，$H_0=B_0/\mu_0$。

解式(5-24)，得

$$F=-\frac{4\mu_r b^2H_0}{K}$$

$$A=-\frac{(\mu_r^2-1)(a^2-b^2)b^2H_0}{K}$$

$$C=-\frac{2(\mu_r+1)b^2H_0}{K}$$

$$D=-\frac{2(\mu_r-1)a^2b^2H_0}{K}$$

式中：

$$K=b^2(\mu_r+1)^2-a^2(\mu_r-1)^2$$

将已经确定的常数 F 代入式(5-23)，并且考虑到 $\boldsymbol{H}=-\nabla U_m$，从而获得圆柱腔内的磁标位和静磁场分别为

$$U_{m1}=\frac{-4\mu_r b^2H_0}{b^2(\mu_r+1)^2-a^2(\mu_r-1)^2}r\cos\theta \tag{5-25a}$$

$$\boldsymbol{H}_1=\boldsymbol{x}\frac{4\mu_r b^2H_0}{b^2(\mu_r+1)^2-a^2(\mu_r-1)^2}=\boldsymbol{x}H_1 \tag{5-25b}$$

5.3.2 圆柱腔的静磁屏蔽效能分析

为了获得屏蔽效能的表达式，令 $p=b^2/a^2$，则式(5-25b)简化为

$$H_1=\frac{4H_0\mu_r p}{(\mu_r^2+1)(p-1)+2\mu_r(p+1)} \tag{5-26}$$

如果相对磁导率 $\mu_r\gg1$，那么式(5-26)可近似为

$$\frac{H_0}{H_1}=\frac{\mu_r(p-1)+2(p+1)}{4p}=\frac{\mu_r\left(1-\frac{1}{p}\right)+2\left(1+\frac{1}{p}\right)}{4} \tag{5-27}$$

如果圆柱腔壁厚度 $t=b-a$，平均半径 $R=(a+b)/2$，且满足大半径、薄壁的条件($a^2\approx b^2\approx R^2$)，则式(5－27)可近似为

$$\frac{H_0}{H_1}\approx 1+\frac{\mu_r t}{2R} \tag{5-28}$$

依据屏蔽效能的定义和式(5－26)、式(5－28)，圆柱腔的静磁屏蔽效能可分别表示为

$$\mathrm{SE}=20\ \lg\frac{H_0}{H_1}=20\ \lg\frac{(\mu_r^2+1)(p-1)+2\mu_r(p+1)}{4\mu_r p}\quad \mathrm{dB} \tag{5-29}$$

和

$$\mathrm{SE}=20\ \lg\left(1+\frac{\mu_r t}{2R}\right)\quad \mathrm{dB} \tag{5-30}$$

式(5－29)表明：磁性材料屏蔽体的相对磁导率 $\mu_r=1$ 时(例如铜)，其屏蔽效能为零；厚度 $t=0$ 的屏蔽体，其屏蔽效能也是零。这就表明了无限长磁性材料圆柱腔的静磁屏蔽效能理论计算公式的正确性。

式(5－30)是式(5－29)满足约束条件——屏蔽体相对磁导率 $\mu_r\gg1$，且圆柱腔为大半径、薄壁时的近似计算公式。该式表明：满足此约束条件时，无限长磁性材料圆柱腔的静磁屏蔽效能正比于相对磁导率 μ_r 和圆柱腔壁厚度 t 与平均半径 R 的比值 t/R。

5.3.3 圆柱腔的静磁屏蔽效能计算实例

基于式(5－29)，计算不同厚度 t、相对磁导率 μ_r 和平均半径 R 对屏蔽效能的作用。计算中选用了钢(Steel)、坡莫合金(78 Permalloy)及铁氧体(Maganese-Zinc Ferrite)，它们的相对磁导率分别为 500、3000 及 5000，计算结果分别示于图 5－12 和图 5－13。

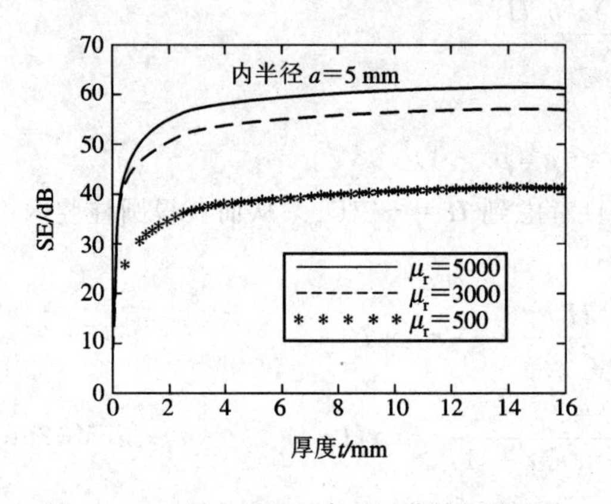

图 5－12 厚度和磁导率对屏蔽效能的影响

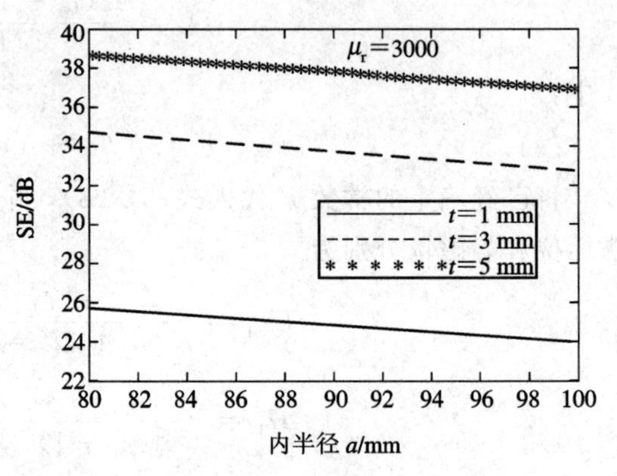

图 5－13 内半径与屏蔽效能的关系曲线

图 5－12 是内半径 $a=5$ mm 时，屏蔽效能随厚度 t 和相对磁导率 μ_r 变化的关系曲线。此图表明：

(1) 磁导率越高，屏蔽效能越大。

(2) 屏蔽效能随厚度从零开始增加，但是当厚度增加到某一值时，即使再继续增加屏蔽体厚度，屏蔽效能也增加得非常缓慢。

这些计算结果对于实际的工程应用具有重要的指导意义。例如，要减轻屏蔽体的重量，就必须选择薄厚度、较高磁导率的屏蔽体，才能保证一定的静磁屏蔽效能。

图5-13是同一种屏蔽材料在不同厚度(平均半径远大于厚度)时屏蔽效能随内半径 a 变化的关系曲线。由图可见，在大半径、薄壁条件下：

(1) 壁厚度比平均半径对屏蔽效能的影响要大。

(2) 同一厚度时，屏蔽空间的扩大将使屏蔽效能降低，但是屏蔽效能降低得非常慢。

5.4　低频磁屏蔽效能的近似计算

采用高磁导率材料对低频磁场(这里指不超出音频范围的磁场)进行磁屏蔽，主要靠屏蔽体的高磁导率对骚扰磁场的分路作用来达到了磁屏蔽的目的。

5.4.1　矩形截面屏蔽盒的低频磁屏蔽效能的近似计算

将一个由高磁导率材料做成的屏蔽盒置于磁场强度为 H_0 的均匀磁场中，如图5-14所示。由于盒壁的磁导率比空气大得多，所以绝大部分磁通经盒壁通过，只有少部分磁通经盒内空间通过。这样就减少了磁场对盒内空间的骚扰，达到了低频磁场屏蔽的目的。

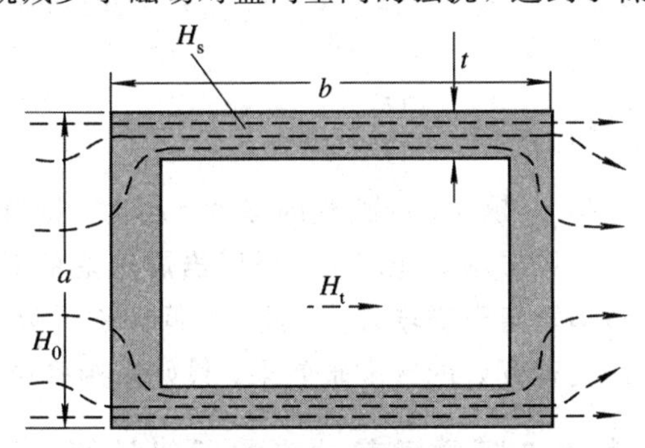

图5-14　导磁材料的低频磁场屏蔽作用

下面采用磁路分析方法来推导矩形截面屏蔽盒的低频磁屏蔽效能的近似计算公式。设矩形截面屏蔽盒在垂直磁场方向的尺寸为 a，沿磁场方向的尺寸为 b，屏蔽盒的壁厚为 t。

在垂直纸面的方向取一单位长度。设在这一单位长度所构成的 $a\times1$ 的区域内有磁通 Φ_0 流入屏蔽盒体，其中绝大部分磁通 Φ_s 流经盒壁，只有少部分磁通 Φ_t 流经盒壁内的空间，即

$$\Phi_0=\Phi_s+\Phi_t \tag{5-31}$$

由磁通量与磁场强度的关系可得

$$\begin{cases}\Phi_0=\mu_0 H_0 a\\ \Phi_s=2\mu_s H_s t\\ \Phi_t=\mu_0 H_t(a-2t)\end{cases} \tag{5-32}$$

式中，μ_0、μ_s 分别为空气的磁导率及屏蔽材料的磁导率；H_s、H_t 分别为屏蔽盒壁中的磁场强度及屏蔽盒内部空间的磁场强度。

将式(5-32)代入式(5-31)，得

$$\mu_0 H_0 a=2\mu_s H_s t+\mu_0 H_t(a-2t) \tag{5-33}$$

流经屏蔽盒壁的磁阻 $R_{ms}=b/(2\mu_s t)$，因而磁压降为

$$U_{ms} = \Phi_s \cdot R_{ms} = H_s b \tag{5-34}$$

流经屏蔽盒内部空间的磁阻 $R_{mt}=(b-2t)/[\mu_0(a-2t)]$，因而磁压降为

$$U_{mt} = \Phi_t \cdot R_{mt} = H_t(b-2t) \tag{5-35}$$

磁压降与计算路径无关，即 $U_{ms}=U_{mt}$，故有

$$H_s b = H_t(b-2t)$$

即

$$H_s = H_t \frac{b-2t}{b} \tag{5-36}$$

将式(5-36)代入式(5-33)，可得

$$\frac{H_0}{H_t} = \frac{2\mu_s t \dfrac{b-2t}{b}}{\mu_0 a} + \frac{\mu_0(a-2t)}{\mu_0 a}$$

因此，屏蔽效能可以表示为

$$\mathrm{SE} = 20\ \lg\frac{H_0}{H_t} = 20\ \lg\left(2\mu_r t\frac{b-2t}{ab} + \frac{a-2t}{a}\right) \tag{5-37}$$

考虑到 $2t \ll b$，$2t \ll a$，所以 $b-2t \approx b$，$a-2t \approx a$；又 $\mu_s/\mu_0=\mu_r$(屏蔽材料的相对磁导率)，从而式(5-37)可近似为

$$\mathrm{SE} = 20\ \lg\frac{H_0}{H_t} = 20\ \lg\left(\frac{2\mu_r t}{a} + 1\right) \tag{5-38}$$

上式表明：屏蔽材料的磁导率 μ_r 越大，屏蔽盒的厚度 t 越大，则屏蔽效果越好。屏蔽盒垂直于磁场方向的边长 a 越小，则屏蔽效能越大。所以**当屏蔽盒的截面为长方形时，应使其长边平行于磁场方向，而短边垂直于磁场方向**。此外，低频磁屏蔽要求厚度 t 很大，这使屏蔽体既笨重又不经济。所以要得到好的磁屏蔽效果，最好采用多层屏蔽。

5.4.2 圆柱形及球形壳体低频磁屏蔽效能的近似计算

当圆柱形磁屏蔽壳体的内半径为 a、外半径为 b，平均值 $r_e=(a+b)/2$，且 $r_e \gg t$(屏蔽壳体的厚度)，骚扰磁场方向垂直于圆柱形磁屏蔽壳体的轴向时，屏蔽效能可近似表示为

$$\mathrm{SE} = 20\ \lg\left(\frac{\mu_r \cdot t}{2r_e} + 1\right) \tag{5-39}$$

当球形磁屏蔽壳体的内半径为 a、外半径为 b，平均值 $r_e=(a+b)/2$，且 $r_e \gg t$(屏蔽壳体的厚度)时，屏蔽效能可近似表示为

$$\mathrm{SE} = 20\ \lg\left(\frac{2\mu_r \cdot t}{3r_e} + 1\right) \tag{5-40}$$

5.5 计算屏蔽效能的电路方法

屏蔽分析的第二种方法是电路方法(the circuit approach)。Wheeler 最初发现了电路方法，Miedzinski 和 Pearce 的基础工作进一步扩大了电路方法。对于磁场屏蔽，Miller 和 Bridges 证实 Wheeler 推导出的基本电路关系式是 King、Kaden、Harrison 和 Papas 推导

出的较严格的关系式的低频等效。在Bridges、Huneman和Hegner的论文中，电路方法被推广到电场屏蔽。在大约相同的时间框架内，E. G. Sunde和J. B. Hayes做了一些补充工作。Miller、Bridges等人将有关磁场、电场屏蔽的电路方法的早期论文合并为一篇论文，发表于1968年3月的论屏蔽的专刊上，此专刊也包含考虑电路方法的Shenfeld和Cooley的论文。在所有这些专刊论文中，都介绍了基于麦克斯韦方程的严格解与电路方法之间的严格合理性。

论屏蔽的专刊出版后，与电路方法有关的补充研究仍在进行。伴随着非常大的双层薄钢板屏蔽室的设计和建造，人们又进行了一系列的屏蔽研究。在Rizk的论文中，首先求解麦克斯韦方程，接着把所得解与传输线比拟(the transmission line analogy)、电路方法及Kaden的结果比较，最后由Harrison推导出了长的双层圆柱形屏蔽体的屏蔽效能的一般表达式。考虑了前面提到的每一种方法的有效性和限制，Franceschetti分析和研究了大量计算屏蔽效能的理论论文，并得出结论：除电路方法外，数学方法既复杂又常常忽略了物理理解。Franceschetti证实电路方法与稳态及瞬态激励的严格解非常一致。

电路方法的一个重要特点是在各个方面考虑了屏蔽结构(the enclosure)的全部几何形状和尺寸。例如，电路方法证实在低频范围内屏蔽结构的平面波屏蔽效能(the plane-wave shielding effectiveness)不仅是屏蔽体壁厚和材料的函数，而且是屏蔽结构的全部尺寸和几何形状的函数。另一方面，Schelkunoff的传输线方法(the Schelkunoff transmission line approach)仅考虑了屏蔽结构的壁厚和材料，这可能导致对平面波屏蔽效能的估计远大于采用电路方法或其他方法推导出的结果。电路方法、传输线比拟和许多更严格的解析方法都没有充分地考虑屏蔽结构更详细的几何结构特点。为了改善这一不足，这里考虑在非理想化的、盒式真实屏蔽结构上感应的实际电流分布。典型地，盒式屏蔽结构上感应的电流分布趋向于集中在屏蔽体的边缘及拐角附近，这增加了屏蔽体的边缘及拐角附近的内部场。散射研究以及最近的时域有限差分法(finite-difference time-domain)、矩量法(method of moments)的使用已经证实了这一效应。

电路方法是为低频以及高频近似而提出的。对于电路方法，低频近似只对用于屏蔽诸如极低频率和较高频率范围内的低频交流场(the low-frequency ac fields)的典型薄壁屏蔽结构是严格的。对于设计用于屏蔽设备避免地球磁场作用的屏蔽结构，电路方法的低频近似不再适用。为了处理这一直流情况，应使用所谓管道屏蔽关系式(the so-called ducting shielding relationships)。有关文献中已经广泛论述了管道屏蔽关系式。Shenfeld证实增加新的与频率无关的项就能够把这些管道屏蔽关系式和电路方法结合起来，人们已经广泛地研究了这样的直流或管道类型的屏蔽。

5.5.1　低频屏蔽问题的定性讨论

虽然采用直接求解具有适当边界条件的电磁场问题的方法来精确求解透入具有简单几何形状的理想屏蔽结构内的电磁场是可能的，但是所涉及的过程是复杂的，且对于工程师而言一般具有有限价值。然而，考虑受限情况并把能够应用的研究结果和由散射理论(scattering theory)获得的结果比较，再进行某些简化是可能的。一般地，必须考虑照射到屏蔽结构上的任意电磁波，但若假设入射波(the impinging wave)是均匀平面波，通常就大大地简化了问题。

一种限定情况适用于屏蔽结构远小于波长且入射波实质上是在瑞利区域内(the Rayleigh region)的散射。此时，可以分别考虑高阻抗电场和低阻抗磁场的作用，屏蔽结构表面上的电场或磁场分布的解可以从散射理论或准静态场的简单情况得到。一旦外部场分布已知，就可以推导出内部场。

首先考虑低频电场的效应，并将其与低频磁场的效应进行比较，以确定透入典型金属屏蔽结构的场的相对重要性。看一下照射到金属盒上的静态电场(a nearly static electric field)的效应，如图 5-15 所示。金属盒表面上感应出电荷，感应电荷聚集电通量，每一根电力线都终止于感应电荷。由于金属盒壁内没有非平衡电荷，所以没有电场透入屏蔽结构。

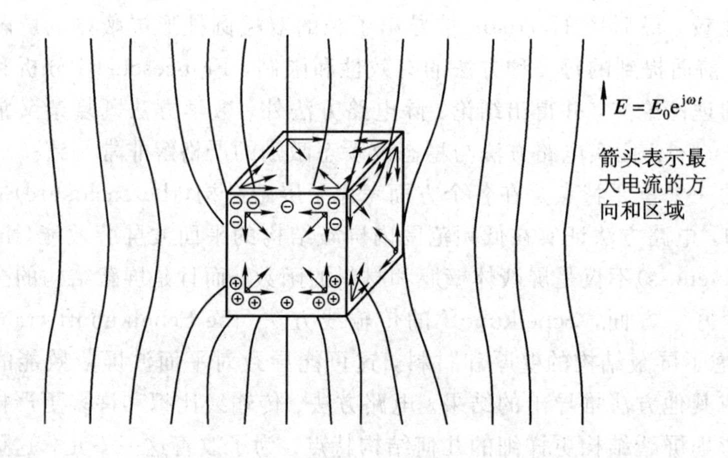

图 5-15　准静态电场分布及感应

外加电场随时间变化时，能量耦合进入屏蔽结构，感应电荷将重新分布，并在金属盒上产生感应电流。感应电流使电阻性电压降出现于屏蔽结构的上、下部分。因此，在屏蔽结构壁内部出现电场和磁场，磁场产生电流。感应电荷正比于外加电场，感应电流正比于感应电荷的时间导数，因此感应电荷正比于外加电场的时间变化率，故金属盒上流动的电流的幅度正比于外加电场的频率。这样，在非常低的频率下，时变电场引起的屏蔽结构上的感应电流很小，但是随着频率的增加将正比增大。

屏蔽结构的尖锐拐角使电荷聚集，并且往往会使电流聚集于屏蔽结构的边缘。对有矩形截面的无限长圆柱散射的平面波所做的分析结果提出了这一现象，它与 Kaden 对屏蔽室内部的场所进行的实验研究结果完全一致。实质上，与高阻抗电场有关的能量首先转换成屏蔽结构表面上流动的电流，接着这一电流在屏蔽结构内能够产生电场和磁场。根据经验，已经观察到低频磁场容易透入屏蔽结构，而随着频率的减小，电场效应往往不会出现。有关研究表明，对于电场，屏蔽体相当于一个电容器串联一个电阻器。当频率趋于零时，等效电容器的电抗变大，屏蔽也变大。当频率增加时，通过等效电阻器的电流、电阻的端电压增加，屏蔽效能降低，直到集肤效应(the skin effect)显著为止，其后屏蔽体内出现的场按指数因子衰减。

用低频磁场对高电导率材料建造的薄壁屏蔽结构的效应如图 5-16 所示。注意到电流环绕金属盒流动或在金属盒的边缘流动，而与磁场垂直的金属盒表面中心出现的小区域不受影响，因为没有电流在此流动。

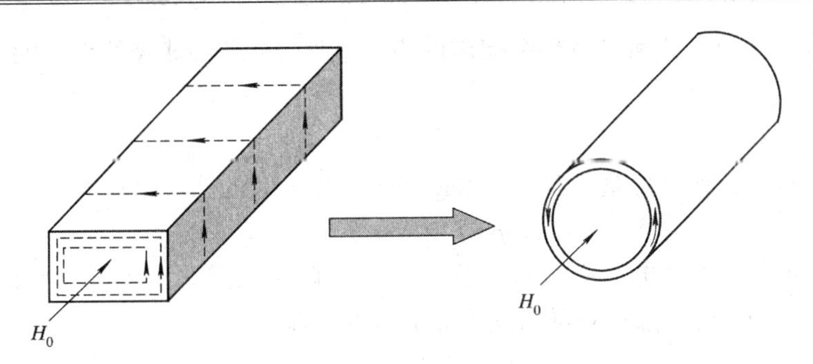

图 5 - 16　时变磁场在导体壳中产生的感应电流及其单匝短路线圈等效

可以认为此屏蔽结构是一个具有电感 L 和电阻 R 的短路环(a shorted turn)或环形天线(loop antenna)。时变磁场在短路环中感应一个正比于外加磁场频率的电压，在极低频(very low frequency)时，环路电流正比于外加电压除以环路电阻，感应电流以及与此电流相关的场与外加场相差 90°相位，因此外加场的反射或抵消不能发生。随着外加场的频率或时变率的增加，短路环的感抗往往会占优势，环路中的电流慢慢变得与外加场同相。根据经验，我们知道当屏蔽结构外部的磁场增加时，在短路环内一定会出现场的一些抵消。

随着外加磁场频率的进一步增加，根据集肤效应机理，屏蔽结构壁可以吸收大量的能量。这使出现在屏蔽结构外部的场在其出现在屏蔽结构内表面之前，以指数形式衰减。另外，集肤效应使串联表面阻抗稍微增加，这往往会减少因增加频率而产生的屏蔽效能的增加率，对网状或屏蔽壁形式的屏蔽结构尤其如此。

因为电流局部集中，假设均匀电流分布在屏蔽结构的外表面，就能够简化磁场屏蔽问题。在这一假设下，计算屏蔽效能的电路方法能够用于低频范围。

5.5.2　屏蔽的电路方法

下面采用置于均匀电场或均匀磁场中的导体球壳问题的静态或准静态解，推导球形屏蔽结构的电场和磁场屏蔽的电路模拟。

1. 电场屏蔽

假定一外半径为 a 的薄壁导体球壳置于一个外加均匀静电场 $\boldsymbol{E}=E_0\boldsymbol{e}_y$ 中，感应电荷已经取向，如图 5 - 17 所示，没有电场出现在导体球壳内部。

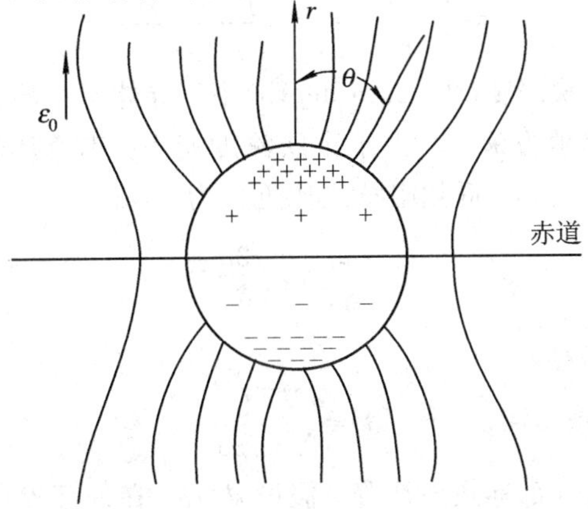

图 5 - 17　导体球上的电荷分布

利用球坐标系中的分离变量法和相应的边界条件，可求得球壳外表面的感应电荷面密度为

$$\rho_s(\theta) = 3\varepsilon E_0 \cos\theta \tag{5-41}$$

在每个半球上对电荷面密度进行积分，求得每个半球上总的感应电荷大小为

$$q(\theta) = 3\pi\varepsilon_0 E_0 a^2 \tag{5-42}$$

为了引起电场透入，电流必须流动且产生一个阻抗压降。为此，外加电场必须变化，以便电荷自由分布。若外加电场随时间按正弦变化，即

$$\boldsymbol{E} = \boldsymbol{e}_y \mathrm{Re}[E_0 \mathrm{e}^{\mathrm{j}\omega t}] \tag{5-43}$$

则球壳表面的电荷也随时间按正弦变化，于是有

$$q(t) = \mathrm{Re}[3\pi\varepsilon_0 E_0 a^2 \cdot \mathrm{e}^{\mathrm{j}\omega t}] \tag{5-44}$$

这时在导体中将形成电流，球壳内的电场不再等于零。根据式(5-44)定义的电荷流过赤道面。电流是时变电荷的时间导数，因此流经导体球赤道面的电流是

$$i(t) = \frac{\partial q}{\partial t} = \mathrm{Re}[\mathrm{j}\omega \cdot 3\pi\varepsilon_0 E_0 a^2 \cdot \mathrm{e}^{\mathrm{j}\omega t}] \tag{5-45}$$

首先考虑低频情况。根据电路理论，位于导体球赤道面附近高度为 y、厚度为 d 的导体环(如图 5-18 所示)上的电压降为

$$U_y(t) = i(t)R_y \tag{5-46}$$

其中，R_y 是导体球赤道面附近的导体环的电阻，即

$$R_y = \frac{y}{2\pi a d\sigma} \tag{5-47}$$

式中，σ 是导体球壳的电导率。

将式(5-47)代入式(5-46)有

$$U_y(t) = i(t)R_y = \mathrm{Re}\left[\frac{\mathrm{j}\omega\ 3\varepsilon_0 a E_0 y}{2\sigma d}\mathrm{e}^{\mathrm{j}\omega t}\right] \tag{5-48}$$

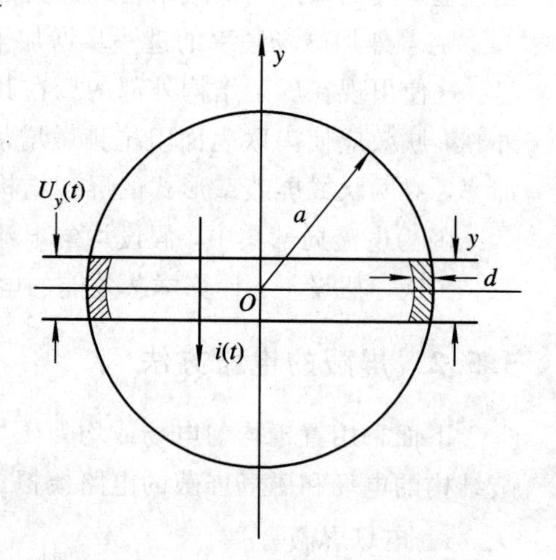

图 5-18　赤道环上的电压降

因为球对称，在赤道面附近的等位面平行于赤道面，所以，球心处的电场强度可以近似地表示为

$$E_i \approx \frac{U_y(t)}{y} = \mathrm{Re}\left[\frac{\mathrm{j}\omega\ 3\varepsilon_0 a E_0}{2\sigma d}\mathrm{e}^{\mathrm{j}\omega t}\right] \tag{5-49}$$

如果频率足够高，集肤深度(the skin depth)小于导体球壳的壁厚，即 $\delta < d$，则大部分电流在靠近球壳外表面的地方流动。由于集肤深度变小，赤道环的电阻增加。假设 $\delta \ll d$，$a \gg d$，可以证明赤道环的高频、低频阻抗之比近似为

$$\frac{Z_{\mathrm{HF}}}{Z_{\mathrm{LF}}} = \frac{\sqrt{2}d}{\delta} \tag{5-50}$$

式中

$$\delta = \sqrt{\frac{1}{\pi f \mu \sigma}}$$

因子 δ 也增加了每安培的外部赤道电压降。假设 $d \gg \delta$，在外部赤道电压降出现于赤道环内侧前，它近似以因子

$$2e^{-d/\delta} \tag{5-51}$$

衰减。对于 $d \gg \delta$，$2\pi a/\lambda \gg d$ 的高频情况，采用式(5-50)及式(5-51)修正球心处的电场强度，可得

$$E_i = \mathrm{Re}\left[\frac{j\omega\ 3\sqrt{2}\varepsilon_0 aE_0}{\sigma\delta} e^{-d/\delta} e^{j\omega t}\right] \tag{5-52}$$

按屏蔽效能的定义，由式(5-52)和式(5-49)可以求得薄导体球壳的电场屏蔽效能。对于 $d \gg \delta$ 的高频，薄导体球壳的电场屏蔽效能为

$$\mathrm{SE} = 20\ \lg\left|\frac{E_0}{E_i}\right| = 20\ \lg\left(\frac{\sigma\delta}{3\sqrt{2}\varepsilon_0 a\omega} e^{d/\delta}\right) \tag{5-53}$$

对于 $d \ll \delta$ 的低频，薄导体球壳的电场屏蔽效能为

$$\mathrm{SE} = 20\ \lg\left|\frac{E_0}{E_i}\right| = 20\ \lg\left(\frac{2\sigma d}{3\varepsilon_0 a\omega}\right) \tag{5-54}$$

图5-19是按式(5-53)和式(5-54)计算的薄壁铝球壳的屏蔽效能与频率的关系。薄壁铝球壳的半径 a=45 cm，壁厚 d=1.2 mm，电导率 $\sigma=3.54\times10^7$ S/m。图5-19中的虚线是集肤深度和壁厚同数量级的过渡区域。

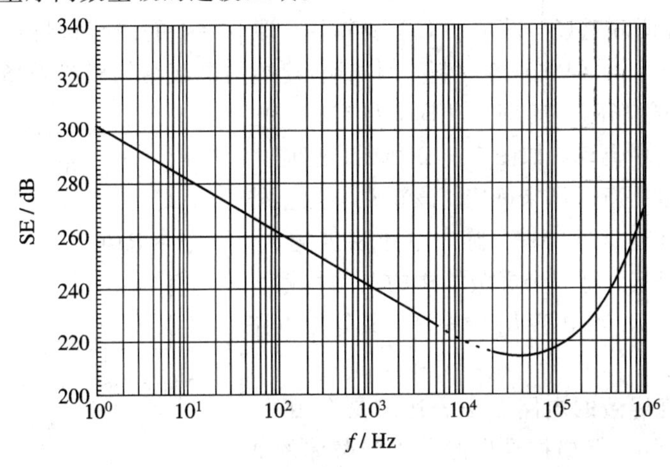

图5-19　铝球壳对电场的屏蔽效能与频率的关系

在适合球体、椭球体、长细棒和相关结构的电路方法中，由平行于主轴的场引起的垂直对称结构赤道面流动的电流必须首先确定，为此，利用已经推导出的解析技术确定长天线对瑞利散射区域(the Rayleigh scattering region，$2\pi a/\lambda \ll 1$ 或 $2\pi L/\lambda \ll 1$，L 是屏蔽结构的最大尺寸)内具有全部频谱分量的低频瞬时波形的响应是最方便的。在这种情况下，屏蔽结构或天线被认为是一个黑盒子网络(a black box network)，它将均匀照射场和网络的开路电压相联系。网络的开路电压等于外加场强 E_0 乘以屏蔽结构的有效高度 h_e。其次，应确定网络源阻抗并且计算流进等位面的电流，在高电导率屏蔽结构的情况下，此电流本质上是网络的短路电流。最后，利用这一电流和屏蔽结构的表面阻抗计算屏蔽结构内部的场。

对于高导电性球壳，选择屏蔽结构的有效高度等于球壳的半径 a，则开路电压(an opencircuit voltage)是

$$U_{OC}(t) = \mathrm{Re}[aE_0 e^{j\omega t}] \tag{5-55}$$

则式(5-45)可以重写为

$$i(t)=\mathrm{Re}\left[\frac{aE_0\mathrm{e}^{\mathrm{j}\omega t}}{-\dfrac{\mathrm{j}}{3\pi\varepsilon_0 a\cdot\omega}}\right]=\mathrm{Re}\left[\frac{aE_0\mathrm{e}^{\mathrm{j}\omega t}}{-\dfrac{\mathrm{j}}{C\omega}}\right]=\frac{U_{\mathrm{OC}}(t)}{Z_{\mathrm{s}}} \tag{5-56}$$

其中，$C=3\pi\varepsilon_0 a$。由此可看出，对所选定的有效高度，源阻抗相当于一个电容 C。基于式(5-55)、式(5-56)和式(5-47)，$\delta\gg d$ 的低频电路表征(球壳屏蔽结构的低频等效电路)能够设计成如图 5-20 所示的样子。等效电路法和基于散射理论及数值积分的严格解相比较，其误差大约为±1 dB。上述方法即电路方法，能够用于计算近似于立方体结构的电场屏蔽效能。长屏蔽结构可以认为是椭球体或粗天线(thick antenna)，此时天线方法通常是有用的，因为若干天线形状的有效高度和输入阻抗已经推导出。

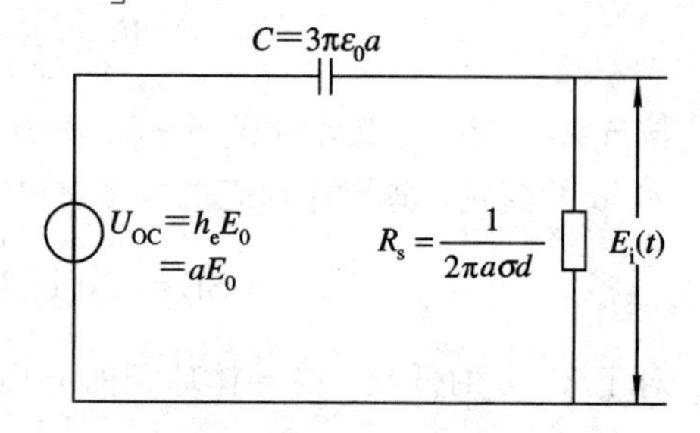

图 5-20 球壳极低频电场穿透表征的等效电路

2. 磁场屏蔽

5.3 节已经证明静磁场屏蔽的一个重要特性，即 $\mu_{\mathrm{r}}=1$ 的屏蔽材料对静磁场屏蔽没有任何影响，因此由导体(但非磁性材料，例如铜)建造的屏蔽结构对静磁场屏蔽没有任何作用。但是，当外加磁场随着时间变化时，将有感应电流在导体屏蔽结构中流动，如图 5-16 所示。感应电流的方向由其产生的新磁场来确定。该新磁场阻止外加磁场的变化，且越靠近外壁，感应电流密度越大。这表明对于外加磁场，每一个屏蔽结构的电路特性可视为一个具有电阻 R_{s} 和电感 L_{s} 的短环，其等效电路表示在图 5-21 中。

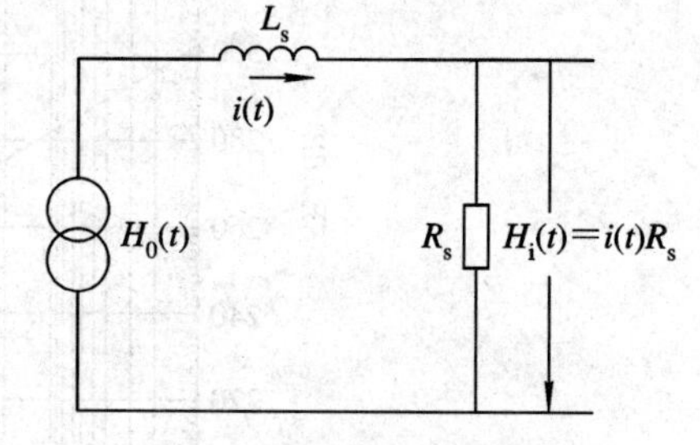

图 5-21 导体壳对磁场屏蔽的等效电路

重新推导球壳屏蔽的电路方法表达式是有用的。Harrison 引证了 King 严格推导出的球壳屏蔽体的屏蔽关系式：

$$\frac{H_{\mathrm{o}}(\omega)}{H_{\mathrm{i}}(\omega)}=\frac{\gamma^2 b^2\left[\left(1+\dfrac{3}{(\gamma b)^2}\right)\sinh(\gamma d)+\dfrac{3}{\gamma b}\cosh(\gamma d)\right]}{3\gamma a} \tag{5-57}$$

式中，a 是球壳的外半径，b 是球壳的内半径，d 是球壳的壁厚，γ 是球壳壁中的传播常数，$\gamma^2=\mathrm{j}\omega\mu\sigma-\omega^2\varepsilon\mu$，$H_{\mathrm{i}}$ 是球壳的内部场，H_{o} 是球壳的外加场。下面将推导这一关系式的低频和高频限制，证明其与电路形式相同。

对于低频情况，$\omega\to 0$，$\gamma d\ll 1$，$\sinh(\gamma d)\to\gamma d$，$\cosh(\gamma d)\to 1$。利用这些关系式考虑薄壁情况($a\approx b$)，则式(5-57)可近似为

$$\frac{H_{\mathrm{o}}(\omega)}{H_{\mathrm{i}}(\omega)}=\frac{\gamma b\left[\left(1+\dfrac{3}{(\gamma b)^2}\right)\gamma d+\dfrac{3}{\gamma b}\right]}{3}=\frac{3}{\gamma^2 db+3\left(1+\dfrac{d}{b}\right)} \tag{5-58}$$

因为 $d/b\ll 1$，$\gamma^2\approx\mathrm{j}\omega\mu\sigma$，所以，式(5-58)可进一步化简为

$$\frac{H_o(\omega)}{H_i(\omega)} = 1 + \frac{\gamma^2 bd}{3} = 1 + \frac{\mathrm{j}\omega\,\mu\sigma bd}{3} \tag{5-59}$$

$$\mathrm{SE} = 20\ \lg\left|\frac{H_o(\omega)}{H_i(\omega)}\right| = 20\ \lg\left|1 + \frac{\mathrm{j}\omega\,\mu\sigma bd}{3}\right| \tag{5-60}$$

对于高频情况，下列关系式成立：

$$\gamma d \gg 1,\quad \frac{3}{\gamma b} \ll 1,\quad \sinh(\gamma d) \approx \cosh(\gamma d) \tag{5-61}$$

因此，式(5-57)可近似为

$$\frac{H_o(\omega)}{H_i(\omega)} = \frac{(\gamma b)^2\left[\sinh(\gamma d) + \frac{3}{\gamma b}\sinh(\gamma d)\right]}{3\gamma a} \approx \frac{\gamma b\ \sinh\gamma d}{3} \tag{5-62}$$

因为

$$\gamma = \sqrt{\mathrm{j}\omega\,\mu\sigma} = \sqrt{\frac{\omega\mu\sigma}{2}}(1+\mathrm{j})$$

所以，高频时的屏蔽效能近似为

$$\begin{aligned}\mathrm{SE} &= 20\ \lg\left|\frac{H_o(\omega)}{H_i(\omega)}\right| \\ &= 20\ \lg\left(\frac{b\sqrt{2\pi f\mu\sigma}\ |\ \sinh\gamma d\ |}{3}\right) \\ &= 20\ \lg\left(\frac{b}{3\sqrt{2}\delta}\mathrm{e}^{d/b}\right)\end{aligned} \tag{5-63}$$

D. A. Miller 和 J. E. Bridges 给出了屏蔽结构对低频磁场的屏蔽效能，即

$$\frac{H_o(\omega)}{H_i(\omega)} = \frac{R_s + \mathrm{j}\omega L_s}{R_s} \tag{5-64}$$

式中，R_s 和 L_s 是屏蔽结构的电阻和电感。等效电路如图 5-21 所示。Wheeler 给出了一个球壳的等效电阻和电感：

$$R_s = \frac{2\pi n^2}{3d\sigma} \tag{5-65}$$

$$L_s = \frac{2\pi\mu\,an^2}{9} \tag{5-66}$$

式中，d 是球壳的壁厚，σ 是球壳的电导率，a 是球壳的半径，n 是等效匝数。因此，球壳的低频磁场屏蔽效能可以表示为

$$\begin{aligned}\mathrm{SE} &= 20\ \lg\left|\frac{H_o}{H_i}\right| = 20\ \lg\left|\frac{R_s + \mathrm{j}\omega L_s}{R_s}\right| \\ &= 20\ \lg\left(\frac{\frac{1}{3d\sigma} + \mathrm{j}\omega\frac{\mu a}{9}}{\frac{1}{3d\sigma}}\right) \\ &= 20\ \lg\left(1 + \frac{\mathrm{j}\omega\,\mu a d\sigma}{3}\right)\end{aligned} \tag{5-67}$$

考虑到薄壁情况($a \approx b$)，显然，式(5-67)与 King 的精确解的低频限制表达式(5-60)是一致的。

在高频限制中，$d\gg\delta$，$j\omega L_s\gg R_s$。利用式(5-50)和式(5-51)，可将式(5-64)近似为

$$\frac{H_o}{H_i}=\frac{\omega L_s}{R_s\sqrt{2}}\frac{\delta}{d}\frac{1}{2}e^{d/\delta} \tag{5-68}$$

用式(5-65)、式(5-66)代替式(5-68)中的 R_s 和 L_s，考虑到 $a\approx b$ 的情况及

$$\delta^2=\frac{2}{\omega\mu\sigma} \tag{5-69}$$

则导体球壳对高频磁场的屏蔽效能近似为

$$SE=20\lg\left(\frac{b}{3\sqrt{2}\delta}e^{d/b}\right) \tag{5-70}$$

式(5-70)与精确解的高频近似式(5-63)相同。图5-22是按式(5-60)和式(5-63)计算的薄壁铝球壳(半径 $a=45$ cm，壁厚 $d=1.2$ mm)对低频和高频磁场的屏蔽效能与频率的关系曲线。其中，频率为 $10^3\sim10^5$ Hz 这一段的屏蔽效能应按精确公式(5-57)计算。

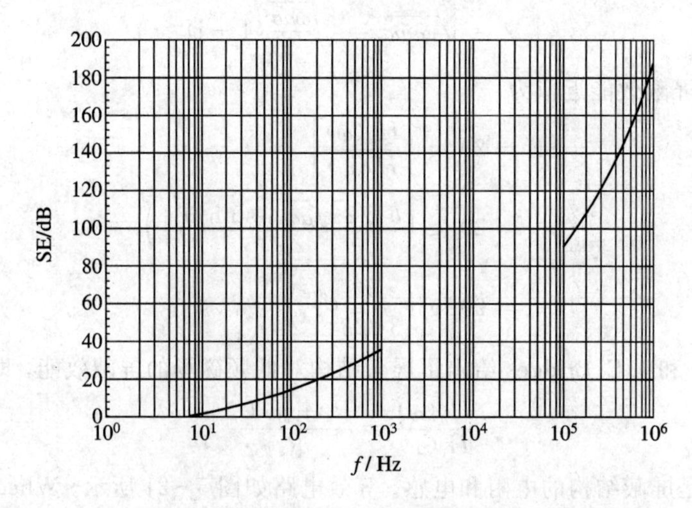

图5-22 铝球壳对磁场的屏蔽效能与频率的关系

L. V. King 给出的薄壁磁性材料球壳、圆柱壳的磁场屏蔽效能表达式见表5-1，其中，d 表示壁厚，a 表示外半径，b 表示内半径，μ_r 表示相对磁导率，且 $a\approx b$。

表5-1 规则导体壳的磁场屏蔽效能

频 率	球 壳	圆柱壳(横向外加磁场)
低频 $d\ll\delta$	$20\lg\left[1+\frac{2(\mu_r-1)^2d}{3\mu_r b}+\frac{j\omega\mu_0\sigma bd}{3}\right]$	$20\lg\left[1+\frac{2(\mu_r-1)^2d}{3\mu_r a}+\frac{j\omega\mu_0\sigma ad}{3}\right]$
高频 $d\gg\delta$	$20\lg\left(\frac{a}{3\sqrt{2}\mu_r\delta}e^{d/\delta}\right)$	$20\lg\left(\frac{a}{2\sqrt{2}\mu_r\delta}e^{d/\delta}\right)$

5.6 屏蔽的平面波模型

屏蔽的平面波模型(plane wave models of shielding)或屏蔽的传输线模型(transmission line models of shielding)最早由 Schelkunoff 提出，它**特别适用于屏蔽结构的尺寸远大于骚**

扰场的波长且骚扰源至屏蔽体之间的距离相对较大的情形。该方法进一步由 Schultz 发展应用到骚扰源至屏蔽结构之间的距离较近或骚扰源的波长大于屏蔽结构尺寸的情况，但这一推广并不总是正确的，并且计算出的屏蔽效能总比实际测试的结果要好。

5.6.1　导体平板的屏蔽效能

1. 单层屏蔽体的有效传输系数

下面利用平面波模型研究导体平板的屏蔽效能。为了分析垂直入射到单层无限大有限厚度媒质上的均匀平面波的有效传输系数 T，我们考虑由具有不同电磁参数的三层媒质构成的空间区域如图 5 - 23 所示，各媒质的本征阻抗(波阻抗)互不相同。厚度为 L 的导体平板的波阻抗为 Z_2，其左边媒质的波阻抗为 Z_1，右边媒质的波阻抗为 Z_3。电磁场理论指出，入射到有耗媒质平面分界面上的电磁波，部分被反射，其余部分透过界面在有耗媒质中衰减传输，出射后的电磁波强度较入射电磁波强度减小，这种现象就是有耗媒质的电磁屏蔽机理。显然，屏蔽效果与屏蔽体的电磁特性、结构等参量有关。评价屏蔽效果的常用指标是屏蔽效能。我们用具有下标 1、2、3 的 μ、ε、σ 分别表示各区域中媒质的磁导率、介电常数和电导率；用 γ、Z 分别表示各区域中平面电磁波的传播常数、媒质的本征阻抗，且

$$\gamma = \sqrt{\mathrm{j}\omega\mu(\sigma + \mathrm{j}\omega\varepsilon)}$$

$$Z = \sqrt{\frac{\mathrm{j}\omega\mu}{\sigma + \mathrm{j}\omega\varepsilon}}$$

用 T_{ij}、ρ_{ij} 分别表示电磁波由区域 i 向区域 j 传播时分界面处的传输系数和反射系数。电磁波的极化和传播方向如图 5 - 23 所示。

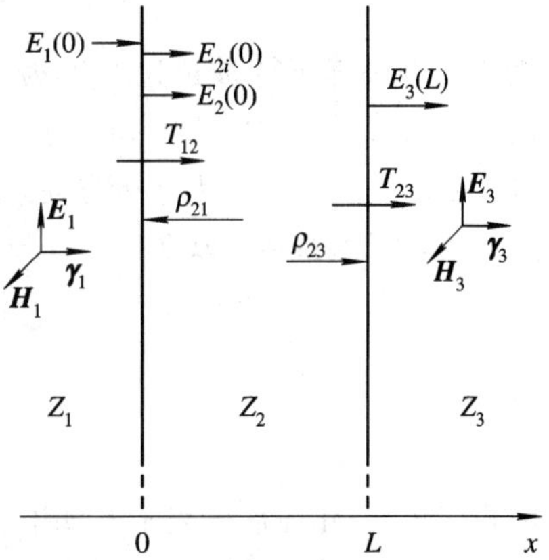

图 5 - 23　屏蔽的平面波模型

不计分界面对电磁波的多次反射，单层屏蔽体的有效传输系数为

$$T_{\mathrm{eff}} = \frac{E_3(L)}{E_1(0)}$$

式中，$E_1(0)$为区域 1 中的电场在 $x=0$ 处的幅值，$E_3(L)$为区域 3 中的电场在 $x=L$ 处的幅值。由图 5 - 22 知：

$$E_2(0) = E_1(0)T_{12}, \quad E_2(L) = E_2(0)\mathrm{e}^{-\gamma_2 L}, \quad E_3(L) = E_2(L)T_{23}$$

因此

$$T_{\mathrm{eff}} = \frac{E_3(L)}{E_1(0)} = T_{12}T_{23}\mathrm{e}^{-\gamma_2 L} \tag{5-71}$$

式中

$$T_{12} = \frac{2Z_2}{Z_1 + Z_2}, \quad T_{23} = \frac{2Z_3}{Z_2 + Z_3}$$

计入分界面对电磁波的多次反射时，设 $E_{2i}(0)$为区域 2 中从界面 $x=0$ 处沿 $+x$ 方向(从左向右)传播的第 i 次反射波，那么

$$E_{21}(0) = E_2(0)\mathrm{e}^{-\gamma_2 L}\rho_{23}\mathrm{e}^{-\gamma_2 L}\rho_{21} = E_2(0)\rho_{23}\rho_{21}\mathrm{e}^{-2\gamma_2 L}$$

$$E_{22}(0) = E_{21}(0)(\rho_{23}\rho_{21}\mathrm{e}^{-2\gamma_2 L}) = E_2(0)(\rho_{23}\rho_{21}\mathrm{e}^{-2\gamma_2 L})^2$$

因此，区域 2 中从 $x=0$ 处向右传播的所有波的和为

$$E_{\text{total}} = E_2(0) + E_{21}(0) + E_{22}(0) + \cdots = E_2(0)[1 + \rho_{21}\rho_{23}\mathrm{e}^{-2\gamma_2 L} + (\rho_{21}\rho_{23}\mathrm{e}^{-2\gamma_2 L})^2 + \cdots]$$

式中

$$\rho_{21} = \frac{Z_1 - Z_2}{Z_1 + Z_2}, \quad \rho_{23} = \frac{Z_3 - Z_2}{Z_3 + Z_2}$$

当$|\rho_{21}\rho_{23}\mathrm{e}^{-2\gamma_2 L}| < 1$ 时，有

$$E_{\text{total}} = E_2(0)\frac{1}{1 - \rho_{21}\rho_{23}\mathrm{e}^{-2\gamma_2 L}} = \frac{E_1(0)T_{12}}{1 - \rho_{21}\rho_{23}\mathrm{e}^{-2\gamma_2 L}}$$

E_{total}沿$+x$方向传播距离 L 后形成$E_{\text{total}}\mathrm{e}^{-\gamma_2 L}$，它透过区域 2 和区域 3 的分界面，在区域 3 中 $x=L$ 处形成$E_3(L)$，所以

$$E_3(L) = T_{23}E_{\text{total}}\mathrm{e}^{-\gamma_2 L}$$

于是，单层屏蔽体的有效传输系数为

$$T_{\text{eff}} = \frac{E_3(L)}{E_1(0)} = \frac{T_{23}\mathrm{e}^{-\gamma_2 L}E_1(0)T_{12}}{E_1(0)(1 - \rho_{21}\rho_{23}\mathrm{e}^{-2\gamma_2 L})} = \frac{T_{12}T_{23}\mathrm{e}^{-\gamma_2 L}}{1 - \rho_{21}\rho_{23}\mathrm{e}^{-2\gamma_2 L}} \tag{5-72}$$

式(5-72)是 TEM 波透过厚度为 L 的任何媒质时，其电场分量的有效传输系数(传输函数)表示式。比较式(5-71)与式(5-72)可见，分界面的多次反射效应体现于因子$(1-\rho_{21}\rho_{23}\mathrm{e}^{-2\gamma_2 L})^{-1}$。为分析方便，以 T_{ij}^E、ρ_{ij}^E和 T_{ij}^H、ρ_{ij}^H分别表示分界面处电场和磁场的透射系数与反射系数，以 T_E、T_H 分别表示屏蔽体的电场和磁场的有效传输系数，同时令

$$p_E = T_{12}^E T_{23}^E = \frac{2Z_2}{Z_2 + Z_1}\cdot\frac{2Z_3}{Z_3 + Z_2}$$

$$q_E = \rho_{21}^E\rho_{23}^E = \frac{Z_1 - Z_2}{Z_1 + Z_2}\cdot\frac{Z_3 - Z_2}{Z_3 + Z_2}$$

则式(5-72)化简后的表示式如下：

$$T_E = p_E\mathrm{e}^{-\gamma_2 L}(1 - q_E\mathrm{e}^{-2\gamma_2 L})^{-1} \tag{5-73}$$

同理可得磁场分量的有效传输系数表示式为

$$T_H = p_H\mathrm{e}^{-\gamma_2 L}(1 - q_H\mathrm{e}^{-2\gamma_2 L})^{-1} \tag{5-74}$$

式中

$$p_H = T_{12}^H T_{23}^H,\ T_{12}^H = \frac{2Z_1}{Z_1 + Z_2},\ T_{23}^H = \frac{2Z_2}{Z_2 + Z_3}$$

$$q_H = \rho_{21}^H\rho_{23}^H,\ \rho_{21}^H = -\frac{Z_1 - Z_2}{Z_1 + Z_2},\ \rho_{23}^H = -\frac{Z_3 - Z_2}{Z_3 + Z_2}$$

由上面的分析可见，一般而言，$p_E \neq p_H$，$q_E = q_H = q$，所以 $T_E \neq T_H$。如果 $Z_1 = Z_3$(区域 1 与区域 3 媒质相同)，那么 $p_E = p_H = p$，$q_E = q_H = q$，从而 $T_E = T_H = T$。

2. 单层屏蔽体的屏蔽效能

设图 5-23 中没有屏蔽体时，$x=L$ 处的电场是 $E_1(0)\mathrm{e}^{-\gamma_1 L}$。如果定义屏蔽系数为屏蔽区域中同一点屏蔽后与屏蔽前的场强之比，那么电场和磁场的屏蔽系数分别为

$$T_E^C = \frac{E_1(0)T_E}{E_1(0)\mathrm{e}^{-\gamma_1 L}} = T_E\mathrm{e}^{\gamma_1 L} = p_E\mathrm{e}^{-\gamma_2 L}(1 - q_E\mathrm{e}^{-2\gamma_2 L})^{-1}\mathrm{e}^{\gamma_1 L} \tag{5-75}$$

$$T_H^C = \frac{H_1(0)T_H}{H_1(0)\mathrm{e}^{-\gamma_1 L}} = T_H \mathrm{e}^{\gamma_1 L} = p_H \mathrm{e}^{-\gamma_2 L}(1 - q_H \mathrm{e}^{-2\gamma_2 L})^{-1}\mathrm{e}^{\gamma_1 L} \tag{5-76}$$

显然，$Z_1 = Z_3$ 时，垂直入射的均匀平面波的电场与磁场的屏蔽系数相同。于是根据屏蔽效能的定义，无限大平板对垂直入射均匀平面波电场及磁场的屏蔽效能可表示为

$$\begin{aligned} \mathrm{SE}_E &= 20\ \lg \left|\frac{1}{T_E^C}\right| = -20\ \lg \mid T_E^C \mid \\ \mathrm{SE}_H &= 20\ \lg \left|\frac{1}{T_H^C}\right| = -20\ \lg \mid T_H^C \mid \end{aligned} \tag{5-77}$$

当 $Z_1 = Z_3$ 时，有

$$\mathrm{SE}_E = \mathrm{SE}_H = \mathrm{SE} = 20\ \lg \left|\frac{1}{T^C}\right| = -20\ \lg \mid p\mathrm{e}^{-\gamma_2 L}(1 - q\mathrm{e}^{-2\gamma_2 L})^{-1}\mathrm{e}^{\gamma_1 L} \mid \tag{5-78}$$

可见在 $Z_1 = Z_3$ 的情况下，电场和磁场的屏蔽效能相等。如果媒质 1 是无耗媒质，那么因子 $\mathrm{e}^{\gamma_1 L}$ 只对相位有贡献，而对屏蔽效能无贡献；如果媒质 1 是有耗媒质，则此因子会使屏蔽效能降低。因此，应该用式(5-78)计算屏蔽效能。

3. 多层平板屏蔽体的屏蔽效能

设多层平板屏蔽体结构如图 5-24 所示。

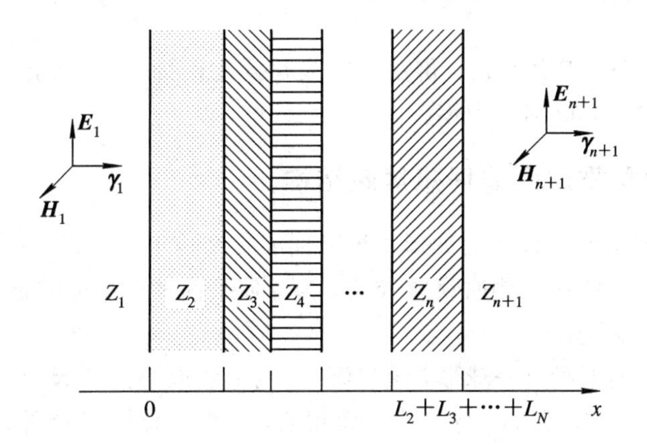

图 5-24　多层平板屏蔽体结构

类似于式(5-75)和式(5-76)，应用屏蔽的平面波模型推出的 2 层($n=3$)屏蔽体的电场和磁场的屏蔽系数如下：

$$\begin{aligned} T_E^C &= T_{12}^E T_{23}^E T_{34}^E [\mathrm{e}^{-\gamma_2 L_2}(1 - q_2 \mathrm{e}^{-2\gamma_2 L_2})^{-1}][\mathrm{e}^{-\gamma_3 L_3}(1 - q_3 \mathrm{e}^{-2\gamma_3 L_3})^{-1}]\mathrm{e}^{\gamma_1 (L_2+L_3)} \\ &= p_E [\mathrm{e}^{-\gamma_2 L_2}(1 - q_2 \mathrm{e}^{-2\gamma_2 L_2})^{-1}][\mathrm{e}^{-\gamma_3 L_3}(1 - q_3 \mathrm{e}^{-2\gamma_3 L_3})^{-1}]\mathrm{e}^{\gamma_1 (L_2+L_3)} \\ T_H^C &= T_{12}^H T_{23}^H T_{34}^H [\mathrm{e}^{-\gamma_2 L_2}(1 - q_2 \mathrm{e}^{-2\gamma_2 L_2})^{-1}][\mathrm{e}^{-\gamma_3 L_3}(1 - q_3 \mathrm{e}^{-2\gamma_3 L_3})^{-1}]\mathrm{e}^{\gamma_1 (L_2+L_3)} \\ &= p_H [\mathrm{e}^{-\gamma_2 L_2}(1 - q_2 \mathrm{e}^{-2\gamma_2 L_2})^{-1}][\mathrm{e}^{-\gamma_3 L_3}(1 - q_3 \mathrm{e}^{-2\gamma_3 L_3})^{-1}]\mathrm{e}^{\gamma_1 (L_2+L_3)} \end{aligned}$$

式中

$$p_E = T_{12}^E T_{23}^E T_{34}^E = \frac{2Z_2}{Z_1 + Z_2} \cdot \frac{2Z_3}{Z_2 + Z_3} \cdot \frac{2Z_4}{Z_3 + Z_4}$$

$$p_H = T_{12}^H T_{23}^H T_{34}^H = \frac{2Z_1}{Z_1 + Z_2} \cdot \frac{2Z_2}{Z_2 + Z_3} \cdot \frac{2Z_3}{Z_3 + Z_4}$$

$$q_i = \frac{Z_{i-1} - Z_i}{Z_{i-1} + Z_i} \cdot \frac{Z_{i+1} - Z_i}{Z_{i+1} + Z_i} \quad (i = 2, 3)$$

同理，$n-1$ 层屏蔽体的电场和磁场的屏蔽系数分别为

$$T_E^C = p_E \prod_{i=2}^{n} e^{-\gamma_i L_i} (1 - q_i e^{-2\gamma_i L_i})^{-1} \cdot e^{\gamma_1 \prod_{i=2}^{n} L_i}$$

$$T_H^C = p_H \prod_{i=2}^{n} e^{-\gamma_i L_i} (1 - q_i e^{-2\gamma_i L_i})^{-1} \cdot e^{\gamma_1 \prod_{i=2}^{n} L_i}$$

式中

$$p_E = \prod_{i=1}^{n} \frac{2Z_{i+1}}{Z_i + Z_{i+1}} \quad (i = 2, 3, \cdots, n)$$

$$p_H = \prod_{i=1}^{n} \frac{2Z_i}{Z_i + Z_{i+1}} \quad (i = 2, 3, \cdots, n)$$

$$q_i = \frac{Z_{i-1} - Z_i}{Z_{i-1} + Z_i} \cdot \frac{Z_{i+1} - Z_i}{Z_{i+1} + Z_i} \quad (i = 2, 3, \cdots, n)$$

显然，根据屏蔽效能的定义知，**如果 $Z_1 = Z_{n+1}$，那么 $p_E = p_H = p$，从而电场和磁场的屏蔽效能相等**。当媒质 1 是有耗媒质时，屏蔽效能表达式中的因子 $-20\lg\left|e^{\gamma_1 \prod_{i=2}^{n} L_i}\right|$ 不等于零；当媒质 1 为无耗媒质时，此因子为零。

5.6.2 平面波模型推广到非理想屏蔽结构

实际情况中骚扰场并不以平面波形式投射到屏蔽结构上，因此，平面波模型的应用受到限制，预测的屏蔽效能在低频时误差较大。为了使平面波模型能够推广应用到实际的屏蔽结构中，现作如下假定：

(1) 设屏蔽结构的形状是一球形，骚扰源(短线天线或小圆环天线)位于其中心，则骚扰源产生的电磁场分量 E_θ 和 H_ϕ 将与球表面相切，与屏蔽体的半径无关。对于源激励的、垂直投射到屏蔽体上的球面波，其球面上各点的近场波阻抗是一样的。

(2) 球面波进入屏蔽体后，将被视为平面波，因此这时屏蔽体的阻抗是平面波的波阻抗 Z_2。对于导电材料，能够证明这一假定是正确的。因为我们已经看到在这种情况下，良导体中的波长和相移常数分别为

$$\beta = \sqrt{\pi f \mu \sigma}, \qquad \lambda = \frac{2\pi}{\beta} = 2\pi\delta$$

这意味着良导体中的波长比空气中的波长小得多，因此对大多数实际的屏蔽体而言，其屏蔽半径 r 比屏蔽体内的波长大得多(除在最低频外)。

(3) 透射波离开屏蔽体后，仍在(1)中确定的波阻抗中传播，即认为屏蔽体的厚度远小于屏蔽体的半径。

在上述假设条件下，已经推导出的计算平板屏蔽体屏蔽效能的表达式可用来计算球壳屏蔽体的屏蔽效能。此时，对于近区场，用近区波阻抗(短线天线或小圆环天线的近区波阻抗)代替波阻抗 Z_1。对于远区场(无论是电场还是磁场)，$Z_1 = Z_0 = 120\pi$，而 Z_2 用良导体构

成的屏蔽体的波阻抗代替，即

$$Z_2=\sqrt{\frac{\pi f\mu}{\sigma}}(1+\mathrm{j})$$

5.6.3　屏蔽效能计算的解析方法

设厚度为 t 的导体平板屏蔽体两侧的区域为自由空间，则单层平板屏蔽体的屏蔽效能表达式，即式(5－78)可以简化为

$$\begin{aligned}\mathrm{SE}&=20\lg\left|\frac{1}{T^C}\right|=-20\lg|T^C|\\&=-20\lg|p\mathrm{e}^{-\gamma t}(1-q\mathrm{e}^{-2\gamma t})^{-1}\mathrm{e}^{\gamma_1 t}|\\&=20\lg|\mathrm{e}^{\gamma t}|-20\lg|p|+20\lg|1-q\mathrm{e}^{-2\gamma t}|-20\lg|\mathrm{e}^{\gamma_1 t}|\\&=A+R+B-20\lg|\mathrm{e}^{\gamma_1 t}|\\&=A+R+B\end{aligned}\tag{5-79}$$

在式(5－79)中，令 $k=Z_1/Z_2$，$\gamma=\alpha+\mathrm{j}\beta$($\alpha$ 和 β 是电磁波在金属屏蔽体中的衰减常数和相移常数)。对于良导体，$\alpha\approx\beta\approx\sqrt{\pi\mu f\sigma}$，集肤深度 $\delta=1/\alpha=1/\sqrt{\pi f\mu\sigma}$，因此有

吸收损耗为

$$A=20\lg|\mathrm{e}^{\gamma t}|=20\lg\mathrm{e}^{\alpha t}=8.6859\alpha t\quad\mathrm{dB}\tag{5-80}$$

反射损耗为

$$R=-20\lg|p|=20\lg\left|\frac{(k+1)^2}{4k}\right|\quad\mathrm{dB}\tag{5-81}$$

多次反射损耗为

$$B=20\lg|1-q\mathrm{e}^{-2\gamma t}|=20\lg\left|1-\frac{(k-1)^2}{(k+1)^2}\mathrm{e}^{-2\gamma t}\right|\quad\mathrm{dB}\tag{5-82}$$

式(5－79)表明：屏蔽效能可分解为吸收损耗(the Absorption Loss)A、反射损耗(the Reflection Loss)R 和多次反射损耗 B(Multiple Reflection)之和。吸收损耗、多次反射损耗与衰减常数和屏蔽体厚度的乘积 αt 相关。对于良导体屏蔽体，衰减常数与集肤深度 δ 的关系是 $\delta=1/\alpha$，因此，屏蔽效能与因子 t/δ 相关，因子 t/δ 越大，屏蔽效能越大。可以证明：吸收损耗与多次反射损耗的关系为

$$B=10\lg[1-2\times10^{-0.1A}\cos(0.23A)+10^{-0.2A}]\quad\mathrm{dB}$$

当 $A>15$ dB 时，多次反射损耗 B 可忽略不计。多次反射损耗的值总是负的或趋近于零。

1. 吸收损耗

当电磁波通过金属板时，金属板感应涡流产生欧姆损耗，并转变为热能而耗散。与此同时，涡流反磁场抵消入射波骚扰场而形成吸收损耗。工程上为了计算方便，常用金属屏蔽材料的相对电导率、磁导率来表示吸收损耗，因此，式(5－80)可以重新改写为

$$A=0.131t\sqrt{f\mu_r\sigma_r}\quad\mathrm{dB}\tag{5-83}$$

式中，t 为屏蔽体厚度(单位为 mm)；μ_r 为屏蔽体的相对磁导率；σ_r 为屏蔽体相对于铜的电导率，$\sigma_r=\sigma/\sigma_{Cu}$，铜的电导率 $\sigma_{Cu}=5.82\times10^7$ S/m；f 为电磁波频率(单位为 Hz)。由此可见，吸收损耗随屏蔽体的厚度 t 和频率 f 的增加而增加，同时也随着屏蔽材料的相对电导率 σ_r 和磁导率 μ_r 的增加而增加。表 5－2 为常用金属材料对铜的相对电导率和相对磁导率。

表 5-2 常用金属材料相对于铜的电导率 σ_r 和磁导率 μ_r

材 料	相对电导率 σ_r	相对磁导率 μ_r	材 料	相对电导率 σ_r	相对磁导率 μ_r
铜	1	1	白铁皮	0.15	1
银	1.05	1	铁	0.17	50～1000
金	0.70	1	钢	0.10	50～1000
铝	0.61	1	冷轧钢	0.17	180
黄铜	0.26	1	不锈钢	0.02	500
磷青铜	0.18	1	热轧硅钢	0.038	1500
镍	0.20	1	高导磁硅钢	0.06	80 000
铍	0.1	1	坡莫合金	0.04	8000～12 000
铅	0.08	1	铁镍钼合金	0.023	100 000

由式(5-83)，可根据所要求的吸收衰减量求出屏蔽体的厚度，即

$$t = \frac{A}{0.131\sqrt{f\mu_r\sigma_r}} \quad \text{mm}$$

例如，设 $A=100$ dB，$\mu_r=1$，$\sigma_r=1$，则当频率 $f=1$ MHz 时，屏蔽壳体厚度 $t=0.76$ mm。随着频率的增加，获得一定屏蔽效能所需要的屏蔽壳体的厚度也随之减小。如果把反射损耗也考虑在内，则所需厚度可更小。所以在高频情况下，选择屏蔽壳体的厚度时，一般并不需要从电磁屏蔽效果考虑，而只要从工艺结构和机械性能考虑即可。

2. 反射损耗

电磁波在两种媒质(自由空间和屏蔽体)交界面的反射损耗，与两种媒质的特性阻抗的差别有关。一般情况下，自由空间的波阻抗比金属屏蔽体的波阻抗大得多，即 $Z_1 \gg Z_2$，故式(5-81)可以简化为

$$R \approx 20 \lg\left(\frac{|Z_1|}{4|Z_2|}\right) \tag{5-84}$$

自由空间的波阻抗在不同类型的场源和场区中，其数值是不一样的，表示如下：

远区$\left(r \gg \frac{\lambda}{2\pi}\right)$平面波的波阻抗为

$$Z_0 = \sqrt{\frac{\mu_0}{\varepsilon_0}} = 120\pi = 377 \quad \Omega \tag{5-85}$$

近区$\left(r \ll \frac{\lambda}{2\pi}\right)$电场的波阻抗如式(3-49)所示，即

$$Z_{EW} = -\mathrm{j}\,\frac{1.8\times10^{10}}{fr} \quad \Omega \tag{5-86}$$

近区$\left(r \ll \frac{\lambda}{2\pi}\right)$磁场的波阻抗如式(3-54)所示，即

$$Z_{HW} = \mathrm{j}7.9\times10^{-6}\, fr \quad \Omega \tag{5-87}$$

金属屏蔽体(良导体)的波阻抗为

$$Z_2 = \sqrt{\frac{j\omega\mu}{\sigma}} = \sqrt{\frac{\omega\mu}{2\sigma}}(1+j)$$

对于铜，$\sigma_{Cu}=5.82\times10^{-7}$ S/m，因而

$$|Z_2| = 3.69\times10^{-7}\sqrt{f} \quad \Omega$$

故对于任意的良导体有

$$|Z_2| = 3.69\times10^{-7}\sqrt{\frac{\mu_r}{\sigma_r}f} \quad \Omega \tag{5-88}$$

式中，σ_r 表示导体材料对于铜的相对电导率，μ_r 表示导体材料的相对磁导率。它们的值见表 5-2。

用 Z_0、Z_{EW}、Z_{HW}代替式(5-84)中的 Z_1，用式(5-88)代替式(5-84)中的 Z_2，则将式(5-84)整理后可获得远场区的平面波反射损耗为

$$R_p = 168 + 10\lg\left(\frac{\sigma_r}{\mu_r f}\right) \quad dB \tag{5-89}$$

近场区的电场反射损耗为

$$R_e = 321.7 + 10\lg\left(\frac{\sigma_r}{\mu_r f^3 r^2}\right) \quad dB \tag{5-90}$$

近场区的磁场反射损耗为

$$R_m = 14.6 + 10\lg\left(\frac{fr^2\sigma_r}{\mu_r}\right) \quad dB \tag{5-91}$$

下面讨论影响表面反射损耗的因素。

(1) 屏蔽材料。根据式(5-89)、式(5-90)和式(5-91)，可以写出反射损耗的一般方程为

$$R = C + 10\lg\left(\frac{\sigma_r}{\mu_r}\right)\left(\frac{1}{f^n r^m}\right) \tag{5-92}$$

显然，式(5-92)中各个常数的取值如表 5-3 所示。由此可见，屏蔽材料的电导率越高，磁导率越低，反射损耗就越大。

表 5-3　式(5-92)中的常数取值

场　型	C	n	m
平面波	168	1	0
电场	321.7	3	2
磁场	14.6	−1	−2

(2) 场源特性。对于同一屏蔽材料，不同的场源特性有不同的反射损耗。通常，磁场反射损耗小于平面波反射损耗和电场反射损耗，即

$$R_m < R_p < R_e$$

因此，从可靠性考虑，计算总的屏蔽效能时，应以磁场反射损耗 R_m 代入计算。

(3) 场源至屏蔽体的距离。平面波的反射损耗 R_p 与距离 r 无关，电场的反射损耗 R_e 与距离的平方成反比，磁场的反射损耗 R_m 与距离的平方成正比。

(4) 频率。平面波的反射损耗 R_p 以频率 f 的一次方的速率减小，磁场的反射损耗 R_m 以频率 f 的一次方的速率增加，电场的反射损耗 R_e 以频率 f 的三次方的速率减小。

3. 多次反射损耗

屏蔽体第二边界的反射波反射到第一边界后再次反射，接着又回到第二边界进行反射，如此反复进行，就形成了屏蔽体内的多次反射。一般情况下，自由空间的波阻抗比金

属屏蔽体的波阻抗大得多，即 $Z_1 \gg Z_2$，故式(5-82)可以简化为

$$B = 20\ \lg(1 - e^{-2t/\delta}) \quad \text{dB} \tag{5-93}$$

当屏蔽体较厚或频率较高时，屏蔽体吸收损耗较大，一般取 $A>10$ dB，多次反射损耗即可忽略不计。但是，当屏蔽体较薄或频率较低时，吸收损耗很小，一般 $A<10$ dB，此时必须考虑多次反射作用对屏蔽效能的影响。

【例 5-1】 一长方体屏蔽盒的尺寸为 120 mm×25 mm×50 mm，材料为铜，铜盒厚度为 0.5 mm。求频率为 1 MHz 时该铜屏蔽盒的电磁屏蔽效能。

【解】 实际中的屏蔽壳体多为矩形，其长、宽、高分别用 a、b、h 表示，屏蔽壳体的等效球体半径(与屏蔽壳体体积相同的球体的半径)为

$$r_0 = \sqrt[3]{\frac{3V}{4\pi}} = \sqrt[3]{\frac{3abh}{4\pi}}$$

当骚扰源至屏蔽壳体的距离 r 大于屏蔽壳体的等效球体半径时，计算屏蔽效能时以 $r=r_0$ 代入计算。因此铜屏蔽盒的等效球体半径为

$$r_0 = \sqrt[3]{\frac{3V}{4\pi}} = \sqrt[3]{\frac{3abh}{4\pi}} = \sqrt[3]{\frac{3\times 120\times 25\times 50}{4\pi}} = 33\ \text{mm}$$

对于铜，$\mu_r=1$，$\sigma_r=1$，由式(5-83)可得吸收损耗为

$$A = 0.131t\sqrt{f\mu_r\sigma_r} = 0.131\times 0.5\times\sqrt{10^6\times 1\times 1} = 65.5\ \text{dB}$$

因为

$$\frac{\lambda}{2\pi} = \frac{C}{f\cdot 2\pi} = \frac{3\times 10^8}{10^6\cdot 2\pi} = 47.75\ \text{m}$$

所以，$r_0=33\ \text{mm}\ll 47.75\ \text{m}$，故屏蔽盒所处场区为近区。从可靠性出发，选择式(5-91)计算反射损耗，得

$$\begin{aligned} R_m &= 14.6 + 10\ \lg\left(\frac{fr^2\sigma_r}{\mu_r}\right) = 14.6 + 10\ \lg\left[\frac{10^6\times(33\times 10^{-3})^2\times 1}{1}\right] \\ &= 14.6 + 30.4 \\ &= 45\quad \text{dB} \end{aligned}$$

因吸收损耗 $A=65.6$ dB(>10 dB)，所以可以忽略多次反射损耗。综上可见，屏蔽盒的屏蔽效能为

$$\text{SE} = A + R = A + R_m = 65.5 + 45 = 110.5\quad \text{dB}$$

5.7 孔隙的电磁泄漏

各种独立封闭系统的壳体，大到飞机的蒙皮、军舰的船体、战车的装甲，小至各种用电设备的机壳箱体，它们大部分是由金属板材加工拼接而成的。由于某些实际需要，在金属板材接缝处难免存在缝隙；在金属壳体上需开孔，例如机箱壳体上的通风散热孔、信息显示窗口、电源线和信号线的出入口；在大的金属壳体上存在驾驶舱窗口、维修检测孔等。因此，严格地说任何实际封闭系统的金属壳体并不是一个完整的理想屏蔽体。各种无法避免的不连续缝隙、孔隙(孔缝)破坏了屏蔽体的完整性，从而造成电磁能量的泄漏，降低了金属壳体的屏蔽效能。

图 5-25 是一个典型机箱壳体的不完整结构，它表示一般机箱常见的孔缝结构，可归纳为以下几种：① 接缝处的缝隙；② 通风散热孔；③ 活动盖板或窗盖的连接构件；④ 各种表头、数字显示或指针显示观察窗口；⑤ 控制调节轴安装孔；⑥ 指示灯座、保险丝座、电源开关和操作按键安装孔；⑦ 电源线、信号线安装孔。

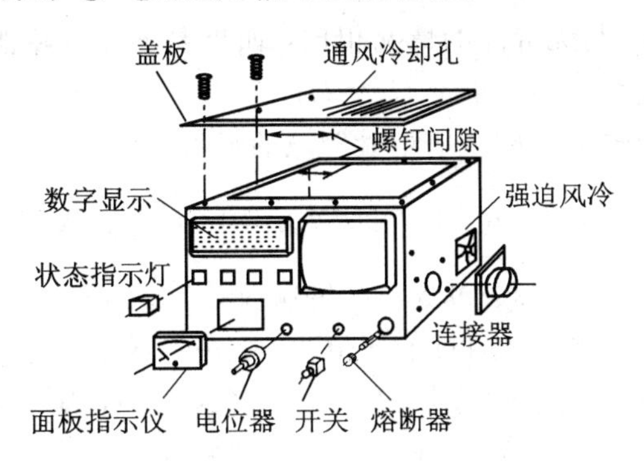

图 5-25　典型机箱壳体不连续结构示意图

5.7.1　金属板缝隙的电磁泄漏

由于接合表面不平整、清洗不干净、焊接质量不好、紧固螺钉(铆钉)之间存在孔隙等原因，在屏蔽体上的接缝处会形成缝隙(seam)，如图 5-26(a)所示。缝隙是沿其长度在不同的连接处产生电接触的长的窄缝，能够把缝隙看做是一系列的窄缝。缝隙的等效阻抗由一电阻性和电容性元件并联组成，如图 5-26(b)所示。由于存在电容性元件，接缝阻抗随着频率的降低而减小，于是屏蔽效能也随之减小，缝隙阻抗的大小受许多因素影响，如缝隙表面的材料、接触压力、面积等。

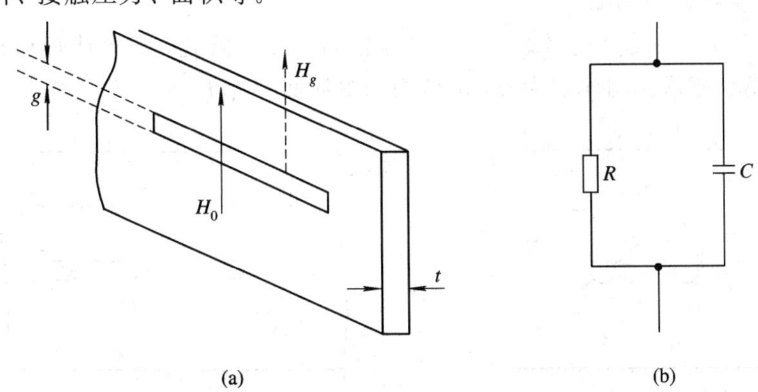

图 5-26　金属板缝隙模型及其等效阻抗

为了分析缝隙的电磁泄漏，设在图 5-26 所示的缝隙模型中，缝隙长度为无限长，缝隙宽度为 g，金属板的厚度为 t。在平面电磁波的作用下，缝隙中的波阻抗大于自由空间的波阻抗(基于波导理论)，在缝隙入口处产生波阻抗的突变，导致反射损耗。电磁波在缝隙内传输时也会产生传输损耗。因此，缝隙的总损耗包括反射损耗和传输损耗。

当屏蔽壳体存在缝隙时，通常磁场泄漏的影响要比电场泄漏的影响大。在大多数情况下，采用减小磁场泄漏的方法也更适用于减小电场的泄漏。因此，要着重研究减小磁场的泄漏。

通过金属板上无限长缝隙泄漏的磁场为

$$H_g = H_0 e^{-\pi t/g} \tag{5-94}$$

式中，H_0、H_g 分别表示金属板前、后侧面的磁场强度。由式(5-94)可见，**缝隙深而窄($t>g$)，电磁泄漏就小**。与无缝隙的情况相比，如果要求经缝隙泄漏的电磁场与经金属板吸收衰减后的电磁场强度相同，并使 $H_g = H_t = H_0 e^{-t/\delta}$(这相当于无缝隙时的屏蔽效果)，则 $g=\pi\delta$。通过缝隙的传输损耗(也可看做缝隙的吸收损耗)为

$$T = 20\lg\left(\frac{H_0}{H_g}\right) = -20\lg e^{-\pi t/g} = 20\times 0.4343\times\frac{\pi t}{g} = 27.274\frac{t}{g}\quad \text{dB} \tag{5-95}$$

由式(5-95)可见，当 $g=t$ 时，通过缝隙的传输损耗为 27 dB。

设缝隙波阻抗与自由空间波阻抗的比值为 k。在近区磁场中，$k=g/(\pi r)$(r 为缝隙离场源的距离)；在远区平面波电磁场中，$k=\text{j}6.69\times 10^{-5} fg$，其中 f 为骚扰源频率，单位为 MHz；g 为缝隙宽度，单位为 cm。因此，波阻抗突变引起的反射损耗为

$$R = 20\lg\frac{(1+k)^2}{4k} \tag{5-96}$$

最后得到的缝隙总的屏蔽效能为

$$\text{SE} = 27.3\frac{t}{g} + 20\lg\frac{(1+k)^2}{4k} \tag{5-97}$$

5.7.2 金属板孔隙的电磁泄漏

许多屏蔽体需要开散热孔、导线引入/引出孔、调节轴安装孔等，形成孔隙的电磁泄漏。**屏蔽体不连续性所导致的电磁泄漏量主要依赖于孔隙的最大线性尺寸(不是孔隙的面积)、波阻抗、骚扰源的频率。**

如图 5-27 所示，设金属屏蔽板上有尺寸相同的 n 个圆孔、方孔或矩形孔，每个圆孔的面积为 q，每个矩形孔的面积为 Q，屏蔽板的整体面积为 F。

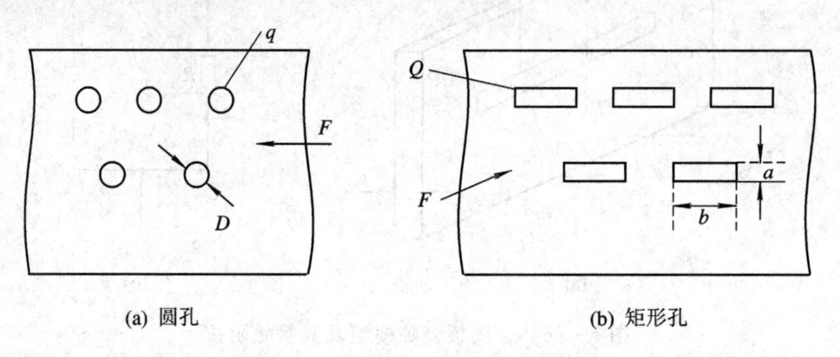

图 5-27 金属屏蔽板上的孔隙

假定孔隙的面积与整个屏蔽板面积相比极小，即 $\sum q \ll F$ 或 $\sum Q \ll F$。假定孔隙的最大线性尺寸远小于骚扰源的波长，即对于圆孔，其直径 $D\ll\lambda$；对于矩形孔，其长边 $b\ll\lambda$。设金属屏蔽板外侧表面的磁场为 H_0，通过孔隙泄漏到内部空间的磁场为 H_h，则孔隙的传输系数如下：

对于圆孔：

$$T_{\mathrm{h}} = \frac{H_{\mathrm{h}}}{H_0} = 4n \cdot \left(\frac{q}{F}\right)^{3/2} \tag{5-98}$$

对于矩形孔：

$$T_{\mathrm{h}}' = \frac{H_{\mathrm{h}}}{H_0} = 4n \cdot \left(\frac{kQ}{F}\right)^{3/2} \tag{5-99}$$

式中：矩形孔面积 $Q=a\times b$；系数 $k=\sqrt[3]{(b/a)\xi^2}$。当 $\frac{b}{a}=1$ 时，$\xi=1$；当 $\frac{b}{a}\gg 5$ 时，$\xi=\frac{b}{2a\ \ln\frac{0.63b}{a}}$。当 $a\ll 1$ 时，则按缝隙的电磁泄漏计算传输系数。

电磁场透过屏蔽体大体有以下两个途径，即透过屏蔽体的传输和透过屏蔽体上的孔隙的传输。这两个传输途径实际上是互不相关的，因此在计算屏蔽效能时可以分成两部分进行：

(1) 假定屏蔽壳体是理想封闭的导体金属板，即在无缝隙屏蔽壳体的情况下，计算金属板的传输系数 T_{t}。通过计算，选择屏蔽壳体的材料及其厚度。

(2) 假定屏蔽壳体是理想的导体金属板，即在电磁场只能透过屏蔽壳体上孔隙的情况下，计算孔隙的传输系数 T_{h}。通过计算，确定屏蔽壳体的结构。

设透过屏蔽壳体和透过屏蔽壳体上的孔隙的电磁场矢量在空间同相且相位相同，则具有孔隙的金属板的总传输系数为

$$T = T_{\mathrm{t}} + T_{\mathrm{h}}$$

则总的屏蔽效能为

$$\mathrm{SE} = 20\ \lg\frac{1}{T} = 20\ \lg\frac{1}{T_{\mathrm{t}} + T_{\mathrm{h}}} \tag{5-100}$$

由式(5-100)可见，对于有孔隙的金属板来说，即使选择的屏蔽材料具有良好的屏蔽性能，如果屏蔽结构处理不当，孔隙很大，孔隙的传输系数很大，则总的屏蔽效能仍然是很低的。因此，**实际的屏蔽效果决定于缝隙和孔隙所引起的电磁泄漏，而不是决定于屏蔽材料本身的屏蔽性能**。

孔隙的电磁泄漏与孔隙的最大线性尺寸、孔隙的数量和骚扰源的波长有密切关系。随着频率的增高，孔隙电磁泄漏将更严重。在相同面积的情况下，缝隙比孔隙的电磁泄漏严重，矩形孔比圆形孔的电磁泄漏严重。当缝隙长度接近工作波长时，缝隙就成为电磁波辐射器，即缝隙天线。因此，**对于孔隙，要求其最大线性尺寸小于 $\lambda/5$；对于缝隙，要求其最大线性尺寸小于 $\lambda/10$，其中 λ 为最小工作波长**。

【例 5-2】 在 3 m×3 m×3 m 米的屏蔽室上有一个 0.8 m×2 m 米的门，要求在门的四周每隔 20 mm 有一个电气连接。设门框与门扇的间距为 1 mm。试求通过门缝隙的传输系数和屏蔽效能。

【解】 求门缝隙的传输系数和屏蔽效能时，可以暂不考虑屏蔽室其他孔隙的作用。根据题意，可以求得门四周共有 280 个缝隙，其中门的侧边缝隙有 200 个。考虑最不利的情况，设感应电流横过门侧边缝隙，则 $n=200$。另外，$a=1$ mm，$b=20$ mm，$b/a=20$，$k=6.78$。$Q=1\times 20\ \mathrm{mm}^2$，$F=3\times 3\times 6=54\ \mathrm{m}^2$。将上述值代入矩形孔隙的传输系数表达式，即式(5-99)得

$$T_h' = 4 \times 200 \times \left(\frac{6.8 \times 20 \times 10^{-6}}{54}\right)^{3/2} = 3.1975 \times 10^{-6}$$

矩形孔隙的屏蔽效能为

$$SE = 20\lg \frac{1}{T_h'} = 20\lg \left(\frac{1}{3.1975} \times 10^6\right) = 109.9 \quad dB$$

5.7.3 截止波导管的屏蔽效能

带孔隙的金属板、金属网，对超高频以上的频率基本上没有屏蔽效果。因此，超高频以上的频率需要采用截止波导管来屏蔽。**波导管实质上是高通滤波器，它对在其截止频率以下的所有频率都具有衰减作用。作为截止波导管，其长度比其横截面直径或最大线性尺寸至少要大三倍**。截止波导管常有圆形截面和矩形截面两种，如图 5-28 所示。

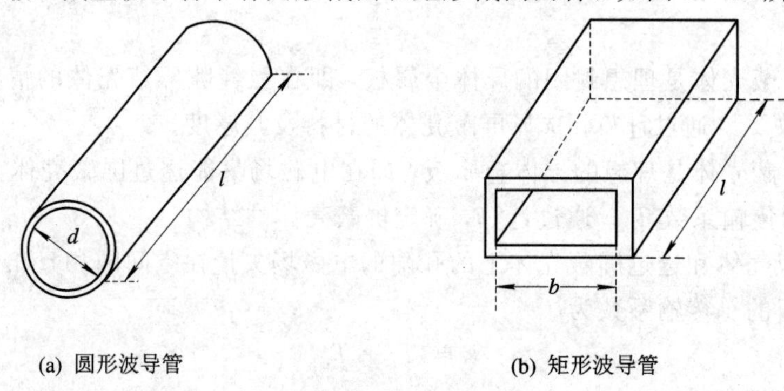

图 5-28 金属波导管

金属波导管的最低截止频率(cut off frequency) f_c 只与波导管横截面的内尺寸有关。圆形波导管的最低截止频率为

$$f_c = \frac{17.5}{d} \quad GHz$$

式中，d 表示圆形波导管的横截面内直径，单位为 cm。矩形波导管的最低截止频率为

$$f_c = \frac{15}{b} \quad GHz$$

式中，b 表示矩形波导管横截面的最大线性内尺寸，单位为 cm。电磁场从波导管的一端传输至另一端的衰减与波导管的长度成正比，其关系式为

$$S = 1.823 \times 10^{-9} f_c \cdot \sqrt{1-\left(\frac{f}{f_c}\right)^2} \cdot l \quad dB$$

如果 $f \ll f_c$，则将圆形波导管和矩形波导管的截止频率代入上式，可得圆形波导管(round wave-guide)的屏蔽效能为

$$SE = 32\,\frac{l}{d} \quad dB \tag{5-101}$$

矩形波导管的屏蔽效能为

$$SE = 27.3\,\frac{l}{b} \quad dB \tag{5-102}$$

由式(5-101)和式(5-102)可见，当圆形波导管的长度为其直径的三倍时，其衰减可

达 96 dB。所以，伸出机壳的调整轴等用绝缘联轴器穿过截止波导管，就能很容易地抑制电磁泄漏。

六角形波导管及其组成的蜂窝状通风孔(wave-guide honeycomb vents)阵列如图 5-29 所示。六角形波导管的最低截止频率为

$$f_c = \frac{15}{W} \quad \text{GHz}$$

式中，W 表示六角形波导管内壁的外接圆直径(内壁最大宽度)，单位为 cm。因此，六角形波导管的屏蔽效能($f \ll f_c$)为

$$SE = 27.35 \frac{l}{W} \quad \text{dB} \tag{5-103}$$

蜂窝状通风孔可以增大通风面积，满足散热要求，提高屏蔽效能。

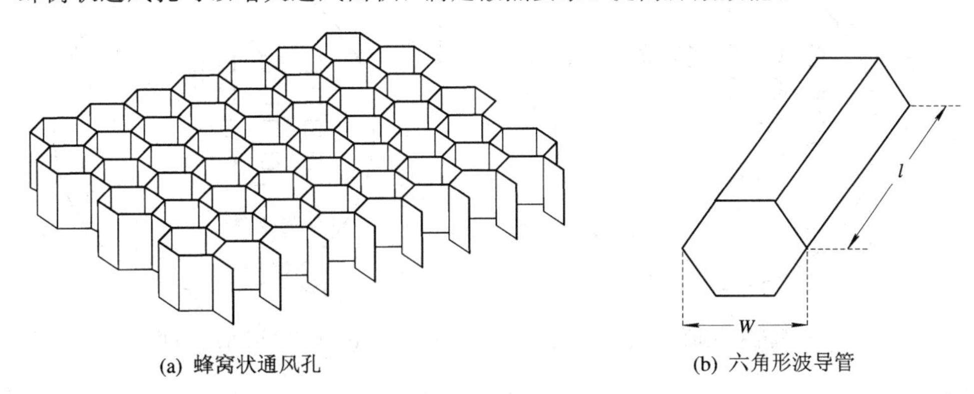

(a) 蜂窝状通风孔　　(b) 六角形波导管

图 5-29　蜂窝状通风孔及六角形波导管

设计截止波导管时，**首先应根据骚扰场的最高频率 f 来确定波导管的截止频率 f_c，使 $f \ll f_c$，一般取 $f_c=(5\sim10)f$。其次，根据圆形波导管或矩形波导管的截止频率计算其横截面的内尺寸。最后，按要求的屏蔽效能计算截止波导管的长度，一般要使 $l \gg 3d$、$l \gg 3W$ 或 $l \gg 3b$。**

5.7.4　孔阵的电磁屏蔽效能

为了通风散热，往往需要在屏蔽壳体上开一系列的小孔形成孔阵。根据孔隙屏蔽的原理可知，在相同面积上，将较大的通风孔改成孔径较小的多孔阵列，可减小通风孔的孔径，提高屏蔽效能。图 5-30 所示为孔阵的几种形式。图中 c 表示小圆孔和小方孔中心的间距；d 表示小圆孔的直径；b 表示小方孔的边长；D 表示圆形板的直径；l_1、l_2 表示矩形板的长、宽尺寸。

设屏蔽壳体的厚度为 t，则通风孔阵列的屏蔽效能可按下面的几种形式分别计算：

(1) 矩形板上的圆孔阵列(见图 5-30(a))。

电场的屏蔽效能：

$$SE_e = 20\lg\left(\frac{c^2}{d^3}\sqrt{l_1 \cdot l_2}\right) + \frac{41.8t}{d} + 2.68 \quad \text{dB} \tag{5-104}$$

磁场的屏蔽效能：

$$SE_m = 20\lg\left(\frac{c^2}{d^3}\sqrt{l_1 \cdot l_2}\right) + \frac{32t}{d} + 3.83 \quad \text{dB} \tag{5-105}$$

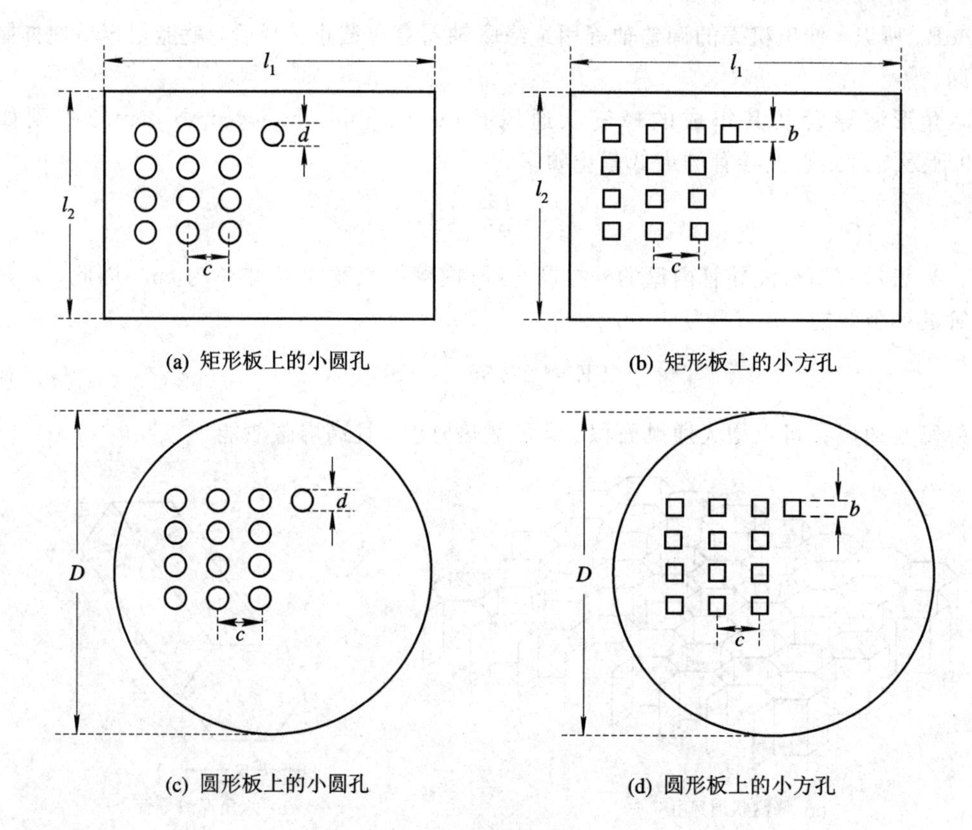

图 5-30　屏蔽壳体上的小孔阵

(2) 矩形板上的方孔阵列(见图 5-30(b))。

电场的屏蔽效能：

$$SE_e = 20\lg\left(\frac{c^2}{b^2}\sqrt{l_1 \cdot l_2}\right) + \frac{38.6t}{b}\quad \text{dB} \tag{5-106}$$

磁场的屏蔽效能：

$$SE_m = 20\lg\left(\frac{c^2}{b^2}\sqrt{l_1 \cdot l_2}\right) + \frac{27.3t}{b}\quad \text{dB} \tag{5-107}$$

(3) 圆形板上的圆孔阵列(见图 5-30(c))。

电场的屏蔽效能：

$$SE_e = 20\lg\left(\frac{c^2 D}{d^3}\right) + \frac{41.8t}{d} + 2.08\quad \text{dB} \tag{5-108}$$

磁场的屏蔽效能：

$$SE_m = 20\lg\left(\frac{c^2 D}{d^3}\right) + \frac{32t}{d} + 2.08\quad \text{dB} \tag{5-109}$$

(4) 圆形板上的方孔阵列(见图 5-30(d))。

电场的屏蔽效能：

$$SE_e = 20\lg\left(\frac{c^2}{b^3}D\right) + \frac{38.6t}{b} - 0.6\quad \text{dB} \tag{5-110}$$

磁场的屏蔽效能：

$$SE_m = 20\lg\left(\frac{c^2}{b^3}D\right)+\frac{27.3t}{b}-1.76\quad \text{dB} \tag{5-111}$$

上述公式适用于 $d<\lambda/(2\pi)$ 或 $b<\lambda/(2\pi)$ 的情形。式中第一项代表通过屏蔽壳体上的孔隙的电磁泄漏；第二项代表每个孔隙作为截止波导管时的厚度修正系数。

5.7.5　通风窗孔的屏蔽效能

影响通风窗口屏蔽效能的因素主要有场源特性、场源频率、屏蔽体至场源的距离、窗口面积、窗口形状、屏蔽体的材料特性和屏蔽体厚度等。通风窗口的屏蔽效能可表示为

$$SE = A + R + B + K_1 + K_2 + K_3 \tag{5-112}$$

式中，前三项分别对应于实心型屏蔽体（无孔缝屏蔽体）的屏蔽效能计算公式中的吸收损耗、反射损耗和多次反射损耗，只是函数关系不同；后三项是针对非实心型屏蔽引入的修正项。各项的计算如下：

(1) 吸收损耗 A。A 是不连续性引入的吸收损耗。当入射电磁波的频率远小于截止波导管的截止频率时，孔隙可以看做截止波导管。可按下述公式计算屏蔽效能。

矩形孔隙：

$$SE = 27.3\,\frac{t}{W}\quad \text{dB} \tag{5-113}$$

圆形孔隙：

$$SE = 32\,\frac{t}{D}\quad \text{dB} \tag{5-114}$$

式中，t 为孔隙的深度（单位为 cm）；D 为圆形孔隙的直径（单位为 cm）；W 为与入射电场垂直的矩形孔隙的宽边长度（单位为 cm）。

(2) 反射损耗 R。反射损耗取决于孔隙的形状和入射波阻抗，其计算公式是

$$R = 20\lg\left[\frac{(1+K)^2}{4K}\right]\quad \text{dB} \tag{5-115}$$

式中，K 是孔隙内的波阻抗与自由空间波阻抗之比。

对于近区磁场和矩形孔，$K=W/(\pi r)$；对于近区电场和矩形孔，$K=-4\pi Wr/\lambda^2$；对于远区平面波和矩形孔，$K=\text{j}6.69\times10^{-5}\cdot fW$。

对于近区磁场和圆形孔，$K=D/(3.682\times r)$；对于近区电场和圆形孔，$K=-3.41\cdot\pi Dr/\lambda^2$；对于远区平面波和圆形孔，$K=\text{j}5.79\times10^{-5}\cdot fD$。这里的 r 均为骚扰源至屏蔽体的距离（单位为 cm）。

(3) 多次反射损耗 B。当 $A>15$ dB 时，多次反射损耗可忽略不计；当 $A<15$ dB 时，多次反射损耗用下式计算：

$$B = 20\lg\left[1-\frac{(K-1)^2}{(K+1)^2}\times10^{-\frac{A}{10}}\right]\quad \text{dB} \tag{5-116}$$

式中，K 的取值同(2)。

(4) 单位面积内孔隙数的修正系数 K_1。当骚扰源至屏蔽体的距离远大于屏蔽体上的孔隙直径时，K_1 的计算公式为

$$K_1 = -10\lg(s\cdot n)\quad \text{dB} \tag{5-117}$$

式中，s 为每个孔隙的面积(单位为 cm^2)；n 为每单位面积(单位为 cm^2)中所包含的孔隙数(单位为孔隙数/cm^2)。当骚扰源非常靠近屏蔽体时，K_1 可以忽略不计。

(5) 低频穿透修正系数 K_2。K_2 是考虑到集肤深度与金属网的孔眼尺寸或屏蔽体上的孔隙间隔可以比拟时引入的修正系数。K_2 的计算公式为

$$K_2 = -20\ \lg\ (1 + 35P^{-2.3})\quad \text{dB} \tag{5-118}$$

对于金属网，式(5-118)中 $P=\dfrac{\text{线径}}{\text{集肤深度}}$；对于多孔隙金属板，$P=\dfrac{\text{孔隙间的导体宽度}}{\text{集肤深度}}$。

(6) 邻近窗孔相互耦合的修正系数 K_3。当屏蔽体上的孔隙分布很密，即各个孔隙相距很近，且孔隙深度又小于孔隙的孔径时，相邻孔隙间的耦合作用会提高屏蔽效能。由此引入 K_3 项，其计算公式为

$$K_3 = 20\ \lg\left[\coth\left(\frac{A}{8.686}\right)\right]\quad \text{dB} \tag{5-119}$$

金属网的屏蔽效能计算仍然采用式(5-112)，**只是修正系数** K_2 **中** $P=\dfrac{\text{金属丝网的直径}}{\text{集肤深度}}$。

【例 5-3】 某飞机控制盒用铝板材加工而成，两侧面铝板厚度为 2 mm，总孔隙数为 16×9 个，孔隙深度 $t=2$ mm，其形状是圆孔，孔径 $D=5$ mm，孔隙中心间距为 18 mm。试求它对 5 MHz、50 MHz 和 500 MHz 的平面电磁波的屏蔽效能。

【解】 当骚扰源的频率 $f=50$ MHz 时，吸收损耗为

$$A = 32\,\frac{t}{D} = 32 \times \frac{2}{5} = 12.8\ \text{dB}$$

反射损耗为

$$K = 5.79 \times 10^{-5} fD = 5.79 \times 10^{-5} \cdot (50 \times 10^6) \cdot (0.5) = 1.45 \times 10^3\ \text{dB}$$

$$R = 20\ \lg\,\frac{(1+K)^2}{4K} = 20\ \lg\,\frac{(1+1.45\times 10^3)^2}{4\times 1.45\times 10^3} = 51.2\ \text{dB}$$

多次反射损耗为

$$B = 20\ \lg\left[1 - \frac{(K-1)^2}{(K+1)^2} \times 10^{-\frac{A}{10}}\right] = -0.47\ \text{dB}$$

通风孔隙阵列所占面积为 $(18\times 15+5)\times(18\times 8+5)=409.75(\text{cm}^2)$，总孔隙数为 $16\times 9=144$，每单位面积(cm^2)中所包含的孔隙数 $n=144/409.75=0.3514$(孔隙数/cm^2)，每个孔隙的面积 $s=\pi D^2/4=\pi\times 0.5^2/4=0.1963(\text{cm}^2)$。所以修正系数 K_1 为

$$\begin{aligned} K_1 &= -10\ \lg\ (s\cdot n) = -10\ \lg\ (0.3514 \times 0.1963) \\ &= -10\ \lg 0.069 = 11.61\ \text{dB} \end{aligned}$$

P 为孔隙间的导体宽度/集肤深度，其值为

$$\begin{aligned} P &= \frac{(1.8-0.5)\times 10^{-2}}{1/\sqrt{\pi f\mu\sigma}} \\ &= \frac{(1.8-0.5)\times 10^{-2}}{\dfrac{1}{\sqrt{\pi\times 50\times 10^6 \cdot (4\pi\times 10^{-7}\times 1)\cdot(0.61\times 5.82\times 10^7)}}} \\ &= 1.089 \times 10^3 \end{aligned}$$

修正系数 K_2 为

$$K_2 = -20\ \lg\ (1+35P^{-2.3}) = -3.15\times 10^{-5} \approx 0\ \text{dB}$$

修正系数 K_3 为

$$K_3 = 20\ \lg\left[\coth\left(\frac{A}{8.686}\right)\right] = 20\ \lg\left[\coth\left(\frac{12.8}{8.686}\right)\right] = 0.9107\ \text{dB}$$

通风孔阵的屏蔽效能为

$$\begin{aligned}\text{SE} &= A+R+B+K_1+K_2+K_3\\ &= 12.8+51.2-0.47+11.6+0+0.91\\ &= 76.04\ \text{dB}\end{aligned}$$

对 5 MHz、500 MHz 的平面电磁波的屏蔽效能的计算方法同上。

5.8 有孔阵矩形机壳屏蔽效能公式化

电子、电气设备机壳用于抵抗来自机壳内部的电磁场以及机壳外部其他电子产品的电磁泄漏，必须满足电磁兼容性(EMC)要求。然而，设备机壳的完整性常常被用于提供可见性、通风以及检修的缝隙和孔破坏。这样的开口能够使外部电场、磁场透入到设备机壳的内部空间，耦合到印制电路板(PCB)上，从而在内部导体上感应电压和电流，降低电子电路、元器件的工作性能，甚至毁坏它们。因此，研究有孔缝的设备机壳的电磁屏蔽效能具有重要的理论意义和应用价值。

屏蔽效能(Shielding Effectiveness，SE)是衡量设备电磁兼容性的重要技术指标，其定义为没有屏蔽体时观测点的场强幅度与存在屏蔽体时同一观测点的场强幅度之比，以分贝表示为

$$\text{SE} = 20\ \lg\left(\frac{E_0}{E_\text{S}}\right) \tag{5-120}$$

金属机壳的屏蔽效能受到机壳材料特性、尺寸、厚度，机壳上孔缝的形状、尺寸、数量，机壳内部的印制电路板，以及骚扰电磁波的照射方式、极化形式和工作频率等的显著影响。屏蔽效能可以采用电磁边值问题严格求解，也可以采用诸如时域有限差分法、传输线矩阵(TLM)法、矩量法、有限积分(FIT)法以及各种混合方法等电磁场数值方法来求解，还可以采用实验方法确定，或采用等效传输线法计算。基于时域或频域电磁场数值方法的通用仿真软件(如基于 FIT 的 CST 仿真软件)，以牺牲大量的计算机内存和时间为代价获得计算精度，没有良好的数理基础和计算电磁学专业知识、不熟悉软件使用的设计者难以观察到设计参数对屏蔽效能的影响。

等效传输线法提供了一种概念清楚、使设计者易于分析设计参数对屏蔽效能的影响并且快速计算出屏蔽效能的方法。Martin Paul Robinson 等学者提出了计算含单个孔、没有加载 PCB 的矩形金属机壳屏蔽效能的等效传输线法；David W. P. Thomas 等学者提出了计算含单个孔、加载 PCB 的矩形金属机壳屏蔽效能的等效传输线法；Parisa Dehkhoda 等学者介绍了计算含孔阵、没有加载 PCB 的矩形金属机壳屏蔽效能的等效传输线法。下面将矩形金属机壳表示为一段终端短路的波导，将含单孔的矩形金属机壳前面板等效为两端短路的共面传输线，将含孔阵的矩形金属机壳前面板等效表示为导纳，建立含孔阵、加载

PCB 的矩形金属机壳的波导等效电路模型，提出计算含孔阵、加载 PCB 的矩形金属机壳屏蔽效能的等效传输线法，推导其解析表达式，进而分析印制电路板的加载效应。

5.8.1　理论分析

1. 小孔阵导纳

图 5-31 表示无限大金属平板上周期性二维孔阵的两种几何结构。对于垂直入射平面波，无限大薄金属平板上的小孔阵相当于与 TEM 模传输线并联的一个电感性电纳。假设孔阵没有电阻性损耗，孔间距 d_h、d_v 远小于波长，孔直径 d 小于孔间距，且远小于波长，则图 5-31 所示两种结构的归一化并联导纳近似为

$$\frac{Y_{ah}}{Y_0}=-\mathrm{j}\,\frac{3d_h d_v\lambda_0}{\pi d^3} \tag{5-121}$$

式中：λ_0 和 Y_0 分别为自由空间的波长和本征导纳，d_h 和 d_v 分别是水平和垂直孔间距。

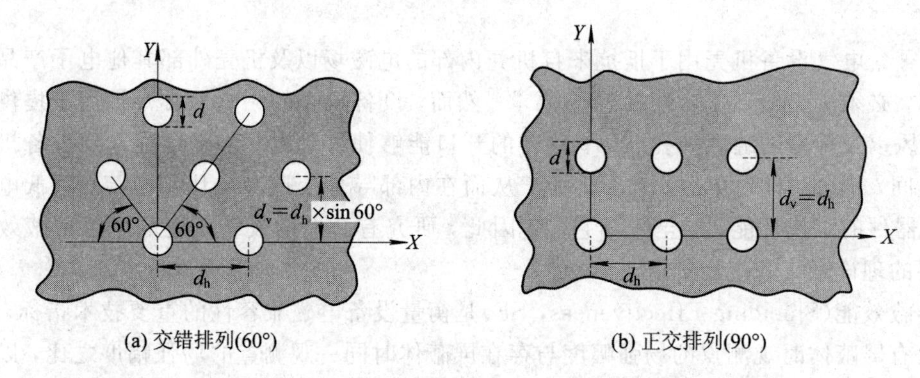

(a) 交错排列(60°)　　(b) 正交排列(90°)

图 5-31　无限大金属平板上的孔阵二维结构

2. 等效电路模型

图 5-32 表示暴露于平面电磁波中、加载 PCB 的含孔阵矩形机壳及其等效电路模型。矩形金属机壳除含孔的一个面以外，其余部分以一段终端短路的波导建模。波导的特性阻抗和传播常数分别为 Z_g 和 k_g。对于矩形金属机壳中传播的 TE_{10} 模，其特性阻抗 $Z_g=Z_0/\sqrt{1-(\lambda_0/2a)^2}$；传播常数 $k_g=k_0\sqrt{1-(\lambda_0/2a)^2}$，其中 k_0 是自由空间的传播常数。入射波以电压 U_0 和自由空间本征阻抗 $Z_0\approx377\ \Omega$ 表示。

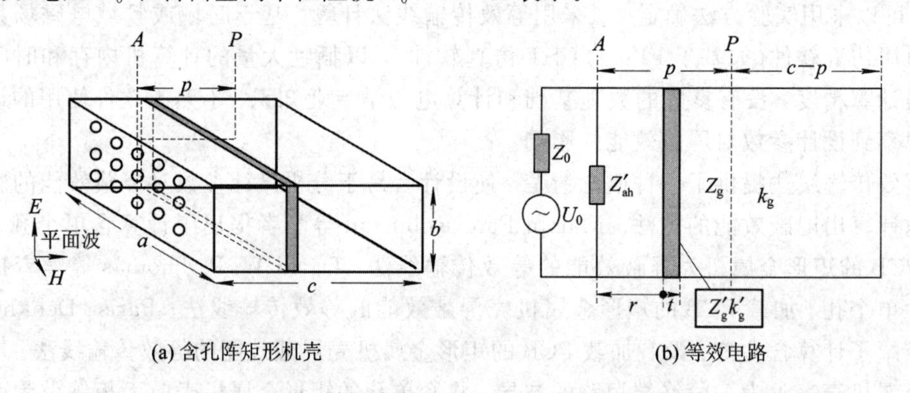

(a) 含孔阵矩形机壳　　(b) 等效电路

图 5-32　平面电磁波垂直照射加载 PCB 的含孔阵矩形机壳及其等效电路

阻抗 $Z_{ah}=1/Y_{ah}$ 可作为连接自由空间和波导的模型。图5-33描绘孔阵居中的部分穿透机壳壁的情况，其有效的机壳壁孔阵阻抗 Z'_{ah} 是 Z_{ah} 的一部分。采用阻抗比的概念可知：

$$Z'_{ah}=Z_{ah}\times\frac{w\times l}{a\times b} \tag{5-122}$$

式中，l 和 w 分别是孔阵的长度和宽度，且

$$l=\frac{d}{2}+(m-1)d_h+\frac{d}{2} \tag{5-123}$$

$$w=\frac{d}{2}+(n-1)d_v+\frac{d}{2} \tag{5-124}$$

这里，m 和 n 分别是孔阵长度方向和宽度方向上孔的个数。

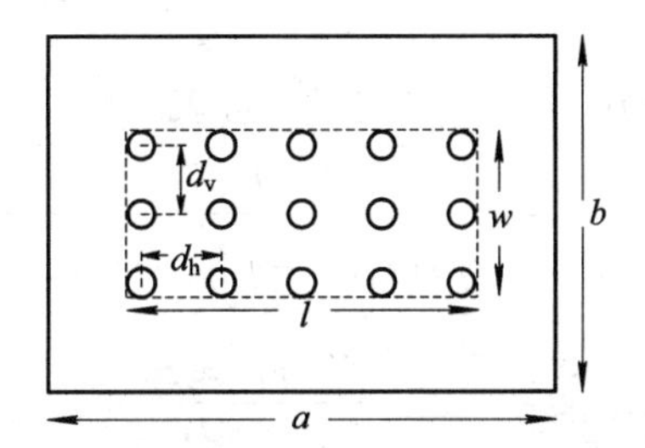

图5-33　孔阵居中的部分穿透机壳壁

实际的PCB包含导电面、有耗介质、金属印制线和各种元器件，当这些相关细节不能够获得时，就不可能在设计阶段详细地建立这种复杂系统的模型。为了求屏蔽效能，可以应用实际PCB的宏观模型。期望出现在机壳内部完全填充的PCB能显著抑制电磁波。PCB引起的电磁波抑制能够用一块厚度近似等于PCB厚度 t 且完全填充波导横截面的有耗介质近似表示。如果有耗介质块的有效相对介电常数为 ε'_r，有效电导率为 σ，那么对于矩形机壳内部有耗介质块加载区域中传播的 TE_{10} 模，其传播特性为

$$Z'_g=\frac{\dfrac{Z_0}{\sqrt{\varepsilon_r}}}{\sqrt{1-\left(\dfrac{\lambda'}{2a}\right)^2}} \tag{5-125}$$

$$k'_g=k'_0\sqrt{1-\left(\frac{\lambda'}{2a}\right)^2} \tag{5-126}$$

式中，$k'_0=2\pi\dfrac{\sqrt{\varepsilon_r}}{\lambda}$，$\lambda'=\dfrac{\lambda_0}{\sqrt{\varepsilon_r}}$，$\varepsilon_r=\varepsilon'_r-j\dfrac{\sigma}{2\pi f\varepsilon_0}$，且 f、λ_0、Z_0、ε_0 分别是频率、自由空间中的波长、特性阻抗和介电常数。

3. 屏蔽效能表达式

假设金属机壳由理想导体构成，那么垂直入射到含孔阵理想导体机壳上的电磁波仅能够从孔阵透入机壳内部。因此组合上述各部分的模型，就可以建立平面电磁波垂直照射加载PCB的含孔阵矩形机壳的等效电路，如图5-32(b)所示。

依据上述等效电路和戴维南定律，孔阵处的等效电压源及其阻抗为

$$\begin{cases} Z_1 = \dfrac{Z_0 Z_{ah}'}{Z_0 + Z_{ah}'} \\ V_1 = \dfrac{V_0 Z_{ah}'}{Z_0 + Z_{ah}'} \end{cases} \tag{5-127}$$

由传输线理论知，有耗介质板左端处的电压 U_r 及阻抗 Z_r 可表示为

$$\begin{cases} Z_r = \dfrac{Z_1 + \mathrm{j} Z_g \tan(k_g r)}{1 + \mathrm{j}\dfrac{Z_1}{Z_g}\tan(k_g r)} \\ U_r = \dfrac{U_1}{\cos(k_g r) + \mathrm{j}\dfrac{Z_1}{Z_g}\sin(k_g r)} \end{cases} \tag{5-128}$$

同理，有耗介质板右端处的电压 U_{r+t} 及阻抗 Z_{r+t} 可表示为

$$\begin{cases} U_{r+t} = \dfrac{U_r}{\cos(k_g' t) + \mathrm{j}\dfrac{Z_r}{Z_g'}\sin(k_g' t)} \\ Z_{r+t} = \dfrac{Z_r + \mathrm{j} Z_g' \tan(k_g' t)}{1 + \mathrm{j}\dfrac{Z_r}{Z_g'}\tan(k_g' t)} \end{cases} \tag{5-129}$$

PCB 右侧，观测点 P 处的等效电压源阻抗和电压为

$$\begin{cases} Z_2 = \dfrac{Z_{r+t} + \mathrm{j} Z_g \tan[k_g(p - r - t)]}{1 + \mathrm{j}\dfrac{Z_{r+t}}{Z_g}\tan[k_g(p - r - t)]} \\ U_2 = \dfrac{U_{r+t}}{\cos[k_g(p - r - t)] + \mathrm{j}\dfrac{Z_{r+t}}{Z_g}\sin[k_g(p - r - t)]} \end{cases} \tag{5-130}$$

由观测点 P 处向右看去的短路波导段的等效阻抗为

$$Z_3 = \mathrm{j} Z_g \tan[K_g(c - p)] \tag{5-131}$$

从而可得观测点 P 处的电压为

$$U_P = \frac{U_2 Z_3}{Z_2 + Z_3} \tag{5-132}$$

如果没有矩形屏蔽机壳，那么平面电磁波在自由空间传播，从而观测点 P 处的负载阻抗为 Z_0，电压 $U_P' = U_0/2$，因此电场屏蔽效能为

$$SE_e = 20\lg\left|\frac{U_P'}{U_P}\right| = 20\lg\left|\frac{U_0}{2U_P}\right| \tag{5-133}$$

机壳没有加载 PCB 时(空机壳)，文中提出的等效电路及其解析表达式与文献[2]的结果相同。

5.8.2 结果与讨论

选取含圆孔阵矩形金属机壳的尺寸为 $a \times b \times c = 300\ \text{mm} \times 120\ \text{mm} \times 300\ \text{mm}$，壁厚为 2 mm。PCB 与孔阵所在平面平行，尺寸为 296 mm×116 mm×1 mm，置于距孔阵面

100 mm 处的机壳内部。计算分析中将实际 PCB 以一块有耗介质等效，电导率 $\sigma=0.22$ S/m，介电常数 $\varepsilon_r=2.65$。观测点 P 设定在机壳的中心，即距孔阵面 150 mm 且与孔阵面平行的平面中心。圆孔阵面积 $l\times w=90$ mm×50 mm，位于孔阵面中心。孔阵中的每个小圆孔直径 $d=10$ mm，孔阵长度 l 方向的孔间距 d_h 等于孔阵宽度 w 方向的孔间距 d_v，即 $d_h=d_v=$ 20 mm。孔阵中孔的个数为 5×3。平面电磁波垂直孔阵面入射到含圆孔阵矩形金属机壳上，频率范围是 200～1000 MHz。

依据本节提出的波导等效电路模型，及电场屏蔽效能解析表达式(5－133)，编程计算屏蔽效能。CST 仿真意味着基于相同模型和参数，采用专业软件 CST(CST STUDIO SUITE 2006B)的仿真。

图 5－34 表示观测点处，本书方法、CST 仿真以及文献[2](没有加载 PCB)的电场屏蔽效能。从图中可以看出，本书方法与 CST 仿真结果良好吻合。机壳没有加装 PCB 时，本书提出的等效电路模型及电场屏蔽效能解析表达式可以简化为文献[2]的结果。由此可见，本书提出的等效电路模型及电场屏蔽效能解析表达式是有效的。

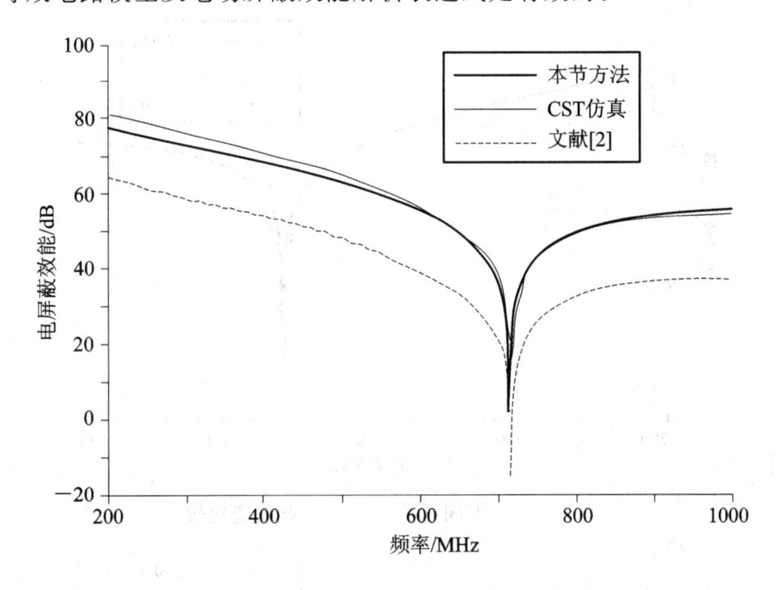

图 5－34　不同方法屏蔽效能的比较

没有加载 PCB 的机壳，在第一个谐振频率处的电场屏蔽效能为负值。而加载 PCB 的相同机壳在谐振频率处的屏蔽效能大于零。在所考虑的频率范围内，加载 PCB(有耗介质块)可以显著提高机壳的屏蔽效能。

图 5－35 表示 PCB 厚度对腔体屏蔽效能的影响。从图 5－35 中可以看出，PCB 厚度对谐振频率有影响，谐振频率随 PCB 厚度的增加而降低，也就是说 PCB 越厚，谐振频率越低。

图 5－36 表示不同孔径大小与屏蔽效能的关系。结果显示出：孔直径越小，屏蔽效能越高。

图 5－37 描绘孔正交排列与交错排列(如图 5－31)时含圆孔阵矩形金属机壳的屏蔽效能比较。从图 5－37 中可以看出，孔交错夹角越小，屏蔽效果越差。在其他条件相同的情况下，正交排列孔阵的屏蔽效果优于交错排列孔阵的屏蔽效果。

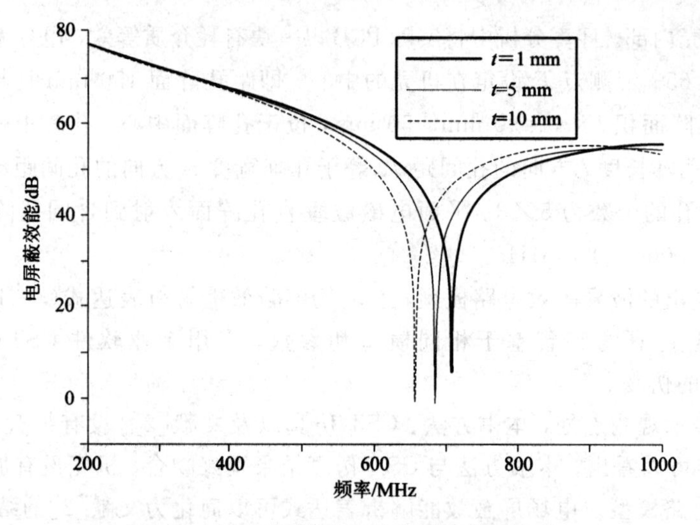

图 5-35　不同厚度 PCB 的屏蔽效能比较

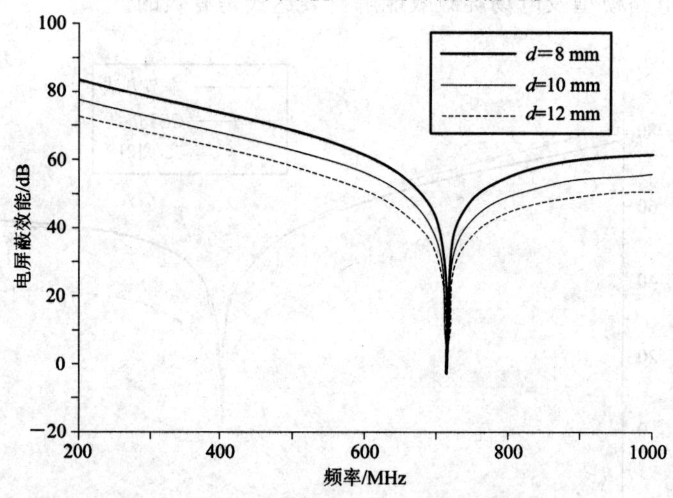

图 5-36　不同孔径大小的屏蔽效能比较

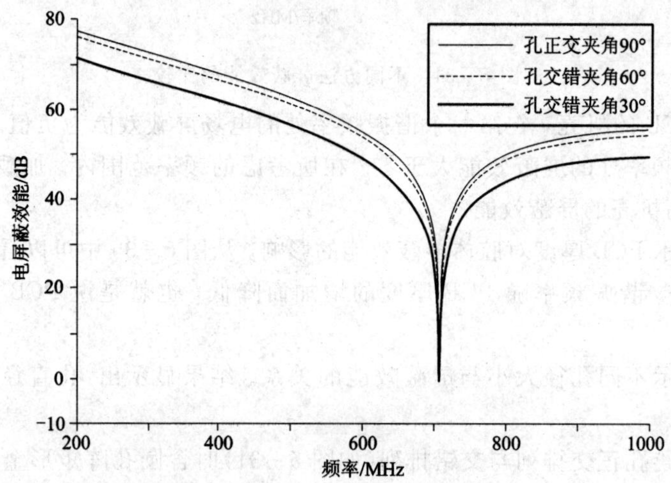

图 5-37　孔交错排列与正交排列的比较

该方法也可以用于计算含方孔阵金属机壳的屏蔽效能，方孔可以等效为相应的外接圆，即 $d=\sqrt{2}d_s$。这里选取含方孔阵金属机壳的尺寸为 $a\times b\times c=500\ \text{mm}\times 500\ \text{mm}\times 500\ \text{mm}$，壁厚为 2 mm。PCB 与孔阵所在平面平行，尺寸为 496 mm×496 mm×2 mm，置于距孔阵面 150 mm 处的机壳内部。观测点 P 设定在机壳的中心，即距孔阵面 250 mm 且与孔阵面平行的平面中心。圆孔阵面积 $l\times w=100\ \text{mm}\times 100\ \text{mm}$，位于孔阵面中心。孔阵中的每个小方孔边长 $d_s=20$ mm，孔阵长度 l 方向的孔间距 d_h 等于孔阵宽度 w 方向的孔间距 d_v，即 $d_h=d_v=40$ mm。孔阵中方孔的个数为 3×3。平面电磁波垂直孔阵面入射到含方孔阵矩形金属机壳上，频率范围是 100～1000 MHz。如图 5-38 所示，在低于 600 MHz 范围内，CST 仿真与本书方法非常吻合。

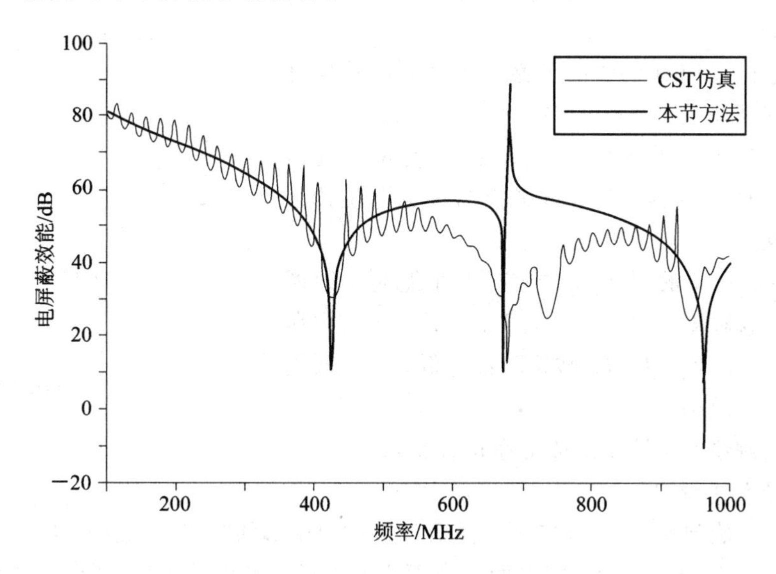

图 5-38　方孔阵与等效外接圆孔阵屏蔽效能的比较

5.8.3　结论

以下结论基于含圆孔阵矩形金属机壳的屏蔽效能主要受最低波导模 TE_{10} 的影响，以及机壳材料为理想导体的假设。机壳没有加载 PCB 时，本节提出的等效电路及其解析表达式能够简化为已有文献的结果。对于具体的加载印制电路板的含圆孔阵矩形机壳，用本节方法计算的屏蔽效能与 CST 仿真结果吻合良好。计算结果表明，孔直径越小，屏蔽效能越高，屏蔽效果越好；在所考虑的频率范围内，加载 PCB(有耗介质块)可以显著提高机壳的屏蔽效能；正交排列孔阵的屏蔽效果优于交错排列孔阵的屏蔽效果；保持孔阵中孔数目不变，孔间距越大，屏蔽效能越高。另外，在所考虑的频率范围内，此方法还可以用于计算方孔阵的屏蔽效能。

5.9　抑制电磁泄漏的工程措施

实际的屏蔽壳体往往有缝隙、孔隙，引起导电不连续性，产生电磁泄漏，使屏蔽效能远低于无孔缝的完整屏蔽壳体的理论计算值。因此，屏蔽设计、屏蔽技术的关键是如何保证屏蔽壳体的完整性，使其屏蔽效能尽可能不要降低。如何保证屏蔽壳体的完整性？工程实践中应采取什么技术措施？这是我们将要讨论的主题。

实践证明，当孔隙、缝隙的最大线性尺寸等于骚扰源半波长的整数倍时，孔缝的电磁泄漏最大，因此一般要求孔隙、缝隙的最大线性尺寸小于 $\lambda/10 \sim \lambda/100$。

1. 导电衬垫

屏蔽壳体上的永久性缝隙应采用焊接工艺密封，目前采用氩弧焊，氩弧焊还可以保证焊接面的平整。非永久性配合面形成的缝隙(接缝)通常采用螺钉紧固连接，但由于配合面不平整或变形，屏蔽效能会下降。导电衬垫(conductive gasket)也称为 EMI 衬垫(EMI gasket)，是减小配合面不平整或变形的重要屏蔽材料，已经被广泛应用。通常对导电衬垫的基本要求为：

(1) 导电衬垫应有足够的弹性和厚度，以补偿螺栓压紧接缝时所出现的不均匀性。

(2) 导电衬垫所用材料应耐腐蚀，并与屏蔽壳体材料的电化学性能相容，即应该选择与接触电位接近的材料作为接触面，防止电化学腐蚀。

(3) 导电衬垫的转移阻抗应尽可能低(见图 5-39)。设导电衬垫一侧存在电流 I 时，另一侧有电压 U，则转移阻抗为 $Z_T = U/I$。转移阻抗越低，屏蔽效能就越高，电磁泄漏越小。

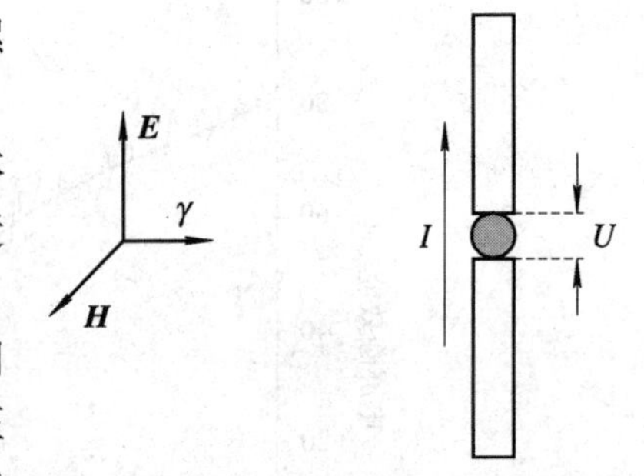

图 5-39　转移阻抗的定义

(4) 导电衬垫的压缩变形或寿命符合要求。

下面介绍几种导电衬垫。

(1) 卷曲螺旋弹簧。卷曲螺旋弹簧(见图 5-40)用薄的窄带金属材料绕制而成，它容易与不平整的接合面配合接触，能在两接合面之间形成低的转移阻抗。卷曲螺旋弹簧的直径范围在 1.25～25 mm 之间。螺旋管 EMI 衬垫就是根据这种原理制成的，有普通型和高性能型两类。普通型由不锈钢绕制而成，能提供 100 dB 以上的屏蔽效能，适用于各种普通设备。高性能型由镀锡铍铜绕制而成，屏蔽效能可达 160 dB，抗化学腐蚀性能好，可满足各种军用设备及抗恶劣环境的要求。

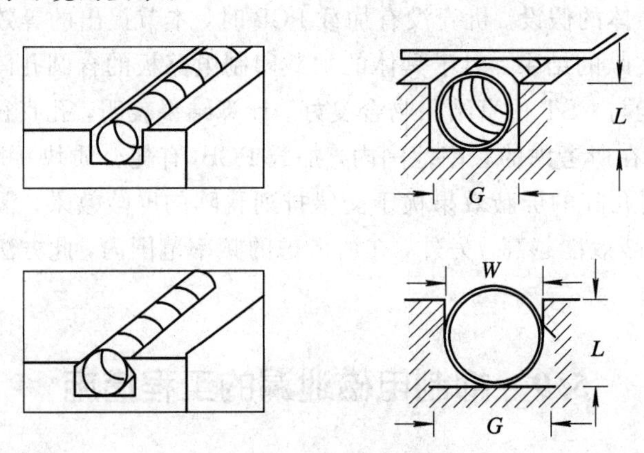

图 5-40　卷曲螺旋弹簧

(2) 卷曲螺旋屏蔽条。卷曲螺旋屏蔽条由不锈钢螺旋管与带背胶的发泡氯丁橡胶条连接构成。螺旋管的直径比橡胶条的厚度大 25%。带背胶的橡胶条用来固定螺旋管衬垫并提供密封环境，十分便于安装。安装时既可沿屏蔽壳体周边连续安装，也可以断续安装。

(3) 高性能型屏蔽条。高性能型屏蔽条由螺旋管与实心硅橡胶条或氟硅橡胶条连接构成，也可与发泡硅橡胶条连接构成。实心硅橡胶条能提供气体密封，能满足防雨、防风和防尘的要求。

(4) 硅橡胶芯屏蔽衬垫。硅橡胶芯屏蔽衬垫是在螺旋管中注入硅橡胶而构成的。这种衬垫极牢固，能承受切向运动，并防止过量压缩而造成衬垫损坏。

(5) 指形簧片衬垫。指形簧片衬垫是由铍青铜冲压而成的一排分立指形衬垫结构，接合面的不平度可由各指作不同量的弯曲来予以弥合，广泛应用于经常需要拆装的屏蔽机箱或盖板，如图 5-41 所示。它提供了 100%的接缝覆盖，弹力很大，并且提供良好的电气接触，可以实现大于 100 dB 的屏蔽效能。

图 5-41　指形簧片衬垫

指形簧片是唯一的允许切向滑动接触的电磁密封衬垫，特别适合于屏蔽门、屏蔽抽屉和插件板的屏蔽；指形簧片采用科学的扭齿设计，能够提供可靠的电气接触，可用在各种屏蔽场合。

(6) 金属编织网衬垫。金属编织网衬垫有超软镀铜编织网空心衬垫、全编织网衬垫和橡胶芯编织网衬垫。超软镀铜编织网空心衬垫压缩 75%时，其形状可恢复 100%，不吸收潮气，如图 5-42 所示。橡胶芯编织网衬垫充分利用了金属丝网的导电性和橡胶优良的压缩形变特性，主要用于在机箱门、盖板等活动搭接处填充缝隙。

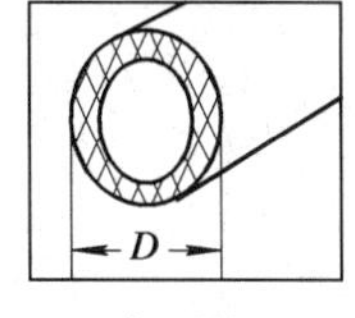

空心圆

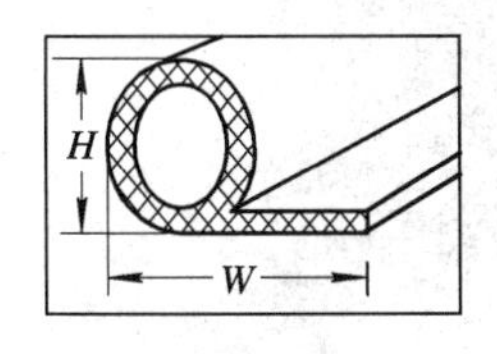

带边的空心圆

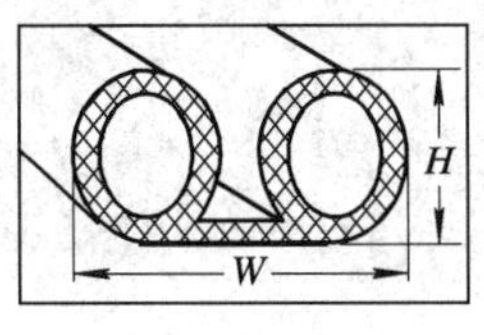

双空心圆

(a) 超软镀铜编织网空心衬垫

(b) 橡胶芯编织网衬垫

图 5-42　金属编织网衬垫

(7) 导电橡胶衬垫。导电橡胶是将微细导电颗粒均匀分布在硅橡胶中制成的，既能保持橡胶原有的水气密封性能，又具有高导电性，同时实现电磁密封，如图 5-43 所示。导电橡胶可分为导电橡胶板(可剪切成任意形状，可形成闭合密封衬垫)、导电橡胶条(空心或实心)和双层导电橡胶。双层导电橡胶采用特殊工艺，内层是普通橡胶，表层是导电橡胶带复合橡胶材料，有较好的电磁屏蔽效果。

有多种规格型号(圆形、长方形、圆形空心、D形、空心D形、U形等)的空心或实心导电橡胶条，对于10 GHz平面波，其屏蔽效能可达120 dB。

图5-43　导电橡胶衬垫

2. 通风窗口的EMI屏蔽

为了满足屏蔽壳体的通风散热要求，有时需要在屏蔽壳体上开孔隙，如果处理不当，往往会降低屏蔽壳体的屏蔽效能。采用穿孔金属板作为通风窗口或采用金属丝网覆盖通风窗口的方法适合于低频屏蔽。但在高频时，这种方法的屏蔽效能下降，因此需要使用截止波导管式的蜂窝板(见图5-44)，它具有工作频带宽、对空气的阻力小、风压损失少、机械强度高、工作可靠稳定等优点。

图5-44　截止波导管式的蜂窝板

3. 屏蔽窗

显示器、监视器等必须使用屏蔽窗以防止电磁泄漏。屏蔽窗可由层压在两层聚丙烯或玻璃之间的细金属丝网制成，也可将金属薄膜真空沉积在化学基片上制成。屏蔽窗的透光度应保持在 60%甚至 80%以上。目前应用的柔性平面屏蔽窗、柔性弧度屏蔽窗和刚性屏蔽窗在 9 kHz～1.5 GHz 的频率范围内，屏蔽效能可达 80 dB 以上。

4. 开关、表头的 EMI 屏蔽

设备面板上安装开关时也可以使用导电衬垫，以减小电磁泄漏，如图 5-45 所示。设备面板上安装显示元件(例如表头、数码管)时，可以采用附加屏蔽法防止电磁泄漏。图 5-45 中设备面板与附加屏蔽体连接处使用了导电衬垫，以减小缝隙和改善接触。此外，在通过附加屏蔽体至表头的引线上加装了穿心电容，使引线在电磁场中感应的高频电流被穿心电容旁路接地。

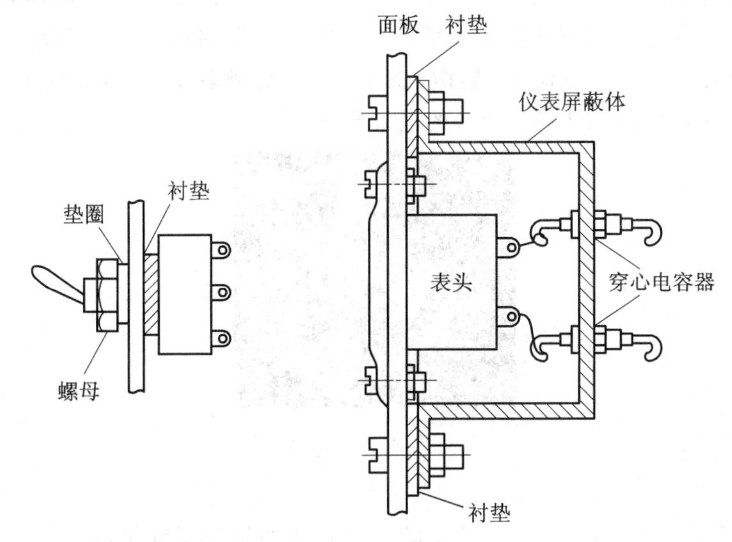

图 5-45　开关、表头的 EMI 屏蔽

5. 旋转调节孔的 EMI 屏蔽

设备机箱面板上经常留有各种用途的调节孔。连接调节元件(可变电容器、电感器、电位器、波段开关等)的传动轴有的在调节孔内，有的在调节孔外。调节孔也是电磁泄漏的途径，会降低机箱的屏蔽效能。可以采用圆形截止波导管来抑制调节孔的电磁泄漏，如图 5-46 所示。如果传动轴采用绝缘材料做成，就使截止频率比空心波导管的截止频率低，即 $f_\varepsilon = f_c/\sqrt{\varepsilon_r}$，其中 ε_r 为绝缘材料的相对介电常数。

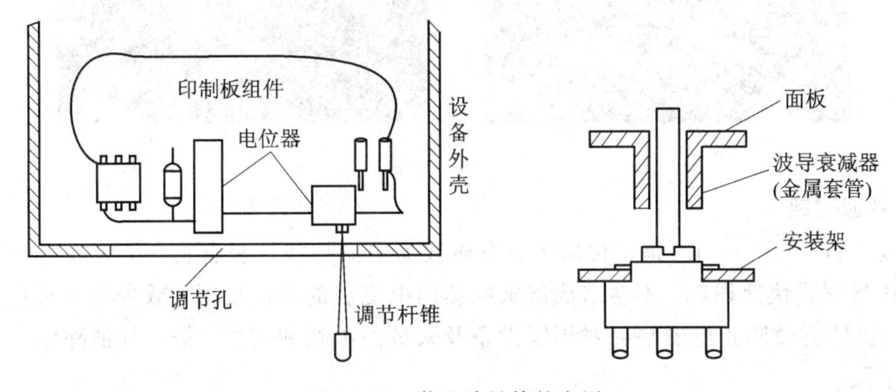

图 5-46　截止波导管的应用

6. 导电涂料

导电涂料(conductive coating)是由丙烯酸或环氧黏合剂混合细小的银、铜、镍或石墨颗粒制成的，由于其表面厚度通常为25～50 μm，对于大多数骚扰源的频率范围来说是小于集肤深度的，因此导电涂料主要靠反射损耗来抑制电磁泄漏。

导电涂料主要应用于系统的塑料外壳，可有效改善现有的普通或恶化的导电表面的屏蔽效能，防止ESD或静电积累现象，增大接合面或密封衬垫的接触面积。

7. 导电箔

铝是一种良导体，一个大约25 μm厚的薄铝片(导电箔，见图5-47)，在10 MHz以下没有吸收损耗，但是它对电场的任何频率都有较好的反射损耗。这种薄铝片易于裁剪、成型和缠绕。其局限性是：容易剥落、划伤、撕破；对于低频磁场和一般的近区场是不起作用的；很难与其他材料实现低阻抗、持久的电气连接。

图5-47　导电箔

8. 导电布

导电布(见图5-48)可以由镍、纯化的铜或其他的细金属纤维制成，对于远区平面波电磁场有不小于40 dB的屏蔽效能。由于导电布更轻薄，因此易于应用在普通房间的墙壁上或缠绕在任何三维形状的物体周围。在100 kHz到吉赫兹的频率范围内，导电布的立体屏蔽效果可达30～50 dB。

图5-48　导电布

9. 吸波材料

吸波材料(见图5-49)是一种以吸收电磁波为主的功能性复合材料，吸收时将辐射电磁波以热量形式快速损耗，不会造成屏蔽腔体内电磁波的来回反射，减少杂波对自身设备的干扰，也能有效防止电磁辐射对周围设备及人员的干扰和伤害，是一种消除电磁波污染的高级手段。

图 5-49　吸波材料

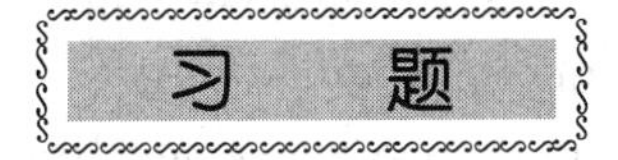

1. 何谓屏蔽？可用于抑制何种类型的电磁骚扰？

2. 简述静电屏蔽、交变电场屏蔽、低频磁场屏蔽、高频磁场屏蔽、电磁屏蔽的原理及应用时需注意的问题。

3. 屏蔽效果怎样定量表示，如何计算屏蔽效能？

4. 当金属屏蔽盒为长方形时，如何放置屏蔽盒，才能使其低频磁屏蔽效能最大？

5. 对于相同半径的球形金属屏蔽体，其高频、低频电场及磁场的屏蔽效果随频率如何变化？

6. 屏蔽体的屏蔽效能由哪些损耗构成？利用计算屏蔽效能的解析方法，如何选择金属屏蔽体材料？

7. 如何测量材料及屏蔽体的屏蔽效能(列出相关标准)？

8. 分析常见孔缝的几何形状、线度及其对孔缝屏蔽效能的影响。简述如何设计孔缝的几何形状、线度以降低电磁泄漏。

9. 举例阐述你在工程实践中抑制电磁泄漏的具体方法、效果和理论依据。

10. 实际电磁屏蔽室的屏蔽效能如何计算和测量？

11. 将内外半径分别为 a 和 b，磁导率为 μ 的无限长磁性材料圆柱腔置于均匀磁场 $\boldsymbol{B}_0$ 中。假设均匀磁场 $\boldsymbol{B}_0$ 的取向与无限长磁性材料圆柱腔的轴线平行，试求解此圆柱腔的磁屏蔽效能。

12. 将内外半径分别为 a 和 b，磁导率为 μ 的磁性材料球壳置于均匀磁场 $\boldsymbol{B}_0$ 中，试求解此球壳的磁屏蔽效能。

13. 均匀平面电磁波照射半径为 R 的导体球壳，壳体厚度为 t(小于 5 mm)，壳体上有圆形孔(孔直径与 R 的比值为 1/10 波长、1/100 波长、1/1000 波长)，采用仿真方法计算壳体中心的电场屏蔽效能。当壳体上有方形孔(最大线度与 R 的比值为 1/10 波长、1/100 波长、1/1000 波长)时，采用仿真方法计算壳体中心的电场屏蔽效能。

14. 分析题 13 中，半径为 R 的导体球壳内，直径上每一点的屏蔽效能及中心屏蔽效能随照射电磁波频率的变化规律。

15. 某飞机控制盒采用铝板材加工而成，两侧面铝板厚度为 2 mm，总孔隙数为 16×9，孔隙深度为 $t=2$ mm，其形状是圆孔，孔径为 $D=5$ mm，孔隙中心间距为 18 mm。试求该控制盒对 5 MHz、50 MHz 和 500 MHz 的平面电磁波的屏蔽效能。

参考文献

[1] ARANEO R, LOVAT G. An Efficient MoM Formulation for the Evaluation of the Shielding Effectiveness of Rectangular Enclosures With Thin and Thick Apertures. IEEE Transactions on Electromagnetic Compatibility, 2008, 50(2): 294-304.

[2] DEHKHODA P, TAVAKOLI A, MOINI R. An efficient and reliable shielding effectiveness evaluation of a rectangular enclosure with numerous apertures. IEEE Transactions on Electromagnetic Compatibility, 2008, 50(1): 208-212.

[3] OTOSHI T Y. A study of microwave leakage through perforated flat plates. IEEE Transactions on Microwave Theory and Techniques, 1972, 20(3): 235-236.

[4] SCOGNA A C, SCHAUER M. EMC simulation of complex PCB inside a metallic enclosure and shielding effectiveness analysis. 18th Int. Zurich Symposium on Electromagnetic Compatibility. Munich: 2007: 91-94.

[5] RAJAMANI V, BUNTING C F, DESHPANDE M D, et al. Validation of modal/MoM in shielding effectiveness studies of rectangular enclosures with apertures. IEEE Transactions on Electromagnetic Compatibility, 2006, 48(2): 348-353.

[6] WALLYN W, ZUTTER D D, LAERMANS E. Fast Shielding Effectiveness Prediction for Realistic Rectangular Enclosures. IEEE Transactions on Electromagnetic Compatibility, 2003, 45(4): 639-643.

[7] DAVID W P T, ALAN C D, TADEUSZ K, et al. Characterisation of the shielding effectiveness of loaded equipment enclosures. International Conference and Exhibition on Electromagnetic Compatibility,1999. York: IEEE,1999: 89-94.

[8] LI M, NUEBEL J, DREWNIAK J L, et al. EMI from Cavity Modes of Shielding Enclosures—FDTD Modeling and Measurements. IEEE Transactions on Electromagnetic Compatibility, 2000, 42(1): 29-38.

[9] ROBINSON M P, BENSON T M, CHRISTOPOULOS C, et al. Analytical formulation for the shielding effectiveness of enclosures with apertures. IEEE Transactions on Electromagnetic Compatibility, 1998, 40(3): 240-248.

[10] ROBINSON M P, TURNER J D, THOMAS D W P, et al. Shielding effectiveness of a rectangular enclosure with a rectangular aperture. Electronics Letters, 1996, 32(17): 1559-1560.

[11] MENDEZ H A. Shielding Theory of Enclosures with Apertures. IEEE Transactions on Electromagnetic Compatibility, 1978, 20(2): 296-305.

[12] FRANCESCHETTI G. Fundamentals of Steady-state and Transient Electromagnetic Fields in Shielding Enclosures. IEEE Transactions on Electromagnetic Compatibility, 1979, 21(4): 335-348.

[13] MILLER D A, BRIDGES J E. Reviev of Circuit Approach to Calculate Shielding Effectiveness. IEEE Transactions on Electromagnetic Compatibility, 1968, 10(1):

52 - 62.

[14] BRIDGES J E. An Update on the Circuit Approach to Calculate Shielding Effectiveness. IEEE Transactions on Electromagnetic Compatibility, 1988, 30(3): 211 - 221.

[15] SCHULZ R B, PLANTZ V C, BRUSH D R. Shielding Theory and Practice. IEEE Transactions on Electromagnetic Compatibility, 1988, 30(3): 187 - 201.

[16] ABAKAR A, MEUNIER G, COULOMB J L, et al. 3D Modeling of Shielding Structures Madde by Conductors and ThinPlates. IEEE Transactions on Magnetics, 2000, 36(4): 790 - 794.

[17] OTT H W. Noise Reduction Techniques in Electronic Systems. 2nd ed. John Wiley and Sons, 1988

[18] PISCATAWAY N J. EMC/EMI principles, measurements and technologies. Institute of Electrical and Electronics Engineers, Inc. , 1997.

[19] KEISER B. Principles of Electromagnetic Compatibility. 3rd ed. MA: Artech House, Inc. , 1987.

[20] WESTON D A. Electromagnetic Compatibility: Principles and Applications. New York: Marcel Dekker, Inc. , 1991.

[21] MONTROSE M I. Printed circuit board design techniques for EMC compliance: a handbook for designers. 2nd ed. New York: IEEE Press, 2000.

[22] TESCHE F M, IANOZ M V. EMC analysis methods and computational models. New York: John Wiley & Sons, Inc. , 1997.

[23] CARR J J. The technician's EMI handbook: clues and solutions. Boston: Newnes, 2000.

[24] PRASAD K V. Engineering Electromagnetic Compatibility: Principles, measurements, and Technology. New York: IEEE Press, 1996.

[25] WILLIAMS T, ARMSTRONG K. EMC for systems and installations. Oxford: Newnes, 2000.

[26] TSALIOVICH A B. Electromagnetic shielding handbook for wired and wireless EMC applications. Boston: Kluwer Academic, 1999.

[27] CHATTERTON P A, HOULDEN M A. EMC: Electromagnetic Theory to Practical Design. New York: John Wiley & Sons Ltd, 1992.

[28] WESTON D A. Electromagnetic Compatibility: Principles and Applications. New York: Marcel Dekker, Inc. , 1991.

[29] WHITE D R J, MARDIGUIAN M. EMI Control Technology and Procedures. Gainesville, Virginia: Interference Control Technologies, Inc. , USA, 1988.

[30] PAUL C R, NASAR S A. Introduction to Electromagnetic Fields. 2nd ed. New York: McGraw-Hill, 1987.

[31] VIOLETTE J L N, WHITE D R J, VIOLETTE M F. Electromagnetic Compatibility Handbook. New York: van nostrand reinhold company, 1987.

[32] OZENBAUGH R L. EMI Filter Design. New York: Marcel Dekker, Inc. , 1996.

[33] ARCHAMBEAULT B, RAMAHI O M, BRENCH C. EMI/EMC Computational Modeling Handbook. Boston: Kluwer Academic Publishers, 1998.

[34] PAUL C R. Analysis of Multi-conductor Transmission Lines. New York: John Wiley & Sons Ltd., 1994.

[35] SMITH A A. Coupling of External Electromagnetic Fields to Transmission Lines. New York: John Wiley & Sons Ltd., 1977.

[36] PLONSEY R, COLLIN R E. Principles and Applications of Electromagnetic Fields. New York: McGraw-Hill, 1961.

[37] RAMO S, WHINNERY J R, VAN D T. Fields and Waves in Communication Electronics. 2nd ed. New York: John Wiley and Sons, 1989.

[38] VANCE E F. Coupling to Shielded Cables. R. E. Krieger, Melbourne, FL, 1987.

[39] VIOLETTE N J L, WHITE D R J, VIOLETTE M F. Electromagnetic Compatibility Handbook. Van Nostrand Reinhold Co., New York, 1985.

[40] RICKETTS L W, BRIDGES J E, MILETTA J. EMP Radiation and Protective Techniques. John Wiley and Sons, New York, 1976.

[41] WHITE D R J. A Handbook on Electromagnetic Shielding Materials and Performance. Don White Consultants, Inc., 1975.

[42] WHITE D R J. A Handbook on Electromagnetic Interference and Compatibility. Don White Consultants, Inc., 1973.

[43] DENNY H W. Grounding for the Control of EMI. Don White Consultants, Inc., 1983.

[44] MARDIGUIAN M. EMI troubleshooting techniques. New York: McGraw-Hill, 2000.

[45] A handbook for EMC: testing and measurement. London: Peter Peregrinus Ltd., 1994.

[46] MONTROSE M I. EMC and the printed circuit board: design, theory, and layout made simple. New York: IEEE Press, 1999.

[47] O'HARA M. EMC at component and PCB level. Oxford, England: Newnes, 1998.

[48] WILLIAMS T. EMC for product designers. Boston: Newnes, 1992.

[49] MACNAMARA T. Handbook of antennas for EMC. Boston: Artech House, 1995.

[50] MOLYNEUX-C J W. EMC shielding materials. 2nd ed. Boston: Newnes, 1997.

[51] 路宏敏，罗朋，刘国强，等. 有孔阵矩形机壳屏蔽效能研究. 兵工学报，2009：6.

第 6 章　接地技术及其应用

本章从接地的概念出发，阐述了接地的分类、导体阻抗的频率特性和地回路干扰的成因；介绍了屏蔽体接地的原理和方法以及抑制电磁干扰的接地点选择技术；讨论了抑制地回路干扰的几种常用技术措施。

接地技术是任何电子、电气设备或系统正常工作时必须采用的重要技术，它不仅是保护设施和人身安全的必要手段，也是抑制电磁干扰、保障设备或系统电磁兼容性、提高设备或系统可靠性的重要技术措施。任何电路的电流都需要经过地线形成回路，因而地线就是用电设备中各电路的公共导线。然而，任何导线(包括地线)都具有一定的阻抗，其中包括电阻和电抗，该公共阻抗使两个不同的接地点很难得到等电位。因此公共阻抗使两接地点间形成一定的电压，产生接地干扰。但是，恰当的接地方式可以为干扰信号提供低公共阻抗通路，从而抑制干扰信号对其他电子设备的干扰。所以说，**接地一方面可引起接地阻抗干扰，另一方面良好的接地还可抑制干扰**。本章将讨论接地干扰的产生以及抑制接地干扰的技术措施。

设备或系统的接地设计与其功能设计同等重要。接地的效果无法在产品设计之初立即显现，但在产品生产与测试过程中可发现，良好的接地可在花费较少的情况下解决许多电磁干扰问题。

6.1　接地及其分类

6.1.1　接地的概念

所谓“地(ground)”，一般定义为电路或系统的零电位参考点。直流电压的零电位点或者零电位面不一定为实际的大地(建筑地面)，而可以是设备的外壳或其他金属板或金属线。

接地原意指与真正的大地(earth)连接以提供雷击放电的通路，例如避雷针一端埋入大地。后来接地成为为用电设备提供漏电保护(提供放电通路)的技术措施。现在接地的含义已经得到延伸，“接地(grounding)”一般指为了使电路、设备或系统与“地”之间建立低阻抗通路，而将电路、设备或系统连接到一个作为参考电位点或参考电位面的良导体的技术行为，其中一点通常是系统的一个电气或电子元(组)件，而另一点则是称之为“地”的参考点。例如，当所说的系统组件是设备中的一个电路时，则参考点就是设备的外壳或接地平面。

6.1.2 接地的要求

(1) 理想的接地应使流经地线的各个电路、设备的电流互不影响，即**不使其形成地电流环路**，避免使电路、设备受磁场和地电位差的影响。

(2) 理想的接地导体(导线或导电平面)应是**零阻抗**的实体，流过接地导体的任何电流都不应该产生电压降，即各接地点之间没有电位差，或者说各接地点间的电压与电路中任何功能部分的电位差均可忽略不计。

(3) 接地平面应是**零电位**，它作为系统中各电路任何位置所有电信号的公共电位参考点。

(4) 良好的接地平面与布线间将有大的分布电容，而接地平面本身的引线电感将很小，理论上它必须能吸收所有信号，且使设备稳定地工作。接地平面应采用低阻抗材料制成，并且有足够的长度、宽度和厚度，以保证在所有频率上它的两边之间均呈现低阻抗。用于安装固定式设备的接地平面，应由整块铜板或者铜网组成。

6.1.3 接地的分类

通常电路、用电设备按其作用可分为安全接地(safety grounds)和信号接地(signal grounds)，其中安全接地又有设备安全接地、接零保护接地和防雷接地，信号接地又分为单点接地、多点接地、混合接地和悬浮接地，见表6-1。

表6-1 接地的分类

安全接地分类	信号接地分类
设备安全接地 接零保护接地 防雷接地	单点接地 多点接地 混合接地 悬浮接地

6.2 安全接地

安全接地就是采用低阻抗的导体将用电设备的外壳连接到大地上，使操作人员不致因设备外壳漏电或静电放电而发生触电危险。安全接地也包括建筑物、输电线导线、高压电力设备的接地，其目的是防止雷电放电而造成设施破坏和人身伤亡。众所周知，大地具有非常大的电容量，是理想的零电位，不论往大地注入多大的电流或电荷，在稳态时其电位始终保持为零，因此良好的安全接地能够保证用电设备和人身安全。

6.2.1 设备安全接地

设备安全接地是安全接地的一种。为了人、机安全，任何高压电气设备、电子设备的机壳、底座均需要安全接地，以避免高电压直接接触设备外壳，或者避免由于设备内部绝缘损坏而造成漏电打火使机壳带电。否则，人体触及机壳就会触电。

一般用电设备在使用中，因绝缘老化、受潮等原因导致带电导线或者导电部件与机壳之间漏电，或者因设备超负荷引起严重发热，导致绝缘材料受损而造成漏电，或者因环境气体污染、灰尘沉积而导致漏电和电弧击穿打火。

机壳通过杂散阻抗而带电，或者因绝缘击穿而带电，如图 6-1 所示，设 U_1 为用电设备中电路的电压，Z_1 为电路与机壳(Chassis)之间的杂散阻抗(Stray Impedances)，Z_2 为机壳与地之间的杂散阻抗，U_2 为机壳与地之间的电压。机壳对地的电压 U_2 是由机壳对地的阻抗 Z_2 分压造成的，即

$$U_2 = \frac{Z_2}{Z_1 + Z_2} U_1 \tag{6-1}$$

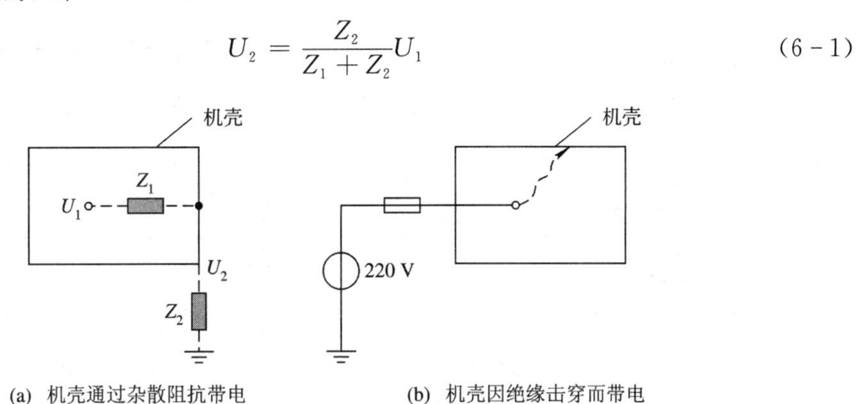

(a) 机壳通过杂散阻抗带电　　(b) 机壳因绝缘击穿而带电

图 6-1　设备机壳接地的作用

当机壳与地绝缘($Z_2 \to \infty$)，即 $Z_2 \gg Z_1$ 时，$U_2 = U_1$。如果 U_1 足够大(例如超过 36 V)，人体触及机壳就可能发生危险。为了人身安全，机壳应该接地，使 $Z_2 \to 0$，从而使 $U_2 = 0$。

如果人体触及机壳，相当于机壳与大地之间连接了一个人体电阻 Z_b。人体电阻变化范围很大，一般地，人体的皮肤处于干燥洁净和无破损情况时，人体电阻可高达 40～100 kΩ；人体的皮肤处于出汗、潮湿状态时，人体电阻降至 1000 Ω 左右。流经人体的安全电流值，对于交流电流为 15～20 mA，对于直流电流为 50 mA。当流经人体的电流高达 100 mA 时，就可能导致死亡发生。因此，我们国家规定的人体安全电压为 36 V 和 12 V。一般家用电器的安全电压为 36 V，以保证触电时流经人体的电流值小于 40 mA。为了保证人体安全，应该将机壳与接地体连接，即应该将机壳接地。这样，当人体触及带电机壳时，人体电阻与接地导线的阻抗并联，人体电阻远大于接地导线的阻抗，大部分漏电电流经接地导线旁路流入大地。通常规定接地电阻值为 5～10 Ω，所以流经人体的电流值将减小为原先的 1/200～1/100。

6.2.2　接零保护接地

用电设备通常采用 220 V(单相三线制)或者 380 V(三相四线制)电源提供电力，如图 6-2 所示。**设备的金属外壳除了正常接地之外，还应与电网零线相连接，称为接零保护。**

当用电设备外壳接地后，人体一旦与机壳接触，便处于与接地电阻并联的位置，因接地电阻远小于人体电阻，故漏电电流绝大部分从接地线中流过。但是，接地电阻与电网中性点接地的接触电阻相比，阻值相当，故接地线上的电压降几乎为相电压 220 V 的一半，这一电压超过了人体能够承受的安全电压，使接触设备金属外壳的人体流过的电流超过安全限度，从而导致触电危险。因此，即使外壳良好接地也不一定能够保证安全，为此应该把金属设备外壳接到供电电网的零线(中线)上，才能保证安全用电，如图 6-2 所示，这就

是所谓的**“接零保护”原理**。

室内交流配线可采用如图 6-2(a)所示的接法。图中“火线”上接有保险丝，负载电流经“火线”至负载，再经“中线”返回。还有一根线是安全“地线”。该地线与设备机壳相连并与“中线”连接于一点。因此，地线上平时没有电流，所以也没有电压降，与之相连的机壳都是地电位。只有发生故障，即绝缘被击穿时，安全地线上才会有电流。但该电流是瞬时的，因为保险丝或电流断路器在发生故障时会立即将电路切断。

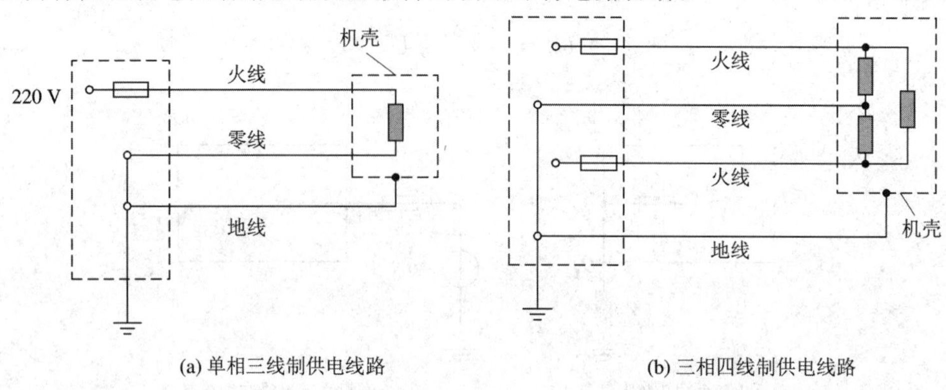

(a) 单相三线制供电线路 (b) 三相四线制供电线路

图 6-2 接零保护

6.2.3 防雷接地

防雷接地是将建筑物等设施和用电设备的外壳与大地连接，将雷电电流引入大地，从而保护设施、设备和人身的安全，使之避免雷击，同时避免雷击电流窜入信号接地系统，影响用电设备的正常工作。防雷接地是一项专门技术，详细内容请查阅其他技术文献。

6.2.4 安全接地的有效性

安全接地的质量好坏关系到人身安全和设施安全。因此，必须检验安全接地的有效性。

接地的目的是为了使设备与大地有一条低阻抗的电流通路，因此，**接地是否有效取决于接地电阻，接地电阻的阻值越小越好**。接地电阻与接地装置、接地土壤状况以及环境条件等因素有关。一般地，接地电阻应小于 10 Ω。针对不同的接地目的，接地电阻有不同的选择。设备安全接地的接地电阻一般应小于 10 Ω，1000 V 以上的电力线路要求小于 0.5 Ω 的接地电阻，防雷接地一般要求接地电阻阻值为 10～25 Ω，建筑物单独装设的避雷针的接地电阻要求小于 25 Ω。接地电阻属于分布电阻，通常由接地导线的电阻、接地体的电阻和大地的杂散电阻三部分组成。其中大地杂散电阻起主要作用，因此，**接地电阻的大小不仅与接地体的大小、形状、材料等特性有关，而且与接地体附近的土壤特性有很大关系。土壤的成分、土壤颗粒的大小和密度、地下水中是否含有被溶解的盐类等因素也会影响接地电阻的阻值。除此之外，接地电阻还受到环境条件的影响，比如天气的潮湿程度、季节变化和温度高低变化等都会影响接地电阻的阻值**。因此，接地电阻的阻值并不是固定不变的，需要定期测定监视。当出现接地电阻阻值不符合接地要求时，可以采用保持水分、化学盐化和化学凝胶三种方法来有效地降低土壤的电阻率，以便减小接地电阻。

接地装置也称为接地体，常见的有接地桩、接地网和地下水管等。通常把接地体分为自然接地体和人工接地体两大类型。

埋设在地下的水管、输送非燃性气体和液体的金属管道、建筑物埋设在地下或水泥中的金属构件、电缆的金属外皮等均属于自然接地体。一般来说，自然接地体与大地的接触面积比较大，长度也较大，因此其杂散电阻较小，往往比专门设计的接地体的性能更好。同时，自然接地体与用电设备在大多数情况下已经连接成整体，大部分的故障漏电电流能在接地体的开始端向大地扩散，所以很安全。自然接地体还在地下纵横交叉，可有效降低接触电压及跨步电压，所以1000 V以下的系统一般都采用自然接地体。

对于大电流接地系统，要求接地电阻阻值较低。埋设于地下的自然接地体因其表面腐蚀等使其接地电阻难以降低，因此需要采用人工接地体。必须指出，在弱信号、敏感度高的测控系统、计算机系统、贵重精密仪器系统中不能滥用自然接地体，例如水管。一般地，水管与建筑物的金属构件及大地并没有良好的接触，其接地电阻阻值比较大，因此不宜作为接地体。人工接地体是人工埋入地下的金属导体，常见的形式有垂直埋入地下的钢管、角钢和水平放置的圆钢、扁钢，还有环形、圆板形和方板形的金属导体。

有关人工接地体接地电阻的计算、接地电阻的测量和影响大地的杂散电阻的因素等相关内容，请查阅其他技术文献。

6.3 导体阻抗的频率特性

电磁兼容工程中，接地、搭接是抑制电磁干扰的有效措施。不论地线还是搭接条，它们的直流电阻、交流电阻和感抗的不同，反映了导体阻抗的频率特性。在用电设备、系统数字化的信息时代，导线因传输高频电流而产生电磁骚扰，可能形成电磁干扰，影响设备、系统的电磁兼容性。因此，分析导线阻抗的频率特性，有益于设计、实施接地或搭接。图6-3为研究导体射频阻抗的导体几何形状。

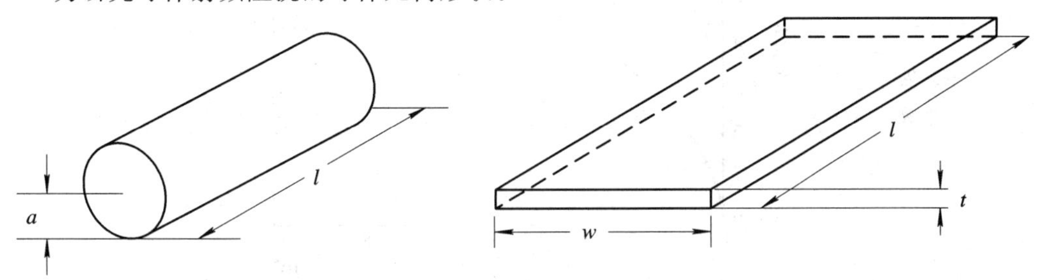

图6-3 导体几何形状

6.3.1 直流电阻与交流电阻的广义描述

众所周知，导线的直流电阻为

$$R_{DC} = \frac{\rho l}{S} \tag{6-2}$$

式中：ρ为导体的电阻率，单位为Ω·m；l为导体的长度，单位为m；S为导体的横截面面积，单位为m^2。

圆导线和扁平导体条的直流电阻分别为

$$R_{DC} = \frac{\rho l}{\pi a^2} \tag{6-3}$$

$$R_{\mathrm{DC}} = \frac{\rho l}{wt} \tag{6-4}$$

式中：a 为圆导线的半径，单位为 m；w、t 分别为扁平导体条的宽度和厚度，单位为 m。

由于集肤效应(skin effect)的影响，导体的高频交流电阻将远大于直流电阻。圆导线的高频($a \gg \delta$)交流电阻为

$$R_{\mathrm{AC}} = \frac{a}{2\delta}R_{\mathrm{DC}} = \frac{\sqrt{\pi\mu\sigma}}{2} \cdot R_{\mathrm{DC}} \cdot \sqrt{f} = \frac{l}{2a}\sqrt{\frac{\mu}{\pi\sigma}} \cdot \sqrt{f} \quad \Omega \tag{6-5}$$

式中，$\delta = \dfrac{1}{\sqrt{\pi\mu\sigma f}}$，为集肤深度(skin depth)。

扁平导体条的高频交流电阻为

$$R_{\mathrm{AC}} = \frac{663Kl\sqrt{f} \cdot 10^{-10}}{2(w+t)} = 663K \cdot 10^{-10}\sigma\frac{wt}{w+t} \cdot R_{\mathrm{DC}} \cdot \sqrt{f} \tag{6-6}$$

式中，K 是宽度与厚度之比。仔细分析式(6-5)和式(6-6)，不难发现，实心单导体的直流电阻与交流电阻的关系可以广义描述为

$$R_{\mathrm{AC}} = K \cdot R_{\mathrm{DC}} \cdot \sqrt{f} \tag{6-7}$$

式(6-7)表明，**高频交流电阻与工作频率的平方根成正比**。图 6-4 表示半径为 0.6 mm、长为 1 m 的铜导线的高频交流电阻与直流电阻之比对频率的依赖关系。经计算知，其直流电阻为 15.25 mΩ，频率为 1 MHz 时，高频交流电阻为 115.34 Ω。

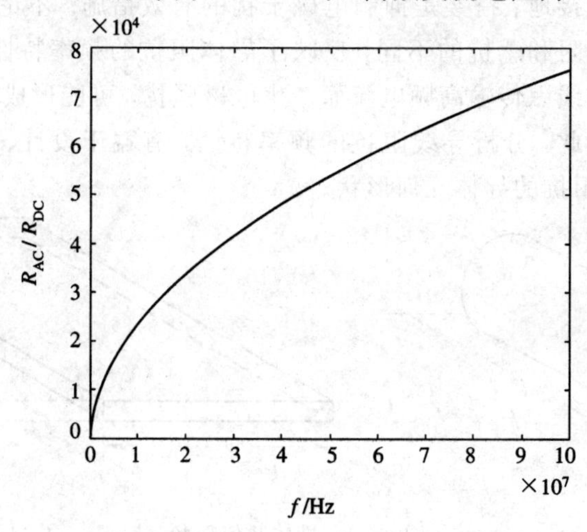

图 6-4　相对电阻与频率的关系

6.3.2　导体电感

圆导线的直流内电感和高频交流内电感分别为

$$L_{\mathrm{i,\,DC}} = \frac{\mu}{8\pi}l \tag{6-8}$$

和

$$L_{\mathrm{i,\,AC}} = \frac{2\delta}{a} \cdot L_{\mathrm{i,\,DC}} = \frac{l}{4\pi a}\sqrt{\frac{\mu}{\pi\sigma}}\frac{1}{\sqrt{f}} \tag{6-9}$$

圆导线的外电感($l \gg a$，$\delta \ll a$)为

$$L_{ext} = \frac{\mu_0}{2\pi} l \left[\ln\left(\frac{2l}{a}\right) - 1 \right] = 2 \times 10^{-7} \cdot l \left[\ln\left(\frac{2l}{a}\right) - 1 \right] \tag{6-10}$$

仍然以半径为 0.6 mm、长为 1 m，工作频率为 1 MHz 的铜导线为例，计算获得其直流内电感为 50 nH；高频交流内电感为 11 nH，对应感抗为 69.2 mΩ；外电感为 1.4 μH，对应感抗为 8.94 Ω。可见**高频外电感远大于内电感。所以，工程计算时可以忽略内电感。通常，外电感与导线的长度成正比。**

图 6 - 3 所示的扁平导体条的外电感可以表示为

$$L_{ext} = \frac{\mu_0 l}{2\pi} \left(\ln \frac{2l}{w+t} + 0.5 + 0.2235 \frac{w+t}{l} \right) \tag{6-11}$$

依据式(6 - 11)绘制的曲线如图 6 - 5 和图 6 - 6 所示，分别表明宽度、厚度的增大或减小对电感的贡献。扁平导体条的宽度增大，电感减小；厚度增大，电感也减小。但是，宽度增大比厚度增大产生的电感减小量要大得多。

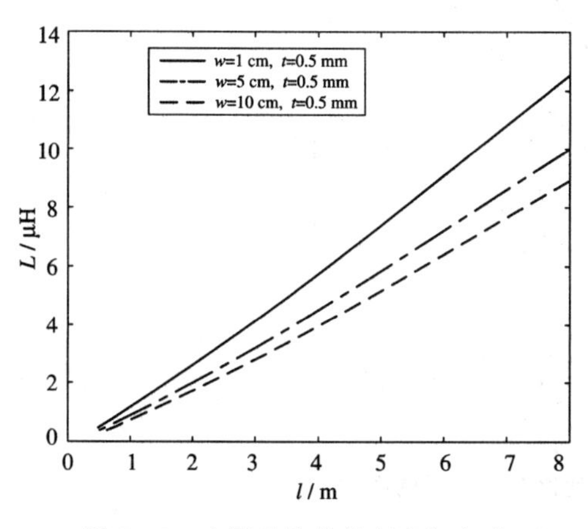

图 6 - 5　扁平导体条的宽度与电感

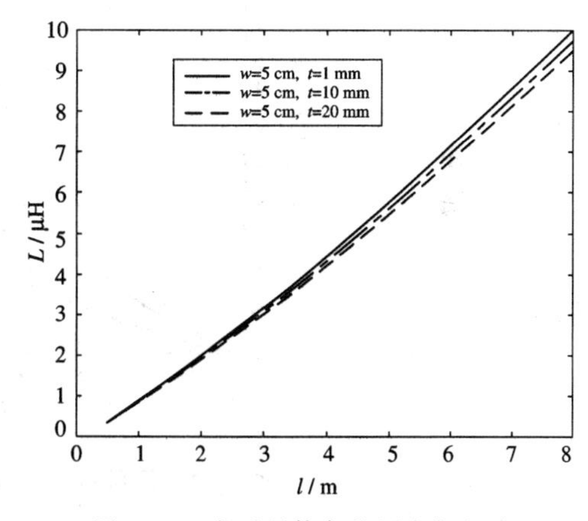

图 6 - 6　扁平导体条的厚度与电感

计算表明，工作频率为 1 MHz 的导体条的直流电阻为 0.575 Ω，电感为 5.74 μH，而感抗可达 36.1 Ω，远大于直流电阻。

导体条横截面的几何形状也是影响其电感量大小的重要因素。图 6 - 7 表明横截面为长方形的电感比横截面为正方形的电感小，即宽度与厚度的比值越大，电感越小。

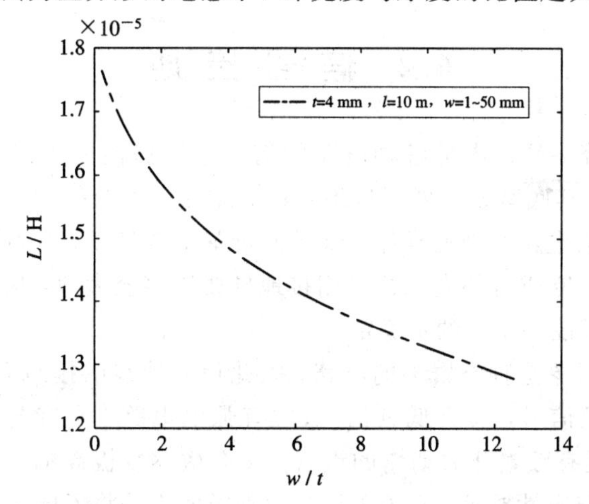

图 6 - 7　横截面的几何形状与电感的关系

6.3.3 如何选择搭接条

对于搭接条尺寸的选择，有些文献指出，依据经验法则，长度与宽度比应等于或小于5∶1；另一些文献指出，搭接条的长度与宽度比应等于或小于3∶1。在电磁兼容工程中，如何进行搭接条尺寸的选择，原则和依据是什么？这些都是必须解决的问题。从基本概念考虑，应尽可能降低搭接条的射频阻抗。为达到此目的，必须尽量降低搭接条的电感。我们通过选择搭接条的不同几何尺寸，采用表达式(6-11)，获得的计算结果如图6-8所示。从图6-8的计算结果可以看出，若仅考虑降低搭接条的电感，则长度与宽度之比越小越好。所以，相关文献提供的两种选择都是可取的。

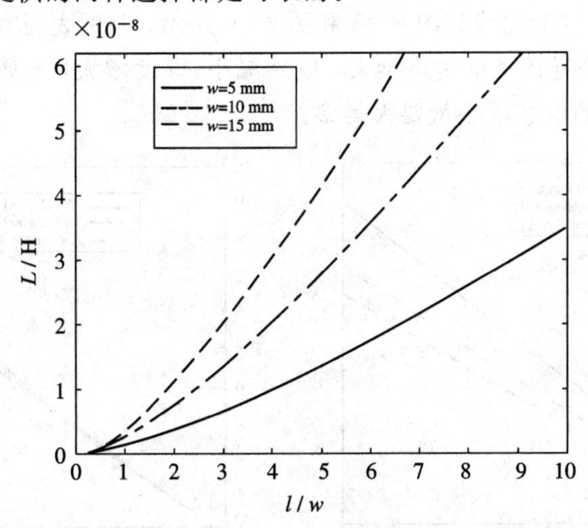

图6-8　搭接条长度与宽度比对电感量的影响

这一节我们以接地线、搭接条的常用形式——圆横截面导线、矩形横截面扁平导体条为对象，详细综述了导体阻抗的频率特性，提出了导体直流电阻与交流电阻关系的广义描述。计算表明：导体条横截面的几何形状也是影响其电感量大小的重要因素；搭接条尺寸的选择应遵循减少射频阻抗的原则；导体阻抗的频率特性是决定接地、搭接成功或失败的关键因素。

6.4 信号接地

信号接地是为设备、系统内部各种电路的信号电压提供一个零电位的公共参考点或面。对于电子设备，将其底座或者外壳接地，除了能提供安全接地外，更重要的是在电子设备内部提供一个作为电位基准的导体，以保证设备工作稳定，抑制电磁骚扰。这个导体称为接地面。设备的底座或者外壳往往采用接地导线连接至大地，接地面的电位一旦出现不稳定，就会导致电子设备工作的不稳定。

信号接地的连接对象是种类繁多的电路，因此信号地线的接地方式也是多种多样的。复杂系统中，既有高频信号，又有低频信号；既有强电电路，又有弱电电路；既有模拟电路，又有数字电路；既有频繁开关动作的设备，又有敏感度极高的弱信号装置。为了满足复杂用电系统的电磁兼容性要求，必须采用分门别类的方法将不同类型的信号电路分成若干类别，以同类电路构成接地系统。通常将所有电路按信号特性分成四类，分别接地，形成四个独立的接地系统，每个接地系统可能采用不同的接地方式。

四个独立的接地系统是：

第一类接地系统是**敏感信号和小信号电路**的接地系统。它包括低电平电路、小信号检测电路、传感器输入电路、前级放大电路、混频器电路等的接地。由于这些电路工作电平低，特别容易受到电磁骚扰而出现电路失效或电路性能降级现象，因此，这些电路的接地导线应避免混杂于其他电路中。

第二类是**非敏感信号或者大信号电路**的接地系统。它包括高电平电路、末级放大器电路、大功率电路等的接地。这些电路中的工作电流都比较大，因而其接地导线中的电流也比较大，容易通过接地导线的耦合作用对小信号电路造成干扰，可能会使小信号电路不能正常工作。因此，必须将其接地导线与小信号接地导线分开设置。

第三类是**骚扰源器件、设备**的接地系统。它包括电动机、继电器、开关等产生强电磁骚扰的器件或者设备。这类器件或者设备在正常工作时会产生冲击电流、火花等强电磁骚扰，这样的骚扰频谱丰富、瞬时电平高，往往使电子电路受到严重的电磁干扰。因此，除了采用屏蔽技术抑制这样的骚扰外，还必须将其接地导线与其他电子电路的接地导线分开设置。

第四类是**金属构件**的接地系统。它包括机壳、设备底座、系统金属构架等的接地。其作用是保证人身安全和设备工作稳定。

工程实践中，也采用模拟信号地和数字信号地分别设置，直流电源地和交流电源地分别设置，以抑制电磁骚扰。电路、设备的接地方式有单点接地、多点接地、混合接地和悬浮接地，详细分析如下。

6.4.1　单点接地

单点接地只有一个接地点，所有电路、设备的地线都必须连接到这一接地点上。这一点将作为电路、设备的零电位参考点(面)。

1. 共用地线串联一点接地

图 6-9 为一共用地线串联一点接地的示例。设图 6-9 中，电路 1、电路 2、电路 3 注入地线(接地导线)的电流分别为 I_1、I_2、I_3，R_1 为 A 点至接地点之间的一段地线(AG 段)之电阻，AG 段地线是电路 1、电路 2 和电路 3 的共用地线；R_2 为 BA 段的地线电阻，这一段地线是电路 2 和电路 3 的共用地线；R_3 为 CB 段的地线电阻；G 点为共用地线的接地点。那么共用地线上 A 点的电位为

$$U_A=(I_1+I_2+I_3)R_1 \tag{6-12}$$

共用地线上 B 点的电位为

$$U_B=U_A+(I_2+I_3)R_2=(I_1+I_2+I_3)R_1+(I_2+I_3)R_2 \tag{6-13}$$

共用地线上 C 点的电位为

$$U_C=U_B+I_3R_3=(I_1+I_2+I_3)R_1+(I_2+I_3)R_2+I_3R_3 \tag{6-14}$$

通常地线的直流电阻不为零，特别在高频情况下，地线的交流阻抗比其直流电阻大，因此共用地线上 A、B、C 点的电位不为零，并且各点电位受到所有电路注入地线电流的影响。从抑制干扰的角度考虑，这种接地方式是最不适用的。但是这种接地方式的结构比较

简单，各个电路的接地引线比较短，其电阻相对较小，所以，这种接地方式常用于设备机柜中的接地。如果各个电路的接地电平差别不大，也可以采用这种接地方式；但如果各个电路的接地电平差别大，那么采用这种接地方式会使高电平电路干扰低电平电路。

采用共用地线串联一点接地时必须注意，**要把具有最低接地电平的电路放置在最靠近接地点 G 的地方**，即图 6-9 中的 A 点，以便 B 点和 C 点的接地电位受其影响最小。

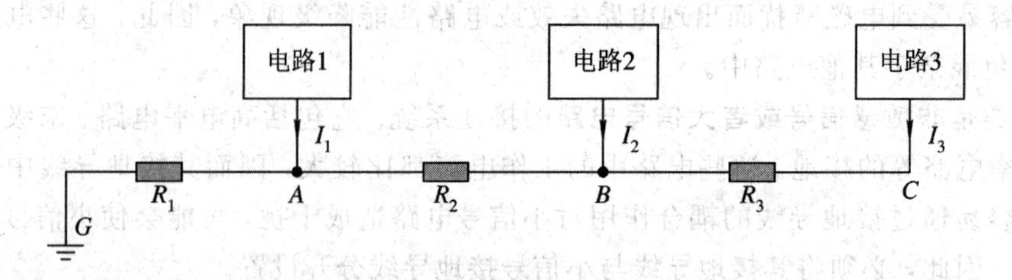

图 6-9　共用地线串联一点接地

2. 独立地线并联一点接地

图 6-10 是独立地线并联一点接地的等效电路图，各个电路分别用一条地线连接到接地点 G。I_1、I_2、I_3 依次表示电路 1、电路 2、电路 3 注入地线(接地导线)的电流，R_1、R_2、R_3 依次表示电路 1、电路 2、电路 3 的接地导线的电阻。显然，各电路的地电位分别为

$$\begin{cases} U_A = I_1 R_1 \\ U_B = I_2 R_2 \\ U_C = I_3 R_3 \end{cases} \tag{6-15}$$

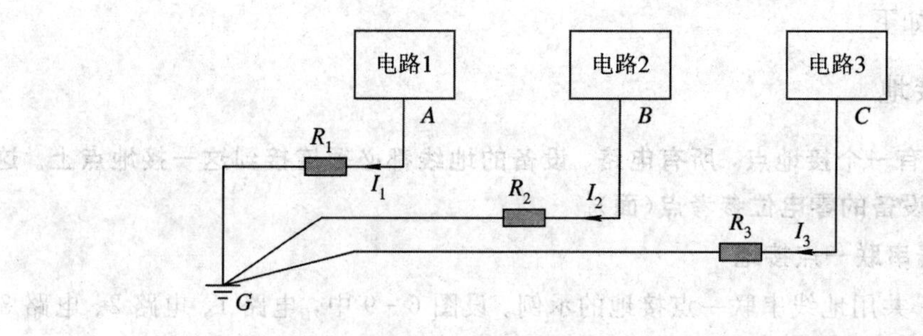

图 6-10　独立地线并联一点接地

独立地线并联一点接地方式的优点是各电路的地电位只与本电路的地电流及地线阻抗有关，不受其他电路的影响。但是，独立地线并联一点接地方式存在以下三个缺点。第一，因各个电路分别采用独立地线接地，需要多根地线，势必会增加地线长度，从而增加了地线阻抗，使用比较麻烦，结构笨重。第二，这种接地方式会造成各地线相互间的耦合，且随着频率的增加，地线阻抗、地线间的电感及电容耦合都会增大。第三，这种接地方式不适用于高频，如果系统的工作频率很高，以致工作波长 $\lambda = c/f$ 缩小到可与系统的接地平面的尺寸或接地引线的长度相比拟，就不能再用这种接地方式了。因为，当地线的长度接近于 $\lambda/4$ 时，它就像一根终端短路的传输线，由分布参数理论可知，终端短路 $\lambda/4$ 线的输入阻抗为无穷大，即相当于开路，此时地线不仅起不到接地作用，而且还将有很强的天线效应向外辐射干扰信号。所以，**一般要求地线长度不应超过信号波长的 1/20，显然这种接地方式只适用于低频**。

6.4.2　多点接地

多点接地是指某一个系统中各个需要接地的电路、设备都直接接到距它最近的接地平面上，以使接地线的长度最短，如图6-11所示。这里说的接地平面，可以是设备底座，也可以是贯通整个系统的接地线，在比较大的系统中还可以是设备的结构框架等。如果可能，还可以用一个大型导电物体作为整个系统的公共地。

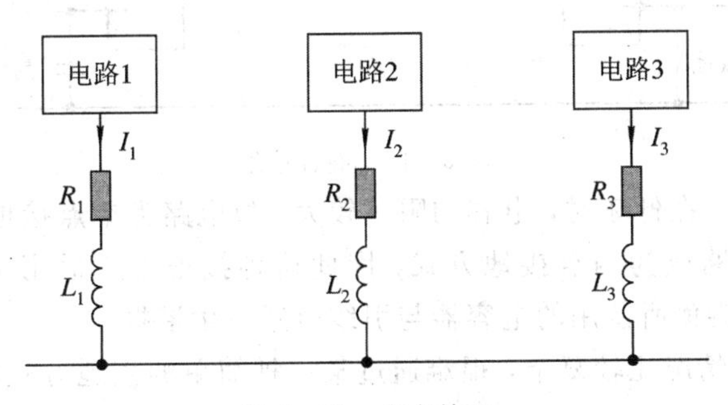

图6-11　多点接地

图6-11中，各电路的地线分别连接至最近的低阻抗公共地，设每个电路的地线电阻及电感分别为R_1、R_2、R_3和L_1、L_2、L_3，每个电路的地线电流分别为I_1、I_2、I_3，则各电路对地的电位差分别为

$$\begin{cases} \dot{U}_1 = I_1(R_1 + \mathrm{j}\omega L_1) \\ \dot{U}_2 = I_2(R_2 + \mathrm{j}\omega L_2) \\ \dot{U}_3 = I_3(R_3 + \mathrm{j}\omega L_3) \end{cases} \tag{6-16}$$

为了降低电路的地电位，每个电路的地线应尽可能短，以降低地线阻抗。但在高频时，由于集肤效应，高频电流只流经导体表面，即使加大导体厚度也不能降低阻抗。为了在高频时降低地线阻抗，通常要将地线和公共地镀银。在导体截面积相同的情况下，为了减小地线阻抗，常用矩形截面导体做成接地导体带。

多点接地方式的优点是地线较短，适用于高频情况，其缺点是形成了各种地线回路，造成地回环路干扰，这对设备内同时使用的具有较低频率的电路会产生不良影响。

综上所述，**单点接地适用于低频，多点接地适用于高频。一般来说，频率在1 MHz以下可采用一点接地方式；频率高于10 MHz应采用多点接地方式；频率在1～10 MHz之间，可以采用混合接地（在电性能上实现单点接地、多点接地混合使用）。如用一点接地，其地线长度不得超过0.05λ，否则应采用多点接地**。当然选择也不是绝对的，还要看通过的接地电流的大小，以及允许在每一接地线上产生多大的电压降。如果一个电路对该电压降很敏感，则接地线长度不大于0.05λ或更小。如果电路只是一般的敏感，则接地线可以长些（如0.15λ）。此外，由接地引线“看进去”的阻抗是该引线相对于地平面的特性阻抗Z_0的函数。而Z_0的大小又和引线与接地平面的相对位置有关。一般地，当接地引线与接地平面平行时，其特性阻抗较小；当两者相互垂直时，Z_0较大，此时“看进去”的阻抗也较大。也就是说，当长度一定时，接地引线垂直于接地平面时的阻抗将大于平行于接地平面时的阻抗。因此要求垂直接地面的接地引线的长度应更短一些。

6.4.3 混合接地

如果电路的工作频带很宽，在低频时需采用单点接地，而在高频时又需采用多点接地，此时可以采用混合接地方法。所谓混合接地，就是使用串联电容器将那些只需高频接地的电路、设备和接地平面连接起来，如图 6-12 所示。

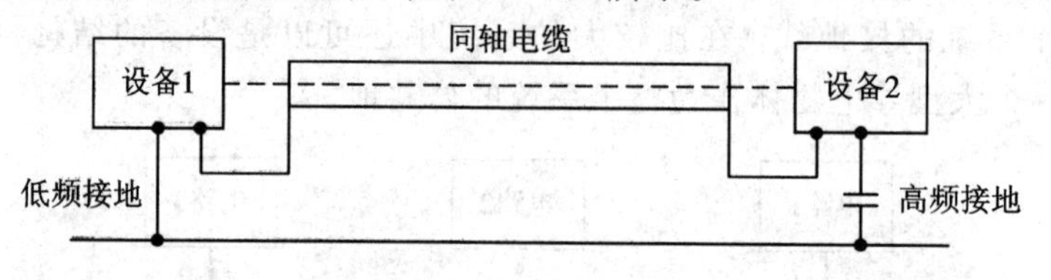

图 6-12 混合接地

由图 6-12 可见，在低频时，电容的阻抗较大，故电路为单点接地方式，但在高频时，电容阻抗较小，故电路成为两点接地方式，因此这种接地方式适用于工作于宽频带的电路。应注意的是，要避免所使用的电容器与引线电感发生谐振。

实际用电设备的情况比较复杂，很难通过某一种简单的接地方式解决问题，因此混合接地的应用更为普遍。

6.4.4 悬浮接地

悬浮接地就是将电路、设备的信号接地系统与安全接地系统、结构地及其他导电物体隔离，如图 6-13 所示。图中列举了三个设备，各个设备的内部电路都有各自的参考“地”，它们通过低阻抗接地导线连接到信号地。信号地与建筑物结构地及其他导电物体隔离。

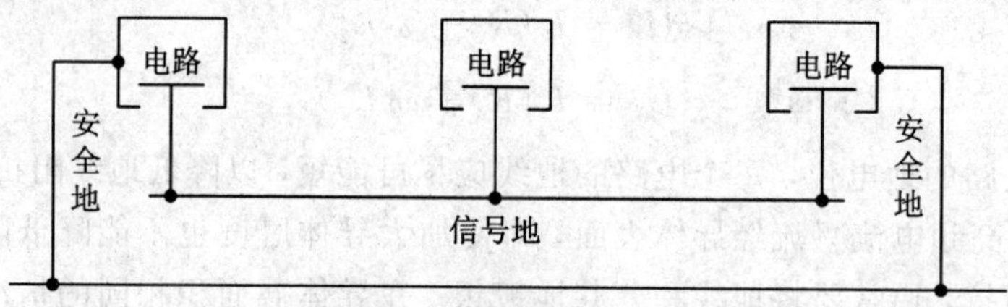

图 6-13 悬浮接地

采用这种接地方式，可以避免安全接地回路中存在的干扰电流影响信号接地回路。悬浮接地的概念也可以应用于设备内部的电路接地设计，就是将设备内部的电路参考地与设备机壳隔离，避免机壳中的干扰电流直接耦合至信号电路。悬浮接地的干扰耦合取决于悬浮接地系统和其他接地系统的隔离程度，在一些大系统中往往很难做到理想悬浮接地。除此之外，特别在高频情况下，更难实现真正的悬浮接地。特别是当悬浮接地系统靠近高压设备、线路时，可能会堆积静电电荷，引起静电放电，形成干扰电流。

因此，除了在低频情况下，为防止结构地、安全地中的干扰地电流骚扰信号接地系统外，一般不采用悬浮接地的方式。

6.5 屏蔽体接地

6.5.1 放大器屏蔽盒的接地

电路组件、高增益的放大器常常装在一个金属盒内，一来形成具有一定机械强度的固定构件，二来保护其内部电路组件、放大器等免受电磁辐射的骚扰。但是，屏蔽盒如何接地呢？

如图 6－14 所示，放大器与屏蔽盒之间存在寄生电容。由等效电路可以看出，寄生电容 C_{1S} 和 C_{3S} 使放大器的输出端到输入端有一反馈通路，反馈到输入端的电压为

$$U_n = \frac{C_{3S}}{C_{2S} + C_{3S}} U_3 \tag{6-17}$$

式中，U_3 是放大器输出端的电压；U_n 是放大器输入端的骚扰电压。

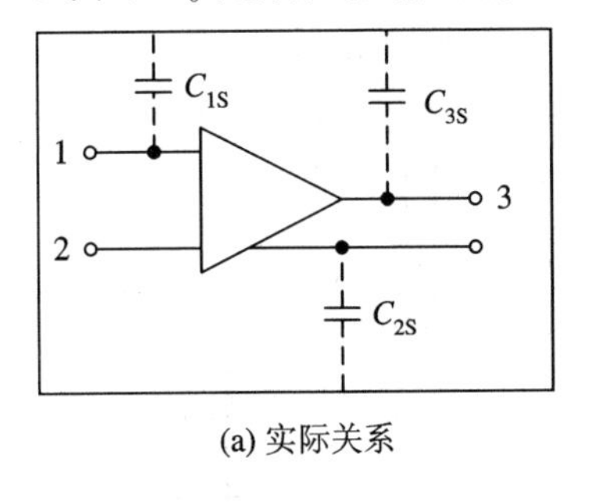

(a) 实际关系

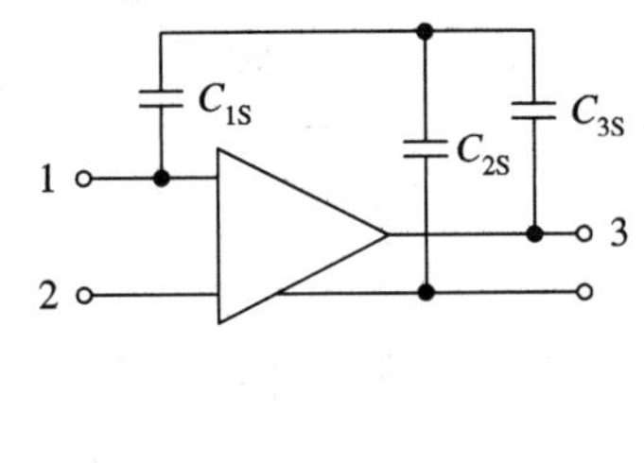

(b) 等效电路

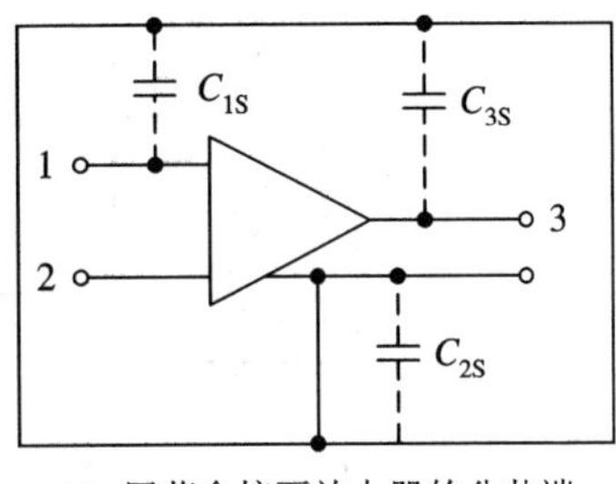

(c) 屏蔽盒接至放大器的公共端

图 6－14　放大器屏蔽盒的接地

此反馈如不消除，则放大器将产生自激振荡。解决的方法是把屏蔽盒接至放大器的公共端(the amplifier common terminal)，将 C_{2S} 短路，如图 6－14(c)所示。由式(6－17)可知，当 $C_{2S}=\infty$ 时，$U_n=0$。这种屏蔽体连接方式在放大器的公共端不接地的电路中也是适用的。

6.5.2　电缆屏蔽层的接地

频率低于 1 MHz 时，电缆屏蔽层的接地一般采用一端接地方式，以防止骚扰电流流经电缆屏蔽层，使信号电路受到干扰。一端接地还可以避免骚扰电流通过电缆屏蔽层形成地环路(the ground loop)，从而可防止磁场的骚扰。电缆屏蔽层的接地点应根据信号电路的接地方式来确定。

如图 6－15 所示为一接地的放大器和一个不接地的信号源相连接。图中 U_{G1} 表示放大器公共端对地的电位，U_{G2} 表示两个接地点的电位差。连接电缆的芯线和屏蔽层之间由于存在分布电容而产生骚扰耦合。放大器输入端(即 1、2 两端)出现的外来电压就是骚扰电压，以 U_{12} 表示。

图 6－15 中，电缆屏蔽层有 A、B、C、D 四个可能的接地方法(或者接地点，图中用虚线表示)。屏蔽层接到 A 点显然是不适合的，因为屏蔽层的骚扰电流因此会直接流入一条芯线，产生骚扰电压，而且该骚扰电压与信号电压是串联的。B 点接地时(接地方法 B)，加至放大器输入端的有骚扰电压 U_{G1} 和 U_{G2}，并由 C_1、C_{12} 分压，放大器输入端的骚扰电压为

$$U_{12} = \frac{C_1}{C_1 + C_{12}}(U_{G1} + U_{G2})$$

由上式可见，这种接地方式是不能令人满意的。C 点接地时(接地方法 C)，加至放大器输入端的仍有电压 U_{G1}，经 C_1、C_{12} 分压后，在放大器输入端产生的骚扰电压为

$$U_{12} = \frac{C_1}{C_1 + C_{12}} U_{G1}$$

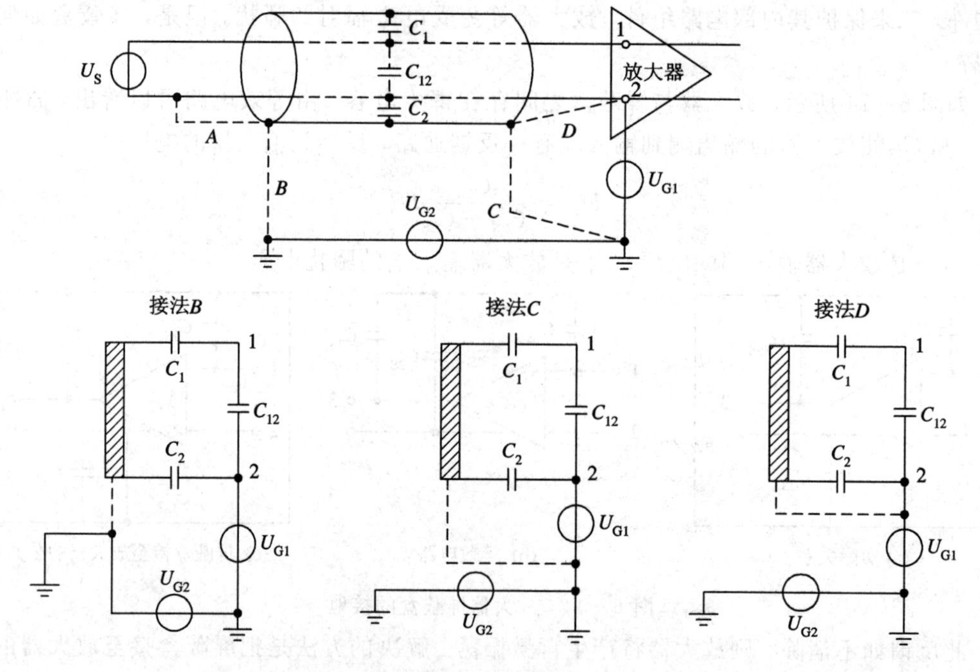

图 6-15 电缆屏蔽层接至放大器的公共端

因而这种接地方式仍不理想。D 点接地时(接地方法 D),放大器输入端没有骚扰电压存在。所以,**当电路有一个不接地的信号源与一个接地的放大器连接时,连接电缆的屏蔽层应接至放大器的公共端。**

同理,当一个接地的信号源与一个不接地的放大器连接时,连接电缆的屏蔽层应接至信号源的公共端。

屏蔽双绞线(shielded twisted pair)和同轴电缆(coaxial cable)的首选低频屏蔽体接地方式如图 6-16 所示。图 6-16(a)~图 6-16(d)分别表示或者在放大器的公共端接地,或者在信号源的公共端接地。

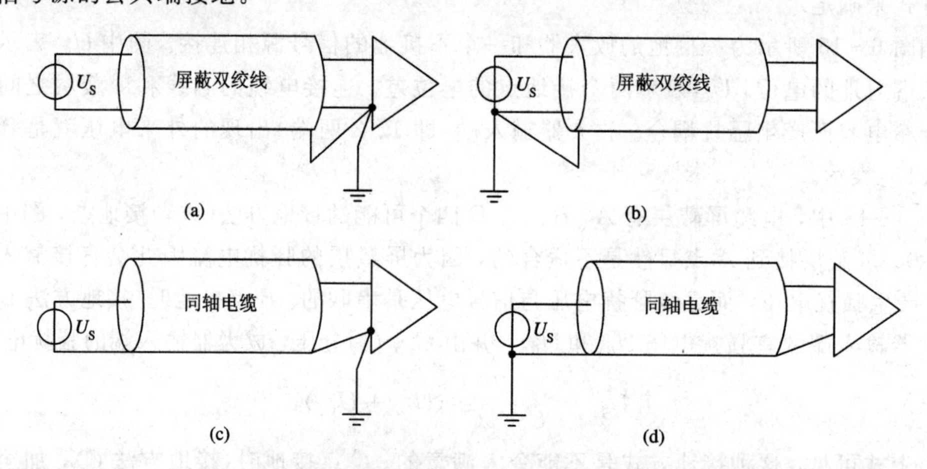

图 6-16 屏蔽双绞线、同轴电缆的首选低频接地方式

当频率高于 1 MHz 或电缆长度超过信号波长的 1/20 时,常采用多点接地方式,以保证屏蔽层上的地电位。最常用的是两端接地,如图 6-17 所示。长电缆应在每隔 1/10 波长

处接地一次。由于集肤效应减少了屏蔽层上信号电流与骚扰电流的耦合，骚扰电流在屏蔽层外表面流动，而信号电流在屏蔽层内表面流动。同轴电缆在高频时采用多点接地方式能提供一定的磁屏蔽作用。

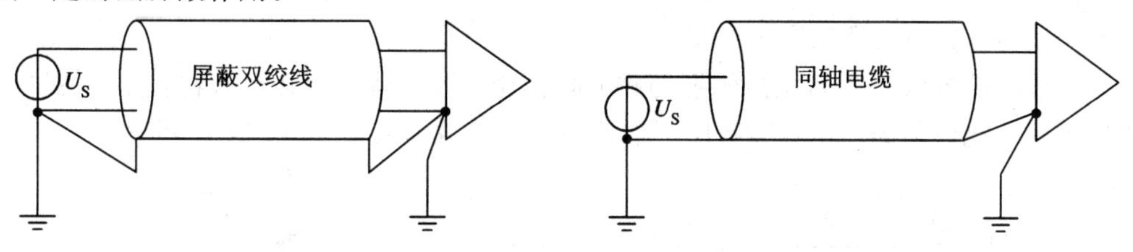

图 6-17　屏蔽双绞线、同轴电缆的高频两端接地方式

高频时出现的另一个问题是，杂散电容的耦合也会形成地环路，如图 6-18 所示。这时电缆屏蔽层通过杂散电容实际上已被接地。若用一个小电容代替杂散电容，则可形成混合接地(复合接地)：在低频时，因小电容对低频的阻抗很高，电路是一点接地；在高频时，小电容的阻抗变得很低，电路变成多点接地。所以，这种接地方法对宽频带工作是有利的。

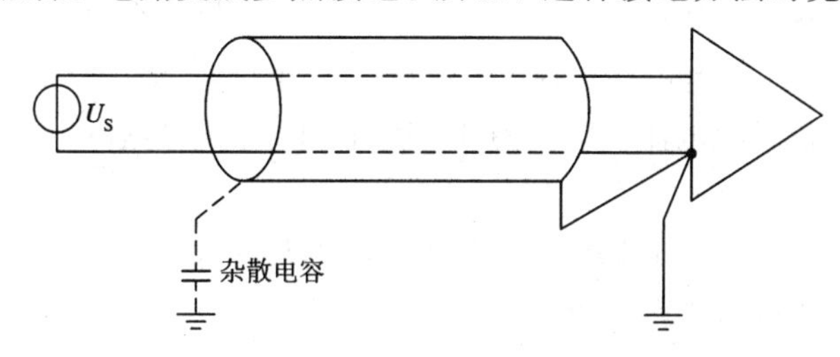

图 6-18　高频时通过杂散电容形成地环路

必须指出的是，**电缆屏蔽层的一端接地并不能防止磁场的干扰**。屏蔽电缆的防磁作用将在下面讨论。

6.5.3　电缆屏蔽层的一端接地与两端接地

骚扰源磁屏蔽的目的在于防止骚扰源的磁辐射。屏蔽导线接入电路时，只要将屏蔽体在一端接地，则中心导线的电流在屏蔽体上感应出的电荷就被泄放入地。电场将被限制在屏蔽体的内部空间，在屏蔽体外部没有电场。因此屏蔽体一端接地就具有电场屏蔽作用，如图 6-19(a)所示。但是一端接地的屏蔽体并不能限制磁场，其磁屏蔽作用是非常小的。

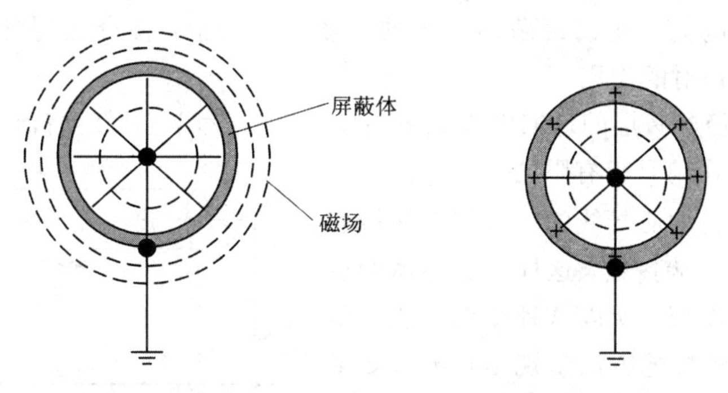

(a) 屏蔽体一端接地的电场屏蔽作用　(b) 屏蔽体上有电流时的磁场屏蔽作用

图 6-19　电缆屏蔽层一端接地的屏蔽作用

如果使屏蔽体内流过一个电流，其大小与中心导线电流的大小相等、方向相反，则在屏蔽体外部，屏蔽体上的电流将产生一个磁场，它与中心导线上的电流所产生的磁场大小相等、方向相反，这两个磁场相抵消，其结果是在屏蔽体的外部没有磁场存在，如图6-19(b)所示，从而起到磁屏蔽作用。

为了使屏蔽导线具有防止磁辐射的磁屏蔽作用，屏蔽体必须在两端都接地，使屏蔽体能够提供一个电流回路。电缆屏蔽层两端接地及其等效电路如图6-20所示。

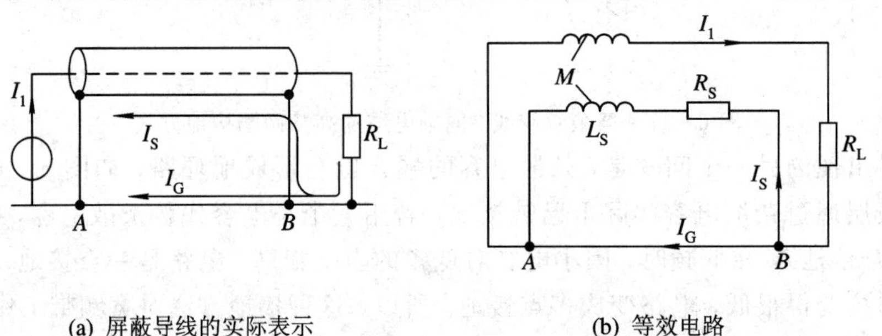

(a) 屏蔽导线的实际表示　　(b) 等效电路

图6-20　屏蔽层两端接地及其等效电路

为了求出流经屏蔽层的电流 I_S，由图6-20中的等效电路沿环路 $A \to R_S \to L_S \to B \to A$ 列方程：

$$I_S(j\omega L_S + R_S) - j\omega M I_1 = 0 \tag{6-18}$$

由式(3-21)知，$M = L_S$，因此

$$I_S = I_1 \frac{j\omega}{j\omega + \dfrac{R_S}{L_S}} = I_1 \frac{j\omega}{j\omega + \omega_c} \tag{6-19}$$

对式(6-19)求模值得

$$I_S = I_1 \frac{1}{\sqrt{1 + \left(\dfrac{\omega_c}{\omega}\right)^2}} \tag{6-20}$$

由式(6-20)可知，当 $\omega \gg \omega_c$ 时，$I_S \approx I_1$。即当频率 ω 远大于屏蔽体的截止频率 ω_c 时，流经屏蔽层的电流 I_S 近似等于中心导线的电流 I_1。这也就是说，屏蔽体与中心导体之间的互感，使屏蔽体在高频时能够提供一个比地面回路电感低得多的电流回路。这时 $I_S \approx I_1$，且方向相反。由这两个电流产生的屏蔽体外部的磁场相互抵消，使屏蔽层外部没有磁场存在，从而起到防止磁辐射的作用。

当 $\omega \ll \omega_c$ 时，流经屏蔽层的返回电流 I_S 很小，大部分返回电流 I_S 将流经地面，所以这时屏蔽导线的磁屏蔽作用是很有限的。

图6-21所示为将中心导线的一端与屏蔽层连接，并将屏蔽层的另一端接地，这样中心导体的返回电流就全部流经屏蔽层，所以这种接地方法有很好的磁屏蔽效果。这种接地方法呈现出磁屏蔽效果不是因为屏蔽体具有磁屏蔽性能，而是因为屏蔽体上的返回电流能够产生一个抵消中心导线磁场的磁场。

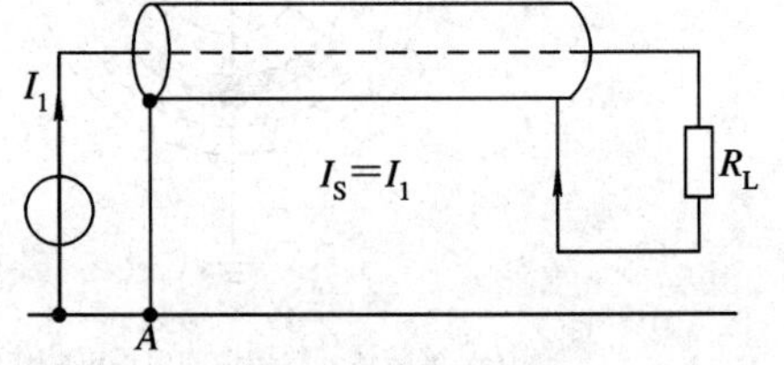

图6-21　将屏蔽层一端接地，另一端与中心导线连接

综上可见，电缆屏蔽体两端接地的使用条件是：

① 频率应远大于5倍屏蔽体的截止频率；

② 屏蔽体上不会有其他回路电流流过；

③ 屏蔽体两端对地没有电位差。

6.6 地回路干扰

6.6.1 接地公共阻抗产生的干扰

两个不同的接地点之间存在一定的电位差，称为地电压。两接地点之间总有一定的阻抗，地电流流经接地公共阻抗时，在其上就产生了地电压，此地电压直接加到电路上形成共模干扰电压。例如，图6-22所示的接地回路，来自直流电源或者高频信号源的电流经接地面返回。由于接地面的公共阻抗非常小，所以在设计电路的性能时往往不予考虑。但是，对电磁骚扰而言，在回路中必须考虑接地面阻抗的存在。因此，图中所示的干扰回路和被干扰回路之间存在一个公共阻抗 Z_i，该公共阻抗上存在的电压为 $U_i=Z_iI_1+Z_iI_2$。对被干扰回路而言，Z_iI_1 是电磁骚扰电压，而 Z_iI_2 是对负载电压降的分压。由于 $R_{L2}\gg|Z_i|$，因此，一般情况下，Z_iI_2 对负载电压降的影响可以忽略不计，仅考虑 I_1 所引起的电磁骚扰电压对负载的作用即可。

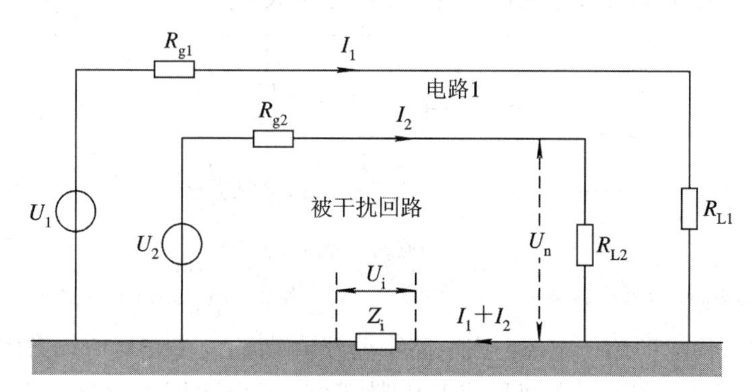

图6-22　公共阻抗引起的骚扰

如果不考虑被干扰回路的电流 I_2 在接地公共阻抗 Z_i 上的作用，即令 $U_2=0$，则电路1中的电流 I_1 在接地公共阻抗 Z_i 上将产生骚扰电压 U_i，此电压降使被干扰回路的负载 R_{L2} 受到骚扰，其骚扰电压为

$$U_n=\frac{Z_i\cdot R_{L2}\cdot U_1}{(R_{g1}+R_{L1})\cdot(R_{g2}+R_{L2})}\tag{6-21}$$

由此可知，被干扰回路的负载 R_{L2} 受到的骚扰是电路1骚扰源 U_1 的函数。

【例6-1】 假设采用电缆槽作为接地面，将两个电路的地线均接到电缆槽上，接地点间的公共地阻抗 $Z_i=0.32\ \Omega$。电路1发送定时脉冲，电压信号源幅度为5 V，频率为100 kHz，信号源的内阻为100 Ω，负载阻抗为10 Ω。被干扰回路的信号源内阻为100 Ω，负载端是内含传感器的显示装置，阻抗为100 Ω，显示器的灵敏度为1 mV。求被干扰回路的负载(显示装置)上可能受到的干扰电压值。

【解】 根据公式(6-21)可知，负载(显示装置)上可能受到的干扰电压值为

$$U_n=\frac{Z_i\cdot R_{L2}\cdot U_1}{(R_{g1}+R_{L1})\cdot(R_{g2}+R_{L2})}=\frac{0.32\times100\times5}{(100+10)\times(100+100)}=7.3\ \text{mV}$$

可见，干扰电压 U_n 的值远远大于显示器的灵敏度 1 mV，因此显示器不能正常工作。此例表明，在电子电路的设计和布局中，必须给予公共地阻抗足够的重视。

6.6.2 地电流与地电压的形成

电子设备一般采用具有一定面积的金属板作为接地面，由于各种原因在接地面上总有接地电流通过，而金属接地板两点之间总存在一定的阻抗，因而产生接地干扰电压。所以，**接地电流的存在是产生接地干扰的根源**。接地电流产生的原因主要有以下几种：

(1) 导电耦合引起的接地电流。用电设备中的各级电路不可能总采用一点接地，在许多情况下需要采用两点接地或多点接地，即通过两点或多点实现与接地面的连接，因此形成接地回路。接地电流将流过接地回路，如图 6-23 所示。

(2) 电容耦合形成的接地电流。由于电路元件、器件、构件与接地面之间存在着杂散电容(分布电容)，通过杂散电容可以形成接地回路，电路中的电流总会有部分电流泄漏到接地回路中。图 6-24(a)表示导电耦合与电容耦合形成的接地回路，接地电流通过接地回路流动。图 6-24(b)表示在阻抗元件的高电位和低电位两点上的分布电容所形成的接地回路。当该接地回路处于谐振状态时，接地电流将非常大。

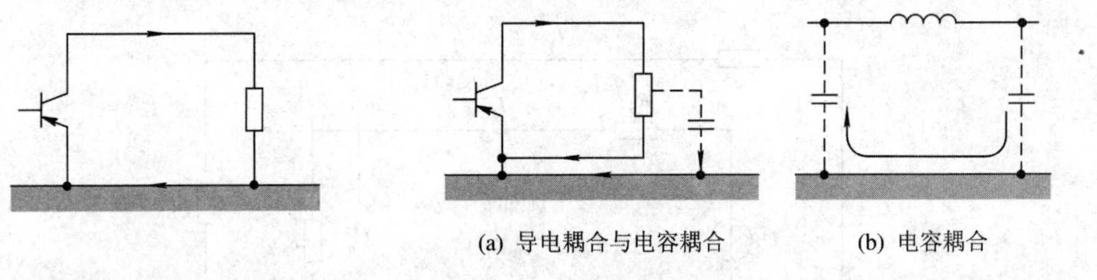

(a) 导电耦合与电容耦合　　(b) 电容耦合

图 6-23　导电耦合的地电流回路　　图 6-24　接地电流回路

(3) 电磁耦合形成的感应电流。当电路中的线圈靠近设备壳体时，壳体相当于只有一匝的二次线圈，它和一次线圈之间形成变压器耦合，机壳内因电磁感应将产生接地电流，而且不管线圈的位置如何，只要有变化的磁通通过壳体，就会产生感应电流。

(4) 金属导体的天线效应形成地电流。辐射电磁场照射到金属导体时，由于金属导体具有接收天线的效应，金属导体上将产生感应电动势；如果金属体是箱体结构，那么由于电场作用，在平行的两个平面上将产生电位差，使箱体有接地电流流过。该金属箱体同回路连接时，就会形成有接地电流通过的电流回路。

当将采用传输线连接的设备置于地面附近时，如图 6-25 所示，外界电磁场作用于传输线，使传输线上形成共模干扰电压源，进一步在公共地阻抗上形成干扰电压。或者，若通过传输线与接地面形成的导电回路中的电磁场随着时间而变化，也会在传输线上形成干扰。

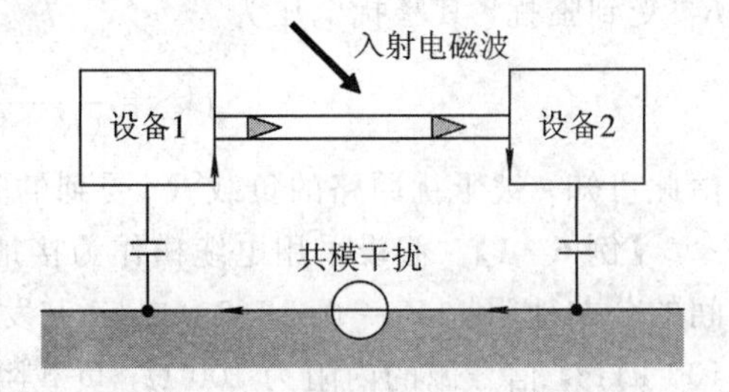

图 6-25　电磁波在传输线上形成的共模干扰

由上述分析可以看出，接地公共阻抗、传输线或者金属机壳的天线效应等因素，可使地回路中存在共模干扰电压，该共模干扰电压通过地回路作用到受害电路的输入端，形成地回路干扰。

6.7　电路的接地点选择

地回路干扰与接地点的位置和个数直接相关，因此在进行接地设计时，必须恰当地选择接地点的位置和个数。

6.7.1　放大器与信号源的接地点选择

图 6-26 表示一个信号源与放大器连接的电路。如果信号源在 A 点接地，放大器在 B 点接地，则两接地点 A、B 之间存在地电位差 U_G。R_{C1} 和 R_{C2} 为信号源与放大器连接导线的电阻。由图可见，此时加至放大器输入端的干扰电压为 $U_n=U_S+U_G$。为了剔除地电压的干扰，应采用一点接地。如果采用 A 点接地，而 B 点不接地，即放大器所用的电源不接地，此时需要使用差分放大器。通常比较方便的一点接地方式是选择 B 点接地，而 A 点不接地。

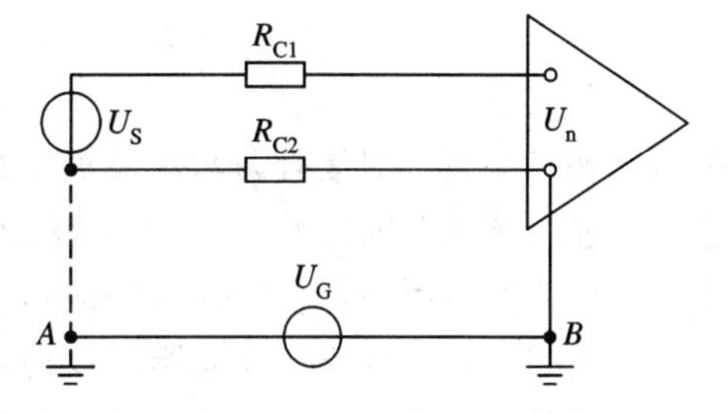

图 6-26　放大器与信号源接地点的选择

图 6-26 中，导线电阻 R_{C1} 和 R_{C2} 一般很小，通常在 1 Ω 以下，取 $R_{C1}=R_{C2}=1$ Ω。两接地点 A、B 之间存在的地电阻 R_G 更小，比如取 $R_G=0.01$ Ω。信号源的内阻 R_S 一般为 500 Ω。设放大器的输入阻抗为 10 kΩ，图 6-26 所示电路的等效电路可用图 6-27 来表示。

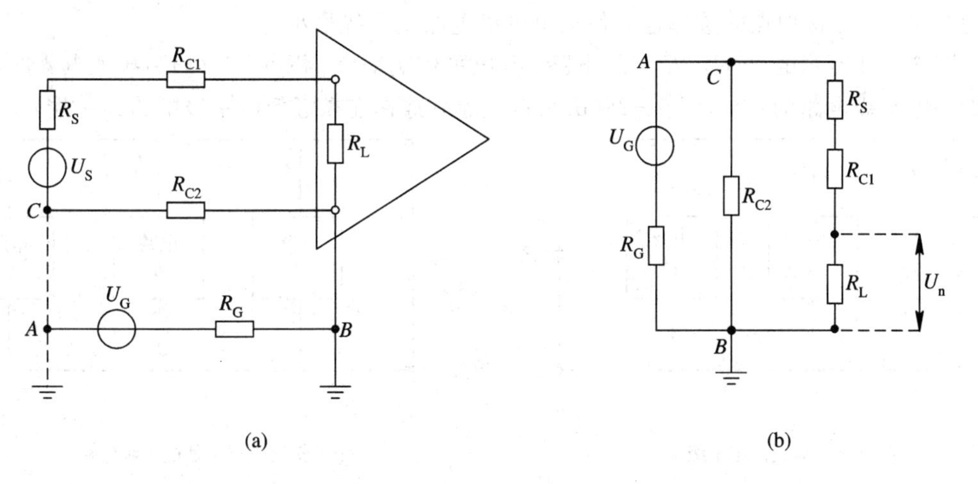

图 6-27　信号源连接放大器的接地干扰分析

因为 $R_{C2} \ll R_S+R_{C1}+R_L$，由等效电路图 6-27(b)可得 C 点到地的电压为

$$U_C \approx \frac{R_{C2}}{R_{C2}+R_G}U_G$$

从而确定放大器输入端的干扰电压为

$$U_{n}=\frac{R_{L}}{R_{L}+R_{C1}+R_{S}}U_{C}$$

显然，接地干扰电压对放大器输入端的干扰电压值为

$$U_{n}=\left(\frac{R_{L}}{R_{L}+R_{C1}+R_{S}}\right)\cdot\left(\frac{R_{C2}}{R_{C2}+R_{G}}\right)U_{G} \tag{6-22}$$

【例 6-2】 设 $R_{C1}=R_{C2}=1\ \Omega$，$R_{S}=500\ \Omega$，$R_{L}=10\ \text{k}\Omega$，$R_{G}=0.01\ \Omega$，$U_{G}=10\ \text{mV}$，试计算接地干扰电压在放大器输入端施加的干扰电压值。

【解】 将所给数值代入式(6-22)，计算可知 $U_{n}=9.4\ \text{mV}$。计算结果表明，10 mV 的接地干扰电压几乎全部施加于放大器输入端。

现在将信号源与放大器隔离，即在信号源与地之间加入一个很大的阻抗 Z_{SG}(即加在图 6-27(a)中的 C 点与 A 点之间)。此时，接地干扰电压施加于放大器输入端的干扰电压值为

$$U_{n}=\left(\frac{R_{L}}{R_{L}+R_{C1}+R_{S}}\right)\cdot\left(\frac{R_{C2}}{Z_{SG}+R_{C2}+R_{G}}\right)U_{G} \tag{6-23}$$

比较式(6-22)与式(6-23)可知，由于 $|Z_{SG}|\gg R_{C2}+R_{G}$，所以式(6-23)中的干扰电压值将大幅度降低，**即信号源与地隔离比放大器与地相连时，放大器输入端的干扰电压小得多**。理想的隔离阻抗为无穷大，此时放大器输入端的干扰电压值为零。如果 $Z_{SG}=1\ \text{M}\Omega$，根据式(6-23)计算得，$U_{n}=0.0095\ \mu\text{V}$。

综上可见，信号源与放大器连接构成电路时，采用信号源与地隔离的一点接地方式，可抑制接地干扰电压对放大器输入端产生的干扰。

6.7.2 多级电路的接地点选择

多级电路的接地点应选择在何处为宜？一般来说，电子设备中的低电平级电路是受干扰的电路，因此接地点的选择也应使低电平级电路受干扰最小。

图 6-28 所示的 A、B、C 三级电路，其电平依次增大。图 6-28(a)为接地点 o 选择在靠近高电平级电路的 c 端；图 6-28(b)为接地点 o 选择在靠近低电平级电路的 a 端。

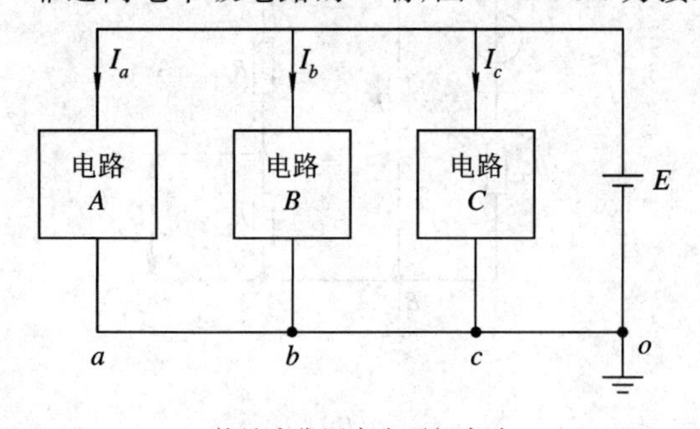

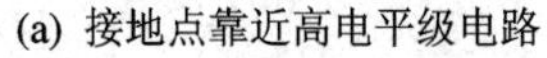
(a) 接地点靠近高电平级电路

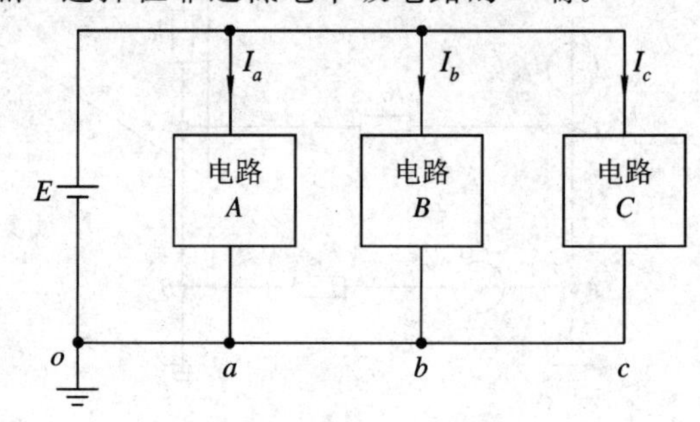

(b) 接地点靠近低电平级电路

图 6-28 多级电路接地点的选择

多级电路接地点选择在靠近高电平级电路端(图 6-28(a))时，低电平级电路端的 a 点电位为

$$U_{ao}=(R_{ab}+\text{j}\omega L_{ab})I_{a}+(R_{bc}+\text{j}\omega L_{bc})(I_{a}+I_{b})+(R_{co}+\text{j}\omega L_{co})(I_{a}+I_{b}+I_{c}) \tag{6-24}$$

式中，R_{ab}、R_{bc}、R_{co} 和 L_{ab}、L_{bc}、L_{co} 分别表示 ab、bc、co 各段接地线的电阻及电感。

接地点选择在靠近低电平级电路端时，低电平级电路端的 a 点电位为

$$U'_{ao} = (R_{ao} + j\omega L_{ao})(I_a + I_b + I_c) \tag{6-25}$$

比较式(6-24)和式(6-25)可见，$|U_{ao}| > |U'_{ao}|$。这说明接地点选择在靠近低电平级电路的输入端时，电路受地电位差的干扰最小，因为这时 a 点电位只受 ao 段地线阻抗的影响。因此得出结论，**多级电路的接地点应选择在低电平级电路的输入端**。

6.7.3　谐振回路的接地点选择

众所周知，并联谐振回路内部的电流是其外部电流的 Q 倍(Q 为谐振回路的品质因数)。有时谐振回路内部的电流是非常大的，如果把谐振回路的电感 L 和电容 C 分别接地，如图 6-29 所示，那么在接地回路中将有高频大电流通过，会产生很强的地回路干扰。

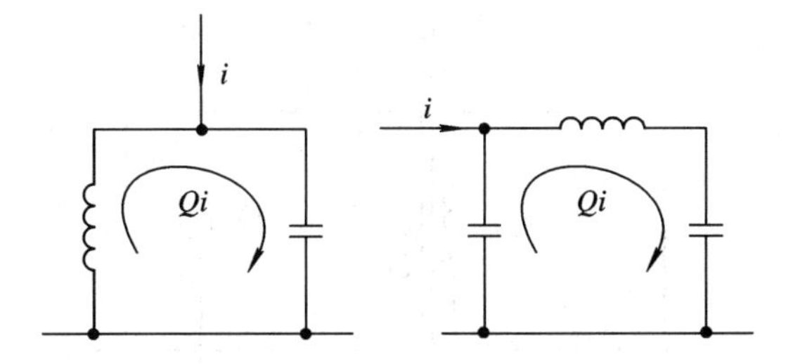

图 6-29　谐振回路的错误接地

如果将谐振回路的电感 L 和电容 C 取一点接地，使谐振回路本身形成一个闭合回路，如图 6-30 所示，则此时高频大电流将不通过接地面，从而有效地抑制了地回路干扰。因此，**谐振回路必须单点接地**。

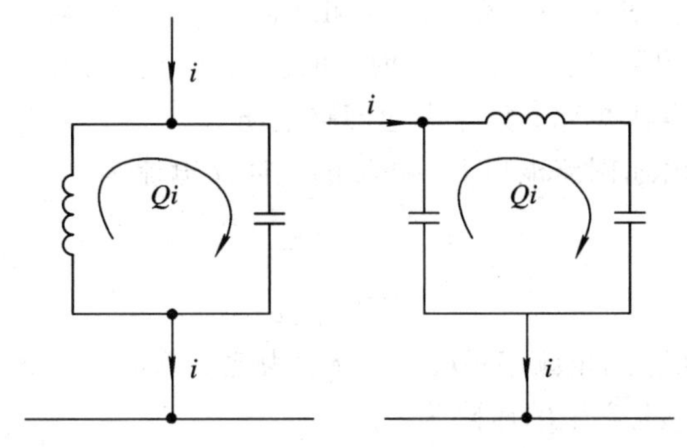

图 6-30　谐振回路的正确接地

6.8　地回路干扰的抑制措施

抑制地回路干扰，除了设计中尽量减小公共接地阻抗、恰当选择接地点位置和个数、尽量减少地回路外，还可以采用专门的技术措施。

6.8.1　隔离变压器

隔离变压器是通过阻隔地回路的形成来抑制地回路干扰的，如图 6-31 所示。图中，

电路 1 的输出信号经变压器耦合到电路 2，而地回路则被变压器所阻隔。

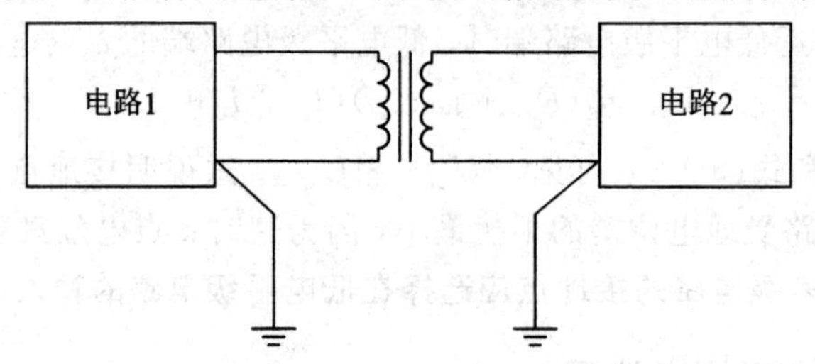

图 6-31　采用隔离变压器阻隔地回路干扰

但是，变压器绕组之间存在分布电容，通过此分布电容形成的地回路的等效电路如图 6-32 所示。图中设输出电路的内阻为零，变压器绕组之间的分布电容为 C，输入电路的输入电阻为 R_L。

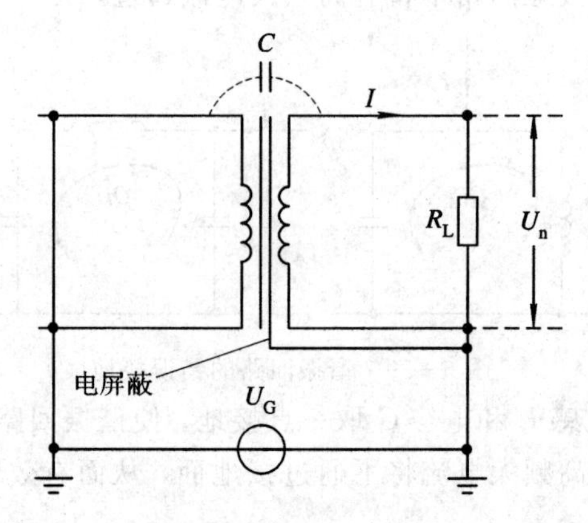

图 6-32　隔离变压器阻隔地回路的等效电路

在分析隔离变压器阻隔地回路的干扰时，根据电路分析的叠加原理，可以不考虑信号电压的传输，即将信号电压短路，只考虑地回路电压 U_G。

由图 6-32 可见，由地回路电压 U_G 产生的地回路电流为

$$I=\frac{U_G}{R_L+\frac{1}{j\omega C}} \tag{6-26}$$

式中，ω 为地回路电压 U_G 的角频率；I、U_G 分别为地回路电流、电压。

地回路电流 I 在 R_L 上产生的压降为

$$U_n=\frac{U_G}{R_L+\frac{1}{j\omega C}}R_L \tag{6-27}$$

将上式整理得

$$\frac{U_n}{U_G}=\frac{1}{1+\frac{1}{j\omega CR_L}} \tag{6-28}$$

因此

$$\left|\frac{U_n}{U_G}\right|=\frac{1}{\sqrt{1+\left(\frac{1}{\omega CR_L}\right)^2}} \tag{6-29}$$

当没有隔离变压器而直接采用信号线传输时，干扰电压 U_G 全部加到 R_L 上。而采用隔离变压器后加到 R_L 上的电压为 U_n。所以，**式(6-29)表示了隔离变压器抑制地回路干扰的能力。$|U_n/U_G|$ 越小，抑制干扰的能力就越大。**

由式(6-29)可知，当 $\omega CR_L \ll 1$ 时，$|U_n/U_G| \ll 1$。所以要提高隔离变压器的抗干扰能力，有效的办法是减小变压器绕组间的分布电容 C（因为 ω 是无法改变的，而减小负载电阻 R_L 会影响信号的传输）。如在变压器之间加一电屏蔽(见图 6-32)，就可以有效减小绕组之间的分布电容 C，从而有效阻隔地回路的干扰。为了防止地回路电压 U_G 通过电屏蔽层与绕组之间的分布电容耦合至负载 R_L，造成干扰，电屏蔽层应接至负载 R_L 的接地端。

必须指出的是，采用隔离变压器不能传输直流信号，也不适于传输频率很低的信号。但是，隔离变压器对地线中较低频率的干扰具有很好的抑制能力。同时，电路中的信号电流只在变压器绕组连线中流过，因此可避免对其他电路形成干扰。

6.8.2 纵向扼流圈

当传输的信号中有直流分量或很低的频率分量时，就不能用隔离变压器，因为隔离变压器使直流和低频信号无法通过。此时要用如图 6-33 所示的纵向扼流圈(longitudinal choke)或称中和变压器(neutralizing transformer)，它能通过直流或低频信号，而对地回路共模干扰电流却呈现出相当高的阻抗，使其受到抑制。

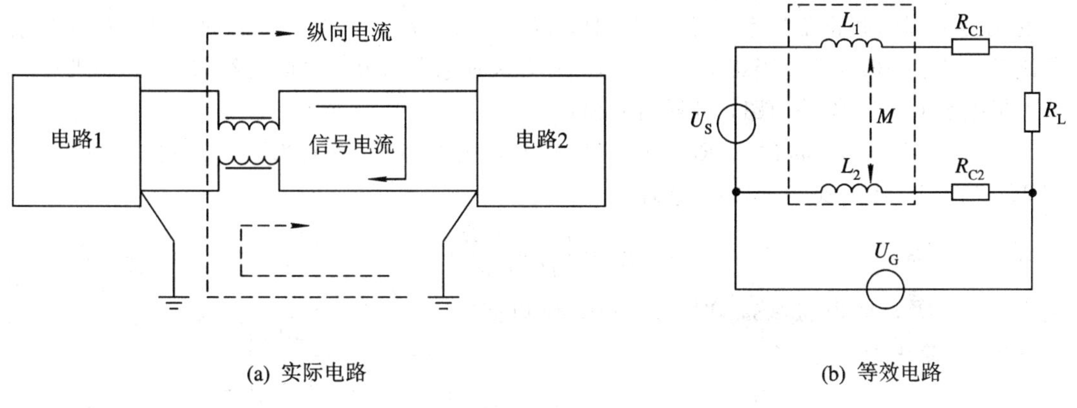

图 6-33　采用纵向扼流圈阻隔地回路

纵向扼流圈是由两个绕向相同、匝数相同的绕组构成的，一般由双线并绕而成。信号电流在两个绕组流过时方向相反，称为异模电流，产生的磁场相互抵消，呈现低阻抗。所以扼流圈对信号电流不起扼流作用，并且不切断直流回路。地线中的干扰电流流经两个绕组的方向相同，称为共模电流，产生的磁场同向相加。扼流圈对地回路干扰电流呈现高阻抗，可起到抑制地回路干扰的作用。

图 6-33(a)所示的电路性能可用图 6-33(b)的等效电路加以分析。在图 6-33(b)中，信号源电压 U_S 通过纵向扼流圈并经连接线电阻 R_{C1}、R_{C2} 接至负载 R_L。纵向扼流圈可用电感 L_1、L_2 及互感 M 表示。若扼流圈的两个绕阻完全相同，且在同一个铁芯上构成紧耦合，则有 $L_1=L_2=M$。U_G 是地电位差或地回路经磁耦合形成的地回路电压(此处称为纵向电压)。

首先分析纵向扼流圈对信号电压 U_S 的影响。此时可暂不考虑 U_G。因 R_{C1} 与 R_L 串联，

且 $R_{C1} \ll R_L$，故 R_{C1} 可忽略不计。这样，图 6-33(b) 的等效电路可简化为图 6-34 所示的形式。

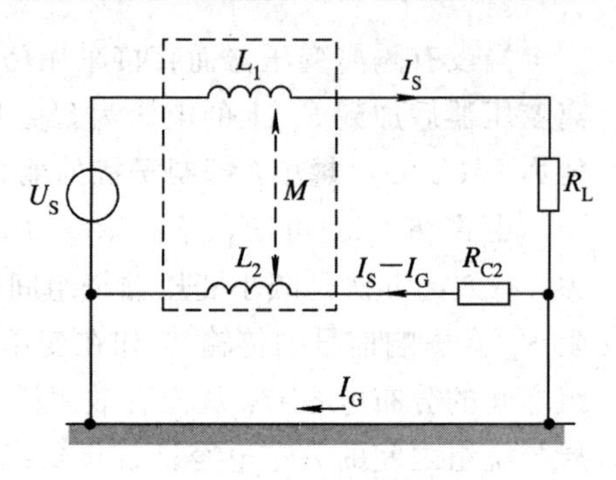

图 6-34　纵向扼流圈对信号电压 U_S 的影响

信号电流 I_S 流经负载 R_L 后就分成两路：一路(I_G)直接入地，另一路($I_S - I_G$)流经 R_{C2}、L_2 后入地。由流经 R_{C2}、L_2 入地的回路可得

$$(I_S - I_G)(R_{C2} + j\omega L_2) - I_S j\omega M = 0 \tag{6-30}$$

用 $M = L_2 = L$ 代入上式并整理得

$$I_G = \frac{I_S}{1 + \dfrac{j\omega L}{R_{C2}}}$$

或

$$|I_G| = \frac{|I_S|}{\sqrt{1 + \left(\dfrac{\omega L}{R_{C2}}\right)^2}} = \frac{|I_S|}{\sqrt{1 + \left(\dfrac{\omega}{\omega_c}\right)^2}} \tag{6-31}$$

式中，将 $\omega L = R_{C2}$ 时的角频率记为 ω_c，即

$$\omega_c = \frac{R_{C2}}{L} \tag{6-32}$$

ω_c 称为扼流圈的截止角频率。当 $\omega = \omega_c$ 时，$|I_G| = 0.707|I_S|$。当 $\omega > \omega_c$ 时，只有小部分信号流经地线。一般认为，当 $\omega \geqslant 5\omega_c$ 时，$I_G \to 0$，这时绝大部分信号电流经 R_{C2}、L_2 入地。

根据图 6-34 中的回路，可列出方程：

$$U_S = I_S(j\omega L_1 + R_L - j\omega M) + (I_S - I_G) \cdot (R_{C2} + j\omega L_2 - j\omega M) \tag{6-33}$$

用 $M = L_1 = L_2$ 代入式(6-33)并整理得

$$I_S = \frac{U_S - I_G R_{C2}}{R_L + R_{C2}} \tag{6-34}$$

因为 $R_{C2} \ll R_L$，且当 $\omega \geqslant 5\omega_c$ 时，$I_G \to 0$，所以式(6-34)可简化为

$$I_S \approx \frac{U_S}{R_L} \tag{6-35}$$

式(6-35)说明，流经负载 R_L 的信号电流 I_S 相当于没有接入纵向扼流圈时的电流。因此，当扼流圈的电感足够大，使信号频率 $\omega \geqslant 5\omega_c$ ($\omega_c = R_{C2}/L$) 时，可认为加入扼流圈对信号传输没有影响。

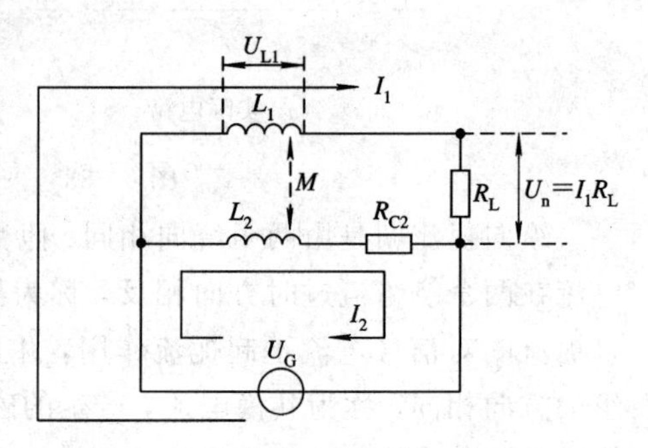

图 6-35　纵向扼流圈对地回路电压 U_G 的影响

现在再分析纵向扼流圈对地回路电压 U_G 的抑制作用。此时可不考虑信号电压(即将 U_S 短路)，其等效电路如图 6-35 所示。

未加扼流圈时，地回路干扰电压 U_G 全部加到 R_L 上。加扼流圈后，流经扼流圈两个绕组的干扰电流分别为 I_1、I_2，在负载 R_L 上的干扰电压 $U_n = I_1 R_L$。由 I_1 回路得方程

$$U_G = j\omega L_1 I_1 + j\omega M I_2 + I_1 R_L \tag{6-36}$$

由 I_2 回路得方程

$$U_G = j\omega L_2 I_2 + j\omega M I_1 + I_2 R_{C2} \tag{6-37}$$

由式(6 - 37)可得

$$I_2 = \frac{U_G - j\omega M I_1}{j\omega L_2 + R_{C2}} \tag{6-38}$$

因 $M=L_1=L_2=L$，将式(6 - 38)代入式(6 - 36)得

$$I_1 = \frac{U_G R_{C2}}{j\omega L(R_L + R_{C2}) + R_L R_{C2}} \tag{6-39}$$

由 $U_n=I_1 R_L$，$R_{C2} \ll R_L$，可知 $R_{C2}+R_L \approx R_L$，所以式(6 - 39)可写为

$$U_n = \frac{U_G R_{C2}}{j\omega L + R_{C2}} \tag{6-40}$$

或

$$\frac{U_n}{U_G} = \frac{1}{1 + \frac{j\omega L}{R_{C2}}} \tag{6-41}$$

或

$$\left|\frac{U_n}{U_G}\right| = \frac{1}{\sqrt{1 + \left(\frac{\omega L}{R_{C2}}\right)^2}} \tag{6-42}$$

设 $\omega_c = \frac{R_{C2}}{L}$ 为扼流圈的截止角频率，则有

$$\left|\frac{U_n}{U_G}\right| = \frac{1}{\sqrt{1 + \left(\frac{\omega}{\omega_c}\right)^2}} \tag{6-43}$$

由式(6 - 43)可得，当 $\omega \geqslant 5\omega_c$ 时，$|U_n/U_G| \leqslant 0.197$。可见，扼流圈能很好地抑制地回路的干扰，干扰的角频率 ω 愈高、扼流圈的电感 L 愈大、扼流圈的绕组及导线的电阻 R_{C2} 愈小，抑制干扰的效果就愈好。为此，扰流圈的电感应具有如下关系

$$L \gg \frac{R_{C2}}{\omega}$$

注意：**纵向扼流圈的铁芯截面应足够大，以便当有一定数量的不平衡直流流过时不致发生饱和。**

6.8.3　光电耦合器

切断两电路之间的地回路的另一种方法是采用光电耦合器。

光电耦合器的原理图如图 6 - 36 所示。发光二极管发光的强弱随电路 1 输出信号电流的变化而变化。强弱变化的光使光电晶体管(或光敏电阻)产生相应变化的电流，作为电路 2 的输入信号。将这两种器件封装在一起就构成光电耦合器。光电耦合器完全切断了两个电路的地回路。这样，两个电路的地电位即使不同，也不会造成干扰。

光电耦合对数字电路特别适用。在模拟电路中，由于电流与光强的线性关系较差，在传输模拟信号时会产生较大的非线性失真，故光电耦合器的使用受到限制。

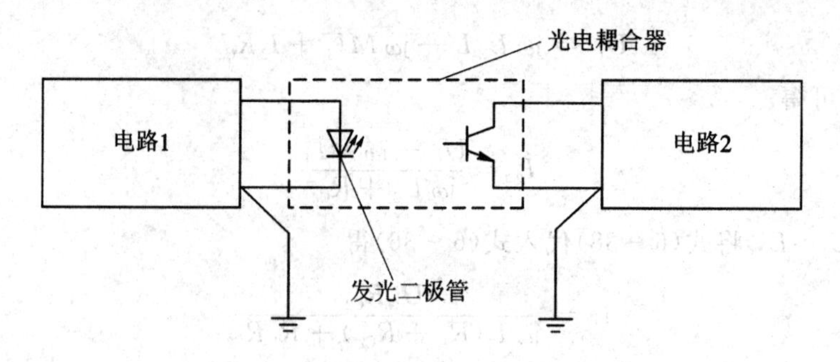

图 6-36　用于切断地回路的光电耦合器

6.8.4　差分平衡电路

差分平衡电路有助于减小接地电路干扰的影响，因为差分器件是按照加于电路两输入端的电压差值工作的。当两输入端对地平衡时，即为平衡差分器件。图 6-37 所示即为一平衡差分器件示意图。输入电压 U_S 是差分器件响应的电压。地电压(干扰电压)U_G 同时加于两输入端，相应的噪声电流(以 $2i_g$ 表示)等量地加于两输入端。因为电路是平衡的，每一输入端(如图中 A、B 点)对地具有完全相同的阻抗，所以，总的输入干扰恰好相互抵消。这说明差分器件对地电路信号不发生响应。从理论上讲，外界干扰电压被抵消掉(这里假定 U_S 的内阻为零)。实际上，在差分器件或相关的整个电路中，总会存在某些不平衡，此时，干扰电压 U_G 中的一部分将作为差分电压出现在等效电阻 R 上，这里的 R 表示 A 端和 B 端对地的漏电阻之差，即 $R=R_A-R_B$(平衡时 $R=0$)。由不平衡所引起的 U_G 的一部分 ΔU_G 将出现在差分器件的输入端。

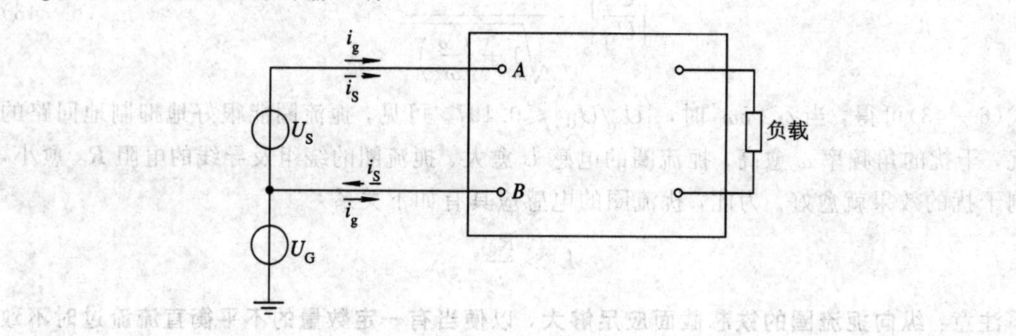

图 6-37　平衡差分器件示意图

图 6-38(a)给出了最简单的差分放大器电路，图 6-38(b)为计算其接地干扰的等效电路。图 6-38 中 U_G 为地干扰电压，放大器含有两个输入电压 U_1 与 U_2，输出电压为

$$U_o = A(U_1 - U_2)$$

式中，A 为放大器的增益。当负载 R_L 远大于接地电阻 R_G 时，由等效电路图 6-38(b)可得 U_G 在放大器输入端引起的干扰电压为

$$U_n = U_1 - U_2 = \left(\frac{R_{L1}}{R_{L1}+R_{C1}+R_S} - \frac{R_{L2}}{R_{L2}+R_{C2}}\right)U_G \qquad (6-44)$$

由式(6-44)可见，若信号源内阻 R_S 相对很小，且阻抗平衡，即 $R_{L1}=R_{L2}$，$R_{C1}=R_{C2}$，则 $U_n=0$。

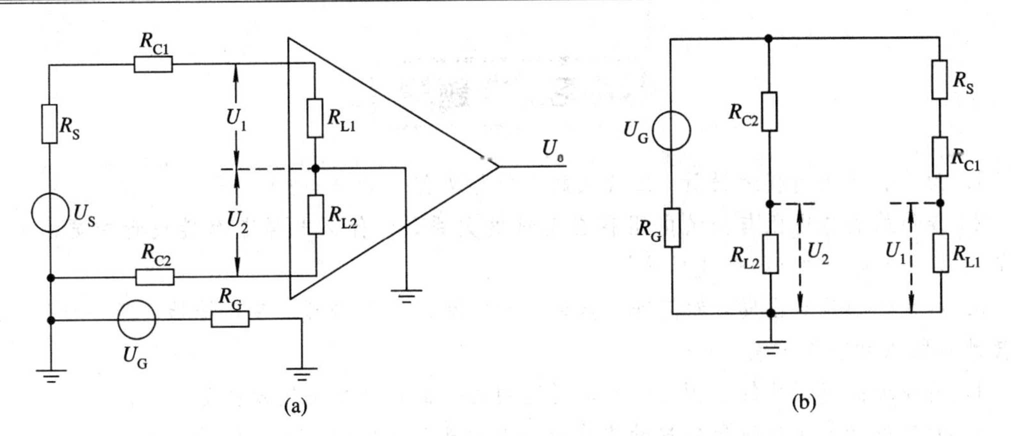

图 6－38　差分放大器

当放大器输入阻抗 R_{L1} 与 R_{L2} 增加时，可使 U_n 减小。例如在图 6－38 中，设 $U_G=100$ mV，$R_G=0.01\ \Omega$，$R_S=500\ \Omega$，$R_{C1}=R_{C2}=1\ \Omega$。若 $R_{L1}=R_{L2}=10$ kΩ，由式(6－44)可计算出 $U_n=4.76$ mV。如果 $R_{L1}=R_{L2}=100$ kΩ，则由式(6－44)得 $U_n=0.5$ mV，此时，U_n 几乎减少了 20 dB。

图 6－39 给出了差分电路减小 U_n 的改进电路。图中接入电阻 R 用来提高放大器的输入阻抗，以减小地干扰电压 U_G 的影响，但没有增加信号 U_S 的输入阻抗。

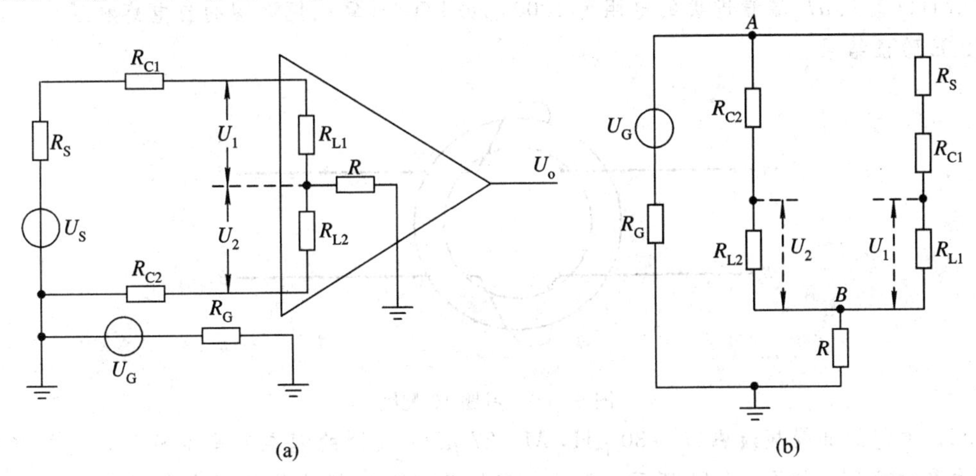

图 6－39　差分放大器的改进电路

计算图 6－39(a)中接地干扰的等效电路如图 6－39(b)所示。设 R_{AB} 为图中 A、B 两点间的电阻，R_G 为接地电阻，一般有 $R_G \ll (R+R_{AB})$，此时 U_G 在放大器输入端引起的噪声电压为

$$U_n = U_1 - U_2 = \left(\frac{R_{L1}}{R_{L1}+R_{C1}+R_S} - \frac{R_{L2}}{R_{L2}+R_{C2}}\right)U_{AB} \tag{6-45}$$

式中，U_{AB} 为 U_G 在图中 A、B 两点间产生的电压，即

$$U_{AB} = \frac{R_{AB}}{R_G+R+R_{AB}}U_G \tag{6-46}$$

由于 $U_{AB} \ll U_G$，因此，由式(6－45)计算所得到的 U_n 将小于由式(6－44)计算所得到的 U_n。而对信号 U_S 而言，并没有增加输入阻抗。

习　题

1. 为什么要进行接地设计，工程实践中接地如何详细分类?

2. 导体的直流电阻与交流电阻存在怎样的关系，为什么电磁兼容性设计中要求元器件的引线尽可能的短，如何选择接地线?

3. 从系统的观点出发，如何进行接地设计? 阐述单点接地、多点接地、混合接地、悬浮接地的特点和应用限制。

4. 简述地回路骚扰的成因，试列举所遇到的地回路骚扰案例及排除方法。

5. 如何设计电缆屏蔽层的接地方式以抑制电磁骚扰? 并简述为何采取该方法。

6. 如何选择多级电路的接地点，使参考地电位最小?

7. 抑制地回路骚扰的主要技术措施有哪些?

8. 简述隔离变压器抑制地回路骚扰的原理、技术指标及应用注意事项。

9. 简述纵向扼流圈抑制地回路骚扰的原理、技术指标及选用原则。

10. 理想的共模扼流圈(线圈的缠绕完全对称且没有损耗)的结构如图6-40所示，如果AB端相连，那么50 MHz时从ab端看进去的电阻为$300\angle 90°\text{k}\Omega$。如果$Ab$端相连，那么50 MHz时从$aB$端看进去的电阻为$1000\angle 90°\text{k}\Omega$。计算此扼流圈的自电感和互电感。用PSPICE验证结果。

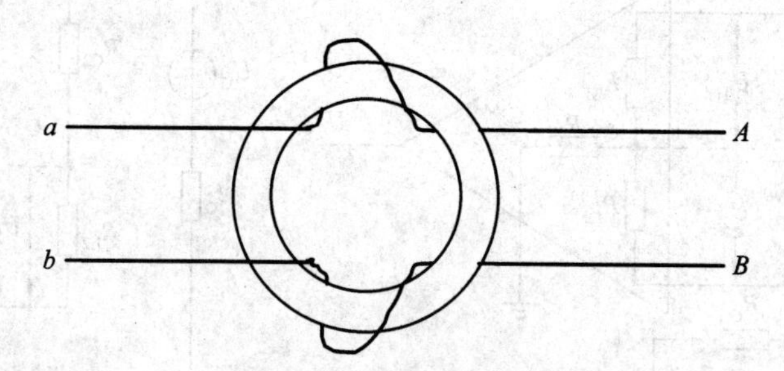

图6-40　习题10配图

11. 理想的共模扼流圈($L=30\ \mu\text{H}$，$M=27\ \mu\text{H}$；线圈的缠绕完全对称且没有损耗)位于源和负载之间，如图6-41所示。假设所有的共模电流都被共模扼流圈所抑制，计算负载电压的幅度。用PSPICE验证结果。

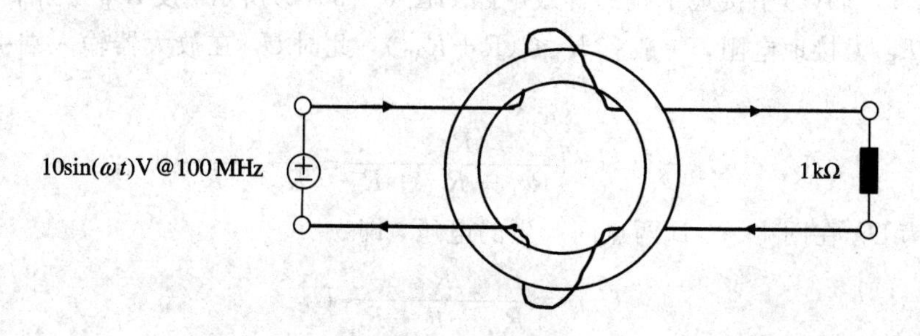

图6-41　习题11配图

参考文献

[1] 刘尚合. 静电放电及危害防护. 北京：北京邮电大学出版社，2004.

[2] 马伟明. 电力电子系统中的电磁兼容. 武汉：武汉水利电力大学出版社，2000.

[3] (美)爱・弗・万斯. 电磁场对屏蔽电缆的影响. 高攸纲，等，译. 北京：人民邮电出版社，1988.

[4] (美)O'RILEY R P. 电气工程接地技术. 沙斐，吕飞燕，谭海峰，等，译. 北京：电子工业出版社，2004.

[5] 陈淑凤，马蔚宇，马晓庆. 电磁兼容试验技术. 北京：北京邮电大学出版社，2001.

[6] 白同云，吕晓德. 电磁兼容设计. 北京：北京邮电大学出版社，2001.

[7] 蔡仁钢. 电磁兼容原理、设计和预测技术. 北京：北京航空航天大学出版社，1997.

[8] 高攸纲. 电磁兼容总论. 北京：北京邮电大学出版社，2001.

[9] 诸邦田. 电子线路抗干扰技术手册. 北京：北京科学技术出版社，1988.

[10] 张松春，等. 电子控制设备抗干扰技术及其应用. 北京：机械工业出版社，1989.

[11] 赖祖武. 电磁干扰防护与电磁兼容. 北京：原子能出版社，1993.

[12] OTT H W. Noise Reduction Techniques in Electronic Systems. 2nd ed. John Wiley and Sons，1988.

[13] PISCATAWAY N J. EMC/EMI principles，measurements and technologies. Institute of Electrical and Electronics Engineers Inc. 1997.

[14] KEISER B. Principles of Electromagnetic Compatibility. 3rd ed. MA：Artech House，Inc.，1987.

[15] WESTON D A. Electromagnetic Compatibility：Principles and Applications. New York：Marcel Dekker，Inc.，1991.

[16] MONTROSE M I. Printed circuit board design techniques for EMC compliance：a handbook for designers. 2nd ed. New York：IEEE Press，2000.

[17] TESCHE F M，IANOZ M V. EMC analysis methods and computational models. New York：John Wiley & Sons，Inc.，1997.

[18] CARR J J. The technician's EMI handbook：clues and solutions. Boston：Newnes，2000.

[19] PRASAD K V. Engineering Electromagnetic Compatibility：Principles，measurements，and Technology. New York：IEEE Press，1996.

[20] WILLIAMS T，ARMSTRONG K. EMC for systems and installations. Oxford：Newnes，2000.

[21] TSALIOVICH A B. Electromagnetic shielding handbook for wired and wireless EMC applications. Boston：Kluwer Academic，1999.

[22] CHATTERTON P A，HOULDEN M A. EMC：Electromagnetic Theory to Practical Design. New York：John Wiley & Sons Ltd，1992.

[23] WESTON D A. Electromagnetic Compatibility：Principles and Applications. New

York: Marcel Dekker, Inc., 1991.

[24] WHITE D R J, MARDIGUIAN M. EMI Control Technology and Procedures. Gainesville, Virginia: Interference Control Technologies, Inc., USA, 1988.

[25] PAUL C R, NASAR S A. Introduction to Electromagnetic Fields. 2nd ed. New York: McGraw-Hill, 1987.

[26] VIOLETTE J L N, WHITE D R J, MICHAEL F. V. Electromagnetic Compatibility Handbook. New York: van nostrand reinhold company, 1987.

[27] OZENBAUGH R L. EMI Filter Design. New York: Marcel Dekker, Inc., 1996.

[28] ARCHAMBEAULT B, RAMAHI O M, BRENCH C. EMI/EMC Computational Modeling Handbook. Boston: Kluwer Academic Publishers, 1998.

[29] PAUL C R. Analysis of Multi-conductor Transmission Lines. New York: John Wiley & Sons Ltd., 1994.

[30] SMITH A A. Coupling of External Electromagnetic Fields to Transmission Lines. New York: John Wiley & Sons Ltd., 1977.

[31] PLONSEY R, COLLIN R. E. Principles and Applications of Electromagnetic Fields. New York: McGraw-Hill, 1961.

[32] RAMO S, WHINNERY J R, VAN D T. Fields and Waves in Communication Electronics. 2nd ed.. New York: John Wiley and Sons, 1989.

[33] VANCE E F. Coupling to Shielded Cables. R. E. Krieger, Melbourne, FL, 1987.

[34] VIOLETTE N J L, WHITE D R J, VIOLETTE M F. Electromagnetic Compatibility Handbook. New York: Van Nostrand Reinhold Co., 1985.

[35] RICKETTS L W, BRIDGES J. E., MILETTA J. EMP Radiation and Protective Techniques. New York: John Wiley and Sons, 1976.

[36] WHITE D R J. A Handbook on Electromagnetic Shielding Materials and Performance. Don White Consultants, Inc., 1975.

[37] WHITE D R J. A Handbook on Electromagnetic Interference and Compatibility. Don White Consultants, Inc., 1973.

[38] DENNY H W. Grounding for the Control of EMI. Don White Consultants, Inc., 1983.

[39] MARDIGUIAN M. EMI troubleshooting techniques. New York: McGraw-Hill, 2000.

[40] A handbook for EMC: testing and measurement. London: Peter Peregrinus Ltd., 1994.

[41] MONTROSE M I. EMC and the printed circuit board: design, theory, and layout made simple. New York: IEEE Press, 1999.

[42] O'HARA M. EMC at component and PCB level. Oxford, England: Newnes, 1998.

[43] WILLIAMS T. EMC for product designers. Boston: Newnes, 1992.

[44] MACNAMARA T. Handbook of antennas for EMC. Boston: Artech House, 1995.

[45] MOLYNEUXx-C J W. EMC shielding materials. 2nd ed. Boston: Newnes, 1997.

第 7 章　搭接技术及其应用

本章详细介绍了搭接的一般概念；叙述了搭接的有效性及其影响因素；探讨了搭接实施的关键问题和处理方法；最后介绍了搭接的设计、典型搭接举例和搭接质量的测量方法。

搭接形成了两导电体之间具有导电性的固定结合，实现了屏蔽、接地、滤波等抑制电磁干扰的技术措施和设计目的，是控制电磁兼容性的重要技术之一。

7.1　搭接的一般概念

搭接(bonding)是指两个金属物体之间通过机械、化学或物理方法实现结构连接，以建立一条稳定的低阻抗电气通路的工艺过程。搭接的目的在于为电流的流动提供一个均匀的结构面和低阻抗通路，以避免在相互连接的两金属件间形成电位差，因为这种电位差对所有频率都可能引起电磁干扰。搭接技术在电子、电气设备和系统中有广泛的应用。从一个设备的机箱到另一个设备的机箱，从设备机箱到接地平面，信号回路与地回路之间，电源回路与地回路之间，屏蔽层与地回路之间，接地平面与连接大地的地网或地桩之间，都要进行搭接。导体的搭接阻抗一般是很小的，在一些电路的性能设计中往往不予考虑。但是，在分析电磁骚扰时，特别是高频电磁骚扰时，就必须考虑搭接阻抗的作用。

良好搭接是减小电磁干扰、实现电磁兼容性所必需的。良好搭接的作用在于：

(1) 减少设备间电位差引起的骚扰。

(2) 减少接地电阻，从而降低接地公共阻抗骚扰以及各种地回路骚扰。

(3) 实现屏蔽、滤波、接地等技术的设计目的。

(4) 防止出现雷电放电的危害，保护设备和人身安全。

(5) 防止设备运行期间的静电电荷积累，避免静电放电骚扰。

此外，良好的搭接可以保护人身安全，避免电源与设备外壳偶然短路时所形成的电击伤害等。因此，搭接技术是抑制电磁干扰的重要措施之一。

为了说明良好搭接(good bonding)的重要性，下面举一个由不良搭接(poor bonding)导致滤波电路失效的例子。图 7－1 中，干扰源(interference source)与敏感设备(susceptible equipment)之间接一 Π 型滤波器(Π-Section filter)。该滤波器是一个低通滤波器，其作用是滤除设备电源线中的高频骚扰分量。在高频情况下，旁路电容器的电抗呈低阻抗，出现在电源线上的干扰信号沿着通路①被旁路至地。因此，干扰信号不会到达敏感设备，达到了滤波的目的。但是，如果搭接不良，搭接处(join)就会形成搭接阻抗 $Z_B = R_B + j\omega L_B$，当搭接阻抗大到一定值时，将有干扰电流经图中通路②到达敏感设备，使滤波器起不到隔离干扰的作用。

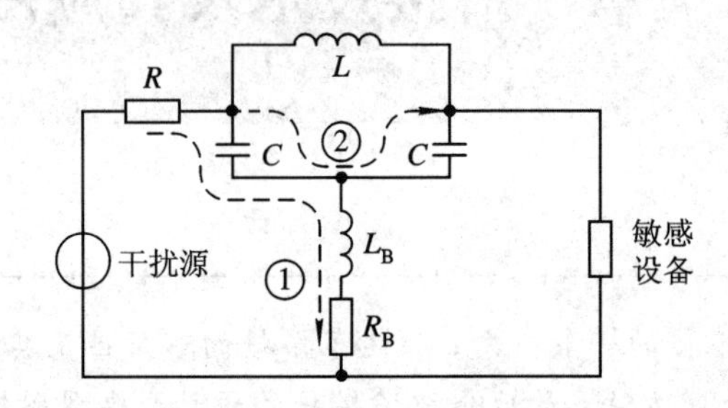

图 7-1　不良搭接对电源滤波器性能的影响

下面列举一些不良搭接影响抑制电磁干扰措施实施效果的常见例子。

电缆连接器与设备壳体的搭接能使电缆屏蔽获得最佳效果。如果没有搭接措施或者搭接不良，连接器的屏蔽效能将大为降低，不利于全部电缆的屏蔽完善性，不利于维持电缆的低损耗传输特性。

电流通路上存在没有牢固连接的搭接点，或者由于振动使搭接点松动，这样的搭接点会起到间歇式触点的作用。即使直流电流或工频交流电流通过这样的搭接点，在此搭接点所产生的放电火花也可能形成频率高达几百兆赫兹的骚扰信号。

信号电路接地系统中，各个构件搭接不良会使接地措施形同虚设。不良搭接使搭接阻抗增加，会在搭接处形成干扰电压降，破坏理想接地等电位的要求。

防雷电保护网络中，雷击放电电流通过不良搭接点时，会在搭接处产生几千伏的电压降，由此产生的电弧放电可能造成火灾或者引起其他危害。

工频交流供电线路中如果存在松动的搭接点，就会在某些用电负载上产生很高的电压降，足以损坏用电设备。若有大电流通过搭接点，会使搭接点处发热而破坏绝缘层，轻则造成线路故障，重则引起火灾。

搭接方法(bonding methods)可分为永久性搭接(permanent joints)和半永久性搭接(semi-permanent joints)。永久性搭接是利用铆接(rivet)、熔焊(welding)、钎焊(soldering)、压接等工艺方法，使两种金属物体保持固定连接。永久性搭接在装置的全寿命期内应保持固定的安装位置，不要求拆卸检查、维修或者作系统更改。永久性搭接在预定的寿命期内应具有稳定的低阻抗电气性能。半永久性搭接是利用螺栓、螺钉、夹具等辅助器件使两种金属物体保持连接的方法，它有利于装置的更改、维修和替换部件，有利于测量工作，可以降低系统成本。

搭接类型(bond types)为两种基本类型：直接搭接(the direct bond)和间接搭接(the indirect bond)。直接搭接是指两裸金属或导电性很好的金属特定部位的表面直接接触，牢固地建立一条导电良好的电气通路。直接搭接的连接电阻的大小取决于搭接金属的接触面积、接触压力、接触表面的杂质和接触表面硬度等因数。实际工程中，有许多情况要求两种互连的金属导体在空间位置上分离或者保持相对的运动，显然这一要求妨碍了直接搭接方式的实现。此时，就需要采用搭接带(搭接条，a bond strap)或者其他辅助导体将两个金属物体连接起来，这种连接方式称为间接搭接。间接搭接的连接电阻等于搭接条两端的连接电阻之和再加上搭接条的电阻。搭接条在高频时呈现很大的阻抗，所以高频时多采用直接搭接。设备需要移动或者抗机械冲击时，需要间接搭接。熔接、焊接、锻造、铆接、拴接等方法都可以实现两金属间的裸面接触。因此，搭接前需要对搭接体表面进行净化处理，有时还要在搭接体表面镀银或金来覆盖一层良导电层。

7.2　搭接的有效性

在直流情况下，我们只关心搭接的直流电阻。然而，随着频率的增大，集肤效应使这一电阻变大。同时，搭接处呈现的自感、搭接面之间存在的电容都会对搭接的有效性产生影响。因此，射频段搭接的有效性(bonding effectiveness)不完全取决于其直流电阻。当搭接长度 l 远小于波长，即 $l \ll \lambda$ 时，搭接的高频等效电路如图 7-2 所示。

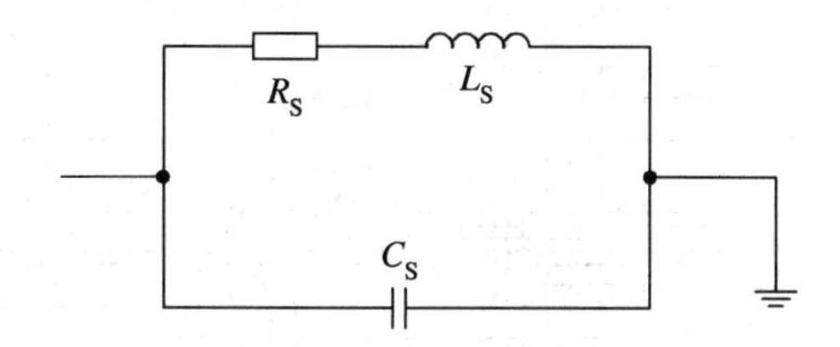

图 7-2　搭接的高频等效电路

图 7-2 中搭接电阻取决于搭接条的电阻率、半径和集肤深度，即

$$R_S = \frac{\rho l}{2\pi a\delta} \tag{7-1}$$

式中，ρ 为电阻率(单位为 Ω·m)；a 为半径(单位为 m)；$\delta=(2\rho/\omega\mu)^{1/2}$，为集肤深度(单位为 m)；$l$ 为长度(单位为 m)。搭接条的电感 L_S 是搭接条物理结构的函数，而电容 C_S 是搭接面的面积及搭接面间距的函数。

以分贝为单位，搭接的有效性能够采用有搭接条与无搭接条时设备外壳上的感应电压的差来表示。它可能是负值。搭接条的谐振频率是搭接有效性最坏时的频率。

通常用搭接条的直流电阻(the DC resistance of a bond)表示搭接质量。例如，某些军事规范要求直流搭接电阻小于 0.1 Ω，以预防冲击危害。MIL-B-5087-B 要求直流搭接电阻小于 2.5 mΩ。在有闪电、爆炸、火灾危害倾向的区域，如果电源线对地短路，允许的电阻取决于最大的故障电流。如果直流电阻大约为 0.25～2.5 mΩ，通常就能实现良好的射频搭接(a good RF bond)。搭接电阻的基本表达式为

$$R_{DC} = \frac{\rho l}{A} \tag{7-2}$$

式中，A 是搭接条的横截面面积(单位为 m^2)。搭接条的射频电阻远大于直流电阻。

【例 7-1】　比较频率为 1 MHz 时直径为 1.29 mm 的导线的射频电阻与其直流电阻。

【解】　设导线的电阻率 $\rho=1.724$ Ω·m。当频率 $f=1$ MHz 时，其集肤深度 $\delta=(2\rho/\omega\mu)^{1/2}=6.608\times10^{-5}$ m。代入公式(7-1)，计算得其射频电阻为

$$R_S = \frac{\rho l}{2\pi a\delta} = 6.433\times10^{-2} l \quad \Omega$$

计算知此导线的直流电阻为

$$R_{DC}=\frac{\rho l}{A}=1.317\times10^{-2}\ l\quad\Omega$$

比较可见 1 MHz 时直径为 1.29 mm 的导线的射频电阻约为其直流电阻的 5 倍。

许多接头的重要特性是它们有携带突发的大故障电流的能力。在用螺栓实现搭接的地方，对于 100 A 的电流，螺栓的直径至少为 0.65 cm；对于 200 A 的电流，螺栓的直径至少为 1.0 cm。电动机的启动电流通常可达几百安培，如果搭接点的电流容量很小，那么当大电流通过此搭接点时，该点将发热而成为一个“热点”，严重时可使该点达到白炽的程度，使附近金属熔化，甚至引燃附近的易燃气体而造成故障。因此，在搭接时必须考虑搭接点的电流容量。图 7-3 给出了对应不同故障电流时，搭接电阻的最大允许值及可能引燃易爆气体的电阻量级。

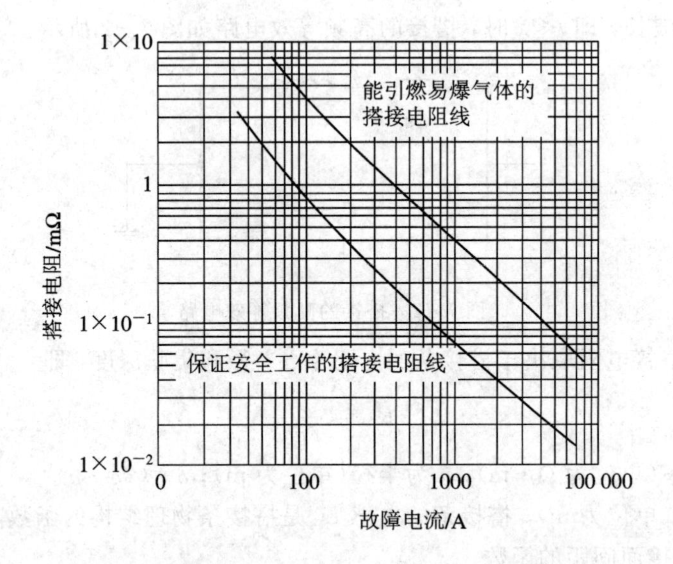

图 7-3　对于设备与结构搭接，故障电流与最大允许电阻的关系

接头自身的感抗是感性的。非磁性材料圆横截面的直搭接条(a straight bonding strap)的电感表示如下：

$$L_S=0.002l\left[2.303\ \lg\left(\frac{4l}{d}-0.75\right)\right]\quad\mu\text{H}\tag{7-3}$$

式中：l 为搭接条长度(单位为 cm)；d 为导线直径(单位为 cm)。

在低频情况下，矩形横截面直搭接条(Straight Rectangular Bar)的电感(设搭接条的集肤深度远大于搭接条的厚度，即 $\delta\gg c$)为

$$L_S=0.002l\left(2.303\ \lg\frac{2l}{b+c}+0.5+0.2235\ \frac{b+c}{l}\right)\quad\mu\text{H}\tag{7-4}$$

式中：b 为搭接条的宽度(单位为 cm)；c 为搭接条的厚度(单位为 cm)；l 为搭接条的长度(单位为 cm)。

对于接头长度接近 $\lambda/4$ 的频率，接头起传输线的作用，驻波(standing waves)存在于接头上。

为了使接头的阻抗最小，通常应减小设备外壳到地的间距，或者减小搭接条的长度与

宽度的比，以尽可能使搭接条的电容与电感比值高。搭接条的长度最好不要超过其长度的5倍。

在大多数情况下，搭接电感不要超过0.025 μH。

7.3　搭接的实施

7.3.1　搭接的电化学腐蚀原理

当两种不同的金属互相接触时，会出现一种质变，即腐蚀(corrosion)。所谓腐蚀，是指在电化学序列(the electrochemical series)中，属于不同组的两种金属(见表7-1)在溶液(起电解液作用)存在情况下相互接触，形成了一个化学电池，而使金属逐渐产生原电池腐蚀和电解腐蚀。能起电解液作用的液体有盐水、盐雾、雨水(雨水能够携带许多杂质而使金属表面上的各种杂质湿润)、汽油等。

表7-1　常见金属的电化学序列

(按对腐蚀的灵敏度大小递减排序)

第一组	镁
第二组	铝及其合金 锌 镉
第三组	碳钢 铁 铅 锡及锡铅焊料
第四组	镍 铬 不锈钢
第五组	铜 银 金 铂 钛

腐蚀的程度取决于两种不同金属在电化学序列中的组别和接触时所处的环境。适当地改变这两个因素，可使搭接的腐蚀减小。在电化学序列中，同一组的两种金属接触时不会发生明显的腐蚀现象。如果是不同组的两种金属接触，则在表7-1中，前面组别中的金属将构成一个阳极，而且受到较强的腐蚀；后面组别中的金属将构成一个阴极，相对而言它不受腐蚀。组别相差越远的两种金属接触时的腐蚀越严重。因此，两个相接触的金属材料，应尽量选择表7-1中同一组别的金属或者相邻组别中的金属。如果需要将第二组金属(例如铝)机壳与第四组金属(例如不锈钢)框架搭接，可在两金属表面间放入一个第三组金属(例如镀锡)垫圈，这样即使保护层损坏，受腐蚀的也将是线圈，而不是铝壳，因而可以保护机壳。此外，当两种不同金属搭接时，阴极和阳极的相对面积选择也是很重要的。阴极越大意味着电子流量越大，因此，阳极处的腐蚀作用越严重。减小阴极接触面积可以使电子流量减小，从而减轻腐蚀。

7.3.2　搭接表面的清理和防腐涂覆

为了获得有效而可靠的搭接，搭接表面必须进行精心处理，其内容包括搭接前的表面清理和搭接后的表面防腐处理。

搭接前的表面清理主要清除固体杂质，如灰尘、碎屑、纤维、污物等，其次是有机化合物，如油脂、润滑剂、油漆和其他油污等，还要清除表面保护层(finish)和电镀层，如铝板表面的氧化铝层以及金、银之类的金属镀层。

搭接完成后，为了保护搭接体，在接缝表面往往进行附加涂覆(例如涂油漆或者电镀)。应注意的是，若仅对阴极(cathode)材料进行涂覆，会在涂覆不好的地方引起严重的腐蚀。因此，当不同金属接触时，特别应对两种金属表面(阳极(anode)和阴极表面)都加涂覆，如图 7-4 所示。

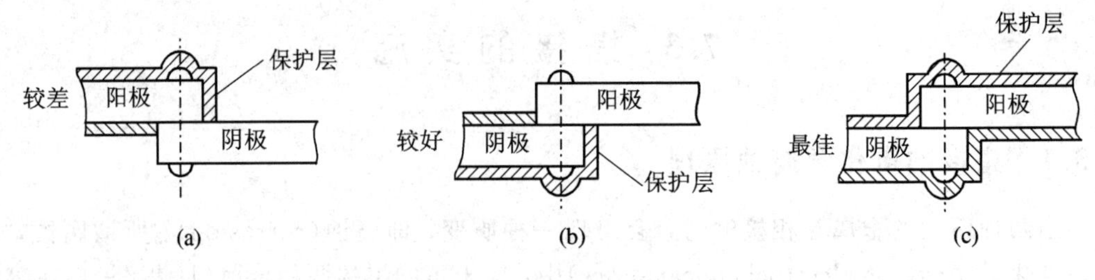

图 7-4　不同金属搭接处的涂覆

7.3.3　搭接的加工方法

两种金属材料搭接的加工方法很多，按接合作用原理可分为物理、化学、机械三类不同的原理。

物理加工方法主要有熔焊和钎焊。热熔接合是通过气体燃烧和电弧加热使两种金属熔化并流动，形成连续的金属桥的加工工艺，其接合处的电导率高、机械强度好、耐腐蚀，但加工成本高。常用的熔焊加工方法有气焊、电弧焊、氩弧焊、放热焊等。钎焊是一种金属焊接工艺，它把连接的金属表面加热到低于熔点的温度，而后施加填充的金属焊料和适当的焊剂，通过焊料与连接金属表面的紧密接触实现接合。钎焊分为硬钎焊和软钎焊，软钎焊是一种更简单的连接工艺。钎焊使用的温度相当低，因此在那些可能出现大电流的场合不允许采用软钎焊的方法。

机械加工方法有螺栓连接、铆接、压接、卡箍紧固、销键紧固、拧绞连接等。

化学加工方法主要采用导电黏合剂。它是一种具有两种成分的银粉填充的热固性环氧树脂，经固化后成为一种导电材料。通常它用于搭接金属的表面，既使之黏合，又形成导电良好的低电阻通路。黏合剂不仅具有很好的防腐能力，还具有很强的机械强度。有时将它和螺栓结合使用，效果更佳。

7.4　搭接的设计

搭接技术是抑制电磁干扰的重要措施之一，因此必须把搭接设计纳入系统设计中。首先，搭接设计应结合设备和系统的整体布局，综合电磁兼容性设计的要求和指标，考虑屏蔽、接地、滤波的需要，合理设计搭接点的布局和配置；其次，搭接设计应满足搭接的有效性和可靠性要求。

搭接质量的有效性和可靠性主要取决于搭接点的连接电阻。影响搭接点连接电阻的主要因素有搭接结构、金属表面的处理情况、搭接加工方法、环境条件和通过接头的电流频率和幅值等。

表 7-2 列举了 20 种典型搭接结构，供读者参考。

表 7－2　典型搭接结构举例

序号	搭接内容	搭接结构和方法
1	两块金属体用螺栓搭接	
2	搭接线与金属构件用螺栓或铆钉连接	
3	屏蔽电缆的搭接	
4	一束电缆用卡箍与金属结构搭接	
5	连接器与屏蔽电缆的搭接	
6	连接器座与机箱壳体的搭接	
7	金属管道的搭接	
8	两根管道衔接处的搭接	

续表(一)

序号	搭接内容	搭接结构和方法
9	活动铰链的搭接	铰链 弹性搭接条 ≤25 mm
10	两种金属构件用螺栓连接	
11	活动摇杆的搭接	
12	两个活动部件的搭接	
13	减震器的搭接	安装架 锁紧垫圈 搭接条 减震座 安装结构 锁紧垫圈
14	设备外壳与基本结构搭接	基本结构 设备
15	安装支架上设备的搭接	安装后的涂封范围为清理面积的1.25倍 与支架相连的设备 锁紧垫圈 底座连接部位

续表(二)

序号	搭接内容	搭接结构和方法
16	机箱与电缆托架的搭接	
17	机壳法兰盘与机架的搭接	
18	设备机箱之间以及与接地格栅的搭接	
19	设备机箱通过机架导向轴搭接	
20	机架内部的搭接	

7.5 搭接质量的测试

关于搭接质量的测试，目前用得最多的是采用四端法直接测量搭接点的直流或者低频搭接电阻。由图7-5可知，恒流源在被测搭接点(线、面)上形成电压降，用高灵敏度的数字电压表测出该电压降值，再根据恒流源指示的电流值，推算搭接电阻。现在已经有商品型微欧计可使用，但是其恒流源输出电流较小，限制了它对大面积搭接接头的测量。

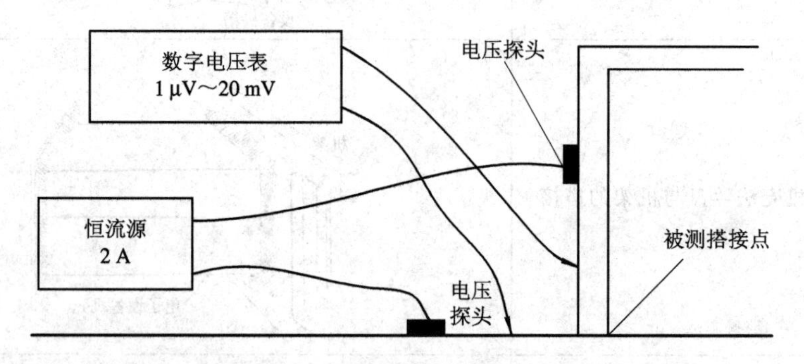

图7-5 搭接电阻的测量方法

另外，利用专门的高频搭接阻抗测量探头、网络分析仪或者带有跟踪信号源的频谱仪，还可以测量出搭接条的高频阻抗特性。

1. 简述搭接技术的概念及方法。
2. 搭接的实施、有效性评估。
3. 列举搭接的相关标准。
4. 简述微欧计的工作原理、选型和使用方法。
5. 简述搭接电阻表的工作原理、选型和使用方法。
6. 分析某一典型搭接结构的电气特性。

参考文献

[1] 白同云，吕晓德. 电磁兼容设计. 北京：北京邮电大学出版社，2001.
[2] 蔡仁钢. 电磁兼容原理、设计和预测技术. 北京：北京航空航天大学出版社，1997.
[3] 顾希如. 电磁兼容的原理、规范和测试. 北京：国防工业出版社，1988.
[4] 诸邦田. 电子线路抗干扰技术手册. 北京：北京科学技术出版社，1988.
[5] 张松春，等. 电子控制设备抗干扰技术及其应用. 北京：机械工业出版社，1989.
[6] 赖祖武. 电磁干扰防护与电磁兼容. 北京：原子能出版社，1993.
[7] OTT H W. Noise Reduction Techniques in Electronic Systems. 2nd ed. John Wiley and Sons，1988.

[8] PISCATAWAY N J. EMC/EMI principles, measurements and technologies. Institute of Electrical and Electronics Engineers, Inc. , 1997.

[9] KEISER B. Principles of Electromagnetic Compatibility. 3rd ed. MA: Artech House, Inc. , 1987.

[10] WESTON D A. Electromagnetic Compatibility: Principles and Applications. New York: Marcel Dekker, Inc. , 1991.

[11] MONTROSE M I. Printed circuit board design techniques for EMC compliance: a handbook for designers. 2nd ed. New York: IEEE Press, 2000.

[12] TESCHE F M, IANOZ M V. EMC analysis methods and computational models. New York: John Wiley & Sons, Inc. , 1997.

[13] CARR J J. The technician's handbook: clues and solutions. Boston: Newnes, 2000.

[14] PRASAD K V. Engineering Electromagnetic Compatibility: Principles, measurements, and Technology. New York: IEEE Press, 1996.

[15] WILLIAMS T, ARMSTRONG K. EMC for systems and installations. Oxford: Newnes, 2000.

[16] WESTON D A. Electromagnetic Compatibility: Principles and Applications. New York: Marcel Dekker, Inc. , 1991.

[17] WHITE D R J, MARDIGUIAN M. EMI Control Technology and Procedures. Gainesville, Virginia: Interference Control Technologies, Inc. , USA, 1988.

[18] VIOLETTE J L Norman, WHITE D R J, VIOLETTE M F. Electromagnetic Compatibility Handbook. New York: Van Nostrand Reinhold Co. 1987.

[19] VIOLETTE N J L, WHITE D R J, VIOLETTE M F. Electromagnetic Compatibility Handbook. New York: Van Nostrand Reinhold Co. , 1985.

[20] RICKETTS L W, BRIDGES J E, MILETTA J. EMP Radiation and Protective Techniques. New York: John Wiley and Sons, 1976.

[21] WHITE D R J. A Handbook on Electromagnetic Shielding Materials and Performance. Don White Consultants, Inc. , 1975.

[22] WHITE D R J. A Handbook on Electromagnetic Interference and Compatibility. Don White Consultants, Inc. , 1973.

[23] DENNY H W. Grounding for the Control of EMI. Don White Consultants, Inc. , 1983.

[24] MARDIGUIAN M. EMI troubleshooting techniques. New York: McGraw-Hill, 2000.

[25] MONTROSE M I. EMC and the printed circuit board: design, theory, and layout made simple. New York: IEEE Press, 1999.

[26] O'HARA M. EMC at component and PCB level. Oxford, England: Newnes, 1998.

[27] WILLIAMS T. EMC for product designers. Boston: Newnes, 1992.

[28] MOLYNEUX-C J W. EMC shielding materials. 2nd ed. Boston: Newnes, 1997.

第8章 滤波技术及其应用

滤波技术是抑制电气、电子设备传导电磁干扰，提高电气、电子设备传导抗扰度水平的主要手段，也是保证设备整体或局部屏蔽效能的重要辅助措施。本章从滤波器件的应用角度出发，着重介绍滤波器件的特性、类型、工作原理、应用场合、选用、安装等内容。

滤波技术(filtering technique)是抑制电气、电子设备传导电磁干扰，提高电气、电子设备传导抗扰度水平的主要手段，也是保证设备整体或局部屏蔽效能的重要辅助措施。滤波的实质是将信号频谱划分成有用频率分量和干扰频率分量两个频段，然后剔除干扰频率分量部分。滤波技术的基本用途是选择信号和抑制干扰，为实现这两大功能而设计的网络称为滤波器。本章从滤波器件的应用角度出发，着重介绍滤波器件的特性、类型、应用场合、选用、安装等内容。

8.1 滤波器的工作原理和类型

8.1.1 滤波器的工作原理

在一定的通频带内，滤波器的衰减很小，可以让能量通过；在此通频带之外，滤波器的衰减很大，抑制能量的传输。因此，凡与需要传输的信号频率不同的骚扰，都可以采用滤波器加以抑制。滤波器将有用信号的频谱和骚扰的频谱隔离得越完善，抑制电磁骚扰的效果就越好。

8.1.2 滤波器的类型

滤波器的种类很多，根据滤波原理分为反射式滤波器(reflective filter)和吸收式滤波器(dissipative filter)；根据结构形式可分为 Butterworth、Tchebycheff、Butterworth-Thompson、Elliptic 等类型；根据工作条件可分为有源滤波器(active filter)和无源滤波器(passive filter)；根据频率特性分为低通、高通、带通、带阻滤波器(low-pass filter、high-pass filter、band-pass filter、band-reject filter)；根据使用场合分为电源滤波器、信号滤波器、控制线滤波器、防电磁脉冲滤波器、防电磁信息泄露专用滤波器、印制电路板专用微型滤波器等；根据用途分为信号选择滤波器和电磁干扰(EMI)滤波器两大类，如图 8-1 所示。

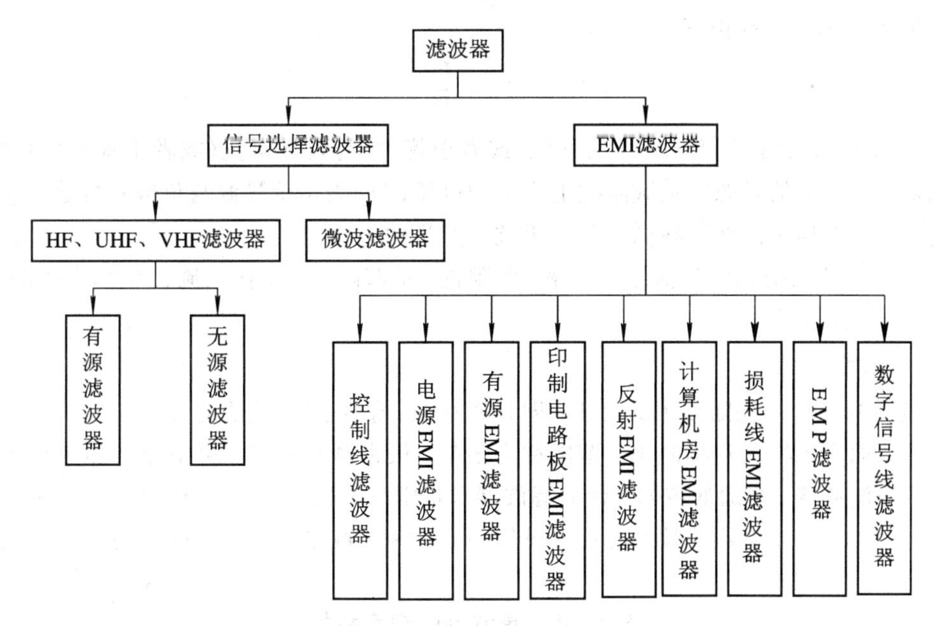

图 8-1　滤波器按用途分类

信号选择滤波器是能有效去除不需要的信号分量，同时对被选择信号的幅度、相位影响最小的滤波器；电磁干扰滤波器(EMI filter)是以能够有效抑制电磁干扰为目标的滤波器。

8.1.3　EMI 滤波器的特点

电磁干扰滤波器与常规滤波器比较具有以下特点：

(1) 电磁干扰滤波器往往在阻抗失配的条件下工作。电磁骚扰源的阻抗频率特性变化范围很宽，其阻抗通常是整个频段的函数。由于经济和技术上的原因，不可能设计出全频段阻抗匹配的电磁干扰滤波器。

(2) 骚扰源的电平变化幅度大，有可能使电磁干扰滤波器出现饱和效应。

(3) 电磁骚扰源的频带范围很宽，其高频特性非常复杂，难以用集总参数电路来模拟滤波电路的高频特性。

(4) 工作频带内必须具有较高的可靠性。由于电磁骚扰源的工作频率范围宽，具有大电流脉冲，所以必须选择具有良好性能的滤波元件。滤波器的布局、滤波器与设备的连接不能引入附加的电磁干扰。

8.2　滤波器的特性

描述滤波器特性的技术指标包括插入损耗、频率特性、阻抗特性、额定电压、额定电流、外形尺寸、工作环境条件、可靠性、体积和重量等。下面介绍其中几个主要特性。

1. 插入损耗(the insertion loss)

插入损耗是衡量滤波器的主要性能指标，即滤波器滤波性能的好坏主要是由插入损耗决定的。因此，在选购滤波器时，应根据干扰信号的频率特性和幅度特性，选择合适的滤波器。

滤波器的插入损耗由下式表示：

$$\mathrm{IL} = 20\ \lg \frac{U_1}{U_2} \quad \mathrm{dB}$$

式中，IL 表示插入损耗；U_1 表示信号源(或者干扰源)与负载阻抗(或者干扰对象)之间没有接入滤波器时，信号源在负载阻抗上产生的电压；U_2 表示信号源与负载阻抗之间接入滤波器时，信号源通过滤波器在同一负载阻抗上产生的电压。

滤波器的插入损耗值与信号源频率、源阻抗、负载阻抗、工作电流、工作环境温度、体积和重量等因素有关。

2. 频率特性

滤波器的插入损耗随频率的变化，即频率特性。信号无衰减地通过滤波器的频率范围称为通带，而受到很大衰减的频率范围称为阻带。根据频率特性，可把滤波器大体上分为四种：低通滤波器、高通滤波器、带通滤波器和带阻滤波器。表 8－1 给出了这四种滤波器的频率特性曲线。滤波器的频率特性又可用中心频率、截止频率、最低使用频率和最高使用频率等参数反映。

表 8－1　滤波器的频率特性

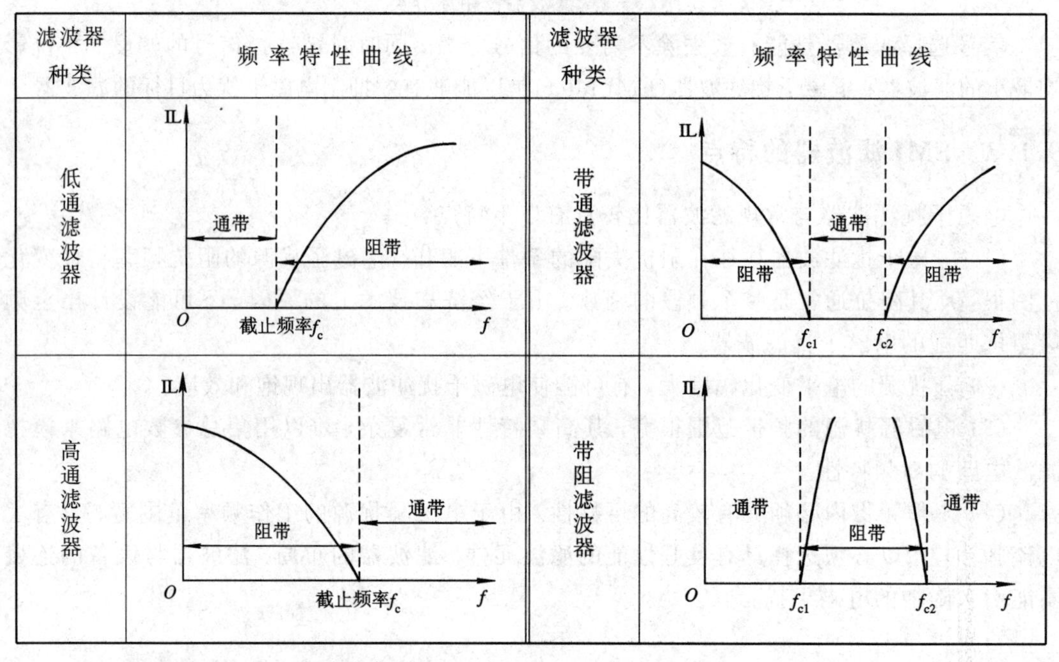

滤波器种类	频率特性曲线	滤波器种类	频率特性曲线
低通滤波器	IL；通带；阻带；O；截止频率f_c；f	带通滤波器	IL；通带；阻带；阻带；O；f_{c1}；f_{c2}；f
高通滤波器	IL；阻带；通带；O；截止频率f_c；f	带阻滤波器	IL；通带；阻带；通带；O；f_{c1}；f_{c2}；f

必须注意的是，**滤波器的产品说明书给出的插入损耗曲线，都是按照有关标准的规定，在源阻抗等于负载阻抗，且都等于 50 Ω 时测得的。实际应用中，EMI 滤波器输入端和输出端的阻抗不一定等于 50 Ω，所以这时 EMI 滤波器对骚扰信号的实际衰减与产品说明书给出的插入损耗衰减不一定相同，而且有可能相差甚远。**

3. 阻抗特性

滤波器的输入阻抗、输出阻抗直接影响滤波器的插入损耗特性。在许多使用场合，滤波器的实际滤波特性与生产厂家给出的技术指标不符，这主要是由滤波器的阻抗特性决定的。因此，在设计、选用、测试滤波器时，滤波器的阻抗特性也是一个重要技术指标。使用

EMI 滤波器时，应遵循输入、输出端最大限度失配的原则，以求获得最佳抑制效果。相反地，使用信号选择滤波器时需要考虑阻抗匹配，以防止信号衰减。

4. 额定电流

额定电流是滤波器工作时不降低滤波器插入损耗性能的最大使用电流。一般情况下，额定电流越大，滤波器的体积、重量和成本就越大；使用温度和工作频率越高，其允许的工作电流就越小。

5. 额定电压

额定电压是指输入滤波器的最高允许电压值。若输入滤波器的电压过高，会使滤波器内部的元件损坏。

6. 电磁兼容性

EMI 滤波器一般用于消除不希望有的电磁干扰，其本身不会存在干扰问题，但其抗干扰性能的高低，直接影响设备整体的抗干扰性能。抗干扰性能突出体现在滤波器对电快速脉冲群、浪涌、传导干扰的承受能力和抑制能力。

7. 安全性能

滤波器的安全性能，如耐压、漏电流、绝缘、温升等性能应满足相应的国家标准要求。

8. 可靠性

可靠性也是选择滤波器的重要指标。一般来说，滤波器的可靠性不会影响其电路性能，但会影响其电磁兼容性。因此，只有在电磁兼容性测试或者实际使用过程中才会发现问题。

9. 体积与重量

滤波器的体积与重量取决于滤波器的插入损耗、额定电流等指标。一般情况下，额定电流越大，体积与重量越大；插入损耗越高，要求滤波器的级数越多，滤波器的体积与重量也越大。

8.3　反射式滤波器

反射式滤波器的工作原理是把不需要的频率成分的能量反射回信号源或者骚扰源，而让需要的频率成分的能量通过滤波器施加于负载，以达到选择和抑制信号的目的。反射式滤波器通常由电抗元件，如电感器、电容器等组合构成无源网络。理想情况下，电感器和电容器是无耗元件。反射式滤波器在通带内提供低的串联阻抗和高的并联阻抗，而在阻带内提供大的串联阻抗和小的并联阻抗。也就是说，对骚扰电流建立一个高的串联阻抗和低的并联阻抗通路。

1. 低通滤波器

低通滤波器是电磁兼容工程中使用最多的一种滤波器，主要用来抑制高频传导电磁骚扰。例如，电源滤波器就是低通滤波器，当直流或者工频电流通过电源滤波器时，没有明显的能量衰减，而当频率高于工频的信号通过电源滤波器时，则存在显著的能量衰减。

低通滤波器的种类很多，按其电路结构常分为并联电容滤波器(shunt capacitor filter)、串联电感滤波器(series inductor filter)、L 型滤波器(L-Section filter)、π 型滤波器(π-Section filter)、T 型滤波器(T-Section filter)等。这些低通滤波器的电路结构和插入损耗描述如下：

(1) 并联电容滤波器。并联电容滤波器是最简单的低通 EMI 滤波器，通常连接于携带干扰的导线与回路地线之间，如图 8-2 所示。它用来旁路高频能量，流通期望的低频能量或者信号电流。其插入损耗为

$$\text{IL} = 10\lg[1+(\pi fRC)^2] \quad \text{dB} \qquad (8-1)$$

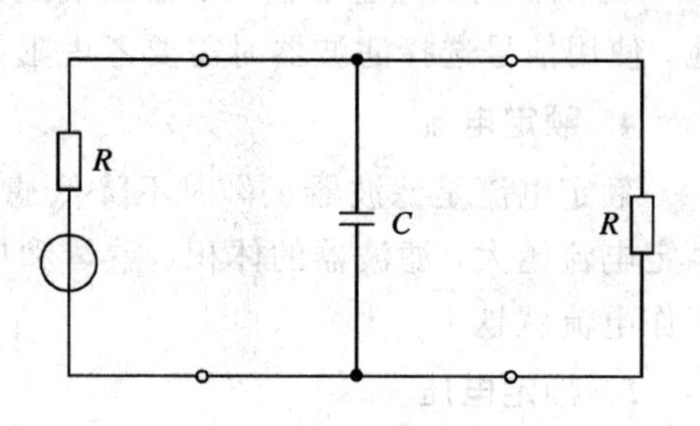

图 8-2 并联电容滤波器

式中，f 表示频率，R 表示激励源电阻或者负载电阻，C 表示滤波器电容。实际上，电容包含串联电阻和电感。这些非理想影响是电容的极板电感、引线电感、极板电阻、引线与极板的接触电阻作用的结果。不同类型的电容的电阻性、电感性影响是不同的。由于电感性影响，电容呈现谐振。低于谐振频率时，滤波器呈现容抗；高于谐振频率时，滤波器呈现感抗。作为滤波器元件，不同类型电容的特性描述如下。金属化纸质电容具有小的物理尺寸，射频旁路能力差，因为引线与电容之间存在高接触电阻。在小于 20 MHz 的频率范围内，可以使用铝箔电容，超出此频率范围，电容和引线长度将限制其使用。云母和陶瓷电容器(mica and ceramic capacitor)的容量与体积的比值很高，串联电阻小，电感值小，具有相当稳定的频率、容量特性，适用于电容量小、工作频率高(高于 200 MHz)的场合。穿心电容器(feed-through capacitor)的高频性能好，具有大约 1 GHz 以上的谐振频率，电感值小，工作电流和电压可以很高，有三个端子。电解电容器(electrolytic capacitor)是单极器件，用于直流滤波，其高损耗因数或者高串联电阻使其不能作为射频滤波元件使用。直流电源输出端的射频旁路需要使用电解电容器。钽电解电容器的容量与体积的比值大，串联电阻及电感小，温度稳定性好，适用于工作频率小于 25 kHz 的场合。

(2) 串联电感滤波器。串联电感滤波器是低通滤波器的另一简单形式。电感器与携带干扰的导线串联连接，如图 8-3 所示。其插入损耗为

$$\text{IL} = 10\lg\left[1+\left(\frac{\pi fL}{R}\right)^2\right] \quad \text{dB} \qquad (8-2)$$

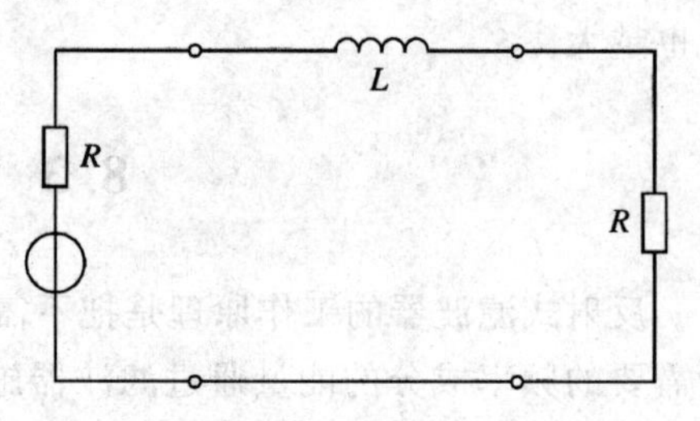

图 8-3 串联电感滤波器

式中，L 表示滤波器的电感，单位为 H；R 表示激励源电阻或者负载电阻，单位为 Ω；f 表示频率，单位为 Hz。

实际上，电感包含串联电阻和绕线间的电容。绕线电容产生自谐振。低于此谐振频率时，电感提供感抗；高于此谐振频率时，电感作为容抗出现。因此，在高频时，普通电感器不是一个好的滤波器。

(3) L 型滤波器。如果源阻抗与负载阻抗相等，L 型滤波器的插入损耗与电容器插入线路的方向无关。当源阻抗不等于负载阻抗时，通常将获得最大插入损耗。电容器并联时，阻抗更高，如图 8-4 所示。

源阻抗与负载阻抗相等时的插入损耗为

$$\text{IL} = 10\lg\left\{\frac{1}{4}\left[(2-\omega^2 LC)^2+\left(\omega CR+\frac{\omega L}{R}\right)^2\right]\right\} \quad \text{dB} \qquad (8-3)$$

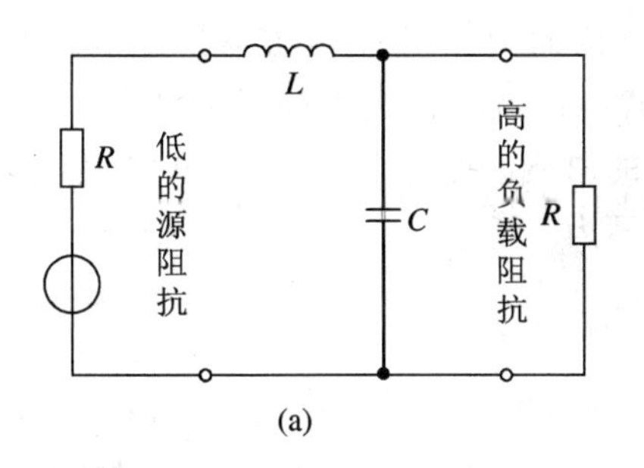

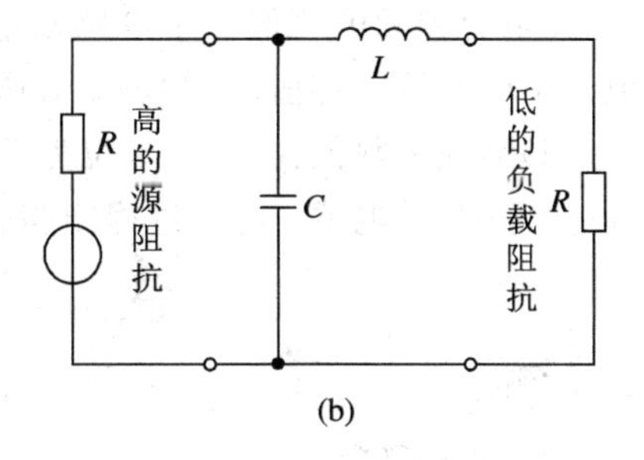

图 8-4　L 型滤波器

(4) π 型滤波器。π 型滤波器的电路结构如图 8-5 所示，它是实际中使用得最普遍的形式。其优势包括容易制造、宽带高插入损耗和适中的空间需求。

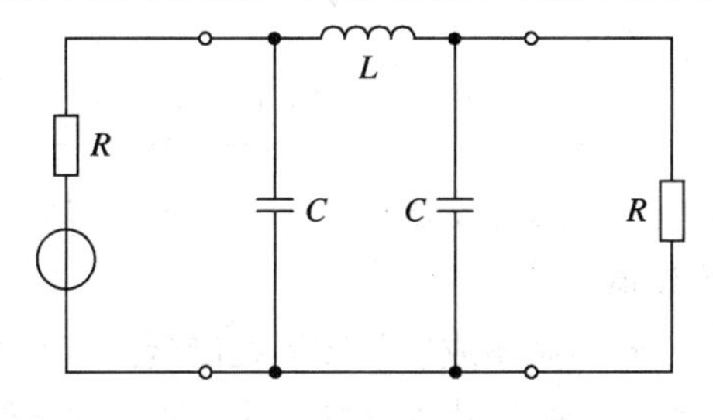

图 8-5　π 型滤波器

π 型滤波器的插入损耗为

$$\mathrm{IL} = 10\ \lg\left[(1-\omega^2 LC)^2 + \left(\frac{\omega L}{2R} - \frac{\omega^3 LC^2 R}{2} + \omega CR\right)^2\right]\ \mathrm{dB} \qquad (8-4)$$

采用 π 型滤波器抑制瞬态干扰不是十分有效。采用金属壳体屏蔽滤波器能够改善 π 型滤波器的高频性能。对于非常低的频率，使用 π 型滤波器可提供高衰减，如屏蔽室的电源线滤波。

(5) T 型滤波器。T 型滤波器的电路结构如图 8-6 所示，它能够有效抑制瞬态干扰，其主要缺点是需要两个电感器，这使滤波器的总尺寸增大。

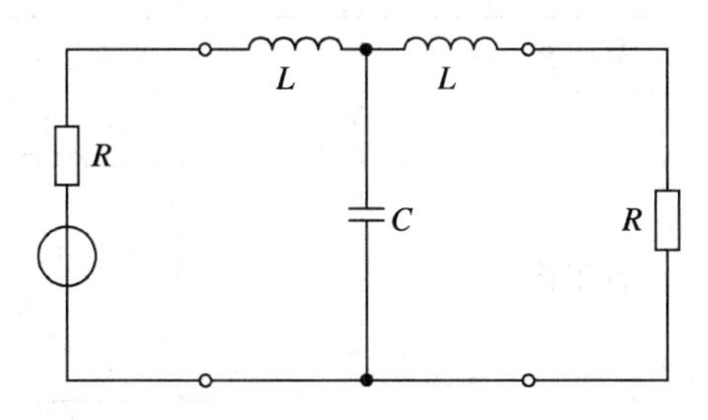

图 8-6　T 型滤波器

T 型滤波器的插入损耗为

$$\mathrm{IL} = 10\ \lg\left[(1-\omega^2 LC)^2 + \left(\frac{\omega L}{R} - \frac{\omega^3 L^2 C}{2R} + \frac{\omega CR}{2}\right)^2\right]\ \mathrm{dB} \qquad (8-5)$$

2. 高通滤波器

高通滤波器主要用于从信号通道中滤除交流电源频率以及其他低频干扰。高通滤波器的网络结构与低通滤波器的网络结构具有对称性，只要把低通滤波器相应位置上的电感器换成电容器(此电容器的电容值等于电感器电感值的倒数)，把电容器换成电感器(此电感器的电感值等于电容器电容值的倒数)，低通滤波器就转换成了高通滤波器。即把每个电感 L(单位为 H)转换成数值为 $1/L$(单位为 F)的电容，把每个电容 C(单位为 F)转换成数值为 $1/C$(单位为 H)的电感。这一过程能够表示为

$$C_{\mathrm{hp}}=\frac{1}{L_{\mathrm{lp}}},\quad L_{\mathrm{hp}}=\frac{1}{C_{\mathrm{lp}}}$$

图 8-7 给出了一个低通滤波器转换成具有对称网络结构的高通滤波器的例子。

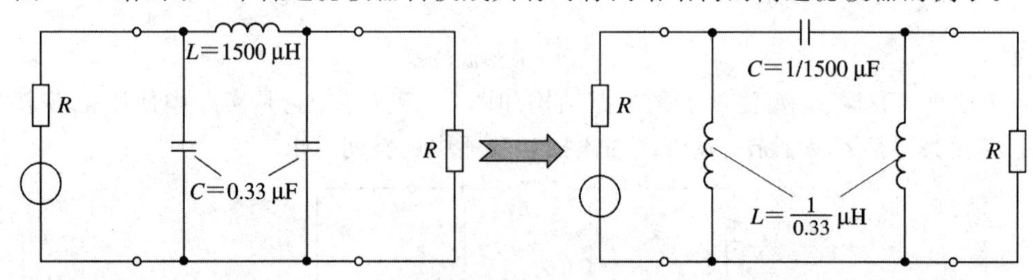

图 8-7　低通滤波器转换为高通滤波器的例子

3. 带通滤波器、带阻滤波器

带通滤波器用于对通带之外的高频或者低频干扰能量进行衰减，允许通带内的信号无衰减地通过。带阻滤波器的频率特性与带通滤波器的频率特性正好相反。

反射式滤波器的应用选择由滤波器类型、源阻抗和负载阻抗之间的组合关系来确定。使用电源干扰抑制滤波器时，应遵循输入端、输出端最大限度失配的原则，以求获得最佳抑制效果，如表 8-2 所示。当源阻抗和负载阻抗都比较小时，应选用 T 型滤波器或者串联电感滤波器；当源阻抗和负载阻抗都比较大时，应选用 π 型滤波器或者并联电容滤波器；当源阻抗和负载阻抗相差较大时，应选用 L 型滤波器。

表 8-2　滤波器的选用

源阻抗	负载阻抗(干扰对象)	滤波器类型
低阻抗	低阻抗	串联电感型 T 型
高阻抗	高阻抗	并联电容型 Π 型
高阻抗	低阻抗	L 型滤波器
低阻抗	高阻抗	L 型滤波器

8.4　吸收式滤波器

吸收式滤波器又名损耗滤波器。它将信号中不需要的频率分量的能量消耗在滤波器中(或称被滤波器吸收)，而允许需要的频率分量通过，以达到抑制干扰之目的。吸收式滤波器由有耗元件构成。

尽管一些反射式滤波器的输入阻抗、输出阻抗可望在一个相当宽的频率范围内与指定的源阻抗、负载阻抗相匹配，但在实际中这种匹配情况往往不存在，例如电源滤波器几乎总不能实现和与其连接的电源线阻抗的匹配。另一个例子是发射机谐波滤波器的设计，一般是使其在基频上与发射机的输出阻抗相匹配，而不一定在其谐波频率上匹配。正因为存在这种失配，所以很多时候当把一个反射式滤波器插入携带干扰的传输线路时，实际上将在线路上形成干扰的增加而不是减少。这个缺陷存在于所有由低耗元件构成的滤波器中，这正是反射式滤波器的缺点——阻抗失配。滤波器的输入阻抗和源阻抗不匹配时，一部分有用信号的能量将被反射回源，这导致干扰电平的增加而不是减少，因而导致了吸收式滤波器的研制和应用。

吸收式滤波器通常做成具有媒质填充或涂覆的传输线形式，媒质材料可以是铁氧体材料或者其他有耗材料。因此，这种滤波器又称为有耗滤波器。例如在一段短的铁氧体管的内、外表面上，以紧密接触沉积导电的银涂层，形成同轴传输线的内、外导线。这样制成的一段同轴传输线，其损耗很大，既有电损耗又有磁损耗，且损耗随着频率的增加而迅速增加，因此可以作为低通滤波器，广泛地用于对电源线的滤波。

图 8-8 示出了两个铁氧体管制成的吸收式滤波器的插入损耗特性。两个铁氧体管外径均为 1.5 cm，内径均为 0.95 cm，一个长度为 7.5 cm，另一个长度为 15 cm。

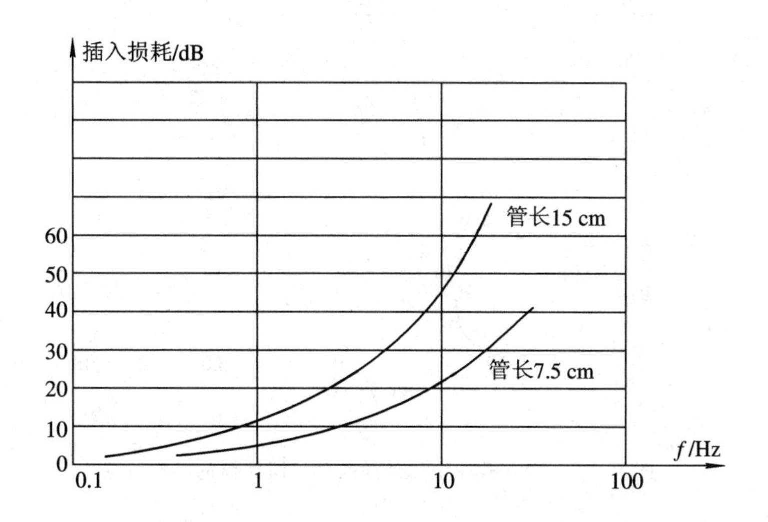

图 8-8　铁氧体管的插入损耗与频率的关系

由图可见，此滤波器的截止频率与铁氧体管的长度成反比，插入损耗与铁氧体管的长度成正比。

吸收式滤波器的缺点在于滤波器通带内有一定的插入损耗，这是由吸收式滤波器中的有耗媒质引起的。因此，必须选择合适的损耗材料，合理地设计吸收式滤波器，以减少滤波器通带内的损耗。

1. 电缆滤波器

将铁氧体材料填充在电缆里可以制成电缆滤波器。例如，将铁氧体材料填充在同轴线内外导体间，可以构成有耗同轴电缆，如图 8-9 所示。电缆滤波器的特点是体积小，具有理想的高频衰减特性，只需要较短的一段有耗电缆就可以获得预期的滤波效果。

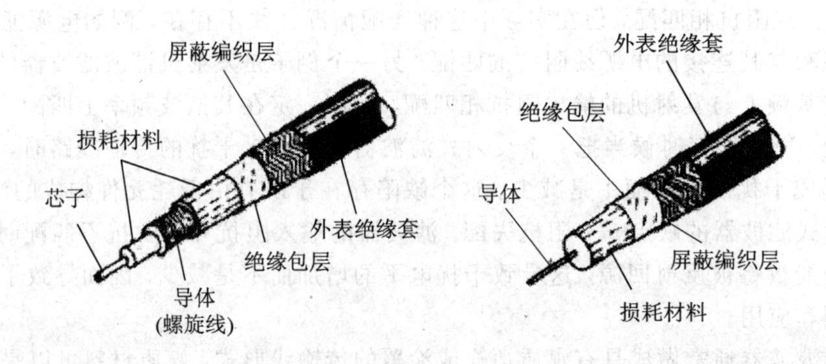

图 8-9　有耗同轴电缆的典型结构

吸收式滤波器与反射式滤波器串联起来组合使用，可达到更好的滤波效果。按此方法构成的滤波器，既有陡峭的频率特性，又有很高的阻带衰减。例如，在低通反射式滤波器前面接入一小段同轴线，在同轴线内外导体之间填充 6∶1 的铁粉和环氧树脂组合介质材料，这一组合滤波器的频率特性如图 8-10 所示。

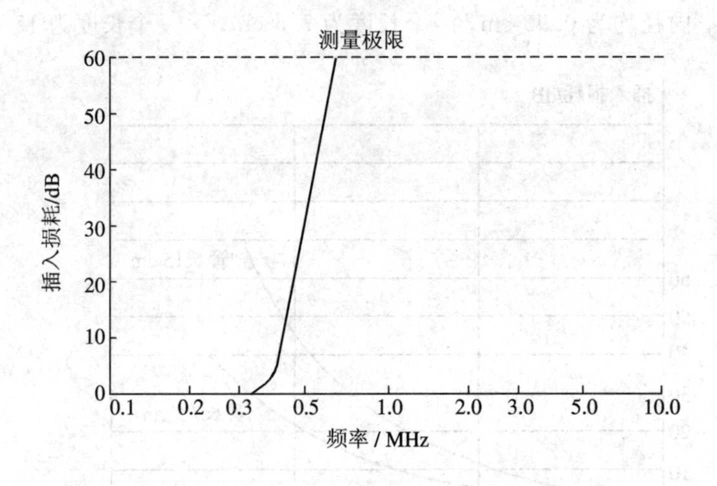

图 8-10　接入有耗线后低通反射式滤波器的频率特性

2. 滤波连接器

将铁氧体直接组装到电缆连接器内可以构成滤波连接器，如图 8-11(a)所示，它在 100 MHz～10 GHz 的频率范围内可获得 60 dB 以上的衰减；其他的滤波连接器如图 8-11(b)所示。

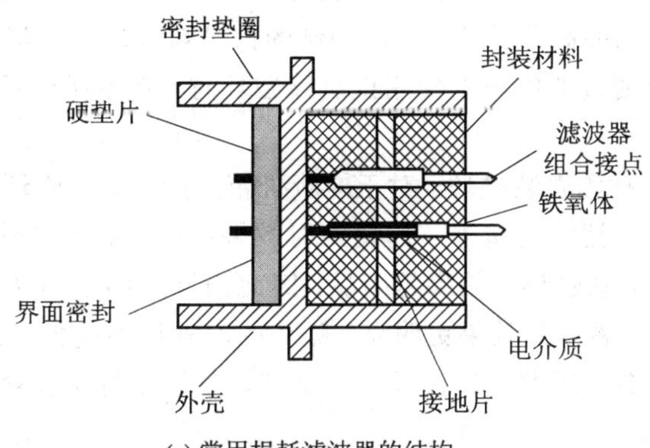

(a) 常用损耗滤波器的结构

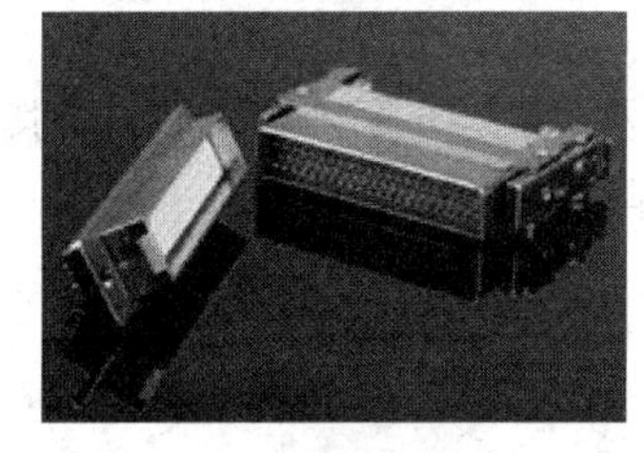

(b) 圆形滤波连接器 、矩形滤波连接器、 单相电源滤波器

图 8－11　滤波连接器

3. 铁氧体磁环

管状铁氧体磁环(如图 8－12 所示)提供了一种抑制通过导线的不需要的高频骚扰的既简便又经济的方法。当导线穿过磁环时，在磁环附近的一段导线将具有单匝扼流圈的特性，低频时具有低阻抗的特性。这个阻抗随着流过电流的频率的升高而增大，在一个宽的高频带内，具有适中的高阻抗，以抑制高频电流的通过。因此，利用铁氧体磁环可以构成低通滤波器。

图 8－12　铁氧体磁环

加长磁环或者将几个磁环同时穿入导线，则这段导线的等效电感值和电阻值将随着磁环长度的增加而增大。如果将导线绕上几圈穿过磁环，则总电感值和总电阻值将随圈数的平方而增大。但是，随着圈数的增加，匝间分布电容也会增加，导致高频抑制作用下降，所以多匝线圈的应用只在相对低的频率上最有效。

铁氧体磁环最适用于吸收由开关瞬态或者电路中的寄生响应所产生的高频振荡，也可以用来抑制输入、输出的高频骚扰。当所抑制的信号频率超过 1 MHz 时，抑制效果相当明显。当在有直流电流通过的电路上使用铁氧体磁环时，必须保证通过的电流不会使铁氧体材料达到磁饱和。

一般尽量靠近干扰源安装磁环。对于屏蔽机箱上的电缆，磁环应尽量靠近机箱电缆的进出口。磁环与电容式滤波连接器一起使用时效果更好。由于磁环的效果取决于电路的阻抗，电路的阻抗越低，则磁环的效果越明显，因此当原来的电缆两端安装了电容式滤波连接器时，其阻抗很低，磁环的效果更明显。磁环的内外径差越大，轴向越长，则阻抗越大。但内径一定要包紧导线。因此，要获得大的衰减，在磁环内径包紧导线的前提下，尽量使用体积较大的磁环。

4. 穿心电容器

穿心电容器(如图 8-13 所示)由金属薄膜卷绕而成，其中一个端片和中心导电杆焊在一起，另一端片与电容器外壳焊在一起作为接地端。

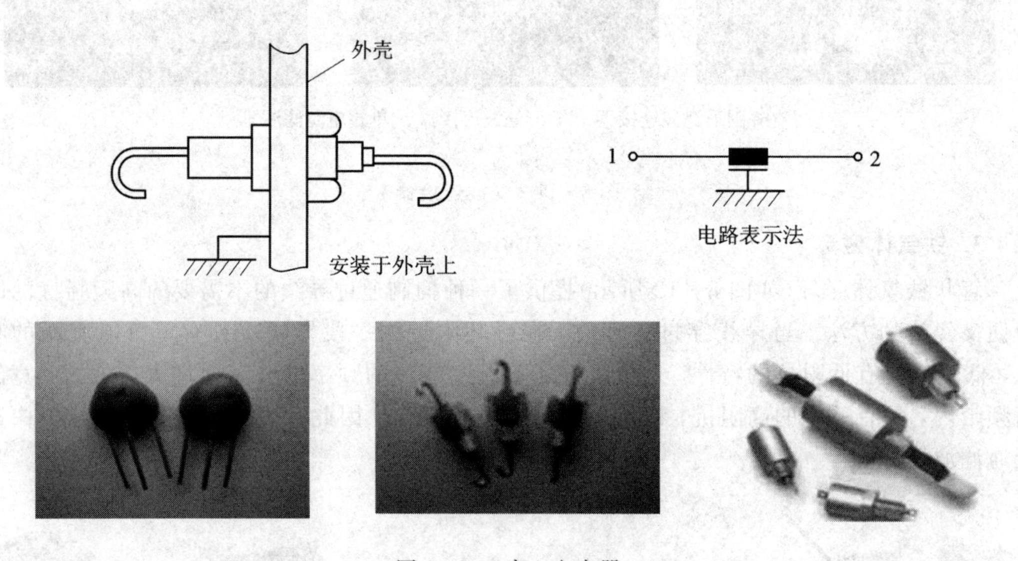

图 8-13　穿心电容器

穿心电容器是一种短引线电容器，它的特殊结构使其自谐振频率可达 1 GHz 以上，因此可以用于高频滤波。穿心电容器价格低廉、安装方便，在电磁兼容性工程中应用广泛。穿心电容器通常安装在用电设备的导电外壳上，即将穿心电容器的外壳极与用电设备的接地金属外壳连接，将另一导电杆串联在导线上。这样，穿心电容器对干扰信号起旁路作用，常用于电源中共模干扰的高频滤波。

穿心电容器与铁氧体磁环结合构成的高频滤波电路，常用于抑制电源线上的共模高频干扰。例如，电动机的控制线路中，由电动机碳刷滑动接触发射的高频辐射和传导干扰，将向外辐射或者通过接线端传导至低电平电路。为防止辐射干扰，应采用金属屏蔽体将电动机屏蔽，然后将穿心电容器和磁环连接于导线上以抑制电动机产生的传导干扰，如图 8-14 所示。

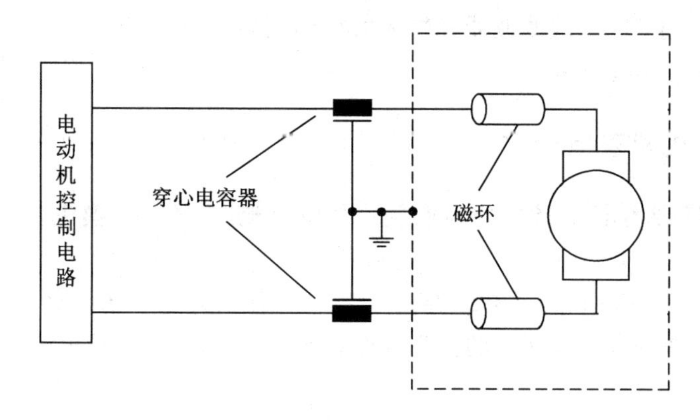

图 8-14　穿心电容器与铁氧体磁环的组合应用

8.5　电源线滤波器

强制性的传导发射标准主要体现在电源线上。因此，许多制造商将用于设备电源输入端的滤波器作为一个独立的器件，开发了各种尺寸、各种电路结构的产品。电子设备供电电源上存在各种形式的电磁骚扰。图 8-15(a)是用示波器观察到的 220 V/50 Hz 的电源线上存在的实际骚扰信号，图 8-15(b)是在 2 ms 时间内记录到的随机骚扰信号。从图中可以清楚地看到，50 Hz 上叠加有持续时间小于 5 μs、幅度大于 50 V 的尖峰信号。我们把这类信号称为来自电子设备外部的传导骚扰信号。另一方面，许多电子设备在完成其功能的同时，也会产生传导骚扰信号。

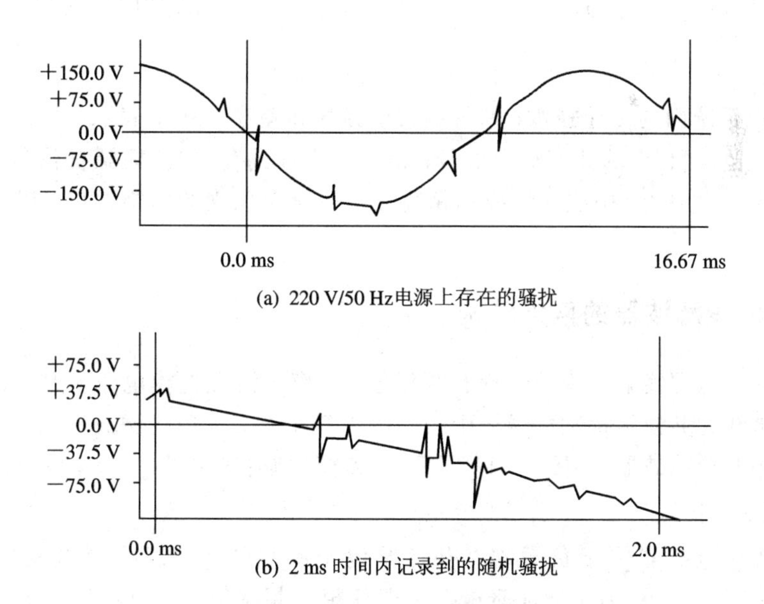

图 8-15　电源线上的传导骚扰信号

电源线滤波器(power line filter)又称为电源滤波器、电源噪声滤波器、在线滤波器等。电源线滤波器实际上是一种低通滤波器，它毫无衰减地把直流、50 Hz、400 Hz 等直流或者低频电源功率传送给用电设备，却显著地衰减经电源线传入的传导骚扰信号，保护用电设备免受其害。同时,电源线滤波器又能大大抑制用电设备本身产生的传导骚扰信号,防止其进入电源,危害其他设备。

8.5.1 共模干扰和差模干扰

电力电源线携带的电磁骚扰分为两类:共模电流/电压、差模电流/电压。共模干扰(the common-mode interference)定义为任何载流导体与参考地之间的不希望有的电位差。差模干扰(the differential-mode interference)定义为任何两个载流导体之间的不希望有的电位差。因此,参考图 8-16 所示的三根导线,共模电压 U_c 和差模电压 U_d 为

$$U_c = \frac{U_{PG} + U_{NG}}{2} \tag{8-6}$$

$$U_d = \frac{U_{PG} - U_{NG}}{2} \tag{8-7}$$

式中,U_{PG}是相线(phase wire)与地线(ground wire)之间的电压;U_{NG}是中线(neutral wire)与地线(ground wire)之间的电压。由图 8-16 可见,来自源经相线和中线的共模干扰电流 I_c 经地线离开负载返回,来自源经相线的差模干扰电流 I_d 经中线离开负载返回。

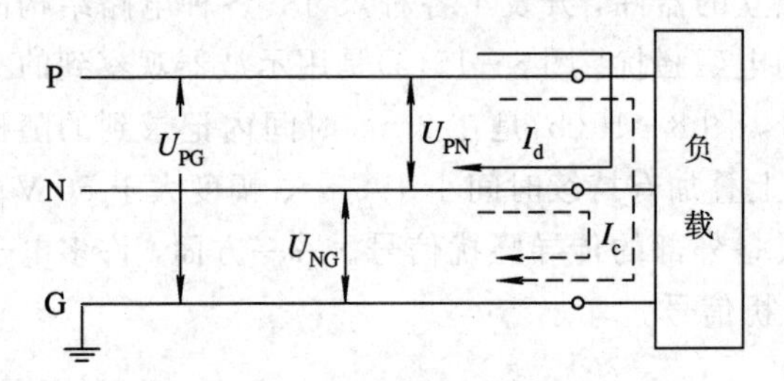

图 8-16 共模和差模干扰

任何电源系统内的传导骚扰,都可用共模骚扰和差模骚扰来表示,并且可以将相线—地线、中线—地线间/上的共模骚扰信号,相线—中线间/上的差模骚扰信号,看做独立的骚扰源,将相线—地线,中线—地线和相线—中线看做独立的网络端口,以便分析骚扰信号和相关的滤波网络。

8.5.2 电源线滤波器的网络结构

如前所述,电源线上呈现的干扰有两部分:共模电流和差模电流。为了抑制中线—地线、相线—地线的共模干扰和相线—中线间的差模干扰,电源线滤波器由许多 LC 低通网络构成,分为共模滤波器(如图 8-17 所示)和差模滤波器(如图 8-18 所示)。

1. 共模滤波器

通常,采用电容器位于负载端、电感器位于源端的 LC 滤波网络构造共模滤波器(common-mode filter)。为了增加衰减、实现理想的频率特性,可以级联几个 LC 滤波网络。图 8-17(c)中的电容器 C_y 旁路对地的共模电流;电容器 C_x 旁路相线—中线上的共模电流,防止此共模电流到达负载。需要低源阻抗时,可以采用一个 T 型低通滤波器。

由于存在高源阻抗,所以在滤除共模干扰的过程中,采用大的相线—地线电容是有用的。然而这样的大电容会导致地线中的高漏电电流,从而产生电位冲击危害。因此,电气

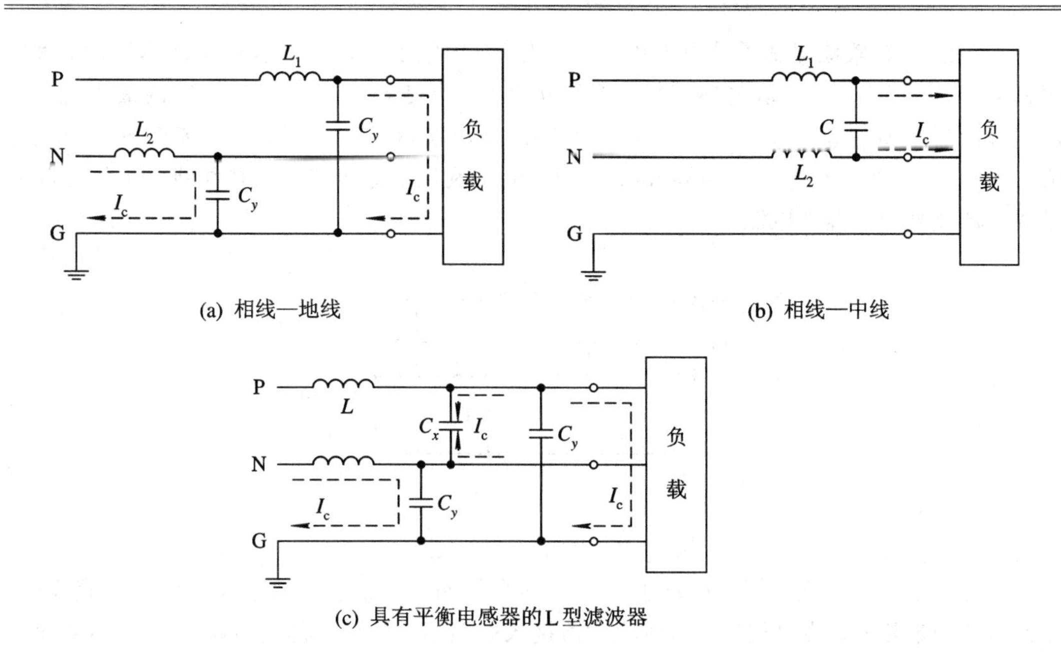

(a) 相线—地线　　(b) 相线—中线

(c) 具有平衡电感器的 L 型滤波器

图 8-17　共模滤波器

安全机构对相线—地线电容器的最大值、取决于线电压的最大允许漏电电流值进行了限值。为了避免放电电流引起的冲击危害，相线—中线电容器 C_x 必须小于 0.5 μF。另外，应增加一个泄流电阻，以便在冲击危害出现后，使交流插头两端的电压小于 34 V。

共模滤波器的衰减在低频主要由电感器产生，而在高频大部分由电容器 C_y 旁路实现。在高频时，电容器 C_y 的引线电感引起的谐振效应具有十分重要的意义。应用陶瓷电容器可以降低引线电感。

2. 差模滤波器

采用电容器位于负载端、电感器位于源端的 LC 滤波网络可构造差模滤波器(differential-mode filter)，如图 8-18 所示。电感器对差模干扰产生衰减，并联电容器 C_x 旁路差模干扰电流并防止它们到达负载。

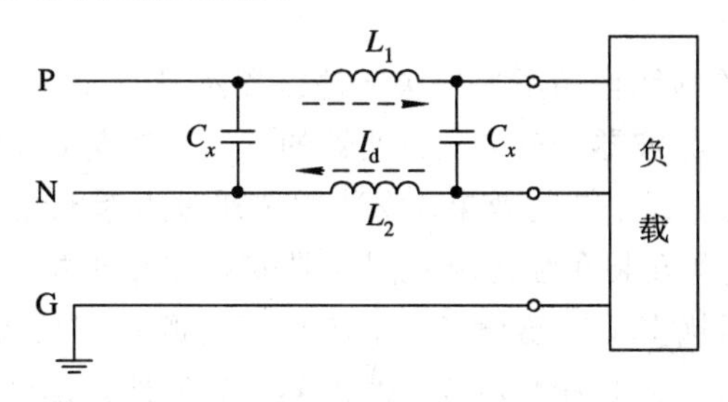

图 8-18　差模 L 型滤波器

3. 组合差模共模滤波器

实际上，电源线上往往同时存在共模干扰和差模干扰，因此实用的电源线滤波器是由共模滤波电路和差模滤波电路组合构成的滤波器。图 8-19 表示一个组合差模共模滤波器(combined CM and DM filter)的典型电路结构。首先用 L 型滤波器滤除差模干扰，接着用具有平衡—非平衡电感器(a balun inductor)的 π 型滤波器滤除共模干扰。图 8-19 中，电

感器 L_1 和 L_2 有效地抑制了差模干扰，因为相线、中线上的差模电流经地线返回源。大电容器 C_x 和 L_a 及 L_b 的杂散电感衰减共模干扰部分。基于电气安全机构规定的最大允许漏电电流值限制确定电容器 C_y 的值。将滤波器的输出端短路并断开地线，能够测量漏电电流。施加110%的标称电压(the nominal voltage)，利用电流表能够测量相线—地线之间和中线—地线之间的漏电电流。

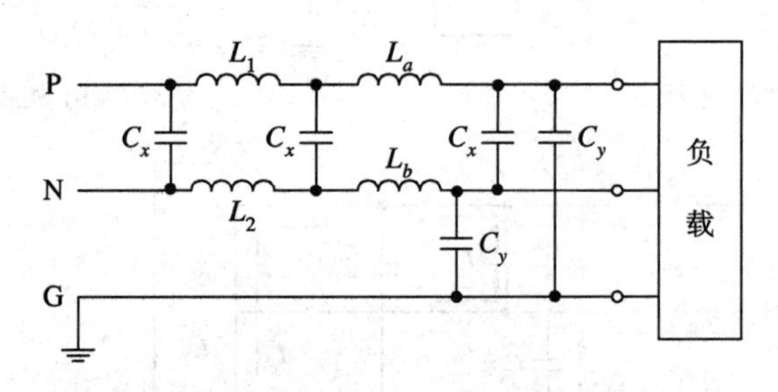

图 8-19　组合差模共模滤波器

电感器是由两个绕在同一磁环上的两个独立线圈构成的。这两个线圈称为共模线圈。它们所绕圈数相同，绕向相反，致使滤波器接入电路后，两只线圈内的电流产生的磁通在磁环内相互抵消，不会使磁环达到磁饱和状态，从而使两只线圈的电感量值保持不变。但是，由于各种原因，例如磁环材料的非均匀性、两只线圈绕制的非对称性等，两只线圈的电感量值并不完全相等。于是将两只线圈的电感量值之差称为差模电感，它和 C_x 又组成相线—中线独立端口间的一只低通滤波器，抑制电源线上的差模干扰。这样，组合差模共模滤波器就可实现对电源系统的骚扰信号的抑制，保护电源系统内的设备不受其影响。

图 8-19 所示的滤波器电路是无源网络，具有互易性。当其安装在供电电源与电子设备之间后，它既能有效地抑制电源线上存在的干扰信号传入设备，又能大大抑制电子设备工作时本身产生的传导骚扰传向电源。实际应用中，要达到有效抑制骚扰信号的目的，必须对滤波器两端将要连接的源阻抗和负载阻抗进行合理选择，具体选择见表 8-2。

8.6　滤波器的安装

滤波器对电磁干扰的抑制作用不仅取决于滤波器本身的设计和它的实际工作条件，而且在很大程度上还取决于滤波器的安装。滤波器的安装正确与否对其插入损耗特性影响很大，只有正确安装，才能达到预期的效果。安装滤波器时应考虑如下几个问题：

(1) 安装位置。滤波器安装在骚扰源一侧还是安装在受干扰对象一侧，取决于骚扰的入侵途径。一个骚扰源骚扰多个敏感设备时，应在骚扰源一侧接入一个滤波器。反之，如果将滤波器接入敏感设备一侧，将需要多个滤波器；类似地，如果只有一个敏感设备和多个骚扰源，那么滤波器应安装在敏感设备一侧。此外，将滤波器接入骚扰源一侧，可以使传导骚扰限制在骚扰源的局部。为了抑制来自电源线上的辐射骚扰和传导骚扰，应在设备或者屏蔽体的入口处安装滤波器。

(2) 输入端引线与输出端引线的屏蔽隔离。滤波器的输入端和输出端引线之间必须屏蔽隔离，引线应尽量短，且不能交叉，以避免在输入端引线与输出端引线间产生耦合骚扰。否则，输入端引线与输出端引线之间的耦合将通过杂散电容器直接影响滤波器的滤波效果。

(3) 高频接地。滤波器应加屏蔽，其屏蔽体应与金属设备壳体良好搭接。若设备壳体是非金属材料，则滤波器屏蔽体应与滤波器地相连，并与设备地良好搭接。否则，高频接地阻抗将直接降低高频滤波效果。当滤波电容与地线阻抗谐振时，将产生很强的电磁骚扰。因此，滤波器的安装位置应尽量接近金属设备壳体的接地点，滤波器的接地线应尽量短。

(4) 搭接方法。一般将滤波器的屏蔽体外壳直接安装在设备的金属外壳上，以降低连接电阻。为了保证在任何情况下均有良好的接触，最好采用焊接、螺帽压紧等搭接方法。

(5) 电源线滤波器应安装在敏感设备或者屏蔽体的入口处，并对滤波器加以屏蔽。

图 8-20 给出了滤波器的不正确安装示例。安装错误在于滤波器的输入端和输出端引线之间存在明显的电磁耦合。这样一来，存在于滤波器某一端的骚扰信号会跳过滤波器对它的抑制，即不经过滤波器的衰减而直接耦合到滤波器的另一端。此外，图中的滤波器均安装在设备屏蔽体的内部，设备内部电路或者元件上的电磁骚扰会通过辐射途径，在滤波器输入端引线上产生感应骚扰电流，并直接通过传导途径耦合到设备外部去，使金属设备外壳失去对其内部元件和电路产生的电磁骚扰辐射的抑制。当然，如果滤波器输入端引线上存在电磁骚扰信号，也会因此耦合到设备内部的元件或者电路上，从而破坏滤波器和设备屏蔽体对电磁骚扰的抑制作用。最严重的是捆扎设备电缆时，将滤波器的输入端和输出端引线捆扎在一起。图 8-20(a)所示为把滤波器安装在印制电路板上，因印制电路板一面是绝缘材料，故滤波器的屏蔽外壳没有实现与设备金属壳体的良好电气连接。

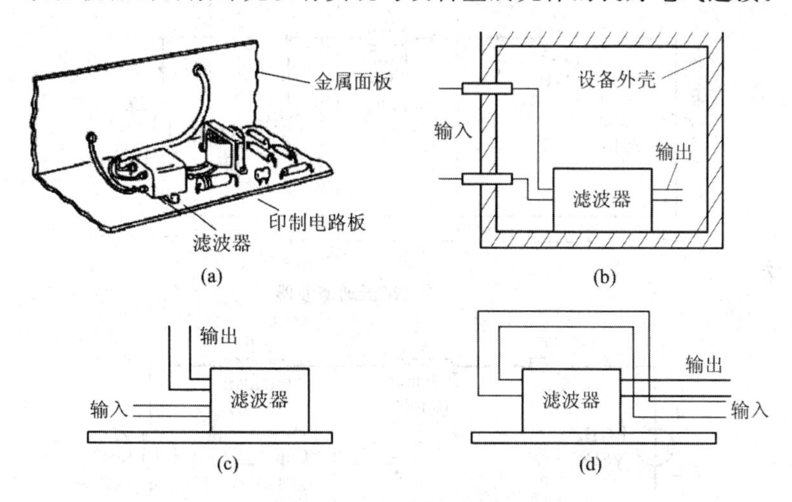

图 8-20　滤波器的不正确安装

推荐用于安装电源 EMI 滤波器的方法如图 8-21 所示。这些安装方法的最大特点是可最大限度地将滤波器的输入端和输出端引线隔离，并且能够实现良好的接地和搭接。

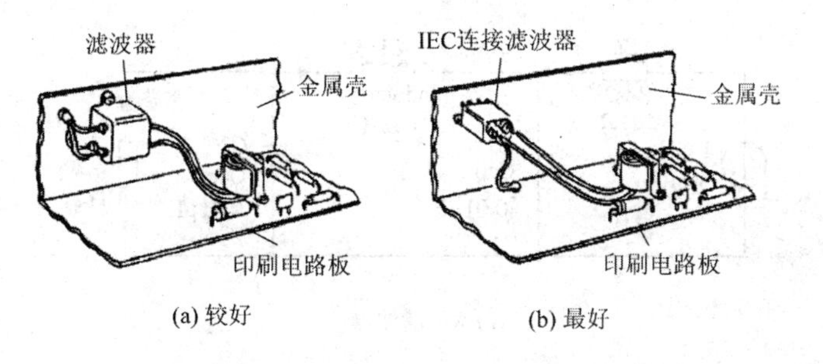

图 8-21　推荐的 EMI 滤波器的安装方法

习　题

1. EMI 滤波器的特点有哪些，其与信号滤波器的区别包含哪些方面？

2. 简述反射式滤波器、吸收式滤波器的工作原理。

3. 简述反射式滤波器的种类及技术参数。

4. 简述吸收式滤波器的种类及技术参数。

5. 简述电源线滤波器的构成及设计方法。

6. 设计一款应用于某一产品的电源线滤波器，进行理论和仿真分析，并实现该电源线滤波器。

7. 滤波器安装需要考虑哪些问题？

8. 以简单的 *RC* 滤波器为例，通过 A 矩阵，使用解析的方法得到滤波器的传递函数，进而得出不同负载情况下滤波器的幅度和相位与频率的变化关系。然后，利用 matlab 编程得到在不同负载下的滤波器特性图，直观显示在不同负载情况下的滤波器特性。并通过改变滤波器的拓扑结构，依照前述方法，分别对 T 型滤波器和 π 型滤波器的负载特性进行讨论。各滤波器电路图如图 8－22 所示。

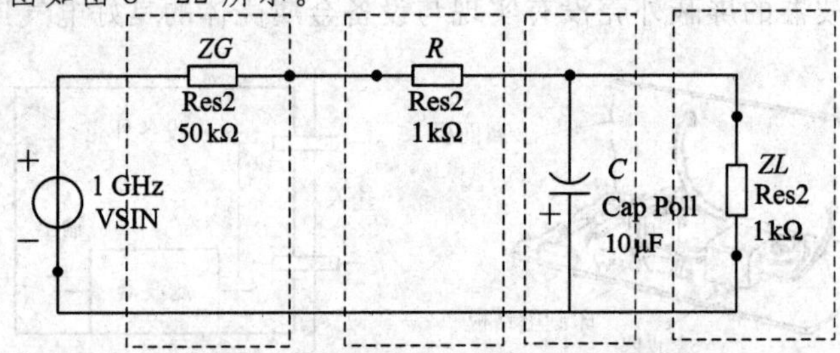

(a) *RC*低通滤波器

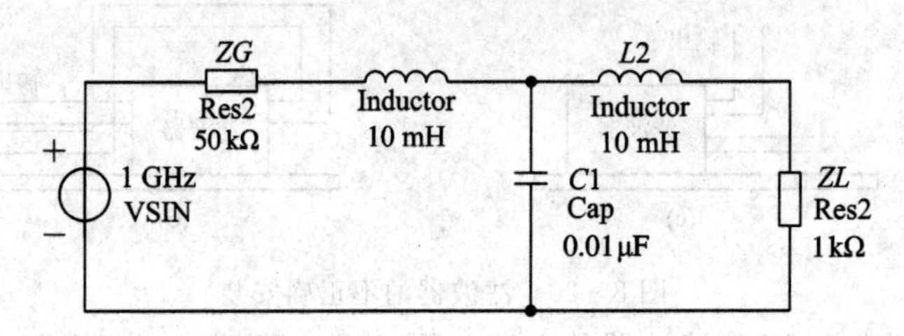

(b) T型滤波器

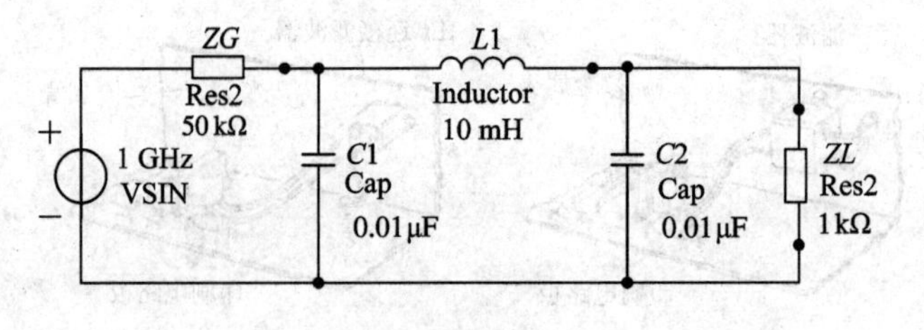

(c) π型滤波器

图 8－22　滤波器电路图

参考文献

[1] ZEEFF T M, HUBING T H, VAN D T P, et al. Analysis of simple two-capacitor low-pass filters. IEEE Trans. Electromagn. Compat., 2003, 35(1): 595-601.

[2] WEBER T, KRZIKALLA R, LUIKEN J. Linear and nonlinear filters suppressing UWB pulses. IEEE Trans. Electromagn. Compat., 2004, 46(3): 423-430.

[3] ZEEFF T M, RITTER A, HUBING T H, et al. Analysis of a low-pass filter employing a 4-pin capacitor. IEEE Trans. Electromagn. Compat., 2005, 47(1): 202-205.

[4] DENG J, SEE K Y. In-circuit Characterization of common-mode chokes. IEEE Trans. Electromagn. Compat., 2007, 49(2): 451-454.

[5] URABE J, FUJII K, DOWAKI Y, et al. A method for measuring the characteristics of an EMI suppression ferrite core. IEEE Trans. Electromagn. Compat., 2006, 48(4): 774-780.

[6] ZHANG D, LI E. Autotuning technique to reach resonance for determining the properties of Ni-Zn and Mn-Zn ferrite used in RF inductors for EMI suppression. Microwave and optical technology letters, 2002, 34(6): 466-469.

[7] DAMNJANOVIC M. Analysis, design, and characterization of ferrite EMI suppressors. IEEE transactions on magnetics, 2006, 42(2): 270-277.

[8] YU Q, HOLMES T W, NAISHADHAM K. RF equivalent circuit modeling of ferrite-core inductors and characterization of core materials. IEEE Trans. Electromagn. Compat., 2002, 44(1): 258-262.

[9] LI Z, POMMERENKE D, SHIMOSHIO Y. Common-mode and differential-mode analysis of common-mode chokes. in IEEE International Symposium on Electromagnetic Compatibility, 2003, 1: 384-387.

[10] WANG S, LEE F C, ODENDAAL W G. Characterization and parasitic extraction of EMI filters using scattering parameters. IEEE Transactions on Power Electronics, 2005, 20(2): 502-510.

[11] WANG S, LEE F C, ODENDAAL W G, et al. Improvement of EMI filter performance with parasitic coupling cancellation. IEEE Transactions on Power Electronics, 2005, 20(5): 1221-1228.

[12] CHEN R, VAN W J D, WANG S, et al. Improving the characteristics of integrated EMI filters by embedded conductive layers. IEEE Transactions on Power Electronics, 2005, 20(3): 611-619.

[13] TSENG B C, WU L K. Design of miniaturized common-mode filter by multilayer low-temperature co-fired ceramic. IEEE Transactions on Electromagnetic Compatibility, 2004, 46(4): 571-579.

[14] CREBIER J C, FERRIEUX J P. PFC full bridge rectifiers EMI modeling and

analysis-Common mode disturbance reduction. IEEE Transactions on Power Electronics, 2004, 19(2): 378 - 387.

[15] MAGNUS E F, LIMA J C M, RODRIGUEA L W, et al. Simulation tool for conducted EMI and filter design. Power Electronics Congress, 2002, Technical Proceedings. CIEP 2002, II IEEE International, 2002: 21 - 26.

[16] WANG S, LEE F C, VAN W J D. Inductor winding capacitance cancellation using mutual capacitance concept for noise reduction application. IEEE Transactions on Electromagnetic Compatibility, 2006, 48(2): 311 - 318.

[17] YU Q, HOLMES T W, NAISHADHAM K. RF equivalent circuit modeling of ferrite-core inductors and characterization of core materials. IEEE Transactions on Electromagnetic Compatibility, 2002, 44(1): 258 - 262.

[18] DAMNJANOVIC M, STOJANOVIC G, DESNICA V, et al. Analysis, design, and characterization of ferrite EMI suppressors. IEEE Transactions on Magnetics, 2006, 42(2): 270 - 277.

[19] ZHANG D, LI E, FOO C F. Autotuning technique to reach resonance for determining the properties of Ni-Zn and Mn-Zn ferrite used in RF inductors for EMI suppression. Microwave and Optical Technology Letters, 2002, 34(6): 466 - 469.

[20] URABE J, FUJII K, DOWAKI Y, et al. A method for measuring the characteristics of an EMI suppression ferrite core. IEEE Transactions on Electromagnetic Compatibility, 2006, 48(4): 774 - 779.

[21] ZEEFF T M, RITTER A, HUBING T H. et al. Analysis of a low-pass filter employing a 4-pin capacitor. IEEE Transactions on Electromagnetic Compatibility, 2005, 47(1): 202 - 205.

[22] ZEEFF T M, HUBING T H, VAN D T P, et al. Analysis of Simple Two-Capacitor Low-Pass Filters. IEEE Transactions on Electromagnetic Compatibility, 2003, 45(4): 595 - 601.

[23] LI Z, POMMERENKE D, S Y. Common-mode and differential-mode analysis of common mode chokes. IEEE International Symposium on Electromagnetic Compatibility, 2003, 1: 384 - 387.

[24] DENG J, SEE K Y. In-circuit characterization of common-mode chokes. IEEE Transactions on Electromagnetic Compatibility, 2007, 49(2): 451 - 454.

[25] OKYERE P F, HABIGER E. A novel physically-based PSPICE-compatible-model for common-mode chokes. Electromagnetic Compatibility, 1999 International Symposium, 1999: 33 - 36.

[26] SEE K Y, SO P L, KAMARUL A. Feasibility study of adding a common-mode choke in PLC modem for EMI suppression. IEEE Transactions on Power Delivery, 2007, 22(4): 2136 - 2141.

[27] NEUGEBAUER T C, PERREAULT D J. Parasitic capacitance cancellation in filter inductors. IEEE Transactions on Power Electronics, 2006, 21(1): 282 - 288.

[28] HOSHINO T, AMEMIYA F, KUWABARA N. Evaluation method of common-mode choke coil used for high speed telecommunications port. IEEE International Symposium on Electromagnetic Compatibility, 2005, 1: 210-215.

[29] SUENAGA H, SHIBATA O, SAITO Y. Termination with reverse-connected common-mode choke (T-ReCC) for a differential transmission line. IEEE International Symposium on Electromagnetic Compatibility, 2005, 1: 175-178.

[30] SULLIVAN C R, MUETZE A. Simulation Model of Common-Mode Chokes for High-Power Applications. Industry Applications Conference, 42nd IAS Annual Meeting, Conference Record of the 2007 IEEE, 2007:1810-1815.

[31] ZHANG, HUANG R. Calculation of effective impedance of common-mode choke made of Mn-Zn ferrite. 17th International Zurich Symposium on Electromagnetic Compatibility 2006:391-394.

[32] 蔡仁钢. 电磁兼容原理、设计和预测技术. 北京：北京航空航天大学出版社，1997.

[33] 顾希如. 电磁兼容的原理、规范和测试. 北京：国防工业出版社，1988.

[34] 诸邦田. 电子线路抗干扰技术手册. 北京：北京科学技术出版社，1988.

[35] 张松春，等. 电子控制设备抗干扰技术及其应用. 北京：机械工业出版社，1989.

[36] 赖祖武. 电磁干扰防护与电磁兼容. 北京：原子能出版社，1993.

[37] OTT H W. Noise Reduction Techniques in Electronic Systems. 2nd ed. John Wiley and Sons, 1988.

[38] PISCATAWAY N J. EMC/EMI principles, measurements and technologies. Institute of Electrical and Electronics Engineers, Inc., 1997.

[39] KEISER B. Principles of Electromagnetic Compatibility. 3rd ed. MA: Artech House, Inc., 1987.

[40] WESTON D A. Electromagnetic Compatibility: Principles and Applications. New York: Marcel Dekker, Inc., 1991.

[41] MONTROSE M I. Printed circuit board design techniques for EMC compliance: a handbook for designers. 2nd ed. New York: IEEE Press, 2000.

[42] TESCHE F M, IANOZ M V. EMC analysis methods and computational models. New York: John Wiley & Sons, Inc., 1997.

[43] CARR J J. The technician's EMI handbook: clues and solutions. Boston: Newnes, 2000.

[44] PRASAD K V. Engineering Electromagnetic Compatibility: Principles, measurements, and Technology. New York: IEEE Press, 1996.

[45] WILLIAMS T, ARMSTRONG K. EMC for systems and installations. Oxford: Newnes, 2000.

[46] WESTON D A. Electromagnetic Compatibility: Principles and Applications. New York: Marcel Dekker, Inc., 1991.

[47] WHITE D R J, MARDIGUIAN M. EMI Control Technology and Procedures. Gainesville, Virginia: Interference Control Technologies, Inc., USA, 1988.

[48] NORMAN J L V, WHITE D R J, VIOLETTE M F. Electromagnetic Compatibility Handbook. New York: van nostrand reinhold company, 1987.

[49] OZENBAUGH R L. EMI Filter Design. New York: Marcel Dekker, Inc., 1996.

[50] ARCHAMBEAULT B, RAMAHI O M, BRENCH C. EMI/EMC Computational Modeling Handbook. Boston: Kluwer Academic Publishers, 1998.

[51] VIOLETTE N J L, WHITE D R J, VIOLETTE M F. Electromagnetic Compatibility Handbook. Van Nostrand Reinhold Co., New York, 1985.

[52] WHITE D R J. A Handbook on Electromagnetic Interference and Compatibility. Don White Consultants, Inc., 1973.

[53] DENNY H W. Grounding for the Control of EMI. Don White Consultants, Inc., 1983.

[54] MARDIGUIAN M. EMI troubleshooting techniques. New York: McGraw-Hill, 2000.

[55] MONTROSE M I. EMC and the printed circuit board: design, theory, and layout made simple. New York: IEEE Press, 1999.

[56] O'HARA M. EMC at component and PCB level. Oxford, England: Newnes, 1998.

[57] WILLIAMS T. EMC for product designers. Boston: Newnes, 1992.

[58] MOLYNEUX-CHILD J W. EMC shielding materials. 2nd ed. Boston: Newnes, 1997.

第 9 章　EMC 标准简介

本章简要介绍 EMC 标准的相关内容，为初学者构建 EMC 标准的基本概念奠定基础。

标准是一个一般性的导则或预期要满足的准则。EMC 标准是产品进行 EMC 设计的指导性文件，也是实现设备和系统效能的重要保证。每个国家和相关的国际 EMC 标准化组织，都投入相当多的力量进行 EMC 标准研究，制定本国或国际 EMC 标准。制定 EMC 标准的目的是对设备、系统和环境提出普遍性的合理的要求，将它们以标准的形式固化，便于产品的生产和销售，便于 EMC 标准的借鉴、参考，便于保护整个环境资源，便于设备和系统的维护和使用。本章简要介绍 EMC 标准的相关内容，帮助读者构建起 EMC 标准的基本概念。

9.1　EMC 标准化组织

电工、电子技术的广泛应用以及对电磁环境要求的日益提高，使得 EMC 已成为一个国际上普遍关注的问题。世界上许多机构和组织都对电磁兼容问题开展了研究，如国际电工委员会(International Electro-technical Commission，IEC)、国际大电网会议(CIGRE)(英文全称为 International Conference on Large HV Electric Systems)、国际电信联盟(International Telecommunication Union，ITU)、国际铁路联盟(UIC)(英文全称为 International Union of Railway)、国际电话与电报顾问委员会(CCITT)(英文全称为 International Telephone and Telegraph Consultative Committee)、国际标准化组织(International Standardization Organization，ISO)、跨国电气和电子工程师协会(Institute of Electrical and Electronics Engineers，IEEE)等。另外，还有一些地区性的标准化组织和国家标准化组织也开展了 EMC 标准研究工作，如欧洲电信标准协会(European Telecommunication Standards Institute，ETSI)、欧洲电工技术标准化委员会(CENELEC)(英文全称为 European Committee for Electro-technical Standardization)、美国国家标准学会(American National Standards Institute，ANSI)等。UIC、CIGRE、IEEE 的标准或规范的权威性常常限于专业领域内，IEC、ITU 和欧洲地区的 EMC 标准具有重要影响并各具特色。

9.1.1　国际电工委员会(IEC)

IEC 成立于 1906 年，是世界上最早的国际性电工标准化机构，总部设在日内瓦。IEC 的宗旨是促进电工、电子领域中标准化及有关其他问题的国际合作，增进相互了解。为实现这一目的，IEC出版了包括国际标准在内的各种出版物，并希望各国家委员会在其本国条件许可的情况下，使用这些国际标准。IEC的工作领域包括了电力、电子、电信和原子能方面的电工技术。

IEC目前下设104个技术委员会(Technical Committee，TC)和143个分技术委员会(Sub-Committee，SC)。其中涉及EMC的主要为国际无线电干扰特别委员会(CISPR，是由其法文名称的首字母组成的，International Special Committee on Radio Interference)、第77技术委员会(Technical Committee 77，TC77)以及其他相关的技术委员会。

9.1.2 国际无线电干扰特别委员会(CISPR)

CISPR于1934年6月成立于法国巴黎，1950年巴黎会议后，CISPR成为IEC所属的一个特别委员会，但其地位略不同于IEC的其他技术委员会。CISPR是世界上最早成立的国际性关心无线电干扰的组织，其成员由各国委员会及关心无线电干扰控制的其他组织构成。

CISPR的目的是促进国际无线电干扰在下列几方面达成一致意见，以利于国际贸易。

(1) 保护无线电接收装置，使其免受下列干扰源的影响：

① 所有类型的电子设备；

② 点火系统；

③ 包括电力牵引系统在内的供电系统；

④ 工业、科学和医用设备的辐射(不包括用来传递信息的发射机所产生的辐射)；

⑤ 声音和广播电视接收机；

⑥ 信息技术设备。

(2) 干扰测量的设备和方法。

(3) 由(1)所列的各种干扰源所产生的干扰限值。

(4) 声音和广播电视接收装置的抗扰度要求和抗扰度测量方法的规定。

(5) 为避免CISPR和IEC及其他国际组织的各技术委员会在制定标准时重复工作，CISPR和这些委员会共同考虑除接收机以外的其他设备的发射和抗扰度要求。

(6) 安全规程对电气设备的干扰抑制的影响。

CISPR的组织机构包括全体会议、指导委员会、分委员会、工作组(Working Group，WG)和特别工作组(Special Working Group，SWG)。

CISPR全体会议由CISPR全体成员国的代表组成，它是CISPR的最高权力机构。指导委员会的主要职责是协助CISPR主席处理日常事务，并提供咨询。分委员会由CISPR成员单位的代表组成，其主要任务为：

(1) 拟定和修改推荐标准、报告、规范以及关于限值和特定测量方法的出版物。这些限值和特定测量方法涉及以下两个方面：

① 除无线电发射机外的电气设备和装置所产生的干扰的限值。

② 实用的干扰测量方法。

(2) 根据需要设立一些研究课题以期获得为完成第(1)项任务所必需的资料。

(3) 必要时成立一些工作组详细研究一些特殊问题。工作组(WG)有两类：

① 为处理分委员会某一特定方面工作而成立的半永久性的起草工作组。

② 通常只在原委员会或原分委员会会议上成立并起作用的特别工作组。

CISPR包括的分会以及各分会主要的关注点是：

CISPR/A：无线电干扰测量和统计方法。CISPR/A目前有两个工作组。WG1：EMC装置规范，编制抗扰度和发射测量的装置规范；WG2：确定限值的EMC测量技术，制定EMC通用测量技术和确定限值的技术标准。

CISPR/B：工业、科学、医疗射频设备(Industrial, Scientific and Medical equipment, ISM)的无线电干扰。CISPR/B目前有一个工作组：WG1：工业、科学、医疗射频设备，它所研究的干扰对象是工业、科学、医疗设备的干扰或设备内部由于操作所产生的火花干扰。

CISPR/C：架空电力线、高压设备和电力牵引系统的无线电干扰。CISPR/C目前有两个工作组：WG1：架空电力线和高压设备的干扰；WG2：电力牵引系统。

CISPR/D：机动车辆和内燃机的无线电干扰。CISPR/D目前有两个工作组。WG1：建筑物中使用的接收机的保护，其任务包括建筑物中使用的所有调频(FM)、调幅(AM)和电视(TV)广播接收机的保护；WG2：车载接收机的保护。

CISPR/E：无线电接收设备的干扰。CISPR/E目前有两个工作组。WG1：抗扰度和发射的测量方法及其限值；WG2：研究数字信号和相关多媒体广播接收设备的抗扰度和发射的测量方法及其限值。

CISPR/F：家用电器、电动工具、照明设备及类似设备的干扰。CISPR/F目前有两个工作组。WG1：装有电动机和触头的家用电器；WG2：照明设备。

CISPR/G：信息技术设备的干扰。CISPR/G目前有三个工作组。WG1：信息技术设备(Information Technology Equipment, ITE)的发射；WG2：连接到公共网或局域网的信息技术设备发射的附件要求；WG3：信息技术设备的抗扰度。

CISPR/H：保护无线电业务的发射限值。

CISPR/I：信息技术设备、多媒体设备和接收机的电磁兼容。(注意，以前的E分会和G分会现在合并为I分会。)

CISPR自成立以来，在无线电干扰的研究、抑制方面做了大量的工作，并取得了明显的成就。到目前为止，CISPR已出版了38个出版物，即CISPR1～CISPR38。例如，CISPR22：信息技术设备的无线电骚扰的测量方法和限值(1997-11)；CISPR 11：工业、科学、医疗射频设备的电磁骚扰特性限值和测量方法(1999-08)；CISPR24：信息技术设备的抗扰度测量方法和限值(1997-09)。这些出版物已被许多国家所采用，对处理国际性的无线电干扰问题提供了依据。CISPR仍在不断地修改这些出版物。

9.1.3　TC77的组织结构及其主要任务

TC77是IEC的电磁兼容技术委员会，它成立于1973年6月，下设：TC77全会；SC77A分技术委员会：低频现象，其任务主要是在电磁兼容领域内从事低频现象(不大于9 kHz)的标准化，成立于1981年3月；SC77B分技术委员会：高频现象，其任务主要是在电磁兼容领域内从事关于连续的或瞬态的高频现象(约不大于9 kHz)的标准化，成立于1981年3月；SC77C分技术委员会：高空核电磁脉冲(HEMP)的抗扰度，制定HEMP保护设备性能的标准及民用电工、电子设备和系统对HEMP抗扰度基础标准，成立于1991年11月。TC77的工作组与CISPR的工作组不同，当某项工作任务完成后，该工作组即自行撤销。

TC77 的主要任务是制备 EMC 基本文件，即 IEC61000 系列出版物、涉及电磁环境、发射和抗扰度、试验程序和测量技术等的规范，特别是处理与电力网络、控制网络以及与其相连设备等的 EMC 问题。

TC77 的工作范围包括以下的 EMC 方面：① 整个频率范围内的抗扰度；② 低频范围内(不大于 9 kHz)的发射，以及 CISPR 不涉及的骚扰现象。在电磁兼容顾问委员会(Advisory Committees on Electromagnetic Compatibility，ACEC)的协调下，应产品委员会的要求，TC77 也可以起草产品抗扰度标准。TC77 的工作不包括车辆、船舶、飞机、特殊的无线电和电信系统，以及属于 CISPR 范围的 EMC 标准。

TC77 制定的 EMC 标准主要是 IEC61000 系列标准。

9.1.4　与 EMC 相关的其他 IEC 技术委员会

IEC 用于协调 CISPR、TC77 及其他 TC 和国际组织在 EMC 领域的协作关系的机构是电磁兼容顾问委员会(ACEC)。CISPR 和 TC77 都是 IEC 中从事 EMC 的技术委员会，这两个委员会按照各自的工作范围完成许多不同的工作。CISPR 主要负责频率高于 9 kHz 的所有无线电通信保护设备的产品发射标准，低于 9 kHz 的发射主要由 TC77 负责；确定限值时，CISPR 和 TC77 要考虑特定产品的特性或安装实践，IEC 产品委员会以这些限值为依据制定发射标准，并且在需要澄清一些问题时，向 CISPR 和 TC77 咨询。关于产品的抗扰度标准由有关的产品委员会负责，而 TC77 负责制定基础抗扰度标准。

IEC 除了 CISPR 和 TC77 外，还有许多技术委员会涉及 EMC 问题，这些技术委员会在各自感兴趣的领域内成立了处理特殊 EMC 问题的联合工作组，例如：① TC62：医疗电气设备；② TC8：标准电流、电压和频率；③ TC74：信息技术设备的安全和能效；④ TC65：工业过程测量和控制；⑤ 其他 IEC 技术委员会。在 ACEC 的协调下，这些技术委员会都在各自感兴趣的 EMC 领域内与 CISPR、TC77 及其他 TC 和国际组织进行合作。

9.1.5　有关地区和国家的 EMC 标准化组织

欧洲电工标准化委员会(CENELEC)是欧洲地区从事 EMC 工作的最重要的一个区域性组织。它成立于 1973 年，是在所有电工领域内开展标准化工作的一个非商业性组织。作为在电工领域从事标准化工作的组织，CENELEC 已经得到欧共体(European Economic Community，EEC)83/189EEC 指令的正式认可。

欧洲电工标准化委员会不但负责协调各成员国在电气领域(包括 EMC)的所有标准，同时还负责制定欧洲标准(European Norms，EN)。其技术机构包括全体会议、管理局、技术局。技术局由技术委员会、分技术委员会、特别工作组和工作组组成。

欧洲电工标准化委员会从事电磁兼容工作的技术委员会为 TC210，专门负责欧洲范围的 EMC 标准的制定和转化工作，并就此问题与 IEC 等国际组织的有关技术委员会，如 IEC/TC77、CISPR 等进行合作。TC210 目前有五个工作组：WG1，通用标准；WG2，基础标准；WG3，电力设施对电话线的影响；WG4，电波暗室；WG5，用于民用的军用设备。TC210 的一个分技术委员会 DC210A 跟踪 CISPR 的产品信息。

欧洲电工标准化委员会采用的国际标准的编号与 IEC 标准的编号相对应，即 EN 6××××对应于 IEC 6××××，CISPR ××对应于 EN 550××。

9.1.6　我国 EMC 标准化组织

1. 全国无线电干扰标准化技术委员会

为了开展我国的无线电干扰方面的标准化工作，在国家技术监督局的领导下，我国于1985年成立了全国无线电干扰标准化技术委员会。其主要任务是发展我国无线电干扰标准化体系，组织制定、修改和审查国家标准，开展与IEC/CISPR相对应的工作，进行相关产品的质量检验和认证。之后相继成立了8个分委员会，其中A、B、C、D、E、F和G分委员会与CISPR的各分委员会相对应，S分委员会是根据我国无线电通信工作的需要而设立的，它主要进行无线电系统与非无线电系统有关电磁兼容的标准化技术工作。全国无线电干扰标准化技术委员会及其各分会和CISPR及其分会的国内归口单位相对应，如表9-1所示。

表9-1　全国无线电干扰标准化技术委员会及其各分会的归口单位

委员会(分会)	归 口 单 位
全国无线电干扰标准化技术委员会	上海电器科学研究所
A分会	中国电子标准化研究所
B分会	上海电器科学研究所
C分会	国家电力公司武汉高压研究所
D分会	天津汽车中心
E分会	中国电声电视研究所
F分会	广州电器科学研究所
G分会	中国电子标准化研究所
S分会	信息产业部频谱管理研究所

全国无线电干扰标准化技术委员会及其各分会自成立以来，在无线电干扰标准化方面开展了大量工作，制定了许多有关无线电干扰的国家标准。

2. 全国电磁兼容标准化联合工作组

为了加快我国EMC标准化工作，在原国家技术监督局的领导下，1996年2月，我国成立了全国电磁兼容标准化联合工作组，秘书处设在国家技术监督局标准化司。该工作组是在电磁兼容领域内从事全国性标准化技术工作和协调工作的组织，主要负责：协调IEC/TC77的国内归口单位(国内归口单位为国家电力公司武汉高压研究所)和全国无线电干扰标准化技术委员会的工作；推进对应IEC 61000系列的有关EMC标准的国家标准的制定、修订工作；对EMC需制定的政策、法规、标准化工作及组织建设提出建议。

全国电磁兼容标准化联合工作组自成立以来，在EMC标准化方面开展了大量工作，已经完成了与国际标准IEC 61000系列相对应的若干项国家标准的制定工作。

9.2　国际 EMC 标准简介

随着科学技术的发展，世界上许多国家和组织都制定了电磁兼容性标准和规范。具有权威性和广泛影响的是CISPR、IEC、EN、MIL、FCC、VDE等标准。另外，有些先进国家的保密局还制定了TEMPEST标准，它是研究信息泄漏的标准。我国制定标准的原则和方针是等同、等效、参照采用国际先进标准。EMC标准的制定也不例外，绝大部分等同、等效MIL、CISPR和IEC/TC77制定的标准，也有采用国外先进企业标准的，如国标GB 6833《电子测量仪器电磁兼容性试验规范》等效于HP公司的企业标准；还有一部分是根据多年的研究成果并结合我国的实际情况制定的标准。下面简要介绍国际EMC标准。

9.2.1 标准体系和分类

多个国际组织涉及EMC领域的研究，它们同时制定和发布了一些有关EMC的规范性文件，如标准和出版物。涉及电磁兼容的国际标准化组织主要是国际电工委员会(IEC)，其中国际无线电干扰特别委员会(CISPR)和IEC第77技术委员会(TC77)为制定EMC基础标准和产品(类)标准的两大组织，其制定出的标准由IEC中央办公室发布，并推荐给各成员国在各自的国家标准中采纳，以使电磁兼容标准国际化。

IEC标准体系由基础标准、通用标准和产品(类)标准三个层次构成，每一个层次都包含两个方面的标准：发射和抗扰度。通用标准按产品的使用环境将产品分为A类和B类；产品(类)标准通常是基于基础标准和通用标准的更简明的技术文件。在这三个层次中，下一个层次的标准通过引用上一个层次的标准来构成本层次标准的一部分。标准层次越低，规定越详细、明确，操作性就越强；反之，标准的包容性越强，使用范围越宽。IEC标准体系见图9-1。

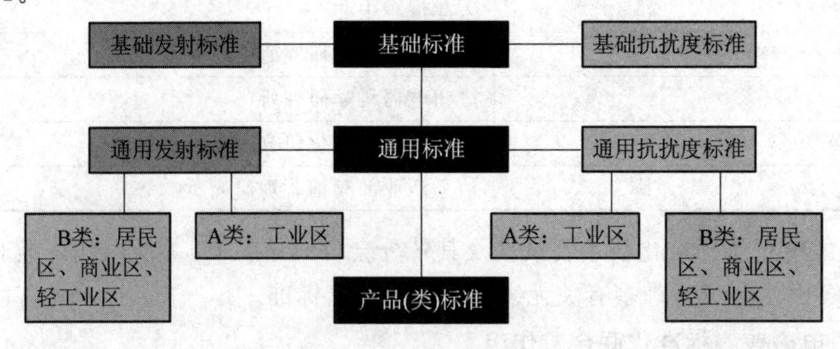

图9-1　IEC标准体系

1. 基础标准

基础标准(Basic Standards)是制定其他EMC标准的基础，一般不涉及具体的产品。它规定了现象、环境特征、试验和测量方法、试验仪器和基本试验装置，也可以规定不同的试验等级及相应的试验电平。基础标准有CISPR 16系列标准、IEC 61000-4系列标准等。

2. 通用标准

通用标准(Generic Standards)规定了一系列的标准化试验方法与要求(限值)，并指出这些方法和要求所适用的环境。即通用标准是对给定环境中所有产品的最低要求。如果某种产品没有产品(类)标准，则可以使用通用标准。通用标准将环境分为A和B两大类。

A类(工业环境)：工业、科学、医疗射频设备所在的环境；频繁切换大的感性负载或者大的容性负载的环境；大电流并伴有强磁场的环境等。例如，IEC 61000-6-2/4所适用的环境即为A类环境。

B类(居民区、商业区及轻工业区环境)：居民楼群、商业零售网点、商业大楼、公共娱乐场所、户外场所(如加油站、停车场、游乐场、公园、体育场)等。例如，IEC 61000-6-1/3

所适用的环境即为 B 类环境。

3. 产品类标准

产品类标准(Product Family Standards)针对某类产品规定了特殊的电磁兼容要求(发射或抗扰度限值)以及详细的测量程序。产品类标准不需要像基础标准那样规定一般的测试方法。产品类标准比通用标准包含更多的特殊性和详细的规范，其测量方法和限值须与通用标准相互协调，如存在偏差，应说明其必要性与合理性，并可增加测试项目和测试电平。目前 CISPR 已制定出的标准(出版物)大多数为产品类标准，如 CISPR 22《信息技术设备的无线电骚扰限值和测量方法》。

9.2.2 CISPR 标准简介

近 10 年来，CISPR 对已出版的发射方面的出版物进行了全面的修订，并扩展了它的领域，制定出 EMC 另一个重要方面的标准——抗扰度标准；另一方面，为了进一步完善标准体系，CISPR 也制定了通用标准。与 TC77 所制定的标准不同，CISPR 出版物自成体系，基础标准通过被引用从而构成产品类标准的必要组成部分，两者相辅相成。已出版的部分 CISPR 出版物见表 9-2。

表 9-2　已出版的部分 CISPR 出版物一览表

标准编号	名　称	类　别	制定者
CISPR 10(1992-09) CISPR 10-am1(1995-04)	CISPR 组织、规范和程序 第 1 修正案		CISPR(CIS)
CISPR 11(1997-12)	工业、科学、医疗(ISM)射频设备电磁骚扰特性限值和测量方法	产品类	SC CIS/B
CISPR 12(1997-06)	车辆、机动船和火花点火发动机驱动装置无线电骚扰特性的测量方法和限值	产品类	SC CIS/D
CISPR 13(1998-08)	收音机和电视接收机及有关设备的无线电骚扰特性测量方法和限值	产品类	SC CIS/E
CISPR 14(1993-02) CISPR 14-am1(1993-02) CISPR 14-am2(1998-12)	家用和类似用途的电动、电热器具、电动工具的无线电骚扰特性测量方法和限值 第 1 修正案 第 2 修正案	产品类	SC CIS/F
CISPR 14-2(1997-02)	电磁兼容 家用电器、电动工具和类似器具的要求 第 2 部分：抗扰度	产品类	SC CIS/F
CISPR 15(1996-03) CISPR 15-am1(1996-03) CISPR 15-am2(1998—12)	荧光灯和照明装置无线电骚扰特性的测量方法和限值 第 1 修正案 第 2 修正案	产品类	SC CIS/F
CISPR 16-1 Ed. 1.1(1998-01) CISPR 16-1-am1(1997-08)	无线电骚扰和抗扰度测量设备规范和测量方法　第 1 部分　骚扰和抗扰度测量设备 第 1 修正案	基础	SC CIS/A

续表

标准编号	名称	类别	制定者
CISPR 16-2(1996-11)	无线电骚扰和抗扰度测量设备规范和测量方法 第2部分 骚扰和抗扰度测量方法	基础	SC CIS/A
CISPR 17(1981-01)	无源无线电滤波器及抑制元件抑制特性的测量方法	产品类	SC CIS/A
CISPR 18-1(1982-01)	架空电力线路和高压设备的无线电骚扰特性 第1部分 现象描述	产品类	SC CIS/C
CISPR 18-2(1986-10) CISPR 18-2-am1(1993-04) CISPR 18-2-am2(1996-02)	架空电力线路和高压设备的无线电骚扰特性 第2部分 确定限值的测量方法和程序 第1修正案 第2修正案	产品类	SC CIS/C
CISPR 18-3(1986-09) CISPR 18-3-am1(1996-05)	架空电力线路和高压设备的无线电骚扰特性 第3部分 减少由架空电力线路和高压设备产生的无线电噪声的措施指南 第1修正案	产品类	SC CIS/C
CISPR 19(1983-01)	采用替代法测量微波炉在1 GHz以上频率所产生辐射的导则	产品类	SC CIS/B
CISPR 20(1998-08)	声音和电视广播接收机及有关设备抗扰度的测量方法和限值	产品类	SC CIS/E
CISPR 21(1985-01)	脉冲噪声对移动无线电通信的骚扰评定其性能暂降的方法和提高性能的措施	基础类	SC CIS/D
CISPR 22(1997-11)	信息技术设备的无线电骚扰的测量方法和限值	产品类	SC CIS/G
CISPR 23(1987-12)	工业、科学、医疗(ISM)设备骚扰限值的确定	产品类	SC CIS/B
CISPR 24(1997-09)	信息技术设备的抗扰度测量方法和限值	产品类	SC CIS/G
CISPR 25(1995-11)	为保护车辆上安装的接收机而制定的无线电特性的骚扰限值和测量方法	产品类	SC CIS/D
CISPR/TR3 28(1997-04)	工业、科学、医疗(ISM)设备ITU指定频带内的发射电平导则	产品类	SC CIS/B
IEC 61000-6-3(1996-12)	电磁兼容 第6部分 通用标准 第3篇 用于居民区、商业区和轻工业区的发射标准	通用	CISPR
IEC 61000-6-4(1997-01)	电磁兼容 第6部分 通用标准 第3篇 用于重工业区的发射标准	通用	CISPR

注：表中所列标准的出版日期截止于1998年12月。

9.2.3　IEC /TC77 标准简介

由 TC77 负责制定的 IEC 61000 系列标准是近年来 IEC 出版的内容最为丰富的一个系列出版物，其中 IEC 61000－4 系列标准是目前国际上比较完整和系统的抗扰度基础标准。IEC 61000 系列标准：EMC 系列标准的构成见表 9－3。

表 9－3　IEC 61000 系列标准

IEC 标准编号	出版日期	标 准 名 称
第 1 部分　总则(General)		
IEC/TR3 61000－1－1	1992－04	基本定义和术语的应用和解释 (Application and interpretation of fundamental definitions and terms)
第 2 部分　环境(Environment)		
IEC/TR3 61000－2－1	1990－05	环境的描述　公用供电系统中低频传导骚扰和信号传输的电磁环境 (Description of the environment—Electromagnetic environment for low-frequency conducted disturbances and signaling in public power supply systems)
IEC 61000－2－2	1990－05	公用低压供电系统中的低频传导骚扰和信号传输的兼容电平 (Compatibility levels for low-frequency conducted disturbances and signaling in public low-voltage power supply systems)
IEC/TR3 61000－2－3	1992－09	环境的描述　辐射和非网络频率的传导现象 (Description of the environment—Radiated and non-network-frequency-rated conducted phenomena)
IEC 61000－2－4	1994－02	工业企业中低频传导骚扰的兼容电平 (Compatibility levels in industrial plants for low-frequency conducted disturbances)
IEC/TR2 61000－2－5	1995－09	电磁环境的分类。基础 EMC 出版物 (Classification of electromagnetic environments. Basic EMC publication)
IEC/TR3 61000－2－6	1995－09	工业企业电源中低频传导骚扰的发射电平评估 (Assessment of the emission levels in power supply of industrial plants as regards low-frequency conducted disturbances)
IEC/TR3 61000－2－7	1998－01	各种环境中的低频磁场 (Low frequency magnetic fields in various environments)
IEC 61000－2－9	1996－02	HEMP 环境描述　辐射骚扰。基础 EMC 出版物 (Description of HEMP environment—Radiated disturbance. Basic EMC publication)
IEC 61000－2－10	1998－11	HEMP 环境描述。传导骚扰 (Description of HEMP environment—Conducted disturbance)

续表(一)

第 3 部分　限值(Limits)		
IEC 61000 - 3 - 2 IEC 61000 - 3 - 2 aml IEC 61000 - 3 - 2 am2 IEC 61000 - 3 - 2 Consolidated Edition	1995 - 03 1997 - 09 1998 - 02 1998 - 04 ED. 1. 2	谐波电流发射限值(设备输入电流不大于 16 A) (Limits for harmonic current emission (equipment input current≤16 A per phase)) 第 1 修正案 Amendment 1 第 2 修正案 Amendment 2
IEC 61000 - 3 - 3	1994 - 12	低压供电系统中额定电流不大于 16 A 的设备的电压波动和闪烁的限值 (Limitation of voltage fluctuations and flicks in low-voltage power supply systems for equipment with rated current great than 16 A)
IEC/TR2 61000 - 3 - 4	1998 - 10	低压供电系统中额定电流大于 16 A 的设备的谐波电流发射的限值 (Limitation of emission of harmonic currents in low-voltage power supply systems for equipment with rated current great than 16 A)
IEC/TR2 61000 - 3 - 5	1994 - 12	低压供电系统中额定电流大于 16 A 的设备的电压波动和闪烁的限值 (Limitation of voltage fluctuations and flicks in low-voltage power supply systems for equipment with rated current great than 16 A)
IEC/TR3 61000 - 3 - 6	1996 - 10	中压和高压供电系统中畸变负荷的发射限值的评估。基础 EMC 出版物 (Assessment of emission limits for distorting loads in MV and HV power systems. Basic EMC publication)
IEC/TR3 61000 - 3 - 7	1996 - 11	中压和高压供电系统中波动负荷的发射限值的评估。基础 EMC 出版物 (Assessment of emission limits for fluctuating load in MV and HV power systems. Basic EMC publication)
IEC/TR3 61000 - 3 - 8	1997 - 09	低压供电系统中信号传输　发射电平、频带和电磁骚扰电平 (Signaling on low-voltage electrical installations—Emission levels, frequency band and electromagnetic disturbance levels)

续表(二)

第 4 部分　试验与测量技术(Testing and measurement technical)		
IEC 61000 - 4 - 1	1992 - 12	抗扰度试验综述。基础 EMC 出版物 (Overview of immunity test. Basic EMC publication)
IEC 61000 - 4 - 2 IEC 61000 - 4 - 2 aml	1995 - 01 1998 - 01	静电放电抗扰度试验。基础 EMC 出版物 (Electrostatic discharge test. Basic EMC publication)
IEC 61000 - 4 - 3 IEC 61000 - 4 - 3 aml	1995 - 03 1998 - 06	辐射(射频)电磁场抗扰度试验 (Radiated, radio-frequency, electromagnetic field immunity test)
IEC 61000 - 4 - 4	1995 - 01	电快速瞬变/脉冲群抗扰度试验。基础 EMC 出版物 (Electrical fast transient/burst immunity tests. Basic EMC publication)
IEC 61000 - 4 - 5	1995 - 02	浪涌(冲击)抗扰度试验 (Surge immunity tests)
IEC 61000 - 4 - 6	1996 - 03	对射频场感应的传导骚扰抗扰度 (Immunity to conducted disturbances, induced by radio-frequency field)
IEC 61000 - 4 - 7	1991 - 07	供电系统及所连设备谐波和谐间波的测量和仪表通用指南 (General guide on harmonics and inter-harmonics measurements and instrumentation, for power supply systems and equipment connected thereto)
IEC 61000 - 4 - 8	1993 - 06	工频磁场抗扰度试验。基础 EMC 出版物 (Power frequency magnetic field immunity test. Basic EMC publication)
IEC 61000 - 4 - 9	1993 - 06	脉冲磁场抗扰度试验。基础 EMC 出版物 (Pulse magnetic field immunity tests. Basic EMC publication)
IEC 61000 - 4 - 10	1993 - 06	阻尼振荡磁场抗扰度试验。基础 EMC 出版物 (Damped oscillatory magnetic field immunity tests. Basic EMC publication)
IEC 61000 - 4 - 11	1994 - 06	电压暂降、短期中断和电压变化抗扰度试验 (Voltage dips, short interruptions and voltage variations immunity tests)
IEC 61000 - 4 - 12	1995 - 05	振荡波抗扰度试验。基础 EMC 出版物 (Oscillatory waves immunity tests. Basic EMC publication)
IEC 61000 - 4 - 15	1997 - 11	闪烁仪的功能和设计规范 (Flicker-meter—functional and design specifications)
IEC 61000 - 4 - 16	1998 - 01	传导共模骚扰抗扰度试验方法，0～150 kHz (Test methods for immunity to conducted, common mode disturbance the frequency range o to 150 kHz)
IEC 61000 - 4 - 24	1997 - 02	HEMP 传导骚扰保护装置试验方法。基础 EMC 出版物 (Test methods for protection devices for HEMP conducted disturbance. Basic EMC publication)

续表(三)

第 5 部分 安装与调试导则(Installation and mitigation guidelines)		
IEC/TR3 61000-5-1	1996-12	总的考虑。基础 EMC 出版物 (General considerations. Basic EMC publication)
IEC/TR3 61000-5-2	1997-11	接地和电缆敷设 (Grounding and cabling)
IEC/TR2 61000-5-4	1996-08	HEMP 辐射骚扰的保护装置规范。基础 EMC 出版物 (Specifications of protective devices against HEMP radiated disturbance. Basic EMC publication)
IEC 61000-5-5	1996-02	HEMP 传导骚扰的保护装置规范。基础 EMC 出版物 (Specifications of protective devices for HEMP conducted disturbance. Basic EMC publication)
第 6 部分 通用标准(Generic standard)		
IEC 61000-6-1	1997-07	通用标准——住宅区、商业区和轻工业区环境的抗扰度标准 (Generic standard—Immunity for residential, commercial and light-industrial environments)
IEC 61000-6-2	1999-01	通用标准——工业环境的抗扰度标准 (Generic standard—Immunity for industrial environments)
IEC 61000-6-3	1996-01	通用标准——住宅区、商业区和轻工业环境的发射标准 (Generic emission standard for industrial environments)
IEC 61000-6-4	1997-01	通用标准——工业环境发射标准 (Generic emission standard for industrial environments)

注:① 由 CISPR 制定;

② 表所列标准截止于 1999 年 1 月 31 日。

由表 9-3 可知,IEC 61000 系列标准可以分为以下三类。

1. 基础 EMC 出版物

基础 EMC 出版物提供了达到电磁兼容的通用的条件或者规则,适用于所有的产品系列、产品、系统或设施,且作为各产品委员会制定相关标准的参考文件,如同 CISPR 24 与 IEC 61000-4 之关系。基础 EMC 出版物可以是标准、导则或技术报告。试验和测量方面的基础技术标准构成 EMC 标准的基本内容。基础标准在 EMC 领域具有领导地位。基础 EMC 标准涉及的内容为术语、电磁现象的描述、兼容电平的规范、骚扰发射限值的总要求,测量、试验技术和方法,试验等级、环境的描述和分类等。其他的标准如通用标准、产品系列或产品标准均须与基础标准协调一致。

2. 技术报告(TR)

技术报告有三种类型:第一类技术报告(TR1),由技术委员会负责,经过再三努力仍不能得到支持作为国际标准时,以技术报告的形式出版的出版物;第二类技术报告(TR2),所涉及的内容仍处于技术发展阶段,或者由于某种原因不能马上转化为国际标准的、以技术报告的形式出版的出版物，这种类型的技术报告将来有可能成为国际标准，如IEC 61000－2－5；第三类技术报告(TR3)，当技术委员会已收集到不同种类的作为国际标准正式出版的资料时，以技术报告的形式出版的出版物，如IEC 61000－5－5。

对于第一类和第二类技术报告，应自出版之日起在三年内决定它们是否能转变为国际标准；而第三类技术报告，则只有当认为所提供的资料不再有效或有用之后，才能决定其是否能转化为国际标准。

3. EMC通用标准

通用标准主要针对那些在特定环境下使用的设备，规定其发射和抗扰度方面的确切要求，但这些设备并非特殊产品系列或产品标准。通用标准通常以基础标准为基础。这类标准的制定进程较慢，目前正在采取措施，加速通用标准的制定进程。

9.2.4　欧洲EMC标准简介

根据新方法(the new approach)，EMC指令(89/336/EEC)只规定基本的保护要求，而不包括技术细节，EMC指令的要求是通过贯彻欧洲标准(European Norms，EN)来实现的。欧共体委员会授权欧洲标准化委员会(European Committee for Electro-technical Standardization，CENELEC)适时制定所需的EMC标准。1989年CENELEC成立了TC210，专门负责EMC标准的转化工作。转化后的EN标准全部刊登在欧盟委员会的官方公报(the Official Journal，OJ)上。

EN标准体系示例见图9－2。基础标准描述EMC的基本问题、主要的测量仪器和试验方法，但不包括特定的限值和抗扰度判定准则。基础标准如CISPR 16－1、IEC61000－4－7等，不会刊登在OJ上，而通常会被通用标准和产品标准所引用。

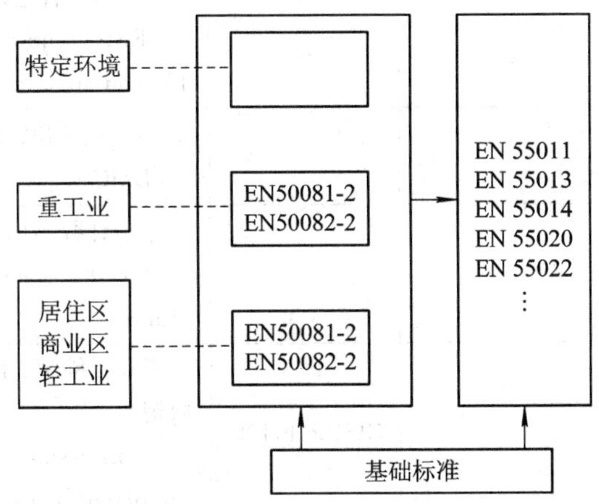

图9－2　欧洲EMC标准体系示例

通用标准和产品标准都会刊登在OJ上。当无产品标准时，则优先选用通用标准。欧洲标准中有四个重要的通用标准，即EN 50081－1、EN 50081－2和EN 50082－1、EN 50082－2(见图9－2)。前两个是关于发射的，后两个是关于抗扰度的。EN 50081－1、EN 50082－1适用于居住、商业和轻工业环境(Residential，Commercial and Light industry)中使用的设备，即与低压供电网络连接的设备；EN 50081－2、EN 50082－2适用于工业环境(Industry Environment)中使用的设备，即与高、中压供电网络连接的设备。欧洲EMC通用标准的制定解决了许多产品无标准可依的被动局面，使得那些有能力满足 EMC 通用标准的产品可以证实自己的 EMC 品质，进而获得 CE 标志，进入欧洲市场。

与 IEC 不尽相同，欧洲的产品标准由产品(Dedicated Product)和产品类(Product Family)标准组成。对于发射标准，CISPR 所制定的产品类标准大部分都被直接转化为欧洲标准，标准号为 EN 550××××。对于抗扰度标准，由于 CENELEC 对电磁环境的分类与 IEC 存在差异，所以有可能对未来的某些标准的协调造成一些困难。

CENELEC 制定的 EMC 标准，以及欧洲电信标准化协会(ETSI)制定的有关 EMC 方面的欧洲电信标准(ETS)见表 9-4。

表 9-4 欧洲标准及其与 IEC/CISPR 标准对照一览表

CENELEC 编号	IEC 编号	CISPR 编号	简略名称(Description)
EN 50065-1，1992			低压网络信号传输的发射要求(3～148.5 kHz)
EN 50081-1，1991	IEC 61000-6-3，1996		居民区、商业区和轻工业区发射，通用标准
EN 50081-2，1993			重工业区发射，通用标准
EN 50082-1，1991	IEC 61000-6-1 DIS		居民区、商业区和轻工业区抗扰度，通用标准
EN 50082-2，1994	IEC 61000-6-2 CDV		重工业区抗扰度，通用标准
EN 50083-2，1995			TV 和声音电缆系统元件的 EMC 要求 (EMC requirements for components of TV and audio cable systems)
EN 50091-2，1995			UPS 的 EMC 的要求 (EMC requirements for UPS)
EN 50148，1994			电子计数器的 EMC 要求 (EMC requirements for electronic counter)
EN 55011，1989		CISPR 1,1990	工业、科学、医疗设备的发射要求(已撤销) (Emission requirements for ISM equipment[withdraw])
EN 55013，1993		CISPR 13，1990	广播设备发射要求 (Emission requirements for broadcast receivers)
EN 55014，1995		CISPR 14，1993	家用电器和便携式工具的发射要求 (Emission requirements for household appliances and portable tools)

续表(一)

CENELEC 编号	IEC 编号	CISPR 编号	简略名称(Description)
EN 55015，1992		CISPR 15，1993	荧光灯和照明设备的发射要求 (Emission requirements for fluorescent lamps and luminaries)
EN 55020，1994		CISPR 20，1985	广播接收机和相关设备的抗扰度要求 (Immunity requirements for broadcast receivers and associated equipment)
EN 55022，1992		CISPR 22，1992	信息技术设备的发射要求 (Emission requirements for information technology equipment)
EN 55103－1/2			专业音频视频控制设备的 EMC 的要求 (Emission requirements for professional audio-video control equipment)
EN 55104，1995			家用电器和工具的抗扰度要求 (Immunity requirements for household appliances and tools)
EN 55130 - 4，1995			警报系统的抗扰度要求 (Immunity requirements for alarm system)
EN 60118 - 13，1997	IEC 60118 - 13，1997		助听器的 EMC (EMC of hearing aids)
EN 60269 - 1，1993	IEC 60269 - 1，1986		低压熔断器的 EMC 要求 (EMC requirements for high voltage fuses)
EN 60282 - 1	IEC 60282 - 1，1985		高压熔断器的 EMC 要求
EN 60521，1994	IEC 60521，1988		电度表的 EMC 要求 (EMC requirements for alternating current watt-hour meters)
EN 60555 - 1	IEC 60555 - 1		谐波、谐间波和闪烁的定义(已撤销) (Definition about harmonics, inter-harmonics and flicker [withdrawn])
EN 60555 - 2，1986	IEC 60555 - 2		家用电器及类似设备的谐波骚扰 (Harmonics disturbances caused by household appliances and similar equipment)
EN 60555 - 3，1986	IEC 60555 - 3		家用电器及类似设备的电压波动 (Voltage fluctuation caused by household appliances and similar equipment)

续表(二)

CENELEC 编号	IEC 编号	CISPR 编号	简略名称(Description)
EN 60601－1－2，1992	IEC 60601－1－2		医疗设备的 EMC 要求 (EMC requirements for medical devices)
EN 60684，1991	IEC 60684，1992		有功交流静电电度表的 EMC 要求 (EMC requirements for alternating current static watt-hour meters for active energy)
EN 60730－1			抗扰度的试验程序 (Test procedure for immunity)
EN 60801－2	IEC 60801－2，1991		工业过程测量与控制设备的 ESD 要求 (ESD immunity requirements for IPMC equipment)
EN 60868	IEC 60868		闪烁仪的功能与规范 (Functions and specification of flickers)
EN 60868－0	IEC 60868－0		闪烁的严酷度评价 (Evaluation of severity of flickers)
EN 60870－2－1	IEC 60870－2－1，1995		电源与电磁兼容 (Power supply and Electromagnetic Compatibility)
EN 60870－2－2	IEC 60870－2－2，1996		环境条件(气候、机械及非电因素) (Environmental conditions (Climatic, mechanical and other non electrical influences))
EN 60945,1993	IEC 60945，1988		海上导航设备的 EMC 要求 (EMC requirements for marine navigation equipment)
EN 60945，1995	IEC 60945，1994		导航设备的 EMC 要求，技术报告(仅有技术报告) (EMC requirements for navigation equipment[Technical report only])
EN 61000－2－9	IEC 61000－2－9，1996		HEMP 的辐射骚扰 (HEMP，radiated disturbance)
EN 61000－3－2，1995	IEC 61000－3－2，1995		谐波电流发射的限值 (Limits for harmonic current emission)
EN 61000－3－3，1994	IEC 61000－3－3		电压变化和闪烁的限值 (Limits for voltage fluctuation and flicker)
EN 61000－4－1	IEC 61000－4－1，1993		抗扰度试验综述 (Overview of immunity tests)

续表(三)

CENELEC 编号	IEC 编号	CISPR 编号	简略名称(Description)
EN 61000-4-2	IEC 61000-4-2, 1995		ESD抗扰度,基础标准 (Basic immunity standard for ESD)
EN 61000-4-3	IEC 61000-4-3, 1995		射频EM场抗扰度,基础标准 (Basic immunity standard for radio frequency EM-fields)
EN 61000-4-4	IEC 61000-4-4, 1995		脉冲群的抗扰度,基础标准 (Basic immunity standard for burst)
EN 61000-4-5 ENV 50142	IEC 61000-4-5, 1995		浪涌抗扰度,基础标准 (Basic immunity standard for surge)
EN 61000-4-6	IEC 61000-4-6, 1996		射频场感应的传导骚扰抗扰度,基础标准 (Basic immunity standard for conducted disturbances induced by radio frequency fields)
EN 61000-4-7	IEC 61000-4-7, 1991		谐波和谐间波测量的通用导则 (General guide on harmonics and inter-harmonics measurements)
EN 61000-4-8	IEC 61000-4-8, 1993		工频磁场的抗扰度,基础标准 (Basic immunity standard for power frequency magnetic field test)
EN 61000-4-9	IEC 61000-4-9, 1993		脉冲磁场的抗扰度,基础标准 (Basic immunity standard for pulse magnetic field test)
EN 61000-4-10	IEC 61000-4-10, 1993		阻尼振荡磁场的抗扰度,基础标准 (Basic immunity standard for damped oscillatory magnetic field test)
EN 61000-4-11	IEC 61000-4-11, 1994		电压暂降、短期中断和电压变化的抗扰度,基础标准 (Basic immunity standard for voltage dips, short interruption and voltage variation)
EN 61000-4-12	IEC 61000-4-12, 1995		振荡波的抗扰度,基础标准 (Basic immunity standard for oscillatory waves)

续表(四)

CENELEC 编号	IEC 编号	CISPR 编号	简略名称(Description)
EN 61000-5-5	IEC 61000-5-5，1996		用于 HEMP 传导骚扰的保护装置(HEMP，Protective devices for conducted disturbance)
EN 61036，1992	IEC 61036，1990		有效功率的交流静电电度表的 EMC 要求(EMC requirements for alternating current static watt-hour meters for active energy)
EN 61037，1992	IEC 61037，1990		预付费电子纹波控制接收机的 EMC 要求(EMC requirements for electronic ripple control receivers for tariff and load control)
EN 61038，1992	IEC 61038，1990		预付费时间开关的 EMC 要求(EMC requirements for time switches for tariff and load control)
EN 61131-2	IEC 61302，1992		程控器的 EMC 要求(EMC requirements for programmable controllers)
EN 61547，1995	IEC 61547，1995		照明设备的 EMC 抗扰度要求(EMC immunity requirements for lightning purposes equipment)
EN 61800-3，1996	IEC 61800-3，1996		牵引控制设备的 EMC 要求(EMC requirements for traction control equipment)
ENV 50121-2			铁路的 EMC(EMC in railway)
ENV 50121-3-1			铁路的 EMC(EMC in railway)
ENV 50121-4			铁路电信设备的发射和抗扰度(EMC in railway；emission and immunity in telecom equipment)
ENV 50204	IEC 61000-4-3 CD		数字无线电电话的辐射电磁场(Radiated EM field from digital radio telephones)
ENV 55102-1			ISDN 终端设备的发射要求(EMC requirements for ISDN terminal equipment；emission requirements)
ENV 55102-2			ISDN 终端设备的抗扰度要求(EMC requirements for ISDN terminal equipment；immunity requirements)

续表(五)

CENELEC 编号	IEC 编号	CISPR 编号	简略名称(Description)
ENV 61000-2-2	IEC 61000-2-2, 1990		低频传导骚扰和电网信号传输的兼容电平 (Compatibility levels for low frequency conducted disturbances and mains signalling)
ETS 300386			电信设备的EMC要求 (EMC requirements for telecom equipment)
ETS 300445			无线话筒的EMC标准 (EMC standard for wireless microphones)
ETS 300684, 1996			商业业余无线电设备的EMC标准 (EMC standard for commercial available amateur radio equipment)
PREN 50065-2			低压电网信号传输的抗扰度 (Immunity from interference for signaling on low voltage networks)
PREN 50065-4			低压电网信号传输的滤波器要求 (Filter requirements for signaling on low voltage networks)
PREN 50065-7			低压电网信号传输的负载阻抗要求 (Load impedance requirements for signaling on low voltage networks)
PREN 50121-5			铁路固定电源的发射和抗扰度 (Emission and immunity of railway fixed power supply)
PREN 50147-1			暗室中的EMC试验 (Anechoic chambers EMC-test)
PREN 50160			公共网络中的电压特性 (Voltage characteristics of public networks)
PREN 50217			现场发射测量，通用标准 (Generic standard for in-site emission measurements)
PREN 55024		CISPR 24, 1997	信息技术设备的抗扰度要求 (Immunity requirements for information technology equipment(ITE))
PREN 55101-2	IEC 60801-2, 1991		IPMC设备的ESD的抗扰度要求 (ESD immunity requirements for IPMC equipment)

续表(六)

CENELEC 编号	IEC 编号	CISPR 编号	简略名称(Description)
PREN 55101-4	IEC 60801-4, 1988		IPMC 设备的脉冲群的抗扰度要求 (Burst immunity requirements for IPMC equipment)
PREN 55101-5	IEC 60801-5, 1995		IPMC 设备的浪涌的抗扰度要求 (Surge immunity requirements for IPMC equipment)
PREN 55101-6	IEC 60801-6, 1996		IPMC 设备的射频场感应的传导骚扰抗扰度要求 (Immunity to conducted disturbances induced by radio frequency fields for IPMC equipment)
PREN 55105			电信终端设备的抗扰度 (Immunity for telecom terminal equipment)
PREN 61000-2-5	IEC 61000-2-5, 1995		电磁环境的分类 (Classification of EM environments)
PREN 61326-1	IEC 61326-1, 1997		测量、控制和实验室用的电子设备的特定EMC 要求 (EMC requirements for electrical equipment for measurement, control and laboratory use)
PREN 61326-10	IEC 61326-10 CDV		特定测量环境中使用的设备的特定的EMC 要求 (Particular EMC requirements for equipment used in restricted measurement environment)
PREN 61326-20	IEC 61326-20 CDV		特定测量环境中使用的设备的特定的EMC 要求 (Particular EMC requirements for equipment used in restricted measurement environment [VDE 0839-81-1])
PREN 61326-30	IEC 61326-30 CDV		便携式试验和测量设备的特定的 EMC 要求 (Particular EMC requirements for portable test and measurement equipment)
PRETS 300127			大型电信系统的无线电发射试验 (Radio emission testing of large telecom systems)

续表(七)

CENELEC 编号	IEC 编号	CISPR 编号	简略名称(Description)
PRETS 300279			专用移动无线电的 EMC 标准 (EMC standard for private mobile radio)
PRETS 300329			数字无绳电话的 EMC 要求 (EMC requirements for digital cordless telephone)
PRETS 300339			无线电通信设备的 EMC 要求，通用标准 (Generic EMC standard for radio communication equipment)
PRETS 300340			无线电信息系统的寻呼接收机的 EMC 要求 (EMC requirements for radio message systems paging receiver)
PRETS 300342			数字蜂窝电话的 EMC 要求 (EMC requirements for digital cellular telephone)
PRETS 300385			数字固定无线电中继链路的 EMC 要求 (EMC standard for digital fixed radio links)
PRETS 300386			电信网络设备的 EMC 要求 (EMC requirements for telecom network equipment)
PRETS 300446			CT2 无绳电话的 EMC 标准 (EMC standard for cordless telephone CT2)
PRETS 300447			超高频调频发射机的 EMC 标准 (EMC standard for VHF FM transmitters)
PRETS 300680-2			CB 设备的 EMC 要求 (EMC standard for Citizen band equipment)
PRETS 300741			广域寻呼的 EMC (EMC for wide area paging)

注：① ENV 为临时性的标准，是基于国际标准(如 IEC)制定的，一旦国际标准获得通过和批准，该标准即被撤销，代之以新的标准编号，如 EN50141 变为 EN 61000-4-6。

② 前缀 PR 表明该标准尚处于标准草案(Standard Draft)阶段。

③ 收集在表中的标准截止于 1998 年 7 月。

欧洲标准(EN)按标准来源分为三大类：500××××由 IEC 标准转换而来；550××××由 CISPR 标准转换而来；61000-×-×由 IEC/TC77 标准转换而来。其他由 CENELEC 和 ETSI 自行制定。

9.2.5 美国EMC标准简介

1. FCC法规

美国是世界上较早对EMI进行控制并利用认证体系进行强制性管理的国家之一。认证所依据的技术文本和管理条例便是具有法律效力的《联邦法规法典》(Code of Federal Regulation, CFR)第47篇“FCC”法规。

每个年度CFR被修订一次。CFR篇幅巨大,共50个标题,每个题目由相应的行政机构发布,其内容包罗万象,如农业、医疗、环保、银行和金融、国防、电信等等,规定细致入微。涉及EMC的内容包含在标题47“电信”中的第一章“FCC法规”的第15部分“射频设备”和第18部分“工、科、医设备”当中。

第15部分涉及的产品包括通信发射机/接收机、电视广播接收机、TV接口设备(如录像机)、供个人计算机使用的CPU(中央处理单元)板和电源、移动电话、个人计算机和外围设备、数字设备(含信息技术设备)等等。FCC法规既给出了辐射发射和传导发射限值,又规定了测量方法,如FCC/OET MP-4,以及申请认证的程序和市场管理条例及处罚办法,是美国政府对其市场上销售的、有电磁兼容性要求的电子产品进行EMI控制、认证、标识、市场管理和监督及违规处罚可依据的法律性文件。

第18部分包括A、B和C三部分,分别对应一般信息、申请与授权和技术标准。技术标准中规定了传导限值和场强限值以及相应的测量方法(FCC/OET MP-4)。

2. ANSI C63.4

美国另一个在EMC领域中有重要地位的“通用”标准是ANSI C63.4《低压电子电器设备无线电噪声发射测量方法,频率范围9 kHz~40 GHz》,该标准由美国国家标准化协会(ANSI)认可的电磁兼容标准认可委员会(C63)制定,由ANSI批准,IEEE承担了秘书工作并负责出版发行。C63由美国政府部门、有影响的制造业、检测部门和有关的标准协会组成,其中包括FCC、IEEE、电子工业协会、电灯和电源协会(Electric Light and Power Group)、美国铁道协会、计算机和商用设备制造协会、电动汽车制造协会、国家广播协会、科学设备制造协会、国家电信和信息局、国家标准和技术协会、安全工业协会和汽车工程师协会、美国空军以及AT&T贝尔实验室等成员组织。由此可见,ANSI C63.4可被视为一个广泛的技术协议。

该标准最早制定于1963年,规定了有意和无意发射器产生的射频信号和噪声的测量方法,辐射和交流电源线传导噪声的测量方法,频率范围为9 kHz~40 GHz,对无特殊要求的设备均适用(但对于ISM设备中获得执照的发射机和欲获得认可/批准(certification/approve)形式认证的设备除外)。

由于此标准只规定了测量方法而没有规定限值,因此要想针对某一特定的设备构成完整的技术规范,则需从ANSI C63.4中有针对性地选择其中的一部分内容,再加上特定的限值以及适用的频率范围和测试距离(仅限于辐射发射)等内容,才能构成完整的产品(类)标准。此外,该标准在对辐射发射测量用的开阔试验场和可替换场(如装有吸波材料的屏蔽室)有效性的评估方面,亦做出了重要贡献。

3. 其他标准

除了上述两个标准外,美国还有一些重要的EMC标准,如IEEE下属的EMC学会

(EMC Society)制定的EMC标准。表9-5列出了美国较重要的EMC标准。目前IEEE制定的标准有很多得到了ANSI的认可，进而成为美国国家标准，在EMC领域也如此。

表9-5　美国较重要的电磁兼容标准一览表

标准代号	标准名称	制定者	备注
ANSI C63.2-1995	美国国家标准　电磁噪声和场强测量仪规范，频率范围10 kHz～40 GHz	ANSI C63	
ANSI C63.4-1992	美国国家标准　低压电子电器设备无线电噪声发射测量方法，频率范围9 kHz～40 GHz	ANSI C63	
ANSI C63.5-1988	美国国家标准　电磁兼容　电磁干扰(EMI)控制中辐射发射测量天线校准	ANSI C63	
ANSI C63.6-1988	美国国家标准　电磁兼容开阔试验场测量误差算法导则	ANSI C63	
ANSI C63.7-1988	美国国家标准　进行辐射发射测量的开阔试验场构造指南	ANSI C63	修订后增加EN 50081和EN 50082中的相关内容
ANSI C63.12-1987	美国国家标准　电磁兼容限值　推荐实施	ANSI C63	
ANSI C63.13-1991	美国国家标准　民用EMI电源滤波器的应用和评估指南	ANSI C63	
ANSI C63.14-1992	美国国家标准　电磁兼容(EMC)、电源脉冲(EMP)和静电放电(ESD)术语辞典	ANSI C63	取代MIL-STD-463
ANSI C63.022-1998	美国国家标准　进行辐射发射测量的开阔试验场构造指南	ANSI C63	采纳CISPR22：1997
IEEE Std 100-1988	IEEE字典——电子和电气术语(第4版)	IEEE	
IEEE Std 139-1988	按用户协议安装的工、科、医(ISM)设备射频发射测量实施指南	IEEE	
IEEE Std 149-1988	天线试验程序(ANSI)	IEEE	
IEEE Std 187-1990	IEEE标准　无线电接收机：FM和电视广播接收机产生的乱真发射开阔场测量方法	IEEE	同时作为ANSI标准
IEEE Std 213-1987	IEEE标准　电视和FM电视广播接收机电源传导发射测量程序	IEEE	
IEEE Std 291-1991	在30～300 Hz频率范围内的正弦连续波电磁场测量方法	IEEE	
IEEE Std 474-1973 (1982再次确认)	IEEE标准 在DC～40 GHz频率范围内的固定衰减器和可变衰减器试验方法和技术规范	IEEE	

9.2.6 德国 EMC 标准简介

德国也是世界上较早研究、制定和实施民用 EMC 标准的国家之一。拥有大量的、供各类电子产品使用的 EMC 国家标准及完整的标准体系，它们大多是由 VDE(德国电气工程师协会)制定的。

自 89/336/EEC 指令颁布后，欧共体市场开始实行"CE"认证，而认证所依据的 EMC 检测标准则采用统一的"协调标准"，即欧洲标准(EN)。德国作为欧共体最早的成员国之一，理所当然地要遵守上述指令。由此，德国的 EMC 国家标准也做了相当大的调整，其主要变化是：参照欧洲的标准体系，直接引用现有的 EN 标准作为本国的现行标准，继续保留 EN 标准中尚未包括的德国标准，这一做法使得国际和国内 EMC 标准在德国得到了较完美的结合。

此外，现行的德国国家 EMC 标准大多采用 DIN/VDE×××× 双编号的形式，原因是 DIN(德国国家标准局)已将有关电子、电气的 EMC 标准的制定工作交由 VDE 承担，因此 VDE 制定的 EMC 标准即为德国的国家标准。

德国 EMC 标准与欧共体 EMC 标准见表 9-6。

表 9-6 德国 EMC 标准与欧共体 EMC 标准

德国标准编号	IEC/CISPR 出版物	欧共体标准编号
通用标准(发射)		
DIN EN 50081-1 VDE 0839 Part 81-1：1993-03		EN 50081-1：1992-01
DIN EN 50081-2 VDE 0839 Part 81-2：1993-03		EN 50081-2：1993-06
通用标准(抗扰度)		
DIN EN 50082-1：1992-01 VDE 0839 Part 82-1：1993-03		EN 50082-1：1992-01
DIN EN 50082-2：1992-01 VDE 0839 Part 82-2：1996-02		EN 50082-2：1995-03
产品标准(发射)		
DIN VDE 0838 Part 2：1987-06		EN 60555-2：1987-04
DIN VDE 0838 Part 2：1996-03	IEC 61000-3-2	EN 61000-3-2：1995-4
DIN VDE 0875 Part 11	CISPR 11：1992-07	EN 55011：1991-03
DIN VDE 0872 Part 13 VDE 0875	CISPR 13：1991-08 CISPR13/A1：1995-02	EN 55013：1990-06 EN550 13：A12
DIN VDE 55014 VDE 0875 Part 14	CISPR 14：1993-12	EN 55014：1993-04

续表

德国标准编号	IEC/CISPR 出版物	欧共体标准编号
DIN EN 55015 VDE 0875 DIN VDE 0875 A1 DIN EN 55015 VDE 0875 Part 15	CISPR 15：1992 CISPR 1985/A1 CISPR15：1996	EN550 15：1993 - 12 EN 55015 A1：1990 - 10 EN 55015：1996
DIN EN 55022 VDE 0878 Part 3 DIN EN 55022 A1 VDE 0878 A1	 CISPR 22：1993 CISPR 22：1993/A1：1995	 EN 55022：1994 - 08 EN 55022 A1：1995 - 05
产品标准(抗扰度)		
DIN VDE 0872 Part 20 DIN EN 55020 VDE 0872 Part 20：1995 - 05	CISPR 20 CISPR 20	EN 55020：1988 EN 55020：1994
DIN EN 55104 VDE 0875 Part 14 - 2：1995 - 12	CISPR 14 - 2：1995 - 02	EN 55104：1995
DIN EN 61547 VDE 0875 Part 15 - 2：1996 - 04	IEC 61547：1995	EN61547：1995 - 10

9.3　我国国家 EMC 标准简介

《中华人民共和国标准化法》第二章第七条明确规定：“国家标准、行业标准分为强制性标准和推荐性标准。保障人体健康和人身财产安全的标准和法律、行政法规规定强制执行的标准是强制性标准，其他标准是推荐性标准。省、自治区、直辖市标准化行政主管部门制定的工业产品的安全、卫生要求的地方标准，在本行政区域内是强制性标准。”2000年国家质量技术监督局质技监局标发【2000】36 号文《关于强制性标准实行条文强制的若干规定》中的第三章的强制性内容范围包括“3、产品及产品生产、储运和使用中的安全、卫生、环境保护、电磁兼容等技术要求”，这里明确了电磁兼容标准应属于强制性标准。从现有的情况看，大部分 EMC 标准都是国家或行业强制标准。

9.3.1　我国国家 EMC 标准

自 1983 年发布第一个电磁兼容标准(GB 3907—1983)以来，我国对于电磁兼容标准化工作给予了高度重视，EMC 标准体系正在逐步完善之中。

参照国际上的分类方法，结合我国实际情况，亦可将我国的电磁兼容标准分为以下四类：

(1) 基础标准(Basic Standards)。基础标准涉及EMC术语、电磁环境、EMC测量设备规范和EMC测量方法等，如GB/T 4365－1995《电磁兼容术语》、GB/T 6113系列标准《无线电骚扰和抗扰度测量设备规范和测量方法》、GB 17626系列标准《电磁兼容 试验方法和测量技术》。

(2) 通用标准(Generic Standards)。通用标准中，GB 8702主要涉及在强磁场环境下对人体的保护要求，GB/T 14431－1993主要涉及无线电业务要求的信号/干扰保护比。

(3) 产品类标准(Product Family Standards)。我国产品类标准数量最大，如GB 9254、GB 4343、GB 4824和GB 13837等。

(4) 系统间电磁兼容标准(Standards of Intersystem Compatibility)。我国的EMC标准还包含了相当数量的系统间电磁兼容标准，它们主要规定了经过协调的不同系统之间的EMC要求，如GB 6364和GB 13613～13620等。这些标准中，大都根据多年的研究结果规定了不同系统之间的防护/保护距离。

标准体系分基础标准、通用标准和产品(类)标准三个纵向层次，每个层次都包含两个方面的标准：发射和抗扰度。通用标准又按产品的使用环境将产品标准分为A类和B类。产品(类)标准通常是基于基础标准和通用标准基础上的更简明的技术文件。层次越低，规定越详细、明确，操作性越强；反之，标准的包容性越强，通用性越广。系统间电磁兼容标准则属于不同系统间的纵向联系。

“积极采用国际标准和国外先进标准”是我国的一项重大经济技术政策，是促进技术进步、提高产品质量、扩大对外开放、加快与国际惯例接轨、发展社会主义市场经济的重要措施。我国的EMC标准绝大多数引自国际标准，其来源包括：① CISPR出版物；② IEC/TC77制定的61000系列标准；③ 部分标准，如GB 15540－1995引自美国军用标准MIL-STD；④ 部分标准，如GB/T 15658引自ITU有关文件；⑤ 部分标准，如GB/T 6833系列标准引自国外先进企业标准。但是大量的系统间电磁兼容标准，是根据我国自己的科研成果制定的。

国家质量技术监督局对批准后的国家标准按顺序编号，确定标准的发布日期、实施日期和标准的性质：推荐性和强制性。一般来说，国家EMC标准编号的形式如图9－3所示。

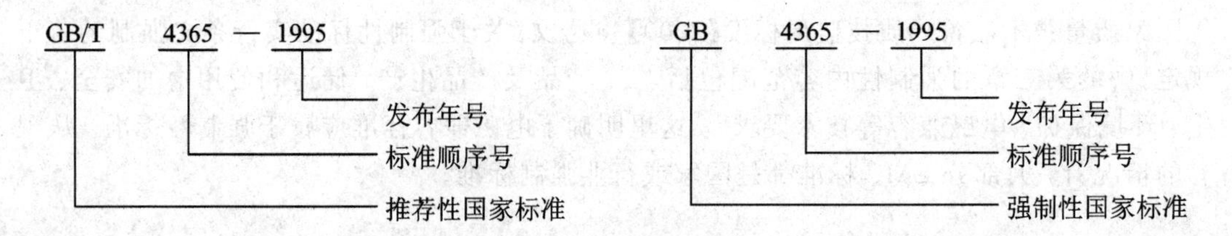

图9－3　国家EMC标准编号

如果是系列标准，则采用小数点加数字表示如GB 1762.1～GB 1762.12。

EMC国家标准(民用EMC标准)一览表详见表9－7。

表 9-7　EMC 国家标准一览表

序号	国家标准编号	标 准 名 称	对应国际/国外先进标准	类型
1	GB/T 3907　1983	工业无线电干扰基本测量方法		基础
2	GB4343—1995	家用和类似用途电动/电热器具/电动工具以及类似电器无线电干扰特性测量方法和允许值	Eqv. CISPR 14：1993	产品类
3	GB 4343.2—1999	电磁兼容　家用电器、电动工具和类似器具的要求　第 2 部分：抗扰度产品类标准	Idt. CISPR 14-2：1997	产品类
4	GB/T 4365—1996	电磁兼容术语	Eqv. IEC 60050：1990	基础
5	GB 4824—1995	工业、科学和医疗射频设备无线电干扰特性的测量方法和限值	Ref. CISPR 11：1990	产品类
6	GB/T 4859—1984	电气设备的抗干扰特性基本测量方法		基础
7	GB/T 6113.1—1995	无线电骚扰和抗扰度测量设备规范	Eqv. CISPR 16-1：1993	基础
8	GB/T 6113.2—1998	无线电骚扰和抗扰度测量方法	Idt. CISPR 16-2：1996	基础
9	GB 6364—1986	航空无线电导航台站电磁环境要求		系统间
10	GB 6830—1986	电信线路遭受强电线路危险影响的容许值		系统间
11	GB/T 6833.1—1996	电子测量仪器电磁兼容性试验规范总则	Eqv. Hp765.001-77	产品类
12	GB/T 6833.2—1987	电子测量仪器电磁兼容性试验规范磁场敏感度试验	Eqv. Hp765.002-77	产品类
13	GB/T 6833.3—1987	电子测量仪器电磁兼容性试验规范静电放电敏感度试验	Eqv. Hp765.003-77	产品类
14	GB/T 6833.4—1987	电子测量仪器电磁兼容性试验规范电源瞬态敏感度试验	Eqv. Hp765.004-77	产品类
15	GB/T 6833.5—1987	电子测量仪器电磁兼容性试验规范辐射敏感度试验	Eqv. Hp765.005-77	产品类
16	GB/T 6833.6—1987	电子测量仪器电磁兼容性试验规范传导敏感度试验	Eqv. Hp765.006-77	产品类
17	GB/T 6833.7—1987	电子测量仪器电磁兼容性试验规范非工作状态磁场干扰试验	Eqv. Hp765.007-77	产品类
18	GB/T 6833.8—1987	电子测量仪器电磁兼容性试验规范工作状态磁场干扰	Eqv. Hp765.008-77	产品类
19	GB/T 6833.9—1987	电子测量仪器电磁兼容性试验规范传导干扰试验	Eqv. Hp765.009-77	产品类
20	GB/T 6833.10—1987	电子测量仪器电磁兼容性试验规范辐射干扰试验	Eqv. Hp765.0010-77	产品类

续表(一)

序号	国家标准编号	标准名称	对应国际/国外先进标准	类型
21	GB/T 7343—1987	10 kHz～30 MHz 无源无线电干扰滤波器和抑制元件特性的测量方法	CISPR 17：1981	产品类
22	GB/T 7349—1987	高压架空输电线、变电站无线电干扰测量方法	CISPR 18：1986	产品类
23	GB/T 7432—1987	同轴电缆载波通信系统抗无线电广播和通信干扰的指标		系统间
24	GB/T 7433—1987	对称电缆载波通信系统抗无线电广播和通信干扰的指标		系统间
25	GB 7495—1987	架空电力线路与调幅广播收音台的防护间距		系统间
26	GB 8702—1988	电磁辐射防护规定(正在修订)		通用
27	GB 9175—1988	环境电磁波标准(正在修订)		基础
28	GB 9254—1988	信息技术设备的无线电骚扰限值和测量方法	Idt. CISPR22：1987	产品类
29	GB 9383—1995	声音和电视广播接收机及有关设备传导抗扰度限值及测量方法	Idt. CISPR 20：1990	产品类
30	GB/T 12190—1990	高性能屏蔽室屏蔽效能的测量方法	Ref. IEEE 299—1969	产品类
31	GB 12638—1990	微波和超短波通信设备辐射安全要求(正在修订)		产品类
32	GB 13421—1992	无线电发射机杂散发射功率电平的限值和测量方法		产品类
33	GB 13613—1992	对海中远程无线电导航台站电磁环境要求		系统间
34	GB 13614—1992	短波无线电测向台(站)电磁环境要求		产品类
35	GB 13615—1992	地球站电磁环境保护要求		系统间
36	GB 13616—1992	微波接力站电磁环境保护要求		系统间
37	GB 13617—1992	短波无线电收信台(站)电磁环境要求		系统间
38	GB 13618—1992	对空情报雷达站电磁环境防护要求		系统间
39	GB/T 13619—1992	微波接力通信系统干扰计算方法		系统间
40	GB/T 13620—1992	卫星通信地球站与地面微波站之间协调区的确定和干扰计算方法		系统间

续表(二)

序号	国家标准编号	标准名称	对应国际/国外先进标准	类型
41	GB 13836—1992	30 MHz～1 GHz声音和电视信号的电缆分配系统设备与部件辐射干扰特性允许值和测量方法	Idt. IEC 60728 - 1：1986	产品类
42	GB 13837—1997	声音和电视广播接收机及有关设备无线电干扰特性限值和测量方法	Eqv. CISPR13：1996	产品类
43	GB/T 13838—1992	声音和电视广播接收机及有关设备辐射抗扰度特性允许值和测量方法	Eqv. CISPR 20：1990	产品类
44	GB/T 13839—1992	声音和电视广播接收机及有关设备内部抗扰度允许值和测量方法	Eqv. CISPR 20	产品类
45	GB 14023—2000	车辆、机动船和由火花点火发动机驱动装置的无线电干扰特性的测量方法及允许值	Eqv. CISPR 12：1997	产品类
46	GB 14431—1993	无线电业务要求的信号/干扰保护比和最小可用场强		通用
47	GB 15540—1995	陆地移动通信设备电磁兼容技术要求和测量方法		产品类
48	GB/T 15658—1995	城市无线电噪声测量方法		通用
49	GB 15707—1995	高压交流架空送电线无线电干扰限值	Ref. CISPR 18：1986	产品类
50	GB/T 15708—1995	交流电气化铁道电力机车运行产生的无线电辐射干扰测量方法		产品类
51	GB/T 15709—1995	交流电气化铁道接触网无线电辐射干扰测量方法		产品类
52	GB 15734—1995	电子调光设备无线电干扰特性限值及测量方法		产品类
53	GB 15949—1995	声音和电视信号的电缆分配系统设备与部件抗扰度特性限值和测量方法	IEC 6078 - 1	产品类
54	GB/T 7434—1987	架空明线载波通信系统抗无线电广播和通信干扰的指标		系统间
55	GB/T 16607—1996	微波炉在1 GHz以上的辐射干扰测量方法	Eqv. CISPR 19：1983	产品类
56	GB 16787—1997	30 MHz～1 GHz声音和电视信号的电缆分配系统辐射测量方法和限值	Idt. IEC 60728 - 1 - 1991	产品类
57	GB 16788—1997	30 MHz～1 GHz声音和电视信号的电缆分配系统抗扰度测量方法和限值	Eqv. IEC 60728 - 1 - 1986	产品类

续表(三)

序号	国家标准编号	标准名称	对应国际/国外先进标准	类型
58	GB/T 17618—1998	信息技术设备抗扰度限值和测量方法	Idt. CISPR 24：1997	产品类
59	GB/T 17619—1998	机动车电子电器组件的电磁辐射抗扰度限值和测量方法	Ref. 95/64/EC(1995)	产品类
60	GB/T 17624.1—1998	电磁兼容　综述　电磁兼容基本术语和定义的应用与解释	Idt. IEC 61000-1-1：1992	基础
61	GB 17625.1—1998	低压电气及电子设备发出的谐波电流限值(设备每项输入电流小于16 A或等于16 A)	Idt. IEC 61000-3-2：1995	产品类
62	GB 17626.1—1998	电磁兼容　试验和测量技术　抗扰度试验总论	Idt. IEC 61000-4-1 (1992)	基础
63	GB 17626.2—1998	电磁兼容　试验和测量技术　静电放电抗扰度试验	Idt. IEC 61000-4-2 (1995)	基础
64	GB/T 17626.3—1998	电磁兼容　试验和测量技术　射频电磁场辐射抗扰度试验	Idt. IEC 61000-4-3 (1995)	基础
65	GB/T 17626.4—1998	电磁兼容　试验和测量技术　电快速瞬变群抗扰度试验	Idt. IEC 61000-4-4 1995	基础
66	GB/T 17626.5—1999	电磁兼容　试验和测量技术　浪涌(冲击)抗扰度试验	Idt. IEC 61000-4-5：1995	基础
67	GB/T 17626.6—1998	电磁兼容　试验和测量技术　射频场感应的传导骚扰抗扰度试验	Idt. IEC 61000-4-6：1996	基础
68	GB/T 17626.7—1998	电磁兼容　试验和测量技术　供电系统及所连设备谐波/谐间波的测量和测量仪器导则	Idt. IEC 61000-4-7 (1991)	基础
69	GB/T 17626.8—1998	电磁兼容　试验和测量技术　工频磁场抗扰试验	Idt. IEC 61000-4-8 (1993)	基础
70	GB/T 17626.9—1998	电磁兼容　试验和测量技术　脉冲磁场抗扰度试验	Idt. IEC 61000-4-9 (1993)	基础
71	GB/T 17626.10—1998	电磁兼容　试验和测量技术　阻尼振荡磁场抗扰度试验	Idt. IEC 61000-4-10 (1993)	基础
72	GB/T 17626.11—1999	电磁兼容　试验和测量技术　电压暂降、短时中断和电压变化的抗扰度试验	Idt. IEC 61000-4-11 (1994)	基础
73	GB/T 17626.12—1998	电磁兼容　试验和测量技术　振荡波抗扰度试验	Idt. IEC 61000-4-12 (1995)	基础
74	GB/T 14598.12—1998	量度继电器和保护装置的电气干扰试验　第1部分　1 MHz脉冲群干扰试验	Eqv. IEC 255-22-1 (1998)	产品类
75	GB/T 14598.13—1998	量度继电器和保护装置的电气干扰试验　第2部分　静电放电试验	Eqv. IEC 255-22-2 (1998)	产品类

续表(四)

序号	国家标准编号	标准名称	对应国际/国外先进标准	类型
76	GB 17743—1999	电气照明和类似设备的无线电干扰特性的限值和测量方法	Idt. CISPR 15：1996	产品类
77	GB/T 17799.1—1999	电磁兼容　通用标准　居住、商业和轻工业环境中的抗扰度试验	Idt. IEC 61000-6-1 (1996)	通用
78	GB 17625.2—1999	电磁兼容限值对额定电流不大于 16 A 的设备在低压供电系统中产生的电压波动和闪烁的限值	Idt. IEC 61000-3-3 (1994)	基础
79	GB/T 18268—2000	测量、控制和实验室用电设备电磁兼容性要求		通用
80	GB/Z 17625.3—2000	电磁兼容　限值　对额定电流大于 16 A 的设备在低压供电系统中产生的电压波动和闪烁的限值	Idt. IEC 61000-3-5 (1994)	基础
81	GB/Z 17625.4—2000	电磁兼容　限值　中、高压电力系统中畸变负荷发射限值的评估	Idt. IEC 61000-3-6：1996	基础
82	GB/Z 17625.5—2000	电磁兼容　限值　中、高压电力系统中波动负荷发射限值的评估	Idt. IEC 61000-3-7：1996	基础
83	GB/Z 18039.1—2000	电磁兼容　环境　电磁环境的分类	Idt. IEC 61000-2-5：1996	基础
84	GB/Z 18039.2—2000	电磁兼容　环境　工业设备电源低频传导骚扰发射水平评估	Idt. IEC 61000-2-6：1996	基础
85	GB 13836-2000	电视和声音信号电缆分配系统第 2 部分　设备的电磁兼容	Eqv. EC 60728-2/FDIS：1997	通用
86	GB/Z 18509—2001	电磁兼容　电磁兼容标准改革导则		基础

我国将逐步强制性地推进 EMC 认证工作。因为我国 EMC 国家标准大多数引自国际标准(尤其是产品类标准)，因而做到了与国际标准接轨，这为我国电子、电工产品的出口奠定了 EMC 方面的基础。电动工具等获取“CE”认证，进入欧洲市场的过程证实了这一点。就国内一般情况而言，含有(骚扰和抗扰度)限值的产品类标准均为强制性标准。这意味着凡有电磁兼容性要求的电子产品，在进入中国市场时，该产品均应满足相应的 EMC 国家标准。

9.3.2　我国国家军用 EMC 标准

1. 军用 EMC 标准的发展

军用 EMC 标准的发展可以追溯到 20 世纪 40 年代，当时需要控制点火系统的射频干扰来保证可靠的无线电通信，如 1945 年美国陆军和海军联合编制的 JAN-I-225《无线电干扰测量方法》(150 kHz～20 MHz)及 1947 年陆军和海军联合编制的 AN-I-40《推进系统无线电干扰限值》。军用 EMC 规范的后续发展密切跟随电子技术的进步，最初制定射频干扰的军用规范限值是为了保护陆军、海军、空军装备的最低有用磁场，随着更灵敏设备的研制，制定了敏感度(抗扰度)限值。随着空间时代的到来，在小平台系统内和系统间的

EMC 概念被提出。这样，设备和系统规范变得更具一般性，以便包括所有类型的电气和电子装置，它们要求在设计、研制、生产、安装和使用阶段应用 EMC 技术。现有 EMC 规范更通用化，每个新系统要求特殊的考虑，它们在 EMC 控制计划中被描述，通常编制专门的计算机程序来分析每个协调，并对限值进行剪裁。

许多国家编拟的 EMC 规范都与美国的 EMC 规范相关，因此了解美国 EMC 的发展，就容易理解 EMC 规范。20 世纪 60 年代初、中期，美国各个主要的军事部门在采购电子系统和设备时都采用了自己的 EMI/EMC 规范。如美国空军采用 MIL-I-6181 和 MIL-I-26600，海军采用 MIL-I-16910，陆军采用 MIL-I-11748 和 MIL-E-55301(EL)。这些规范对传导和辐射 EMI 发射进行了限值，并规定了设备和系统应承受的敏感度电平。这些规范也进一步规定了测量配置和证实符合所提要求的方法。每个军种采用不同的 EMC 规范产生了一个困境，它们相互区别很大，以致当一个装置设计得满足一个规范时，通常需要重新设计和试验才能满足另一规范。当覆盖的频率范围不相同时，重叠频率的限值也变化了。更大的问题在于每个规范要求采用的测量设备不同，要全部配置的话会非常昂贵。

对特殊系统采用附加规范使这个问题稍许缓解，如波音公司研发的“民兵”AFBSD-62-87，Goddard 空间飞行中心为空间地面设备(AGE)的合同由 Genisco 编制的 GSFCS-523-P-7，以及 Marshall 空间飞行中心出版的 MSFC-SPEC-279。问题变得很明显，有必要限制这些不同的规范，并形成一个新的政府和军事部门共同的统一标准。颁布由政府所有部门采纳的规范的第一次尝试是 1964 年 1 月出版的 MIL-STD-826，这个文件提出了一组新的限值。这个新标准很快被 1967 年 7 月出版的 MIL-STD-461、MIL-STD-462 和 MIL-STD-463 代替。461 文件是关于限值和要求的，462 文件是关于测量方法和配置的，463 文件涉及术语和定义。

MIL-STD-461 被美国三军(陆军、空军和海军)采用，经过一段时间的实施发现 461 文件需要进行大的修订，这样 1968 年 8 月发布了 MIL-STD-461A。美国不同军事部门在实际的使用中发现了很多他们不满意的地方，因此 1989 年以前三军也发布了很多修订。1990 年三军 EMC 委员会开始着手编写新的 MIL-STD-461 和 MIL-STD-462，1992 年 11 月完成技术工作，1993 年 1 月出版了这两个文件：MIL-STD-461D 和 MIL-STD-462D。

1999 年 8 月美国颁布了 MIL-STD-461E《分系统和设备电磁干扰特性控制要求》，取代 MIL-STD-461D 和 MIL-STD-462D。MIL-STD-461E 有以下几个特点：

(1) 它将分系统和设备的电磁发射和电磁敏感度要求(原 MIL-STD-461D)及电磁发射和电磁敏感度测量方法(原 MIL-STD-462D)合并成一个标准，这有利于对 MIL-STD-461D 和 MIL-STD-462D 的理解，使用方便、避免重复。

(2) 它明确指出这些标准对于特定的分系统和设备时应进行必要的剪裁。由于具体的分系统和设备的所安装的平台其电磁环境不尽相同，因此在分系统和设备订货时就要进行这种剪裁，在设计中依靠设计人员的 EMC 知识对其 EMC 进行控制。

(3) 本标准的附录《应用指南》给出了每个要求的原理和背景，这对理解和贯彻标准十分有用。

2. 军用 EMC 标准

我国第一套 EMC 军用标准 GJB 151—86 和 GJB 152—86 等效采用美国军标 MIL-STD-461B 和 MIL-STD-462。GJB 151《军用设备和分系统电磁发射和敏感度要求》和

GJB 152《军用设备和分系统电磁发射和敏感度测量》于 1986 年正式颁布实施，成为我国第一套三军通用的电磁兼容性标准。十年中，这套标准在军品研制中得到广泛应用。从某种意义上说，武器装备电磁兼容性工作的全面开展，正是这套标准推动的结果。

经过近十年的贯彻执行，这套标准也暴露出了一些问题。1997 年在原标准基础上等效采用 MIL - STD - 461D 和 MIL - STD - 462D 颁布了三军通用的新的电磁兼容性标准 GJB 151A—97 和 GJB 152A—97。与原标准相比新标准有了很大变化，主要有：① 取消宽带发射；② 限定测量带宽；③ 限定扫描速率；④ 利用 LISN 测量传导发射；⑤ 试验前需要校准；⑥ 屏蔽室需要加装吸波材料；⑦ 采用集束电缆注入；⑧ 传导发射测量截止频率为 10 MHz；⑨ 接收灵敏度试验必须由产品规范规定。

EMC 国家军用标准一览表见表 9 - 8。

表 9 - 8　EMC 军用标准一览表

标准编号	标 准 名 称	参照标准
GJB 72—85	电磁干扰和电磁兼容性名词术语	MIL - STD - 463A
GJB 151A—97	军用设备和分系统电磁发射和敏感度要求	MIL - STD - 461D
GJB 152A—97	军用设备和分系统电磁发射和敏感度测量	MIL - STD - 462D
GJB 181—86	飞机供电特性及对用电设备的要求	MIL - STD - 704A
GJB 358—87	军用飞机电搭接技术要求	MIL - B - 5087B
GJB 786—89	预防电磁场对军械危害的一般要求	MIL - STD - 1385A
GJB 1046—90	舰船搭接、接地、屏蔽、滤波及电缆的电磁兼容性要求和方法	MIL - STD - 1310E
GJB 1143—91	无线电频谱特性的测量	MIL - STD - 449D
GJB 1210—91	接地、搭接和屏蔽设计的实施	MIL - STD - 1857
GJB 1389—92	系统电磁兼容性要求	MIL - E - 6051D
GJB 1446—92	舰船系统界面要求	MIL - STD - 1399A
GJB 1449—92	水面舰船电磁干扰检测实施程序	MIL - STD - 1605
GJB 1450—92	舰船总体射频危害电磁场强测量方法	
GJB 1572—92	核武器电子系统抗辐射加固设计准则	
GJB 1579—93	电起爆的电爆分系统通用规范	MIL - STD - 1512
GJB 1649—93	电子产品防静电放电控制大纲	MIL - STD - 1686A
GJB 1696—93	航天系统地面设施电磁兼容性和接地要求	MIL - STD - 1542A
GJB 1804—93	运载火箭雷电防护	MIL - STD - 1757A
GJB 2117—94	横电磁波室性能测试方法	
GJB 2713—96	军用屏蔽玻璃通用规范	
GJB/Z 17—91	军用装备电磁兼容性管理指南	MIL - HDBK - 237A
GJB/Z 25—91	电子设备和设施的接地、搭接和屏蔽设计指南	MIL - HDBK - 419A
GJB/Z 36—93	舰船总体天线电磁兼容设计导则	
GJB/Z 54—94	系统预防电磁能量效应的设计和试验指南	MIL - HDBK - 253
GJB/Z 36—93	舰船总体天线电磁兼容性要求	
GJB 4060—2000	舰船总体天线电磁兼容性测试方法	
GB 1001—90	作业区超短波辐射测量方法	
GJB 2038—94	雷达吸波材料反射率测试方法	
GJB 475—88	生活区微波辐射测量方法	

9.3.3 我国国家 TEMPEST 技术标准

研究信息的电磁辐射泄漏，在国际上被称为 TEMPEST 问题，其研究内容和技术成果一直处于保密状态。从现有文献考证，经常引用的全称有以下几种：① 瞬态电磁脉冲辐射标准(Transient Electro Magnetic Pulse Emanation Standard)；② 辐射与附加辐射的机电综合防护(Total Electronic and Mechanical Protection against Emanation and Spurious Transmission)；③ 电磁传播辐射与安全发射测试(Test for Electro Magnetic Propagation Emission and Secure Transmission)；④ 瞬态发射与附加发射(TEMPoral Emanation and Spurious Transmission)。无论全称由来如何，它们所涉及的技术范畴是相同的，以美国为例，TEMPEST 技术是美国国家安全局(NSA)和国防部(DOD)联合进行研究与开发的一个极其重要的项目，主要研究计算机系统和其他电子设备的信息泄漏及其对策。可以说，TEMPEST 技术是在 EMC 学科基础上发展起来的一个重要研究方向。尽管其理论与技术仍以电磁兼容为主要基础，但与电磁兼容有本质区别，TEMPEST 技术的研究内容涵盖防止信息技术设备通过无意的"电磁发射"而导致的信息泄漏问题和截获、还原信息技术设备泄漏的信息。

我国的 TEMPEST 标准研究开始于 20 世纪 90 年代初，由国家保密局牵头组织相关单位研究制定了我国的第一个具有 TEMPEST 性质的标准——BMB 1(电话机电磁泄漏发射限值和测试方法)。该标准的制定标志着我国深入研究 TEMPEST 技术的开始。10 年来，我国的 TEMPEST 标准也正在逐步系列化。由国家保密局立项，国家保密技术研究所投入大量人力、物力，集中我国 TEMPEST 技术领域的专家独立自主、联合攻关、深入研究，先后研究制定的标准如表 9-9 所示。

表 9-9 我国制定的 TEMPEST 标准

标准编号	标 准 名 称	发布时间	密级
BMB1	电话机电磁泄漏发射限值和测试方法	1994	秘密
BMB2	使用现场的信息设备电磁泄漏发射检查测试方法和安全判据	1998	绝密
GGBB1	信息设备电磁泄漏发射限值	1999	绝密
GGBB2	信息设备电磁泄漏发射测试方法	1999	绝密
BMB3	处理涉密信息的电磁屏蔽室的技术要求和测试方法	1999	机密
BMB4	电磁干扰器技术要求和测试方法	2000	秘密
BMB5	涉密信息设备使用现场的电磁泄漏发射防护要求	2000	秘密
BMB6	密码设备电磁泄漏发射限值	2001	绝密
BMB7	密码设备电磁泄漏发射测试方法(总则)	2001	绝密
BMB7.1	电话密码机电磁泄漏发射测试方法	2001	绝密

9.4　EMC 标准举例

前面简要介绍了 EMC 标准的概况，某一具体 EMC 标准的详细内容，请读者参考相关标准。为了使读者对 EMC 标准的范围、目的、测试项目、技术要求和限值等有所了解，下面列举两个具体 EMC 标准：GJB 151A－97《军用设备和分系统电磁发射和敏感度要求》和 GJB 152A－97《军用设备和分系统电磁发射和敏感度测量》，以便读者学习和理解具体标准的构架。

9.4.1　GJB 151A－97 简介

本标准规定了控制电子、电气和机电设备及分系统电磁发射和敏感度特性的要求，为研制和订购单位提供电磁兼容性设计和验收依据。本标准适用于每个单独的设备和分系统，电磁发射和敏感度要求的适用范围，取决于设备或分系统的类型以及预定使用的平台。

GJB 151A－97 的封面如下：

中华人民共和国国家军用标准

FL 0122　　GJB151A－97

军用设备和分系统
电磁发射和敏感度要求

Electromagnetic emission and susceptibility requirements for military equipment and subsystems

1997－05－23 发布　　1997－12－01 实施

国防科学技术工业委员会　批准

GJB 151A－97 的目录如下：

军用设备和分系统电磁发射和敏感度要求(GJB 151A－97)规定

1. 传导试验

传导发射(Conducted Emission，CE)：

CE101：25 Hz～10 kHz 电源线传导发射。

CE102：10 kHz～10 MHz 电源线传导发射。

CE106：10 kHz～40 GHz 天线端子传导发射。

CE107：电源线尖峰信号(时域)传导发射。

传导敏感度(Conducted Susceptibility，CS)：

CS101：25 Hz～50 kHz 电源线传导敏感度。

CS103：15 kHz～10 GHz 天线端子互调传导敏感度。

CS104：25 Hz～20 GHz 天线端子无用信号抑制传导敏感度。

CS105：25 Hz～20 GHz 天线端子交调传导敏感度。

CS106：电源线尖峰信号传导敏感度。

CS109：50 Hz～100 kHz 壳体电流传导敏感度。

CS114：10 kHz～400 MHz 电缆束注入传导敏感度。

CS115：电缆束注入脉冲激励传导敏感度。

CS116：10 kHz～100 MHz 阻尼正弦瞬变传导敏感度。

2. 辐射试验

辐射发射(Radiated Emission，RE)：

RE101：25 Hz～100 kHz 磁场辐射发射。

RE102：10 kHz～18 GHz 电场辐射发射。

RE103：10 kHz～40 GHz 天线谐波和乱真输出辐射发射。

辐射敏感度(Radiated Susceptibility，RS)：

RS101：25 Hz～100 kHz 磁场辐射敏感度。

RS103：10 kHz～40 GHz 电场辐射敏感度。

RS105：瞬变电磁场敏感度。

3. 标准的适应性（以陆军地面电磁干扰控制要求为例）

基本要求：CE102、CS101、CS114、RE102、RS103。

限制要求：CE106、CS115、CS116、RE103、RS101。

自由要求：由订购单位在订购规范中对适用性和极限要求所作的详细规定，包括CS103、CS104、CS105、CS106。

9.4.2　GJB 152A－97 简介

本标准规定了电子、电气和机电设备及分系统电磁发射和敏感度特性的**测量方法**，用于测量并确定电子、电气和机电设备及分系统是否符合 GJB 151A－97《军用设备和分系统电磁发射和敏感度要求》的规定。本标准适用于各种军用电子、电气和机电设备及分系统。

GJB 152A－97 的封面如下：

中华人民共和国国家军用标准

FL 0122　　GJB 152A－97

军用设备和分系统电磁发射
和敏感度测量

Measurement of electromagnetic emission and susceptibility
for military equipment and subsystems

1997－05－23 发布　　1997－12－01 实施

国防科学技术工业委员会　批准

GJB 152A－97 的目录如下：

9.5　中国军用 EMC 标准更新简介

随着科学技术的发展，工业基础不断增强并持续变革，为满足经济社会的实际需求，EMC 相关标准也进行了适应国情的更新。新标准是进行产品研发、制造和销售的技术规范性文件，必须严格贯彻执行。

9.5.1　军用设备和分系统 EMC 标准更新

我国军用设备和分系统 EMC 标准更新的历次版本包括 GJB 151－1986 和 GJB152－

1986，GJB 151A－1997 和 GJB152A－1997，GJB151B－2013。

GJB 151B－2013《军用设备和分系统电磁发射和敏感度要求与测量》于 2013 年 7 月 10 日发布，2013 年 10 月 1 日开始实施。该标准替代了 GJB 151A－1997《军用设备和分系统电磁发射和敏感度要求》和 GJB 152A－1997《军用设备和分系统电磁发射和敏感度测量》。

GJB 151B 包括“要求”和“测量方法”两大部分的内容，将 GJB 151A 及 GJB 152A 的内容合二为一。

GJB 151B 的目录如下：

GJB 151B－2013 与 GJB151A－1997 和 GJB152A－1997 相比，主要有下列变化：

(1) GJB 151B－2013 整合了 GJB151A－1997 和 GJB152A－1997 两个标准的内容。

(2) 引用的文件发生了变化。

(3) 增加了对可更换模块类设备的要求。

(4) 明确规定 LISN 的信号输出端口需要接 50Ω 负载。

(5) 输入(主)电源线(包括回线和地线)不应屏蔽。

(6) 修改了发射测试中有关频率范围划分和测量时间的内容。

(7) 修改了敏感度测试中有关最大扫描速率、最大步长和驻留时间的内容。

(8) 修改了天线系数的校准要求。

(9) 增加了测试结果的评定条款。

(10) 修改了“测试项目对各安装平台的适用性”表格。

(11) 修改了 CE101、CE102、CS102、CS106、CS114、CS116、RE101、RE102、RS101、RS103 和 RS105 等项目的限值。

① CE101 项目：修改了适用于水面舰船和潜艇限值(50Hz)中 a、b 和 c 点所对应的平率、限值及其连接的限值曲线。

② CE102 项目：明确了 EUT 电源电压低于 28V、高于 440V 的限值；补充了针对 270V 的限值，并提供了针对 28～440 V 电源电压的限值计算公式。

③ CS101 项目：电压限值曲线的频率终点扩展到 150kHz；功率限值由 GJB151A－1997 的 80W 修改为 GJB 151B－2013 中图 22 所示的曲线。

④ CS106 项目：对尖峰波形增加了下降时间、反向电压及其持续时间等要求，并规定了上升时间、下降时间和脉冲宽度的允差要求；对潜艇和水面舰船平台上的设备和分系统规定了 400V 的电压限值，其他平台的适用限值则由订购方规定。

⑤ CS114 项目：对应曲线一至曲线五的最大电流限值由 GJB151A－1997 中的 83dBμA～115dBμA 分别改为曲线 X(X 表示一、二、三、四、五)与 6dB 之和；曲线四补充了 10kHz～2MHz 限值，对舰船和潜艇设备在 4kHz～1MHz 额外增加了 77dBμA 限值要求；GJB151A－1997 中的水下平台在本标准中分为水下(内部)和水下(外部)。

⑥ CS116 项目：最大电流限值不再有 5A 和 10A 之分，统一为 10A。

⑦ RE101 项目：取消了 EUT 距离天线 50cm 的限值；陆军限值的起点由 180dBpT 改为 182dBpT，并由此导致限值曲线的斜率发生变化；海军限值曲线的形状和拐点都发生了改变。

⑧ RE102 项目：GJB 151A－1997 中适用于水面舰船和潜艇的限值相同。GJB 151B－2013 不仅将适用于水面舰船和潜艇的限值进行了区分，而且还将适用于水面舰船的限值分为“甲板上”限值和“甲板下”限值；将适用于潜艇的限值分为“压力舱内”限值和“压力舱外”限值。GJB151A－1997 将适用于飞机和空间系统的限值按照陆军、海军、空军内部和外部来划分；GJB 151B－2013 则按照固定翼内部、外部和直升机来划分。

⑨ RS101 项目：限值形状基本不变，但拐点处的限值大小有变化。

⑩ RS103 项目：GJB 151A－1997 的水下平台在 GJB 151B－2013 中分成水下(内部)和水下(外部)。

⑪ RS105 项目：修改了瞬变脉冲波形。

(12) 修改了 CE102、CE107、CS101、CS106、CS109、CS114、CS116、RE102、RS103

和 RS105 等项目的测试方法。

① CE102：校验时，只在 10 kHz 和 100 kHz 时采用示波器测量信号的有效值；在 2 MHz 和 10 MHz 时，直接采用信号发生器的输出读数，不再采用示波器测量。

② CE107 项目：只保留 GJB 152A－1997 中的 LISN 测试法，但对该方法进行了修改。

③ CS101 项目：增加了用带阻或高通滤波器抑制电源基波频率的内容；用示波器监测时允许使用差分探头。

④ CS106 项目：仅保留 GJB 152A－1997 中的"串联"注入法，且只对高电位线和相线有要求；采用示波器监测时允许使用差分探头。

⑤ CS109 项目：将 GJB 152A－1997 使用的电压监测法修改为电流探头监测法；连接到注入点的导线应垂直于 EUT 表面至少 50 cm。

⑥ CS114 项目：对注入探头的插入损耗参数提出要求；删除了 GJB 152A－1997 CS114 中有关环路阻抗测试的内容。

⑦ CS116 项目：取消了 GJB 152A－1997 CS116 中 EUT 在断电情况下测试的要求。

⑧ RE102 项目：禁止杆天线地网和接地平板搭接；天线高度以杆天线的几何中心为基准；与匹配网络连接的同轴屏蔽层应以尽可能短的距离接至地面的平板上，并在同轴电缆中心加铁氧体磁环。

⑨ RS103 项目：测试距离由"1 m"改为"1 m 或更远"。

⑩ RS105 项目：对 EUT 受试面所处于垂直平面的场均匀性提出了要求；脉冲输出幅值的调节方式不同；高压探头的位置不同。

(13) 新增了 CS102 和 CS112 两个项目。

(14) 新增了四个附录。附录 A 提供了各测试项目对 EUT 的适用性说明，附录 B 规定了 CE101 和 CE102 两个项目的替代测试方法，附录 C 规定了 RS101 项目的替代法"交流赫姆霍兹线圈法"，附录 D 规定了 RS103 项目的"步进搅拌模式混响室法"。GJB 151B－2013 的附录 A 是资料性附录，附录 B、附录 C 和附录 D 是规范性附录。

9.5.2　军用系统级 EMC 标准更新

我国军用系统级 EMC 标准更新的历次版本包括 GJB 1389－1992《系统电磁兼容性要求》，GJB 1389A－2005。

GJB 1389A－2005 与原标准(GJB 1389－1992)的主要差异如下：

(1) 将原标准的规范格式改成了现在的标准编写格式，去掉了"质量保证的规定"条款。

(2) 删去了工程管理的内容(如编写"系统电磁兼容性大纲"、"系统电磁兼容性控制计划"和"电磁兼容性试验大纲"等)，但明确提出了对每项要求应进行验证。

(3) "安全系数"按 GJB 72A－2002 改称"安全裕度"，并根据 GJB 786－1989 中 4.2.2 的规定，将保证系统安全的电起爆装置的安全裕度由原标准的 20 dB 改为 16.5 dB。

(4) 系统内的电磁兼容性增加了"船壳引起的互调干扰"、"船舰内部电磁环境"和"二次电子倍增"等要求。

(5) 给出了系统的外部电磁环境数据，包括外部射频电磁环境数据、雷电环境数据、静电放电数据和电磁脉冲(EMP)数据等。

(6) 增加了全寿命期电磁环境效应控制、防信息泄漏、频谱兼容性管理、核电磁脉冲防护和发射控制等要求。

(7) 取消了原标准中与 GJB 1389A－2005 不适应的条款，如“分系统或设备的关键类别”、“性能降级准则”、“电线电缆布线”、“电源”、“抑制元件”、“分系统设备安装”和“系统的再设计”等。

系统级电磁环境效应对于以电磁博弈为使命任务的装备效能发挥和体系运用至关重要。电磁环境效应指产品因受到电磁环境作用而呈现的响应。系统级电磁环境效应指装备层面的电磁环境效应。装备往往由若干设备以复杂的连接方式集成于一体，因此装备电磁环境效应与设备电磁环境效应相比更为复杂。对于集侦察、探测、通信、导航、干扰、打击于一体的信息化装备，应从以下方面考虑其设计要求：

(1) 由于高灵敏度接收设备、大功率发射设备共处同一平台，其自身的电磁干扰特性和电磁兼容性要求是首要面临的问题，分别对应 GJB 1389A－2005 中设备分系统级 EMI 和系统内 EMC 两项要求。

(2) 由于侦察、探测、通信、导航设备均要求在预期电磁环境下具备相应战术技术指标要求，因此其抗预期电磁环境干扰的能力是第二个需要考虑的问题，分别对应 GJB 1389A－2005 中安全裕度、外部射频电磁环境、电磁辐射危害三项要求。

(3) 作为直接暴露在实际环境中的装备，如何应对雷电、静电等自然环境的影响是不可忽视的问题，分别对应 GJB 1389A－2005 中雷电、电搭接、外部接地、静电电荷控制四项要求。

(4) 作为以军事应用为主要用途的装备，确保其在对抗环境下的生存力是增强装备实战能力的关键，分别对应 GJB 1389A－2005 中电磁脉冲、防信息泄漏、发射控制、高功率微波四项要求。

(5) 对于具备实战能力和持续实战能力的装备，GJB 1389A－2005 进一步提出了电磁频谱支持和全寿命期电磁环境效应的控制要求，其目的是控制使用区域中电子设备的电磁发射即对电磁频谱的非正常占用，确保更多的电磁频谱资源可以被主动调控。

综上所述，装备级电磁环境效应的影响不可忽视。必须注意高功率微波在 GJB 1389A－2005 中尚未出现，但已在 MIL－STD－464C－2010 中提出；GJB 1389A 中规定为频谱兼容要求，但在 MIL－STD－464C－2010 中已调整为电磁频谱支持。

9.5.3　系统电磁环境效应试验方法

GJB 8848－2016《系统电磁环境效应试验方法》规定了系统电磁环境效应的试验方法，包括安全裕度试验与评估方法、系统内电磁兼容性试验方法、外部射频电磁环境敏感性试验方法、雷电试验方法、电磁脉冲试验方法、分系统和设备电磁干扰试验方法、静电试验方法、电磁辐射危害试验方法、电搭接和外部接地试验方法、防信息泄漏试验方法、发射控制试验方法、频谱兼容性试验方法和高功率微波试验方法。

GJB 8848－2016 适用于各种武器系统，包括飞机、舰船、空间和地面系统及其相关军械等。

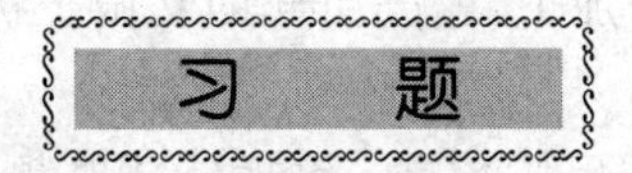

1. 简述标准的含义，我国制定标准的原则和方法。

2. 简述 IEC 电磁兼容性标准体系的构成。

3. 简述国家 EMC 标准编号的形式，并举例说明。

4. 我国三军通用的军用 EMC 标准、美国最新军用 EMC 标准是什么？

5. 阐述 GJB151A—97 及 GJB152A—97 的频率范围要求以及标准适应性的具体要求。

6. 适用于我国各种军用电子、电气和机电设备及分系统的 EMC 标准及其主题内容是什么？试列出主要的国际 EMC 标准化组织。

7. 试用图示方法说明 IEC 标准体系。表述基础标准、通用标准和产品(类)标准的相互关系。

8. 简述 GJB 151B—2013《军用设备和分系统 电磁发射和敏感度要求与测量》与前一版本有何异同。

参考文献

[1] 全国无线电干扰标准化技术委员会 E 分会，中国标准出版社. 电磁兼容国家标准汇编. 北京：中国标准出版社，1998.

[2] 蔡仁钢. 电磁兼容原理、设计和预测技术. 北京：北京航空航天大学出版社，1997.

[3] 国家标准 GB/T 4365—1995《电磁兼容术语》.

[4] 国家标准 GB/T 17624.1—1998《电磁兼容 综述 电磁兼容基本术语和定义的应用与解释》.

[5] GJB 151A—97《军用设备和分系统电磁发射和敏感度要求》.

[6] GJB 152A—97《军用设备和分系统电磁发射和敏感度测量》.

[7] OTT H W. Noise Reduction Techniques in Electronic Systems. 2nd ed. John Wiley and Sons，1988.

[8] PISCATAWAY N J. EMC/EMI principles，measurements and technologies. Institute of Electrical and Electronics Engineers，Inc.，1997.

[9] KEUSER B. Principles of Electromagnetic Compatibility. 3rd ed. MA：Artech House，Inc.，1987.

[10] WESTON D A. Electromagnetic Compatibility：Principles and Applications. New York：Marcel Dekker，Inc.，1991.

[11] MONTROSE M I. Printed circuit board design techniques for EMC compliance：a handbook for designers. 2nd ed. New York：IEEE Press，2000.

[12] TESCHE F M，IANOZ MICHEL V. EMC analysis methods and computational models. New York：John Wiley & Sons，Inc.，1997.

[13] CARR J J. The technician's EMI handbook：clues and solutions. Boston：Newnes，2000.

[14] PRASAD K V. Engineering Electromagnetic Compatibility：Principles，measurements，and Technology. New York：IEEE Press，1996.

[15] WILLIAMS T，ARMSTRONG K. EMC for systems and installations. Oxford：Newnes，2000.

第10章　EMC测量

EMC测量是产品获得EMC认证的唯一途径，也是产品EMC整改和加固的重要步骤，贯穿于电子、电气产品研制的整个过程。基于初步了解EMC测量的目的，本章介绍了EMC测量概述、EMC测量设施、EMC测量仪器，并提供了EMC测量实例。

衡量电子、电气产品的好坏，首先需要考虑其功能性指标，也称为电性能指标，如滤波器的插入损耗。随着科学技术的发展，电子、电气产品的工作环境发生了变化，其非功能性指标(电磁兼容性、可靠性)显得越来越重要。特别是在复杂电磁环境下，电子、电气产品的电磁兼容性已成为保障其功能性指标正常和生存能力的重要非功能性指标。

判断电子、电气产品的电磁兼容性，需要依据EUT的EMC测量结果是否通过指定EMC标准来确定。EUT的EMC测量结果能够给出产品是否通过了指定EMC标准及其安全裕量；或者给出没有达标产品的具体超标频点及其超标量值。因此，EMC测量是产品获得EMC认证的唯一途径，也是产品EMC整改和加固的重要步骤，贯穿于电子、电气产品研制的整个过程。

10.1　概　　述

电磁兼容性测量依据不同的标准，有许多测量方法。一般地，EMC测量可以分为四类：传导发射测量(Conducted Emission，CE)、辐射发射测量(Radiated Emission，RE)、传导敏感度(抗扰度)(Conducted Susceptibility，CS)和辐射敏感度(抗扰度)(Radiated Susceptibility，RS)。下面以国家军用EMC标准测量要求(GJB 151A－97)和测量方法(GJB 152A－97)为例，简要介绍EMI和EMS测量项目及方法。

10.1.1　EMC测量分类

依据测量项目要求，EMC测量可以分为四类：传导发射测量、辐射发射测量、传导敏感度(抗扰度)测量和辐射敏感度(抗扰度)测量，或者分为两类：EMI测量(包括传导发射测量和辐射发射测量)和EMS测量(包括传导敏感度测量和辐射敏感度测量)，如图10-1所示。

传导发射测量考察交、直流电源线上存在的EUT产生的传导干扰，这类测量的频率范围通常为25 Hz～30 MHz。

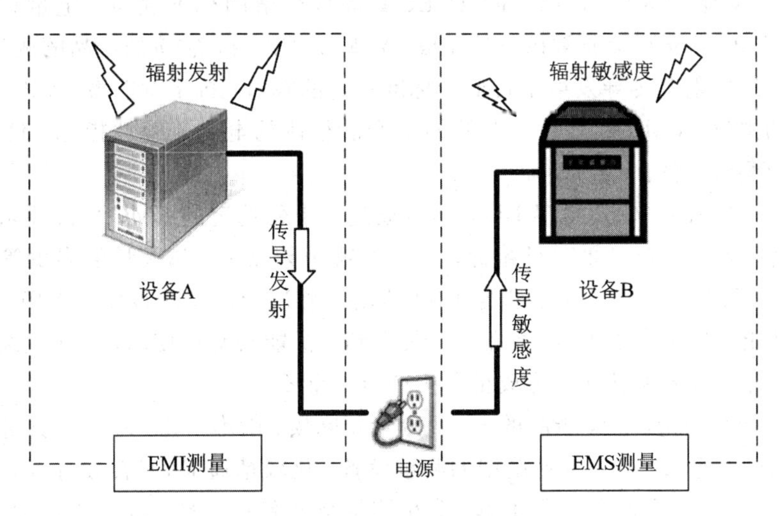

图 10-1　EMC 测量类型示意图

辐射发射测量考察 EUT 经其周围空间辐射的干扰，这类测量的频率范围通常为 10 kHz～1 GHz，但对于磁场测量要求频率低至 25 Hz，对于工作于微波频段的设备要求测量的频率高至 40 GHz。

传导敏感度测量是测量一个电气、电子产品抵御来自电源线、数据线和控制线上的传导电磁干扰的能力。辐射敏感度测量则是测量一个电气、电子产品抵御来自其周围空间的电磁场的能力。

10.1.2　EMC 预测量与 EMC 标准测量

依据 EMC 测量目的的不同，EMC 测量也可分为 EMC 预测量与 EMC 标准测量(EMC 认证测量)。

满足 EMC 标准要求的实验室，其工程建设费用昂贵，测量系统费用更高。满足相关 EMC 标准要求、具有认可资质的 EMC 实验室，其 EMC 测量结果具有法律效力，所进行的 EMC 测量是 EMC 标准测量。图 10-2 为某 EMC 实验室测量资质认证证书示例。

图 10-2　实验室测量资质认证证书

EMC标准测量(EMC认证测量)对EUT进行严格的标准测量，定量评价EUT的EMC指标。EMC标准测量通常在产品完成、定型阶段进行，它按照产品的测量标准要求，测量产品的辐射发射和传导发射是否低于标准规定的限值，抗干扰能力(抗扰度)是否达到了标准规定的限值。EMC标准测量考核的是产品整体的电磁兼容性指标，使用标准规定的测量仪器及测量方法。

EMC标准测量的目的是考察EUT是否通过了事先选定的EMC标准要求。如果没有完全通过，则应确定哪个测量项目超标，出现在哪个频点上，超标量值多少等。这种测量具有法律效力。民用产品能否通过指定EMC标准，将决定产品能否投放市场，企业能否生存。军用产品能否通过指定EMC标准，将关系到产品能否交付使用，能否列装。这种类似产品鉴定的测量对于产品定型、形成批量生产至关重要。

与产品功能性测量比较，产品的EMC测量要麻烦、困难一些，一般以测量技术人员为主角。测量人员熟悉EMC实验室使用的测量设备，比较精通EMC测量标准，但是测量人员一般缺乏对EUT各种功能性的了解，分析测量结果有一定的困难。相反，产品功能性研发人员一般依据产品EMC测量曲线分析问题，不可能到标准实验室去解决EMC问题。此外，现实条件限制复杂电气、电子系统移到标准EMC实验室进行测量，但在其联机过程中又需要进行EMC诊断，此时EMC预测量能够满足上述需求。

EMC预测量是在产品研制过程中进行的一种EMC测量，一般情况下只能做定性测量。工程实践中，EMC预测量所使用的测量仪器相对比较简单，可以利用通用仪器(如EMI接收机、频谱分析仪)和一些必要的附件(如近场探头、测量天线)组成预测量系统，目的是确定电路板、机箱、连接器、线缆等是否有电磁干扰产生或电磁泄漏，部件组装之后其周围是否有较大的辐射电磁场存在。EMC预测量也可确定干扰源的位置、频谱，了解敏感部件周围的电磁环境，以便有针对性地采取EMC整改措施。它是产品EMI诊断、EMC加固、从样品研发成产品的必要步骤。

10.2 EMC测量设施

电气、电子产品电磁兼容性的各个测量项目，都要求有特定的测量场地，其中以辐射发射和辐射抗扰度测量对试验场地的要求最为严格。本节简述重要的电磁兼容性试验场地的构造特征和工作原理。

10.2.1 开阔试验场

众所周知，开阔试验场是重要的电磁兼容测量场地。由于30 MHz以上高频电磁场的发射与接收完全是以空间直射波与地面反射波在接收点相互叠加的理论为基础的，场地不理想，必然带来较大的测量误差，因此，国内外纷纷建造开阔试验场。

开阔试验场测量不会存在反射和散射信号，是一种最直接的和被广泛认可的标准测量方法，它能够用来测量产品的辐射发射和辐射敏感度。

ANSI C 63.7－1988、CISPR16－1993和GB/T 6113.1－1995规定了开阔试验场的构造特征。它是一个平坦的、空旷的、电导率均匀良好的、无任何反射物的椭圆形试验场地，其长轴是两焦点距离的 2 倍；短轴是焦距的$\sqrt{3}$倍。发射天线(或受试设备)与接收天线分别置于椭圆的两焦点上，如图 10－3 所示。

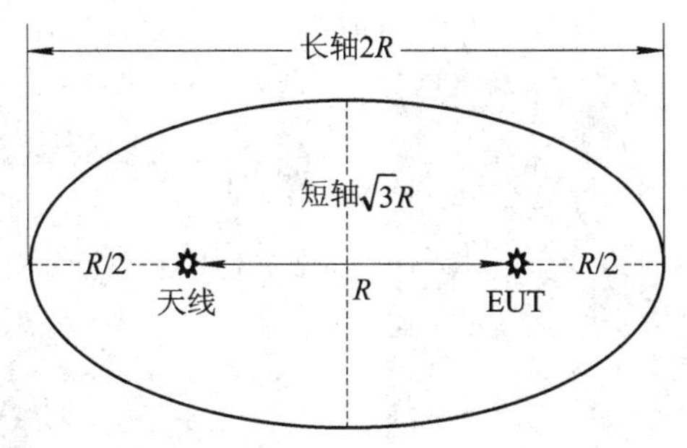

图 10－3　椭圆形开阔试验场地与天线布置

目前，在众多电磁兼容性标准中，对产品辐射发射的测量及对开阔试验场的效验，均在 3 m 法、10 m 法和 30 m 法情况下进行。因此，椭圆形开阔试验场尺寸的大小与所要满足的试验有关。如需满足 30 m 法试验，则场地应为 60 m×52 m；如只要满足 10 m 法试验，则场地只需 20 m×18 m 就可以了。

用于场强测量的试验场，CISPR 标准推荐用金属材料建造。鉴于钢板较铝板、铜板耐腐蚀、价格低，通常都采用花纹钢板建造。开阔试验场宜选址电磁环境干净、背景电平低的地方建造，以免周围环境中的电磁干扰给 EMC 试验带来影响和危害。由于城市中能辐射电磁波的各种电子设备密集，国外的开阔试验场通常选址远离城市的地方建造。国内已建开阔试验场的单位不少。考虑到选址远郊建开阔试验场，需花费昂贵的购地费，并且给建造、试验和生活管理等带来诸多不便，因此，几乎都是在楼顶平台上，因地制宜地建造。其中具有代表性者，如某单位的开阔试验场，就建在实验楼顶。为便于维修、走线及转台安装，试验场采用架空式结构。试验场应设有转台及天线升降杆，便于全方位的辐射发射及天线升降测量。此外，还应有单独的接地系统和避雷系统。通常采用单点接地。避雷系统与地线系统应是隔开的。图 10－4 显示了一种典型的开阔试验场。

图 10－4　一种典型的开阔试验场

10.2.2　屏蔽室

为了使工作间内的电磁场不泄露到外部或外部电磁场不透入到工作间内，就得把整个工作间屏蔽起来。此种专门设计的能对射频电磁能量起衰减作用的封闭室称为屏蔽室。按照 GB 4343—1995 和其他电磁兼容标准的规定，许多试验项目必须在具有一定屏蔽效能和尺寸大小的电磁屏蔽室内进行，由它提供符合要求的实验环境。因此，屏蔽室是电磁兼容性试验中的一个重要设施。

屏蔽室除广泛用于电磁兼容性试验外，还大量地用于电子仪器、接收机等小信号灵敏电路的调测及计算机房等。图 10-5 为典型焊接式和拼装式屏蔽室。

图 10-5 典型焊接式和拼装式屏蔽室

1. 屏蔽室的种类

屏蔽室是一个用金属材料制成的大型六面体房间。其四壁和天花板、地板均采用金属材料(如铜板、钢板或铜箔等)制造。由于金属板(网)对入射电磁波具有吸收损耗、界面反射损耗和板中内部反射损耗，因而使屏蔽室产生屏蔽作用。

屏蔽室有多种分类方法，通常使用的有如下几种。

按功能分类：可以分为两大类。一类是用来防止电磁波泄露出去的屏蔽室，如防止大功率高频和微波设备的电磁泄漏，以免影响作业人员身体健康；或防止电子产品信号泄露，避免信息被“窃收”等。另一类是用来防止外部电磁干扰进入室内，使室内电子设备工作不受外界电磁场影响；或防止空间高电平电磁场透入室内，使室内作业人员免受有害剂量的电波照射等。后者的场源或泄漏源在屏蔽室外，故称为无源屏蔽或被动屏蔽。

按屏蔽材料分类：有钢板或镀锌钢板式、铜网式、铜箔式。

按结构形式分类：有单层铜网式、双层铜网式、单层钢板式、双层钢板式以及多层复合式等。

按安装形式分类：有可拆装式和固定式两种。前者是在生产厂用镀锌钢板或铜网制成一定尺寸的模块，到用户现场进行总装和测量。其优点是便于拆装，但拼装时需在接缝处使用导电衬垫，以尽可能保证各模块的连接无缝隙。后者是在金属板间连接时采用熔焊或翻边咬合(厚度在 1 mm 以内的镀锌钢板)。只要拼装的焊缝是连续而无空隙的，或翻边咬合是紧密无缝的，则此种屏蔽室的泄露途径主要是在通风窗、门及电源线引入处。

2. 屏蔽室的屏蔽效能

屏蔽是利用屏蔽体阻止或减少电磁能量传输的一种措施。屏蔽体则是为阻止或减小电磁能量传输而对装置进行封闭或遮蔽的一种阻挡层。通常屏蔽体的屏蔽性能以屏蔽效能来进行度量。

屏蔽壁材料、拼板接缝、通风窗以及室内供电用的电源滤波器等都会影响屏蔽室的屏蔽效能。屏蔽壁材料的选择与频率使用范围和对屏蔽效能的要求有关。电磁兼容性试验用屏蔽室，通常要求工作频率范围宽，屏蔽效能好，因此多选用薄金属板(例如薄钢板)作为屏蔽壁材料。

采用薄钢板做屏蔽壁时，最好采用熔焊工艺对接缝进行连续焊接。此种焊接可使焊缝处的屏蔽效能与钢板相同。大型固定式屏蔽室应采用这种焊缝结构。厚度在 0.75 mm 以下的薄钢板，最好采用咬接焊；对于较厚的钢板，可以采用搭接焊或对接焊。

为保证可拆卸式屏蔽室接缝处的屏蔽性能良好，应在接缝处放入导电衬垫，并通过螺栓夹紧。此外，还应注意防止结合处的电化学腐蚀。导电衬垫应有良好的导电性和足够的弹性和厚度，既补偿由于缝隙在螺栓压紧时所呈现的不均匀性，又保证衬垫和屏蔽壁之间的良好电气接触。

网状屏蔽室通风良好，全封闭式钢板屏蔽室则需有通风窗。通常采用蜂窝式截止波导通风窗。它是利用波导具有类似高通滤波器特性的原理制成的。其优点是工作频率范围很宽，可达微波段，屏蔽效能高，风阻小，风压损失小，稳定性可靠。

屏蔽室的主要进出口是门，且要经常开闭。因此，门缝是影响屏蔽室屏蔽效能的重要部位。通常采用单刀双簧或双刀三簧的梳型簧片来改善门与门框间的电气接触。近年来气密门也较流行，亦可使门缝处的泄漏减到最低程度。

屏蔽室的供电线路必须通过电源滤波器才能进入室内。一个屏蔽室即使在材料选择、拼板接缝、通风窗、门缝处理等项都处理得很好，若电源滤波不佳，亦将影响整个屏蔽室的屏蔽效能。电源滤波性能的好坏，除与滤波器本身性能有关外，电源滤波器的安装方法和安装质量对滤波性能影响亦很大。屏蔽室电源滤波器的安装必须遵循下列原则：进入屏蔽室的每根电源线均应装设电源滤波器；滤波器应安装在电源线穿越屏蔽壁的入口处。对于有源屏蔽室，电源滤波器应安装在屏蔽壁的内侧；对于无源屏蔽室，则应安装在屏蔽壁外侧。且所有的电源滤波器最好都集中在一起，并靠近屏蔽室的接地点处安装。这样既使滤波器的屏蔽外壳接地方便、简单，又缩短了接地线。

3. 屏蔽室的接地

接地对屏蔽室的屏蔽效能是否有影响呢？就电磁屏蔽机理而言，屏蔽室对接地是没有要求的。但屏蔽室是一个轮廓尺寸很大的导体，若屏蔽室浮地，周围环境中的各种辐射干扰会在屏蔽壳体上产生感应电压。由于屏蔽壳体不是一个完整的封闭体，周围环境中的各种辐射干扰会感应耦合到室内，亦可能把室内的强电磁场感应耦合到室外，从而降低屏蔽室的屏蔽效能。这种现象在较低频率(如中波、短波)较为严重。屏蔽室接地能消除在屏蔽壁上的感应电压，明显提高低频段的屏蔽效能。对高频段而言，由于屏蔽室与大地间的分布电容几乎把屏蔽室与大地短路，安装在地面上的屏蔽室接地与否对屏蔽效能影响不大。甚至当接地线长度为 1/4 工作波长的奇数倍时，接地线呈现的阻抗很高，可能反而使屏蔽效能大为降低。

通常对屏蔽室接地有如下要求：

(1) 屏蔽室宜单点接地，以避免接地点电位不同造成屏蔽壁上的电流流动。此种电流流动，将会在屏蔽室内引起干扰。

(2) 为了减少接地线阻抗，接地线应采用高导电率的扁状导体，如截面为 100 mm×1.5 mm 的铜带。

(3) 接地电阻应尽可能地小，一般应小于 1 Ω。

(4) 接地线应尽可能短，最好小于 $\lambda/20$。对于设置在高层建筑上的微波屏蔽室，可采用浮地方案。

(5) 必要时对接地线采取屏蔽措施。

(6) 严禁接地线和输电线平行敷设。

为了获得低的接地电阻，先前是对导电率低的土壤，采用在接地极周围加入木炭和食盐的办法。由于雨水和地下水的冲刷，这种方法的“降阻”效果不能持久。近年来，国外采用化学降阻剂。它是在电介质水溶液中加入滞留剂，从而在接地极周围形成凝胶状或固体状物质，使电介质的水溶液不易流失，收到长期的效果。

4. 屏蔽室的谐振

任何封闭式金属空腔都可能产生谐振现象。屏蔽室可视为一个大型的矩形波导谐振腔，根据波导谐振腔理论，其固有谐振频率按下式计算：

$$f_0 = 150\sqrt{\left(\frac{m}{l}\right)^2 + \left(\frac{n}{w}\right)^2 + \left(\frac{k}{h}\right)^2} \tag{10-1}$$

式中，f_0 为屏蔽室的固有谐振频率，单位为 MHz；l、w、h 分别为屏蔽室的长、宽、高，单位为 m；m、n、k 分别为 0，1，2，…等正整数，但不能同时取三个或两个为 0。对于 TE 型波，m 不能为 0。

由此可见：m、n、k 取值不同，谐振频率也不同，亦即同一屏蔽室有很多个谐振频率，分别对应不同的激励模式(谐振波形)。对一定的激励模式，其谐振频率为定值。TE 型波的最低谐振频率对应 TE_{110}(即 $m=1$，$n=1$，$k=0$)，其谐振频率为

$$f_{TE_{110}} = 150\sqrt{\left(\frac{1}{l}\right)^2 + \left(\frac{1}{w}\right)^2} \tag{10-2}$$

由于屏蔽室中场激励方向的任意性，若要 $f_{TE_{110}}$ 是屏蔽室的最低谐振频率，必须使 l 和 w 是屏蔽室三个尺寸中较大的两个。

屏蔽室谐振是一个有害的现象。当激励源使屏蔽室产生谐振时，会使屏蔽室的屏蔽效能大大下降，导致信息的泄露或造成很大的测量误差。为避免屏蔽室谐振引起的测量误差，应通过理论计算和实际测量来获得屏蔽室的主要谐振频率点，把它们记录在案，以便在以后的电磁兼容试验中避开这些谐振频率。

GB/T 12190－1990《高性能屏蔽室屏蔽效能的测量方法》规定了高性能屏蔽室屏蔽效能的测量和计算方法。

10.2.3 电波暗室

电波暗室(Anechoic Chamber)又称电波消声室或电波无反射室。它有两种结构形式：电磁屏蔽半电波暗室(Electromagnetic Shielded Semi-Anechoic Chamber)和微波电波暗室(Microwave Anechoic Chamber)(又称全电波暗室)。

由于开阔试验场造价较高并远离市区，使用不便，或者建在市区，背景噪声电平大而影响 EMC 测量，于是模拟开阔试验场的电磁屏蔽半波暗室成了应用较普遍的 EMC 测量场地。美国 FCC、ANCI C63.6－1992、日本 VCCI 以及 IEC、CISPR 等标准容许用电磁屏蔽半电波暗室替代开阔试验场进行 EMC 测量。近年来，国内很多单位建成电磁屏蔽半电波暗室，通常简称 EMC 暗室或半电波暗室，如图 10－6(a)所示。

半电波暗室和微波电波暗室不同。半电波暗室五面贴吸波材料，主要模拟开阔试验场地，即电波传播时只有直射波和地面反射波。微波电波暗室六面贴吸波材料，模拟自由空

间传播环境，而且可以不带屏蔽，把吸波材料粘贴于木质墙壁，甚至建筑物的普通墙壁和天花板上，如图 10－6(b)所示。从使用目的看，半电波暗室用于电磁兼容测量，包括电磁辐射发射测量和电磁辐射敏感度测量，主要性能指标用归一化场地衰减 NSA 和测量面场均匀性来衡量。微波电波暗室主要用于微波天线系统的指标测量，暗室性能用静区尺寸大小、反射电平(静度)、固有雷达截面、交叉极化度等参数表示。从使用频率范围看，微波电波暗室用于微波段，而半电波暗室频率下限扩展到几十兆赫兹。虽然 30 MHz 以下吸波材料的吸波性能下降，但仍可用于屏蔽室。由此可见，虽然半电波暗室和微波电波暗室看上去很相似，两者都贴有大量的吸波材料，但两者的用途、性能指标大不相同，所以设计上也有各自不同的标准。

(a) EMC暗室

(b) 微波电波暗室

图 10－6　典型 EMC 暗室和微波电波暗室

10.2.4　横电磁波小室

横电磁波室(TEM transmission Cell，TEM Cell)是 20 世纪 70 年代中期问世，而后不断发展起来的一种 EMI/EMC 测量设施，如图 10－7 所示。

图 10－7　典型横电磁波室

TEM 小室就是一个外导体闭合并连接到一起的矩形同轴传输线，有点像带状线，其矩形部分的两端逐渐过渡并与 50 Ω 的同轴传输线相匹配。中心导体和外部导体(由连接到一起的顶板、底板和两侧板构成)促使电磁能量以 TEM 模从小室的一端传播到另一端。中心导体靠一些绝缘支架牢固地固定在小室内部，受试设备放置在底板和中心导体或中心导体和顶板之间的传输线矩形空间内，绝缘材料可以让受试设备和传输线的内、外导体电隔离。闭合的传输线外导体具有有效隔离 TEM 小室内外电磁环境的功能，这样可以确保小室的外部电磁环境不会影响小室内部的测量。类似地，测量中产生的任何高强度场也会被限制在小室内部。

TEM 小室具有一系列优点：结构封闭，不向外辐射电磁能量，因而不影响健康，不干扰别的仪器工作；当室内进行场强仪校准、通信机测量及 EMC 试验时，亦不受外界环境电平及干扰的影响；工作频带较宽，可从 DC～1000 MHz，甚至更高；场强范围大，强场(300 V/m)、弱场(1.0 μV/m)均可测量，且场值便于控制；多用途，不仅可用来建立高频标准电磁场，校准高频近区场强仪和天线，测量电子设备的辐射敏感度，还可以进行电磁波的生物效应试验和电磁辐射发射试验等。因此，几十年来，其理论、技术发展很快，被作为一种重要的电磁发射和敏感度测量设备，正式载入国际无线电干扰特别委员会(CISPR)的 No. 16、No. 20 出版物以及国际电工委员会(IEC)的 IEC 610000-4-3 等国际标准中。

TEM 小室按其横截面形状可分为正方形及长方形两种。正方形 TEM 小室的优点是在相同可用空间条件下使用频率较宽，或在相同的使用条件下可用空间较大。长方形 TEM 小室的优点是场的均匀性较好。

根据芯板(内导体)在 TEM 小室的位置的不同，TEM 小室可分为对称 TEM 小室和非对称 TEM 小室两类。前者由芯板分隔的上、下两个半空间是对称的，设计方便，建造容易，特性阻抗的理论计算也比较成熟。但是，对称式 TEM 小室存在固有缺陷：因其中段为一边界正规的矩形腔，所以到高频时会形成很强的高次模谐振，且箱体尺寸越大，谐振频率越低。这样使 TEM 小室中可用空间大小与最高试验频率之间存在制约矛盾。当频率高达 1 GHz 时，其可用空间高度不足 15 cm。此外，对称式 TEM 小室的上、下两个半空间大小尺寸及产生场强一样大。由于承重的原因，下半空间用得多，上半空间用得少。

为解决尺寸与最高使用频率间的矛盾，人们从两方面进行研究与改进。一是将芯板向上偏移，构成一个非对称 TEM 小室(Asymmetric TEM Cell，ATEM Cell)。这样可在略提高谐振频率的同时，加大下半空间的有效实验区，亦加大上半空间的场强，大大改善场的均匀性。此外，通常还在 ATEM 小室局部加贴吸波材料，吸收高次模的谐振能量，改善驻波性能，从而大大扩展其最高使用频率，收到相当满意的效果。另一方面，是将非对称 TEM 小室的非对称锥形过渡段向前延伸，中间不要有转折，并在终端用吸波材料吸收其传输的能量，用若干只无感精密电阻串并联构成的阻抗值为 50 Ω 的电阻网络端接，可获得工作频率超千兆赫兹的“吉赫 TEM 小室(Gigahertz TEM Cell，GTEM Cell)”。

TEM 小室的尺寸由其所能够测量的最高频率限制，如果超出这个限制，TEM 小室中就会出现高次模。因此，频率越高，可允许的小室尺寸越小。另外，TEM 小室中受试设备的尺寸是受限制的，它必须使由于 ETU 的存在而引起的 TEM 小室特性阻抗的改变量最小。

10.2.5 混响室

早在 1968 年，Dr. H. A. Mendes 就提出将空腔谐振用于电磁辐射测量。至 20 世纪 80 年代，军用产品、汽车、航空工业产品的辐射抗扰度要求越来越高，希望对大体积的受试设备(EUT)获得高频高场强。这对于开阔场或半电波暗室中的测量环境，就要求十分高的功率放大器。此外，在电缆、电缆连接器或屏蔽材料的屏蔽效能测量方面，也需要开发新方法。这些需求为 20 世纪 60 年代提出的新思想开拓了工程上实现的契机。1986 年，美国国家标准局(National Bureau of Standards，NBS)的 Dr. Mike. L. Grawford 及其小组为混响室奠定了基础。1999 年 9 月发布的美国军用标准 MIL-STD-461E《电磁干扰发射和敏感度控制要求》也接受了混响室这一测量场地。

一般来说，混响室是指在高品质因素(Q)的屏蔽壳体内配备机械的搅拌器(Mode Stirrer)，用以连续地改变内部的电磁场结构。混响室内任意位置的能量密度的相位、幅度、极化均按某一固定的统计分布规律随机变化。在混响室内的测量可以视为一个受试设备对场的平均响应，是在搅拌器至少旋转一周的时间内响应的积分。混响室的工作原理基于多模式谐振混合，典型混响室如图 10-8 所示。混响室提供的电磁环境是：① 空间均匀，即室内能量密度各处一致；② 各向同性，即在所有方向的能量流是相同的；③ 随机极化，即所有的波之间的相角以及它们的极化是随机的。

由于混响室能够对外部电磁环境进行良好的隔离，所以用它进行 RS 或 RE 测量。混响室的造价相对较低，并且能够产生有效的场变换，使得在高场强下进行 RS 测量成为可能。另一方面，要将混响室中的测量与真实的工作条件联系起来是有难度的，并且极化特性也无法保持。通过在封闭空间(屏蔽室内)中使用模式搅拌器，混响室能够真实地模拟自由空间条件。在混响室内进行抗扰度测量的照片如图 10-9 所示。

图 10-8　典型混响室

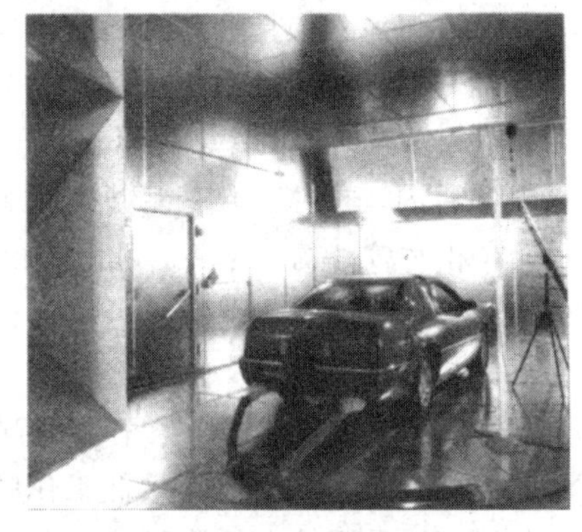

图 10-9　混响室内的抗扰度测量

图 10-10 为一个使用混响室进行辐射发射测量的简单框图，这里所描述的为一种替代方法。经过校准的信号源和衰减器连接起来为已知增益特性的天线馈电，天线和经过供电连接的受试设备都置于混响室内。要进行两次测量：首先，混响室外部的信号源关机，保持 EUT 处于开机状态，使用接收天线和 EMI 接收机来测量混响室内部的场强；其次，将 EUT 断电，但断电动作必须小心，以保证其在混响室内的位置不会发生改变，然后将经过校准的信号源开机，并借助于经过精确校准的衰减器来调整其功率电平，以使混响室内的场强与之前所测得的相同。进行两次测量时，模式搅拌器都必须是连续转动的，其转动速度要足够慢，以使受试设备有足够的时间来响应测量场方向图的变化。经过两次测量，就可以计算出受试设备的辐射发射电平。

图 10-10 所示的试验框图也可以用来进行辐射敏感度测量，此时，必须对受试设备进行一些附加连接，从而能够对标准中所要求的可反映其由敏感度而引发故障的性能或性能参数进行监测。借助于信号源和衰减器可以在混响室中得到所需的电场强度，搅拌器也要连续转动。在不同的场强下，观察受试设备的性能并记录受试设备发生故障时的场强。当

每次场强发生变化时，一定要确保留有足够的时间以使场强和受试设备的性能能够趋于稳定，这一点是很重要的。对于不同的频率可以进行重复测量。

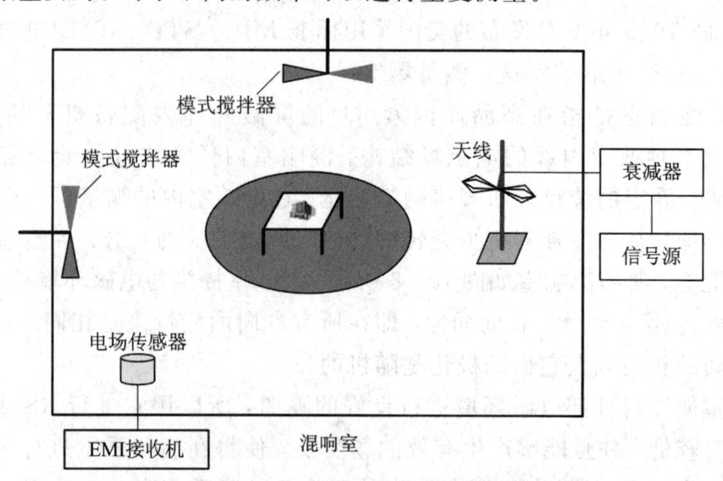

图 10－10　使用混响室进行辐射发射测量的基本框图

混响室可用于多种涉及辐射场的测量，其主要特性及参数为模的数目、模分裂、品质因素、K 系数和插入损耗。它的特点体现在：混响室除了可以像电波暗室或 TEM Cell 那样有效地隔离内外电磁环境以外，与现有通用的测量场地相比，还有如下特点：

(1) 用相对较小的功率，可以在大的测量空间获得高的场强，这是由于利用了高 Q 的空腔谐振的原因。同时混响室能够很好地模拟复合场。

(2) 在相对较小的功率下，可以获得高的动态范围。这对于高屏蔽效能的测量是十分重要的。混响室的动态范围完全可以达到电波暗室的水平，但实际上所需激励功率较小，并且与场的极化无关。

(3) 除低频受限外，工作频率范围宽。因为其中无吸波材料，所以不存在由于材料性能对混响室特性的影响。但其最低工作频率应至少是空腔最低模频率的 3 倍。因而对应较低的工作频率，需要较大的体积。

(4) 用途广泛。在设备、仪表配置变动不大的条件下就可以进行辐射发射、辐射抗扰度、天线效率以及各种屏蔽效能的测量。

(5) 节约测量时间。因不需要天线扫描，不需要 EUT 旋转，不需要改变极化，因而大大节约了测量时间。

(6) 节省经费。由于不需天线扫描，因而降低了屏蔽外壳的高度；无吸波材料，除了节省吸波材料费用外，还减少了整体重量及结构承重。此外，在形成相应场强下，要求的激励功率减少，从而大大节省了功率放大器的投资，尤其是高于吉赫兹的频率。

(7) EUT 失去了其方向特性(实际上其方向性增益呈现为 1)。某些情况下，可能需要了解 EUT 的方向特性(不论是发射还是抗扰度)，但混响室的测量结果不能提供这方面的信息。

(8) 某些电磁波吸收体可能给混响室加载。混响室是在高 Q 下工作的，如在室内存在吸收电磁波的材料(例如木制的支架、桌子或塑料的 EUT 外壳等)，都会使混响室的 Q 值下降，称为加载。这是我们所不希望的。

10.3　EMC测量设备

电磁兼容性测量用设备或者仪器有许多是专用的、为实现某些测量项目而特殊设计的设备。本节介绍一些常用的EMC测量设备或者仪器，针对其用途和特点，使初学者对这类仪器有一个印象。一般地，EMC测量设备分为两类，一类用于EMI测量，另一类用于EMS(或者抗扰度)测量。前者端接适当的传感器或者天线，以测量EMI的频域或者时域参数；后者通过适当的耦合/去耦网络、传感器或者天线，将模拟干扰源施加于EUT，以测量其EMS参数。

10.3.1　测量接收机

测量接收机实际上是一台测量动态范围大、灵敏度高、本身噪声小、前级电路过载能力强，而在整个测量频段内测量精度能够满足要求的专用接收机。CISPR 16和GB/T 6113.1—1995规定了测量接收机的带宽、检波方式、充放电时间常数、脉冲响应等主要指标。

测量接收机与用于一般通信用的接收机有相当大的不同。通信接收机用于再现一个信号，在接收这种信号时，灵敏度和速度起着重要的作用。与此相反，测量接收机用来测量射频功率的幅度和频率，它可能是干扰源，也可能是信号的载波。因此，对这种仪器的测量准确度提出了很高的要求。由于在干扰测量中经常出现具有不同带宽特性的信号，所以对测量接收机的互调特性也有严格的要求。

在民用无线电干扰测量领域，采用加权干扰测量方法(CISPR为准峰值加权)，因为该方法在显示时考虑了收听者和收看者所感觉到的干扰。例如，幅度固定的脉冲型干扰按照脉冲的频率进行显示。降低脉冲的重复频率时，干扰对人的烦扰变得愈来愈小，所显示的值也愈来愈小。而当频率提高时，情况则相反，显示值将增大。

通常也有用频谱分析仪来测量EMI的。由于普通频谱仪没有预选滤波器且灵敏度低，因而测量的数值是不准确的，特别是对脉冲干扰的测量。无预选功能的频谱分析仪对宽带干扰信号的加权校正测量很繁琐，且其输入不能提供测量带宽干扰信号所需的动态范围。为解决此问题，可对频谱分析仪进行改进，使它们满足上述要求。通过增加一些模块，使原来的频谱仪类似一台接收机；再通过按一个键，即可简单地使之变回普通频谱分析仪。这类仪器R&S公司和Agilent公司均有生产，名称为接收机，但实质上是由频谱仪改造而来的。

频谱分析仪改造的接收机与传统的EMI接收机相比，明显具有扫频测量速度快、覆盖同样频段的仪器体积小、价格相对便宜等优点，对所关注的频段扫描测量后，可直接给出频谱分布图形。因而，越来越多的实验室选用频谱分析仪式接收机作为EMI测量用仪器。

1. 测量接收机的组成

测量接收机的电路框图如图10-11所示。

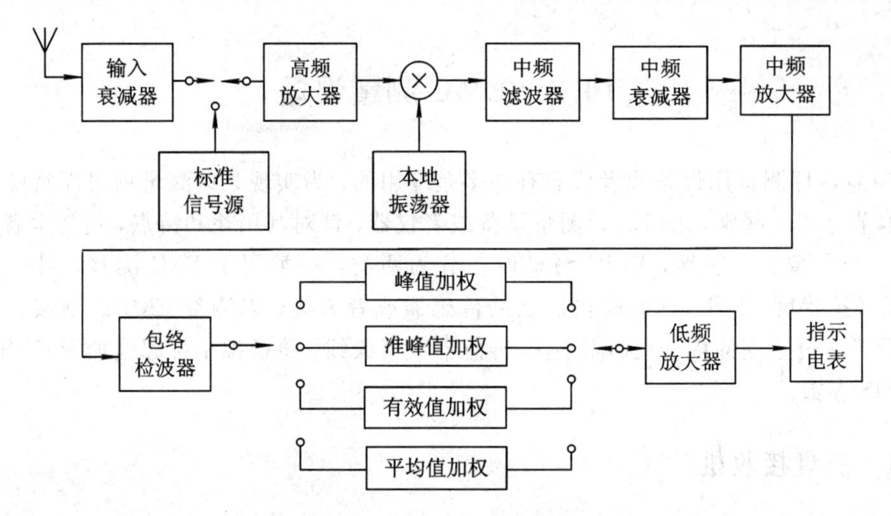

图 10-11 测量接收机的电路框图

其主要部分的功能如下:

(1) 输入衰减器。输入衰减器可将外部进来的过大信号或干扰电平进行衰减，调节衰减量大小，保证输入电平在测量接收机可测范围之内，同时也可避免过电压或过电流造成测量接收机的损坏。

(2) 校准信号源。该校准信号源即测量接收机本身提供的内部校准信号发生器，可随时对接收机的增益进行自校，以保证测量值的准确。普通接收机不具有校准信号源。

(3) 高频放大器。高频放大器利用选频放大原理，仅选择所需的测量信号进入下级电路，而将外来的各种杂散信号(包括镜像频率信号、中频信号、交调谐波信号等)均排除在外。

(4) 混频器。混频器将来自高频放大器的高频信号和来自本地振荡器的信号合成，产生一个差频信号输入到中频放大器，由于差频信号的频率远低于高频信号频率，因此中频放大器的增益得以提高。

(5) 本地振荡器。本地振荡器提供一个频率稳定的高频振荡信号。

(6) 中频放大器。由于中频放大器的调谐电路可提供严格的频带宽度，又能获得较高的增益，因此可保证接收机的总选择性和整机灵敏度。

(7) 包络检波器。测量接收机的检波方式与普通接收机有很大差异。测量接收机除可接收正弦波信号外，更常用于接收脉冲干扰信号，因此测量接收机除具有平均值检波功能外，还增加了峰值检波和准峰值检波功能。

(8) 输出指示。早期的测量接收机采用表头指示电磁干扰电平，并用扬声器播放干扰信号的声响。近几年已广泛采用液晶数字显示代替表头指示，且具备程控接口，使测量数据可存储在计算机中进行处理或打印出来供查阅。

2. 测量接收机的工作原理

接收机测量信号时，先将仪器调谐于某个测量频率 f_i，该频率经高频衰减器和高频放大器后进入混频器，与本地振荡器的频率 f_l 混频，产生很多混频信号。这些混频信号经过中频滤波器后仅得到中频 $f_0=f_l-f_i$。中频信号经中频衰减器、中频放大器后由包络检波器进行包络检波，滤去中频，得到低频信号。对这些信号再进一步进行加权检波，根据需要选择检波器，可得到峰值(Peak)、有效值(Rms)、平均值(Ave)或准峰值(QP)。这些值经低频放大后可推动电表指示或在数码管屏幕上显示出来。

测量接收机测量的是输出到其端口的信号电压，为测场强或干扰电流需借助一个换能器，在其转换系数的帮助下，将测到的端口电压变换成场强(单位为 μV/m 或 dB μV/m)、电流(单位为 A 或 dBμA)或功率(单位为 W 或 dBm)。换能器依测量对象的不同可以是天线、电流探头、功率吸收钳或电源阻抗稳定网络等。

3. 测量接收机使用中应注意的问题

(1) 防止输入端过载。输入到测量接收机端口的电压过大时，轻者引起系统线性的改变，使测量值失真，重者会损坏仪器，烧毁混频器或衰减器。因此测量前需小心判别所测信号的幅度大小，没有把握时，接上外衰减器，以保护接收机的输入端。另外，一般的测量接收机是不能测量直流电压的，使用时一定先确认有无直流电压存在，必要时串接隔直电容器。

(2) 选用合适的检波方式。依据不同的 EMC 测量标准，选择平均值、有效值、准峰值或峰值检波器对信号进行分析。实际干扰信号的基本形式可分为三类：连续波、脉冲波和随机噪声。

连续波干扰如载波、本振、电源谐波等，属于窄带干扰，在无调制的情况下，用峰值、有效值和平均值检波器均可检测出来，且测量的幅度相同。

对于脉冲干扰信号，峰值检波可以很好地反映脉冲的最大值，但反映不出脉冲重复频率的变化。这时，采用准峰值检波器最为合适，其加权系数随脉冲信号重复频率的变化而改变。重复频率低的脉冲信号引起的干扰小，因而加权系数小；反之，加权系数大，表示脉冲信号的重复频率高。而用平均值、有效值检波器测量脉冲信号，读数也与脉冲的重复频率有关。

随机干扰的来源有热噪声、雷达目标反射以及自然环境噪声等，这里主要分析平稳随机过程干扰信号的测量，通常采用有效值和平均值检波器测量。

利用这些检波器的特性，通过比较信号在不同检波器上的响应，就可以判别所测未知信号的类型，确定干扰信号的性质。如用峰值检波测量某一干扰信号，当换成平均值或有效值检波时幅度不变，则信号是窄带的；若幅度发生变化，则信号可能是宽带信号(即频谱超过接收机分辨带宽的信号，如脉冲信号)。

(3) 测量前的校准。测量接收机或频谱仪都带有校准信号发生器，目的是通过比对的方法确定被测信号强度。测量接收机的校准信号是一种具有特殊形状的窄脉冲，可保证在接收机工作频段内有均匀的频谱密度。测量中每读一个频谱的幅度之前，都必须先校准，否则测量值误差较大。频谱分析仪的校准信号是正弦信号，其频谱通常可见各次谐波，测量前校准一次即可。通常，频谱分析仪启动自动校准时校准的内容比较多，如带宽、参考平面、衰减幅度、频率等，约需 5～10 分钟。有些用做测量接收机的频谱分析仪也配有脉冲校准源。

(4) 关于预选器。无论是高电平的窄带信号还是具有一定频谱强度的宽带信号，都可能导致测量接收机输入端第一混频器过载，产生错误的测量结果。对于脉冲类的宽带信号，在混频器前进行滤波(也称为预选)，可避免发生过载现象。不经预选时，宽带信号的所有频谱分量都同时出现在混频器上，若宽带信号的时域峰值幅度超过混频器的过载电平，便会发生过载情况。

由于进行了跟踪滤波，故输入信号频谱只有一部分进入预选器的通带内，到达混频器的输入端，输入信号的频谱强度不会因滤波而改变。这种靠滤波而不是靠衰减来实现的幅度减小，改变了宽带信号测量的动态范围，同时又能维持接收机测量低电平信号的能力。若窄带信号(如连续波信号)处在预选滤波器的通带内，则预选的过程不会改变测量窄带信号的动态范围。

4. 测量接收机的技术要求

(1) 幅度精度：±2 dB。

(2) 带宽要求：6 dB。

(3) 国标 EMI 测量：见表 10-1。

表 10-1 国标 EMI 测量

频 段	6 dB 带宽
9～150 kHz	200 Hz
150 kHz～30 MHz	9 kHz
30～1000 MHz	120 kHz

(4) 国军标 EMI 测量：见表 10-2。

表 10-2 国军标 EMI 测量

频 段	6 dB 带宽
25 Hz～1 kHz	10 Hz
1～10 kHz	100 Hz
10～250 kHz	1 kHz
250 kHz～30 MHz	10 kHz
30 MHz～1 GHz	100 kHz
>1 GHz	1 MHz

(5) 检波器：峰值、准峰值和平均值检波器。

(6) 输入阻抗：50 Ω。

(7) 灵敏度：−30 dBμV(典型值)。

为满足脉冲测量的需要，接收机还应具有预选器，即输入滤波器，对接收信号频率进行调谐跟踪，以避免前端混频器上的宽带噪声过载。另外接收机还应有足够低的灵敏度，以实现小信号的测量。

5. 测量接收机与场强仪的差异

场强仪主要用于测量广播、电视信号场强或者 ISM 设备的辐射场强，这些信号都为正弦波电磁场；而 EMI 测量接收机主要测量电气、电子产品工作时产生的连续波骚扰、脉冲骚扰以及其他各种来自自然界骚扰源的频谱很宽的电磁骚扰。因而，应对测量接收机与场强仪提出不同的性能要求。二者的主要差异为：带宽不同；检波方式各异；脉冲响应等指标的特殊性。

(1) 带宽。场强仪用于测量正弦波信号，为减低噪声，通常带宽较窄。而测量接收机是处理宽带信号的，对带宽要求视测量频段而定，带宽的宽窄直接影响测量结果。为了保证测量结果的可比性，CISPR 16 和 GB/T 6113.1—1995 规定了测量接收机的带宽。

(2) 检波方式。场强仪的检波器通常采用平均值检波或有效值检波，因为平均值检波能够正确地反映正弦信号的变化。而测量接收机检波必须具有能够对脉冲骚扰作出反应的准峰值检波或峰值检波，平均值检波不能反映脉冲幅度的变化。

（3）脉冲响应特性。场强仪对脉冲响应没有专门要求，而测量接收机对脉冲响应有严格的规定，该特性是电磁骚扰测量成功与否的关键。

10.3.2　电磁干扰测量设备

1. 电流探头

在被测导体不允许断开的情况下，可利用电流探头(钳)进行非对称测量。通常利用被测量导体作为电流钳的初级绕组，环形铁芯与次级绕组置于屏蔽环中。电流探头的灵敏度可用传输阻抗表示，其定义为次级感应电压与初级电流之比。也就是说，电流探头为圆环形卡式结构，能方便地卡住被测导线。其核心部分是一个分成两半的环形高磁导率磁芯，磁芯上绕有N匝导线。当电流探头卡在被测导线上时，被测导线充当一匝的初级线圈，次级线圈则包含在电流探头中。典型电流探头外形如图10-12所示。

电流探头是测量导线上非对称干扰电流的卡式电流传感器，测量时不需与被测的电源导线导电接触，也不用改变电路的结构。它可在不打乱正常工作或正常布置的状态下，对复杂的导线系统、电子线路等的传导干扰进行测量。国军标的低频传导发射或敏感度测量主要用电流探头做换能器，将干扰电流转换成干扰电压后再由测量接收机测量，测量传导干扰时频率最高用到30 MHz。其技术指标如下：

图10-12　电流探头

测量频段：20 Hz～30 MHz

输出阻抗：50 Ω

内环尺寸：32～67 mm

使用电流探头时，需先测出其传输阻抗，然后才能用于传导干扰的测量。当电流探头卡在被测电源线上时，其输出端与测量接收机相连，线上的干扰电流值等于接收机测量的电压除以传输阻抗。

2. 电源阻抗稳定网络

电源阻抗稳定网络也称人工电源网络，它能够在射频范围内，在受试设备端子与参考地之间或者端子之间提供一个稳定的阻抗，同时将来自电源的无用信号与测量电路隔离开来，而仅将受试设备的干扰电压耦合到测量接收机输入端。电源阻抗稳定网络对每根电源线提供三个端口，分别为供电电源输入端、到被测设备的电源输出端和连接测量设备的干扰输出端，其结构示意图如图10-13所示。

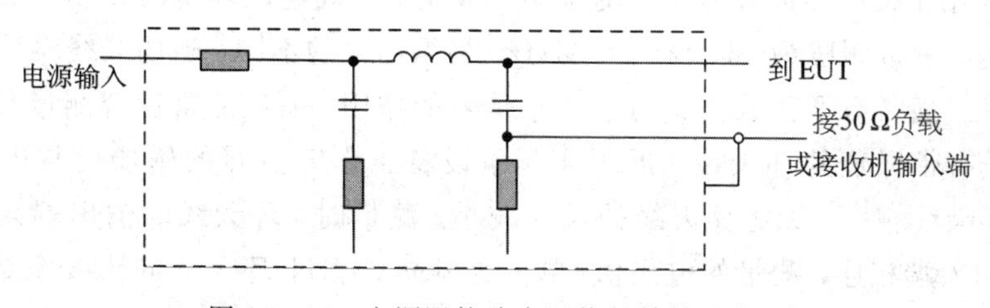

图10-13　电源阻抗稳定网络的结构示意图

电源阻抗稳定网络的阻抗是指干扰信号输出端接 50 Ω 负载阻抗时，在设备端测得的相对于参考地的阻抗的模。当干扰输出端没有与测量接收机相连时，该输出端应接 50 Ω 负载阻抗。图 10－13 为 50 Ω/50 μH 的 V 型电源阻抗稳定网络示意图，它使用的频段是 0.15～30 MHz(民用标准)或 0.01～10 MHz(军用标准)。电源阻抗稳定网络还有其他的类型，如 50 Ω/5 μH 等，适用于不同的标准要求。

除阻抗参数外，电容修正系数也是电源阻抗稳定网络的重要参数。该参数用于将接收机测量的端口电压转换成被测电源线上的干扰电压。

3. 功率吸收钳

功率吸收钳适用于 30～1000 MHz 频段传导发射功率的测量。对于带有电源线或引线的设备，其干扰能力可以用起辐射天线作用的电源线(指机箱外部分)或引线所提供的能量来衡量。当功率吸收钳卡在电源线或引线上时，环绕引线放置的吸收装置能吸收到的最大功率，近似等于电源线或引线所提供的干扰能量。

功率吸收钳由宽带射频电流变换器、宽带射频功率吸收体及受试设备引线的阻抗稳定器和吸收套筒(铁氧体环附件)组成。电流变换器与电流探头的作用相当；功率吸收体用于隔离电源与被测设备之间的功率传递；吸收套筒则用来防止被测设备与接收设备之间发生能量传递。射频电流变换器、射频功率吸收体等做成可分开的两半，并带有锁紧装置，便于被测导线卡在其中，又保证磁环的磁路紧密闭合。测量时，功率吸收钳与辅助吸收钳配合使用。功率吸收钳的组成示意图如图 10－14，实物如图 10－15 所示。

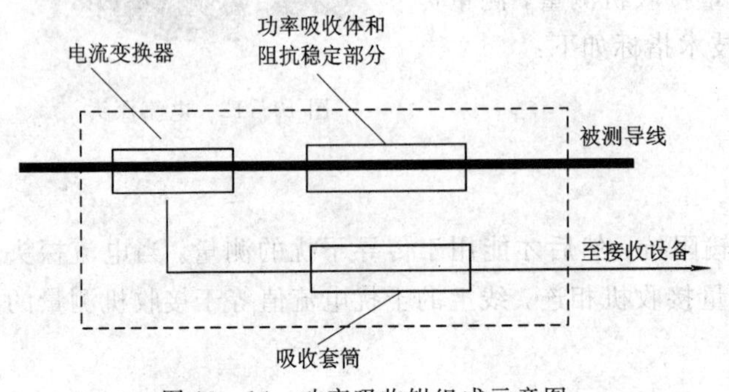

图 10－14　功率吸收钳组成示意图

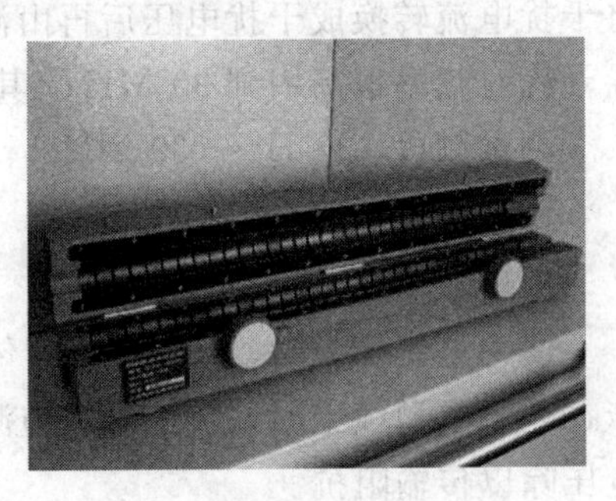

图 10－15　功率吸收钳

4. 测量天线

天线是把高频电磁能量通过各种形状的金属导体向空间辐射出去的装置。同样，天线亦可把空间的电磁能量转化为高频能量收集起来。下面描述 EMC 测量用天线的类型与参数。

1) *磁场天线*

磁场天线用于接收被测设备工作时泄漏的磁场、空间电磁环境的磁场并测量屏蔽室的磁场屏蔽效能，测量频段为 25 Hz～30 MHz。根据用途的不同，磁场天线类型分为有源天线和无源天线。通常有源天线因具有放大小信号的作用，所以非常适合测量空间的弱小磁场，此类天线有带屏蔽的环天线。近距离测量设备工作时泄漏的磁场通常采用无源环天线。与有源环天线相比，无源环天线的尺寸较小。测量时，环天线的输出端与测量接收机或频谱仪的输入端相连，测量的电压值(单位为 dBμV)加上环天线的天线系数，即得所测磁场(单位为 dBpT)。环天线的天线系数是预先校准出来的，通过它才能将测量设备的端口电压转换成所测磁场。下面以常用天线为例，给出两种环天线的技术指标。

图 10-16 有源环天线

有源环天线(如图10-16)的技术指标是：测量频段为10 kHz～30 MHz；阻抗为50 Ω；环直径为45.7 cm；重量为2.59 kg。

无源环天线的技术指标是：测量频段为20 Hz～100 kHz；环直径为13.3 cm；匝数为36；导线规格为7×ϕ0.07 mm；静电屏蔽。

2) 电场天线

电场天线用于接收被测设备工作时泄漏的电场、环境电磁场并测量屏蔽室(体)的电场屏蔽效能，测量频段为10 kHz～40 GHz。电磁兼容测量中通常使用宽带天线，配合测量接收机进行扫频测量。根据用途的不同，电场天线分为有源天线和无源天线两类。有源天线是为测量小信号而设计的，其内部的放大器将接收到的微弱信号放大至接收机可以测量的电平，主要用在低频段，天线的尺寸远小于被测信号的波长，且接收效率很低。下面介绍几种常用的电场天线。

(1) 杆天线。杆天线的杆长1 m，用于测量10 kHz～30 MHz频段的电磁场，形状为垂直的单极子天线。它由对称阵子中间插入地网演变而来，所以测量时一定要按天线的使用要求安装接地网(板)。杆天线分为无源杆天线和有源杆天线(如图10-17)，二者的区别在于测量的灵敏度不同。

图 10-17 有源杆天线

无源杆天线通过调谐回路分频段实现50 Ω输出阻抗，而有源杆天线则通过前置放大器实现耦合和匹配，同时提高了天线的探测灵敏度。

杆天线的技术指标是：频率范围为10 kHz～30 MHz；天线输入端阻抗等效于10 pF容抗；天线有效高度为0.5 m；输出端阻抗为50 Ω；主要参数为天线系数(AF)。

对于无源杆天线，10 kHz～30 MHz需分多个频段分别调谐，测量场强一般为1 V/m以上；而有源杆天线因配有前置放大器，灵敏度大大提高，可达10 μV/m，但测量的场强上限最大为1 V/m左右，否则会出现过载现象。有源杆天线还具有宽频段的特点，无需转换波段，其前置放大器增益在整个测量频段内基本保持不变，在手动测量中可免去查天线系数的麻烦。

进行电磁场辐射发射测量时，所测场强可通过下式计算：

$$E = U + \mathrm{AF} \tag{10-1}$$

式中：E为场强，单位为dBμV/m；U为接收机测量电压，单位为dBμV；AF为杆天线的天线系数，单位为dB/m。对于无源杆天线，其天线系数与有效高度相对应，为6 dB。有源杆天线的天线系数则需通过校准得到，其值与前置放大器的增益有关。

(2) 双锥天线。双锥天线的形状与偶极子天线十分接近，它的两个振子分别为六根金属杆组成的圆锥形(如图10-18)。双锥天线通过传输线平衡变换器将120 Ω的阻抗变为50 Ω。双锥天线的方向图与偶极子天线类似，测量的频段比偶极子天线宽，且无需调谐，适合与接收机配合，组成自动测量系统进行扫频测量。

双锥天线的典型技术指标是：测量频段为 30～300 MHz；阻抗为 50 Ω；驻波比不大于 2.0；最大连续波功率为 50 W；峰值功率为 200 W。

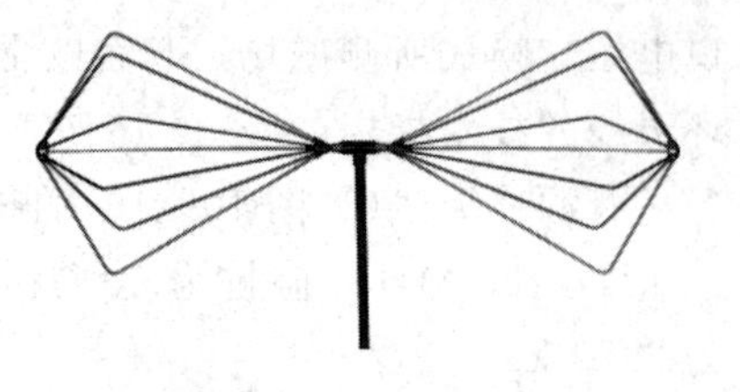

图 10-18　双锥天线

双锥天线不仅用于电磁场辐射发射测量，也用于辐射敏感度或抗扰度的测量。前者测量的是小功率电场，可采用功率容量小的天线；后者发射和接收的功率均较大，比如 20 V/m，因此应选用能承受几百瓦功率的双锥天线。

(3) 半波振子天线。半波振子天线是最简单的天线，当信号频率在 30 MHz 以上时，随着工作波长的缩短，使用谐振式对称振子天线进行场强测量成为可能。早期国产干扰测量仪配备的就是这种天线。半波振子天线主要由一对天线振子、平衡/不平衡变换器及输出端口组成。天线振子根据所测信号频率对应的波长，将天线振子的长度调到半波长，同时调节平衡/不平衡阻抗变换器(50～75 Ω)，使天线的输出端具有小的电压驻波比。

半波振子天线的技术指标如下：增益为 1.64；阻抗为 73＋j42.5 Ω；有效高度为 $h_e=\lambda/\pi$，λ 为波长；波瓣宽度为 78°。其示意图如图 10-19 所示。

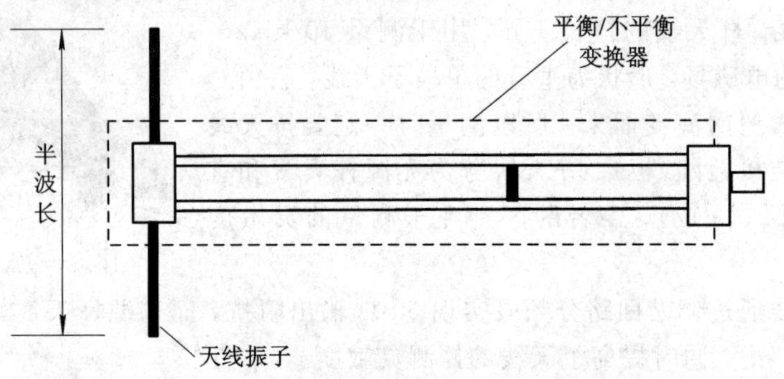

图 10-19　半波振子天线示意图

利用半波振子天线测量干扰场强的不足之处在于它的测量频段窄，如 28～500 MHz，需四副天线才能覆盖，且测量时每个频点均需调谐；在低频时，半波振子天线尺寸太大，架设不便。因此，半波振子天线多用于校准实验和有专门要求的辐射发射测量。

(4) 对数周期天线。对数周期天线的结构类似八木天线，如图 10-20。它上下有两组振子，从长到短依次排列，最长的振子与最低的使用频率相对应，最短的振子与最高的使用频率相对应。对数周期天线有很强的方向性，其最大接收/辐射方向是锥底到锥顶的轴线方向。对数周期天线为线极化天线，测量中可根据需要调节极化方向，以接收最大的发射值。它还具有高增益、低驻波比和宽频带等特点，适用于电磁干扰和电磁敏感度测量。

图 10-20　对数周期天线

对数周期天线的典型技术指标是：测量频段为 80～1000 MHz；阻抗为 50 Ω；驻波比不大于 1.5；最大连续波功率为 50 W。

(5) 双脊喇叭天线。双脊喇叭天线的上下两块喇叭板为铝箔，铝板的中间位置是扩展频段用的弧形凸状条，两侧为环氧玻璃纤维的覆铜板，并刻蚀成细条状，连接上下铝板(如

图 10-21 双脊喇叭天线

图10-21)。双脊喇叭天线为线极化天线，测量时通过调整托架来改变极化方向，因而测量频段较宽，可用于0.5～18 GHz辐射发射和辐射敏感度测量。

双脊喇叭大线的典型技术指标为：测量频段为700 MHz～18 GHz；阻抗为50 Ω；最大连续波功率为300 W；增益为1.4～15 dBi；最大辐射场为200 V/m；半功率波瓣宽度为48°(电场)和30°(磁场)。

(6) 喇叭天线。喇叭天线中最常见的是角锥喇叭天线，如图10-22，它的使用频段通常由馈电口的波导尺寸决定，比双脊喇叭天线窄很多，但方向性、驻波比及增益等均优于双脊喇叭天线。在1 GHz以上高场强(如200 V/m)的辐射敏感度测量中，为充分利用放大器资源，选用增益高的喇叭天线作发射天线，较容易达到所需的高场强值。

图 10-22 喇叭天线

喇叭天线的典型技术指标是：测量频段为18～26.5 GHz；阻抗为50 Ω；最大连续波功率为50 W；增益为18.6～21.6；最大辐射场为200 V/m；方向性很强，为15°。

5. 测量系统及测量软件

EMI自动测量系统主要由测量接收机和各种测量天线、传感器及电源阻抗稳定网络组成，用于测量电子、电气设备工作时泄漏出来的电磁干扰信号，测量频段为20 Hz～40 GHz。干扰信号的传播途径分为两种：一种是传导干扰，它通过电源线或互连线传播；另一种是辐射干扰，它通过空间辐射传播。测量接收机借助不同的传感器测量传导和辐射干扰。如利用测量天线接收来自空间的干扰信号，利用电流钳探测电源线上的干扰电流。对时域干扰，如开关闭合产生的瞬态尖峰干扰，则需通过示波器采样来捕捉、测量。国军标EMI自动测量系统的组成框图如图10-23。

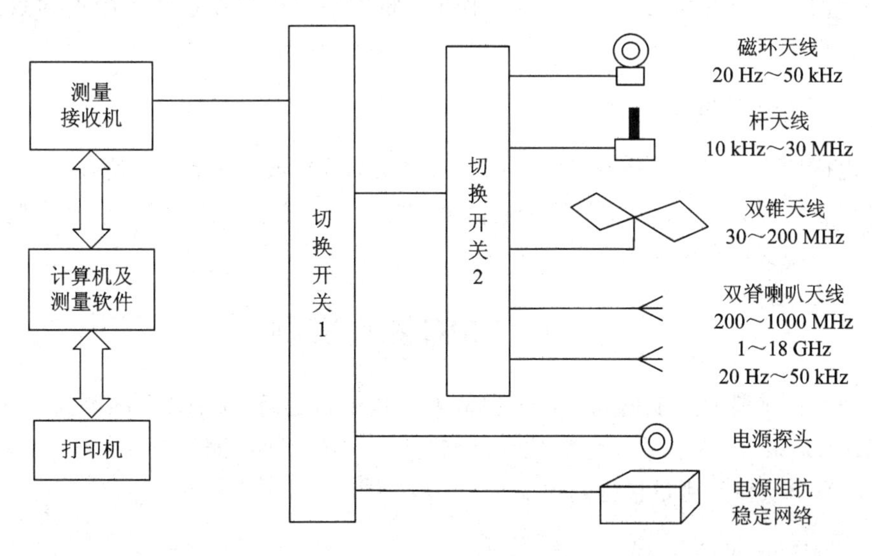

图 10-23 电磁干扰自动测量系统组成框图

由于 EMI 测量大部分为扫频测量，数据量较大，数据处理复杂，因此多利用计算机组成自动测量系统，如此可大大简化测量过程，节约大量数据处理的时间。特别是按 GJB 151A/152A 等测量标准编制的测量软件，包含了测量设备和附件的名称、型号，设备的配置和连接，测量参数的设定，测量项目的要求与极限值，信号的识别，以及天线系数、电缆损耗、带宽修正系数和测量结果数据库，并能给出数值和曲线两种结果输出形式。测量人员只要通过计算机设置测量参数，然后运行测量程序，即可实现数据的自动采集、处理，并输出测量结果，最后形成测量报告。

国标测量系统还包括转台和可升降天线架。通过计算机可控制转台的旋转方向，寻找被测设备电场辐射最大的方位。通过升降天线可测出辐射场强的最大值。

国内大部分 EMC 实验室的 EMI 系统多从国外引进，测量频段已达 40 GHz，集成度很高，单台接收机即可覆盖全部测量频段。

EMI 测量涉及的仪器虽然不多，但处理数据的工作量较大，因为无论是干扰场强还是干扰电压、电流的测量，都不是直接可以从仪器上读出数据来的，需要计入传感器、天线的转换系数，还要与标准规定的极限值进行比较，所以手动测量显得既费时又费力。这时，测量软件的作用就充分体现出来了。在常规的 EMI 测量中，测量软件有以下四大功能。一是参数设置，包括测量标准的选择、测量配置提示、测量参数的设置等，如测量频段、测量带宽、检波器、衰减器、扫频步进、每个测量点的驻留时间等。二是控制仪器进行信号测量，即以一定的步长和速率对信号进行扫频测量、判别和读出数据。三是数据处理能力。测量软件自动将测量的信号电压转换成干扰的量值，即自动补偿因传感器的使用而引入的、随频率变化的校准系数，并可以用线性或对数频率坐标显示出干扰信号的频谱分布，同时自动与相应极限值进行比较，判别信号是否超标并在图中表示出信号频谱与极限值的关系。测量软件还可以提供信号分析的基本能力，如仔细测量特殊频点信号的幅度和频率，给出与极限的差值，在小范围内实时复测等。四是数据的存储和输出能力。测量软件能够将每次的测量数据列表存放，需要时提取，特别是传感器系数和极限值的数据存储，便于数据处理时调用。

10.3.3　电磁敏感度测量设备

用于电磁抗扰度或电磁敏感度测量的设备由三部分组成：一是干扰信号产生器和功率放大器类设备；二是天线、传感器等干扰信号辐射与注入设备；三是场强和功率监测设备。详细情况可查阅其他参考文献。

10.4　EMC 测量实例

电磁兼容性试验通常依据规定标准剪裁的测量项目进行。EMC 标准测量一般采用全自动 EMC 测量系统。下面以某电磁技术研究测试中心的 EMC 测量系统、测量步骤和过程为例，说明测量项目和测量报告。

10.4.1　测量步骤和过程

以 CE101 25 Hz～10 kHz 电源线传导发射测量为例。

1. 测量设备

测量设备的情况见表 10－3。

表 10－3 测量设备的情况

设备名称	型 号	使用范围
EMC 数据采集系统	EMC32	25 Hz～40 GHz
接收机	ESIB40	25 Hz～10 kHz
线性阻抗稳定网络	SO－9331－50－PJ－200－N	10 kHz～10 MHz
电流探头	EZ－17	25 Hz～10 kHz
函数信号发生器	33250A	25 Hz～10 kHz
峰值电压表	URE3	25 Hz～10 kHz
负载		50 Ω

注：测量中需要由测量人员准备相应的 GPIB 转接器(型号：GPIB－140A)及相应的连接光纤、连接器(BNC 及香蕉头)、互连电缆等。

2. 校准

按图 10－24 布置测量配置以便于检查测量系统。

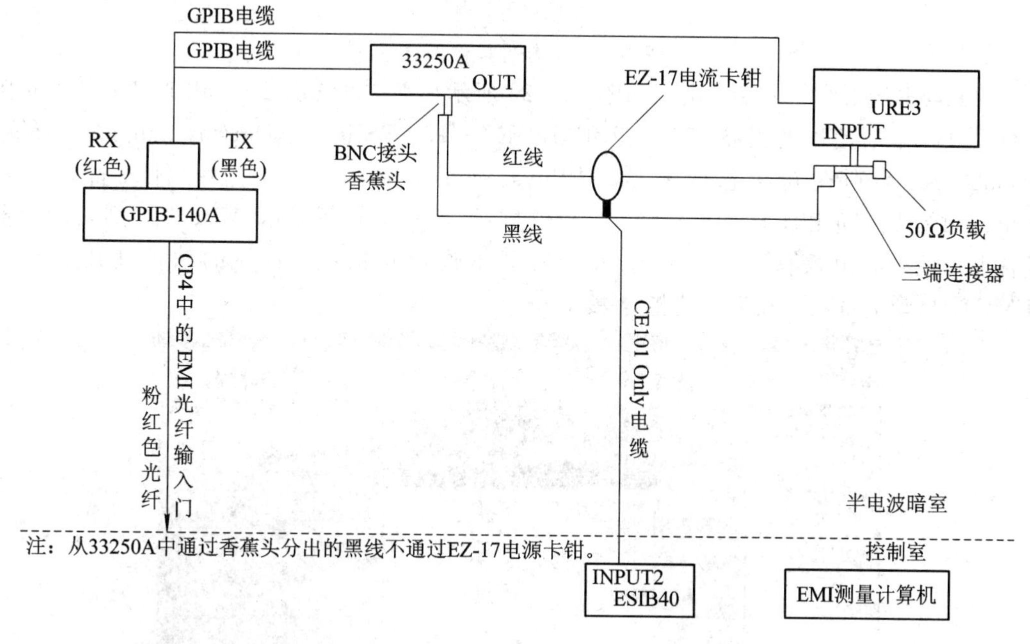

图 10－24 CE101 校准配置图

(1) 设备在通电预热之前，由操作人员负责按照图 10－24 将所有设备和互连线连接好，经仔细检查后告知测量记录人员，由记录人员详细检查设备及互连线连接情况后方可通电预热。

测量设备通电预热的时间按照“仪器设备使用维护操作规程”执行，使其达到稳定工作状态。

(2) 打开 EMI 测量专用计算机，双击 Windows 桌面上的 CE101 项目图标，进入

EMC32 自动测量系统中。

需要注意的是：在 EMI 测量计算机旁边的 GPIB3 控制盒必须在设备开启之前打开，保证计算机与受控仪表之间的通信畅通。

(3) 进入测量系统后，用鼠标点击软件菜单项目 Extras→Self Check(如图 10 - 25)。

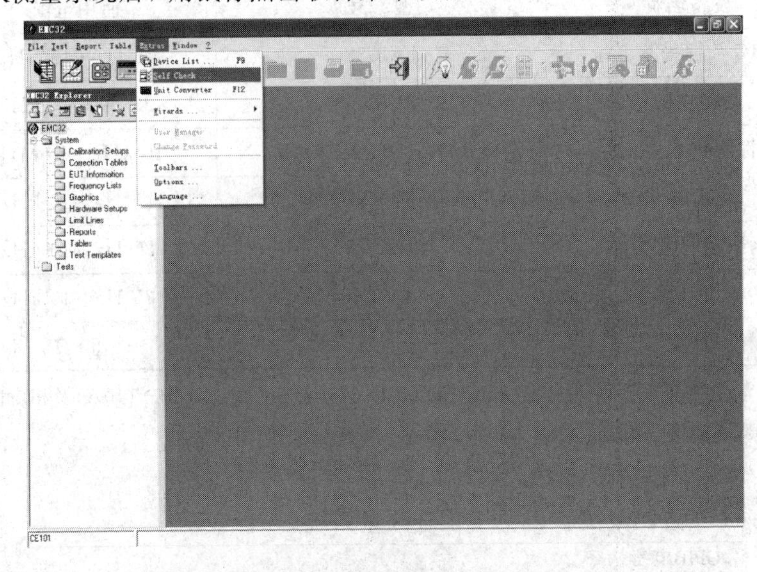

图 10 - 25 软件操作指导一

(4) 点击 Self Check 后，出现如图 10 - 26 所示界面，再点击 Test all 按钮；分别对照在校准过程中所使用的设备 TS-RSP_EMI、EZ - 17、ESIB 40、Dummy Current Probe、AG33250A，分别在其状态栏中显示“Physical”；若通过检查以上硬件设备均显示“Physical”，则表示以上设备已经受控，若不显示“Physical”而显示“Visual”，则表示仪器设备未受控，应由操作人员与记录人员协同工作检查错误。具体的软件使用方法见“EMC32 自动测量系统软件设置指导书”。

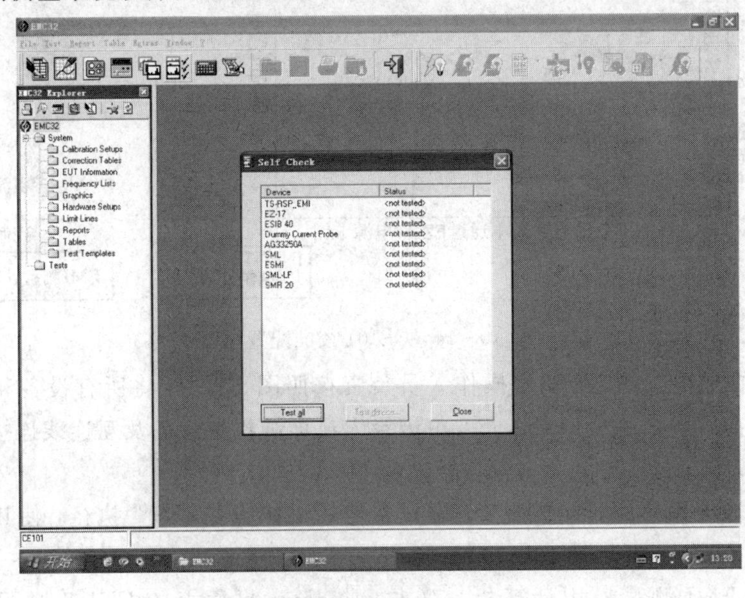

图 10 - 26 软件操作指导二

（5）点击树状目录下的 Frequency Lists→CE101 Cal，出现如图 10－27 所示的软件界面。检查频率设置点是否为 1 kHz、3 kHz 和 10 kHz。若频率点检查正确，则进行下面的操作；若频率点检查不正确，则由操作人员依据“EMC32 自动测量系统软件设置指导书”分别将频率点设置到 1 kHz、3 kHz 和 10 kHz。

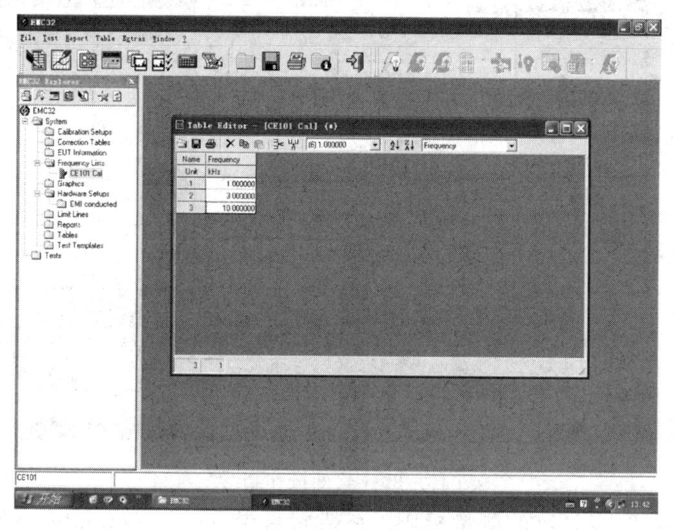

图 10－27　软件操作指导三

（6）由测量人员对照“测量委托单”，查看进行测量产品所属类别，从而确定被测产品校准和测量满足的极限值(极限要求可依据 GJB151 A—97 中所规定的极限)。

（7）双击树状目录 Hardware Setup→EMI Conducted→CE101，出现如图 10－28 所示的软件界面。将复选框 System Check 选中，而后点击 System Check/NSA Settings，出现如图 10－29 所示的软件界面。点击 Frequency Lists 下的添加按钮，后选择 CE101 Cal；将 Mode 菜单下的复选框 Via transmitting and receving probes 选中；将 Generator Level 下的复选框 Below the 1st limit line 选中，并将值设为 6 dB；将复选框 Partial System Check 选中，且将 Percentage of Center Frequency 设为 10%。当以上设置全部检查无误后，点击“OK”按钮。

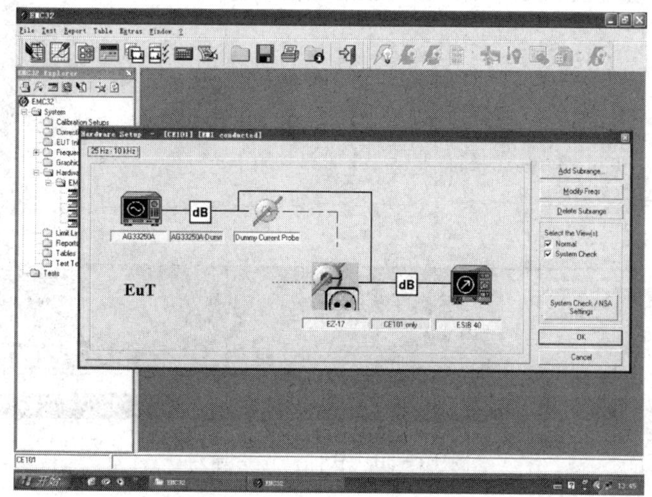

图 10－28　软件操作指导四

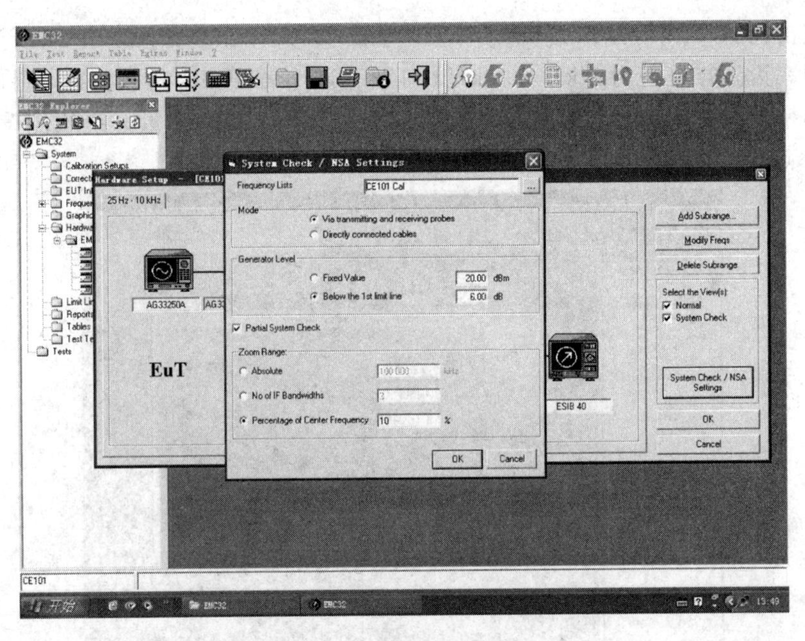

图 10-29　软件操作指导五

(8) 根据由第(6)步确定的测量极限，在树状目录 Test Templates→EMI Scan 下寻找适合测量的测量模板，比如 CE101_less than 1KVA；而后双击树状目录 Test Templates→EMI Auto Tests→CE101，出现如图 10-30 所示的软件界面。将指示 Preview Measurements 的测量图标选中，出现如图 10-31 所示的软件界面，在其复选框 Scan Test Template目录下选择由刚刚确定的 EMI Scan 下的测量模板，比如 CE101_Less than 1KVA，在确认无误后，选择“OK”按钮。

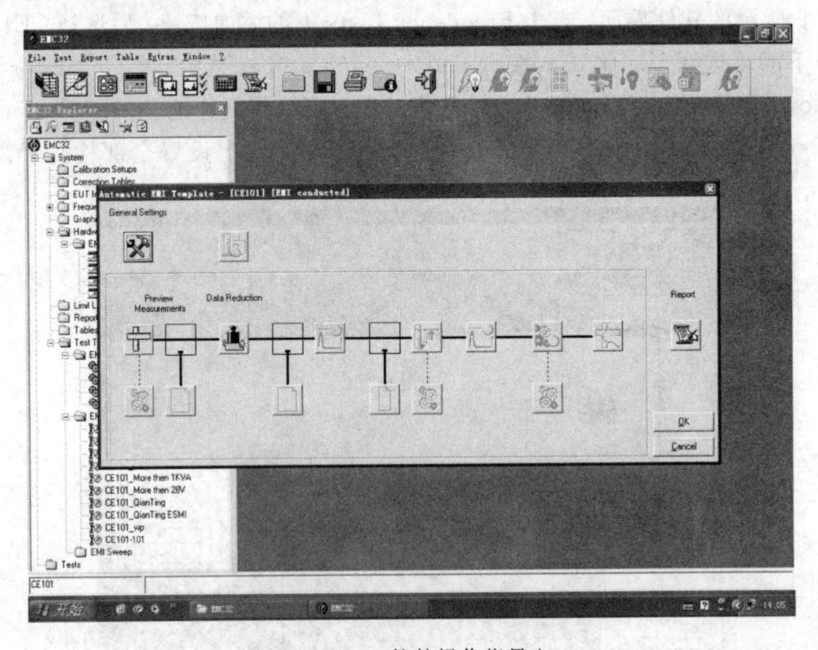

图 10-30　软件操作指导六

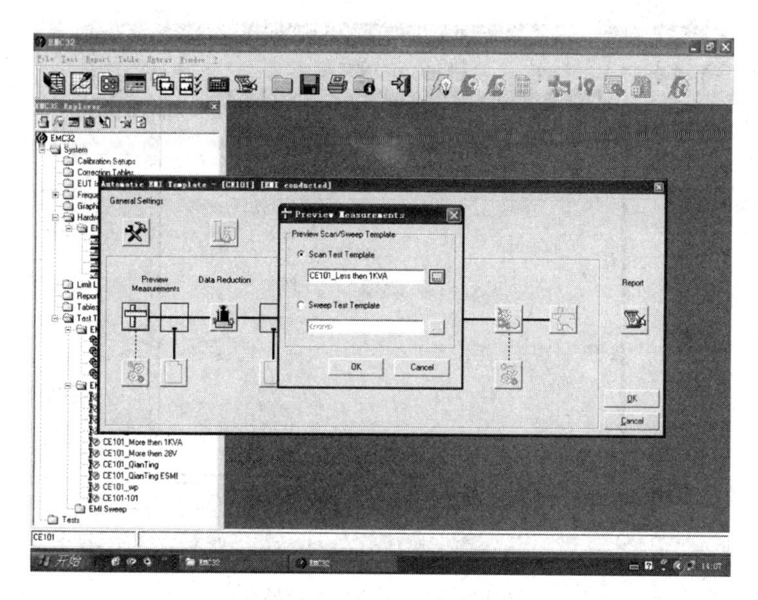

图 10 - 31　软件操作指导七

点击 Data Reduction 下的数据处理图标，出现如图 10 - 32 所示的设置界面。分别选中复选框 Detector 1(MaxPeak)和 Detector 2，添加需要校准的测量极限值(检波器 1)和低于极限值 6 dB 的极限值(检波器 2)。比如在复选框 Detector1 下添加“CE102_Less than 1KVA”，在复选框 Detector2 下添加“CE102_Less than 1 KVA −6 dB”即可。以上设置在确认无误后点击“OK”按钮。回到上一级操作流程(图 10 - 30 所示的操作流程)，且选择“OK”按钮后，即完成校准测量过程中的 EMI Auto Test 模板设置。

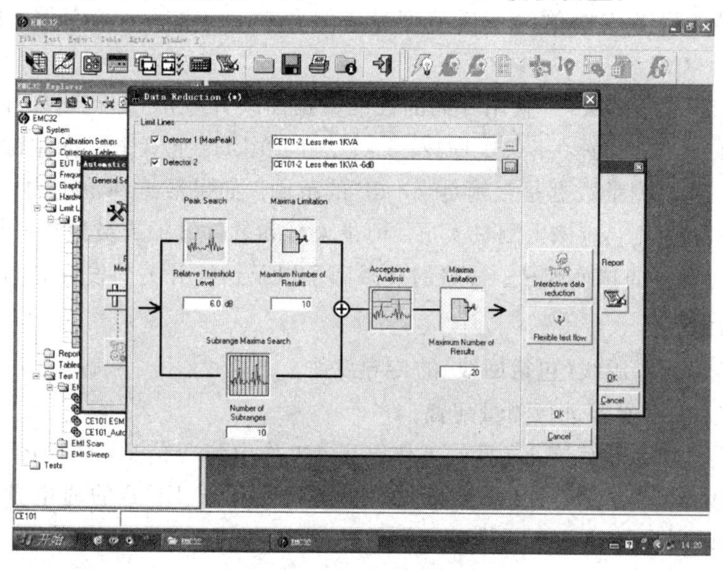

图 10 - 32　软件操作指导八

(9) 用鼠标左键单击 Test Template→EMI Auto Test→CE101，将 CE101 的颜色指示变为蓝色后，将鼠标置于蓝色框范围内的任何位置并点击鼠标右键，同时选择“New Test”，此时便已经打开测量软件进行正常的校准测量，而后在打开的菜单中选择“OK”按钮，产生如图 10 - 33 所示的校准测量界面。

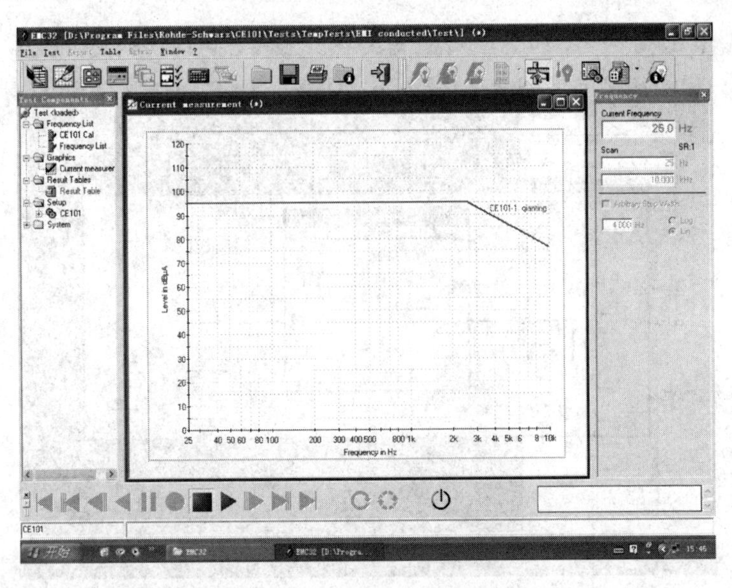

图 10－33　软件操作指导九

在出现软件测量界面后，点击蓝色的播放符号(即▶形符号)。当执行校准测量后会弹出软件对话框“Do you want to perform the ‘System Check’”，操作人员应选择“OK”；当弹出对话框“Now adjust your setup for the ‘System Check’ within the current hardware setup range!”时，由操作人员选择“OK”；当弹出“Do you want to perform the normal test now?”，由操作人员选择“No”。

(10) 选择测量的数据，分别点击菜单 File→Save Test 或快捷键命令，选择保存文档目录。保存文档的目录依据单位→样品型号→测量项目-序号进行存储，比如 206 所→SX001→CE101－C01。

(11) 在树状目录 Tests 下找出存储的校准数据曲线并双击打开(比如 Test→206 所→SX001→CE101－C01)，在频率点 1 kHz、3 kHz 和 10 kHz 上双击鼠标左键得到该频率点上的测量电平，观察测量数据是否满足±3 dB 的范围。如果数据在范围内，则可以终止校准流程进行测量；否则，应该由测量人员、记录人员和软件维护人员检查系统路径(系统路径的核查分别为设备的转换因子、线路的衰减因子以及切换开关的设置等问题)。

3. EUT 测量

确定 EUT 输入电源线(包括回线)的传导发射。

(1) 按图 10－34 所示进行测量配置。

(2) 通过委托测量单确定 EUT 的工作电压、工作电流等信息，依照图 10－34 中的测量布局方法连接 LISN、EUT 以及测量设备，询问委托方 EUT 的通电预热情况，确定 EUT 通电预热的时间并使其达到稳定工作状态，同时将 EUT 的工作状态、技术状态、接地情况等信息记录到检测原始记录中。

需要强调的是：对于 CP4 中的供电电源，其直流电源的开关在配电室，只有开关开启后设置为指定的电压才可以正常使用；220 V 50 Hz 交流的电源线通常情况下都是常开状态；115 V 400 Hz 交流电源的开关在配电室，如需对其输出电压进行调节，则应由操作人员和记录人员共同完成。

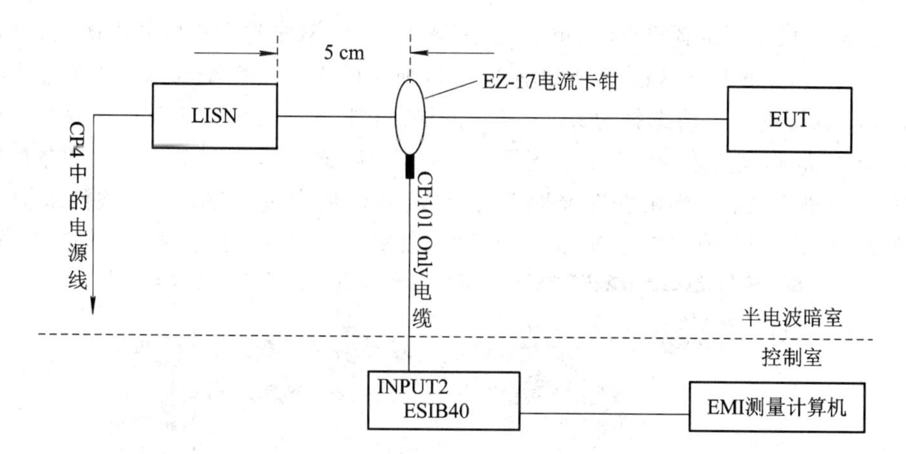

注：

① 所有接入LISN的电源线接头都在CP4中，分别有220 V 50 Hz交流、115 V 400 Hz交流、直流(100 V 100 A可调)。

② 电源线接头都是欧式连接器，无特殊情况都属于专用连接器，在使用过程中请不要插错。

图10-34　CE101测量布局

(3) 选择一条电源线将电流卡钳EZ-17钳在该电源线上，距LISN 50 mm。同时由操作人员告知记录人员目前测量状态下的电源线名称或标识。

(4) 打开EMI测量计算机，双击Windows桌面上的CE101进入EMC32软件测量系统。依照校准过程中的(3)、(4)步骤确定ESIB40、EZ-17等设备在状态显示栏中显示“Physical”。若显示“Virtual”状态，则由测量人员和记录人员共同检查设备情况，包括GPIB连接、GPIB转换器和GPIB的地址设置情况，直至状态显示栏显示“Physical”状态时为止。

(5) 在树状目录下选择Hardware Setup→CE101，出现如图10-28所示的校准界面后，取消System Check复选框，而后确认无误后点击“OK”按钮，如图10-35所示。

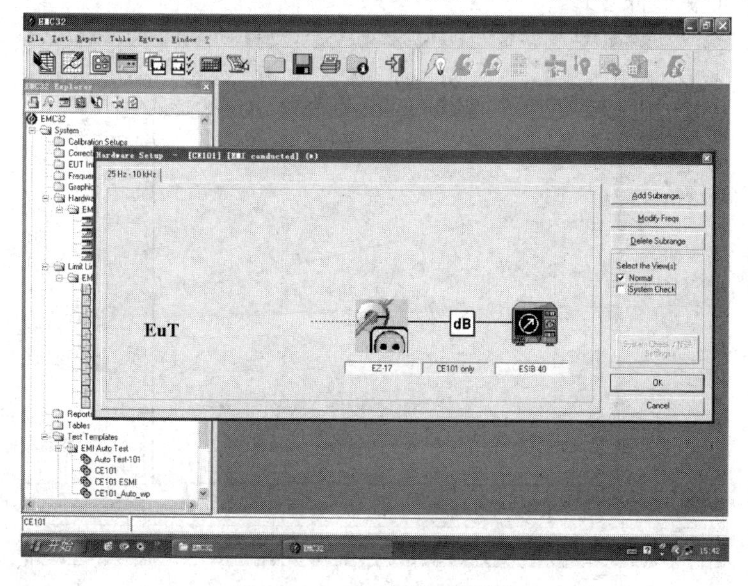

图10-35　软件操作指导十

(6) 在树状目录下选择 Test Template→EMI Scan，双击符合极限要求的测量模板(比如 CE101_Less Than 1KVA)，出现如图 10－36 所示的界面。在 Graphics 的菜单下将标识为 1st Limit Line 的极限值选择为 EUT 满足的测量极限值，其他按钮及复选框都已经按照 GJB152A－97 的测量要求设置好了，无需再进行调整。若需要对测量带宽、测量时间、测量步进等信息进行调整，则由软件维护人员完成(若软件经过调整，则由软件维护人员对更改的变动项目、变动值等信息进行登记注册，以便在需要时进行变更前的恢复工作)。

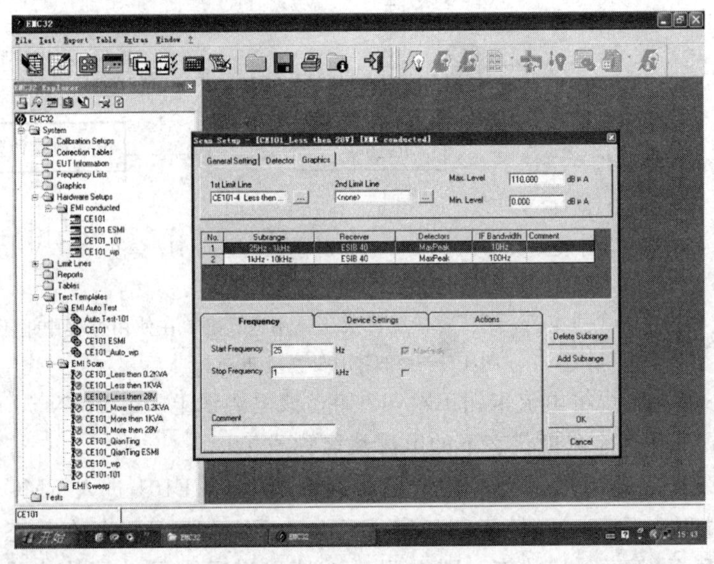

图 10－36 软件操作指导十一

(7) 用鼠标左键选中树状目录 Test Template→EMI Scan 的测量模板(比如 CE101 Less than 1KVA)，使该目录变成蓝色，将鼠标放于蓝色背景的任何位置，点击鼠标右键选择 New Test，则打开一个新的测量，如图 10－37 所示。在出现软件测量界面后，点击蓝色的播放符号(即▶形符号)。

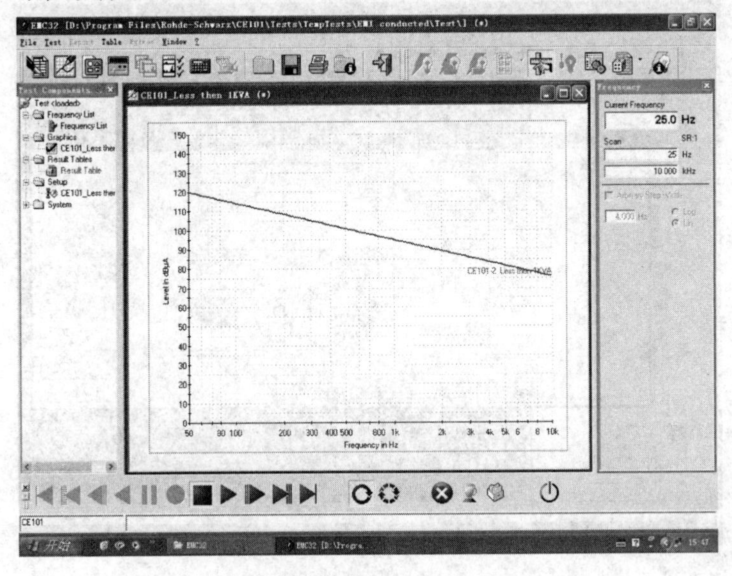

图 10－37 软件操作指导十二

(8) 当测量结束后，选择File→Save或快捷键进行数据保存，保存格式依据单位→样品型号→测量项目-序号进行编号(比如206所→SX001→CE101-T01)，同时将测量结果的编号写于原始记录中。

(9) 对其他每根电源线重复EUT测量过程中的(2)～(8)测量步骤，并将测量数据的编号分别记录在原始记录中。

4. 数据提供

数据提供要求如下：

(1) 以X-Y轴输出方式连续且自动地绘出幅度与频率之间的曲线图。

(2) 在每一曲线图上显示适用极限值。

(3) 提供测量方法中EUT测量和测量系统校准检查两组曲线。

10.4.2 测量报告

下面以CE101电源线传导发射(25 Hz～10 kHz)和CE102电源线传导发射(10 kHz～10 MHz)为例，分别给出测量报告范例、校准配置图(如图10-38和图10-40)及测量配置图(如图10-39和图10-41)。

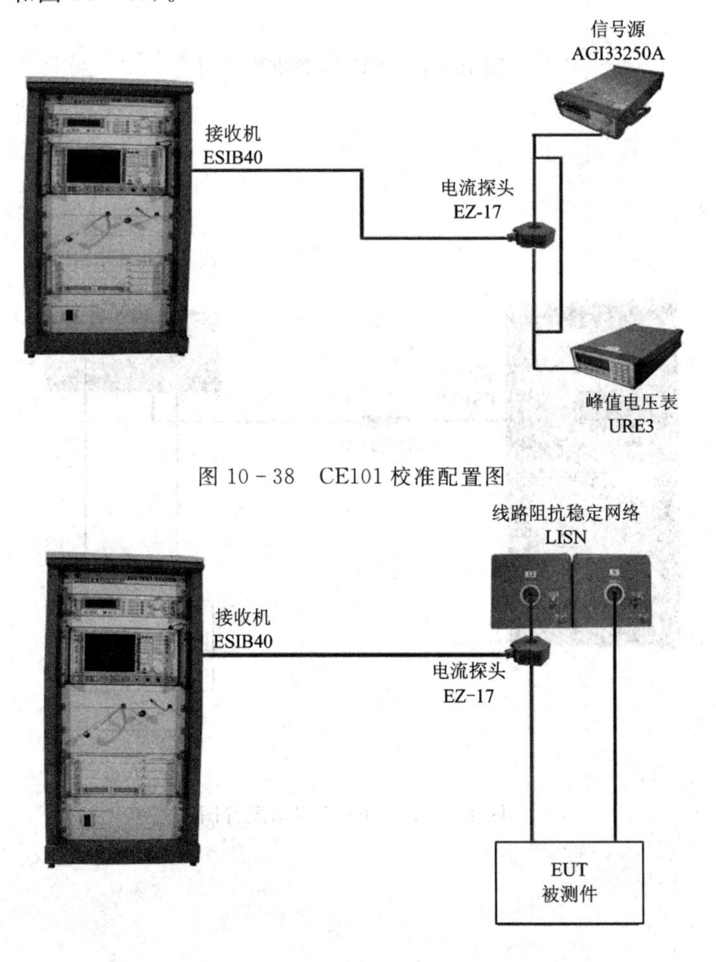

图10-38 CE101校准配置图

图10-39 CE101测量配置图

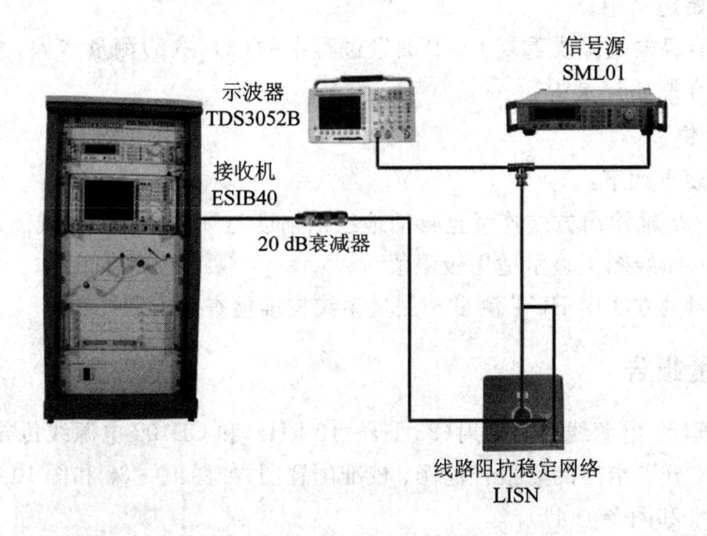

图 10-40　CE102 校准配置图

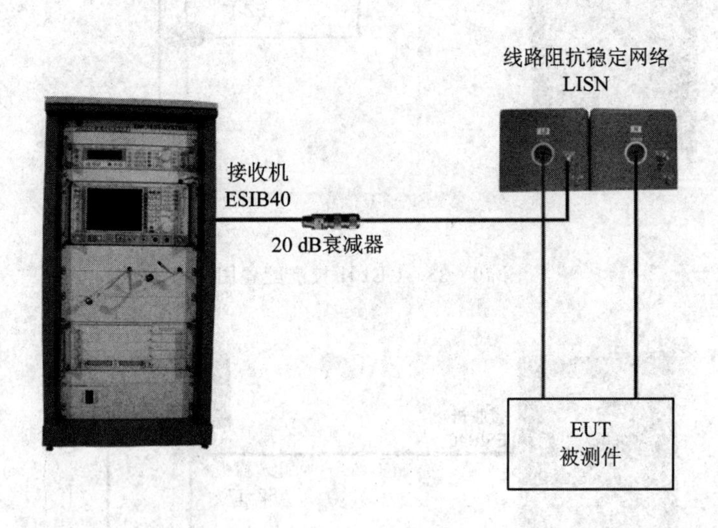

图 10-41　CE102 测量配置图

电磁兼容性检测报告

EMC TEST REPORT

1. 综述

Summary

<table>
<tr><td colspan="2">被测件名称
Name of EUT</td><td>型号/代号/规格
Model/Code/Type</td><td colspan="2">编　号
Number</td></tr>
<tr><td colspan="2"></td><td></td><td colspan="2"></td></tr>
<tr><td>委托单位
Client</td><td></td><td>地　址
Address</td><td colspan="2"></td></tr>
<tr><td>参试人员
Participators</td><td colspan="4"></td></tr>
<tr><td>系统平台
System Platform</td><td colspan="4"></td></tr>
<tr><td>受样方式
Way of Getting</td><td colspan="2">送　样
Delivered by Client</td><td>数　量
Amount</td><td></td></tr>
<tr><td>受样日期
Date of Getting</td><td></td><td>检测日期
Date of Test</td><td colspan="2"></td></tr>
<tr><td>检测地点
Place of Test</td><td colspan="4">西安电子工程研究所
（中国兵器工业集团第206研究所） 电磁技术研究测量中心</td></tr>
<tr><td>检测人员
Operator</td><td colspan="4"></td></tr>
<tr><td>检测依据
Test Standard</td><td colspan="4">1. GJB 151A－97<军用设备和分系统电磁发射和敏感度要求>
2. GJB 152A－97<军用设备和分系统电磁发射和敏感度测量></td></tr>
<tr><td>委托方要求
Requirement</td><td colspan="4">1. 测量项目依据 ×××　　　　标准极限值</td></tr>
</table>

检测结果综述

Summary of Test Result

序　号 *Number*	检测项目 *Test Item(s)*	对应页码 *Page*	工作状态 *Work State*	检测结果 *Test Result*
1		第　　页		*Pass*　　*Fail*
2		第　　页		*Pass*　　*Fail*
3		第　　页		*Pass*　　*Fail*
4		第　　页		*Pass*　　*Fail*
5		第　　页		*Pass*　　*Fail*
6		第　　页		*Pass*　　*Fail*
7		第　　页		*Pass*　　*Fail*

备　注

Remark

建 议 和 说 明 *Suggestion and Explanation*	检测单位签章 *Organization of Test(Stamp)* _____年____月____日 *Year*　*Month*　*Day*

2. 被检测件状态说明

Description of EUT State

<table>
<tr><td colspan="7">被检测件供电要求
Power Supply of EUT</td></tr>
<tr><td>频　率
Frequency</td><td>相数/线数
Phase/Line</td><td>电压
Voltage</td><td>电流
Current</td><td>EUT接地情况
Ground of EUT</td><td>EUT功率
Power of EUT</td><td>备　注
Remark</td></tr>
<tr><td></td><td></td><td></td><td></td><td></td><td></td><td></td></tr>
<tr><td colspan="7">被检测件测量连接框图
Test Block Diagram of EUT</td></tr>
<tr><td colspan="7"></td></tr>
<tr><td colspan="7">被检测件工作状态描述
Operation State Description of EUT</td></tr>
<tr><td colspan="7"></td></tr>
<tr><td colspan="7">敏感性试验监测内容和判据
Monitoring Item(s) and Criteria of Sensitivity Test</td></tr>
<tr><td colspan="7">监测内容：
判　　据：</td></tr>
<tr><td>备　注
Remark</td><td colspan="6"></td></tr>
</table>

3. 检测情况和结果

Description and Result of Test

(1) CE101 电源线传导发射(25 Hz～10 kHz)

CE101 *Conducted Emissions*, *Power Leads*

被检测件名称 *Name of EUT*	型号/代号/规格 *Model/Code/Type*	编　号 *Number*

检测人员 *Operator*		温度(℃) *Temperature*	
检测日期 *Date of Test*		湿度(%) *Relative Humidity*	

接收机参数 *Receiver Parameter*		
频率范围 *frequency Range*	25 Hz～1 kHz	1～10 kHz
接收带宽 *Receiver Bandwidth*	10 Hz	100 Hz
驻留时间 *Dwell Time*	0.15 s	0.015 s

主要检测仪器
Main Test Instruments

序　号 *Number*	名　称 *Name*	型号及制造厂 *Model/Manufacture*	编　号 *Serial No.*	有效日期 *Expired Date*
1	测量接收机	ESIB40(R/S)	100036	2008.12.20
2	电流探头	EZ-17(R/S)	100257	2010.06.11
3	LISN	SO-9331-50-PJ-200-N(SOLAR)	0511065	2009.06.11
4	LISN	SO-9331-50-PJ-200-N(SOLAR)	0511064	2009.06.11

检测要求
Test Requirement

频率范围 *Frequency Range*	极限值(dBμA) *Limit Value*	备　注 *Remark*
25 Hz～1 kHz 1～10 kHz	110 110～90	

检测结果
Test Result

工作状态 *Operation State of EUT*	检测位置 *Test Position*	检测曲线 *Test Curve*	检测结果 *Test Result*	主要超标频点/频段 *Main Unsatisfied Frequency(s)*	最大超标幅度 *Maximal Amplitude of Exceeding Limit*	备注 *Remark*
	xxV 电源线正线					
	xxV 电源线负线					

检测(签字): *Tested by(signature)*:	校核(签字): *Corrected by(signature)*:

(2) CE102 电源线传导发射(10 kHz～10 MHz)

CE102 *Conducted Emissions*，*Power Leads*

被检测件名称 *Name of EUT*	型号/代号/规格 *Model/Code/Type*	编　号 *Number*

检测人员 *Operator*		温度(℃) *Temperature*	
检测日期 *Date of Test*		湿度(%) *Relative Humidity*	

接收机参数 *Receiver Parameter*

频率范围 *frequency Range*	10～250 kHz	250 kHz～10 MHz
接收带宽 *Receiver Bandwidth*	1 kHz	10 kHz
驻留时间 *Dwell Time*	0.015 s	0.015 s

主要检测仪器 *Main Test Instruments*

序　号 *Number*	名　称 *Name*	型号及制造厂 *Model/Manufacture*	编　号 *Serial No.*	有效日期 *Expired Date*
1	测量接收机	ESIB40(R/S)	100036	2008.12.20
2	LISN	SO-9331-50-PJ-200-N(SOLAR)	0511065	2009.06.11
3	LISN	SO-9331-50-PJ-200-N(SOLAR)	0511064	2009.06.11
4	衰减器	5-A-FFN_20(BIRD)	0062809	2010.06.11

检测要求 *Test Requirement*

频率范围 *Frequency Range*	极限值(dBμV) *Limit Value*	备　注 *Remark*
10～500 kHz 500 kHz～10 MHz	94～60 60	

检测结果 *Test Result*

工作状态 *Operation State of EUT*	检测位置 *Test Position*	检测曲线 *Test Curve*	检测结果 *Test Result*	主要超标频点/频段 *Main Unsatisfied Frequency(s)*	最大超标幅度 *Maximal Amplitude of Exceeding Limit*	备注 *Remark*
	xxV电源线正线		符合			
	xxV电源线负线		符合			

检测(签字)：*Tested by(signature)*：	校核(签字)：*Corrected by(signature)*：

习　题

1. EUT 的 EMC 测试通常如何分类，它们的频率范围怎样界定?

2. EMC 预测试与 EMC 标准测试有何异同?

3. EMC 测试设施通常有哪些?

4. 学习用于电磁兼容测试的开阔试验场、屏蔽室、电磁屏蔽半电波暗室、横电磁波小室、混响室等设施对应的国际、国家标准，说明其技术指标。

5. EMI 接收机与频谱分析仪有何异同?

6. 选取某 EMC 测试设备，试对其进行设计和研讨。

参考文献

[1] 张林昌. 混响室及其进展. 安全与电磁兼容，2001：4.

[2] 全国无线电干扰标准化技术委员会，全国电磁兼容标准化联合工作组，中国实验室国家认可委员会. 电磁兼容标准实施指南. 北京：中国标准出版社，1999.

[3] 陈淑凤，马蔚宇，马晓庆. 电磁兼容试验技术. 北京：北京邮电大学出版社，2001.

[4] 周开基，赵刚. 电磁兼容性原理. 哈尔滨：哈尔滨工程大学出版社，2003.

[5] 顾希如. 电磁兼容的原理、规范和测试. 北京：国防工业出版社，1988.

[6] 全国无线电干扰标准化技术委员会 E 分会，中国标准出版社. 电磁兼容国家标准汇编. 北京：中国标准出版社，1998.

[7] OTT H W. Noise Reduction Techniques in Electronic Systems. 2nd ed. John Wiley and Sons，1988.

[8] PISCATAWAY N J. EMC/EMI principles，measurements and technologies. Institute of Electrical and Electronics Engineers，Inc.，1997.

[9] WESTON D A. Electromagnetic Compatibility：Principles and Applications. New York：Marcel Dekker，Inc.，1991.

[10] CARR J J. The technician's EMI handbook：clues and solutions. Boston：Newnes，2000.

[11] PRASAD K V. Engineering Electromagnetic Compatibility：Principles，measurements，and Technology. New York：IEEE Press，1996.

[12] WESTON D A. Electromagnetic Compatibility：Principles and Applications. New York：Marcel Dekker，Inc.，1991.

[13] WHITE D R J，MARDIGUIAN M. EMI Control Technology and Procedures. Gainesville，Virginia：Interference Control Technologies，Inc.，USA，1988.

[14] VIOLETTE N J L，WHITE D R J，VIOLETTE M F. Electromagnetic Compatibility Handbook. New York：Van Nostrand Reinhold Co.，1985.

[15] RICKETTS L W，BRIDGES J E，MILETTA J. EMP Radiation and Protective Techniques. New York：John Wiley and Sons，1976.

[16] WHITE D R J. A Handbook on Electromagnetic Shielding Materials and Performance. Don White Consultants, Inc., 1975.
[17] WHITE D R J. A Handbook on Electromagnetic Interference and Compatibility. Don White Consultants, Inc., 1973.
[18] WILLIAMS T. EMC for product designers. Boston: Newnes, 1992.
[19] MACNAMARA T. Handbook of antennas for EMC. Boston: Artech House, 1995.

第 11 章　PCB 的电磁兼容性

印制电路板(PCB)是电子、电气设备的重要组成部分之一，它制约着这些设备功能的实现和可靠运行。因此，PCB 的电磁兼容性是设备、系统 EMC 的根本。PCB 的电磁兼容性属于部件级 EMC 问题，其涉及 PCB 元器件的合理布局、印制线设计、PCB 互联和 PCB 电磁兼容性测试等问题。随着科技的进步，PCB 的 EMC 相关设计技术也在不断发展中，本章仅介绍一些相关内容。

11.1　印制电路板的 EMC 特性

11.1.1　PCB 元器件

PCB 上的元器件数量繁多、种类各异，包括各种分离元件和集成电路，但是从端口电压/电流(U/I)特性上来看，总是可以将它们直接或等效地区分为以下五种基本类型：

(1) 导线——PCB 上所有的金属导体、导线，元器件管脚等。

(2) 电阻——PCB 上的电阻元件或可以等效为电阻的元器件端口。

(3) 电容——PCB 上的电容元件或可以等效为电容的元器件端口。

(4) 电感——PCB 上的电感元件或可以等效为电感的元器件端口。

(5) 变压器——PCB 上的变压器元件或具有电磁耦合关系的元器件端口。

1. PCB 元器件的 EMC 特性

在不同的工作频率下，PCB 上的基本的元器件会表现出不同的特性。实际上，任何导线都具有天线效应，尤其是当导线某一维度的几何尺寸与四分之一波长相当时，导线就会成为一个高效的电磁辐射器，接收或辐射无意电磁能量，造成电磁干扰，从而导致比较严重的 EMC 问题，因而在 PCB 设计中要特别注意避免此类情况的发生。

PCB 上基本的无源器件包含许多引起 EMC 问题的变量，在高频情况下，电阻器阻抗等效于电阻与引脚电感串联、再与跨接在引脚间的电容相并联构成电路的阻抗，电容器则等效为一个电感和电阻串联后串接在电容的两侧形成的电路，电感器等效为一个电容跨接在电感上同时在引脚两端又串接了电阻，各元器件的特性如表 11-1 所示。

电容器位于两个引线之间，可以抽象地看成是由绝缘材料分隔的两个平行极板构成的。电阻器和电感器的绝缘材料通常是空气，终端部位总存留有电荷，这与两个平行极板的情况相同。所以，任何金属结构(例如元件两端的引线、元件与金属结构机架)、PCB 和金属壳体之间，或者某电气结构与另一电气结构之间都存在着分布电容。在考察 EMC 问题时，往往会忽视空气也是绝缘材料的事实，然而射频(RF)电磁波常常在自由空间或空气中传播。

当 PCB 上采用无源器件时，则由表 11-1 可知，“为什么一只电容器不仅仅是电容?”的答案显而易见。从频域来看，电容器的特性会发生改变，在自谐振频率以上范围内，由于引线有电感，电容器整体就会变为电感器，引线电感就成为 PCB 设计中主要关心的影响 EMC 特性的问题之一。同理，“为什么电感器不是电感?”亦可以迎刃而解。所以，在 PCB 设计时必须清楚无源器件的工作限值，除了按市场标准设计产品之外，采用一定的 EMC 设计技术处理这些隐蔽的特性是另一项重点工作。值得强调的是，EMC 设计的复杂性在于所要处理的 EMC 问题都是不能在图纸上或无法在装配图上标识的“隐藏”器件问题；一旦理解了元器件的“隐藏”特性(如表 11-1 所示)，就能方便地设计出满足 EMC 设计和信号完整性要求的产品。

表 11-1　单个无源器件的低频和高频特性

元件	低频特性	高频特性	阻抗特性
导线		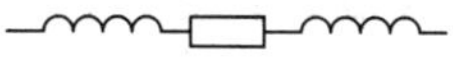	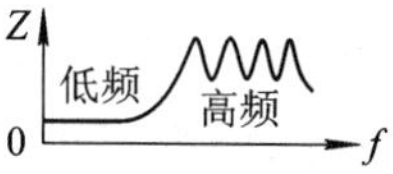 Z 低频 高频 0 f
电阻	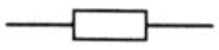	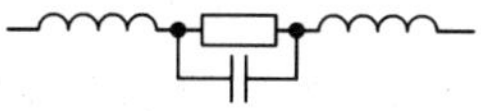	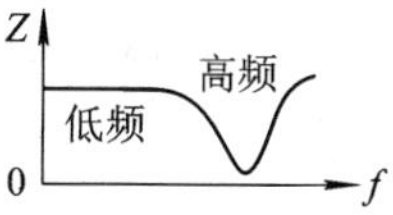 Z 高频 低频 0 f
电容	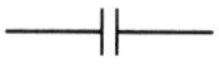		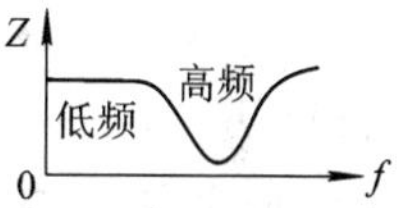 Z 高频 低频 0 f
电感		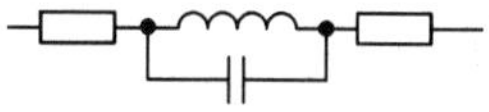	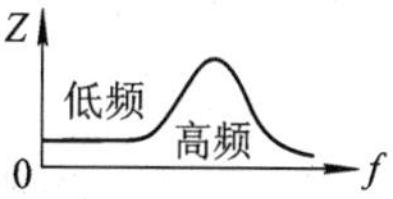 Z 低频 高频 0 f
变压器	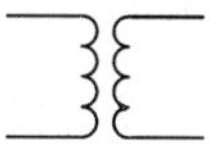	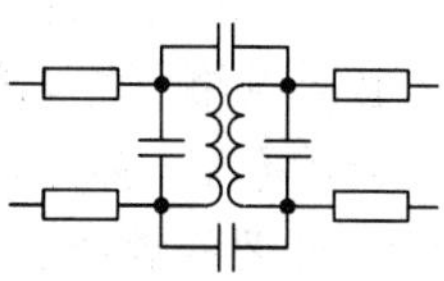	 Z 低频 高频 0 f

实际应用中，通常要求 PCB 上所有导线(包括 PCB 走线)的长度都要小于预期工作电磁环境下最小波长的二十分之一，以避免形成无意的发射源或成为外界电磁干扰的耦合通道。工作频率比较低时，PCB 上常用的电阻元器件都可以认为是纯电阻，不会对信号产生相移。但是，在高频(或射频)应用系统中，电阻在高频时通常可等效为电感、电阻、电容的串并混合等效电路，在一定的频率下会产生串联谐振，这不仅会引起 EMI 问题，而且给高频 PCB 的 EMC 设计带来很大的困难。在实际 PCB 设计中，都要求电阻元器件在满足功率

指标的情况下体积尽量地小、引线尽量地短，在一些特殊的应用场合还需要采用专门设计生产的无感电阻。

在实际电路尤其是数字电路中，电感器件多被直接用于抑制电磁干扰。例如，解决高频 PCB 中电磁干扰问题的铁氧体，即可等效为一个纯电感和一个电阻的串联，这样它除了具有电感的阻尼作用外，还可以吸收消耗掉一部分高频能量，所以具有比其他电感元器件更好的干扰抑制效果。距离较近的导体回路之间不可避免地会存在电磁耦合，这种回路耦合通常都可等效为变压器；而 PCB 中实际使用的变压器元件则一般可能等效为由电阻、电容和互感线圈组合构成的电路。

2. IBIS 模型

在分析 PCB 上集成芯片 EMC 特性时，除了可以直接采用由上述五种基本类型的元件构成等效电路以外，更为通用的是采用芯片管脚的 IBIS(Input/Output Buffer Information Specification)模型。这是一种基于 *U*/*I* 曲线的芯片管脚输入/输出缓冲电路(I/O Buffer)快速建模的通用方法，现已成为反映芯片驱动和接收电气特性的一种国际标准。IBIS 采用一种标准文件格式来记录驱动源输出阻抗、上升/下降时间及输入负载等参数，非常适合做电路信号振荡、串扰、过冲等高频效应的 EMC 或信号完整性计算与仿真。IBIS 规范最初由 IBIS 开放论坛的工业组织编写，这个组织由一些 EDA 厂商、计算机制造商、半导体厂商和大学组成，从 1993 年发布第一个版本以来，至今还在不断修订完善之中。

由于 IBIS 提供的两条完整 *U*/*I* 特性曲线包含了 I/O 端口的高低电平状态以及在某一转换速度下状态转换的动态特性，具有建模元器件端口非线性效应的能力，因而在 PCB 设计的 EMC 或信号完整性分析中具有明显的优势。不过，IBIS 本身只是一种文件格式，它在一个标准的 IBIS 文件中说明如何记录一个芯片的驱动器和接收器的不同参数，但并不规定这些被记录的参数如何使用，这些参数需要由使用 IBIS 模型的仿真工具来读取。因此，要使用 IBIS 进行实际 EMC 设计或信号完整性仿真分析，还需要进行以下工作：

(1) 获取 PCB 上所有集成芯片 I/O 缓冲器的原始信息源，即端口 *U*/*I* 特性数据。

(2) 将原始 *U*/*I* 特性数据按 IBIS 要求的格式存储为数据文件。

(3) 提取 PCB 走线的布局信息。

(4) 利用 IBIS 模型和 PCB 走线布局信息进行 EMC 或信号完整性分析计算。

(5) 根据分析计算结果掌握元器件的 EMC 特性并以此为基础进行 PCB 设计。

综上所述，不论是分离元件还是集成电路元件，PCB 实际使用的元器件都可以看成是理想电阻、电容、电感、变压器等元件的混合电路，且需要根据不同的频率或开关速度选择不同的电路模型。显然，在 PCB 设计时要提前预想到这些混合电路的作用和影响，以利于从源头上避免重大 EMC 问题的发生。

11.1.2 PCB 走线带

PCB 走线带的基本拓扑结构大致分为微带线和带状线两种，如图 11－1 所示，图中 *W* 为线宽，*H* 为线距地平面的高度，*T* 为线的厚度，*B* 为电介质厚度，*D* 为两个带状线间距。由微带线和带状线构成的 PCB 典型叠层结构如图 11－2 所示。

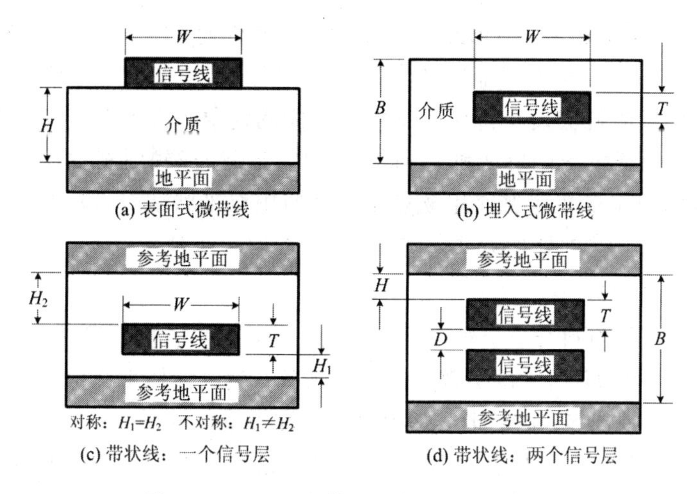

图 11-1　PCB 微带线和带状线基本结构

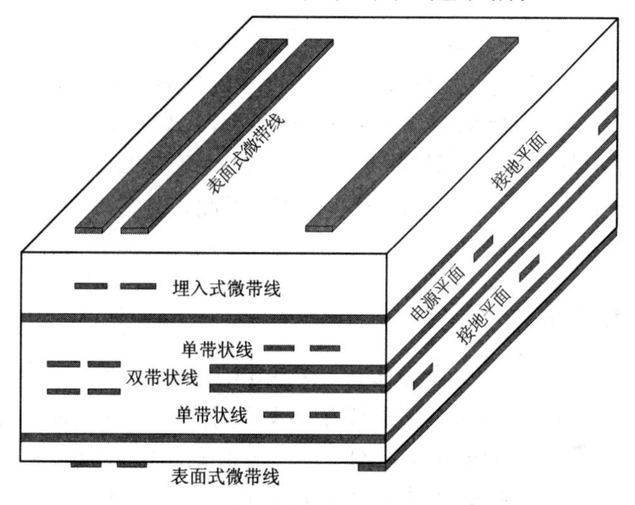

图 11-2　PCB 典型叠层结构

1. 微带线

微带线是一种由 PCB 外层迹线经由一层电介质邻接一个参考地平面而形成的高频电磁结构，通常位于 PCB 的顶层、底层或其他外层上的印制线条，抑制 PCB 射频(RF)干扰的能力比较弱，可容许比带状线频率更高的时钟及逻辑信号，存在着向周围环境产生较大 RF 辐射干扰的缺陷。快速信号要求小电容耦合和较低的"源一负载"传输延迟时间——电容对减缓数字时钟信号边沿的过渡过程。当两个微带线金属平面间的耦合电容较小时，信号就传播得快一些。

2. 带状线

带状线是一种将信号层置于两参考地平面(电源或地)之间的电磁结构，能够抑制 RF 辐射干扰，比较适用于较低传输速度的场合，常位于两个金属平面层(地层或电源层)中间。信号线带状线加强了抗射频(RF)辐射发射的特性，但相应的代价是减缓了传播速度，即存在比较大的电容耦合。

两个金属参考平面间的电容耦合减慢了高速信号的边沿转换速率，当信号边沿转换速率小于 1 ns 时，即可观察到带状线拓扑结构的电容耦合效应。带状线的主要优点是它能屏蔽内部走线向空间的RF辐射作用，但仍然会因外层安装元件而产生辐射，例如元件封装内部的端连线、引线架、插座、电缆和其他连接器等金属体仍然会带来重大的EMC设计难题。

由于连接结构间阻抗会发生传输线结构不匹配的现象，从而将印制电路板内部线条上的RF能量通过辐射或传导的方式耦合到其他电路(串扰)或辐射至空间。显然，将PCB顶层元件引线的电感降至最小可减小电磁辐射。当使用双带状线时，两个布线层上的走线带通常应相互垂直布置，这种处理方式常称为“垂直方向布线技术”。

3. PCB通孔(跳线)

PCB由有机或无机材料与多个布线层装配在一起，层间通孔(即跳线)互连。这些跳线可以电镀连接，也可以金属填充，以实现层间电气连接。金属导体平面(地层或电源层)结构向元件提供了电源和接地连接，信号走线带则分布在许多不同的层上。在设计PCB时，既要考虑信号的传输延迟，又要考虑电路、印制走线带和互连导体之间的串扰(Cross-Talk)。

4. PCB基质板材

印制板基质板材不仅可为走线带和元器件提供机械支撑，它也是组成PCB电路的一部分，其电磁参数(介电常数、磁导率等)决定着印制走线带的长度、宽度和间距。

在工作频率大于500 MHz的情况下，走线带成分电路的重要组成部分，即其分布电阻、电容和电感可对信号的完整性造成严重影响；在更高的工作频率下，走线带(传输线)的尺度在决定电路性能方面几乎起着决定性作用。因此，印制板结构尺寸的任何改变都会显著地影响整机的性能。

11.1.3 走线带的阻抗

就PCB的电磁兼容性(EMC)设计而言，了解PCB走线带不同结构的阻抗特性至关重要。当频率超过千赫兹(kHz)量级时，走线带的阻抗主要由导体的电感决定，细而长的回路导体即呈现高电感特性(典型值为10 nH/cm)，且其阻抗随频率增加而增大。表11-2给出了典型PCB走线带阻抗与频率的关系以及PCB整板的阻抗特性。

表11-2　PCB走线带阻抗(W：宽度，t：厚度，l：长度，单位：mm)

频率/Hz	走线带阻抗/mΩ							PCB板阻抗/(μΩ/mm²)
	$W=1$　$t=0.03$				$W=3$　$t=0.03$			
	$l=10$	$l=30$	$l=100$	$l=300$	$l=30$	$l=100$	$l=300$	
50 100	5.74	17.2	57.4	172	5.74	19.1	57.4	813
1k	5.74	17.2	57.4	172	5.74	19.1	57.4	817
10k	5.76	17.3	57.9	174	5.89	20.0	61.4	830
100k	7.21	24.3	92.5	311	14.3	63.0	225	871
300k	14.3	54.4	224	795	39.9	177	657	917
1M	44.0	173	727	2950	131	590	2180	1010
3M	131	516	2170	7760	395	1760	6540	1710
10M	437	1720	7250	25 800	1310	5890	21 800	1530
30M	1310	5160	21 700	77 600	3950	17 600	65 400	2200
100M	4370	17 200	72 500	258 000	13 100	58 900	218 000	3720
300M	13 100	51 600	217 000	395 000	176 000	—	—	6390
1G	43 700	172 000	—	—	—	—	—	—

1. 电感阻抗特性

一般地，在地平面之上单根圆直导体的电感(L_o)可表示为

$$L_o = 0.25S\left(\ln\frac{4h}{d} - 1\right) \quad \mu H \tag{11-1}$$

式中，h 为导体距离地面的高度(单位为 m)，S 为导体的长度(单位为 m)，d 为导体的直径(单位为 m)。

地面之上扁平导体的电感(L_p)可近似表示为

$$L_p \approx 0.25S\left(\ln\frac{2S}{W} + 0.5\right) \quad \mu H \tag{11-2}$$

式中，S 为导体的长度(单位为 m)，W 为导体的宽度(单位为 m)。

地面之上两根载有相同方向电流的导体的电感(L_s)可表示为

$$L_s = \frac{L_1 L_2 - M^2}{L_1 + L_2 - 2M} \tag{11-3a}$$

若 $L_1 = L_2$，则上式变为

$$L_s = \frac{L_1 + M}{2} \tag{11-3b}$$

式中，L_1、L_2 分别为导体 1 和导体 2 的自感，M 为导体 1 和导体 2 的互感。若两导体中电流方向平行相反，由于互感作用，能够有效地将电感降低为

$$L_c = L_1 + L_2 - 2M \tag{11-4}$$

当导线距离地面的高度为 h，两导体间的距离为 D 时，互感 M 为

$$M = 0.1S\ln\left(1 + \frac{4h^2}{D^2}\right) \quad \mu H \tag{11-5}$$

由以上经验公式可以看出，当 PCB 走线带相距 1 cm 以上时，互感可以忽略不计。如果将细长的走线带逐渐加宽为箔板状而成为准无限大金属平面，将无外部电感而仅有电阻和内部电感。通常，PCB 走线带的电感平均分布在布线中，典型值大约为 1 nH/m。对于质量为 31 g(约 1 盎司)的铜线，在 0.25 mm(10 mil)厚的 FR4 碾压情况下，位于地线层上方的 0.5 mm(20 mil)宽、20 mm(800 mil)长的走线带能产生 9.8 mΩ 的阻抗、20 nH 的电感以及与地平面之间 1.66 pF 的耦合电容。

2. 电容阻抗特性

走线带的电容主要是由绝缘体介电常数($\varepsilon_0\varepsilon_r$)、电流到达的面积范围($A$)以及走线带之间的间距($h$)所决定的，通常可以表示为

$$C = \frac{\varepsilon_0\varepsilon_r A}{h} \tag{11-6}$$

式中，ε_0 是自由空间的介电常数(8.854 pF/m)，ε_r 是 PCB 基板的相对介电常数(在 FR4 中约为 4.7)。

在常见的双面 PCB 应用中，PCB 走线的结构基本上是微带线结构，其阻抗由走线的厚度 T(单位为 mm)、宽度 W(单位为 mm)以及 PCB 基质厚度 H(单位为 mm)、介电常数

ε_r 等共同决定。如图 11-1 所示，表面式微带线阻抗大约为

$$Z_0=\frac{87}{\sqrt{\varepsilon_r+1.414}}\ln\left(\frac{5.98H}{0.8W+T}\right) \tag{11-7}$$

埋入式微带线阻抗大约为

$$Z_0=\frac{B}{\sqrt{0.805\varepsilon_r+2}}\ln\left(\frac{5.98H}{0.98W+T}\right) \tag{11-8}$$

单一带状线阻抗近似公式为

$$Z_0=\frac{60}{\sqrt{\varepsilon_r}}\ln\left[\frac{4H}{0.67\pi W\left(0.8W+\frac{T}{W}\right)}\right] \tag{11-9}$$

两层带状线阻抗近似公式为

$$Z_0=\frac{80\left[1-\frac{A}{4(A+D+T)}\right]}{\sqrt{\varepsilon_r}}\ln\left[\frac{1.9(2A+T)}{0.8W+T}\right] \tag{11-10}$$

一般地，对于单独的 PCB 走线，由以上近似公式计算得到阻抗值与元器件的寄生效应相比，基本上都可以忽略不计。但是，所有走线的阻抗总和可能会超出寄生效应。因此，PCB 设计者在 EMC 设计中必须细致考虑走线带的阻抗问题。

11.2 印制电路板 EMC 设计技术

11.2.1 印制电路板通用 EMC 设计技术

1. 集成电路(IC)封装技术

在高速电路中，IC 的封装设计已成为影响 EMC 性能的重要因素之一。新的封装设计在于减小 IC 的寄生参数，进而削弱寄生效应。IC 的寄生效应包括接地反弹和噪声、传播延迟、边缘速率、频率响应、输出引线时滞、天线效应等。

新的封装设计主要包括多重接地和电源引脚、短引线以及使引脚之间电容耦合最小的布局。随着技术的发展，IC 设计、IC 封装及 PCB 设计之间的关系已越来越密切。IC 设计与 PCB 设计变得越来越密不可分(因为 IC 焊接于 PCB 上)。对于硅片上的设计流程，则需要考虑采用一个合适的封装与 PCB 匹配，IC 设计的总体布局不仅受到工艺的限制，同时也要兼顾 PCB 板级的许多制约因素。

2. PCB 设计技术

PCB 设计技术本身主要表现在三个方面：① 考虑到噪声和延迟的 PCB 图形设计技术；② 在 PCB 生产制造过程中，关键在于阻抗控制技术和传播延迟时间的控制技术；③ 以PCB 的阻抗参数为代表的电性能评价技术。

3. EMC 预测技术与 EDA 技术

EMC 预测是指在设计阶段通过计算的方法对电气、电子元件、设备乃至整个系统的 EMC 特性进行分析。它是伴随着计算机技术、电磁场计算方法、电路分析方法的发展而发展的。它的主要优点在于能在产品设计阶段发现并解决 EMC 问题，从而避免研制时间和

经费的双重浪费。目前，EMC 预测已受到 EMC 科研、工程技术人员越来越多的重视。

随着 EDA 技术的日益发展，EDA 技术已成为现代电子设计的主要工具。虽然 EDA 软件中的 EMC 设计功能通常落后于 EMC 设计的实际需要(对高速电路尤其如此)，但其阻抗分析、信号完整性仿真、时序仿真等功能仍是高速电路 EMC 设计中非常重要的辅助手段。

4. 时钟展频技术

时钟展频就是将原本固定不变的频率，以一定的周期规律小幅度地调变，使系统产生的电磁波辐射能量平均散布于一段频率范围内，以免超过标准。在原时钟频率 0.5%～5% 的范围内，小幅度调变时钟，使用者几乎察觉不到展频前后有何不同。若以原时钟频率为中心进行展频，系统平均运行效率完全不受展频的影响。时钟展频降低了 EMI 的效果，且受调变方式、频率变动比率和调变速率的影响。

5. 过孔设计技术

在高速电路中，一般都采用多层 PCB，PCB 上的过孔本身存在寄生电容和寄生电感。过孔的寄生电容会延长信号的上升时间，降低电路的速度；过孔的寄生电感会削弱旁路电容的作用，削弱整个电源系统的滤波效果。在高速电路中，过孔的寄生电感一般较寄生电容带来的危害大。可见，在高速电路中，过孔的寄生电容和寄生电感是影响 PCB 的 EMC 性能的另一重要因素。如何在 PCB 设计时尽量减小过孔的寄生效应带来的危害是 PCB 设计时要考虑的另一问题。

6. ESD 防护技术

在高速混合电路中，ESD 问题更加突出。然而，一些抑制 ESD 噪声的传统做法对高速混合电路效果很差，有的甚至会带来严重的问题。例如，ESD 抑制器件都有固有电容，一般情况下该电容能起滤波作用(如滤除耦合到数据传输线路中的高频噪声)。然而，在高速数字电路中，该电容会引起数字信号的上升沿和下降沿畸变，这种上升时间和下降时间的延长可能引起时序问题，电路有可能检测不到完整的过渡期，从而产生数据误差。电路的速度越高，这种问题越严重。因此，在高速电路中，必须兼顾 ESD 保护和信号完整性，并选择合适的 ESD 保护器件的种类并正确安装(包括安装部位的选择)。

11.2.2　印制电路板 EMC 设计的一般原则

1. PCB 板层布局原则

一般情况下，印制电路板 EMC 设计应根据 PCB 的电源和地的种类、信号线的密集程度、信号频率、特殊布线要求的信号数量、周边要素、成本价格等因素来确定板的层数及布局，如表 11－3 所示。

表 11－3　PCB 板层分配图

层　数	1	2	3	4	5	6	7	8	9	10	说　明
2 层板	S1 G	S2 P									低速设计
4 层板 2 层信号	S1	G	P	S2							不易保持高信号阻抗及低电源阻抗

续表

层　数	1	2	3	4	5	6	7	8	9	10	说　明
6 层板 4 层信号	S1	G	S2	S3	P	S4					低速设计，电源较差，高信号阻抗
6 层板 4 层信号	S1	S2	G	P	S3	S4					重要信号放在 S2
6 层板 3 层信号	S1	G	S2	P	G	S3					低速信号放在 S2、S3
8 层板 6 层信号	S1	S2	G	S3	S4	P	S5	S6			高速信号放在 S2、S3，电源阻抗较差
8 层板 4 层信号	S1	G	S2	G	P	S3	G	S4			最佳的 EMC
10 层板 6 层信号	S1	G	S2	S3	G	P	S4	S5	G	S6	最佳的 EMC，S4 对电源杂波容忍度较高

注：S 为信号布线层，P 为电源层，G 为地平面。

一是要确定合适的 PCB 尺寸。尺寸过大电路走线长，抗干扰能力下降；尺寸过小散热不好，线路密集，邻近的走线易相互干扰。

二是要对高速高性能系统在目标成本允许的情况下采用叠层设计，所遵循的基本原则包括：

(1) 关键电源平面与其对应的地平面相邻。电源、地平面存在自身的特性阻抗，电源平面的阻抗比地平面阻抗高，将电源平面与地平面相邻，可形成耦合电容，并与 PCB 板上的去耦电容一起降低电源平面的阻抗，同时获得较宽的滤波效果。

(2) 参考面的选择应优选地平面。电源、地平面均能用作参考平面，且有一定的屏蔽作用。但相对而言，电源平面具有较高的特性阻抗，与参考电平存在较大的电位差。从屏蔽角度考虑，地平面一般均作接地处理，并作为基准电平参考点，其屏蔽效果远远优于电源平面。

(3) 相邻层的关键信号不跨分割区。相邻层的关键信号不能跨分割区，从而避免形成较大的信号环路，降低产生较强辐射和敏感度等问题。

(4) 元件面下有相对完整的地平面。对多层板必须尽可能保持地平面的完整，通常不允许有信号线在地平面上走线。当走线层布线密度太大时，可考虑在电源平面的边缘走线。

(5) 合理布局各种信号线。电路板上的各种信号线也是电磁兼容较敏感的部位，因此也要合理布置。对于不相容信号，如高频信号与低频信号、数字信号与模拟信号、大电流信号与小电流信号，进行布置时一定要有间隔，以免产生相互干扰。另外，信号线的形状不要有分支，拐角不要走成 90°，否则会破坏导线特性阻抗的一致性，产生谐波与反射现象。一般都采用 45°拐角或圆弧形拐弯。

(6) 高频、高速、时钟等关键信号有一相邻地平面。这样设计的信号线与地线间的距离仅为线路板层间的距离，高频电路将选择环路面积最小的路径流动，因此实际的电流总在信号线正下方的地线流动，形成最小的信号环路面积，从而减小辐射。

(7) 在高速电路设计中，避免电源平面层向自由空间辐射能量。在这样的设计中，所有的电源平面必须小于地平面，向内缩进 $20H$（H 指相邻电源、地平面间的介质厚度）。为了更好地实行 $20H$ 规则，应使电源和地平面间的厚度最小。

(8) 避免电源层平面向自由空间辐射能量。使电源平面小于地平面，一般要求电源平面向内缩进 $20H$（即 $20-H$ 原则，H 指相邻电源平面与地平面的介质厚度），可以降低电源层平面向自由空间的辐射。

2. PCB 元器件布局原则

1) PCB 板的空间分割

在 PCB 进行功能分割时，可将不同的功能区域进行物理分割，既防止了不同频带区域之间信号相互耦合，又使射频环路面积更小，优化信号质量。空间分割的实施方法就是对元器件进行分组，可以根据电源电压高低、数字器件或模拟器件、高速器件或低速器件以及电流大小等特点，对电路板上的不同电气单元进行功能分组，每个功能组的元器件彼此被紧凑地放置在一起，以便得到最短的线路长度和最佳的功能特性。采用高压、大功率器件时，应与低压、小功率器件保持一定间距，尽量分开布线。一般建议首先以不同的直流电源电压来分组，因为当高、低电源电压器件紧挨在一起时，由于电位差会产生电场辐射干扰。如果使用同种电压的元器件中仍有数字和模拟元件之分，则可以再进行分组。按电源电压、数字及模拟电路分组后可进一步按照速度快慢、电流大小进行分组。

2) 敏感器件的处理

某些敏感器件例如锁相环，对噪音干扰特别敏感，则需要更高层次的隔离。解决的方法是在敏感器件周围的电源铜箔上蚀刻出马蹄形绝缘沟槽。信号进出都通过狭窄的马蹄形根部的开口。噪音电流必然在开口周围经过而不会接近敏感部分。使用这种方法时，应确保所有其他信号都远离被隔离的部分。

3) 元器件布局时的其他基本原则

(1) 连接器及其引脚应根据元器件在板上的位置确定。所有连接器最好放在印制板的一侧，尽量避免从两侧引出电缆，以便减小共模电流辐射。因为 PCB 板上有高速数字信号时，如果产生共模辐射，电缆则是很好的共模辐射天线(振子天线会比单极天线产生更大的共模干扰辐射)。

(2) I/O 驱动器应紧靠连接器，避免 I/O 信号在板上长距离走线，耦合不必要的干扰信号。当高速数字集成芯片与连接器之间没有直接的信号交换时，高速数字集成芯片应置于远离连接器处。否则，高速数字信号有可能通过电场或磁场耦合对输入/输出环路产生差模干扰，并通过接口电缆向外辐射。如果高速器件必须与连接器相连，则应把高速器件放在连接器处，尽量缩短走线，然后在稍远处安放中速器件，最远处安放低速器件。否则，高速信号将穿过整个印制板才能到达连接器，可能对沿途的中、低速电路产生干扰。

(3) 高速器件(频率大于 10 MHz 或上升时间小于 2 ns)在印制电路板上的走线尽可能短。

(4) 发热元件(如 ROM、RAM、功率输出器件和电源等)应远离关键集成电路，最好放在边缘或偏上方部位，以利于散热。

(5) 电感布局时，不要并行靠在一起，因为这样会形成空芯变压器并相互感应产生干扰信号。因此它们之间的距离至少要相当于其中一个器件的高度，或者成直角排列以将其互感减到最小。

(6) 许多电磁干扰都来自电源，因此集成电路的去耦电容尽量靠近IC的电源引脚，且去耦电容的引线尽量短。建议使用表贴封装电容。

3. 地线、电源线和信号线布置原则

1) 地线的布置

PCB设计中，通常可以采用多种接地方式。在电路设计中，地有多种含义，比如“数字地”、“模拟地”、“信号地”、“噪声地”、“电源地”等。常用的接地方式有“单点接地”、“多点接地”、“混合接地”。处理接地问题应注意以下几个方面：

(1) 在小信号与大电流电路集成在一起时，必须将地(GND)明显地区分开来。布线方法为将小信号GND与大电流进行分离，通常使用两根引线的GND，使大电流不在布线电阻上流动，从而不产生干扰。例如功率放大级和负载，是将大电流流动的部分由电源直接布线。还可将小信号部分进行汇总，也直接由电源进行布线，此时，小信号线与大电流线完全分离，再将汇总的小信号GND与功率放大级的GND相连接。

(2) 正确选择单点接地与多点接地。在低频电路中信号的工作频率小于1 MHz，其布线和器件间的电感对干扰影响小，而接地电路形成的环流对干扰影响较大，因而应采用一点接地方式。当信号工作频率大于10 MHz时，地线电阻变得很大，因此应尽量降低地线阻抗，应采用多点接地。当工作频率在1～10 MHz时，如果采用一点接地，其地线长度不应超过波长的1/20，否则应采用多点接地法。

(3) 数字地与模拟地分开。电路板上既有高速逻辑电路又有线性电路，应使它们尽量分开，而两者的地线不要相混，分别与电源端地线相连。低频电路的地应尽量采用单点并联接地，实际布线有困难时可以部分串联后再并联接地；高频电路宜采用多点串联接地，地线应短而粗。高频元件周围应尽量用栅格状大面积的箔，要尽量加大线性电路的接地面积。

(4) 接地线应尽量加粗。若接地线采用很细的线条，则接地电位会随电流的变化而变化，致使信号电平不稳，抗噪声性能降低。因此应将接地线尽量加粗，使其能通过三倍的允许电流。

(5) 接地线构成闭环路。设计只有数字电路组成的印刷电路板的地线系统时，若将接地线做成闭路，则可以明显地提高抗噪声能力。其原因在于：印制电路板上有许多集成电路元件，尤其遇有耗电多的元件时，因受接地线粗细的限制，会在地线上产生较大的电位差，引起抗噪声性能下降；若将接地线构成环路，则会缩小电位差值，提高电子设备的抗噪声性能。

2) 电源线的布置

供电环路面积应减小到最低程度，不同电源的供电环路不要相互重叠。印制电路板上的供电线路应加上滤波器和去耦电容。在板的电源引入端使用较大容量的电解电容作低频滤波，再并联一只容量较小(0.01 μF)的瓷片电容作高频滤波。去耦电容应贴近集成块安装，必要时还可以把去耦电容安装在集成块的背面，即位于集成块的正下方，使去耦电容的回路面积尽可能减小，达到良好的滤波效果。

3）信号线的布置

（1）不相容的信号线应相互隔离。这样做的目的是避免相互之间产生耦合干扰。高频与低频、大电流与小电流、数字与模拟信号线是不相容的，元件布置中我们已经考虑了把不相容元件放在印制板的不同位置，在布置信号线时仍应该注意将其隔离。一般可采取下面的措施：不相容信号线应相互远离，不应平行布置；分布在不同层上的信号线走向应互相垂直，这样可以减少线间的电场和磁场耦合干扰；高速信号线特别是时钟线要尽可能地短，必要时可在高速信号线两边加隔离地线，隔离地线两端应与地层相连接；信号线的布置最好根据信号的流向安排，一个电路的输出信号线不要再折回输入信号线区域，因为输入线与输出线通常是不相容的。

（2）尽量减小信号环路的面积。减小信号环路的面积是为了减小环路的差模电流辐射。环路辐射与电流强度和环路面积成正比，在电流强度确定的情况下，为了减小环路辐射，只有设法减小环路面积。信号环路不应重叠，这对于高速度、大电流的信号环路尤为重要，实际上减小面积比缩短信号线长度更为有效。

（3）考虑阻抗匹配问题。当高速数字信号的传输延迟时间大于脉冲上升时间的 1/4 时，应考虑阻抗匹配问题。信号传输线的阻抗不匹配将引起传输信号的反射，使数字波形产生振荡，造成逻辑混乱。当负载阻抗等于传输线的特征阻抗时，信号反射就可以消除。

（4）输入、输出线在连接器端口处应加高频去耦电容。通常 I/O 信号的频率要低于时钟频率，所以高频去耦电容的选择应能保证 I/O 信号正常传输，且可滤除高频时钟频率及其谐波。该高频去耦电容是为了抑制差模干扰，包括沿 I/O 线进入印制板和从印制板出去的干扰，所以该电容应接在 I/O 线的信号线与地线之间。

（5）印制电路板的外接电缆。合理安排系统内部各模块的衔接(包括各 I/O 口在电路板上的位置、方向)，尽量缩短模块间印制电路板的外接电缆，可以防止信号串扰、减少电缆的共模辐射。

4．布线设计原则

1）走线长度尽可能短

信号被传输后，它会在走线的整个长度上进行传输，相应的放射也会是传输线的长度。所有这些必须在信号的上升期间发生，否则走线就会作为传输线而影响信号品质，甚至造成信号失真无效。之间的距离应尽可能大。

2）避免 PCB 导线的不连续性

迹线宽度不要突变，避免 90°拐角走线。90°拐角走线会增加走线的长度，并增加走线的寄生电容。有非常快的边沿变化速度时，这些不连续会造成信号发射，产生严重的信号完整性问题，建议使用 45°走线。如要使用 90°走线，建议将拐角处圆整，以减小拐角处宽度的变化。

3）PCB 走线中应遵循 3*W* 法则

所有走线分隔距离应满足：走线边沿间的距离大于或等于 2 倍的走线宽度，即中心线之间的距离为走线宽度 *W* 的 3 倍。在 PCB 迹线间会发生串扰现象，使用 3*W* 法则可有效解决这一问题。3*W* 法则代表了逻辑电流约 70％的通量边界，若要求 98％的通量边界则需用 10*W*(如图 11－3 所示)。

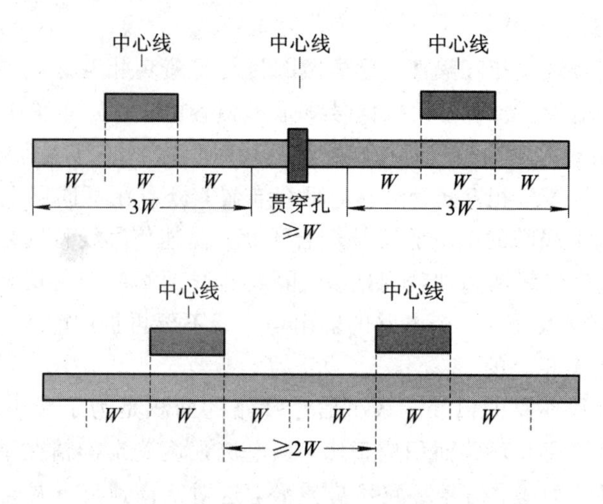

图 11-3 3W 设计原则

4) 短截线

短截线会产生反射，同时也会潜在增加波长可分的天线到电路的可能。虽然短截线长度可能不是任何在系统的已知信号的波长的 1/4，但是附带的辐射可能在短截线上产生共鸣。因此，应避免在传送高频率和敏感的信号路径上使用短截线。

5) 最小化环面积

保持信号路径和其地返回线紧靠在一起将有助于最小化地环，避免出现潜在的天线环。对于高速单端信号，有时如果信号路径没有沿着低阻地位面走，地线回路可能必须沿着信号路径布置。

6) 过孔

过孔一般被广泛使用在多层印制电路板中。但是过孔的运用同时也带来了很多问题，如辐射、地弹噪声耦合，这些影响信号的完整性，降低 EMC 性能。特别在铺设高速信号通道时，应该对过孔设计给予足够的考虑。对于高速的并行线(例如地址和数据线)，如果层的改变是不可避免的，则应该确保每根信号线的过孔数一样。

11.2.3 印制电路板的叠层设计

在设计印制电路板(PCB)时，首先需要确定布线层和电源(地)平面的层数，即叠层设计，这取决于 PCB 的功能要求、噪声和 EMC 指标以及价格限制等。如前所述，恰当地采用带状线和微带线结构，不但可以抑制 PCB 的射频电磁辐射，而且可以保证信号的完整性。实际上这两者相互关联，能够实现较好的信号完整性，波形反射和抖动会比较小，向空间的 RF 辐射也会随之减小。EMC 设计的一个基本原则是尽可能地在 PCB 级就把 RF 电磁辐射抑制下去，而非将压力转移到金属机箱或其他屏蔽设计上。为了达到这一目的，最好的方法就是在 PCB 中嵌入适当的金属参考平面(电源层或地层)，通过减小射频源分布阻抗以达到降低 RF 辐射的目的。本节将给出多层 PCB 性能优化的基本设计方法，在实际工程中可以根据 PCB 功能要求、布线层数和 EMC 指标要求进行适当的修正。

1. 单面 PCB 设计

单面 PCB 通常用于不含时钟(周期)信号的产品，或者用于模拟信号的仪器或控制系统中。在单面 PCB 上，走线带的布局会受到空间的很大限制，因而必须精心设计 PCB 的走线方式。单面 PCB 的工作频率不会超过 MHz 量级，因为高频电路所需要的工作条件在单层板上很难得到满足，一些典型的情形包括：

(1) 单面 PCB 走线带的集肤效应会使走线带在高频条件下具有很大的电感。

(2) 单面 PCB 的完整闭合回路通常不能满足射频(RF)电流回流路径的要求。

(3) 单面 PCB 的回路控制难度大，很难避免产生磁场和环路天线效应。

(4) 单面 PCB 对外界电磁环境干扰比较敏感，如静电放电(ESD)、快脉冲、辐射和传导射频(RF)干扰等。

虽然单面 PCB 中信号转换边沿的速率较慢，通常不必考虑终端匹配和信号完整性问题，即 PCB 走线带的物理尺寸是电小(短)的(未达到构成传输线的长度)，但是因为缺乏 RF 回流路径和通量对消条件，PCB 上的 I/O 连接器将成为很好的辐射天线。

设计单面 PCB 一般应从电源线和接地线开始，然后再设计高风险信号线(比如振荡信号)，信号线应尽可能地靠近接地线，只要物理空间允许，越近越好。这两步设计完成以后，再进行其他走线带的设计，重点考虑以下几方面的设计要素：

(1) 确定关键电路走线的电源和接地点。

(2) 划分子功能区后分别走线，走线时重点考虑避免或减少元件及其相关的 I/O 口和连接器的电磁辐射问题。

(3) 将最关键的电路走线的所有元件邻近放置。

(4) 如果需要在多个点位接地，则要确定这些接地点是否需要连接在一起；如果需要，则要考虑如何连接在一起(走线一定要短，但也要注意工艺美观问题)。

(5) 在设计其他走线带时，必须对 RF 信号线采取通量对消措施，同时还要注意确保 RF 回流路径始终是有效和完整的。

要特别注意，单面 PCB 设计必须避免电源线和地线存在多余的回路面积，因为这些回路相当于很好的环天线；同时，关键走线带的 RF 回流路径一定要完整，否则会使走线带成为很好的线天线(共模电流辐射)。标准做法是：非对称放置不同封闭尺寸的元件；若采用相同电源要求的元件时，电源线与地线相邻布置以避免形成环路。总之，当频率比较高时，要同时考虑走线带的阻抗和对应的回流路径；当频率比较低时，则可以忽略走线带的阻抗，但是必须精确设计直线带的拓扑结构，最关键的就是不能形成电源线与地线之间的环路。

2. 双面 PCB 设计

双面 PCB 的电源和地线走线带一般分别置于顶层和底层上，因有两层可以利用，即可尽量减小回路面积。在顶层地线布线时，可以用接地线填充布线剩余的空间，使之成为回流路径，在减小回路面积的同时还可以减小射频(RF)回流的阻抗。在进行地线填充时，须尽可能地在多个位置与零电位参考点连接。

需要指出的是，切勿将双面 PCB 与双层 PCB 混淆，实际上并不存在所谓的双层 PCB，这一点对于 EMC 标准化设计特别重要。当分析双面 PCB 的 EMC 设计时，若 PCB 整板的标准厚度为 1.6 mm(0.062 in)，虽然存在顶层(装有元件的一层)和底层(接地或零电位)，但仍然认为 RF 回流路径处在顶层之中(如图 11-4 所示)，其原因主要有两个方面：一是双面 PCB 顶层到参考平面层的距离与 8 倍走线带宽度(8W)相当，在这个距离上能量对消的作用就不大了；二是在顶层上的信号线靠近接地线(零电位走线带)，两走线带之间的距离远小于其到底层参考平面的距离。也就是说，当任意一条 RF 信号走线带的回流路径与信号线的距离超过 1W 时，即意味着距离很大(电磁场在 PCB 走线带之间的有效分布约为 1W 宽度)，于是回流通量对消失效，因此会产生比较明显的 RF 电磁辐射。

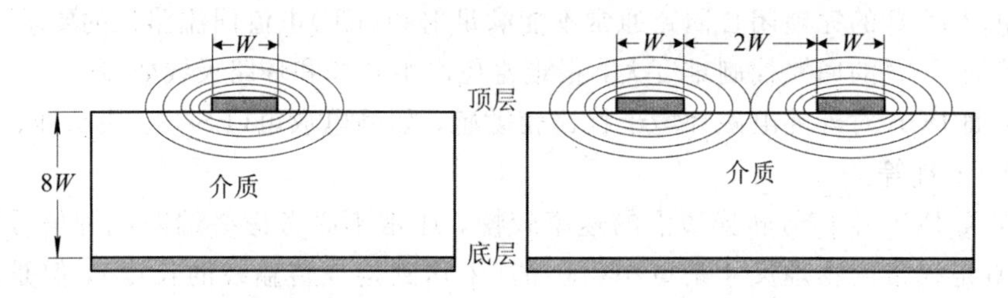

图 11－4　双面 PCB 走线带 RF 回流路径位置

进行双面 PCB 设计时，最好的方法是将其看成两个单面 PCB 来进行设计，即顶层和底层都采用单面板的设计规则和设计技术进行。任何情况下都要保证接地环路的要求，同时要为 RF 回流提供可实现的走线通路。

3. 四层 PCB 设计

四层 PCB 的结构包含多种方式，如图 11－5 所示，可以分为层间距相等与层间距不等两种形式。使用接地参考平面可以增强 RF 电流的通量对消能力，信号层到参考平面的物理尺寸比双面 PCB 小得多，故 RF 电磁辐射可被减弱。但是，对电路和走线带产生的 RF 电流仍然缺乏有效的通量对消设计，其原因与双面 PCB 的情形类似，即 RF 源走线带与回流路径间的距离仍然比较大。

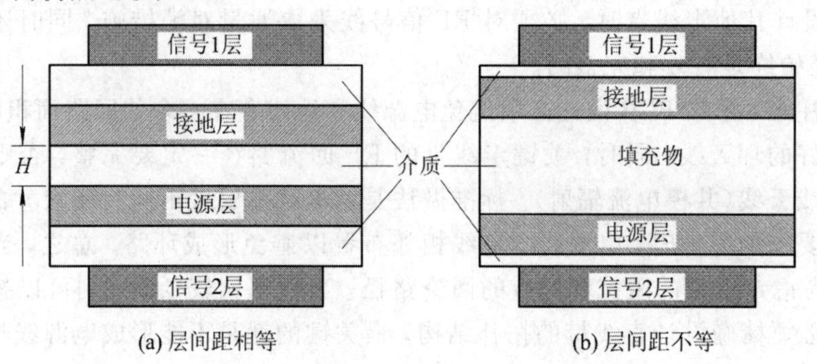

图 11－5　四层 PCB 外层为信号层的叠层结构

在层间距相等的结构形式中，如图 11－5(a)所示，为获得最低的电源阻抗，层间距 H 应尽可能地小；信号 1 层和信号 2 层的走线带阻抗比较高，可以达到 105～130 Ω。除非在信号层布设一条靠近电源层的接地走线带，否则 RF 回流难以连续地返回发射源头。在层间距不等的结构形式中，如图 11－5(b)所示，可将回流路径与信号层的间距变得很小，因此该结构具有很强的通量对消特性，信号 1 层和信号 2 层的阻抗可以根据需要进行不等间隔设计；由于电源层与接地层相距较大，两层之间退耦作用几乎为零，故需要安装分立退耦电容；与层间距相等的结构形式一样，信号层 RF 回流难以连接返回源头，因而需要在信号层布设靠近电源层的接地走线带；此外，加厚的介质填充层会导致四层 PCB 加工困难。

四层 PCB 的另一种结构如图 11－6 所示。它与图 11－5 不同的是，这种结构的外层分别为电源层和接地层，信号层位于两者的中间。如图 11 - 6 所示的是一种层间距相等的结构形式，当然也可以采用介质填充材料制成层间距不等的结构形式。这种叠层结构的主要特点在于：

(1) 可以有效防止走线带的 RF 射频辐射。不过，内部走线带的 RF 辐射可以通过元件引脚(引线端子)泄漏至外层，因此在元件装配设计时必须考虑为 RF 回流提供恰当的路径。

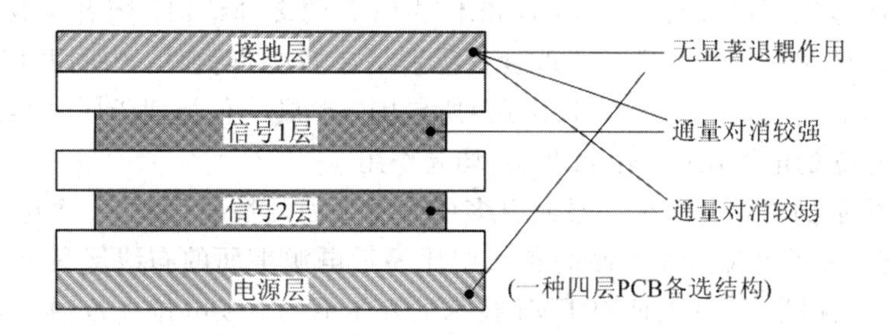

图 11 - 6　四层 PCB 内层为信号层的叠层结构

(2) 外层为整板金属(电源、地)参考平面，内部为信号层，因而很难甚至是不可能修复装配损伤，而且很难进行测量与调试。

(3) 外层金属板相当于一个大散热片，因而在 PCB 的元器件装配中焊接十分困难，可能会引起冷焊连接。

(4) 电源层与地层间距较大，退耦作用不明显，需外接比较多的分立退耦电容；若上、下两个平面均为接地层，则需要在信号层布设电源走线带。

(5) 信号 1 层相对信号 2 层而言，因其与接地平面更近，所以信号 1 层比信号 2 层具有更好的通量对消特性。

4. 六层 PCB 设计

六层 PCB 有很多种组合结构，但常用的结构形式主要有以下三种：

(1) 四个布线层，两个参考平面位于中间层。

第 1 层：微带线层(元件层)；第 2 层：埋入式微带线层；第 3 层：接地参考平面层；第 4 层：电源参考平面层；第 5 层：埋入式微带线层；第 6 层：微带线层(底层)。

这种结构的电源一地平面阻抗比较低，改变了全部元件的退耦特性。第 2 层靠近接地参考平面(第 3 层)，所以在第 2 层应尽量布置 RF 走线带；第 5 层也可以作为 RF 走线，但必须预先确认所有 RF 回流的路径存在且连续。第 1 层和第 6 层这两个外层不能布设对 RF 环境敏感的走线带，因其直接面对外部电磁环境。

(2) 四个布线层，两个参考平面位于第 2、5 层。

第 1 层：可布线层；第 2 层：接地参考平面层(距离电源层较远，退耦作用不明显)；第 3 层：最佳布线层；第 4 层：可布线层；第 5 层：电源层(距离地层较远，退耦作用不明显)；第 6 层：可布线层。

这种布线的主要优点在于：布线层阻抗低，有利于提高信号完整性，同时电源层和接地参考平面中对内部布线层有较好的屏蔽作用；其缺点是电源与地之间的退耦作用不明显。

(3) 三个布线层，三个参考平面。

第 1 层：微带线层(元件层)；第 2 层：电源平面；第 3 层：地平面；第 4 层：带状线平面；第 5 层：地平面；第 6 层：微带线层(低层)。

这种结构的实用性不强，主要是具有概念上的价值。在真正的应用中，往往把第 4 层转化为接地层，可加强电源退耦能力并获得较低的传输线阻抗。

5. 八层和十层 PCB 设计

应用前面的概论可以设计八层 PCB 和十层 PCB 的多种结构。随着层数的增多，结构的阻抗控制和通量对消特性会进一步改变。特别是在多层布线时，中间两层信号线(如第 5、6 层)可以被两个接地平面(如第 4、7 层)所包围，形成一种类似于同轴线的结构，其退耦功能对两个独立的电源层(如第 3、8 层)均起作用。

上面的叠层示例中，包含有三层或更多层参考平面的情况(例如 1 个电源层和 2 个接地层)，此时更靠近零电位参考平面的布线层比靠近电源平面的布线层具有更高速度信号的走线特性，其依据是 PCB 上抑制 EMI 技术的基本概念。零电位平板通常都采用螺钉固定在机架上，即将参考平面强制固定在地电位上。如果参考平面固定在地电位，其电位将无法改变，就会产生接地“反冲”和板间“感应噪声电压”现象。如果零伏参考平面紧紧固定在地电位上，通常在许多设计中就只有电源平面受 PCB 结构所产生的开关信号频率的影响。

集成芯片(源)在 PCB 中的大电流与 PCB 叠层参考平面的位置有关。集成芯片通常由管壳电容耦合到大金属结构上，包括散热片和附近的屏蔽箱体，会引起显著的辐射干扰。这种耦合会由于不同的叠层安排而加剧或减弱。在多层板的接地平面被合并为一层时，可以增强抑制 RF 能量的作用，因其减小了组合到机壳上的寄生电容，在设计叠层时，必须考虑这一基本的原理。

11.3 印制电路板的 EMC 实现

11.3.1 时钟电路

时钟电路包括振荡器、缓冲器、驱动以及相关元件(包括主动及被动元件)，它们和分布导线是 PCB 产生辐射的重要来源。RF 辐射直接与主动元件的上升/下降时间有关。

1. 元件布置

将时钟电路放在 PCB 中央位置或 PCB 上金属铜柱的接地点，而不要放置在边缘或是邻近 I/O 电路区域。如果时钟要连接到附属卡或排线上，则应将时钟电路远离 PCB 内部连接线，直接在连接器处对时钟线作终端处理，避免时钟线因未连接适当终端变成开路状态，而等效成一单极天线。将振荡器及晶体直接安装在 PCB 上，不要使用接插件。接插件会增加接脚长度电感，使得辐射及耦合路径增多。只把与时钟电路有关的线路放在时钟发生器区域，避免放置其他轨线接近、穿越此时钟区域。在时钟电路周围使用法拉第笼，围绕时钟放置一圈的接地线。

2. 区域性接地平面

将时钟电路放置在单一的区域性地平面上，此区域性地平面需在第一层，并且直接经由振荡器的接地脚及最少两个贯穿孔接到极板的地平面，此地平面同时应邻近接地铜柱且接到接地铜柱上。使用区域性接地平面的最主要理由如下：

振荡器内部电路产生 RF 电流，如果振荡器装在金属壳中，其 DC 接地柱同时可当作 DC 电压参考位及 RF 电流接地路径。若所选用的振荡器产生的 RF 电流很大，以至于接地脚无法足够地将此 RF 电流导引至接地端，使金属壳体变成一单极天线，与其最近的接地平面相隔较远，那么就无法提供足够的辐射耦合路径给 RF 电流接地。

在振荡器及时钟电路正下方放置一区域性地平面，可提供一映像平面以捕捉产生于振荡器内部及相关线路上的共模 RF 电流，因而可降低 RF 辐射。同时，为了将差模 RF 电流也导引至此区域地平面，必须提供多重连接至系统的地平面。由区域地平面、极板第一层至板子内部地平面的贯穿孔可提供低阻抗的接地路径。为强化此区域地平面效果，时钟产生器线路应靠近机壳接地处，以 360°的贯穿孔连接垫连接，以确保其连接的低阻抗。

当使用区域地平面时，不要将其他线布在该平面内，否则会破坏映像平面的功能。如果轨线经过区域地平面，会造成接地回路电位及接地平面的不连续性。

相关电路必须临近于振荡器，以便扩展区域地平面将相关电路包含进来。一般来说，一个振荡器推动一个缓冲器，缓冲器又是一个快速边沿元件，其以大幅度变化的电压及电流注入信号轨线，使得共模和差模 RF 电流同时存在，就可能造成 EMI 问题。

3. 阻抗控制

对时钟线要进行阻抗控制，应选择适当的轨线宽度及其与最近平面的距离，具体计算公式见式(11-7)～式(11-10)。

4. 传输延迟

传输延迟是导线每单位长度的电容量的函数，此电容量又是介电常数、导线宽度、轨线与映像平面间高度的函数。以 G-10 玻璃纤维板($\varepsilon_r=5.0$)上的微带线为例，其传输延迟为 1.77 ns/ft；以 FR-4 材质($\varepsilon_r=4.6$)上的带状线为例，其传输延迟为 1.72 ns/ft(1 ft=0.3048 m)。

5. 去耦合

时钟电路元件应加设电容器作 RF 去耦合，这是因为产自这些元件的切换能量会注入电源及接地平面，这些能量会转移到其他电路或子系统，形成 RF 噪声。对所有时钟区域除了要加设去耦合电容外，还要再加设高频去耦合电容。所选电容谐振频率要大于所需压制的时钟谐波，一般应考虑到时钟的第五次谐波。

6. 轨线长度

在摆放时钟或是周期信号元件位置时，调整其位置使其可达到最短布线长度及最少贯穿孔数，因为贯穿孔会增加轨线的电感。若时钟或周期信号要从一层布线到另一层，穿越点应利用元件的引脚，以减少额外的贯穿孔，降低轨线电感。在 I/O 元件或连接器附近 2 英寸内，任何时钟或周期信号边沿速率应低于 10 ns，以防止周期信号产生的 RF 电流进入 I/O 电路。

7. 阻抗匹配

当信号的边沿很高时，需要考虑此路径上的信号传输及反射延迟。如果由源到负载的传输时间大于信号边沿时间，则将其视为一典型长线，此长线可能造成串扰、振荡及反射等问题。

8. 布线层

如果使用串联电阻，则应直接将电阻连接到元件的脚位而不要在其中放置贯穿孔。将电阻放在顶层连接在元件输出脚的旁边，在电阻之后接一贯穿孔至内部的信号层，相邻映像平面会以地平面优于电源平面，因为地平面对 RF 电流有较好的消除效果。对六层以上板，不要将时钟线布置在底层(即地平面和电源平面之下)，板子的下半层通常留给大信号汇流排及 I/O 电路。当对时钟或快速信号布线时，经常需要将布线贯穿至另一个布线层，称其为跳跃。当跳跃发生在由水平方向层至垂直方向层时，返回电流无法同样跳跃。因为在贯穿孔处存在不连续性，返回电流需要找一条低阻抗路径，而此路径可能不会在贯穿孔附近，因此在该轨线上的 RF 电流会耦合到其他电路而造成 EMI 问题。

9. 串扰

在 PCB 上轨线间的串扰现象，不仅发生在时钟或是周期信号上，也会发生在数据、位地址、控制线及输入/输出线上。高速信号、类比电路及其他高危险信号可能因感应来自其他电路的串扰而被破坏；同时，高速信号可能会耦合至其他低速或敏感电路，引起 EMI 及功能上的问题。串扰主要由并行线间的互感和电容引起，线间距越小，串扰越大，同时正比于频率及受害电路的阻抗。使用 3*W* 规则和减少并行长度可有效降低线间串扰。

10. 终端处理

为防止因特性阻抗不匹配造成信号破坏，需进行终端处理。当将周期信号以菊花链方式走线时，会产生反射(除非负载间的距离很短)。因此，对于快速边沿信号，辐射状布线方式要优于菊花链方式，且每一个元件迹线都应以其自身的特性阻抗作终端。根据几何布局、元件数量以及电力消耗等方面，选择适合的终端方式。主要的终端方式有以下几种：

(1) 串联终端电阻。此方式适用于所有的负载都在迹线的尾端，且驱动元件输出阻抗小于迹线有负载的特性阻抗时或是扇出数较少时。

(2) 并联终端电阻。电阻阻值必须等于迹线的特性阻抗，且大约等于源阻抗，电阻另一端接到参考源，通常接地。其主要缺点是增加了 DC 电力消耗，因此电阻值通常为 50～150 Ω。

(3) 戴维宁网络。此方式连接电阻的一端到电源，另一端接地，可确保逻辑 0 与 1 间的转换正确。对 TTL 逻辑来说，戴维宁终端最好。当使用 CMOS 元件时，要注意电压基准位与输入电压的转换关系，电阻值选择不当可能会造成临界值变动。

(4) *RC* 网络。此方式下 TTL 和 CMOS 电路都能工作得很好。电阻值要配合迹线阻抗，电容可保持元件的 DC 电压基准位，结果只在转换时才有 AC 电流流到地。虽然 *RC* 信号网络会使信号有些许延迟，但与一般并联终端方式相比较，*RC* 网络的电力消耗较少。

(5) 二极管网络。此方式通常用在成对信号上，二极管主要是用来限制迹线上的过冲现象，同时又有很小的电力消耗。其缺点是二极管对高速信号响应较慢，虽然可以防止在接收端的过冲，迹线上仍会产生反射现象。

11.3.2 输入/输出及内部连接

在 PCB 上，I/O 及相关连接电路是一个对 RFI、ESD 及其他传导和辐射干扰相当敏感的部分。I/O电路的大部分EMI问题来自于以下方面：

(1) I/O界面元件内部的共模耦合。

(2) 电源平面杂波耦合至I/O电路及导线。

(3) 时钟信号经电容性或电感性耦合至I/O线。

(4) RF能量耦合到离开封装的导线上。

(5) 在连接器及信号线上缺少滤波器。

(6) 在信号地、机壳接地、数字地、类比接地间有不适当的连接。

(7) 混合不同的I/O连接器。

I/O电路可能产生与时钟信号一样多的EMI及EMS问题。适当的选择元件及布局可减少传导及辐射RF耦合。I/O必须与PCB上的高RF频宽元件相隔离，且适当与中度RF频宽电路进行隔离。适当使用I/O可通过I/O连接器经由低阻抗路径将RF束缚至机壳上，此低阻抗路径必须将金属连接头周围与机壳接地进行360°完整连接。此外，还应将信号接地以及屏蔽接地在连接头进入处接至机壳，电路工作频率较高时，不能使用猪尾巴方式。I/O驱动器应尽量靠近I/O连接器以减短接线长度，即可减少耦合到其他信号的危险。数据信号通常需要有滤波线路，此滤波器应放置于驱动器与连接器间。

1. 分割

1) 功能上的子系统

每一个I/O都可视为PCB上不同的子系统。要防止子系统间的RF耦合，需要用到隔离技术。功能上的子系统包含有一群元件及其相关电路，将元件彼此靠近可缩短布线长度并使功能最优化。

2) 宁静区域

宁静区域是一个将数字电路、类比电路、电源及接地平面等隔离的区域，可防止PCB上其他干扰源耦合至敏感电路。宁静区域的使用须采用分割或壕沟的方式，即：

(1) 进出I/O信号必须要100％地隔离，可使用隔离变压器或光耦合元件。

(2) 数据信号滤波器。

(3) 经由一高阻抗共模电感器作滤波或以一铁氧体元件保护。

3) 辐射杂波耦合

通过分割以防止内部的RF耦合。

2. 过流保护

有些PCB会提供AC或DC电源给外部连接线，如键盘、外接SCSI设备、以太网连接单元接口AUI、光纤分布式接口FDDI、遥测元件等，这些外接电压需要符合产品的安全规定要求。EN 60950 Section 5.4.9(类似于UL1950或CSA C22.2＃950)的规定如下：

(1) 在42.4 V峰值以下的电路，应要限制输出电流(在任何负载情况下)不能超过8 A。

(2) 在42.4 V峰值以下的电路，若开路电压在0～21.2 V，则应有5.0 A额定电流的保护元件；若开路电压在21.2～42.4 V，则应有3.2 A额定电流的保护元件。

(3) 任何离开PCB至外部连接器的AC或DC电压应有限制电流的元件，或是符合安全规范的保险丝。

11.3.3 背板及附属卡

1. 路径及分割

在背板及主机板间，或是主机板与子板间连接的不连续处，会有系统中的差模 RF 电流辐射出去。背板通常包含许多时钟及信号线，而共用单一的接地返回路径。当在整个连接器中都分配有接地引脚时，可使回路面积最小，进而防止高准位 RF 电流耦合到其他元件或子系统中。在多层板中使用地作为返回平面，以及在连接器的时钟或信号线间加接地脚位，可使 PCB 上的环路得以控制。在连接器尚未定义脚位配置时，应把最高频、最快边沿速度信号调整到最短长度的脚位位置，把最低频、最慢边沿信号调整到最长长度的脚位位置。

2. 背板结构

对于子板及插入式模组，须注意以下几个方面：

1) 纯净的电源平面

电源供应器的切换杂波、来自于系统其他部分的辐射或传导耦合 RF 电流、电压降以及地弹跳等，都会影响提供给元件及附加卡使用的电源纯净度。当背板插上很多卡时，可能会发生电压降，使得插在一边的卡消耗的功率大于另一边的卡消耗的功率。地弹跳一般会发生在大功率消耗电路元件处于最大负载下同时切换时，这会损坏信号的功能特性，而去耦合电容可以移除由元件注入电源平面的高频 RF 电流。大容量电容器可防止电压降以维持适当电位基准。在背板上，必须针对每种附加模组，提供适当的分离电容器以消除地弹跳；对背板上每一个 I/O 连接器都应提供充分的去耦合电容及大容量电容，以降低弹跳并维持系统信号的纯净度；应将电源平面相邻于接地平面，以降低平行电源平面的动态阻抗。

2) 平行重叠迹线的信号品质

在背板上存在很多并行较长的走线，由于存在线间串扰及接地孔洞，相邻信号线间会产生交叉耦合。

3) 阻抗控制及电容性负载

当把多层板放入背板时，背板的特性阻抗会随之发生改变，此时需要对负载特性阻抗加以探讨而使其能匹配该阻抗。

4) 板间 RF 电流耦合

此情况经常被设计人员所忽略。在对多层板作规划时，只把每一块板子当作一个独立的个体，而没有考虑到它是否会组合在一起使用，或者使板子相邻于一个含有高危险信号的 PCB 板。对于那些无法使用接地平面，而又会发生相邻板间 RF 电流耦合的情况，需要外加一层金属屏蔽层，如图 11-7 所示。

5) 子卡至卡槽—场强的转移耦合

子卡至卡槽—场强的转移耦合情况类似于板间 RF 电流耦合，只是由板子所产生的 RF 场耦合到底盘及卡槽上。此场强最严重的影响是在背板及卡槽间造成一个共模电位，使得频谱能量进入背板及子卡中。将背板与卡槽以短路方式连接起来以去除这些电位分布，可以减少板子对背板及卡槽间的场强转移耦合。

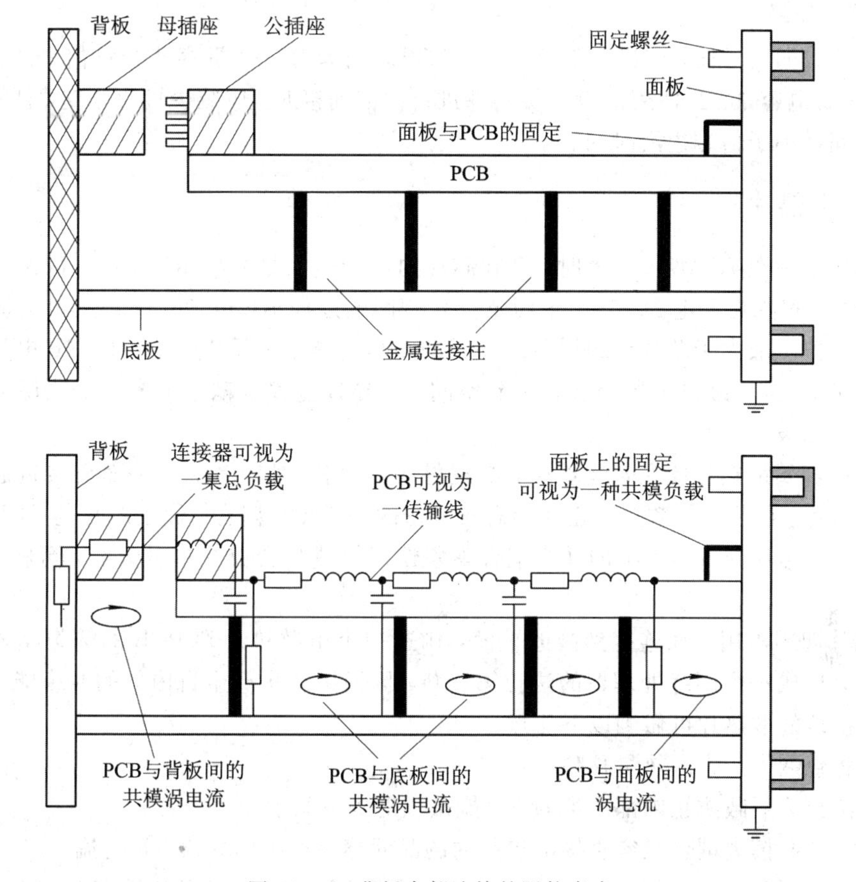

图 11-7　背板内部连接的阻抗考虑

6）层的数目

背板至少要用四层板结构(两层布线层及电源和接地平面)。在四层板中，外层一般用作信号布线，内层依次为接地及电源。如果需要用到阻抗控制，那么任意两层的间距可能并不相同。

7）连接器槽位数目

要先知道将连接到背板的时钟或周期信号的最快边沿速率，以计算最长的电气长度。如果有很多连接器，则要量测其相距最远距离。当插有很多卡或是两连接器距离很远时，要进行最差状况的时域分析，观察是否会发生波形失真，是否需要进行信号线终端匹配。

3. 内部连接

在背板内部使用很多连接器时，背板与负载间会产生一个总的延迟，此时必须考虑 I/O 数据的传输能力。对 I/O 连接器的要求如下：

(1) 使所有的不连续性越少越好，使得传输时间小于边沿时间。

(2) 在使用脚位空间中尽可能多地使用接地脚位。

(3) 对连接器建立一个共通的接地。

(4) 使用适当的介电常数的机板材料。

(5) 使接地路径尽可能靠近信号路径。

4. 信号布线

对于所有的信号线，应避免平面间的贯穿孔，因为每一个贯穿孔会对信号线产生 1～3 nH 的集总电容量。当使用 I/O 连接器并进行内部连接时，应减少短的分支，且使分支传输延迟时间远小于信号边沿时间。

11.3.4 散热片

当信号频率在 75 MHz 以上时，会在芯片内部产生大量共模 RF 电流，散热片可当作去耦合电容，移除位于电源、接地平面及信号脚间的差模 RF 电流。在 PCB 中，芯片到映像平面的距离一般大于芯片到顶层包装外壳的距离，芯片内部产生的共模 RF 电流不易耦合到映像平面上，因此 RF 能量会辐射到空间中，导致差模去耦合电容无法去除元件内部产生的共模杂波。

若将一金属散热片放在包装顶层，则提供了一个比 PCB 上映像平面更接近芯片的映像平面。因此，在芯片与散热片之间会有较紧密的共模 RF 耦合，优于芯片与 PCB 映像平面间的耦合。芯片到散热片上的共模耦合现象使得散热片变成一单极天线，可将 RF 能量辐射出去。

散热片四周需用金属连接到接地平面，构造一个由散热片到 PCB 的篱笆结构将元件包封起来，形成一个围绕处理器的法拉第屏蔽，因而可防止产生自内部的共模能量辐射出去。使用接地的散热片可做到以下几点：

(1) 将包装内产生的热量移除。

(2) 法拉第屏蔽防止内部产生的 RF 能量辐射到空间中。

(3) 一个共模去耦合电容直接由包装内的晶元移除产生的共模 RF 电流。

采用接地的散热片，要确定所有篱笆接脚围绕处理器并连接到 PCB 接地平面，在每一个接地点上安装并联去耦合电容，通常以 0.1 μF 并联 0.001 μF 及 0.01 μF 并联 100 pF 交错的方式焊接安装。

11.3.5 元件组

常用的有两种基本的电子元件组：有引脚的元件和无引脚的元件。有引脚线元件会产生寄生效果，尤其在高频时。该引脚形成了一个小电感，其值大约是 1 nH/mm。引脚的末端也能产生一个小的电容性效应，其值大约有 4 pF。因此，引脚的长度应尽可能短。与有引脚的元件相比，无引脚且表面贴装的元件的寄生效果要小一些。其典型值为 0.5 nH 的寄生电感和约 0.3 pF 的终端电容。从电磁兼容性的观点看，表面贴装元件效果最好，其次是放射状引脚元件，最后是轴向平行引脚元件。

1. 电阻

由于表面贴装元件具有低寄生参数的特点，因此表面贴装电阻总是优于有引脚电阻。对于有引脚的电阻，应首选碳膜电阻，其次是金属膜电阻，最后是线绕电阻。

由于在相对低的工作频率下(约 MHz 数量级)，金属膜电阻是主要的寄生元件，因此其适用于高功率密度或高准确度的电路中。线绕电阻有很强的电感特性，因此在对频率敏感的应用中不能使用。它最适合用在大功率处理的电路中。

在放大器的设计中，电阻的选择非常重要。在高频环境下，电阻的阻抗会因为电阻的电感效应而增加。因此，增益控制电阻的位置应该尽可能地靠近放大器电路，以减少电路板的电感。在上拉/下拉电阻的电路中，晶体管或集成电路的快速切换会增加上升时间。为了减小这个影响，所有的偏置电阻必须尽可能靠近有源器件及其电源和地，从而减少 PCB 连线的电感。

在稳压(整流)或参考电路中，直流偏置电阻应尽可能地靠近有源器件以减轻去耦效应(即改善瞬态响应时间)。在 *RC* 滤波网络中，线绕电阻的寄生电感很容易引起本机振荡，所以必须考虑由电阻引起的电感效应。

2. 电容

由于电容种类繁多，性能各异，选择合适的电容并不容易。但是使用电容可以解决许多 EMC 问题。接下来的几小节将描述几种最常见的电容类型、性能及使用方法。

铝电解电容通常是在绝缘薄层之间以螺旋状缠绕金属箔而制成，这样可在单位体积内得到较大的电容值，但也使得该部分的内部感抗增加。

钽电容由一块带直板和引脚连接点的绝缘体制成，其内部感抗低于铝电解电容。陶质电容的结构是在陶瓷绝缘体中包含多个平行的金属片。其主要寄生为片结构的感抗，并且通常会在低于 MHz 的区域造成阻抗。

绝缘材料的不同频响特性意味着一种类型的电容会比另一种更适合于某种应用场合。铝电解电容和钽电解电容适用于低频终端，主要是存储器和低频滤波器领域。在中频范围内(从 kHz 到 MHz)，陶质电容比较适合，常用于去耦电路和高频滤波。特殊的低损耗(通常价格比较昂贵)陶质电容和云母电容适合于甚高频应用和微波电路。

为得到最好的 EMC 特性，电容具有低的 ESR(Equivalent Series Resistance，等效串联电阻)值是很重要的，因为它会对信号造成大的衰减，特别是在应用频率接近电容谐振频率的场合。

3. 电感

电感是一种可以将磁场和电场联系起来的元件，其固有的、可以与磁场互相作用的能力使其潜在地比其他元件更为敏感。和电容类似，适当地使用电感也能解决许多 EMC 问题。开环和闭环是两种基本类型的电感，其不同点在于内部的磁场环。在开环设计中，磁场通过空气闭合；而在闭环设计中，磁场通过磁芯完成磁路。电感比起电容和电阻而言的一个优点是它没有寄生感抗，因此其表面贴装类型和引线类型没有什么差别。

开环电感的磁场穿过空气，这将引起辐射并带来电磁干扰(EMI)问题。在选择开环电感时，绕轴式比棒式或螺线管式更好，因为这样磁场将被控制在磁芯(即磁体内的局部磁场)中。对闭环电感来说，磁场被完全控制在磁芯，因此在电路设计中这种类型的电感更理想，当然它们也比较昂贵。螺旋环状的闭环电感的一个优点是：它不仅将磁环控制在磁芯，还可以自行消除所有外来的附带场辐射。

电感的磁芯材料主要有铁和铁氧体两种类型。铁磁芯电感用于低频场合(几十千赫兹)，而铁氧体磁芯电感用于高频场合(可达到 MHz 级)。因此铁氧体磁芯电感更适合于 EMC 应用。

在 DC－DC 变换中，电感必须能够承受高饱和电流，并且辐射小。线轴式电感具有满足该应用要求的特性。在低阻抗的电源和高阻抗的数字电路之间，需要 *LC* 滤波器，以保证电源电路的阻抗匹配，如图 11－8 所示。

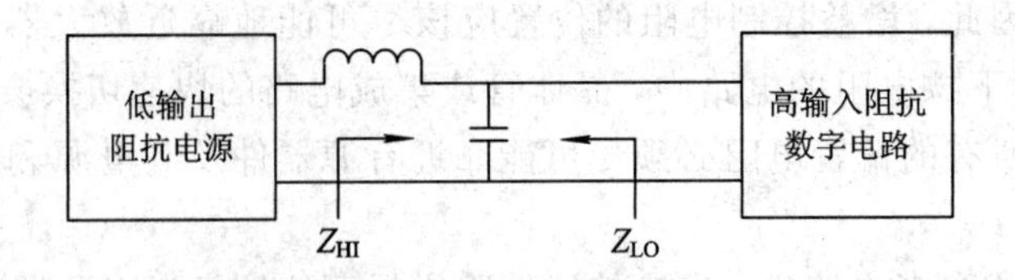

图 11－8 *LC* 滤波器

电感最广泛的应用之一是用于交流电源滤波器，如图 11－9 所示。其中，L_1是共模扼流圈，它既通过其初级电感线圈实现差分滤波，又通过其次级电感线圈实现共模滤波。L_1、C_{x1}和C_{x2}构成差分滤波网络，以滤除进线间的噪声。L_1、C_{y1}和C_{y2}构成共模滤波网络，以减小接线回路噪声和大地的电位差。对于 50 Ω 的终端阻抗，典型的 EMI 滤波器在差分模式下能降低 50 dB/十倍频程，而在共模模式下能降低为 40 dB/十倍频程。

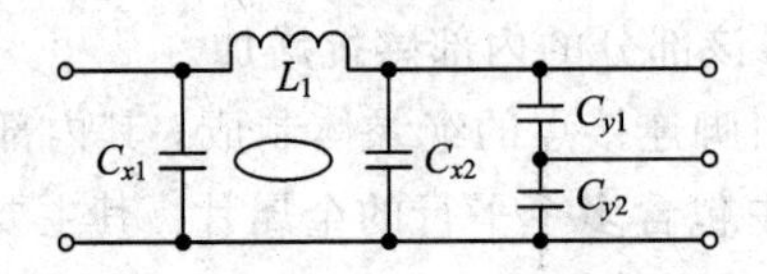

图 11－9 *AC* 电源滤波器

4. 二极管

二极管是最简单的半导体器件，由于其独特的特性，某些二极管有助于解决并防止与 EMC 相关的一些问题，表 11－4 列出了典型的二极管特性。许多电路为感性负载，在高速开关电流的作用下，系统中将产生瞬态尖峰电流。二极管是抑制尖峰电压噪声源的最有效的器件之一。图 11－10 举例说明了如何用二极管实现尖峰抑制。

表 11－4 二极管特性

类型	特性	EMC 应用	注释
整流二极管	大电流，慢响应，低功耗	—	电源
肖特基二极管	低正向压降，高电流密度，快速反向恢复时间	一快速瞬态信号和尖脉冲保护	开关式电源
齐纳二极管	反向模式工作，快速反向电压过渡，用于嵌位正向电压(5.1 V ±2%)	ESD 保护，过电压保护，低电容高数据率信号保护	—
发光二极管(LED)	正向工作模式，不受 EMC 影响	—	当 LED 安装在远离 PCB 外的面板上作发光指示时会产生辐射
瞬态电压抑制二极管(TVS)	类似齐纳二极管，只工作于雪崩模式，具有宽钳位电压，钳位正向和负向瞬态过渡电压	ESD 激发瞬态高电压和瞬时尖脉冲	—
变阻二极管(VDR，MOV)	覆盖金属的陶瓷粒(主线保护，快速瞬态响应)	主线 ESD 保护，高压和高瞬时保护	可选齐纳二极管和 TVS

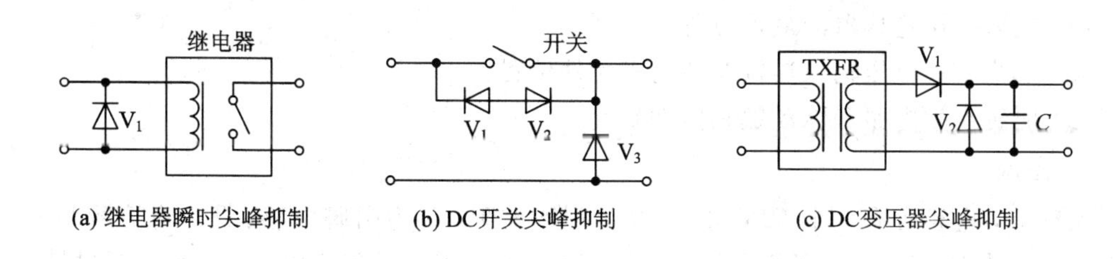

(a) 继电器瞬时尖峰抑制　(b) DC开关尖峰抑制　(c) DC变压器尖峰抑制

图 11-10　二极管的应用举例

11.3.6　旁路、去耦和储能

设计 PCB 时经常要在电路、芯片附近或电源电路中加入一些电容，以满足数字电路工作时的电源低噪声和低波纹的要求。根据其使用功能，可将这些电容分为旁路电容、去耦电容和储能电容三类。

1. 旁路电容

旁路电容的作用是为提高系统配电的质量，降低在印制电路板上从元器件电源、地脚转移出无需的共模射频能量。旁路电容可通过产生交流旁路来消除无意的能量，降低器件的 EMI 分量，另外还可提供滤波功能。通常铝电解电容和钽电容比较适合作为旁路电容，其电容值取决于 PCB 板上的瞬态电流需求，一般在 10～470 μF 范围内。

2. 去耦电容

去耦电容的主要功能是向有源器件提供一个局部的直流电源，以减少开关噪声在板上的传播并抑制噪声对其他芯片的干扰。去耦电容距离芯片越近，其补充电流的环路面积就越小，则电路辐射就会很小，因为电路的辐射强度跟电流的环路面积成正比。

原则上集成电路的每个电源引脚都应布置一个 0.01 μF 的瓷片电容。对于抗噪能力弱、关断时电源变化大的器件，应在芯片的电源脚和地脚之间直接接入去耦电容。陶瓷电容常被用来去耦，其值决定于最快信号的上升时间和下降时间。例如，对于一个 33 MHz 的时钟信号，可使用 4.7～100 nF 的电容；对于一个 100 MHz 的时钟信号，可使用 10 nF 的电容。

去耦电容的一般配置原则是：电源输入端跨接 10～100 μF 的电解电容。如有可能，最好接入 100 μF 以上的电解电容；电路板上每个集成电路的电源端都要对地并接一个 0.01～0.1 μF 高频电容，以减小集成电路对电源的影响，如遇电路板空隙不够，可每 4～8 个集成电路布置一个 1～10 pF 的电容；对于抗干扰能力弱、关断时电流变化大的元件和存储元器件，应该在集成电路电源和地线之间接入去耦电容；电容的引线不要太长，特别是高频旁路电容不能带引线。

3. 储能电容

储能电容可为芯片提供所需要的电流，并且将电流变化局限在较小的范围内，从而减小辐射。储能电容一般放在下列位置：

(1) PCB 板的电源端。

(2) 子卡、外围设备和子电路 I/O 接口和电源终端连接处。

(3) 功耗损毁电路和元器件的附近。

(4) 输入电压连接器的最远位置。

(5) 远离直流电压输入连接器的高密元件位置。

(6) 时钟产生电路和脉动敏感器件附近。

4. 谐振

实际上，电容含有一个 RLC 电路(R 为引脚电阻、L 为引脚电感、C 为电容容量)。当达到某一频率时，L、C 串联组合导致串联谐振，提供了一低阻抗路径；当频率超过谐振点时，电容阻抗呈电感性，使得电容失去旁路或去耦合效果(如图 11-11 所示)。

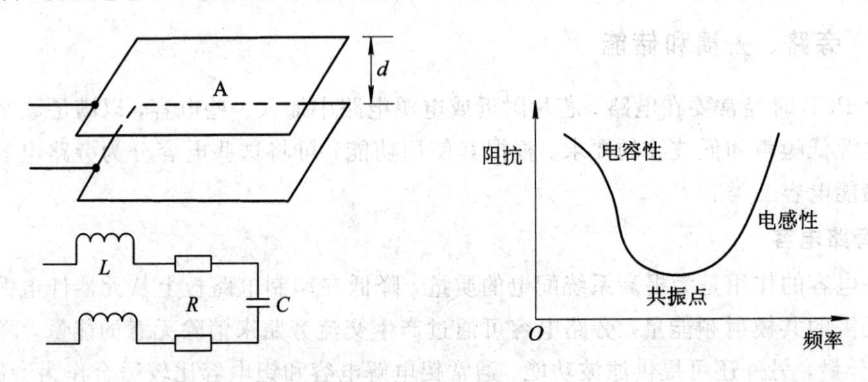

图 11-11 电容的物理特性

旁路及去耦合功能会受到电容引脚长度、元件与电容间接线长度以及贯穿孔焊垫等影响。在电感与电容向量的相位差为零时，会发生谐振，即此时电路对 AC 电流呈纯电阻性。有三种常见谐振形式(如图 11-12～图 11-14 所示)：

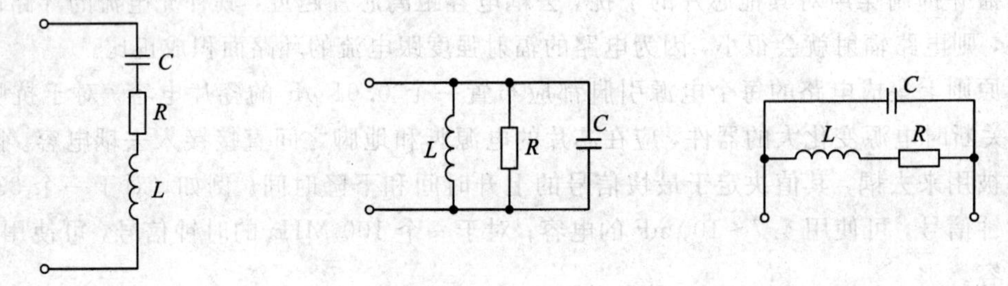

图 11-12 串联谐振　　图 11-13 并联谐振　　图 11-14 并联 C 串联 RL 谐振

(1) 串联谐振$\left(\omega=\frac{1}{\sqrt{LC}}\right)$，此时的特征为：

① 阻抗最低。

② 阻抗等于电阻。

③ 相位差为零。

④ 电流最大。

⑤ 功率最大。

(2) 并联谐振$\left(\omega=\frac{1}{\sqrt{LC}}\right)$，此时的特征为：

① 阻抗最大。

② 阻抗等于电阻。

③ 相位差为零。

④ 电流最小。

⑤ 功率最小。

(3) 并联 C，串联 RL 谐振 $\left(\omega=\sqrt{\frac{1}{LC}-\left(\frac{R}{L}\right)^2}\right)$。

实际的谐振电路一般包括一个电感和一个电容，而电感会具有一定的电阻。根据谐振频率选择旁路电容和去耦电容的值。电容在低于谐振频率时呈现容性，而后，电容将因为引线长度和布线自感呈现感性。表 11 - 5 列出了两种陶瓷电容的谐振频率，一种具有标准的 0.25 英寸的引脚和 3.75 nH 的内部互连自感，另一种为表面贴装类型并具有 1 nH 的内部自感。表面贴装类型的谐振频率是通孔插装类型的两倍。

表 11 - 5 电容的谐振频率

电容值	通孔插装(0.25 英寸引线)	表面贴装(0805)
1.0 μF	2.5 MHz	5 MHz
0.1 μF	8 MHz	16 MHz
0.01 μF	25 MHz	50 MHz
1000 pF	80 MHz	160 MHz
100 pF	250 MHz	500 MHz
10 pF	800 MHz	1.6 GHz

另一个影响去耦能力的因素是电容的绝缘材料(电介质)。去耦电容的制造中常使用钡钛酸盐陶瓷(Z5U)和锶钛酸盐(NPO)这两种材料。Z5U 具有较大的介电常数，谐振频率在 1～20 MHz 之间。NPO 具有较低的介电常数，但谐振频率较高(大于 10 MHz)。因此 Z5U 更适合用作低频去耦，而 NPO 适合用作 50 MHz 以上频率的去耦。

需要注意的是，在数字电路的去耦中，低的等效串联电阻(ESR)值比谐振频率更为重要，因为低的 ESR 值可以提供更低阻抗的到地通路，这样当超过谐振频率的电容呈现感性时仍能提供足够的去耦能力。

5. 电容值的选择

在选择电容或电容组合时，要考虑到谐振、PCB 上元件的放置、接脚长度电感、电源平面存在与否等因素。

1) 去耦电容值的计算

目前，电源和地平面的噪声通常通过对原型产品的测量或凭经验来控制，根据经验把去耦电容的容量设定为默认值。实践中，去耦电容数量、容量值及其放置位置都与频率有关，要确定其最佳值比较困难。一般情况下，去耦电容是在某一特定的谐振频率、安装位置、引线长度、走线长度以及其他改变电容谐振频率的寄生参数下，以最佳滤波特性为基础获得的，同时也有一些比较粗略的算法，例如：

(1) 由公式 $Q=C\mathrm{d}u$，有 $C=\frac{i}{\mathrm{d}v/\mathrm{d}t}$；

(2) 已知时钟信号的边沿速率时，$C_{\max}=0.3t_r/R_t$；

(3) 已确定要滤除的最高频率时，$C_{\min}=100/(f_{\max}R_t)$；

(4) 如果粗略估算时，可按 $C=1/f$ 估算。

同时，还要考虑去耦电容的自谐振频率。高于自谐振频率时，去耦电容呈现感性，去耦效果下降。当去耦电容引线太长时，电感增加，也会影响去耦性。电容的等效电路是一个 RLC 串联电路，其阻抗为

$$Z=\sqrt{R^2+\left(2\pi fL-\frac{1}{2\pi fC}\right)^2} \tag{11-11}$$

其中，R 为等效串联电阻，L 为等效串联电感，C 为电容值，f 为频率。在谐振频率

$$f_0=\frac{1}{2\pi\sqrt{LC}} \tag{11-12}$$

处，该串联电路有最小的阻抗，其值为等效串联电阻 R，表现为纯电阻。频率 f_0 也称为电容的自谐振频率，在此频率下可以通过更多的 RF 电流，去耦效果最好。当频率低于自谐振频率时，电路相当于一 RC 电路；当频率高于自谐振频率时，电路相当于一 RL 电路。这两种情况的去耦效果都有所下降。

2) 去耦电容的选取限制

(1) 芯片与去耦电容两端电压差 ΔU_0 必须小于噪声容限 U_{NI}

$$\Delta U_0=\frac{L\Delta I}{\Delta t}\leqslant U_{NI} \tag{11-13}$$

式中，ΔI 为门电路开启时所需的暂态电流幅值，Δt 为门电路开启所需的时间(一般为脉冲上升时间)，L 为去耦电容的电感(包括引线电感和去耦环路电感)。

(2) 从去耦电容为芯片提供所需电流的角度考虑，其容量应满足

$$C\geqslant\frac{\Delta I\Delta t}{\Delta U} \tag{11-14}$$

其中，C 为去耦电容值，ΔU 为逻辑器件工作允许的最大偏压降(一般取 $\Delta U=20\%U_{NI}$)。

(3) 芯片开关电流 i_c 的放电速度必须小于去耦电容电流的最大放电速度，即

$$\frac{\mathrm{d}i_c}{\mathrm{d}t}\leqslant\frac{\Delta U}{L} \tag{11-15}$$

(4) 去耦电容的自谐振频率 f_0 必须大于芯片的最高谐波频率 $f_{\max}$，即 $f_0\geqslant f_{\max}$。

因为实际使用的电容器总存在一定的引线电感，这些电感与电容将产生串联谐振。在谐振频率点处阻抗最小，它为高频电流所提供的通道阻抗最小，所以去耦效果最佳。所以谐振频率将是使用去耦电容时应首先考虑的问题。计算引线电感的公式为

$$L=\frac{\mu_0}{2\pi}l\left\{\ln\left[\frac{l}{r}+\sqrt{\left(\frac{l}{r}\right)^2+1}\right]+\frac{r}{l}-\sqrt{\left(\frac{r}{l}\right)^2+1}\right\} \tag{11-16}$$

式中，l 为引线长度，r 为引线半径。

自谐振频率 f_0 只考虑电容自身的等效串联电感，而有效自谐振频率 f_{IS} 不仅包括等效串联电感，还包括电容安装到 PCB 上增加的各种寄生电感(寄生电感包括电容盘垫电感、连接芯片与电容的导线电感、过孔电感等)。

6. 并联电容

研究表明多重去耦合电容并联的效果并不一定很好，在高频最多只能有 6 dB 的改善。

6 dB 的限制来自于并联电容的低引脚电感。两电容并联时其总电容为两电容之和，但引脚并联时提供了两倍的接线宽度，使得接线电感减小。

通常使两个并联电容(0.1 μF 和 0.001 μF)紧邻在每一个电源引脚旁边。在大容量电容的谐振频率点以上，其阻抗随频率增加而增加(电感性)，而小电容仍呈电容性。在一些频率范围内，小容量电容阻抗降低值会大于大容量电容阻抗的增加值而居于主导地位，因此可达到比单一电容所能达到的阻抗较小值。在大容量电容谐振频率与小容量电容谐振频率之间，大容量电容呈感性而小容量电容呈容性，在此频率范围内存在着一并联 *LC* 电路，可能导致并联谐振。在此谐振点附近，并联电容的阻抗实际上会大于单一电容阻抗。

7. 电容的物理特性

当逻辑元件转换状态时，去耦合电容应能提供所需要的电流。在两层板上要使用去耦合电容以降低电源供应的波动，在多层板上且在低频时一般不需要去耦合电容，因为在电源与地平面间所构成电容可提供所需电容量，即

$$C = \frac{\Delta i}{\Delta U / \Delta t} \tag{11-17}$$

其中，Δi 为暂态电流，ΔU 为可允许的电源供应电压波动，Δt 为切换时间。

在使用电源平面与地平面当作主要去耦合电容时，要考虑其谐振频率。如果板子的谐振频率与板子上所有集总电容谐振频率相同，在此频率点会有一个很尖锐的谐振情况，需要使用额外的不同谐振点的去耦合电容来将电源平面的谐振频率偏移。改变电源及接地平面谐振频率的简单方法是改变两个平面的间距。

一般来说，PCB 的谐振频率在 200～400 MHz 之间，使用 20*H* 规则可增加谐振频率 2～3 倍。当高速逻辑电路信号频率高于 PCB 谐振频率时，PCB 会成为一个非故意的发射器，产生严重 EMI 问题。去耦合电容由于其本身的谐振限制也没法解决这一问题，此时需要使用屏蔽方法以隔离干扰源与敏感元件。

8. 电源及接地平面电容

电源与接地平面间的电容量取决于材料厚度、介电常数以及电源平面在堆叠中的层位置。其电容值可用式(11-6)来估算。

9. 电容器的接脚长度电感

所有电容器都有接脚长度电感，贯穿孔也会增加其电感，应尽量减低接脚电感。

11.3.7　铁氧体元件

用铁氧体元件来抑制不想要的信号有以下三种用途：

(1) 把铁氧体当成一个隔离导体、元件或电路的屏蔽物，以隔离散布的电磁场。

(2) 当铁氧体与电容合用时，可形成低通滤波器。

(3) 使用铁氧体来防止寄生振荡或是衰减沿着元件接角、内部连接线或电缆的耦合。

在 EMC 应用中特别使用了两种特殊的电感类型：铁氧体磁珠和铁氧体磁夹。铁氧体磁珠是单环电感，通常单股导线穿过铁氧体型材而形成单环。这种器件在高频范围的衰减为 10 dB，而直流的衰减量很小。类似铁氧体磁珠，铁氧体夹在高达兆赫兹的频率范围内的共模(CM)和差模(DM)的衰减均可达到 10～20 dB。

选择铁氧体是依据其呈现在电路中的阻抗而定的，阻抗又是基于材料的导磁系数而定

的。实际铁氧体材料的阻抗是电感性电抗和电阻性损失的串联，二者都是随频率而变的。实数部分代表电阻性损失，虚数部分代表电感性电抗。在较低频率时，阻抗主要是电阻性的，是材料导磁系数的函数，大多数无需的信号被反射回去；在较高频率时，电感性电抗递增，使得总阻抗很高，因而无需的信号被吸收。

当选择铁氧体材料时，必须要知道所要抑制的频率范围以及要通过的频率。不同铁氧体族有不同的导磁系数、电感性电抗以及电阻性损失。导磁系数越高，谐振频率越低。常用铁氧体材料及其滤波范围如表 11－6 所示。

表 11－6　铁氧体材料的频率范围

导磁系数	所压制频率
2500	30 MHz 以下
850	25～250 MHz
125	200 MHz 以上

一般来说，导磁系数越高，则最佳衰减频率越低；导磁系数越低，最佳衰减频率越高。这是因为低频衰减是反射性的，而高频衰减则受制于电路谐振。

11.3.8　集成电路

现代数字集成电路(IC)主要使用 CMOS 工艺制造。CMOS 器件的静态功耗很低，但是在高速开关的情况下，CMOS 器件需要电源提供瞬时功率。高速 CMOS 器件的动态功率要求超过同类双极性器件。因此必须对这些器件加去耦电容以满足瞬时功率要求。

1. 集成电路封装

现在集成电路有多种封装结构，对于分离元件，引脚越短，EMI 问题越小。因为表贴器件有更小的安装面积和更低的安装位置，所以有更好的 EMC 性能，应首选表贴器件，甚至直接在 PCB 板上安装裸片。IC 的引脚排列也会影响 EMC 性能。电源线从模块中心连到 IC 引脚的长度越短，它的等效电感越少。因此 V_{CC} 与 GND 之间的去耦电容越近越有效。

无论是集成电路、PCB 板还是整个系统，时钟电路是影响 EMC 性能的主要因素。集成电路的大部分噪声都与时钟频率及其多次谐波有关。因此无论电路设计还是 PCB 设计都应该考虑时钟电路以减低噪声。合理的地线、适当的去耦电容和旁路电容能减小辐射。用于时钟分配的高阻抗缓冲器也有助于减小时钟信号的反射和振荡。

对于使用 TTL 和 CMOS 器件的混合逻辑电路，由于其不同的开关/保持时间，会产生时钟、有用信号和电源的谐波。为避免这些潜在的问题，最好使用同系列的逻辑器件。由于 CMOS 器件的门限宽，现在大多数设计者都选用 CMOS 器件，微处理器的接口电路也优选这种器件。需要特别注意的是，未使用的 CMOS 引脚应该接地线或电源。在 MCU 电路中，噪声来自连线/终端的输入，可导致 MCU 执行错误的代码。

CMOS 设备也是设计微控制器接口首选的逻辑系列产品，这些微控制器也是基于 CMOS 技术制造的。关于 CMOS 设备，一个重要方面就是其不用的输入引脚要悬空或者接地。在 MCU 电路中，噪声环境可能引起这些输入端运行混乱，还可导致 MCU 运行乱码。

2. 电压校准

对于典型的校准电路，适当的去耦电容应该尽可能近地放置在校准电路的输出位置，因为在跟踪过程中，距离在校准的输出和负荷之间将会产生电感影响，并引起校准电路的内部振动。一个典型例子是，在校准电路的输入和输出中，加上 0.1 μF 的去耦电容可以避免可能的内在振动并可过滤高频噪声。除此之外，为了减少输出脉动，要加上一个相对大的旁路电容(10 μF/A)。图 11-15 演示了校准电路的旁路和去耦电容。电容要放到离校准装置尽可能近的地方。

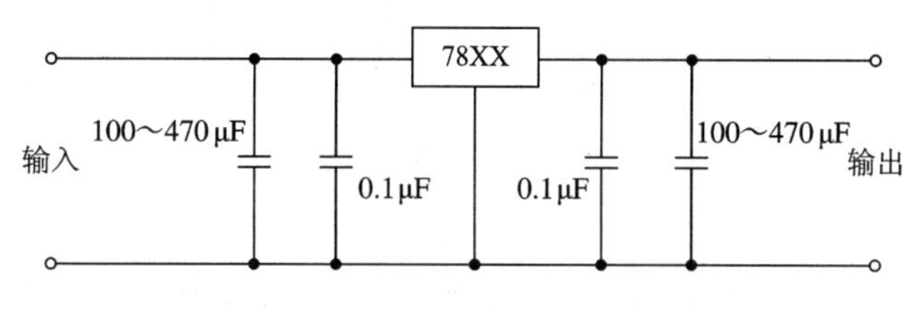

图 11-15　旁路与去耦调节器

3. 线路终端

当电路在高速运行时，在源和目的间的阻抗匹配非常重要。因为错误的匹配将会引起信号反馈和阻尼振荡，使得过量的射频能量将会辐射或影响到电路的其他部分，引起 EMI(电磁兼容性)问题。信号的端接有助于减少这些非预计的结果。信号端接不但能减少在源和目的之间匹配阻抗的信号反馈和振铃，而且也能减缓信号边沿的快速上升和下降。有很多种信号端接的方法，每种方法都有其利弊。表 11-7 给出了一些信号端接方法的概要介绍。

表 11-7　终端形式及其特性

端接类型	相对成本	增加延迟	功率消耗	临界参数	特　性
串联	低	有	低	$R_S = Z_0 = R_0$	好的 DC 噪声极限
并联	低	小	高	$R = Z_0$	功率消耗是个问题
RC	中	小	中	$R = Z_0$，$C = 100$ pF	阻碍带宽同时增加容性
戴维宁	中	小	高	$R = 2 * Z_0$	对 CMOS 需要高功率
二极管	高	小	低		极限过冲，二极管振铃

1) 串联/源端接 (Series/Source Termination)

图 11-16 给出了串联/源端接方法。在源 Z_S 和分布式的线迹 Z_0 之间，加上了源端接电阻 R_S，用来完成阻抗匹配。R_S 还能吸收负载的反馈。R_S 必须离源驱动电路尽可能地近。R_S 的值在等式 $R_S = (Z_0 - Z_S)$ 中是实数值，一般为 15～75 Ω。

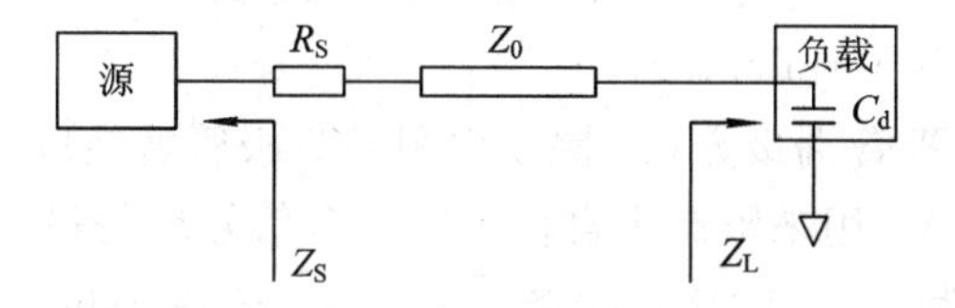

图 11-16　串联/源端接电路

2）并联端接

图 11－17 给出了并联端接方法。附加一个并联端接电阻 R_p，这样 $R_p // Z_L$ 就和 Z_0 相匹配了。但这个方法对手持式产品不适用，因为 R_p 的值太小(一般为 50 Ω)，而且这个方法很耗能量，还需要源驱动电路来驱动一个较高的电流(100 mA@5 V，50 Ω)。由于 $Z_{0L}C_d$ 的值还使这个方法增加了一个小的延时。这里，$Z_{0L}=R_p // Z_L$，C_d 是负载的输入分流电容。

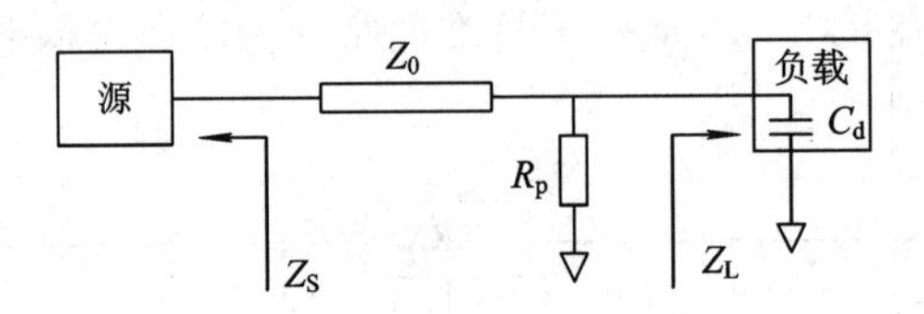

图 11－17　并联端接电路

3）RC 端接

图 11－18 给出了 RC 端接方法。这个方法类似于并联端接，但是增加了一个 C_1。与并联端接方法一样，R 用于提供匹配 Z_0 的阻抗。C_1 为 R 提供驱动电流并过滤掉从线迹到地的射频能量。相比并联端接，RC 端接方法需要的源驱动电流更少。R 和 C_1 的值由 Z_0、T_{pd}(环路传输延迟)和 C_d 确定。时间常数 $RC=3T_{pd}$。这里，$R // Z_L=Z_0$，$C=C_1 // C_d$。

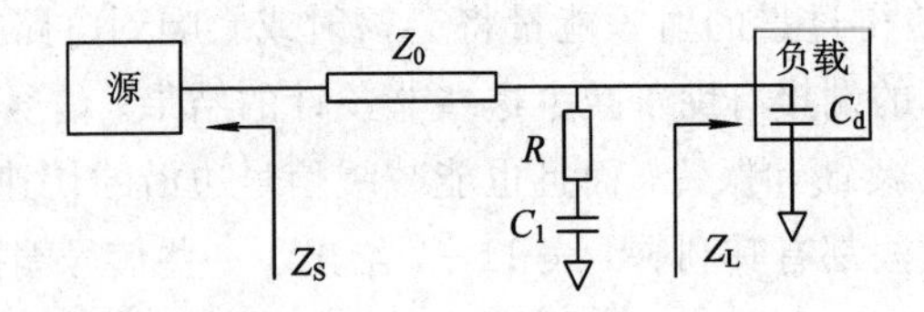

图 11－18　RC 端接电路

4）戴维宁端接

图 11－19 给出了戴维宁端接方法。此电路由上拉电阻 R_1 和下拉电阻 R_2 组成，这样就使逻辑高和逻辑低与目标负载相符。R_1 和 R_2 的值由 $R_1 // R_2=Z_0$ 决定。$R_1+R_2+Z_L$ 的值要保证最大电流不能超过源驱动电路容量。比如，$R_1=220$ Ω，$R_2=330$ Ω。这里 V_{CC} 是驱动电压。

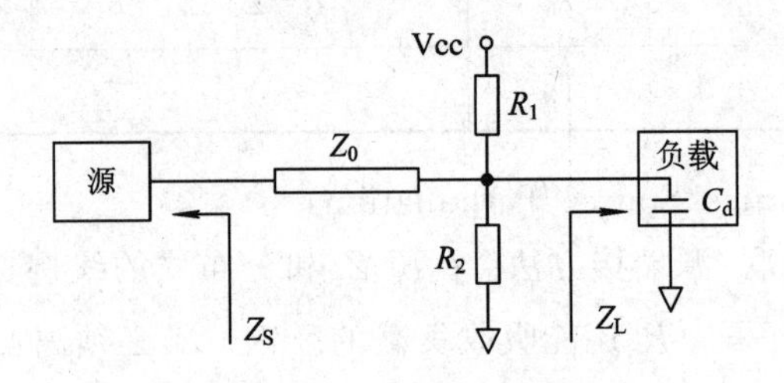

图 11－19　戴维宁端接电路

5）二极管端接(Diode termination)

图 11－20 给出了二极管端接方法。除了电阻被二极管替换以降低损耗之外，它与戴维宁端接方法类似。V_1 和 V_2 用来限制来自负载的过多信号反射量。与戴维宁端接方法不一样，二极管不会影响线性阻抗。对这种端接方法而言，选择 Schottky 和快速开关二极管是比较好的。

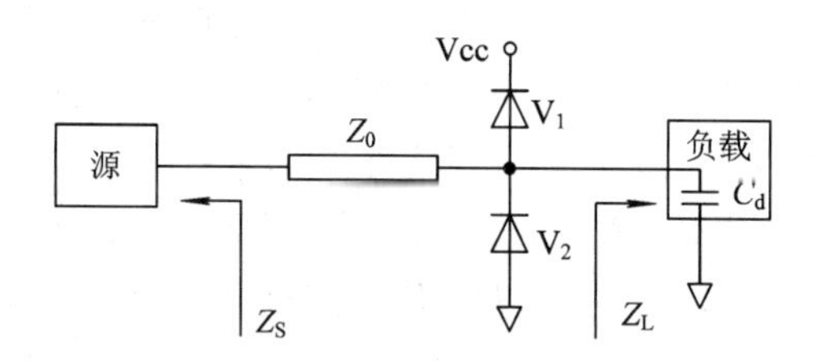

图 11-20　二极管端接电路

这种端接方法的优点在于不用已知 Z_0 的值，而且还可以和其他类型的端接方法结合使用。通常在 MCU 的内部应用这种端接方法来保护 I/O 端口。

11.4　印制电路板 EMC 仿真分析

11.4.1　PCB 设计的 EMC 预测仿真

本节介绍采用基于 Mentor Graphics 公司开发的电磁兼容仿真及控制平台对 PCB 进行 EMC 预测仿真的基本过程。该仿真软件针对设计过程中的 PCB 进行整板分析或者对单个、多个网络进行仿真分析，可以根据检测结果在 Mentor-Router 布线模块对有问题的网络或走线进行调整，在重新布线的过程中可以结合软件中的典型设计规则模块进行，并有典型的 EMC 设计规则可供参考。

1. 软件平台功能简介

从预测仿真的内容上讲，软件平台的功能包括“信号完整性”和“电磁兼容”分析预测；从功能模式上讲，又分为“快速仿真”和“详细仿真”两种方式，其启动主界面如图 11-21 所示。快速仿真的结果以报告的形式完成。详细仿真可以选择指定的网络进行仿真，不但可以通过软件示波器观察波形，还可以运用终端向导自动进行终接负载数值的计算。软件中

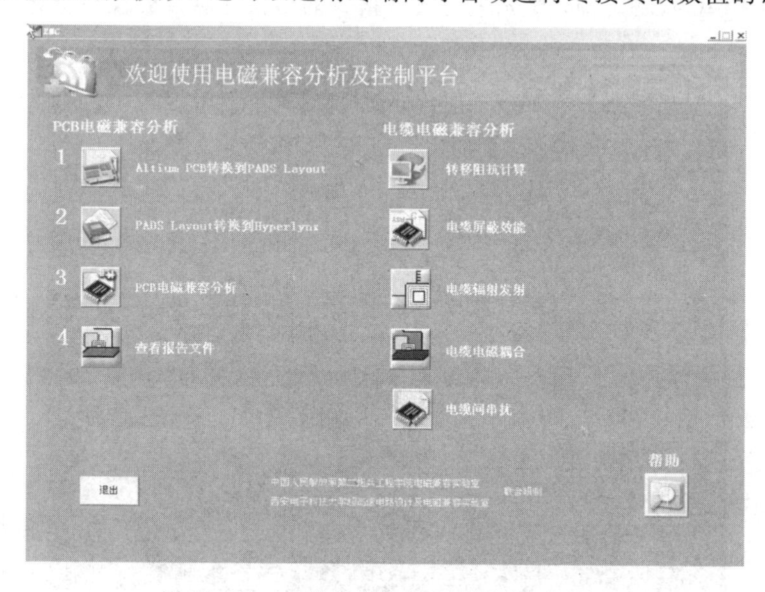

图 11-21　电磁兼容仿真及控制平台主界面

提出了适于特定 PCB 硬件电路的 EMC 设计规则，并采用电磁场软件仿真分析和试验测试给与验证。然后，利用通用程序设计语言研发接口软件，将电路原理图 EMC 设计规则有效地导入电路功能性仿真软件中。使用该仿真软件，可以在 PCB 设计的初期将考虑到的 PCB 布局、布线方案进行仿真，再根据仿真的结果，适当调整布局、布线策略，使得实际的布板更加合理。通过仿真检测 PCB 的串扰问题、信号完整性(SI)以及辐射问题，找出问题的原因，给出一般典型的修改建议。下面以串扰控制、阻抗匹配和辐射仿真三个方面来简要说明该仿真软件的主要功能。

1）串扰控制

该仿真软件可以检测由于平行线间的分布电容和分布电感的作用所引起的布线间耦合和相互干扰问题。根据检测结果，可以由软件提供的相关设计规则进行修改调整。例如，减小走线之间的串扰，通常采用以下规则措施：加大平行布线的间距，遵循 3W 规则；在平行线间插入接地的隔离线；减小布线层与地平面的距离等。

2）阻抗匹配

对于信号传输过程中由于阻抗不匹配所产生的信号反射问题，该软件中的快速终端负载匹配功能可以很好地解决这类问题。这个功能主要是针对一些指定的网络，当然还需要给网络上的 IC 元件加上 IBIS 模型或 IC 模型，也可以手动添加匹配负载，这样不仅可以减少反射，还可以降低板的辐射。

3）辐射仿真

如果给所有元件加上相应的 IBIS 模型，就可以对整个板子的对外辐射强度进行探测和测量。其原理是将一个标准接收天线放置在与所测 PCB 有一定距离的位置，然后计算接收到的场强，这个距离可以根据需要进行设置。

2. EMC 预测分析过程

下面，给出一个采用以图 11－22 所示的 PCB 为实例的 EMC 预测仿真分析过程。在对印制板图进行 EMC 检测之前，要先进行文件格式的转换，使分析软件能够识别待仿真文件的格式。

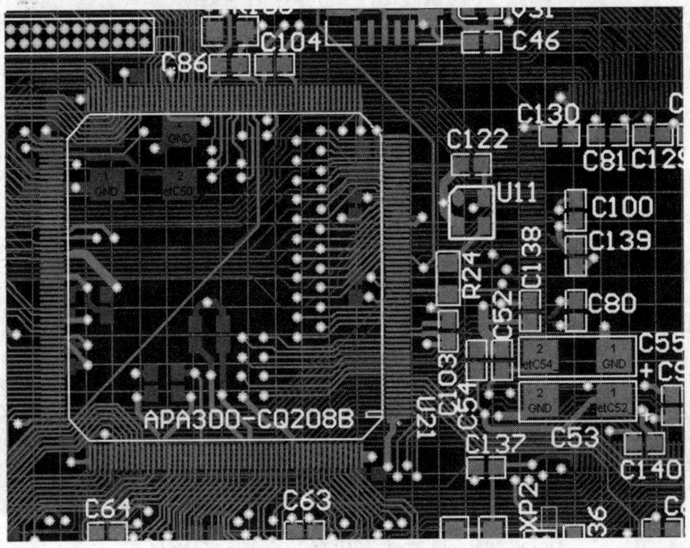

图 11－22　电路布线图实例

如果 PCB 文件格式为 Mentor 格式，则直接通过 BoardSim 连接器将其转换到 HyperLynx 格式；如果 PCB 文件格式为 Protel 格式，则先要将其转换为 Mentor 格式，再转换为 HyperLynx 格式。转换成功之后才能进行电磁兼容预测分析。打开转换好的文件开始仿真，并进行相应的设置。

在“批处理设置一选择快速分析的网络和系统参数”中，选择“快速分析网络报表”，可选择要分析的网络，默认网络全选。在“批处理程序一对信号完整性设置延迟和传输线的选项”中，设置耦合网络电压门限，如图 11 - 23 所示。

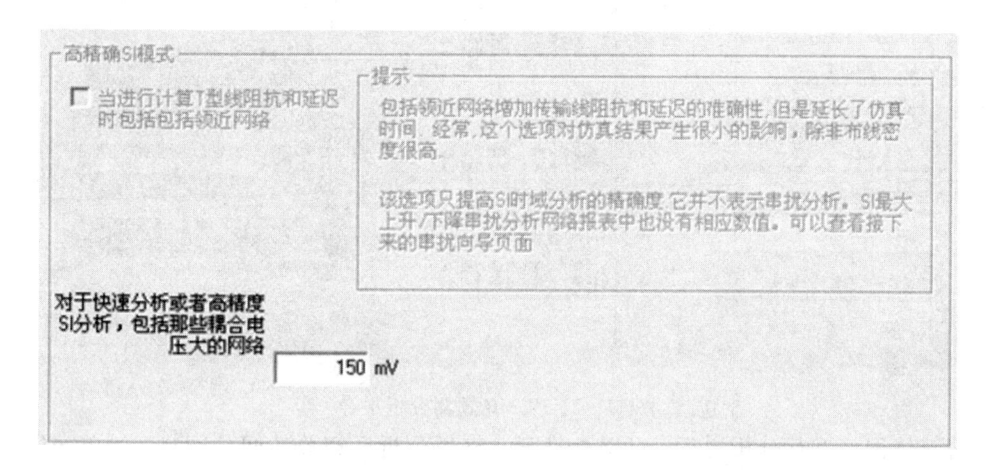

图 11 - 23　耦合网络电压门限设置

设置默认 IC 特性，包括上升/下降时间、输出阻抗、输入电容、变化范围。以上参数均可根据需要设置，如图 11 - 24 所示。然后，根据用户的实际需要，对感兴趣的选项进行仿真。

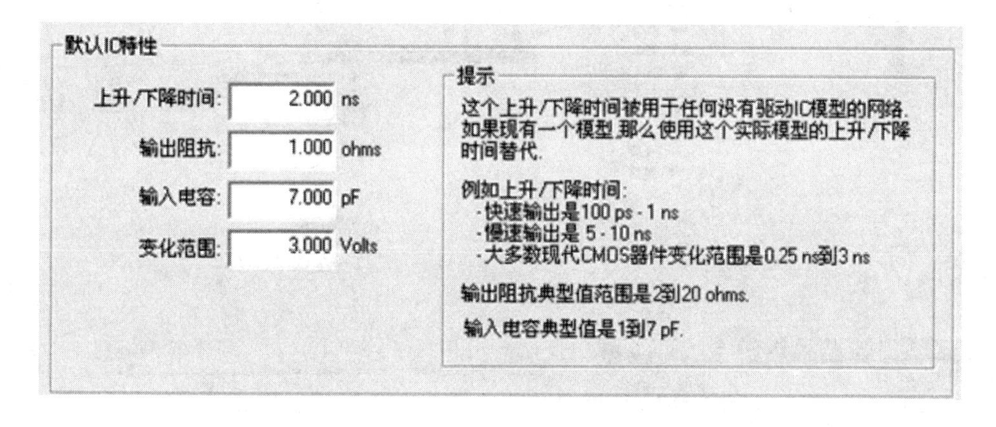

图 11 - 24　IC 模型参数设置

根据仿真需求选择相关的选项，完成之后会弹出分析报表，如图 11 - 25 所示。对于 PCB 的信号完整性问题及串扰问题的预测分析结果，根据不同的警告、错误类型，分类地显示出来，并相应地给出修改建议。图中，第一栏显示的是串扰分析结果，包含了串扰的网络及串扰值；第二栏显示的是走线分析(SI)结果，包含了走线的常见问题；第三栏针对串扰问题和走线问题给出了一些常规的、典型的修改建议，整个结果清晰明了。

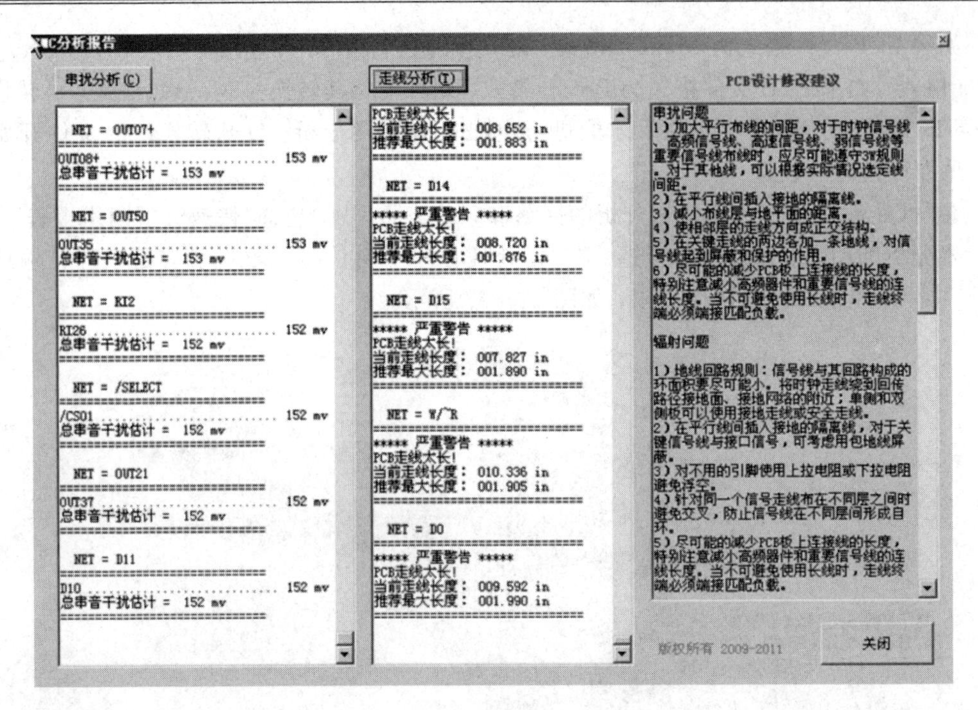

图 11-25 EMC 预测分析报告

对整体网络进行分析之后，可以查找刚才整板分析后相关的问题网络，对单一网络进行分析。例如，选择一个典型的“ZW1”网络进行分析，如图 11-26 所示。在选择网络时通过给 IC 添加 IBIS 模型来仿真，如图 11-27 所示。设置好后可运行单个网络 EMC 仿真。

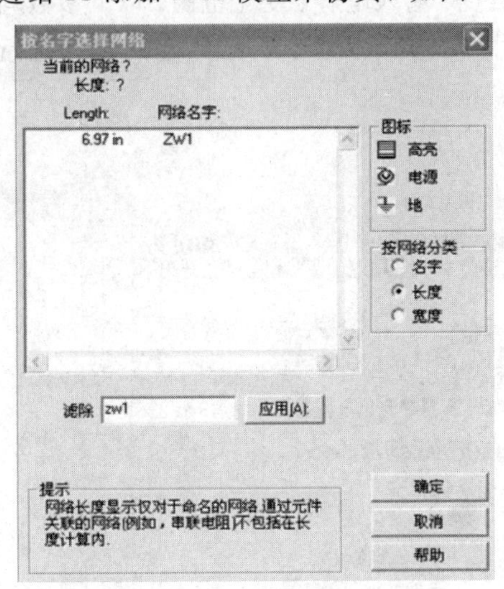

图 11-26 单个网络分析

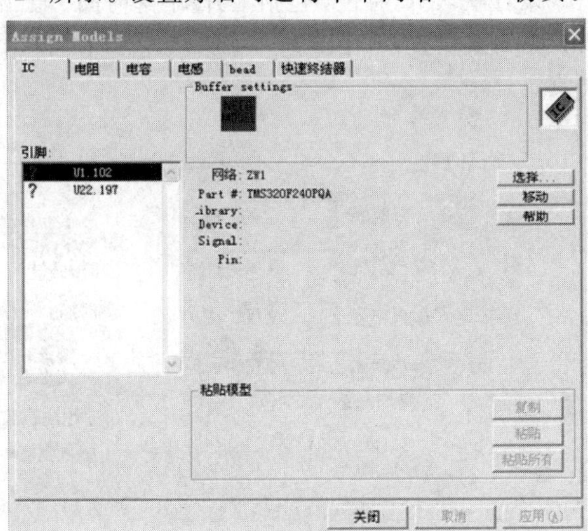

图 11-27 IBIS 模型设置

运行交互式 EMC 仿真分析(频谱仿真)命令时，需打开“频谱分析仪”对话窗口，其中通过编程可实现 GJB151A 指标的嵌入，以方便本土化用户的使用。仿真时，根据 GJB 151A 中对于空间系统的电路系统及其互连设备的辐射发射要求，设置辐射门限，可以检测辐射发射是否符合相应的标准要求。如图 11-28 所示，结果显示 ZW1 网络在 300 MHz 以上频率部分超标。

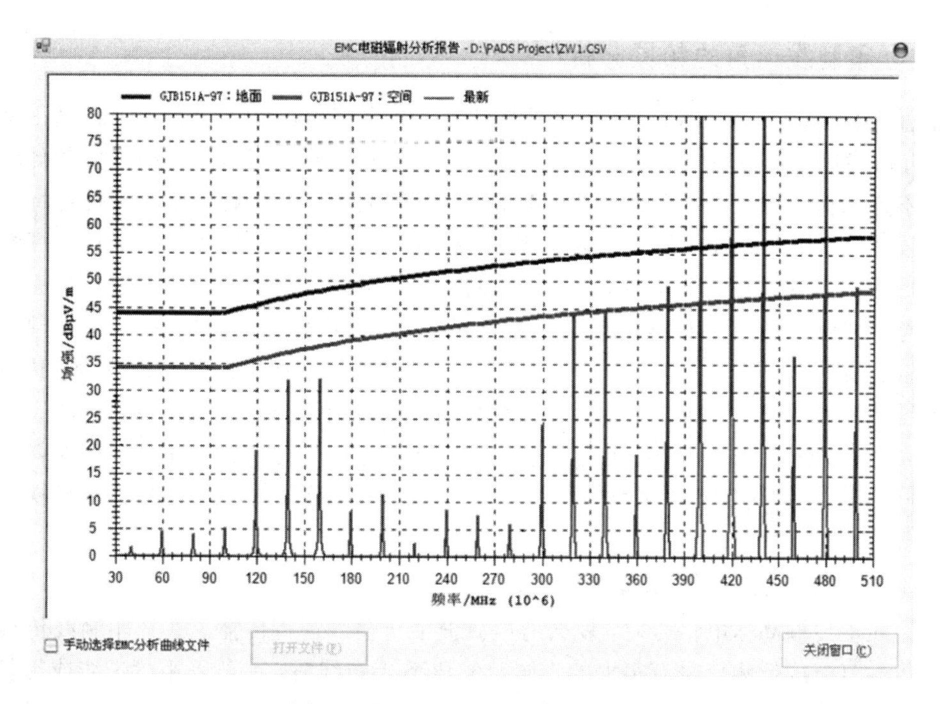

图 11-28　EMC 电磁辐射分析报告

在此我们对修改前和修改后的文件分别进行仿真。选择网络“ZW1”，添加 IBIS 模型后进行频谱分析。为使对比结果更易观察，分别设置仿真频率为 20.000 MHz 和 19.800 MHz。如图 11-29 所示，可以看到网络“ZW1”修改前后的电磁辐射强度对比，在较为接近的频率点上，修改后的场强低于修改前的场强。

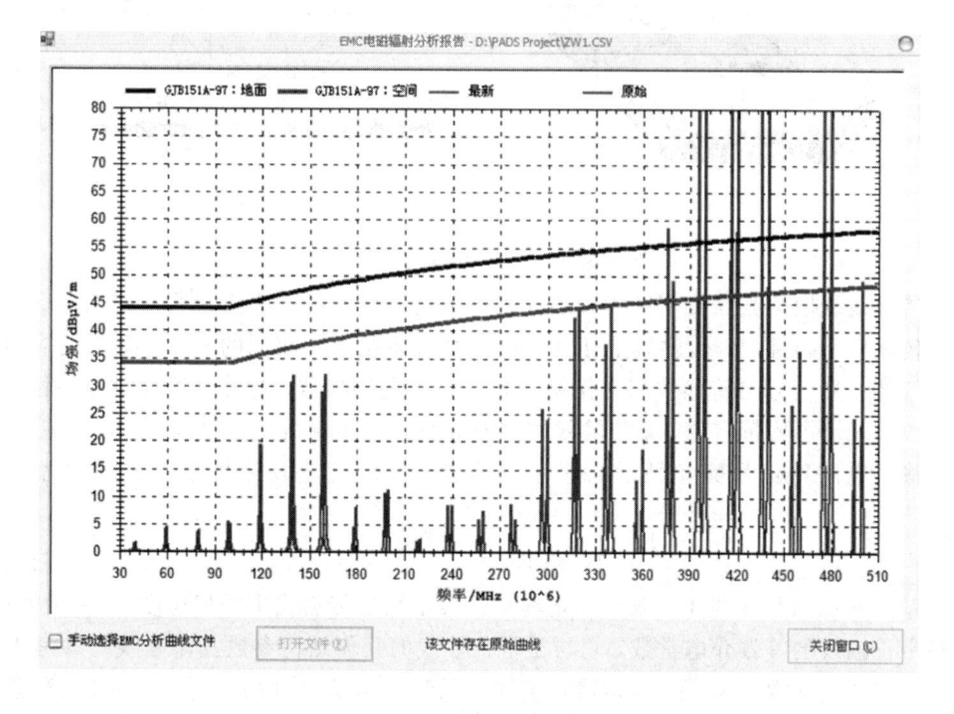

图 11-29　电磁辐射对比图

11.4.2　印制线拐角的频域分析

信号完整性(Signal Integrity，SI)是指信号在电路中能够以正确的时序和电压做出响应，并可描述信号在传输线上的传输质量的能力。PCB印制线拐角是一种重要的传输线特性阻抗不连续性结构，制约着数字电路正常工作，影响信号完整性。印制线自身特性阻抗的不连续性，迫使人们研究印刷电路板(PCB)印制线拐角对信号完整性的影响，探索可控印制线特性阻抗的方法。研究结果表明：印制线拐角的特性阻抗不连续性对信号完整性有影响，定性结论一致。然而，何种印制线拐角的信号完整性最好？制约最佳匹配印制线拐角的因素有哪些，这些因素的相互关系如何？是否存在最佳匹配的印制线拐角？因此，深入研究这些问题，有助于探索定量规律。本节将重点讨论印制线拐角特性阻抗的突变及其对信号完整性的影响，并基于时域有限差分法，研究直角拐角、圆拐角、45°内外斜切拐角和45°外斜切拐角的传输特性和反射特性，提出设计具有最佳传输特性的印制线拐角的新方法。

1. 印制线拐角特性阻抗突变的理论分析

传输线上传输高速电信号时，就会有电磁波沿传输线进行传播。PCB印制线传输高频信号与传送直流或低频信号有很大的不同。在PCB上布线时，一般采用微带线或带状线技术，因此PCB印制线工作于高频，也就是微带线或带状线。我们以微带线作为印刷电路板上的传输线，进行理论和仿真分析。PCB印制线90°拐角的几何结构如图11-30所示，图中h表示印制线与参考平面间的介质厚度，w表示印制线宽度，t表示印制线厚度，ε_r表示印制线与参考平面间介质的相对介电常数。

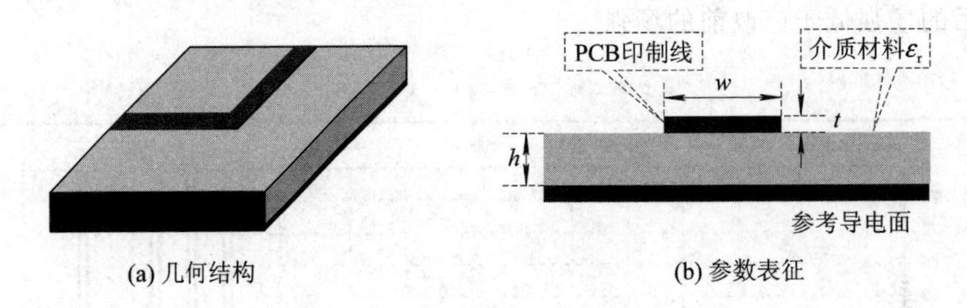

(a) 几何结构　　(b) 参数表征

图11-30　PCB印制线

沿传输线纵向横截面几何结构和表征参数恒定不变的传输线称为均匀传输线。当信号在均匀传输线上传播时，传输线上任何一处的特性阻抗都是相同的。特性阻抗是描述传输线的电气特性和信号与传输线相互作用关系的一个重要参数，与传输线的材料特性、介电常数和单位长度电容量有关，是传输线的固有属性，与传输线的长度无关。特性阻抗也是影响传输线电路中信号完整性的一个主要因素。一般地，均匀微带传输线的特性阻抗Z_0为

$$Z_0=(v_pC_0)^{-1},\quad v_p=c\cdot(\varepsilon_e)^{-\frac{1}{2}} \tag{11-18}$$

式中，C_0表示微带传输线单位长度的电容；v_p表示微带传输线中的相速度；c表示光速；ε_e表示微带传输线的等效介电常数，它与微带传输线的几何结构参数及印制线与参考平面间介质的相对介电常数ε_r有关。均匀微带传输线的特性阻抗Z_0由其几何结构参数和介质的材料特性、介电常数决定，因此均匀微带传输线的特性阻抗Z_0沿传输线纵向的任何一处

为恒定的常数，即特性阻抗连续。所以，信号沿均匀微带传输线传输时，印制线自身不会引起信号的反射，对信号完整性不会产生影响。

当 PCB 印制线经过拐角时，印制线宽度的变化是最大的，印制线的特性阻抗变化也是最大。由于印制线在经过拐角时宽度变宽，所以走线与参考层之间的电容增大，走线的特性阻抗减小。因此，印制线拐角处存在特性阻抗不连续性，从而导致印制线上信号的反射，影响信号完整性。有关文献指出，印制电路板工业协会(IPC)推荐的微带线特性阻抗通用近似式为

$$Z_0 = 87(1.41+\varepsilon_r)^{-\frac{1}{2}}\ln\left(\frac{5.98h}{0.8w+t}\right)\ \Omega \quad (0.381\ \text{mm} < w < 0.635\ \text{mm}) \tag{11-19}$$

$$Z_0 = 79(1.41+\varepsilon_r)^{-\frac{1}{2}}\ln\left(\frac{5.98h}{0.8w+t}\right)\ \Omega \quad (0.127\ \text{mm} < w < 0.381\ \text{mm}) \tag{11-20}$$

由式可见，其他参数保持不变，印制线宽度 w 变化时，传输线特性阻抗改变。从而，可证明印制线拐角处存在特性阻抗不连续性。控制印制线阻抗，必然要求对印制线的几何形状和介电常数进行控制。即解决印制线拐角采用什么样的几何形状，其特性阻抗突变较小，信号传输特性较好，而信号反射较小等问题。

2. 数值模拟结果与讨论

为了分析印制线拐角几何形状对信号传输质量的影响程度，我们将其看成两端口网络，每一端口均与均匀 PCB 印制线的特性阻抗匹配，仅考虑拐角几何形状变化对信号传输质量的影响。这样可以采用两端口网络的散射参数(S 参数)S_{11} 和 S_{12} 评价不同拐角几何形状的反射和传输特性，从而反映其信号传输质量的差异。散射参数 S_{11} 表示端口 2 接匹配负载时，端口 1 的反射系数；散射参数 S_{12} 表示端口 2 接匹配负载时，信号从端口 1 向端口 2 传输的传输系数。这里考虑的印制线拐角几何形状如图 11－31 所示。微带线几何结构参数为

$$w=3\ \text{mm},\ h=1.6\ \text{mm},\ t=0.02\ \text{mm},\ L_1=L_2=L=30\ \text{mm},\ \varepsilon_r=4.5$$

这样的微带线的特性阻抗约 50 Ω。端口 1 施加如图 11－32 所示的高斯脉冲源，端口 2 匹配。

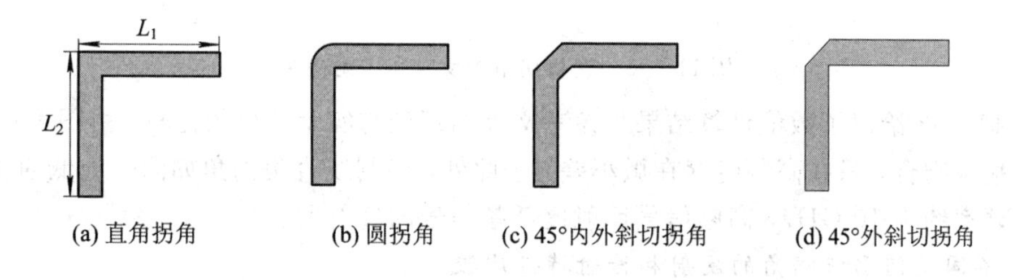

图 11－31　印制线拐角几何形状

制造 PCB 最常用的材料是 FR－4，此材料的相对介电常数 ε_r 随信号频率的变化而变化，频率范围为 100 kHz～10 GHz 时，ε_r 在 4.5～4.7 之间。因此，严格地说微带线的特性阻抗是频率的函数。分析中我们选择介质的相对介电常数 $\varepsilon_r=4.5$，假设端口激励源为如图 11－32 所示的高斯脉冲(电压激励，单位为 V)，其频谱覆盖 0～14 GHz 的范围，且采用时域有限差分法(FDTD 法)进行数值计算。

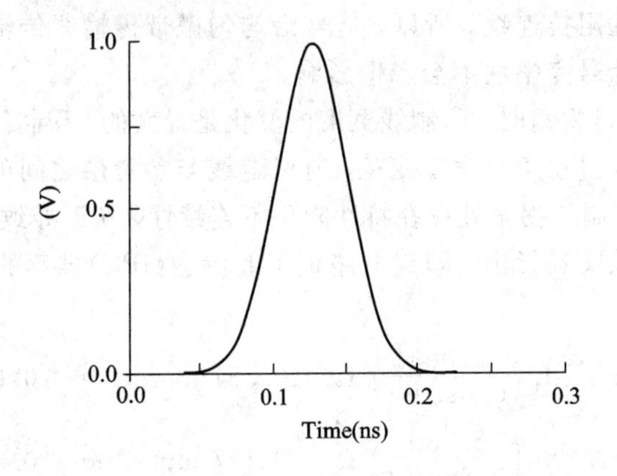

图 11-32　高斯脉冲激励源

1) 直角拐角的反射和传输特性

印制线直角拐角的几何结构如图 11-31(a)所示，为了与参考文献的结果比较，验证所用数值方法的有效性，特别选取印制线直角拐角的几何参数 $w=3$ mm，$h=1.6$ mm，$t=0.02$ mm，$L_1=19.8$ mm，$L_2=9$ mm，$\varepsilon_r=4.5$，均匀印制线的特性阻抗 $Z_0=50\ \Omega$，激励源为图 11-32 所示的高斯脉冲，仿真结果如图 11-33 所示。

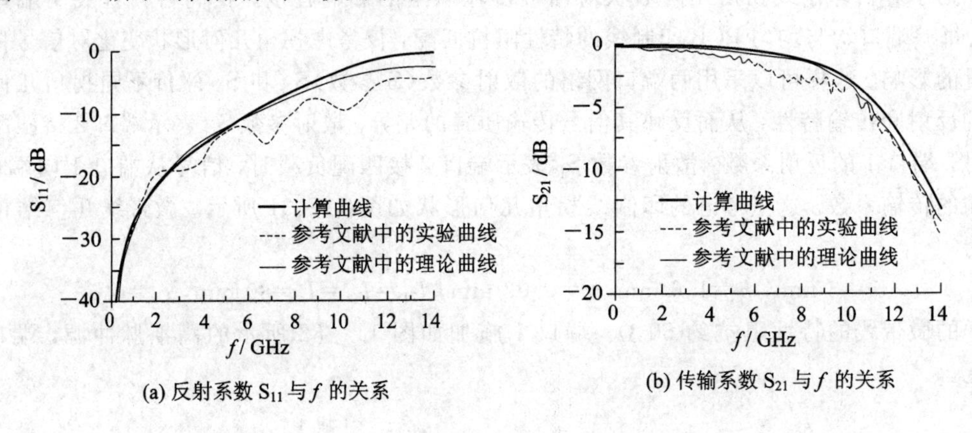

(a) 反射系数 S_{11} 与 f 的关系　　(b) 传输系数 S_{21} 与 f 的关系

图 11-33　直角拐角的反射和传输特性

图 11-33 给出了数值计算结果与参考文献的理论与实验结果的比较。由图可见，两者的结果基本吻合，只在高频时存在微小差异。此外，印制线直角拐角如同一个低通滤波器，其截止频率约为 10 GHz，高频信号反射比低频信号的反射大。

2) 不同几何形状拐角的反射和传输特性比较

印制线拐角采用什么样的几何形状，其特性阻抗突变较小，信号传输特性较好，而信号反射较小？从而对信号完整性影响较小？为了探索这些问题，我们选用常见 PCB 印制线拐角的几何形状：直角拐角、圆拐角、45°内外斜切拐角、45°外斜切拐角，如图 11-31 所示。不同几何形状拐角的反射和传输特性的仿真结果如图 11-34 所示。图 11-34 表明，在所论频率范围，不同几何形状印制线拐角的反射和传输特性各异。传输特性呈现优良的次序依次为直角拐角、圆拐角、45°内外斜切拐角、45°外斜切拐角，印制线拐角最佳几何结构为直角弯曲 45°外斜切拐角。

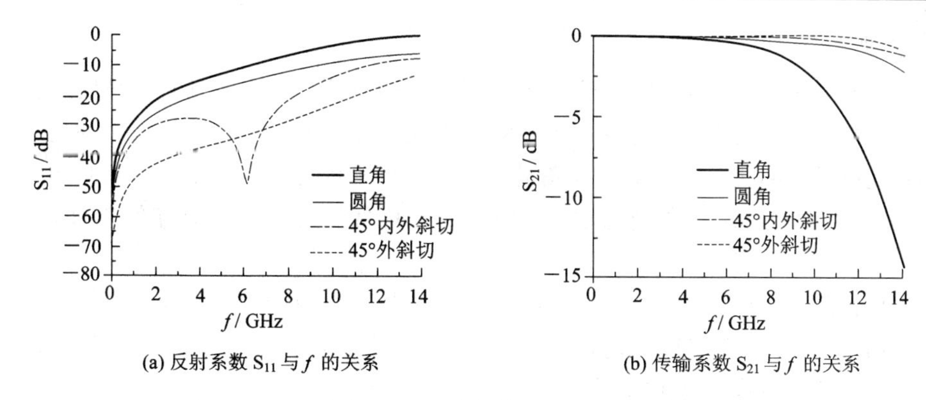

图 11-34　不同几何形状印制线拐角的反射和传输特性

在小于 2 GHz 的频率范围内，印制线拐角几何结构对信号传输特性几乎没有影响，随着频率的提高，其影响显著增强，特别是直角拐角。建议印制线拐角采用直角弯曲 45°外斜切的几何结构，因其自身对信号完整性的影响相对较小。

3）45°外斜切拐角的反射和传输特性

直角弯曲 45°外斜切拐角的斜切率对信号反射和传输特性有显著影响。影响程度如何，是否存在最佳斜切率，是我们关注的问题。直角弯曲 45°外斜切拐角如图 11-35 所示，其斜切率定义为 $m=x/d$，当 $x=0$ 时，$m=0$，没有斜切，即为直角拐角。

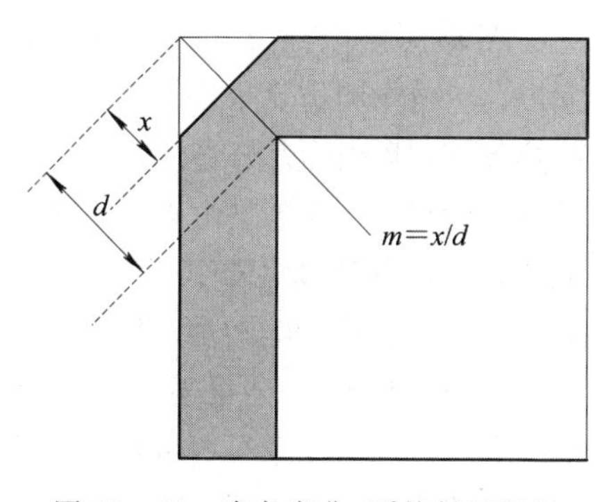

图 11-35　直角弯曲 45°外斜切拐角

45°外斜切拐角的反射和传输特性的仿真结果如图 11-36 所示。图 11-36 表明，直角弯曲 45°外斜切拐角的斜切率不同，对应信号的反射和传输特性也不同。在小于 8 GHz 的频率范围内，当斜切率 $m=x/d=0.535$ 时，信号反射最小且传输较好，因此最佳斜切率是 $m=0.535$。数值结果与参考文献给出的经验公式计算结果不完全一致，但在参考文献所给的误差范围内。然而，在大于 8 GHz 的频率范围内，直角弯曲 45°外斜切拐角没有明显的最佳斜切率存在。

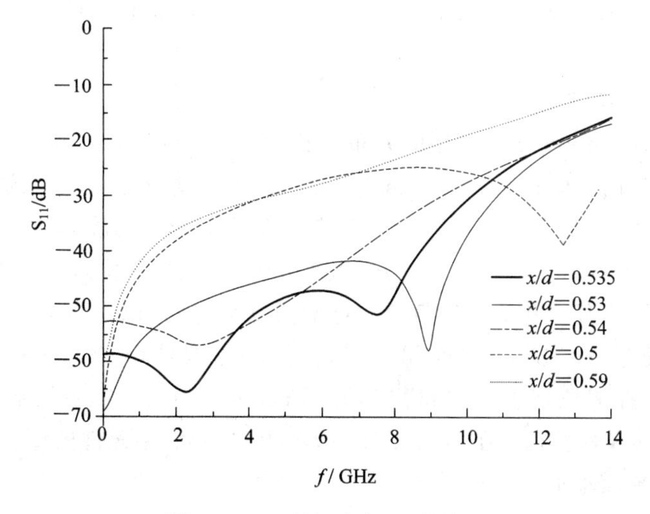

图 11-36　斜切率与 S_{11} 的关系

3. 主要结论

理论分析和数值计算证明了印制线拐角的特性阻抗不连续性及其对信号反射特性和传输特性的影响。印制线拐角处存在的特性阻抗不连续性，导致印制线上信号的反射，从而影响信号完整性。不同形状印制线拐角的传输特性呈现优良的次序依次为直角拐角、圆拐角、45°内外斜切拐角和45°外斜切拐角，印制线拐角最佳几何结构为直角弯曲45°外斜切拐角。

标称特性阻抗50 Ω的印制线，在小于8 GHz的频率范围内，直角弯曲45°外斜切拐角的最佳斜切率约为$m=0.535$；在大于8 GHz的频率范围内，直角弯曲45°外斜切拐角没有明显的最佳斜切率存在。将PCB印制线拐角设计成具有最佳斜切率的45°外斜切直角拐角，能够极大地改善信号传输特性，提高信号完整性。

11.4.3 基于ADS的EMC特性仿真

1. ADS系统简介

ADS系统全称Advanced Design System，是Agilent公司推出的EAD软件，经过多年发展，其功能和仿真方法日趋完善，最大特点是集成了从IC级、电路级、PCB级到系统级的仿真模块，内含基于矩量法Momentum的电磁仿真模块。ADS Momentum是一种对3D进行简化的2.5D电磁仿真器，非常适合第3维度均匀变化的结构仿真，如PCB设计仿真、无源板级器件仿真、RFIC/MMIC和LTCC等，其仿真速度极快，同时可保证与其他主流3D电磁仿真软件相当的结果精度。

此外，Agilent公司还与各大元器件厂商广泛合作并向用户提供最新的Design Kit软件，使用户可以在第一时间得到最新的设计资源。同时，Agilent还利用其优势，在软件与测试仪器的结合上有着其他软件无法比拟的优势，极大地提高了设计的效率。

本节并不涉及ADS的界面和基本工具及利用ADS进行射频设计的工作流程和实际案例的内容，将简略地介绍利用ADS的PCB模型进行PCB电磁兼容分析的基本方法。对于PCB更深入的EMC分析，可以利用ADS Momentum模块进行仿真，有兴趣的读者可自行钻研和实践练习，并结合基本理论和实际对象提高应用软件工具的方法技巧、熟练程度和解释分析的能力。

2. PCB的ADS模型

在ADS元件(Components)模型的分布参数元件(Distributed Components)模型库中，有一类基于准静态分析(Quasi-Static Analysis)的封闭空间分层单一介质PCB走线带元件模型，用标识符“PCSUBn”($n=1, 2, \cdots, 7$)表示介质层和金属腔体，用标识符“PCLINn”($n=1, 2, \cdots, 10$)表示PCB各层的耦合带状线(或微带线)，“PCSUBn”的各层与“PCLINn”的各线可以任意组合；换言之，对于任意给定的“PCLINn”($n=1, 2, \cdots, 10$)，其导体都可以与任意一个金属层“PCSUBn”联系起来。要使用PCB元件模型，在ADS软件主界面的模型选择下拉列表中找到“TLines-Printed Circuit Board”列表项，点击即可得到PCB元件模型的模板界面，在ADS 2011版本中共有26个元件模型。

1) PCB模型基础与限制条件

在“PCSUBn”中的所有介质层具有相同的介电常数，每一层介质可以设置不同的厚度，且最上层和最底层的介质可以设置为空气层。当最上层和最底层设定为空气层时，空气界面可以是一个导体模式。整个 PCB 结构的上、下层可以是开放的，也可以封闭在一个导体屏蔽体内。当然，横向边界是有限的，即一个封闭的金属屏蔽空间，可以用来模拟 PCB 在金属机箱中的运行，因而具有相当好的实用性。

PCB 模型的基础是横电磁模(TEM)N 导体耦合传输线，采用有限差分方法求解 Laplace 方程，准静态解则意味着仿真结果更适用于射频(RF)和高速数字应用的场合，而且具有很快的仿真计算速度，这是准静态方法相对于全波分析最根本的优势所在。当然，实际所需的仿真时间还与所划分的网格尺寸(Mesh Size)有关，在仿真过程中可以选择网格尺寸的默认设置规则，由此可以实现仿真速度与结果精度的折中选择。

走线带的导体厚度参数仅用来计算损耗，实际上在 Laplace 方程求解过程中则认为 PCB 金属走线带的厚度为零。若在仿真中人为设置导体厚度为零，则意味着忽略了导体的损耗。计算导体的损耗时，同时考虑了直流欧姆损耗和集肤效应的高频损耗。

介质损耗由介质电导率参数指定，也可以用与频率有关的损耗正切参数来描述(在 ADS 2011 中未实现这一功能)。从原理上讲，导体走线带宽度与介质厚度或者导体之间的距离比值是没有任何限制的，但是在实际仿真中若这些比值小于 0.1(或大于 10)，则会显著增加仿真计算时间。所以，在设定模型参数时要特别注意导体和介质结构的纵横比(Aspect Ratio)不要超出一个数量级的范围。

2) PCB 单线模型(PCTRACE)

PCB 单线模型(PCTRACE)实际上与 PLIN1 模型是等效的，只不过该模型假定该走线带位于 PCB 的中心并与 PCN 边线平行，而不必像使用 PCLIN1 时再设置这些参数。显然，PCTRACE 模型是 PCLIN1 模型的一个固定结构参数的特例。

PCTRACE 模型的符号与参数描述如图 11-37 所示，其中各参数的取值范围如下：

$$W > 0, \quad 1 \leqslant C_{\text{Layer}} \leqslant N_{\text{Layers}} + 1 \tag{11-21}$$

式中，N_{Layers} 为由 PCSUBn(n=1, 2, …, 7)确定的 PCB 层数。需注意，模型中的“Temp”参数仅仅用于计算噪声(下同)。

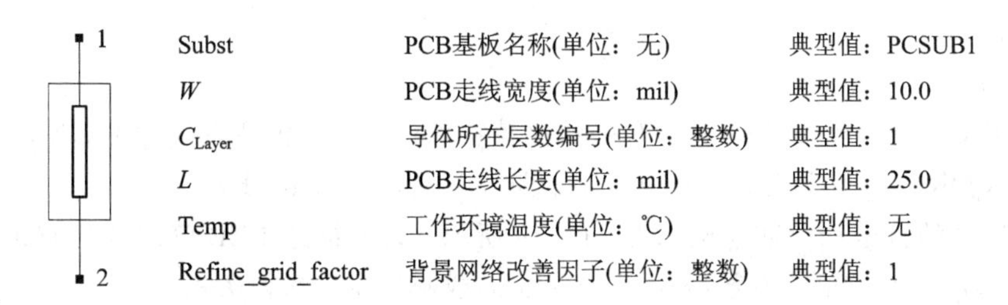

图 11-37　PCTRACE 模型的符号与参数描述

3) PCB 耦合线模型(PCLINn)

下面以 PCLIN2 为例介绍 PCB 耦合线模型，即 PCB 并行的两条走线带之间的耦合模型，其符号和参数定义如图 11-38 所示，其中主要参数的具体含义描述如下：

Subst 表示 PCB 基质板(层)名称(典型值：PCSUB1)；

W_1 表示走线带 1(Line ＃1)的宽度(典型值：10 mil)；

S_1 表示走线带 1(Line ＃1)距离左边线的距离(典型值：100 mil)；

C_{Layer1} 表示走线带 1(Line ＃1)的导体层数编号(典型值：第 1 层)；

W_2 表示走线带 2(Line ＃2)的宽度(典型值：10 mil)；

S_2 表示走线带 2(Line ＃2)距离左边线的距离(典型值：100 mil)；

C_{Layer2} 表示走线带 2(Line ＃2)的导体层数编号(典型值：第 2 层)；

L 表示走线带长度(典型值：25 mil)。

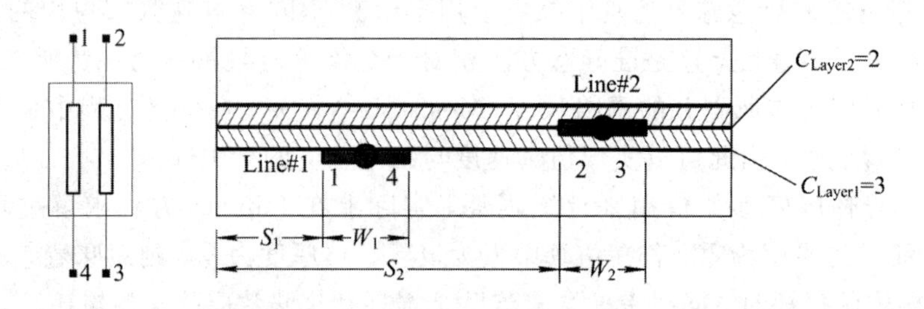

图 11－38　PCLIN2 模型的符号与参数定义

在设定参数时要注意它们的取值范围，一般要求：

$$W_1>0,\ W_2>0;\quad S_1>0,\ S_2>0;$$
$$1\leqslant C_{Layer1}\leqslant N_{Layers}+1,\quad 1\leqslant C_{Layer2}\leqslant N_{Layers}+1 \tag{11－22}$$

图 11－38 只是 PCLIN2 模型的一个示例结构，实际上根据仿真的需要可以把 Line ＃1 和 Line ＃2 设置在 PCB 的任何一层，而且 Line ＃1 和 Line ＃2 也可以有重叠(例如，它们分别在不同的层，但是有 $S_1=S_2>0$，$W_1=W_2>0$)。需注意，导体层和介质层的编号约定包括：顶层介质层(介质层＃1)的上表面为导体层编号＃1，介质层＃1 的下表面(也是介质层＃2 的上表面)即导体层编号＃2，依此类推；使用 PCSUBi 基质板模型时，介质层＃i 的下表面即为导体层＃$(i+1)$。

此 PCB 元件模型为频域解析模型，无色散效应；用于时域分析时，需使用从频域分析模型得到的时域冲击响应。如果要考虑热噪声，则 PCB 走线带的传输线模型必须是有损耗的。其他的 PCLINn 模型与 PCLIN2 的要求类似，在使用时可以查阅软件的“Help”文件。

4) PCB 走线带特殊模型

在 PCB 走线带的仿真分析中，有一些比较特殊的模型，包括直线弯曲(PCBEND)、直角拐角(PCCORN)、十字交叉(PCCROS)、曲线弯曲(PCCURVE)。

PCBEND 的符号和参数定义如图 11－39 所示。为了描述 PCB 弯曲的任意形状，还要定义一个参数 M 称为角冠系数(Miter Fraction)或斜切率，其表达式为

$$M=\frac{X}{D} \tag{11－23}$$

式中，X、D 的含义如图 11－39 所示，它们分别是走线弯曲的结构参数。当 $M\geqslant M_S$ 时，称为大角冠(Large Miters)；当 $M<M_S$ 时，则称为小角冠(Small Miters)。这里 M_S 是与 PCB 走线弯曲角度 $Angle$ 有关的量，定义为

$$M_S=\sin^2\left(\frac{Angle}{2}\right) \tag{11－24}$$

各参数的取值范围是：$W>0$，$1\leqslant C_{Layer}\leqslant N_{Layers}+1$，$-90°\leqslant Angle\leqslant 90°$。

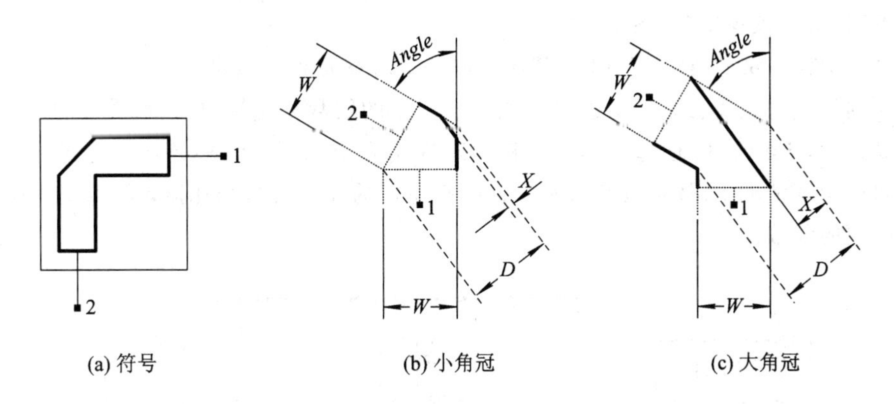

图 11-39　PCBEND 模型的符号与参数定义

PCCORN 模型比较简单，其符号如图 11-40(a)所示，主要用于定义无切角的直角拐角连接，所以在模型中只需定义走线带宽度 W 及其所在层数 C_{Layer} 两个参数。与其他模型类似，它们的取值范围要求 $W>0$，$1\leqslant C_{\text{Layer}}\leqslant N_{\text{Layers}}+1$。

PCCROS 模型的符号与参数定义分别如图 11-40(b)、(c)所示，主要用于为 PCB 互连提供一种理想的连接模型。注意该模型可以分别定义十字交叉各枝节的走线宽度(W_1、W_2、W_3、W_4)，它们的取值范围是 $W_1>0$，$W_2>0$，$W_3>0$，$W_4>0$，$1\leqslant C_{\text{Layer}}\leqslant N_{\text{Layers}}+1$。

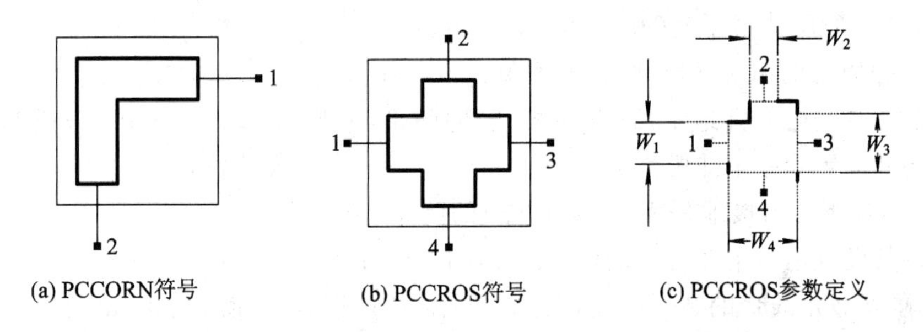

图 11-40　PCCORN 和 PCCROS 模型符号与参数

PCCURVE 模型的符号与参数定义如图 11-41 所示，内部用 PCLIN1 建模，即认为曲线是长度(Length)为半径(Radius)×弧度(Angle)的单线模型。此单线位于 PCB 板的中心点且与 PCB 边线平行，PCB 两边线之间的距离则由该元件所在的模型“PCSUBi”来指定。PCCURVE 模型的主要参数取值范围为

$$W>0,\ 1\leqslant C_{\text{Layer}}\leqslant N_{\text{Layers}}+1,\ -180^\circ\leqslant Angle\leqslant 180^\circ,\ Radius\geqslant\frac{W}{2}\qquad(11-25)$$

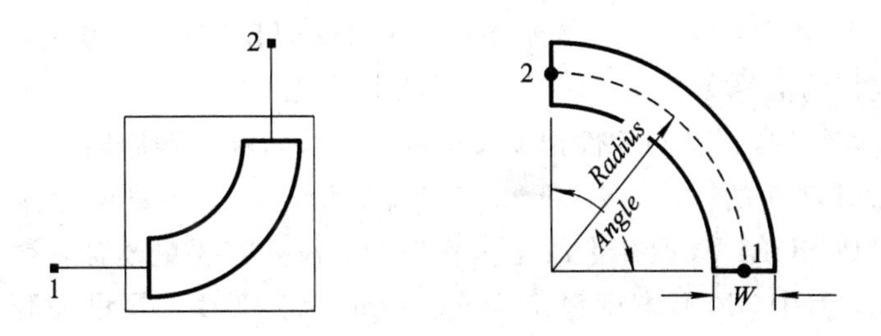

图 11-41　PCCURVE 模型的符号与参数定义

5) PCB 基质板模型(PCSUBn)

这里以 PCSUB2 为例介绍 PCB 基质板模型，其符号和参数定义如图 11-42 所示；其他层数 n 的模型与之类似，只不过要注意这里所指的层数 n 是指 PCB 基质板的层数。在每个仿真电路中，PCSUBn 模型虽然不直接出现在仿真电路里，但都必须预先设定参数，并用其名称指定其他的 PCB 走线带模型。每层基质板的介电常数都相同，但每层的厚度可以设定为不同的参数。

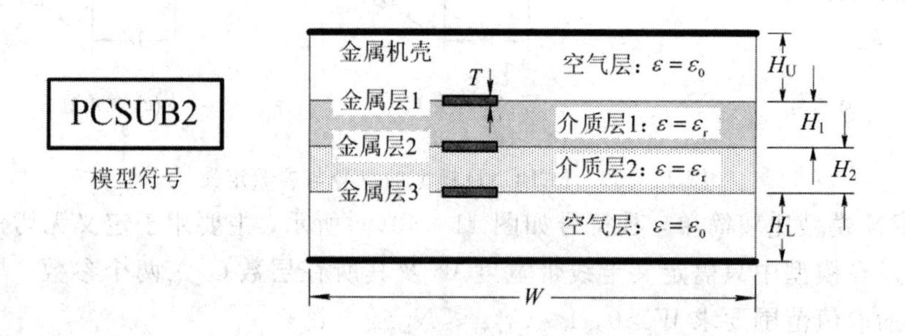

图 11-42　PCSUB2 模型的符号与参数定义

PCSUB2 模型各参数的意义和典型值(可以根据需要修改)如下：

H_1 表示介质层 1 的厚度(典型值：25.0 mil)；

H_2 表示介质层 2 的厚度(典型值：25.0 mil)；

ε_r 表示介质层的相对介电常数(典型值：10.0)；

H_U 表示最上层与接地平面(金属机壳)的间距(典型值：100.0 mil，若顶部为开放空间，可以将其设置为一个非常大的值，比如超过 2～3 个最大波长)；

H_L 表示最下层与接地平面(金属机壳)的间距(典型值：100.0 mil，若底部为开放空间，可以将其设置为一个非常大的值，比如超过 2～3 个最大波长)；

T 表示 PCB 走线带的金属厚度，主要用于损耗计算(典型值：1.0 mil)；

W 表示 PCB 的宽度(典型值：500 mil)；

Cond 表示 PCB 走线带导体的电导率(1.0×10^{50} S/m。注：金的电导率为 4.1×10^{7} S/m，铜的电导率为 5.8×10^{7} S/m)；

Sigma 表示 PCB 介质材料的电导率(典型值：0)；

TanD 表示 PCB 介质材料的损耗正切(典型值：0)。

3. PCB 仿真实例

这里给出一个利用“PCLIN1”、“PCBEND”、“PCSUB1”的仿真实例，但其对实际设计而言可能并不合理。仿真中采用 S-参数(S-PARAMETERS)仿真方法，预测分析在脉冲激励下 PCB 走线带的信号完整性。采用其他模型和仿真方法的 PCB 电磁兼容性预测仿真过程基本类似，读者可自行查阅软件帮助文档并进行练习和实践应用。

点击 ADS 设计软件的“New Schematic”命令，新建一个电路设计窗口。在模型模板(Palette)中找到“PCSUB1”模型并拖放至工作窗口，根据需要更改各参数的典型值，具体如图 11-43 所示。其中，PCB 宽度设定为 5000 mil；将 PCB 上层设为开放空间，故假定 H_U=50 000.0 mil；走线带厚度设定为 T=2 mil。然后，分别找到“PCLIN1”和“PCBEND”模型并拖放至工作窗口，其中放置两个 PCLIN1 元件，这里要特别注意各模型参数之间的协调性。

然后，在窗口中放置时域脉冲电压信号源模型(VTPULSE)元件、电阻(R)元件等，并放置接地(公共参考点)符号。最后将这些元件用导线(Wire)连接起来，形成如图 11-43 左图所示的电路，右图是其对应的电路布局版图。最后，增加 S-参数(S-PARAMETERS)仿真方法并在其中设置仿真参数(如图 11-43 所示)：开始频率(Start)为 0.5 GHz，终止频率(Stop)为 10.5 GHz，频率步进(Step)为 250 kHz。

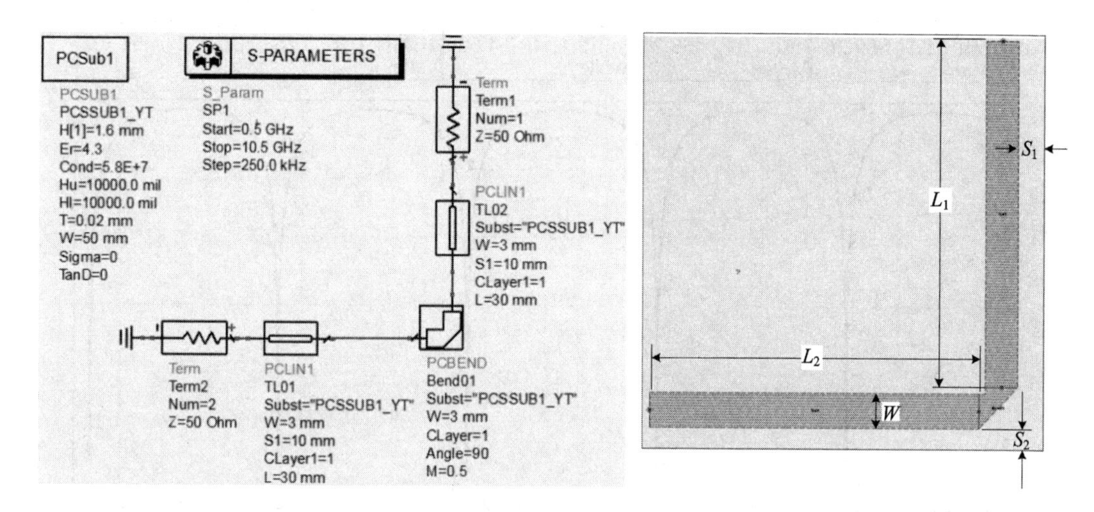

图 11-43 PCB 仿真实例电路及对应版图

在 S-参数仿真中设定的终端阻抗为 50 欧姆，按图 11-43 所列参数仿真得到 S-参数结果如图 11-44 所示，可以看出在 2.029 GHz 及其倍频上有很好的传输和匹配效果，在这些频率上 S_{11} 均小于 −50 dB，$S_{12}=S_{21}\approx 0$ dB，即可以实现无损耗传输。影响这些频率的因素很多，其中最主要内部因素是 PCB 走线带结构参数和基质板结构及介电常数，外部因素则与终端阻抗密切相关。

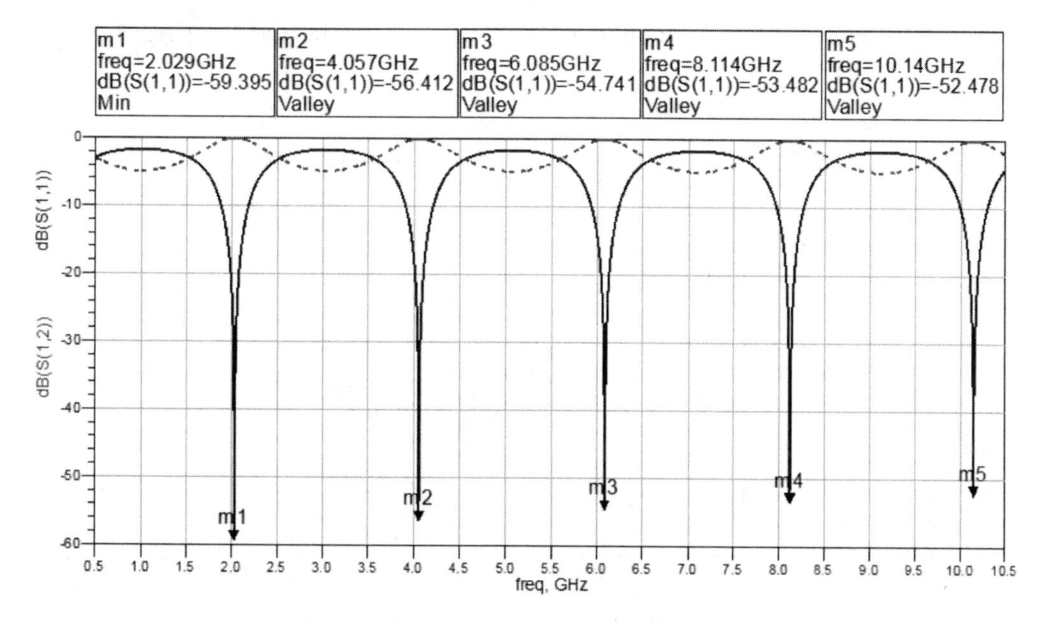

图 11-44 PCB 走线带 S-参数仿真结果(走线带至 PCB 左边沿距离 10 mm)

若上述内部和外部因素保持不变，那么 PCB 走线带在基质板上的位置对频率的影响也很明显。例如走线带至 PCB 左边沿距离 15 mm 时的仿真结果如图 11-45 所示，此时无损耗传输频率变化至 2.064 GHz 及其倍频上，即随着与边沿的间距增大，拐角走线带 PCB 无损耗传输的频率有向上偏移的趋势。换言之，从 EMC 角度来考虑，可以把传输频率比较高的走线带往 PCB 靠中心的位置布设。

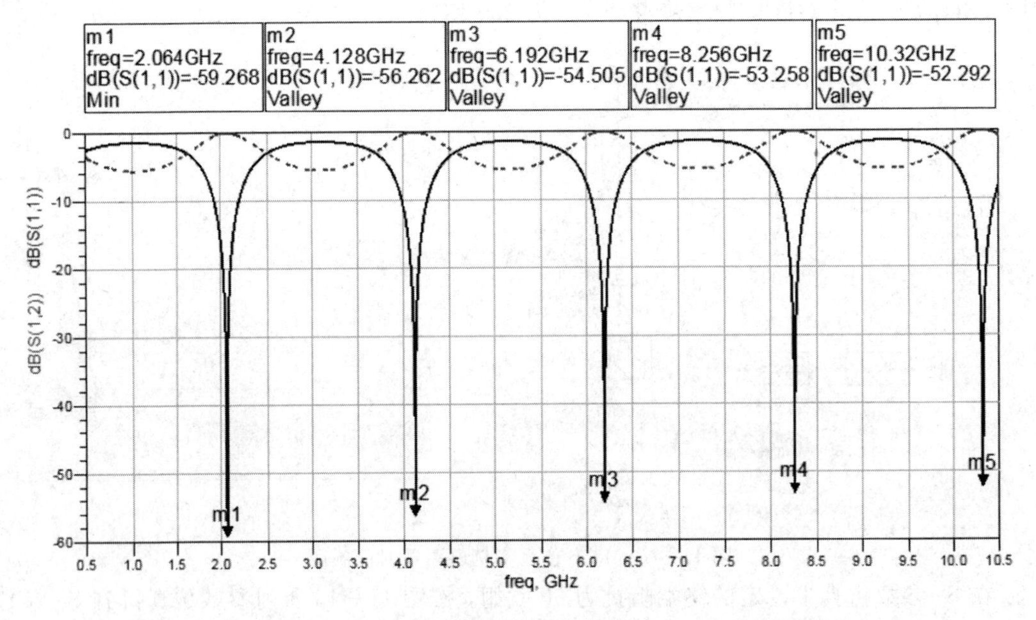

图 11-45 PCB 走线带 S-参数仿真结果(走线带至 PCB 左边沿距离 15 mm)

习 题

1. 求长 10 mm、直径为 2.5 mm 的实芯铜引线在 200 MHz 时的内电阻与内电感。

2. 求两根相隔 10 mm 的直径为 2.5 mm 的实芯平行导线的单位长度电感和电容。

3. 分别画出带有 U 型引线的电阻器、电容器和电感器的简化射频等效电路。

4. 某碳质电阻的阻抗伯德图如图 11-46 所示，计算其引线电感和寄生电容(忽略引线电容)。

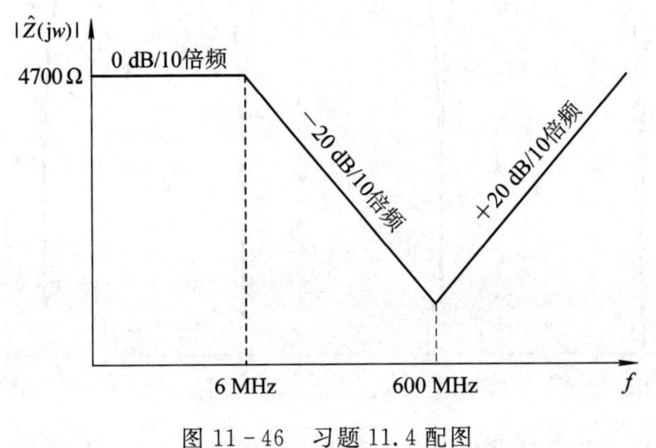

图 11-46 习题 11.4 配图

5. 某带有引线钽电容在100 MHz时的阻抗为10 Ω，其电容值为0.15 μF，等效串联阻(ESR)为4 Ω，求其引线电感。

6. 将一个电感与50 Ω负载串联来抑制100 MHz的噪声电流。求可以使通过负载的100 MHz噪声信号降低20 dB的电感值。

7. 测量一个元件发现其阻抗大小如图11-47所示。画出代表该阻抗的等效电路。

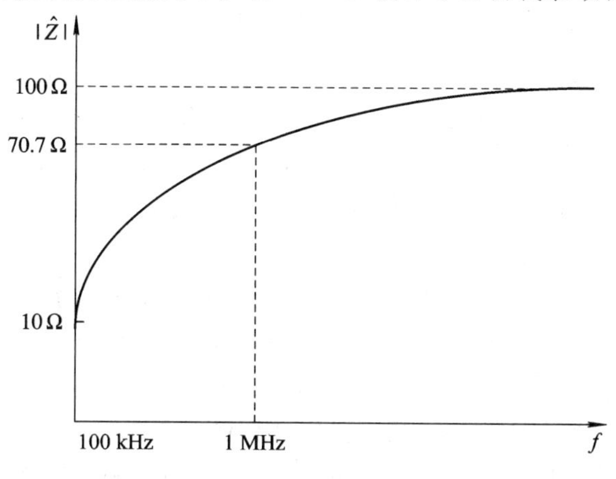

图11-47　习题11.7配图

8. 某PCB走线带为微带线结构，其走线厚度t=0.03 mm，宽度为1 mm，PCB的基质厚度为3.2 mm，基板材料为FR4(相对介电常数4.5)，求其走线阻抗。

9. 简述PCB叠层设计的基本原则。

10. 在PCB设计中，经常会在电路、芯片或电源电路附件上加一些电容，根据其使用功能，一般可将这些电容分为哪几类，并分别说明其作用。

11. 仿真分析印制线90°拐角对信号传输质量的影响，并分别讨论不同几何形状拐角的反射和传输特性(直角拐角、圆拐角、45°内外斜切拐角、45°外斜切拐角)。

参考文献

[1] 王仁波，魏雄，李跃忠. PADS Layout 2007印制电路板设计与实例. 北京：电子工业出版社，2009.

[2] MONTROSE M I. 电磁兼容的印制电路板设计. 吕英华，于学萍，张金玲，等，译. 北京：机械工业出版社，2008.

[3] 赵光. PADS 2007高速电路板设计. 北京：人民邮电出版社，2009.

[4] 周润景，景晓松. Mentor高速电路板设计与仿真. 北京：电子工业出版社，2008.

[5] 路宏敏，安晋元，赵益民，等. 印制线拐角的频域分析. 西安交通大学学报，2007，41(12)：1451-1454.

[6] 路宏敏，吴保义，姚志成，等. 微带线直角弯曲最佳斜切率研究. 西安电子科技大学学报：自然科学版，2009，36(5)：885-889.

[7] MONTROSE M I. Printed circuit board design techniques for EMC compliance：a handbook for designers. 2nd ed. New York：IEEE Press，2000.

[8] MONTROSE M I. EMC and the printed circuit board：design，theory，and layout

made simple. New York: IEEE Press, 1999.

[9] O'HARA M. EMC at component and PCB level. Ox ford, England: Newnes,1998.

[10] WILLIAMS T, ARMSTRONG K. EMC for Product designers. Boston: Newnes, 1992.

[11] KIM Y, LEE G Y, NAM S. Efficiency enhancement of microstrip antenna by elevating radiating edges of patch. Electronics Letters, 2003, 39(19): 1363 - 1364.

[12] HOCKANSON D M, SLONE RD. Reducing Radiated Emissions from CPUs through Core Power Interconnect Design. Proc. Intl. Symp. on EMC, 2005: 927 - 932.

[13] KRAEMER JG, COLLINS R, RAPIDS C. Specifying and Characterizing Cable/Connector Systems for High-speed Interfaces in Defense/Aerospace Systems. Electromagnetic Compatibility, August 2005.

[14] SHIM H W, HUBING T H. Model for Estimating Radiated Emissions From a Printed Circuit Board With Attached Cables Due to Voltage-Driven Sources: IEEE Transactions on electromagretic compatibility, 2005, 47(4): 899 - 907.

[15] MONDAL M, CONNOR S, ARCHAMBEAULT B, et al. Fast frequency domain crosstalk analysis for board-level EMC rule checking and optimization. Electromagnetic Compatibility, 2008: 1 - 6.

[16] Clayton R and PAUL. A Comparison of the Contributions of Common-Mode and Differential-Mode Currents in Radiated Emissions. IEEE Transansactions on Electromagnetic Compatibility, 1989, 31(2): 189 - 193.

[17] ALAELDINE A, PERDRIAU R. A Direct Power Injection Model for Immunity Prediction in Integrated Circuits. IEEE Transactions on Electromagnetic Compatibility, 2008, 50(1): 52 - 62.

[18] CELOZZI S, PANARIELLO G, SCHETTINO F, et al. A General Approach for the Analysis of Finite Size PCB Ground Planes. Electromagnetic Compatibility, 2000, 1: 357 - 362.

[19] KAYANO Y, TANAKA, I M, et al. A study on the correspondence of common-mode current in electromagnetic radiation from a PCB with a guard-band. Electromagnetic Compatibility, 2004, 1: 209 - 214.

[20] WEISSHAAR A, LAN H, IUOH A. Accurate Closed-Form Expressions for the Frequency-Dependent Line Parameters of On-Chip Interconnects on Lossy Silicon Substrate. IEEE Transactions on Advanced Packaging, 2002, 25(2): 288 - 296.

[21] HAOCKANSON D, RADU S. An Investigation of the effects of PCB module orientation on radiated EMI. Electromagnetic Compatibility, 1999, 1: 399 - 404.

[22] COSTA V, POLITI M, GUALDONI M. Analysis of Power and Ground Islands in Printed Circuit Boards. Electromagnetic Compatibility, 2004. EMC 2004. 2004 International Symposium on Electromagnetic Compatibility, 2004, 1: 39 - 44.

[23] FU Y, HUBING T. Analysis of Radiated Emissions From a Printed Circuit Board Using Expert System Algorithms. IEEE Transactions on electromagnetic compati-

bility, 2007, 49(1): 68-75.

[24] MONTROSE M I, JIN H F, LI E P. Analysis on the Effectiveness of High Speed Printed Circuit Board Edge Radiated Emissions Based on Stimulus Source Location. Electromagnetic Compatibility, 2004. EMC 2004. 2004 International Symposium on Electromagnetic Compatibility, 2004: 51-56.

[25] MONTROSE M I, LI E P, JIN H F, et al. Analysis on the Effectiveness of the 20th Rule for Printed-Circuit-Board Layout to Reduce Edge-Radiated Coupling. IEEE Transactions on electromagnetic compatibility, 2005, 47(2): 227-233.

[26] POMMERENKE D, MUCHAIDZE G, KOO J, et al. Application and limits of IC and PCB scanning methods for immunity analysis. Electromagnetic Compatibility, 2007. EMC Zurich 2007. 18th International Zurich Symposium on Electromagnetic Compatibility, 2007: 83-86.

[27] PETRY D. Application of EMC Testing to Chip Level SOC (System on a CIp). Product Compliance Engineering, 2007. PSES 2007: 1-5.

[28] LOECKX J, GIELEN G. Assessment of the DPI standard for Immunity Simulation of Integrated Circuits. Electromagnetic Compatibility, 2007. EMC 2007. 2007 International Symposium on Electromagnetic Compatibility, 2007.

[29] CHAHINE I, KADI M, GABORIAUD E, et al. Characterization and Modeling of the Susceptibility of Integrated Circuits to Conducted Electromagnetic Disturbances Up to 1 GH. IEEE Transactions on electromagnetic compatibility, 2008, 50(2): 285-293.

[30] HUBING T H. Circuit Board Layout for Automotive Electronics. Electromagnetic Compatibility, 2007. EMC 2007. 2007 International Symposium on Electromagnetic Compatibility, 2007.

[31] HOLLOWAY C L, KUESTER E F. Closed-Form Expressions for the Current Densities on the Ground Planes of Asymmetric Stripline Structures. IEEE Transactions on electromagnetic compatibility, 2007, 49(1): 49-57.

[32] CUI W, FAN J, REN Y, et al. DC Power-Bus Noise Isolation With Power-Plane Segmentation. IEEE Transactions on Electromagnetic Compatibility, 2003, 45(2): 436-443.

[33] HUBING T H, SHIM H W. Derivation of a Closed-Form Approximate Expression for the Self-Capacitance of a Printed Circuit Board Trace. IEEE Transactions on electromagnetic compatibility, 2005, 47(4): 1004-1008.

[34] LEONE M. Design Expressions for the Trace-to-Edge Common-Mode Inductance of a Printed Circuit Board. IEEE transactions on electromagnetic compatibility, 2001, 43(4): 667-671.

[35] COCCHINI M, CHENG L, ZHANG M, et al. Differential Vias Transition Modeling in a Multilayer Printed Circuit Board. Electromagnetic Compatibility, 2008. EMC 2008. IEEE International Symposium on Electromagnetic Compatibility, 2008: 1-7.

[36] HUBING T. Effective Strategies for Choosing and Locating Printed Circuit Board Decoupling Capacitors. Electromagnetic Compatibility, 2005. EMC 2005. 2005 International Symposium on Electromagnetic Compatibility, 2005, 2: 632 - 637.

[37] DEUTSCHMANN B, WINKLER G, OSTERMANN T, et al. Electromagnetic Emissions: IC-Level versus System-Level. Electromagnetic Compatibility, 2004. EMC 2004. 2004 International Symposium on Electromagnetic Compatibility, 2004, 1: 169 - 173.

[38] LEVANT J L, RAMDANI M, PERDRIAU R, et al. EMC Assessment at Chip and PCB Level: Use of the ICEM Model for Jitter Analysis in an Integrated PLL. IEEE Transactions on Electromagnetic Compatibility, 2007, 49(1): 182 - 191.

[39] KLOTZ F. EMC Test Specification for Integrated Circuits. Electromagnetic Compatibility, 2007. EMC Zurich 2007. 18th International Zurich Symposium on EMC, 2007: 73 - 78.

[40] KHAN Z A, BAYRAM Y, VOLAKIS J L. EMI/EMC Measurements and Simulations for Cables and PCBs Enclosed Within Metallic Structures. IEEE Transactions on Electromagnetic Compatibility, 2008, 50(2): 441 - 445.

[41] DENG S W, HUBING T, BEETNER D. Estimating Maximum Radiated Emissions From Printed Circuit Boards With an Attached Cable. IEEE Transactions on electromagnetic compatibility, 2008, 50(1): 215 - 218.

[42] CHEN Q, KATO S, SAWAYA K. Estimation of Current Distribution on Multilayer Printed Circuit Board by Near-Field Measurement. IEEE Transactions on Electromagnetic Compatibility, 2008, 50(2): 399 - 405.

[43] SARKAR T K, MARICEVIC Z A, ZHANG J B, et al. Evaluation of Excess Inductance and Capacitance of Microstrip Junctions. IEEE Transactions on Microwave Theory and Techniques, 1994, 42(6): 1095 - 1097.

[44] FORNBERG P E, BYERS A, PIKET-MAY M. FDTD Modeling of Printed Circuit Board Signal Integrity and Radiation. Electromagnetic Compatibility, 2000. IEEE International Symposium on Electromagnetic Compatibility, 2000, 1: 307 - 312.

[45] MUTHANA P, SRINIVASAN K, ENGIN A E, et al. Improvements in Noise Suppression for I/O Circuits Using Embedded Planar Capacitors. IEEE Transactions on Advanced Packaging, 2008, 31(2): 234 - 245.

[46] HAMPE M, DICKMANN S. Improving the Behavior of PCB Power-Bus Structures by an Appropriate Segmentation. Electromagnetic Compatibility, 2005. EMC 2005. 2005 International Symposium on Electromagnetic Compatibility, 2005, 3: 961 - 966.

[47] HOCKANSON D M, DREWNIAK J L, HUBING T H, et al. Investigation of Fundamental EMI Source Mechanisms Driving Common-Mode Radiation from Printed Circuit Boards with Attached Cables. IEEE Transactions on Electromagnetic Compatibility, 1996, 38(4): 557 - 566.

[48] MORAN T E, VIRGA K L, AGUIRRE G, et al. Methods to Reduce Radiation From Split Ground Planes in RF and Mixed Signal Packaging Structures. IEEE

Transactions on Advanced Packaging, 2002, 25(3): 409-416.

[49] SILVESTER P, BENEDEK P. Microstrip Discontinuity Capacitances for Right-Angle Bends, T Junctions, and Crossings. Microwave Theory and Techniques, IEEE Transactions on, 1973, 21(5): 341-346.

[50] MOONGILAN D. Minimizing Radiated Emissions From PCBs Using Grid-like Ground Plane Impedance Matching Techniques. Electromagnetic Compatibility, 2005. EMC 2005. 2005 International Symposium on Electromagnetic Compatibility, 2005, 3: 971-976.

[51] SCHNIEDER F, HEINRICH W. Model of Thin-Film Microstrip Line for Circuit Design. IEEE Transactions on Microwave Theory and Techniques, 2001, 49(1): 104-110.

[52] VIVES-GILABERT Y, ARCAMBAL C, LOUIS A, et al. Modeling Magnetic Radiations of Electronic Circuits Using Near-Field Scanning Method. IEEE Transactions on Electromagnetic Compatibility, 2007, 49: 391-400.

[53] KIM J H, SWAMINATHAN M. Modeling of Irregular Shaped Power Distribution Planes Using Transmission Matrix Method. IEEE Transactions on Advanced Packaging, 2001, 24(3): 334-346.

[54] COCCHINI M, FAN J, ARCHAMBEAULT B, et al. Noise Coupling Between Power/Ground Nets Due to Differential Vias Transitions in a Multilayer PCB. Electromagnetic Compatibility, 2008. EMC 2008. IEEE International Symposium on Electromagnetic Compatibility, 2008: 1-6.

[55] TAKI M, JOHN W, HEDYAT C, et al. Noise Propagation for Induced Fast Transient Impulses on PCB-Level. Electromagnetic Compatibility, 2007. EMC Zurich 2007. 18th International Zurich Symposium on Electromagnetic Compatibility, 2007: 57-60.

[56] WU T L, CHEN S T, HWANG J N, et al. Numerical and Experimental Investigation of Radiation Caused by the Switching Noise on the Partitioned DC Reference Planes of High Speed Digital PCB. IEEE Transactions on Electromagnetic Compatibility, 2004, 46(1): 33-45.

[57] LEONE M, NAVRATIL V. On the Electromagnetic Radiation of Printed-Circuit-Board Interconnections. IEEE Transactions on Electromagnetic Compatibility, 2005, 47(2): 219-226.

[58] SICARD E, BOYER A, TANKIELUN A. On the Prediction of Near-field Microcontroller Emission. Electromagnetic Compatibility, 2005. EMC 2005. 2005 International Symposium on Electromagnetic Compatibility, 2005, 3: 695-699.

[59] PAN W F, POMMERENKE D, XU S, et al. PCB Ground Fill Design Guidelines for Radiated EMI. Electromagnetic Compatibility, 2008. EMC 2008. IEEE International Symposium on Electromagnetic Compatibility, 2008: 1-6.

[60] WEISSHAAR A, TRIPATHI V K. Perturbation Analysis and Modeling of Curved Microstrip Bends. IEEE Transactions on Microwave Theory and Techniques,

1990, 38(10): 1449 - 1454.

[61] LEFERINK F B J. Power and Signal Integrity and Electromagnetic Emission; the balancing act of decoupling, planes and tracks. Electromagnetic Compatibility, 2007. EMC 2007. IEEE International Symposium on Electromagnetic Compatibility, 2007: 1 - 5.

[62] ALAELDINE A, CORDI J, PERDRIAU R, et al. Predicting the immunity of integrated circuits through measurement methods and simulation models. Electromagnetic Compatibility, 2007. EMC Zurich 2007. 18th International Zurich Symposium on Electromagnetic Compatibility, 2007: 79 - 82.

[63] TOYOTA Y, SADATOSHI A, WATANABE T, et al. Prediction of Electromagnetic Emissions from PCBs with Interconnections through Common-mode Antenna Model. Electromagnetic Compatibility, 2007. EMC Zurich 2007. 18th International Zurich Symposium on Electromagnetic Compatibility, 2007: 107 - 110.

[64] TORJGOE M, SADATOSHI A, TOYOTA Y, et al. Prediction of the Common-mode Radiated Emission from the Board to Board Interconnection through Common-mode Antenna Model Electromagnetic Compatibility, 2008. EMC 2008. IEEE International Symposium on Electromagnetic Compatibility, 2008: 1 - 4.

[65] KASTURI V, DENG S, HUBING T, et al. Quantifying Electric and Magnetic Field Coupling from Integrated Circuits with TEM Cell Measurements. Electromagnetic Compatibility, 2006. EMC 2006. 2006 IEEE International Symposium on Electromagnetic Compatibility, 2006, 2: 422 - 425.

[66] KAYANO Y, TANAKA M, INOUE H. Radiated Emission from a PCB with an Attached Cable Resulting from a Nonzero Ground Plane Impedance. Electromagnetic Compatibility, 2005. EMC 2005. 2005 International Symposium on Electromagnetic Compatibility, 2005, 3: 955 - 960.

[67] LEONE M. Radiated Susceptibility on the Printed-Circuit-Board Level: Simulation and Measurement. IEEE Transactions on Electromagnetic Compatibility, 2005, 47 (3): 471 - 478.

[68] NOVAK I. Reducing Simultaneous Switching Noise and EMI on Ground/Power Planes by Dissipative Edge Termination. IEEE Transactions on Advanced Packaging, 1999, 22(3): 274 - 283.

[69] VAN D A P J, KAPORA S. Reduction of Inductive Common-Mode Coupling of Printed Circuit Boards by Nearby U-Shaped Metal Cabinet Panel. IEEE Transactions on Electromagnetic Compatibility, 2005, 47(3): 490 - 497.

[70] HOLLOWAY C L, MOHAMED M A, KUESTER E F, et al. Reflection and Transmission Properties of a Metafilm: With an Application to a Controllable Surface Composed of Resonant Particles. IEEE Transactions on Electromagnetic Compatibility, 2005, 47(4): 853 - 865.

[71] POUHE D. RF Radiation Properties of Printed-Circuits Boards in a GTEM Cell. IEEE Transactions on Electromagnetic Compatibility, 2006, 48(3): 468 - 475.

[72] MONTROSE M I. Right Angle Corners on Printed Circuit Board Traces, Time and Frequency Domain Analysis. Electromagnetic Compatibility, 1999 International Symposium on Electromagnetic Compatibility, 1999: 638 - 641.

[73] SHI X M, YEO K S, MA J G, et al. Sensitivity Analysis of Coupled Interconnects for RFIC applications. IEEE Transactions on Electromagnetic Compatibility, 2006, 48(4): 607 - 613.

[74] LIAW H J, MERKLO H. Signal Integrity Issues at Split Ground and Power Planes. Electronic Components and Technology Conference, Proceedings, 46th, 1996: 752 - 755.

[75] TARVAINEN T. Simplified Modeling of Parallel Plate Resonances on Multilayer Printed Circuit Boards. IEEE Transactions on Electromagnetic Compatibility, 2000, 42(3): 284 - 289.

[76] HAMPE M, PALANISAMY V A, DICKMANN S. Single Summation Expression for the Impedance of Rectangular PCB Power-Bus Structures Loaded With Multiple Lumped Elements. IEEE Transactions on Electromagnetic Compatibility, 2007, 49(1): 58 - 67.

[77] CANAVERO F G. Foreword: Special Issue on "Recent Advances in EMC of Printed Circuit Boards". IEEE Transactions on Electromagnetic Compatibility, 2001, 43(4): 414 - 415.

[78] VAN D B S, OLYSLAGER F, DE Z D, et al. Study of the Ground Bounce Caused by Power Plane Resonances. IEEE Transactions on Microwave Theoy and Techniques, 1998, 40(2): 111 - 119.

[79] ARCHAMBEAULT B, CONNOR S. The Effect of Decoupling Capacitor Distance on Printed Circuit Boards Using Both Frequency and Time Domain Analysis. Electromagnetic Compatibility, 2005. EMC 2005. 2005 International Symposium on Electromagnetic Compatibility, 2005, 2: 650 - 654.

[80] MONTROSE M I. Time and Frequency Domain Analysis for Right Angle Corners on Printed Circuit Board Traces. Electromagnetic Compatibility, 1998. 1998 IEEE International Symposium on Electromagnetic Compatibility, 1998, 1: 551 - 556.

[81] ZEEFF T M, HUBING T H, VAN D T P. Traces in Proximity to Gaps in Return Planes. IEEE Transactions on Electromagnetic Compatibility, 2005, 47(2): 388 - 392.

[82] DENG S, HUBING T H, BEETNER D G. Using TEM Cell Measurements to Estimate the Maximum Radiation From PCBs With Cables Due to Magnetic Field Coupling. IEEE Transactions on Electromagnetic Compatibility, 2008, 50(2): 419 - 422.

[83] 徐兴福. ADS2008射频电路设计与仿真实例. 北京：电子工业出版社，2009.

第12章 电磁兼容性仿真分析

本章简要介绍电磁兼容仿真分析的相关内容，主要包括电磁兼容仿真分析的基本原理及特点、仿真分析中的系统综合性、典型的仿真分析方法、仿真软件，并列举了分析实例供读者学习。

当今时代，信息化已成为世界各主要国家的战略性、先导性、基础性产业，成为人类社会重要的基础设施。随着信息技术的不断进步，电气、电子设备或系统被广泛应用于工业、农业、服务业、交通、国防、安全等领域。21世纪以来，全球化进程不断深入推进，世界各国产业不断深度融合，“一带一路”等具体发展战略为各种先进信息化设备或系统的“引进来、走出去”提供了更大的空间。面对如此广阔的发展空间，信息化设备或系统必须不断提升其功能性、综合性、系统性、兼容性、发展性等方面的适应能力，而这些都应该在各种电气、电子设备或系统的性能分析与设计中综合考量。2001年12月，为面向日益国际化的需要，我国颁布了《强制性产品认证管理规定》(China Compulsory Certification)-3C认证，对信息化设备或系统中的电磁兼容提出了约束性的规范要求。为了更好地提升各种设备或系统对应用需求的适应性，具体到电工、电子领域，则应该在分析和设计的实践中不断增强电磁兼容意识，并持续关注电磁兼容分析、设计方面的新要求。作为电磁兼容的重要研究内容，相关仿真分析仍在不断发展，本章仅介绍一些基本内容，帮助读者对电磁兼容仿真分析中的基本概念、基本原理和基本方法有所认知和理解。

12.1 电磁兼容仿真分析的基本原理及特点

信息化、系统化的深入，使得电气、电子设备或系统的规模不断增大，功能持续更新，进而也使得电磁兼容仿真分析的工程应用面逐步拓宽。电磁兼容仿真分析则用于解决越来越复杂的建模、计算等具体工程技术问题，同时，这些工程问题也为电磁兼容仿真分析的理论研究提供了应用和佐证。电磁兼容仿真分析以电磁理论和计算机技术为基础，建立电磁模型，使用电磁数值分析方法，通过系统方案对电磁兼容问题进行预测和分析。在实际工程应用中，电磁兼容仿真分析可有效地发现不兼容问题，进而通过完善设计并进行再次预测评估，形成合理方案再进行研制与生产。显然，电磁兼容仿真分析与相关电磁理论、技术紧密结合，相互关联。而今，电磁兼容仿真分析已经成为电磁兼容研究领域中的一个发展方向，同时，作为复杂环境中的电磁规律、性质研究的推进力，可促进电磁兼容的发展。

电磁兼容仿真分析是在工程与理论相结合的过程中发展起来的。一方面，电磁工程是电磁兼容仿真分析开展所指向的客观实体；另一方面，电磁理论为电磁兼容仿真分析过程中的各环节提供了内涵支撑。

从宏观角度来看，迄今对所有电磁系统的分析均基于 Maxwell 电磁理论。该理论由物理学家、数学家 J. C. Maxwell（苏格兰，1831—1879 年）所建立。他首先揭示了电磁场的存在，实现了电与磁的大统一，完成了光与电磁的大综合，后世学者将他与 Newton 和 Einstein 并称。在电磁系统中，电磁场是相互作用的客观主体，作为一种特殊的物质形态，电磁场所满足的基本原理主要由以下经典关系所支配。

（1）麦克斯韦方程组：

$$\begin{cases} \nabla\times \boldsymbol{H} = \boldsymbol{J} + \dfrac{\partial \boldsymbol{D}}{\partial t} \\ \nabla\times \boldsymbol{E} = -\dfrac{\partial \boldsymbol{B}}{\partial t} \\ \nabla\cdot \boldsymbol{B} = 0 \\ \nabla\cdot \boldsymbol{D} = \rho \end{cases}$$

（2）本构关系：

$$\boldsymbol{D} = \varepsilon \boldsymbol{E},\ \boldsymbol{B} = \mu \boldsymbol{H}$$

（3）边界条件：

$$\hat{n}\times(\boldsymbol{H}_2-\boldsymbol{H}_1)=\boldsymbol{J}_s,\ \hat{n}\times(\boldsymbol{E}_2-\boldsymbol{E}_1)=\boldsymbol{0},\ \hat{n}\cdot(\boldsymbol{B}_2-\boldsymbol{B}_1)=\boldsymbol{0},\ \hat{n}\cdot(\boldsymbol{D}_2-\boldsymbol{D}_1)=\rho_s$$

一般情况下，上面这些理论关系构成了分析解决电磁问题的基本依据，对于其他相关交叉问题中的电磁分析往往也以此为基础。

电磁兼容是电磁理论的发展，其源于电磁，但又高于电磁。电磁兼容涵盖微波、天线、电路、材料、结构、系统等多学科知识的交叉综合，在信息化领域有着广阔而丰富的应用空间。在实际中，电磁兼容经常涉及规模庞大的复杂电磁系统，其中会包括大量电气、电子设备和分系统，诸如雷达、电台、传感、电控、动力等，有时还需要兼顾所处平台（陆、海、空、天载体）以及周围环境等要素。在此情况下，待分析问题的规模会急剧增大，由此形成的电磁兼容问题整体性将变得复杂，即电磁复杂。显然，如果没有更为有效的工程处理工具，而只是单纯用电磁基本理论来直接分析这些复杂的实际问题，并以期实现对相应复杂电磁环境的整体认知，虽然在理论上是可行的，但在实际情况中则往往显得并不合适。对此，必须为电磁兼容分析的工程化应用寻求高效的解决途径。

现代计算机自 20 世纪中叶产生以来，历经飞速发展的阶段，现在无论是超级计算设备，还是个人计算机都较之早先的设备有了更大的进步。计算机及计算设备在数据、信息处理方面所拥有的突出能力为分析复杂电磁兼容问题提供了便利。以此硬件为基础，通过系统化、专业化的仿真分析技术，使得对复杂电磁系统及其环境特性的有效了解与掌握成为可能。电磁兼容仿真分析流程如图 12－1 所示。

在电磁兼容仿真分析中，电磁模型是需要明确的仿真对象。对于电磁问题，麦克斯韦（Maxwell）基本电磁关系是各种电磁现象最通用的理论模型。该模型虽然具有一般性，但在实际工程中则较显抽象。为此，基于对电磁兼容理论知识和工程经验的积累与深入，可以针对实际复杂系统中的各种具体电磁兼容问题建立更合适的模型。通常，电磁兼容模型

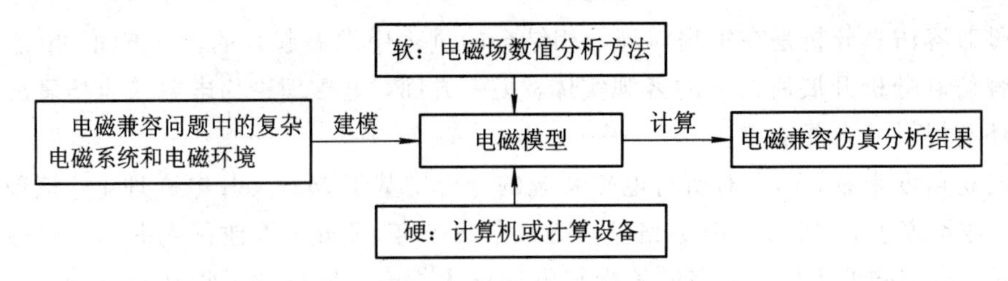

图 12-1　电磁兼容仿真分析

是多参函数。在建模过程中，既需要能确定参数间的有效关系，还需要考虑能在合理时间内进行分析的解决办法。在此过程中，采用何种参量、形式、途径表征求解问题，如何使其在有限的分析资源范围内给出结果，这是建模中需要重视的方面。

在模型中，还需要考虑相应模型对所描述具体现象或过程的可用性，电磁兼容仿真建模流程如图 12-2 所示。可用性通常决定于模型的方便程度和近似效果。对于系统，建模中往往需要根据系统要求突出电磁兼容问题的关键要素。以强电磁脉冲作用于架空导线为例，其电磁模型需要考虑三个重要方面：① 确定强电磁脉冲源的初始分布；② 确定强电磁脉冲的传输过程；③ 确定架空导线对外部电磁场的耦合作用。另外，在建模中，还可以根据分析要求补充特定的实验测量数据或理论公式，以增加模型的真实性。但需要注意，实验和理论条件往往具有一些特殊性及针对性，这些往往是特定条件下的特定信息(例如，响应的线性部分)，未必能完整反映系统作用，需要在使用时仔细对待。

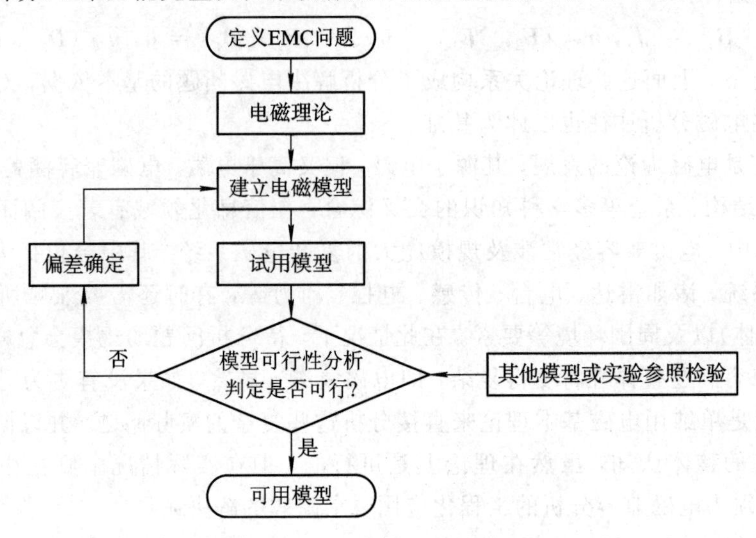

图 12-2　电磁兼容仿真建模

有时，电磁模型的可用与否要通过间接的方式来确定。一种可行的方法就是在电磁问题模型中采用已有的成熟模型，把模型的结果与先前的系统行为进行比较。例如，可以把一个新建立的电磁模型分析计算结果与具有相同几何形状且通过若干使用者研究验证的已有电磁模型分析计算结果相比较，也可以采用不同的计算方法对同一电磁兼容问题建立分析模型。此外，对于电磁模型的可用性也可采用一些公理性的电磁理论来验证。例如，一些常用于验证模型可用性的基本电磁理论概念包括：能量守恒、因果关系、波形相应分量的时间和到达关系、频谱相应的低频或高频渐进行为以及其他已知的物理约束条件。显然在此过程中，系统性的理论认识有助于对仿真分析形成先导。但是，也需要注意到，这类方法虽然可行，但并非是全面、充分的。对于电磁兼容中问题的复杂性，相关建模往往需要考虑系统的实际工作特性，将理论和实际相结合，运用系统性综合方法进行分析。

从应用角度来看，电磁场数值分析是电磁兼容仿真分析中的重要部分，其主要框架如图 12－3 所示。针对电磁兼容问题中所涉及到的电磁支配方程的数学关系，将实际电磁系统转化为计算机可分析的电磁模型，通过电磁场数值分析计算，可模拟复杂电磁环境中的相互作用。一般情况下，分析中需要完成由电磁场问题向矩阵代数问题的数值转化，其涉及主要步骤如下：首先，根据系统电磁分析的要求，基于电磁专业知识，将实际待分析电磁兼容问题中的关键数理支配关系或方程提炼出来，并确定待分析问题的边界。不同方程往往会采用不同的分析方法。例如，在静态或准静态情况下，研究拉普拉斯方程和泊松方程，可以考虑有限差分等方法；而在动态情况下，研究波动方程甚至直接研究麦克斯韦方程组，则可以考虑时域有限差分等方法。其次，针对所提取的相应规律和方程，结合具体数值分析方法，对问题的支配关系和几何模型进行离散，并设定分析参数。除了区域设定，在计算分析的设定中还应明确激励源设置、边界条件设置、结构材料设置等计算条件。最后，进行计算，并对电磁计算结果进行分析、解读。

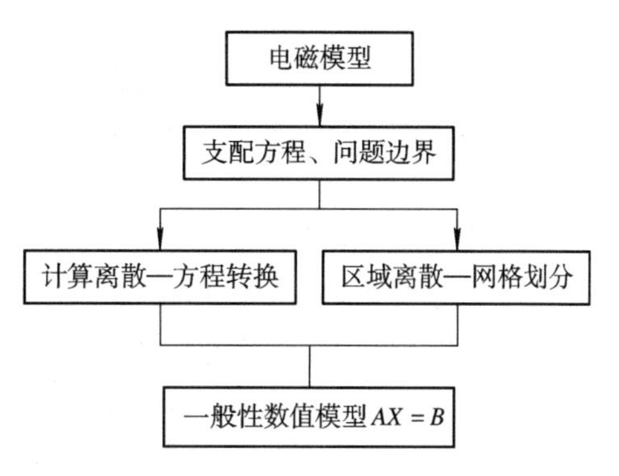

图 12－3　电磁数值分析主要框架

一般而言，数值仿真分析方法的重要作用就是将电磁兼容工程中用于描述复杂电磁环境内相互作用的电磁语言转化为便于计算设备高效处理的计算语言。而在此转换过程中，又具体涉及两个重要的转换内容，即将实际问题中解析化的支配关系转化为便于计算机处理的离散数学形式，将实际问题中整体化几何模型转化为便于计算机处理的离散数据信息。这涉及电磁数值分析方法与计算设备间高效的相互协调、共同工作。

需要注意的是，虽然计算设备为电磁兼容仿真分析提供了重要基础，但是面对信息科技的不断发展、电磁兼容适用范围的不断拓宽、电磁兼容仿真分析要求的不断提升，迄今所有的计算资源都存在着不同程度的局限性。面对问题，资源总是有限的。在电磁兼容问题分析中，任何提升分析效率的手段和技术都是有必要的。因此，对于电磁兼容问题的仿真分析，需要在实践中不断探索与发展。

12.2　电磁兼容仿真分析中的系统综合性

电磁环境是存在于给定场所的所有电磁现象的总和，是电磁兼容研究的主要对象。在实际应用中，为深入剖析系统预定工作电磁环境的特征状态，一般必须进行具体的电磁环境分析。在对电磁环境的兼容性分析中，常要考虑诸多要素。一些通用的综合分析中常常涉及以下几方面问题：设定干扰源的空间、时间、频率、幅度、相位以及极化等特性；制定电磁功率密度或场强的频谱关系曲线，以说明在指定频率范围内可能产生的干扰；估计最恶劣的电磁环境电平，计算干扰电平不超过某一允许值的区域范围；分析综合电磁环境电平的危害等级，区分导致系统性能降级与造成系统失效的电磁环境电平。另外，在实际电磁环境研究中，往往需要根据不同设备安装的位置进行分类处理。例如：IEC61000-2-5给出了8类电磁设备安装的典型位置，如农村居民区，城市居民区，商用区，轻工业区，重工业区、发电厂或开关站，交通区，通信中心，医院等。如前所述的具体位置，在实际工程应用中具有一定范围的类比代表性，对于同类别的代表性位置，其电磁现象所针对设备端口的骚扰电平亦类似。显然，涉及电磁系统及其环境的待分析电磁兼容问题表现虽然纷繁复杂，但从综合性的角度来看，则其有着内在的特性。

在电磁兼容中，干扰三要素是复杂电磁系统的基本单元构成，其中，传输耦合途径为干扰源与敏感设备间的电磁作用构建起连接的通道。耦合是电磁干扰三要素中的重要连接环节，其反映了设备、系统间的电磁联系，起到了能量联系传输的作用。在电磁系统中，具体的电磁连接形式往往复杂多样，一般可分为辐射和传导两种主要方式，如图12-4所示。从电磁理论角度来看，电磁耦合作用可分别以“场”与“路”的形式存在。由电磁兼容基本原理可知：在辐射耦合分析中，各种具体的辐射耦合方式主要以分布电磁场为模型基础；而在传导耦合分析中，则主要是以集总电路为模型基础。二者不同的形态往往对应于不同的分析方法。虽然形式有别，但“场”和“路”有着内在的关联。电磁兼容中的场路协同关系如图12-5所示。

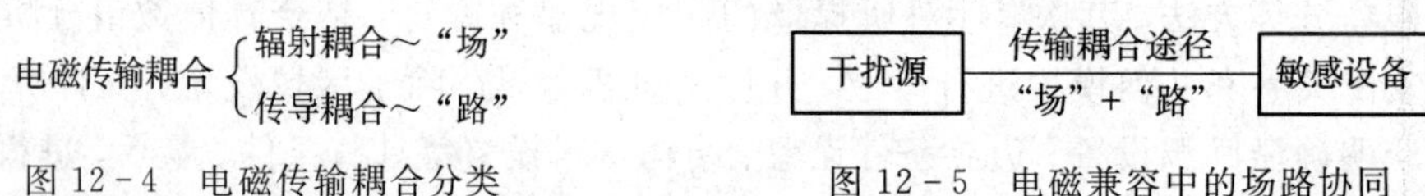

图12-4 电磁传输耦合分类　　图12-5 电磁兼容中的场路协同

无论对于工程抑或理论，端口都是电磁系统中的重要概念。对于辐射和传导干扰，系统端口一般包括外壳端口、交流电端口、直流电端口、控制线或信号线端口、接地端口等。在电磁环境中，“场”与“路”所表现的电磁作用会以干扰源和敏感设备的端口能量的发射和接收来呈现。作为传输耦合途径的连接点，电磁骚扰对设备、系统的侵入可以通过端口来系统表征。

在电磁环境中，干扰源端发射电磁能量，通过电磁传输耦合途径后，电磁能量会在敏感设备端被接收。若将各种具体的干扰源、传输耦合途径、敏感设备进行系统性简化、抽象，则可以通过建立相应的系统模型对骚扰的传输耦合进行分析。从理论上来看，对于电磁传输耦合途径所在的区域 V 可由封闭曲面 S 界定。若设定 S 面与传输耦合途径所联系各电磁系统端口的参考面相吻合，则可认为所有的相关电磁作用都来源于端口，除端口外，S 面上其余部分的场作用可略去。电磁传输耦合中的系统等效如图12-6所示。

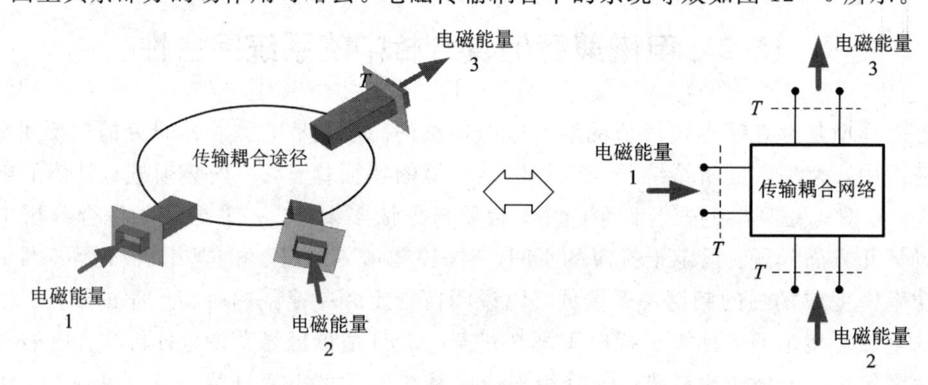

图12-6 电磁传输耦合中的系统等效

根据传输耦合途径中不同端口间电磁相互作用所形成的能量，定义$\hat{n}$为 S 面的法向单位矢量，P_l 为途径中的功率损耗，W_e 和 W_m 分别为途径中的平均电场和磁场储能。可以通过坡印廷定理(Poynting Theorem)来表现其系统的电磁能量规律，即

$$\sum_n \frac{1}{2}\oint_{S_n} \boldsymbol{E} \times \boldsymbol{H}^* \cdot \hat{n} \mathrm{d}s = P_l + \mathrm{j}2\omega(W_m - W_e) \tag{12-1}$$

式中，上标“$*$”表示复共轭。式(12-1)左边表示各个电磁系统端口上电磁“场”的能量特征。与此同时，若借助模式电压、模式电流与场的关系，考虑电路理论中的相量形式和矩阵表示，则可得到：

$$\frac{1}{2}[I]^+[V] = P_l + \mathrm{j}2\omega(W_m - W_e) \tag{12-2}$$

式中，上标“+”表示转置共轭。式(12-2)左边表示各个电磁系统端口上电磁“路”的能量特征。

另外，对于电磁作用的收发，考虑在线性互易媒介($\varepsilon=\varepsilon^{\mathrm{T}}$，$\mu=\mu^{\mathrm{T}}$)中有相同频率的两组源：$\boldsymbol{J}_a$、$\boldsymbol{M}_a$ 和 $\boldsymbol{J}_b$、$\boldsymbol{M}_b$，由 a 组源产生 $\boldsymbol{E}^a$、$\boldsymbol{H}^a$，由 b 组源产生 $\boldsymbol{E}^b$、$\boldsymbol{H}^b$。当电磁干扰源和敏感设备不在 S 所包围的区域 V 中时，与前述处理传输耦合能量的方式相类似，可由互易定理(Reciprocal Theorem)来表现系统性的电磁收发作用，即

$$\sum_n \int_{S_n} (\boldsymbol{E}^a \times \boldsymbol{H}^b) \cdot \hat{n} \mathrm{d}s = \sum_n \int_{S_n} (\boldsymbol{E}^b \times \boldsymbol{H}^a) \cdot \hat{n} \mathrm{d}s \tag{12-3}$$

对于多端口系统的情况，同样考虑模式电压、模式电流与场的关系，以及在同一参考面上模式矢量函数 $\boldsymbol{e}$、$\boldsymbol{h}$ 与激励无关的特性，通过端口的离散，于是有

$$[I^b]^{\mathrm{T}}[V^a] = [V^b]^{\mathrm{T}}[I^a] \tag{12-4}$$

式中，上标“T”表示转置。

式(12-1)～式(12-4)分别从能量和收发的角度展现了电磁系统传输耦合作用中“场”与“路”的内在联系。这些反映了系统内同一电磁规律的不同形式，对电磁兼容分析中复杂电磁作用的内在统一认知提供了便利。同时，由此也可以清楚地看到，对于复杂系统，“场”的形式更多地反映了电磁系统的分布特征，而“路”的形式则更多地反映了电磁系统的集总特征。由基础理论可知，“场”是电磁的基本形式。但是，为了便捷应对复杂的系统问题，电磁兼容中常会将“场”与“路”的形式相联系、相协同。由此启发电磁兼容相关的研究者和读者，在电磁兼容仿真分析中应逐步树立起系统和协同的思想，以应对待研问题中的复杂多样性，同时要针对复杂电磁问题明确主、次矛盾的关系，在具体问题中突出重点。虽然电磁兼容仿真分析属于工程技术，但其显然与电磁理论密不可分。例如，电磁场的唯一性定理和线性叠加原理就从理论的角度指明了电磁场解所内含的确定组合性，这为实际工程中通过计算机离散的方式求解与分析电磁兼容问题提供了“化整为零、集零为整”的理论依据。从总体角度来看，在电磁兼容仿真分析中“场”与“路”、理论与应用之间的相互结合、相互关联，在一定程度上深刻地反映了电磁兼容学科中系统综合性的内在特色。

12.3　电磁兼容仿真分析方法

电磁兼容涉及对于复杂电磁系统及环境的分析。由于所包含的具体电磁问题数量众

多，在其仿真中可采用多种分析方法，如有限差分法、矩量法、有限元法、高频法、时域有限积分法、传输线矩阵法等，典型方法的应用如图 12－7 所示。虽然这些方法的原理各不相同、特点各异，但在针对系统或环境中的具体电磁问题分析时，都主要以电磁理论为基础，并通过应用计算技术来进行。各种方法在其发展中，都设法提高了计算精度，减少了计算机内存和计算时长，提升模拟复杂结构和材料的能力，以不断扩大应用的范围。

图 12－7　典型的电磁兼容仿真分析方法

本节将对电磁兼容仿真分析应用中的几种具有代表性的数值分析方法进行简要介绍。

12.3.1　有限差分法

有限差分法是较为成熟的一种数值方法。在电磁兼容仿真分析中，此种方法可以用来分析系统中所涉及的静场(静电、磁场)以及动场(变化电磁场)等工程问题。作为一种具有代表性的分析技术，有限差分法的基本分析思想是：把连续的求解区域用由有限个节点所构成的离散网格来替代，即用离散节点上的数值解来逼近连续场区域内的真实解。该分析方法是一种近似方法。有限差分法的核心求解过程主要包括如下环节：① 近似替代，即采用有限差分公式替代每一个节点处的导数运算；②区域离散，即把所给偏微分方程的求解区域细分成由有限个节点组成的网格，网格划分如图 12－8 所示；③ 逼近求解，使用插值法等求解得到整个区域的数值结果。

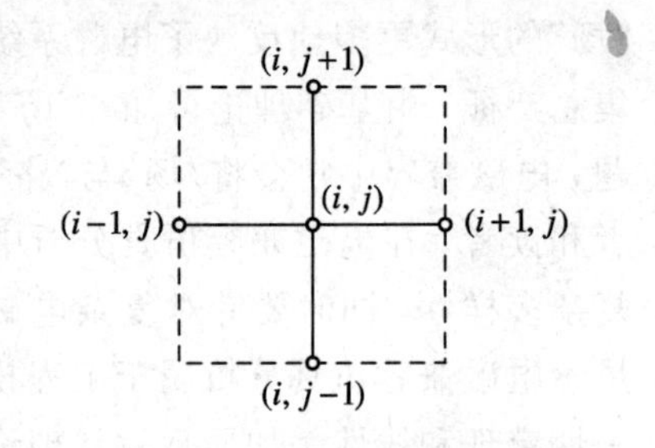

图 12－8　差分法中的网格划分

在有限差分法中，重要的一步就是在每个离散点上将微分方程中涉及的各阶导数用该点的差商近似表示。这一处理方式在数学上是明确的，当 Δx 很小时，微分 $u'(x)$ 可以近似用差商 $[u(x+\Delta x)-u(x)]/\Delta x$ 或者 $[u(x)-u(x-\Delta x)]/\Delta x$ 来代替。与此相仿，$u''(x)$ 可以近似用二阶差商 $[u(x+\Delta x)-2u(x)+u(x-\Delta x)]/(\Delta x)^2$ 来代替，进而使用差分方程来代替微分方程。以二维静场为例，其偏微分方程为

$$\frac{\partial^2 u}{\partial x^2}+\frac{\partial^2 u}{\partial y^2}=f(x,\ y)$$

可用如下方程

$$\frac{u(x+\Delta x,y)-2u(x,y)+u(x-\Delta x,y)}{(\Delta x)^2}+\frac{u(x,y+\Delta y)-2u(x,y)+u(x,y-\Delta y)}{(\Delta y)^2}=f(x,y)$$

来进行近似替代，从而实现了问题支配方程的离散化近似。

在方程的求解中，支配方程反映了求解问题区域中的作用规律。在有限差分法中对方程进行离散化处理，则相应地需要对问题区域进行离散。下面以二维情况为例，对问题区域的离散过程进行说明。首先做平行于坐标轴的两组直线，如图12-9所示，以此将区域D分割成有限数目的网格，网格的边长Δx、Δy可称为步长，点(x_i, y_i)为网格上的节点，$x_i=x_0+i\Delta x$、$y_i=y_0+i\Delta y$。当Δx、Δy足够小时，在任一节点处，原二维方程可具体表示为

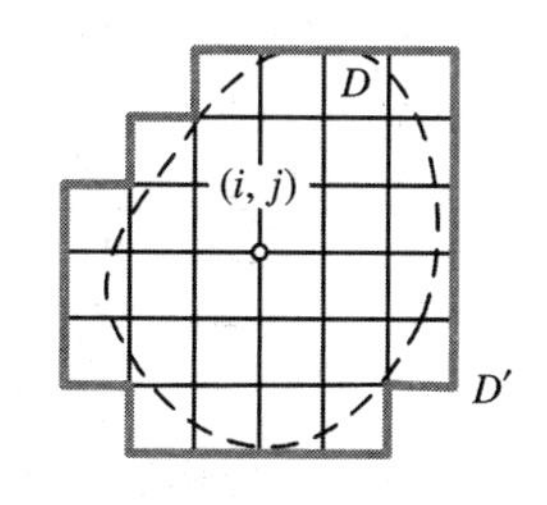

图12-9　差分法中的区域离散

$$\frac{u(x_i+\Delta x,y_j)-2u(x_i+y_j)+u(x_i-\Delta x,y_j)}{(\Delta x)^2}+\frac{u(x_i,y_j+\Delta y)-2u(x_i+y_j)+u(x_i,y_j-\Delta y)}{(\Delta y)^2}$$

$$=f(x_i,y_j) \qquad (12-5)$$

式(12-5)即为前述偏微分方程在节点(x_i, y_j)处的差分形式。显然，这一过程的处理并不失一般性，可以容易地进行升维和降维推广。

除了支配方程的离散处理，边界条件也是问题求解中的重要部分。因为不同问题具有满足相同偏微分方程的边界条件，有时也需要离散处理。边界条件通常包括第一类边界条件(狄利克莱条件)、第二类边界条件(纽曼条件)和第三类边界条件(混合条件)。对于离散处理，在差分法中以$\partial D'$表示由最靠近原边界∂D的网格节点连成的封闭折线，$\partial D'$边界就是原边界∂D的近似，$\partial D'$所包围的所有网格区域是一个与原区域近似的区域。在有限差分法中，由边界所围成的问题求解区域D以近似区域D'替代，然后在近似区域内所有节点上即可求出差分方程解的近似值。求解差分方程组一般可采用高斯消去法、追赶法、迭代法、交替方向隐式差分法等。目前计算机的运算速度和容量已有了大幅的提升，许多问题的有限差分法已经可以得到足够高的计算精度。相对于其他常用的电磁场计算方法，有限差分法原理简单，操作方便且容易实现。但在解决电磁场问题时，要将计算模型用相互正交的直线或面进行网格剖分，对于一些大规模多尺度的复杂计算模型，精度要求和未知量个数是相互矛盾的，这往往需要合理控制精度要求和未知量个数间的平衡。

根据求解过程中是否涉及时间项，有限差分法可进一步细分为时域有限差分法(FDTD)和频域有限差分法(FDFD)。

有限差分法在时域的主要体现为FDTD。该方法自1966年由K. S. Yee提出以来，经历了几十年的发展，现在已经日趋成熟并被逐渐应用在电磁兼容中的多个方面，如天线辐射和目标散射研究、瞬态电磁场研究、微波电路和光路的时域传导分析等多个领域。这一方法的经典思想是把带时间变量的麦克斯韦旋度方程转化为差分形式，计算区域在空间各方向上(如x、y、z)分别用标准坐标(如直角)网格进行离散，从而模拟出电磁波和目标作用的时域响应。由麦克斯韦旋度方程组出发，可得下列方程组：

$$
\begin{cases}
\nabla\times \boldsymbol{H} = \varepsilon \dfrac{\partial \boldsymbol{E}}{\partial t} + \sigma \boldsymbol{E} \\
\nabla\times \boldsymbol{H} = -\mu \dfrac{\partial \boldsymbol{H}}{\partial t} - \sigma_m \boldsymbol{H}
\end{cases}
$$

在直角坐标系中，可以得到如下六个标量方程：

$$
\begin{cases}
\dfrac{\partial H_z}{\partial y} - \dfrac{\partial H_y}{\partial z} = \varepsilon \dfrac{\partial E_x}{\partial t} + \sigma E_x \\
\dfrac{\partial H_x}{\partial z} - \dfrac{\partial H_z}{\partial x} = \varepsilon \dfrac{\partial E_y}{\partial t} + \sigma E_y \\
\dfrac{\partial H_y}{\partial x} - \dfrac{\partial H_x}{\partial y} = \varepsilon \dfrac{\partial E_z}{\partial t} + \sigma E_z
\end{cases}
\qquad
\begin{cases}
\dfrac{\partial E_z}{\partial y} - \dfrac{\partial E_y}{\partial z} = -\mu \dfrac{\partial H_x}{\partial t} - \sigma_m H_x \\
\dfrac{\partial E_x}{\partial z} - \dfrac{\partial E_z}{\partial x} = -\mu \dfrac{\partial H_y}{\partial t} - \sigma_m H_y \\
\dfrac{\partial E_y}{\partial x} - \dfrac{\partial E_x}{\partial y} = -\mu \dfrac{\partial H_z}{\partial t} - \sigma_m H_z
\end{cases}
$$

这六个偏微分方程构成了 FDTD 算法中的基本支配关系。在此基础上，在空间中建立差分网格，对于时刻 $n\Delta t$，场量 $F(x, y, z, t)$ 可以标记为 $F(i\Delta x, j\Delta y, k\Delta z, n\Delta t)\to F^n(i, j, k)$。对其采用中心差分并取二阶精度，且用 $O[\,]$ 表示高阶无穷小量，则对于场量的空间导数有：

$$
\left.\frac{\partial F(x, y, z, t)}{\partial x}\right|_{x=i\Delta x} \to \frac{F^n\left(i+\frac{1}{2}, j, k\right) - F^n\left(i-\frac{1}{2}, j, k\right)}{\Delta x} + O\left[(\Delta x)^2\right]
$$

$$
\left.\frac{\partial F(x, y, z, t)}{\partial y}\right|_{y=j\Delta y} \to \frac{F^n\left(i, j+\frac{1}{2}, k\right) - F^n\left(i, j-\frac{1}{2}, k\right)}{\Delta y} + O\left[(\Delta y)^2\right]
$$

$$
\left.\frac{\partial F(x, y, z, t)}{\partial z}\right|_{z=k\Delta z} \to \frac{F^n\left(i, j, k+\frac{1}{2}\right) - F^n\left(i, j, k-\frac{1}{2}\right)}{\Delta z} + O\left[(\Delta z)^2\right]
$$

对于场量的时间导数则为

$$
\left.\frac{\partial F(x, y, z, t)}{\partial t}\right|_{t=n\Delta t} \to \frac{F^{n+\frac{1}{2}}(i, j, k) - F^{n-\frac{1}{2}}(i, j, k)}{\Delta t} + O\left[(\Delta t)^2\right]
$$

上面的两组关系也可称为空间离散和时间离散。当完成以上差分近似后，需要对空间任意分布的电场 E 和磁感应强度 H 六个分量进行合理的组合，图 12-10 给出了具体的设置方式。在 FDTD 中，空间上连续分布的电磁场物理量被离散排布。在此形式中，电场和磁场分量在空间上交叉放置，各分量的空间相对位置适合于麦克斯韦方程组的差分计算，能够恰当地描述电磁场的分布特性。同时，电场和磁场在时间上交替抽样，抽样时间间隔相差半个时间步，使麦克斯韦旋度方程离散以后构成显示差分方程，从而可以在时间上迭代求解，而不需要进行矩阵求逆运算，能够有效地描述电磁场的时变特征。因此，在给定相应电磁问题的初始条件后，FDTD 就可通过逐步推进的方式求得之后各个时刻空间的电磁场。采用 Yee 网格的 FDTD 在求解电磁问题时，应该遵循真实电磁场的物理特征。对此，在该方法的使用中需要注意时间步长 Δt 和空间步长($\Delta x,\Delta y,\Delta z$)应满足一定的约束关系，否则就会导致数值层面的不稳定现象出现，如随

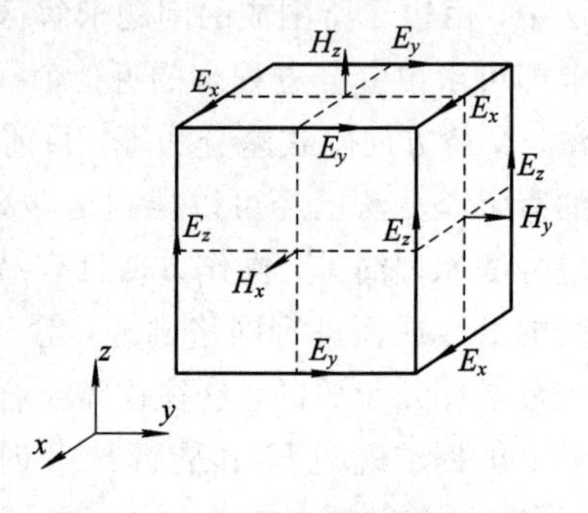

图 12-10 FDTD 中的 Yee 网格

着计算步数的增加，计算场量的数值会无限增大。这种增大不是由于误差累积造成的，而是由于电磁波的传播关系被破坏造成的。在时域有限差分离散中，电磁波的相速与频率有关，电磁波的相速随波长、传播方向及变量离散化的情况不同而改变。在网格的设置中，数值计算所得的波在网格中会发生改变。这种情况是由于计算网格本身引起的，是非物理因素，所以也必须考虑在内。此外，在电磁辐射和散射问题中，边界总是开放的，实际问题中的电磁场需要占据无限大的空间，但是计算机内存通常是有限的，只能模拟有限的空间，则该时域有限差分网格需要在空间某处被截断。这就要求在网格截断处不能引起明显的波反射。实际应用中，一种行之有效的方法就是在截断处设置吸收边界条件，使得传播到该处的波被边界吸收以削弱反射的影响。

有限差分法在频域的主要体现为 FDFD。从求解形式上来看，频域麦克斯韦方程同瞬态麦克斯韦方程相比较，通常没有对时间求偏微分这一个步骤。FDFD 有时也可称为稳态或静态有限差分法。对于 FDFD，仍然可以采用与 FDTD 相类似的空间网格离散，从而得到基于 FDFD 的基本方程分析形式。FDFD 的求解过程一般是将空间离散化后，在每个节点建立差分方程，然后将所有的方程组成一个系数矩阵和右端向量，从而通过求解该矩阵方程得到该空间上各个离散点对应的电场或磁场值。该方法不存在时域有限差分法的不稳定问题，但是 FDFD 要联合所有的方程，通过求解一个大型的稀疏矩阵从而求得最终的解。当电磁场的规模增大、网格增多时，该方法的矩阵方程规模会急剧增加，进而导致计算和存储上的困难。

12.3.2　矩量法

在电磁领域中，矩量法是一种应用广泛的数值计算方法，该方法常被用于分析天线辐射和导体散射等问题。矩量法的基本分析思想是：从频域麦克斯韦方程出发，推导出相应的积分方程，将积分方程通过基函数的内积运算转化为矩阵方程进行求解。

一般而言，微分方程和积分方程是最常见的两类方程形式。对于满足线性特征的方程，可以对其用如下形式的广义线性方程来表述：

$$L(f)=g$$

式中，L 为线性算子(通常为微分算子或者积分算子)，g 为已知函数，f 为未知函数。设在 L 的定义域内，函数 f 可以由一系列函数$\{f_n|f_1, f_2, \cdots\}$的线性叠加得到，即

$$f=\sum_n \alpha_n f_n \tag{12-6}$$

式中，α_n 为展开系数，f_n 为展开函数，也称基函数。基函数通常可构成一组正交完备的函数集。理论上，式(12－6)的线性展开应该是无穷项求和，但在实际工程应用中不可能进行无穷项求和，只能对其进行有限项求和，即对广义方程进行有限项近似。将式(12－6)的线性展开式带入到广义方程中，并利用算子 L 的线性特征，可得

$$\sum_n \alpha_n L f_n = g$$

假设，对此问题已经确定了一个适当的内积$\langle f, g\rangle$。若在 L 的值域内定义一个权函数或检验函数 W_1，W_2，W_3，…，W_n 的集合，并对每一个 W_n 取内积，则有

$$\sum_n \alpha_n \langle W_m, Lf_n\rangle = \langle W_m, g\rangle$$

式中，$m=1, 2, \cdots$。此方程组可进一步表示成如下矩阵形式：

$$[l_{mn}][\alpha_n]=[g_m]$$

如果矩阵$[l_{mn}]$是非奇异性的，其逆矩阵$[l_{mn}]^{-1}$存在，则 α_n 可由下式得出，即

$$[\alpha_n]=[l_{mn}]^{-1}[g_m]$$

所以解 f 可以写成

$$f=[f_1, f_2, \cdots][\alpha_n]=[f_1, f_2, \cdots][l_{mn}]^{-1}[g_m]$$

此解的精确程度受到 f_n 和 W_m 选择的影响，当 $W_m=f_n$ 时，称为伽辽金(Galerkin)方法。在任何一个特定问题的求解分析中，其中一个主要的任务就是选择合适的 f_n 和 W_m。选择 f_n 时，要使其某种叠加能相当好地逼近 f；选择 W_m 时，则应使误差尽可能地小。影响选择 f_n 和 W_m 的一些其他因素包括：所要求的精度，计算矩阵元素的难易程度，能够求逆的矩阵的大小，良态矩阵$[l_{mn}]$的可实现性等。

矩量法的优点是通常无需额外设置边界条件，且计算结果较准确，但其缺点往往也较为明显。对于复杂的电磁问题，矩量法常常以低频方法的形式表现，会对计算机内存形成较大的消耗，所需计算时间也较长，消耗计算资源高，计算效率低。尤其对于电大尺寸问题，由于未知量非常多，个人计算机较难求解。因此，产生了很多矩量法的加速算法，例如多层快速多极子方法(MLFMM)、稀疏矩阵规范网格(SMCG)、带状矩阵规范网格(BMIA/CAG)及传播内层展开(PILE)等，这些具体技术有利于复杂电磁问题的快速求解。

12.3.3 有限元法

有限元法也是一种典型的数值计算方法。该方法常被应用于分析复杂介质中的电磁传播、天线辐射和目标散射、电路发射和传导、屏蔽和滤波结构等。有限元法的基本分析思想是：以变分原理为基础，应用变分原理将所要求解的微分方程及边值问题，转化为相应的变分问题——泛函求极值问题，再利用对求解区域的剖分插值，把变分问题离散化为多元函数的极值问题，最终得到一组多元代数方程组，对其进行求解即可得到待分析问题的数值解。

一般遇到的几乎所有物理问题在实际空间上都是三维的，本节主要介绍三维棱边有限元法。麦克斯韦方程组描述了电磁场的普遍规律，在频域，可通过时谐形式来表示。通过联立频域麦克斯韦方程组中的各个方程，分别消去电场强度 $\boldsymbol{E}$ 和磁场强度 $\boldsymbol{H}$，即可得到只含有一个未知场量的二阶微分方程，若以电场和磁场分别表示，则有

$$\nabla\times\left(\frac{1}{\mu}\nabla\times\boldsymbol{E}\right)-\omega^2\varepsilon_c\boldsymbol{E}=-\mathrm{j}\omega\boldsymbol{J}_i$$

$$\nabla\times\left(\frac{1}{\varepsilon_c}\nabla\times\boldsymbol{H}\right)-\omega^2\mu\boldsymbol{H}=\nabla\times\left(\frac{1}{\varepsilon_c}\boldsymbol{J}_i\right)$$

式中，$\boldsymbol{J}_i$ 为外加电流或源电流，$\varepsilon_c=\varepsilon-\mathrm{j}\sigma/\omega$ 为传导电流 $\sigma\boldsymbol{E}$ 和位移电流 $\mathrm{j}\omega\boldsymbol{D}$ 的综合贡献，上面两个方程也称为矢量亥姆霍兹方程。广义地来说，三维麦克斯韦方程组是三维电磁场问题的支配方程，在此，为便于求解和建模，一般情况下大多选取上述的矢量亥姆霍兹方程作为支配方程。为了方便起见，以无源区的电场方程形式作为求解区域内的支配方程，则有

$$\nabla\times\left(\frac{1}{\mu_r}\nabla\times\boldsymbol{E}\right)-k_0^2\varepsilon_r\boldsymbol{E}=0$$

式中，μ_r 为复相对磁导率，ε_r 为复相对介电常数，$k_0=\omega\sqrt{\mu_0\varepsilon_0}$，为自由空间传播常数。对于简单材料，由变分原理，可以得到如下的泛函形式：

$$R(\boldsymbol{E})=\iiint_{\Omega}\left[\frac{1}{\mu_r}(\nabla\times\boldsymbol{E})\cdot(\nabla\times\boldsymbol{E})-k_0^2\varepsilon_r\boldsymbol{E}\cdot\boldsymbol{E}\right]\mathrm{d}\Omega$$

离散剖分和单元差值是有限元法的核心部分。对于三维问题，基本的离散单元可以选用四面体或六面体等。但是，一般来说，不同的离散单元对于有限元计算的速度、精度和内存需求都有所不同。四面体单元是三维空间最简单的离散单元。为解决时谐电磁场问题中可能会出现的截面不连续、伪解和奇异点等问题，可采用棱边单元(也称为矢量有限元)，如图 12 - 11 所示。棱边与节点编号的对应关系的定义如表 12 - 1 所示。

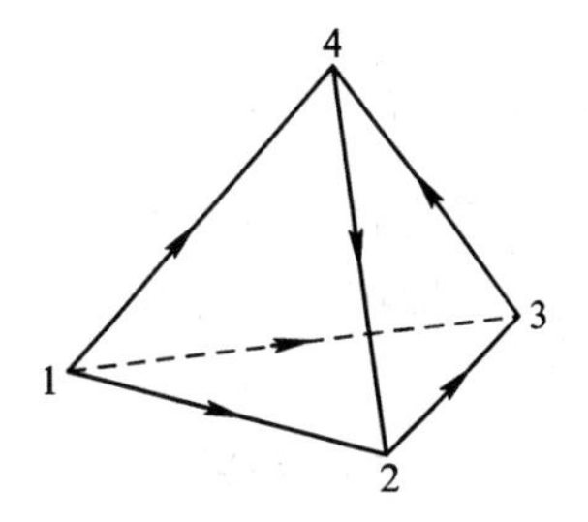

图 12 - 11　三维棱边单元

表 12 - 1　四面体单元及棱边的定义

棱边	1	2	3	4	5	6
顶点	1	1	1	2	4	3
顶点	2	3	4	3	2	4

在四面体单元 e 内，电场矢量可以用如下差值函数表示：

$$E^e=\sum_{i=1}^{6}N_i^eE_i^e$$

式中，E_i^e 为第 i 个棱边的切向场，N_i^e 为差值系数或矢量基函数。这类矢量基函数在单元内自然满足旋度不为零、散度为零的条件。棱边元避免了节点值，所以能够克服前面所提到的截面不连续、伪解和奇异点等问题。在建立了有限元方法最基本的网格单元后，可以进一步对泛函进行离散。在每一个四面体单元内将插值函数带入前面的泛函形式中，将总的区域积分分解为各单元积分之和，可得到：

$$R(E)=\frac{1}{2}\sum_{e=1}^{m}([E^e]^{\mathrm{T}}[A_{ij}^e][E^e]-k_0^2\,[E^e]^{\mathrm{T}}[B_{ij}^e][E^e])$$

式中

$$[A_{ij}^e]=\iiint_{V^e}\frac{1}{\mu_r}[\nabla\times N_j^e]\cdot[\nabla\times N_j^e]^{\mathrm{T}}\mathrm{d}V$$

$$[B_{ij}^e]=\iiint_{V^e}\varepsilon_r^e[N_j^e]\cdot[N_j^e]^{\mathrm{T}}\mathrm{d}V$$

m 为剖分单元总数。通过变分计算出 A_{ij} 和 B_{ij} 的值，即可得到最后的矩阵方程及矩阵各元素的计算公式。

有限元法的优点是适用于含有复杂媒质、具有复杂边界形状或边界条件的定解电磁问题。有限元法具有较高的计算精度，而且各个环节可实现标准化，从而得到通用的计算程序。由于有限元法是区域性解法，需要对求解的区域进行离散剖分，使得剖分的单元数和节点数较多，导致得到的方程组元素很多，从而计算时间长且对计算机的存储量有较高的要求。而近些年，有限元法与自适应网格剖分和加密技术相结合，在解决上述问题方面做出了进步。自适应网格剖分技术就是根据场量分布求解的结果，重新调整网格的剖分密度，在网格密集区采用高阶插值函数，进一步提高计算精度，同时在场域变化剧烈的区域，采用加密技术进行多次加密剖分而其他区域不变。这些都可以减少剖分网格的数量，从而降低对计算机存储量的要求，减少计算时间。

12.3.4 高频方法

高频方法含有几何光学、几何绕射、物理光学等多种方法。这些方法通常基于高频射线理论，被用于分析电磁传输、电大尺寸等问题。高频方法明显具有计算效率高、消耗计算机内存少的特点，但是对于精细电磁结构来说，此类方法会存在精度不够的问题。

1. 几何光学法

几何光学(GO)法从射线方法的角度来解释电磁散射的发生机制和电磁能量的传播机制，其具有形象直观的特点，有助于使用者对电磁规律的理解。在高频区域，目标的电磁散射存在局部效应，忽略了各个部件之间的耦合作用，射线方法可以将复杂的目标视为简单几何体的叠加，故射线法对处理复杂大型目标具有明显优势。几何光学法中的程函方程是在几何光学极限的前提下推导出来的，认为入射波波长为零，散射体表面的曲率半径远大于波长，由此可知对应的散射体应为电大物体。几何光学法依据能量守恒推导出强度定律，可以绕过复杂的积分运算，大大加快了场的求解速度。几何光学射线场可表示为

$$E_2 = E_1 \sqrt{\frac{\rho_1 \rho_2}{(\rho_1 + s)(\rho_2 + s)}} \mathrm{e}^{-\mathrm{j}ks}$$

其中，E_1、E_2 分别为两个不同波阵面 1、2 处场值大小，ρ_1、ρ_2 分别是波阵面 1、2 的主曲率半径，s 为两波阵面间的距离。

由此可知，几何光学法可以用于研究直射、反射和折射问题。这也决定了几何光学法主要在亮区生效，而在阴影区，几何光学法是失效的。在相邻射线相交汇而形成的区域，几何光学法也是不成立的，因为在此类区域，散射场会变大，甚至无穷大。在场强变化剧烈的区域，几何光学法也不能准确计算散射场。

2. 几何绕射法

当几何光学法遇到劈尖、边缘等表面不连续处时，将产生光学射线不能进入的阴影区域，因此会导致阴影处的几何光学场为零，这与实际情况不符。为解决这种情况，J. B. Keller 提出了几何绕射理论(GTD)，引入了绕射射线，其作用于目标表面的不连续处。绕射射线不仅能在亮区产生作用，也可以进入暗区，这样暗区的场可以由绕射射线来计算，进而拓展了几何光学法的适用范围。几何绕射系数是根据经典问题的严格解推导出的，对高频散射问题可以提供一定的精度支持。绕射场的计算是在射线法的基础上进行的，省去了表面电流分布的计算，具有计算简单的优点。和几何光学法一样，几何绕射理论也无法计算相邻射线相交汇区域的场。

3. 物理光学法

在求解高频条件下理想导体的散射问题时，可以使用感应电流的物理光学(PO)法近似，用目标表面的感应电流取代目标本身而作为散射源，然后通过对表面感应电流进行积分，从而得到散射场。在求目标表面感应电流时，要满足两个前提条件：其一，目标表面的

曲率半径远大于波长；其二，感应电流仅存在于目标表面的亮区。这种方法被广泛应用于高频电磁散射问题的分析，与几何光学法相比，其不存在相邻射线交汇区域无法计算的问题。但物理光学方法也有一些缺陷，在计算交叉极化场和目标的不连续性等方面存在不足。

12.3.5　时域有限积分法

时域有限积分法是以积分形式建立起来的一整套分析方法。这种方法是基于麦克斯韦积分方程，并以此引入一个矩阵方程组，同时，矩阵方程组中每一个方程和原有麦克斯韦方程具有一一对应的关系，将有限积分技术应用于时域便构成了时域有限积分法。不同于其他一些方法，时域有限积分法是对以下积分形式的麦克斯韦方程进行离散的，即

$$\int_{\partial A}\boldsymbol{E}\cdot \mathrm{d}\boldsymbol{s}=-\int_{A}\frac{\partial \boldsymbol{B}}{\partial t}\cdot \mathrm{d}\boldsymbol{A}$$

$$\int_{\partial A}\boldsymbol{H}\cdot \mathrm{d}\boldsymbol{s}=\int_{A}\left(\frac{\partial \boldsymbol{D}}{\partial t}+\boldsymbol{J}\right)\cdot \mathrm{d}\boldsymbol{A}$$

$$\int_{\partial V}\boldsymbol{D}\cdot \mathrm{d}\boldsymbol{A}=\int_{V}\rho \mathrm{d}\boldsymbol{V}$$

$$\int_{\partial V}\boldsymbol{B}\cdot \mathrm{d}\boldsymbol{A}=0$$

对上面方程组中的前两个方程进行主网格 G 和对偶网格 $\widetilde{G}$ 的离散化，上标～表示对偶。得到完全离散化的麦克斯韦网格方程，其矩阵形式为：

$$Ce=-\frac{d}{\mathrm{d}t}b$$

$$\widetilde{C}h=\frac{d}{\mathrm{d}t}d+j$$

$$Sd=q$$

$$Sb=0$$

然后以此为基础，用中心差分代替时间导数，生成显式方程，即为无耗情况下的时间积分方程：

$$e^{n+\frac{1}{2}}=e^{n-\frac{1}{2}}+\Delta tM_{\varepsilon}^{-1}[\widetilde{C}M_{\mu}^{-1}b^{n}+j_{s}^{n}]$$

$$b^{n+1}=b^{n}-\Delta tCe^{n+\frac{1}{2}}$$

对于上述方程，计算变量是电压 e 和磁通 b。这两个量在时间轴上交替出现，形成如图 12－12 所示的蛙跳过程。

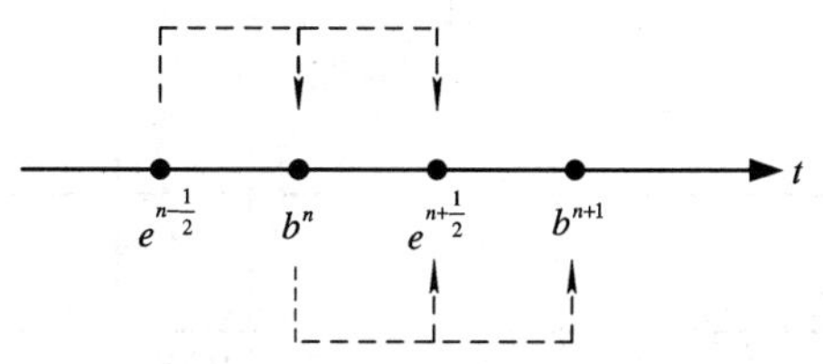

图 12－12　时域有限积分迭代计算示意图

由图 12－12 可知，该过程具有典型的迭代性。例如，在 $t=(n+1)\Delta t$ 时刻的磁通可由上一时刻 $t=n\Delta t$ 的磁通和上半步 $t=(n+1/2)\Delta t$ 的电压计算求得。需要注意的是，在计算中，时间积分过程的稳定性是有条件的，其稳定条件为

$$\Delta t \leqslant \frac{\sqrt{\varepsilon\mu}}{\sqrt{\left(\frac{1}{\Delta x}\right)^2+\left(\frac{1}{\Delta y}\right)^2+\left(\frac{1}{\Delta z}\right)^2}}$$

每个单元的网格计算都应满足稳定性条件，即库朗-弗里德里希-列维(Courant-Friedrichs-Levy)稳定性条件。时域有限积分法提供了一种通用的空间离散化方法，这种方法可以用来解决多种电磁场问题。

12.3.6 传输线矩阵法

传输线矩阵法是于1971年由P. B. Johns和R. L. Beurie提出的，后又经P. B. Johns、W. J. R. Hoefer等人不断完善。在各种电磁兼容或电磁干扰问题的仿真计算方法中，传输线矩阵方法简单、高效，并且占用资源少、计算稳定性高，因此备受电磁兼容工程师的青睐，也被广泛应用于多种电磁兼容问题分析中。

如果电磁波在介质或波导系统中的传播具有一定的方向性，那么这类介质或波导系统一般被统称为传输线。传输线矩阵法基于惠更斯原理的波传播模型，将连续空间离散为由一系列节点组成的基本网络，电磁场以各节点上冲击脉冲的散射来表示，且其各级子波在相邻节点间的传输线上不断传播。该方法运用空间电磁场方程与传输线网格中电压和电流之间关系的相似性确定网格响应，通过分析经过离散的时域波在导波结构中的传播情况，获得波的传输特性。该方法在处理宽带问题时能保持较高的精度，较适用于EMC/EMI/E3问题。在该方法中，基于惠更斯原理的波传播模型的时间和空间分量会进行离散，以便于在计算设备上处理。时间单元Δt和空间单元Δl的关系式为$\Delta t=\Delta l/v_c$，式中，v_c为空间中的光速。二维空间离散模型可以用图12-13来表示，图中，Δl为笛卡尔节点阵列的间距，Δt为电磁脉冲在两个相邻节点间传播所需的时间。假设一个单位能量的脉冲函数从x负半轴入射至节点，将会以原始脉冲能量的1/4向四个方向散射，其相应场量则为1/2，且沿入射方向的反射系数取为负值，由此可保证节点处场的连续性。该离散模型可以由正交的传输线或传输线矩阵来模拟，等效的传输线网格模型如图12-13所示。由于传输线上的

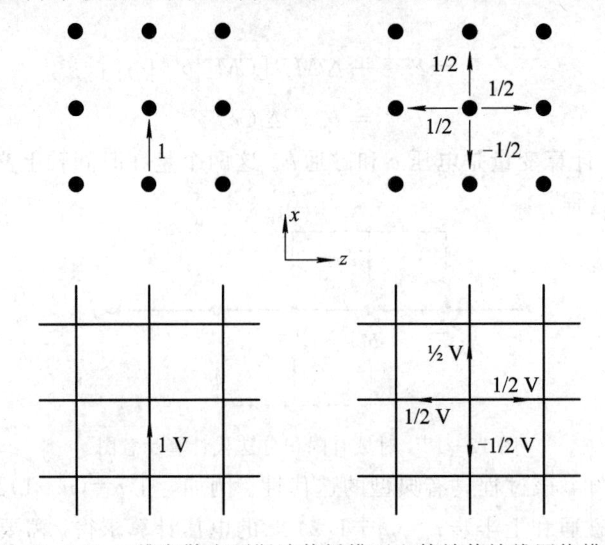

图12-13 二维离散惠更斯波传播模型和等效传输线网络模型

电压脉冲与电磁脉冲散射相似，因此传输线上的电压和电流方程与电磁场的麦克斯韦方程是等价的。如图 12－13 所示，假设传输线网格支路 1 上有一单位电压脉冲入射至节点，由于四条支路的特性阻抗相等，则入射脉冲的电压反射系数为－1/2，因此反射电压脉冲为－1/2V，其他三个传输电压脉冲为 1/2V。

将冲击脉冲函数在传输线网格中随时间变化的传播过程进行表示，图 12－14 给出了经过两次迭代的冲击脉冲函数的散射过程示意图。

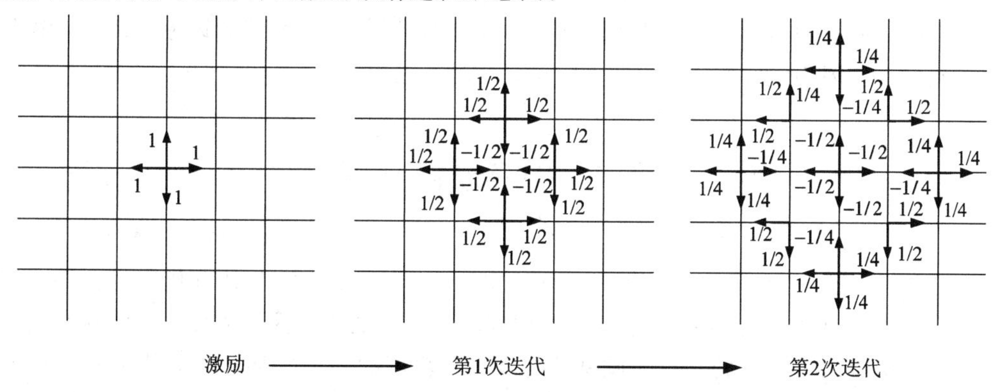

图 12－14　二维传输线矩阵网格冲击脉冲散射过程

设在 $t=k\Delta t$ 时刻，某节点四条支线的电压脉冲分别是 ${}_{k}V_{1}^{i}$、${}_{k}V_{2}^{i}$、${}_{k}V_{3}^{i}$ 和 ${}_{k}V_{4}^{i}$，则 $(k+1)\Delta t$ 时刻支线 n 上的总电压可表示为

$$
{}_{k+1}V_{n}^{r}=\frac{1}{2}\left[\sum_{m=1}^{4}{}_{k}V_{m}^{i}\right]-{}_{k}V_{n}^{i} \tag{12-7}
$$

式(12－7)可以用散射矩阵方程来表示，时刻 $(k+1)\Delta t$ 的反射电压和时刻 $k\Delta t$ 的入射电压可以表示为

$$
{}_{k+1}\begin{bmatrix}V_1\\V_2\\V_3\\V_4\end{bmatrix}^{r}=\frac{1}{2}\begin{bmatrix}-1&1&1&1\\1&-1&1&1\\1&1&-1&1\\1&1&1&-1\end{bmatrix}\ {}_{k}\begin{bmatrix}V_1\\V_2\\V_3\\V_4\end{bmatrix}^{i}
$$

另外，传输线网格平面中的任意节点处激发的脉冲可同时作为其邻近节点的入射脉冲，即

$$
\begin{cases}
{}_{k+1}V_{1}^{i}(z,\ x)={}_{k+1}V_{3}^{i}(z,\ x-1)\\
{}_{k+1}V_{2}^{i}(z,\ x)={}_{k+1}V_{4}^{i}(z-1,\ x)\\
{}_{k+1}V_{3}^{i}(z,\ x)={}_{k+1}V_{1}^{i}(z,\ x+1)\\
{}_{k+1}V_{4}^{i}(z,\ x)={}_{k+1}V_{2}^{i}(z+1,\ x)
\end{cases}
$$

因此，如果已知 $k\Delta t$ 时刻所有脉冲的幅度、位置和方向，就可以推算出 $(k+1)\Delta t$ 时刻网格中任意节点的相应值。传输线矩阵法的计算过程如图 12－15 所示。

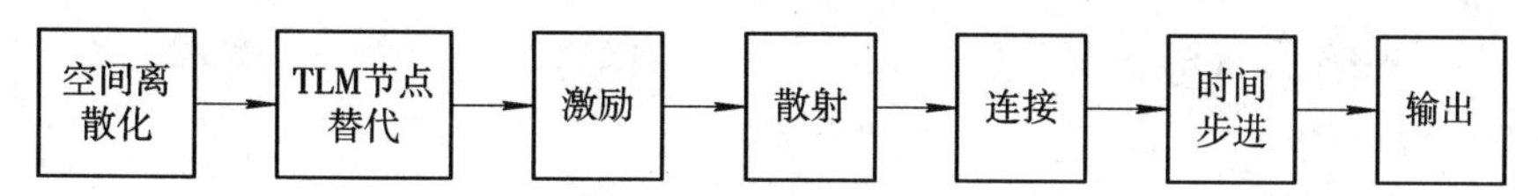

图 12－15　传输线矩阵法计算过程

传输线矩阵法的整个求解过程均在时域内进行，如果需要得到频域内的信息，则可以经过傅里叶变换得到。传输线矩阵法可将任意复杂的结构简化处理，该算法划分的网格较其他算法更为简单，因此计算所需时间和内存较少。由于该算法基于时域的电磁场计算，避免了收敛、稳定以及伪解等不同问题的同时发生。在该算法中，一次计算中涵盖了大量信息，不仅可得到模型的脉冲响应，还可导入任意激励源求解模型的激励响应。虽然传输线矩阵法有很多优点，但是也存在两个较大的缺点：其一，由于时域算法的计算时间是有限的，当信号通过傅里叶变换从时域变换到频域时，难免会产生截断误差；其二，电磁波在传播过程中，因为频率的影响，速度不同，会产生色散效应。

12.4　仿真软件介绍

对于电磁兼容仿真分析，已有一些商业软件可供使用，其中具有代表性的有 CST、FEKO、HFSS、ADS 等。这些商用软件均拥有较为通用的用户操作界面，采用较为稳定的数值分析算法，具有良好的接口及硬件兼容性。在软件的系统构架方面，基于对复杂电磁系统分析的考虑，相关商用软件不断由起初的单一化向着集成化方向发展。从工程应用的角度来看，这一发展趋势为本就具有极强系统性要求的电磁兼容相关研究提供了丰富、便利并可供灵活选择的技术工具条件。下面对几款典型软件进行简单介绍。

1. CST 软件

CST 工作室套装软件是面向三维电磁、电路、温度和结构等方面的一款较为全面、精确、集成度高的专业仿真软件包，其软件界面及应用如图 12-16 所示。该软件套装主要包含八个子工作室软件，这些子工作室软件集成在统一的用户界面内，为用户提供较为完整的系统级和部件级数值仿真。CST 工作室套装中所包含的多个工作室，可用于仿真求解中所涉及的电磁领域的多个方面问题。该软件几乎覆盖了整个电磁频段，提供了较完备的时域和频域电磁算法，其典型应用包含电磁兼容、电气、天线/散射、高速互连、核磁共振、电真空器件、粒子加速器、非线性光学、高功率微波、场/路、电磁—热力—动力等多领域协同仿真。

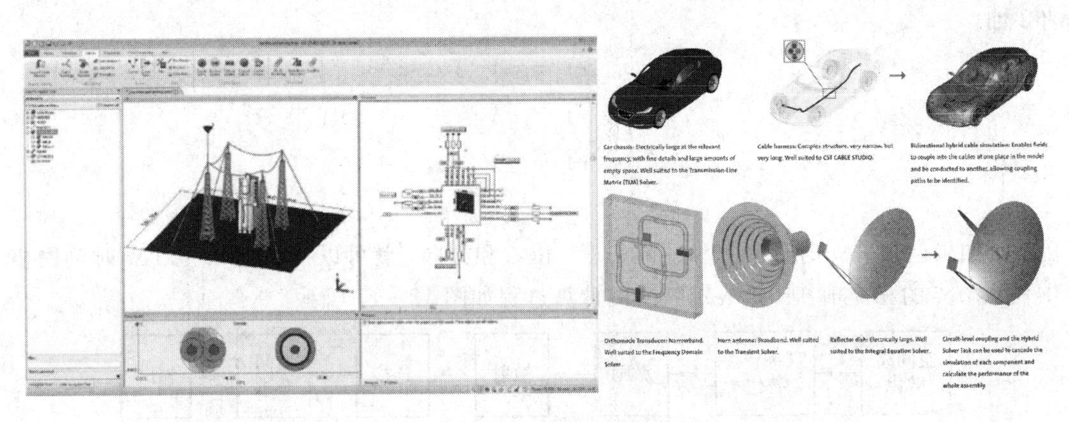

图 12-16　CST 软件界面及应用

1) CST 软件结构

该软件主要结构包括以下几部分：

(1) CST 设计环境(CST DESIGN ENVIRONMENT)：这是进入 CST 工作室套装的通道，包含前处理、后处理、优化器、材料库等四大部分，用于完成三维建模，具有 CAD/EDA/CAE 接口，支持各子工作室软件间的协同，可对结果进行处理和导出。

(2) CST 微波工作室(CST MICROWAVE STUDIO)：属于系统级电磁兼容及通用高频无源器件仿真软件，应用包括电磁兼容、天线/散射、高速互连 SI、手机、磁共振成像、滤波器等。可计算任意结构及材料的电大宽带电磁问题。

(3) CST 电缆工作室(CST CABLE STUDIO)：属于专业线缆级电磁兼容仿真软件，可以对真实工况下由各类线型构成的长线束及周边环境进行 EMI/EMS/SI 分析，可用于解决线缆/线束瞬态和稳态辐射、受辐照双向问题。

(4) CST 印制板工作室(CST PCB STUDIO)：属于专业板级电磁兼容仿真软件，对印制板的 SI/PI/IR - Drop/眼图/去耦电容等进行仿真。与 CST MWS 联合，可对印制板和机壳结构进行瞬态和稳态辐射、受辐照双向问题分析。

(5) CST 规则检查(CST BOARD CHECK)：属于印制板布线 EMC 和 SI 规则检查软件，能对多层板中的信号线、地平面切割、电源平面分布、去耦电容分布、走线及过孔位置及分布等进行快速检查。

(6) CST 电磁工作室(CST EM STUDIO)：属于(准)静电、(准)静磁、稳恒电流、低频电磁场仿真软件。可用于约 DC～100 MHz 频段电磁兼容、传感器、驱动装置、变压器、感应加热、无损探伤和高低压电器等。

(7) CST 粒子工作室(CST PARTICLE STUDIO)：主要应用于电真空器件、高功率微波管、粒子加速器、聚焦线圈、磁束缚、等离子体等自由带电粒子与电磁场相互作用下，相对论及非相对论运动的仿真分析。

(8) CST 设计工作室(CST DESIGN STUDIO)：属于系统级有源及无源电路仿真软件，支持 SAM 总控，支持三维电磁场、电路的瞬态和频域协同仿真，用于约 DC～100 GHz 的电路仿真。

(9) CST 多物理工作室(CST MPHYSICS STUDIO)：属于瞬态及稳态温度场、结构应力形变仿真软件，主要应用于电磁损耗、粒子沉积损耗等所引起的热以及热所引起的结构形变分析。

在进行复杂电磁兼容问题的仿真分析中，以上各个结构组成可以分别实现自身的功能，也可以相互协作。

2) CST 软件优势

在具体工作中，CST 工作室套装具有以下主要优势：

(1) 涵盖电磁、电路、带电粒子、热学和力学多物理场的高集成度专业数值仿真软件包，8 个子软件全部集成在同一个用户界面中，方便切换。

(2) 覆盖板级、线缆/线束、机箱设备及系统级全方位电磁兼容分析应用。

(3) 频率覆盖范围广，从 DC～光波频段，甚至可以达到 α、β 射线及 TeV 粒子束频段。

(4) 具有完备的电磁算法，包括传输线矩阵法、时域有限积分法、频域有限积分法、频域有限元法、矩量法、本征模法、物理光学法等。此外还内嵌优化器和参数扫描器，包括差值准牛顿法、遗传算法、粒子群法、协方差矩阵法等。

2. FEKO 软件

FEKO 是一款针对三维任意结构进行电磁场分析的软件，其软件界面及应用如图 12－17 所示。FEKO 一词源于德语 FEldberechnung bei Körpern mit beliebiger Oberfläche(任意复杂电磁场计算)首字母的缩写。可用于分析各种电磁确定性问题，在工程中有着广泛的应用。FEKO 软件包含三个子模块，分别为 CADFEKO、EDITFEKO 和 POSTFEKO。其中 CADFEKO 用于建模和划分网格，可参数化建立多种形状，如球体、椎体、环等，也可以使用布尔操作对模型进行复杂变换。EDITFEKO 用于设置求解参数，控制激励和输出等。POSTFEKO 用于模型检查及数据后处理，可查看电流/电荷显示、2D/3D 视图结果，支持切平面显示以及颜色幅度显示。FEKO 软件的典型应用领域包含：天线设计、分析和布局(如线天线、喇叭天线、反射天线、天线阵、微带天线等)，微带电路设计和分析，电磁兼容分析，生物电磁(如无线终端的辐照效应)，电磁散射 RCS 分析等。FEKO 软件中运用的最重要的求解方法是矩量法，此外还有基于矩量法的多层快速多极子算法，高频方法 GO/UTD/PO，有限元法以及混合方法(各方法与矩量法混合使用)。该软件所具有的突出优势有：

(1) 多种求解方法可供选择以解决各种问题，且基于矩量法的混合求解技术使得速度和精度得到了有效提升。

(2) TimeFeko 利用 FFT 可将频域解变换到时域，从而提供了时-频域的对应分析。

(3) 具有相对成熟的自适应频率扫描功能，可节省计算量。

(4) 可导入多种 CAD 数据及网格模型。

(5) EDITFEKO 带有编程功能，提供编程语句，以便复杂建模及求解控制。

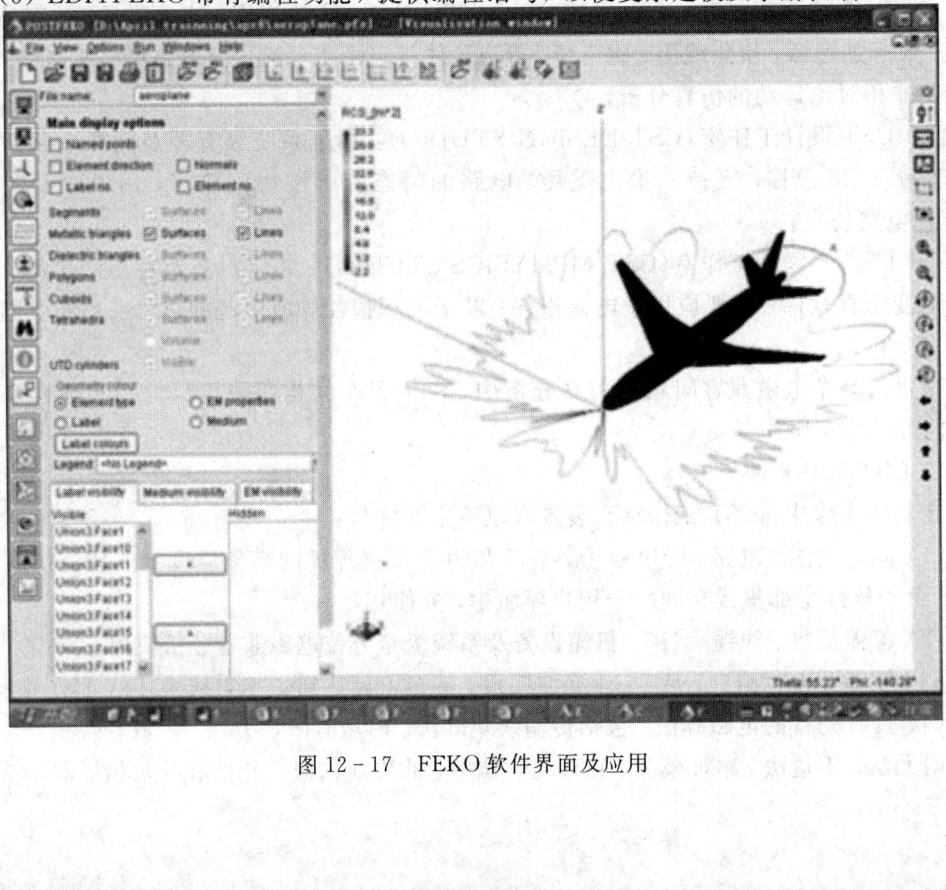

图 12－17　FEKO 软件界面及应用

自 Suite5.2 版本之后，CADFEKO 也可对求解进行全程控制，可使用户脱离 EDITFEKO 中的卡片而完成几乎所有操作。

3. ANSYS HFSS 软件

ANSYS HFSS 软件是一款高频电磁场仿真软件，其软件界面及应用如图 12-18 所示。该软件在精度、求解器和高性能计算技术等方面的特点，使其成为在高频、高速电子设备和平台上进行准确、快速分析与设计的有效工程工具。ANSYS HFSS 软件提供了三维全波仿真技术，通过高级电磁场求解器、强大的谐波平衡和瞬态电路求解器之间的动态链接，打破了重复设计迭代和物理原型制作的循环。借助 ANSYS HFSS 软件，工程师可在包括天线、相控阵、无源 RF/微波组件、高速互连、连接器、IC 封装和 PCB 等应用中实现分析与设计。ANSYS HFSS 软件所用的算法包括：有限元法，用于大规模计算的矩量法，用于超大规模计算的物理光学近似法和射线弹跳法。

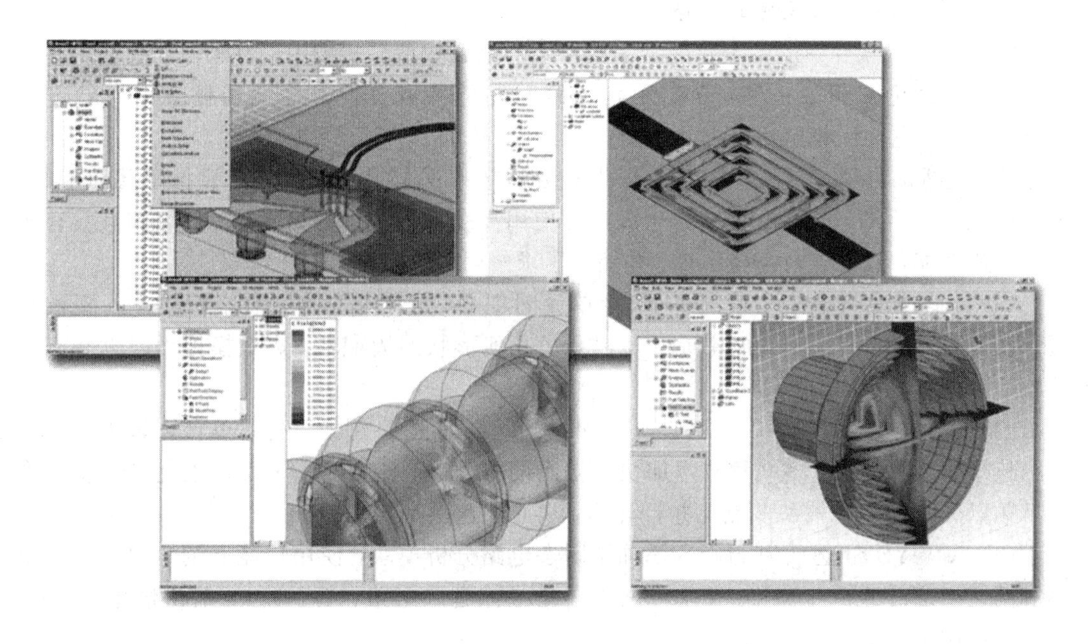

图 12-18　ANSYS HFSS 软件界面及应用

1）ANSYS HFSS 软件构成

ANSYS HFSS 包括的主要求解器有：

（1）HFSS：即三维全波频域电磁场求解器。工程师能够以此提取 $S-Y-Z$ 参数，可视化三维电磁场，并生成组件模型，用于分析评估信号质量、传输路径损耗、阻抗失配、寄生耦合和远场辐射。

（2）HFSS 瞬态：用于仿真瞬态电磁场的特性，并在诸如时域反射、地面穿透雷达、静电放电、电磁干扰和雷击等应用中可视化场或系统响应。该技术是对 HFSS 频域解决方案的补充，让工程师能够在同框架中了解电磁时域和频域特性。

（3）HFSS SBR+：属于高级天线性能仿真软件，可以在大型电气平台上快速准确地预测安装天线的方向性、近场分布和天线间的耦合。该软件利用近似的射线弹跳法（SBR+）技术，以较高的速度和可扩展性，高效地计算准确的解。

(4) HFSS IE：即 HFSS 积分方程法，使用三维矩量法技术。这是研究辐射(如天线设计或安装)和散射(如雷达截面积 RCS)等问题的理想选择。求解器可以使用多层快速多极子算法或自适应交叉近似算法(ACA)，减少内存需求和求解时间，使得该工具能够用于求解电大尺寸问题。

(5) HFSS 混合技术：有限元边界积分(FE-BI)混合技术为 HFSS 提供了理想的吸收边界条件。通过减少有限元域总体积的共形辐射边界(包括凹性几何形状)设置，显著减小尺寸，实现天线平台集成问题的仿真。混合求解技术建立在 HFSS、HFSS-IE 和域分解方法 (DDM)上，用于计算复杂的大型电气、电子系统。可用于局部应用适当的求解器技术，可以使用 HFSS 的有限元算法求解具有大量几何细节和复杂材料属性的区域，可用 HFSS-IE 的矩量法解决大型目标或已安装天线的平台区域。该混合求解方法在单个设置中即可实现，并使用单个或可扩展的形式进行矩阵求解。

2) ANSYS HFSS 软件的优势

由于 HFSS 软件中的各个求解器采用特定的电磁数值分析技术，因此在工程中需要以专业的电磁理论知识为指导，根据工程电磁问题的特点有针对性地选择应用。ANSYS HFSS 软件的主要优势包括以下几方面：

(1) 先进的自适应网格生成技术提供对分析效率的提升，用户只需要指定几何形状、材料属性和期望的输出即可。网格生成过程使用高度稳健的体网格生成技术，并且具有多线程加速功能，减少了内存使用量，并缩短了求解时间。

(2) 可以仿真考虑诸多情况下(包括单元间耦合、天线辐射方向图、扫描输入阻抗和近/远场辐射)的周期阵列电磁效应。可以利用几何形状的周期性，高效模拟无限大和有限规模的阵列。

(3) 高性能计算技术可以更加快速和准确地求解问题。例如，利用单台计算机上的多个内核缩短计算时间，多线程技术加快了初始网格生成、矩阵求解和场恢复过程；将多个求解频点分布到多个核和节点上并行计算，从而加速频率扫描等。

(4) ANSYS SI 选项为 HFSS 添加了瞬态电路分析模块，使用户能够创建包含驱动电路和高速通道的分析与设计。驱动电路可以是晶体管级电路、基于输入/输出信息规范(I-BIS)的电路或理想电路。

(5) 全波 SPICE 功能可一键生成高精度、高带宽的 SPICE 模型。该功能使用户能够在考虑千兆频率效应的情况下，设计电子和通信组件。

4. ADS 软件

ADS 软件是一款具体针对电路及系统的分析与设计软件，其软件界面及应用如图 12-19 所示。集成了多种仿真软件的优点，仿真手段丰富多样，可实现包括时域和频域、数字与模拟、线性与非线性、高频与低频、噪声等多种仿真分析手段，范围涵盖小至元器件、大到系统级的仿真分析设计。ADS 能够同时仿真射频(RF)、模拟(Analog)、数字(Digital)信号处理电路，可对模拟和数字电路的混合电路进行协同仿真，并可对设计结果进行成品率分析与优化，大大提高了复杂电路的设计效率，是较为流行的射频/微波电路和系统信号链路的设计工具。ADS 软件提供的仿真分析方法大致可以分为时域仿真、频域仿真、系统仿真和电磁仿真。通常采用 S 参数分析线性网络，采用谐波平衡法分析非线性网络。

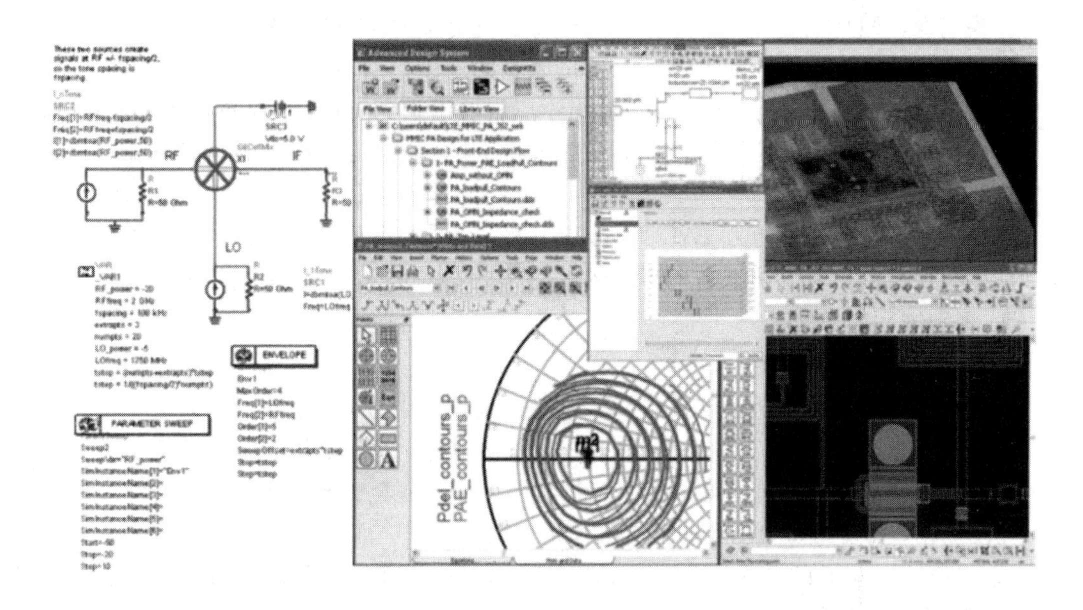

图 12-19　ADS 软件界面及应用

1) ADS 软件的特点

对于完整的电子系统设计，该软件具有如下突出特点：

(1) 该软件是创新和行业领先的仿真技术，包含 S 参数线性频率域仿真器，谐波平衡非线性频域模拟器，电路包络混合时域/频域非线性模拟器，瞬态/卷积时域模拟器，Momentum 3D 平面 EM 模拟器，有限元全 3D EM 模拟器，X 参数发生器模拟器，信号完整性通道模拟器，Keysight Ptolemy 系统模拟器。

(2) 该软件使用显示的数据进行后处理。其数据显示功能使工程师可以通过后处理和分析数据来了解设计的性能，而无需重新运行模拟。许多内置功能简化了流程，为了增加灵活性，工程师甚至可以自行编写命令(例如，创建负载牵引轮廓，增益圆或眼图等)。

(3) 优化设计。初始设计完成后，ADS 优化器可以进一步提高其标称性能。ADS 优化可提供多个优化变量、交互式调整和进度控制的交互式环境。使用该软件可以进行最佳性能分析，同时获得优化变量与目标的设计。

(4) 合理进行分析与设计。ADS 具有独特且易于使用的统计工具，可在设计过程中查明问题。良率灵敏度直方图有助于确定最敏感的组件，以及如何更好地设置其规格以提高制造产量。

(5) 轻松的布线。ADS 提供了一个功能齐全的工具，用于生成 RF 布局。凭借大量认可的分析设计套件，ADS 可帮助工程师在第三方的特定工艺中布局特定的设计。MMIC 工具栏和布局命令行编辑器可在所有增强型代工工艺分析与设计套件(PDK)中使用，确保用户可轻松访问布局编辑命令，并提供全套布局验证工具。

(6) 使用 ADS 桌面 DRC 和 LVS 尽早捕获错误。通过 ADS 桌面设计规则检查工具(DRC)可以确定物理布局是否满足第三方分析与设计规则。使用 ADS 桌面布局与原理图(LVS)来验证布局和原理图之间是否存在差异，以识别缺少的组件，并轻松查找和更正原理图或布局中的连接。基于组件的 LVS 采用嵌套技术进行模块设计，可找到模块级布线和引脚交换错误。ADS还支持Calibre和Assura软件的DRC/LVS功能。

(7) 具有集成的电热解算器。ADS提供完整的三维热解算器，与ADS布局环境和电路仿真器紧密集成。只需将Electro-Thermal控制器添加到ADS原理图，启动电路仿真，集成的热解算器将在后台运行。无需手动即可将IC布局导出至独立的热解算器，并将温度数据导入电路仿真器。

(8) 系统化的多技术能力。ADS可以在分析、设计或共同分析设计的IC、层压板、封装和印刷电路板上以交互方式进行功能权衡。采用多种技术设计的电路可以在电路和全3D EM级别进行组合仿真。

2) ADS软件的优势

不同于前面的电磁场仿真软件，ADS软件更适用于电路的仿真分析。而这一特点较好地满足了电磁兼容场-路仿真中路分析的要求。ADS软件的主要优势如下：

(1) 该软件是业界流行的电路和系统仿真器，属于全套快速、准确且易于使用的模拟器，优化操作，在使用多个强大的优化器中的任何一个时，可进行实时反馈和控制。

(2) 具有较为完整的原理图捕获和布局环境，可直接访问3D平面和全3D EM场解算器。

(3) 具有广泛的RF和MW PDK覆盖范围，得到领先的代工厂和行业合作伙伴的认可，EDA和设计流程与Cadence、Mentor和Zuken等公司整合，从电路原理图生成的X参数模型可用于非线性高频设计的Keysight非线性矢量网络分析仪(NVNA)。

(4) 具有不断更新的无线库，用于设计和验证新兴的无线标准。

5. 简单仿真分析举例

下面给出三个简单的仿真分析案例，包括金属盒电磁分析、各向异性复合板的屏蔽效能分析以及头部对于手机辐射的吸收仿真。这些案例较为直观地反映了仿真分析在电磁兼容领域中的应用特点。

1) 金属盒电磁分布分析

(1) 问题描述。本例展示的是一个由同轴线馈电、带有空槽的金属盒子的电磁兼容性计算，重点关注馈电结构的S_{11}、金属盒电场远场分布、表面电流分布以及距离金属盒3 m和10 m处的电场强度。

(2) 仿真模型。整个结构由长方体金属盒与上表面的同轴线馈电结构组成。金属盒底棱的上方开一个狭槽，金属盒内部填充空气。金属盒顶部非中心位置处垂直安装同轴线馈电结构，同轴线内导体与一根圆柱体导线连接。该导线另一端延伸至金属盒底部，并连接一个47 Ω的集总电阻。整个结构如图12-20所示。输入信号由同轴线顶端馈入，频率设为0 Hz～1.7 GHz。

图12-20 带空槽的金属盒子模型及激励

(3) 仿真结果。仿真结果如图12-21所示。对于馈电端口的S参数，当$f<40.9$ MHz时，$S_{11}<-10$ dB，由标识“1”指定。当1034 MHz$<f<$1116 MHz时，$S_{11}<-10$ dB，由标识“2”和“3”指定。在这些频段中，输入信号能量反射较小。整个结构在各个频点下的电场远场结果均可以由仿真计算得出。在本案例中，仅以频段中心频点，即850 MHz处的电场远场结果作为典型进行分析。在金属盒开槽的方向，远场电场辐射较强。激励的存在会导致金属盒表面电流变化，类似的各个频点下的表面电流均可计算得出。本例仅展示1020 MHz时金属盒的表面电流。可以看到空槽附近由于电磁波的泄露，电流分布密度较大，且分布形状类似偶极子天线或缝隙天线辐射方向图。在整个求解频段内，距离金属盒3 m和10 m处的电场值也可以由仿真计算得出。可以看到，电场值随频率的增加而增大，且与金属盒距离较大时，电场值较小。

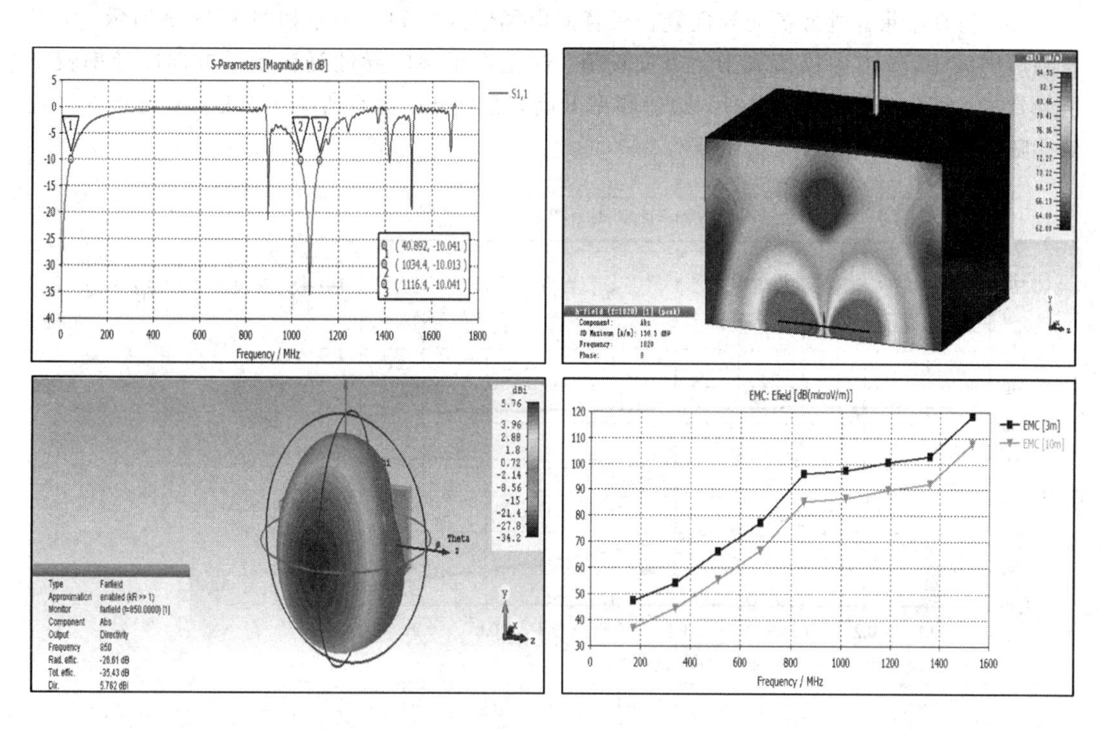

图12-21　金属盒仿真结果

2) 各向异性复合板的屏蔽效能分析

(1) 问题描述。本例展示的是一块各向异性复合板的电磁波透射特性，主要关注入射平面波穿过该平板后，与电磁波极化相关的透射特性。

(2) 仿真模型。各向异性复合板结构如图12-22所示。由于板子较薄，位于真空中的各向异性复合板厚度可设为0(即z轴方向为0)，沿x轴方向的电导率为10 000 S/m，而沿y轴方向的电导率为1000 S/m。可以预计的是，沿y轴方向极化的电磁波比x轴方向极化的电磁波更容易穿过该复合板。使用极化方向与x轴、y轴夹角均为45°的线极化平面波垂直入射该复合板，电磁波传播方向沿z轴。在该平板另一面记录背面透射电磁场的x和y分量。在x和y方向设置周期边界条件来模拟无限大平板被平面波入射的情况。频率范围设为0 Hz～1 GHz。

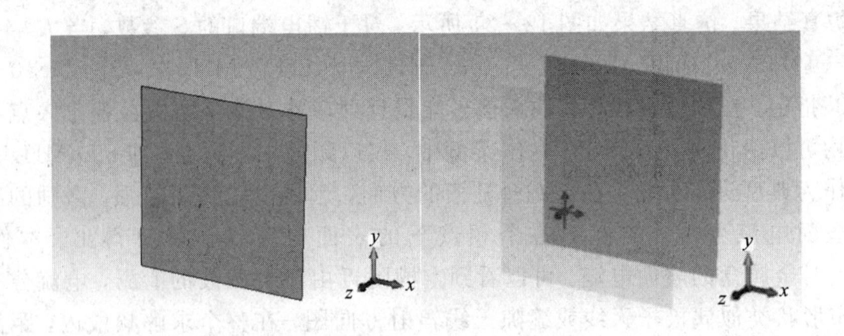

图 12-22　各向异性复合板模型及激励

(3) 仿真结果。所得各向异性复合板背面电场值的 x 和 y 分量如图 12-23 所示。可以看到透射波中，y 方向场值大于 x 方向场值，这是由于各向异性复合板 y 方向电导率较小所导致的，符合分析预期。此外，随着频率升高，透射电场值有所减小，表明复合板的屏蔽效能随频率增大而增大。

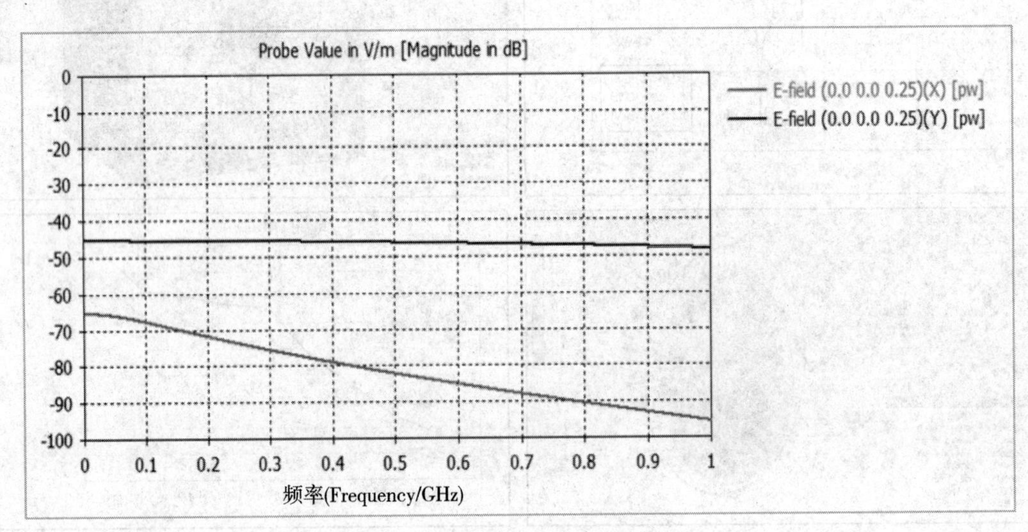

图 12-23　复合板背面仿真结果

3) 头部对于手机辐射的吸收仿真

(1) 问题描述。本例将展示用户手持手机通话时，手机天线的辐射情况以及头部对电磁波的吸收特性。在此重点关注 0.9 GHz 和 1.8 GHz 时，手机远场辐射特性以及头部比吸收率(SAR)。

(2) 仿真模型。模型的整体结构如图 12-24 所示。模型包含一个完整的手部、手机以及头部的模型。手机模型较完整的包含了手机的大部分零部件，如外壳、PCB 电路板、电池、键盘、屏幕、天线等。手部模型仅包含手腕以下部分，天线辐射对手臂部分影响小而忽略。头部模型与手部模型类似，在通话时，手机对头部以下的身体部分辐射影响小而可以忽略。整个模型存在于空气中。对手机进行馈电，分别记录 0.9 GHz 和 1.8 GHz 时的计算结果。

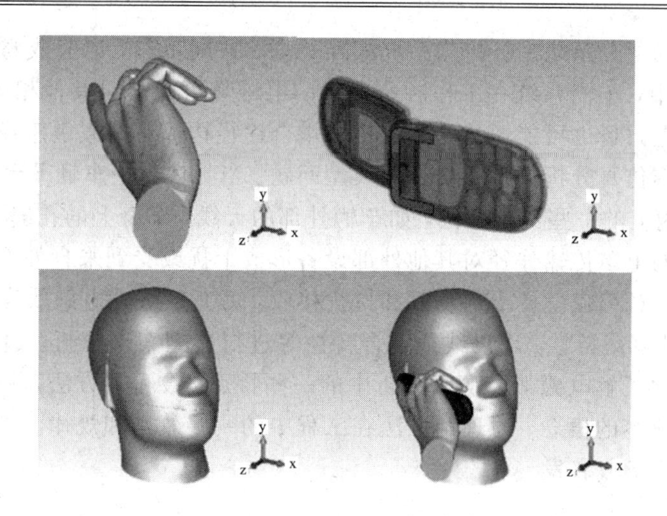

图12-24　手持手机打电话模型

(3) 仿真结果。头部SAR分布如图12-25所示，为便于观察分析，分析后的结果中去掉了手机和手部的几何模型。可以看到在靠近手机的部位，SAR值较大；远离手机的部位，SAR值较小。在频率较高的情况下，SAR分布更集中，且SAR值更大，$f=0.9$ GHz时，SAR值最大约为0.561 W/kg，$f=1.8$ GHz时，SAR最大约为0.751 W/kg。

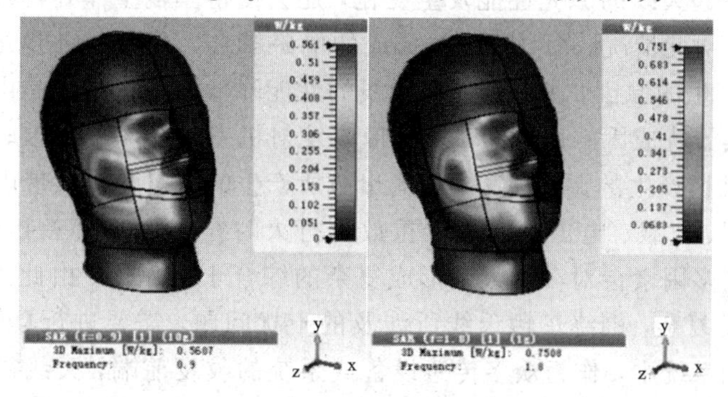

图12-25　头部对手机辐射的仿真结果

12.5　车辆电磁兼容仿真分析案例

电磁兼容仿真是将电磁理论、电磁兼容理论应用于实际电磁兼容工程问题的过程。在工程应用中，仿真是研究设备或系统电磁兼容性的有效途径。通过电磁兼容仿真，可以在已知一些预备知识的基础上，对设备或系统的一些未知电磁兼容性规律进行模拟和表现，从而为开发、研制、生产等后续技术提供一定的预判、分析准备。在电磁兼容系统仿真分析中，除了考虑设备的性能外，还需要考虑系统平台的特性。

随着信息化水平的不断提升，各种平台(陆、海、空、天载体)上所载有的信息化设备或系统的数量及种类逐渐增多，设备、系统间的相互作用变得越来越复杂。为了保证各种设备集成后平台的性能发挥，需要对其相关的电磁兼容性进行仿真分析。车辆是典型的地面系统，其信息化程度不断提高，车辆中所涉及的各种专用或通用设备在车辆平台的整个系统中又形成了局部分系统；这些分系统相互关联、共同工作，以完成整车功能。在实际复杂的电磁环境中，车辆系统在工作时所发射的电磁场可能会对其他相关系统构成干扰，同时外部发射的电磁场也可能通过一定的传输耦合途径构成对车载敏感设备的干扰。这些都是车辆电磁兼容仿真分析中需要研究的典型问题。当具体讨论车辆平台处于特定的外部电磁环境时，车辆上的一些典型部位，如车辆外部的天线、车身上的孔缝、车内的线缆等，都可能通过一定的电磁传输途径对其他外部设备形成干扰或受到来自外部的干扰。下面以车辆平台为例，针对车载设备干扰发射和抗扰接收，就其系统性电磁兼容所涉及的车外天线空间特性、车体屏蔽特性、车内线缆耦合特性等进行典型案例分析。通过这些具体的案例可以更为形象地了解电磁兼容仿真分析中的一些特点、技巧和方法，并可以更加形象地了解和认识电磁兼容的概念、原理和方法在工程中的一些效用和规律。这些将对后续深入的专业学习和工作形成启发。

12.5.1 车外天线空间特性仿真分析

对于一些综合电磁传感性能要求较高的车辆，往往分布着大量的收发天线。这些车载天线可能包括短波电台天线、超短波电台天线、导航天线、卫星通信天线及毫米波天线等。由于这些车载天线的工作频段跨度大，且发射输出功率不尽相同，当其集成装备在车辆上时，不但可能会引起天线的原先性能发生变化，还会使得车辆整体处在天线收发所产生的特殊电磁环境中。对此情况，车身与天线形成的电磁耦合、天线之间形成的电磁耦合等都是许多潜在干扰产生的原因。另外，许多天线的性能降低和干扰问题是由发射或接收的乱真响应造成的，其干扰成因一般涉及：接收带内发射机发射频率的谐波；接收前端在通频带外出现信号过载所产生的调谐；发射的输出级所产生的可引起接收带内降敏的宽带随机噪声；天线因失配、过载、电击等产生严重放电打火时在接收的频率上产生耦合干扰等。在实际系统中，诸多因素会对车辆天线形成复杂的综合干扰作用。由此可见，车载天线的电磁兼容研究非常复杂，围绕车辆天线所涉及的干扰问题，需要进行具体的讨论和分析。总体来看，在车辆系统中，作为众多传感设备或系统的收发前端，天线往往是各种电磁信号可能经过的典型通道。这就使其成为系统相关干扰的重要耦合输入、输出端。当天线加载到车辆平台上时，由平台所引起的天线性能变化也会对系统的电磁兼容性产生影响。因此，对上装天线的仿真分析在工程中是具有积极意义的问题。

一般而言，由于车辆上天线功能多样，首先，应根据天线的收发特性、增益、波束等特点，对其进行归类。其次，结合车载系统要求、空间约束以及功率和频率分配等关系，依照分类，逐次仿真分析不同形式的天线在与车辆平台结合后，其辐射的变化特征。最后，还可在此基础上进行后续的综合设计、调整、优化等方面的工作。空间辐射性能是天线的重要特征。当设计好的天线加载于平台上时，其方向图会发生畸变。此时，需要分析天线上装后的空间辐射特性的变化规律，考察其是否满足系统兼容性的要求。对于车载天线仿真分析，常需要考虑的问题包括：在天线的近场区域散射体的影响，在定向天线的主方向上遮挡的布局影响，天线之间的隔离度，平台对全向天线的辐射方向图的扰动等。另外，若获得天线的具体工作参数，则在密集区域中还应考虑天线其他电特性的变化情况。

1. 基本天线加载分析

在实际应用中，天线一般很少单独存在，通常安装在特定金属平台的表面上，即形成了天线与其后方的金属表面所构成的复合结构。这种复合是一种典型的结构形式，反映了天线的基本上装特点。下面以这种结构形式为基本模型进行分析，为后续复杂仿真提供一定的认知基础。

在进行分析之初，首先需要对所研究的问题建立针对性的分析模型。极子天线具有剖面为八字形的空间旋转对称辐射形式，是代表性的辐射源形式。将极子天线作为辐射源，在其后放置一块较大的矩形理想导体平板。通过仿真分析可以得到天线与导体板距离逐渐增大时远场方向图的变化情况，其结果如图 12-26 所示。通过仿真分析可以清楚地看到，背板的存在明显改变了天线的原有辐射特性。以背板为基准，在背板到天线的方向上呈现出了明显的方向性。从辐射理论可知，这一现象是由背板对电磁辐射能量的反射作用所引起的。由此可知，在系统辐射特性研究中，必须将辐射源加入平台的整体分析中共同考虑。

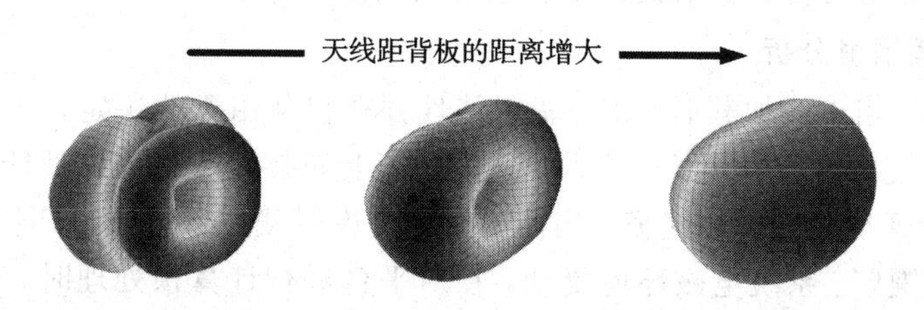

图 12-26　天线到背板距离增大时方向图的变化

另外，由于该复合结构较为简单、分析方便，可以此为模型，用不同仿真方法进行计算对比，初步了解相应分析方法的具体特点、优势。考虑到该结构为金属构件且相对简单，可选用矩量法进行分析。与之相对应的，还可考虑混合方法，用物理光学法计算导体平面的散射，用矩量法计算偶极子天线的辐射，得到混合法的分析结果，并将该结果与纯矩量法分析结果进行比较。虽然混合方法受到辐射源与散射体之间距离要求的限制，但是只要适当改进就可扩大应用范围。由于辐射源与散射体的互耦作用，会在散射体表面激发表面电流，可在导体平面电流较强的地方也采用矩量法求解，剩余部分仍用物理光学等方法求解，即可在高效计算的同时兼顾计算结果的准确性。

从图 12-27 中的二维方向图对比结果可以看出，两种方法计算的结果整体基本一致，只在旁瓣有细微差别。对于上述天线-背板基本结构的分析，表 12-2 给出了不同方法的计算资源对比。

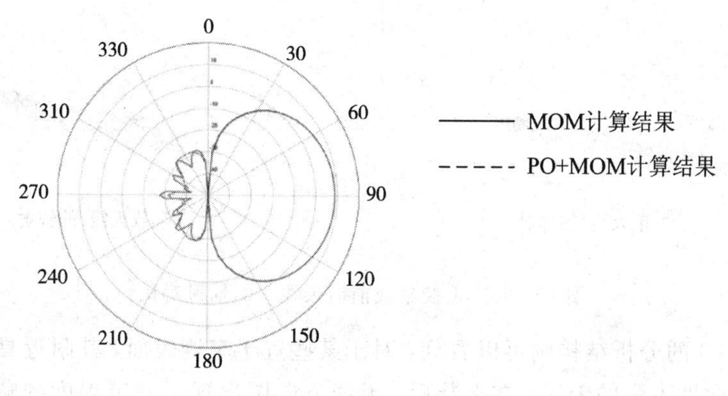

图 12-27　不同算法对比

表 12-2　不同算法计算资源对比

方　法	网格数/个	内存/MB	计算时间/s
矩量法	4968	418.94	327
改进后的混合法	1822	6.76	15

总体来看，采用混合方法后，计算资源大幅下降，这将有利于电大尺寸系统的计算。一般而言，混合方法在计算复杂电磁系统时具有一定优势，可以根据具体问题而灵活发挥各种待混合方法的优势特点。由此也表明，在进行仿真分析时，应该以专业电磁兼容知识为基础，对仿真计算方法进行合理选择，以提升其在工程中的有效性。对于前面基本模型的研究，为复杂系统的仿真分析提供了有益的基础性启发。

2. 车载天线辐射分析

由前例可知，当天线加载后，相应辐射特性并非仅仅由天线决定，必须考虑天线与平台所构成复杂系统的综合作用。因此，在分析车辆上安装天线的辐射性能时，就必须对天线加载后的车辆系统进行整体建模。当需要整体考虑运载平台时，由于平台上的天线数量多、覆盖频段范围广、系统电磁环境复杂，在对平台进行计算预处理时，可根据系统工作特点、结构特点等实际要素，对系统模型采用差别化的网格剖分，并对计算方法进行选择。在建模中，对于需要重点关注的部分可以增大单位区域内的网格数量，对于不重要的部分则可以采用较为稀疏的网格。在计算时，对于距离辐射源较近的平台区域，可以采用高精度算法，而对于距离辐射源较远的平台结构区域则可以采用低精度算法。在分析中，对于一些具体结构复杂且在高频工作的天线，当其放置的位置离车体主散射中心有一段距离时，可以对其高频情况做远场近似处理，以天线相位中心标定空间位置，并可采用等效源方法进行计算。总之，对于复杂电磁系统的仿真分析，必须以平台系统实际工作情况中的指标、参数、要求等为基础，充分发挥电磁理论、电磁兼容原理及系统工程等知识与技术的协同。只有这样，才能进行有效的仿真分析。下面对典型天线在加装到车辆平台后其空间特性的变化情况进行仿真分析。

从图 12-28 的分析结果可以看到：对于某些置于车辆表面且具有强方向性的天线，通常在其主波束方向及近场区内，散射体较少，安装上平台后，天线主方向空间特性受扰影响较小。

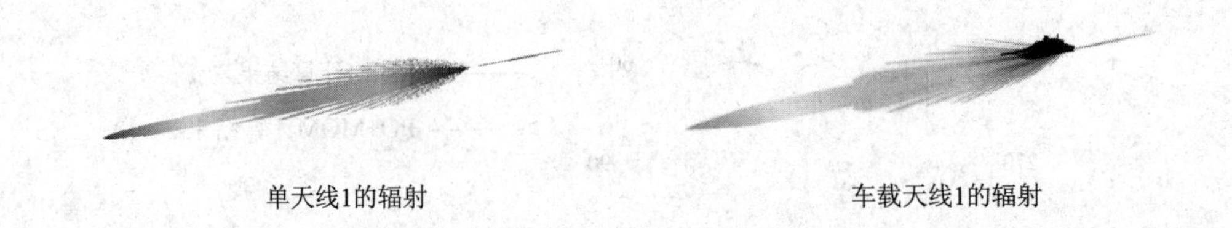

图 12-28　上装集成前后天线 1 的辐射对比

从图 12-29 的分析结构则可以看到：对于某些置于车辆表面，其附近具有若干不规则散射结构且方向性不强的天线，在上装后，天线方向图出现了一定程度的畸变，波瓣有一定程度的变化，表现为减小和分散。这主要是由天线与平台结构间的电磁耦合所造成的。

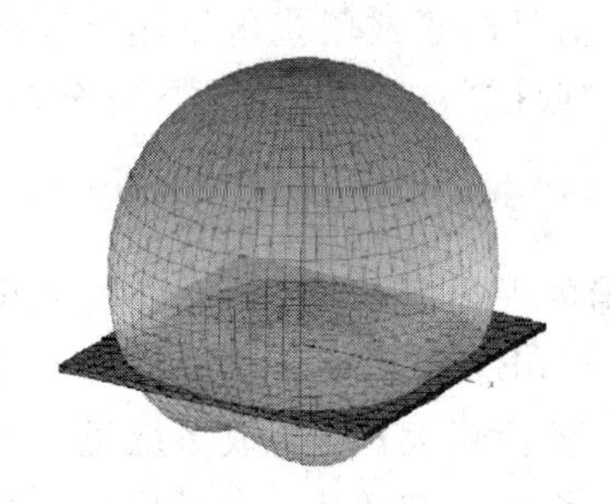
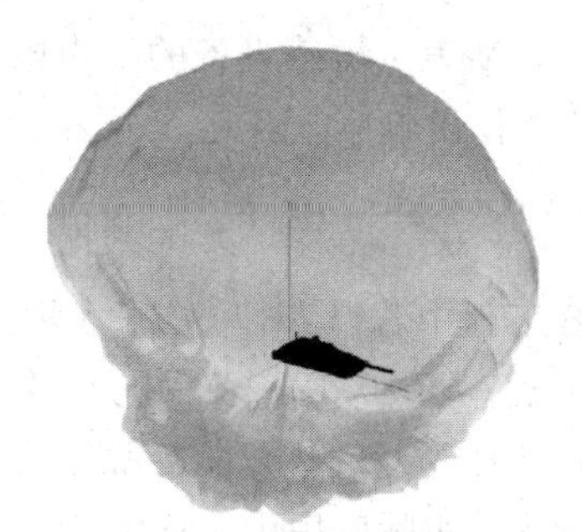
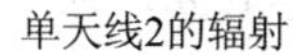

单天线2的辐射　　车载天线2的辐射

图 12-29　上装集成前后天线 2 的辐射对比

另外需要注意的是，车辆等平台表面的不规则散射结构并非都是无益的。在某些情况下，这些结构有可能会对一些特殊用途的天线性能起到一定的增强作用。这也从一定侧面反映出了对复杂电磁系统进行整体考量、综合分析的必要性。通过上面的分析不难看出，对于天线等收发设备，其自身所设计的预期空间特性未必能完全适应上装后的系统综合电磁特性要求，天线的性能会在加载到具有一定复杂结构的平台上时发生改变。对此，当工程中需要更好发挥天线性能而对天线空间特性提出严格要求时，往往需要在单独设计天线的基础上，还必须针对专用环境进行系统性综合开发。在此过程中，进行电磁数值仿真分析是很有必要的。

3. 车载天线接收分析

除了要考虑自身的辐射特性，在系统分析中常常还要考虑其他相关系统所产生的外部电磁作用对平台的辐照影响。通常设备在接收时，前门耦合指电磁能量通过设备的天线等接收单元进入敏感设备造成电磁干扰的耦合。这些电磁作用会通过电磁传输耦合途径对车载敏感设备构成干扰威胁。对于外部电磁能量通过平台或设备的天线等部位进入敏感设备造成电磁干扰而进行的仿真分析，是相关系统性电磁兼容分析中的重要部分。对于敏感接收系统的电磁兼容特性，一个重要的概念性指标就是接收机灵敏度，其定义为保持接收设备正常工作的最小可分辨信号强度。由于正常设备的灵敏度都较高，因此接收机灵敏度以 dBm 为单位，其实它通常是一个较小的负值。实际上，敏感度包含了抗扰度的概念，抗扰度和敏感度都能反映装置、设备或系统抗干扰的能力。从不同的角度分析，有用信号超过该限值才可以被有效接收，同样的，抗扰性反映的是噪声电平超出这个限值就有可能对设备产生干扰。接收机灵敏度的定义式为

$$S_{\min} = kT + 10\log(\mathrm{BW}) + NF + \frac{S}{N}\min \tag{12-8}$$

式(12-8)右边第一项为理想接收机的热噪声功率，如果工作温度 T 为 290K，其值为 −174 dBm/Hz。该式右边第二项为接收机带宽的一个对数函数，BW 为带宽，单位为 Hz。前两项合起来为接收机的底噪。该式右边第三项为接收系统的噪声系数，与接收机内功能单元的噪声特性有关，单位为 dB。该式右边第四项为保证接收机正常工作所需要的检波前的信噪比，单位为 dB。对于外部电磁噪声来说，如果接收机接收到的电磁能量大于接收机的灵敏度，接收机就有可能对其作出响应；如果工作带宽内有用信号的功率较微弱，就有可能淹没在噪声中。为了表示电磁骚扰源是否对敏感设备造成干扰，还可引用电磁干扰安全系数 M 表征干扰的严重程度，其定义为敏感度门限与设备上出现的干扰电平之比。设 I

表示干扰电平，N 表示敏感设备的噪声电平(只有信号电平或骚扰电平超过底部噪声电平时，接收机才能作出响应，因此 N 可看成敏感度门限值)，所以电磁干扰安全系数可写为

$$M=\frac{N}{I}$$

电磁兼容工程中若以 dB 单位来表示，则 M 值的大小为 $M=N-I$。$M<0$ dB，表示存在潜在电磁干扰；$M>0$ dB，表示电磁兼容；$M=0$ dB，表示处于临界状态。需要注意的是，不能认为只要 $M>0$ dB，设备就能正常工作；M 值越大，设备或系统进行电磁兼容工作的概率就越大。实际应用中，M 大于一定数值，留有一定裕量，为了保证系统的电磁兼容性，一般取 3～6 dB。对于军用设备，由于其所处电磁环境相对复杂，还需提出更为严格的要求。

下面以前门耦合为例，对车载天线系统接收敏感特性进行仿真分析。外部电磁作用对车辆以一定角度构成空间辐照关系。这些作用通过各种电磁传输耦合途径到达车辆所处位置，通过车辆平台上的天线接收进入其后端的敏感设备，从而构成干扰威胁。图 12-30 给出了外部电磁作用与车辆系统所构成的空间辐照关系。

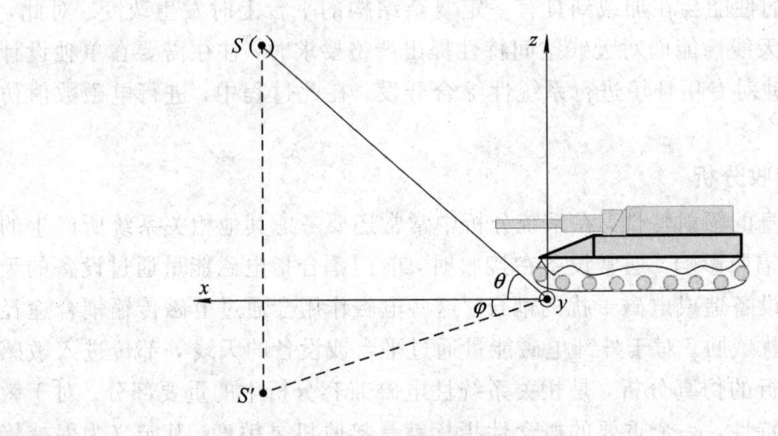

图 12-30　外部电磁照射车辆空间关系图

仿真车载天线所面临外部的辐照效应时，可以在无需太大改变的情况下，沿用前述的相关车辆平台与天线的建模方法。为简单起见，外部辐射采用理想平面波形式。表 12-3 列出了在工作频段内，面临不同角度外部辐照时，车上某型号天线接收的分析结果。通过仿真可以看出，外部辐射对于车载天线的影响随来波方向而变化。若假设天线的敏感度限值为 $N=-100$ dBm，则当 $\theta=90°$，$\varphi=0°$时，外部辐射将会对天线接收产生严重的干扰；当 $\theta=90°$，$\varphi=180°$时，由于天线接收的干扰电平没有满足 6 dB 以上的裕量，因此存在潜在的电磁干扰威胁。

表 12-3　车辆受扰接收特性仿真分析结果

$\theta\|_{\varphi=0°}/°$	−90	−60	−30	0	30	60	90
接收功率/dBm	−102	−129	−142	−119	−131	−113	−73

$\varphi\|_{\theta=90°}/°$	0	45	90	135	180	225	270	315
接收功率/dBm	−73	−112	−125	−125	−102	−124	−120	−116

12.5.2　车体结构屏蔽特性仿真分析

对于车辆系统，当实现完全金属封闭时，外部电磁能量无法进入其中。由于在实际应用中通常无法完全实现这种理想情况，外部电磁能量会通过孔缝等结构耦合进入车辆，这就增加了敏感设备遭受干扰的可能。为了对此电磁耦合过程的特性进行研究，应对车辆结构的屏蔽性能进行分析。车体的屏蔽性能反映了车辆重要的系统电磁兼容性。在屏蔽问题的研究中，往往需要根据工程要求，考虑不同外部电磁源对车辆系统的影响。也就是需要在仿真分析中采用不同形式的激励，并关注车辆中不同部位(如驾驶室、动力室及功能室等)的电磁场强。由于这种分析中的仿真频带往往较宽，在具体仿真中应根据问题的需要以及计算条件对系统模型进行处理。例如，当进行预仿真时，可以对相应的仿真模型进行简化处理，删减一些非重要的细节，以提高仿真分析的效率。值得注意的是，在处理模型时，应结合车辆平台总体工程要求，并兼顾专业的系统电磁兼容知识。

下面分别采用强电磁脉冲和高斯脉冲两种典型的激励进行分析。对于强电磁脉冲激励，设定激励上升沿和下降沿，仿真分析中可采用数学闭式，如 $E(t)=50\,000\times1.3\times(e^{-4\times10^{7}t}-e^{-6\times10^{8}t})$ 进行模拟。一般而言，强电磁脉冲的能量多集中在百兆赫兹以下，因此在具体仿真案例中，可将计算过程主要设置在低频段范围。若要拓宽分析频带，则可以使用高斯脉冲照射，并设置频带宽度为若干吉赫兹。典型的强电磁脉冲及高斯脉冲的时域特性如图 12－31 所示。

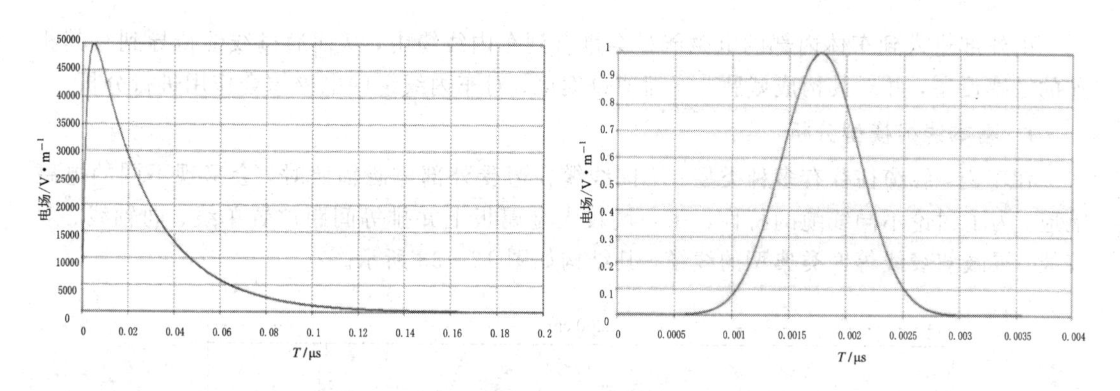

图 12－31　强电磁脉冲和高斯脉冲时域波形

对于强电磁脉冲照射情况，通过仿真分析可以得到车辆不同部位在多角度照射下的屏蔽效能 SE，其结果如图 12－32 所示。

通过仿真分析可以清楚地了解车辆在外部电磁辐照下屏蔽特征的整体情况，并明确系统性的电磁特征规律。对于上面所分析的车辆案例，结合强电磁脉冲与高斯脉冲的仿真分析结果，可以得到外部电磁辐照下的一些初步结论：随着频率升高，车体屏蔽效能会下降；对于宽带脉冲，车体的屏蔽作用往往有限。高斯脉冲屏蔽效能最大值小于强电磁脉冲，车体对不同类型脉冲信号的屏蔽能力会有差别。车辆的驾驶室、功能室以及动力室等部位在中间频段表现出一定的电磁谐振性，在一些频率上，屏蔽效能急速下降，在此频率附近的电磁能量能够对车体内的设备产生较为严重的影响。因此，在车辆的设计与设备组装时，需要考虑避免谐振的危害。在两种脉冲源分别照射的结果中，动力室在正面照射和侧面照

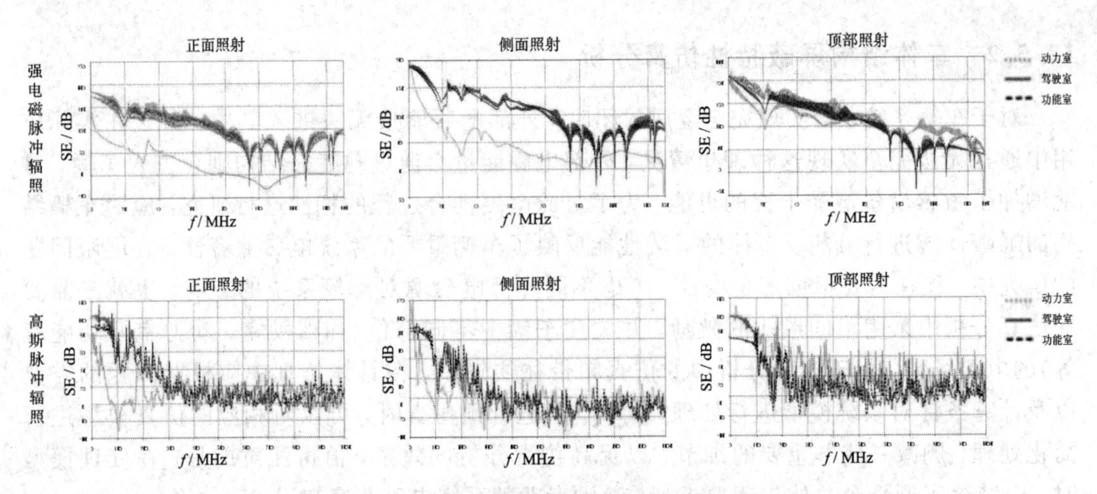

图 12-32 外部电磁照射下的车辆屏蔽效能

射时要差于顶部照射。而驾驶室与功能室在三种照射中屏蔽效能都比较稳定。说明车体屏蔽效能与照射波的入射方式有关，因为结构的原因，动力室的屏蔽能力也差于驾驶室和功能室的。

通过仿真分析可以了解车辆内部不同位置敏感设备可能面临的干扰威胁，从而有利于了解平台系统内部可能存在的不兼容环节，以利于后续防护等方面工作的针对性开展。

12.5.3 车内线缆耦合特性仿真分析

由外部进入到车体内部的电磁能量会耦合到车内线缆中，从而通过线缆传导到与其相连的敏感设备，并对其构成威胁。下面通过案例，对车内线缆的电磁耦合作用进行分析。

1. 基本线缆模型分析

在车内，线缆往往有多种类型。不同线缆在遭受外部电磁辐照时，会呈现不同的电磁响应。为了讨论不同线缆的特性，在一块较大金属板上并排等间距放置单线、同轴线、双绞线、屏蔽双绞线等四类典型的线缆，其结构如图 12-33 所示。

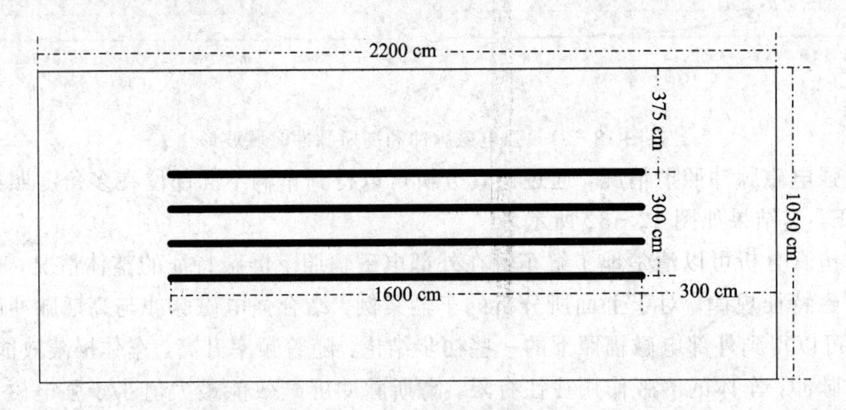

图 12-33 基本线缆模型示意图

其中，单线、同轴线、双绞线的型号分别为 LIFY_0qmm50、RG58、UTP LIFY 1qmm，屏蔽双绞线则是在双绞线外加一层金属编织层。在建模中，将各个线缆端口连接合适的阻抗并正确接地。单线和同轴线内导体连接 50 Ω 阻抗直接接地；双绞线和屏蔽双绞线内部的双线接 50 Ω 阻抗后互相连接，且不接地。同轴线外导体和屏蔽双绞线屏蔽层直接接地。在端口处记录入射波在线缆端口激励起的电压和电流的大小。

通过电磁仿真分析可以得到，在强电磁脉冲垂直入射且沿线缆极化的情况下，各线缆端口电压和电流的结果，如图 12-34、图 12-35 所示。

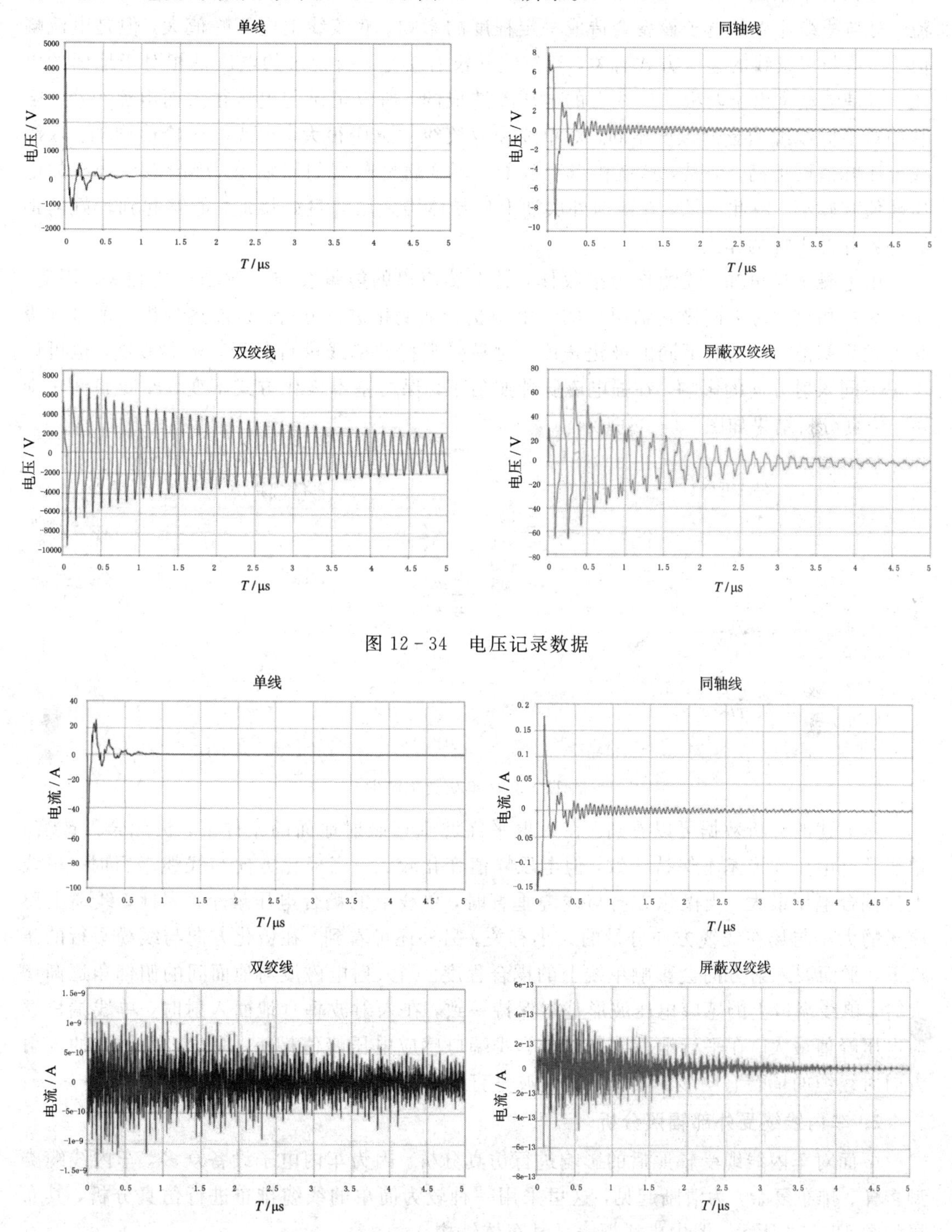

图 12-34　电压记录数据

图 12-35　电流记录数据

通过上面的仿真结果，可以得到本案例中相应的一些具体结论：强电磁脉冲能够在线缆端口处激励起非常大的电压和电流，但持续时间较短，例如在单线上基本在μs级就已经趋于稳定了。在部分线缆类型上可能存在短时间的震荡，例如双绞线。显然，如果没有采取合理的保护措施，脉冲则会和线缆产生很大的耦合，在端口处激励起较大的电压和电流，对与线缆连接的电子设备会造成一定程度的影响。双绞线上电压峰值大，但是电流峰值小。这与双绞线的连接方式有关，双绞线并没有接地，所记录的电压是相对于地面的电压，但是电流是由于两根双绞线上的电压差造成的，所以记录的电压很大而电流很小。强脉冲对不同线缆的影响程度不同，对单线和双绞线的感应很大，单线电压峰值增加，双绞线电压峰值则更高。但是，这就相当于多了一层金属屏蔽层的同轴缆，屏蔽双绞线缆的电压峰值则较小。由此可见，在线缆外层加上良导体屏蔽层并良好接地，能够起到较好的抑制外界脉冲干扰的作用。

由电磁理论可知，线缆作为接收体，其上感应出的能量会与入射场极化相关。因此，可以通过仿真，对不同极化情况下的线上干扰特征变化进行分析。以前述分析中的基本极化方式为基准，分别取不同的极化角度，对易受干扰的单线进行分析。相类似地，也可以考虑不同入射方向的影响，在强电磁脉冲照射下，保持基本极化方式不变，改变俯仰角即可。仿真分析结果如图 12-36 所示。

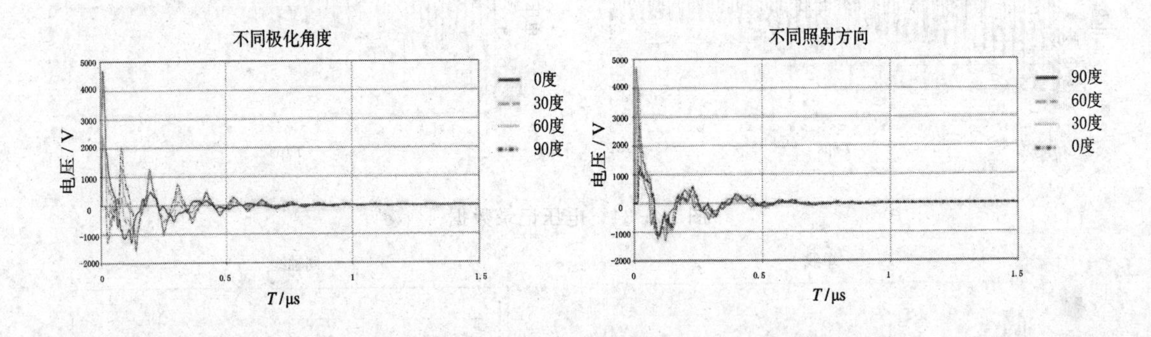

图 12-36　单线受扰波形

从上述的分析数据可以看到，在入射平面波垂直照射地面的条件下，极化角度改变，单线耦合电压波形基本保持一致，但电压峰值变化较大。当极化方向与线缆平行时，单线上的耦合电压最大；当极化方向与线缆垂直时，单线上的耦合电压最小。因此，线缆上感应场的大小与场在线缆方向分量的大小有关。另外还可看到，在极化方向与线缆平行的条件下，平面波入射方向会影响单线上的耦合程度。当入射电磁波与地面间的俯仰角逐渐增大时，单线端口上的感应电压波形基本保持一致，在入射波垂直地面入射时，单线端口感应电压峰值最大。在平行地面入射时，单线端口感应电压峰值最小。总之，入射波的入射方向对线缆的耦合有明显影响，当入射波垂直地面照射时，线缆耦合明显。

2. 车内线缆受外部辐照分析

下面对车内线缆受辐照后的影响进行仿真分析。因为车内电子设备众多，车内线缆类型多样、排布复杂，为清晰起见，这里采用一种较为简单的线缆排布进行仿真分析，其布局如图 12-37 所示，图中虚线框表示某车体结构。

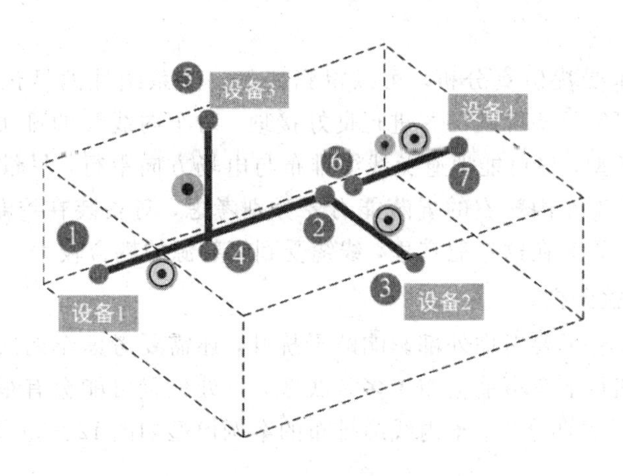

图 12 - 37　车内线缆受辐照分析布局示意图

图 12 - 37 给出了车内线缆的拓扑路径构型，三条路径分别为 1 - 2 - 3、4 - 5 和 6 - 7。其中，1 - 2 - 3 布置同轴线，连接设备 1 和设备 2；1 端口为设备 1，3 端口为设备 2。4 - 5 布置单线，端口 5 连接设备 3，并且 4 - 5 联通了驾驶室与功能室。6 - 7 布置单线和同轴线，因为线缆的排布相对位置并不重要，因此这两条线缆采取了随机布置，并且 6 - 7 位于动力室，7 端口连接设备 4。在强电磁脉冲以侧面入射且垂直极化的情况下，通过电磁仿真分析可以得到不同端口处的电压，并以此反映车内线缆受扰情况，分析结果如图 12 - 38 所示。

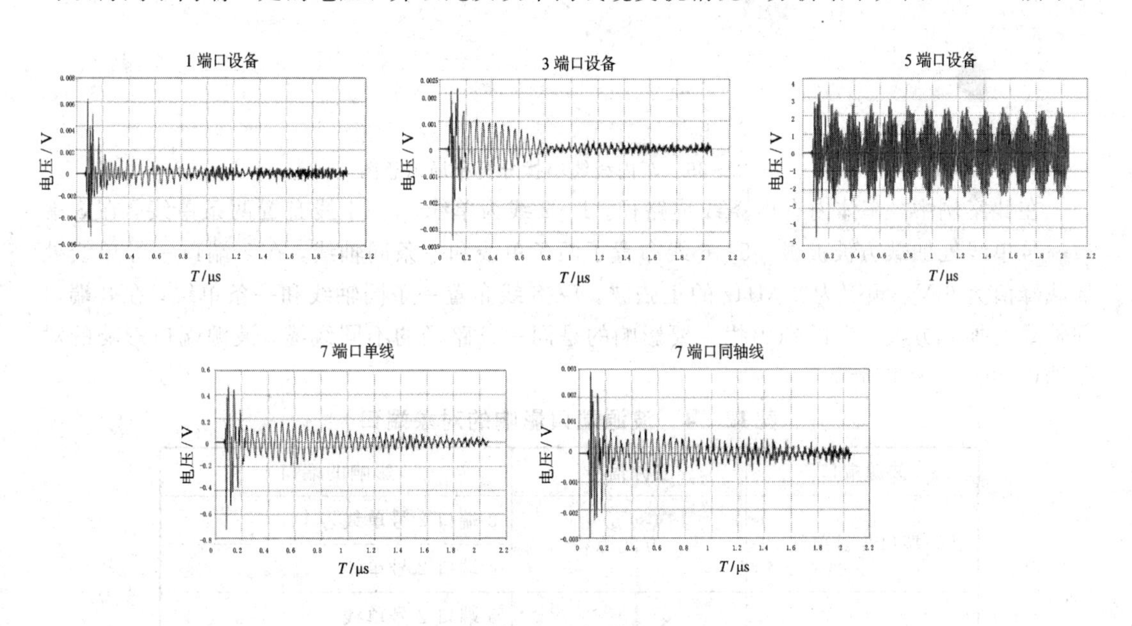

图 12 - 38　车内线缆端口受辐照分析结果

由分析可知，5 端口处的电压较大，一方面是由于单线的抗干扰能力较弱，另一方面也是因为 4→5 路径的线缆排布与入射波的极化方向平行所致。而通过 7 端口的单线与 1 端口单线的电压比较，可以说明在动力室的线缆受到的干扰较大，结合此前屏蔽分析，这是因为动力室的屏蔽能力弱于驾驶室。而 7 端口的单线与同轴线的比较，说明线缆类型会产生很大影响。对于设备是否会被照射场干扰，则需要结合具体设备的敏感度门限进行具体讨论。

通过车辆内线缆受扰仿真分析，可以得到如下一些系统性的结论：对重要的敏感设备，连接线缆应尽可能具备屏蔽层并进行良好接地。对车内线缆的排布，要考虑可能受到的辐射源的方向、类型，尽可能地避免线缆排布与电场方向平行，尽量减小外部可能的辐射源对线缆的耦合。对车内舱室的屏蔽能力要分别考虑，对安装在屏蔽效能较差的舱室，要重点考虑和分析。因为在这些舱室里，线缆受到辐射源的耦合较大。

3. 车内线缆串扰分析

对于车内线缆，除了要考虑外部影响的干扰外，还需要考虑车内线缆间的串扰。因车内环境有限，一条路径上有可能会布置多条线缆，一处位置可能会有很多设备。下面着重对车内缆间串扰进行仿真分析。车内线缆排布的案例模型如图 12-39 所示，图中虚线框用以表示某车体结构。

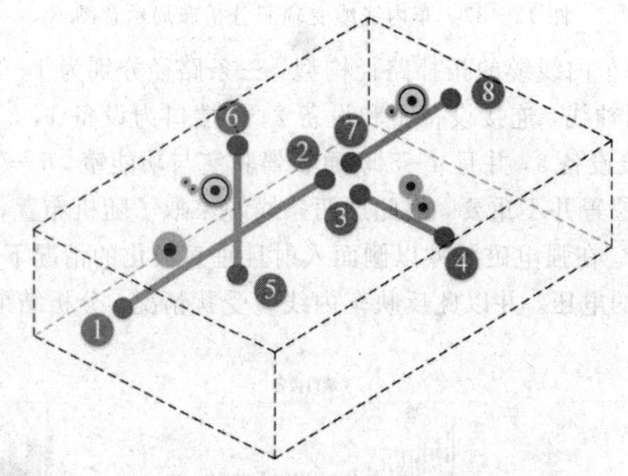

图 12-39　车内线缆串扰分析布局示意图

在此案例中，车体内有四条线缆路径。1-2 线为单线，3-4 线布置两条单线，在 3 端口一号单线处加载方波波源。5-6 线布置了两条单线和一条同轴线，在 5 端口一号单线处加载峰值为 6 V、频率为 2 MHz 的正弦波。7-8 线布置一条同轴线和一条单线，在 8 端口同轴线处加载方波。考虑到串扰主要影响的是同一条路径的不同线缆，波源端口影响的对象端口如表 12-4 所示。

表 12-4　波源端口影响的对象端口

<table>
<tr><th>波源端口</th><th>波源信号</th><th>影响的端口</th></tr>
<tr><td rowspan="2">3 端口 1 号单线</td><td rowspan="2">方波源</td><td>3 端口 2 号单线</td></tr>
<tr><td>4 端口 2 号单线</td></tr>
<tr><td rowspan="3">5 端口 1 号单线</td><td rowspan="3">正弦波源</td><td>5 端口 2 号单线</td></tr>
<tr><td>6 端口 2 号单线</td></tr>
<tr><td>6 端口同轴线</td></tr>
<tr><td>8 端口同轴线</td><td>方波源</td><td>7 端口单线</td></tr>
</table>

对于端口激励，根据表 12-4 中波源形式分别采用方波源和正弦波源，其具体形式如图 12-40 所示。通过电磁仿真分析，可以得到影响端口的串扰结果，如图 12-41 所示。

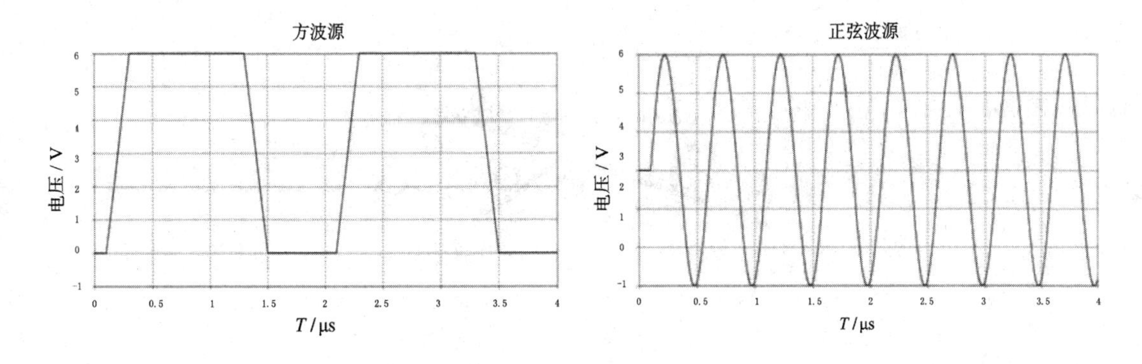

图 12-40　端口波源信号

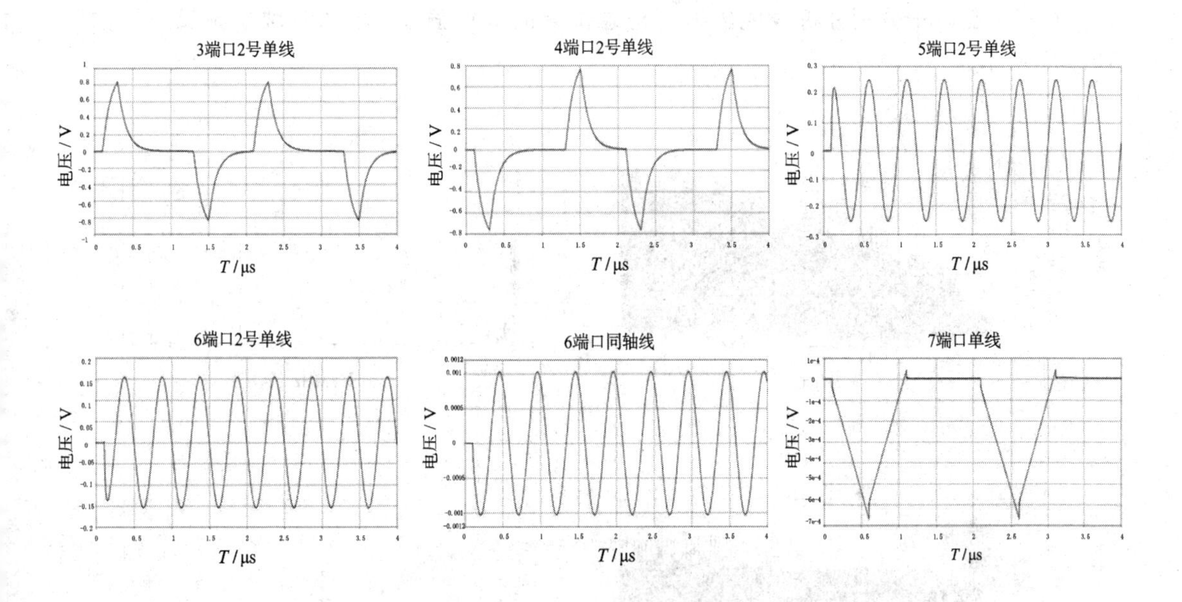

图 12-41　端口的串扰电压

通过对上面结果的分析可以看出，信号源能够对同一连接处的其他电缆产生不小的串扰，本节只是进行了简单的分析。在实际的车辆系统中，因为设备集成度高，所带来的串扰影响远大于上述的例子。因此，需要对车内设备线缆端口的连接处以及线缆的排布进行合理的处理，尽量减小线缆串扰的影响。

12.5.4　车内线缆辐射特性仿真分析

在车内，当一些线缆不具备有效的防辐射措施时，就会在车辆空间形成一定的辐射。下面通过仿真分析进一步了解这些辐射对车内敏感设备可能形成的影响。车体线缆排布采用较简单的方式，如图 12-42 所示，包括 1-2-3 线、4-5 线、6-7 线这三条路径。其中，1-2-3 线排布同轴线，4-5 线排布单线，6-7 线排布同轴线与单线。在 1、5 端口加载前面定义的方波信号，在 3 端口和 7 端口的单线上，加载频率为 f_0 的正弦波信号。

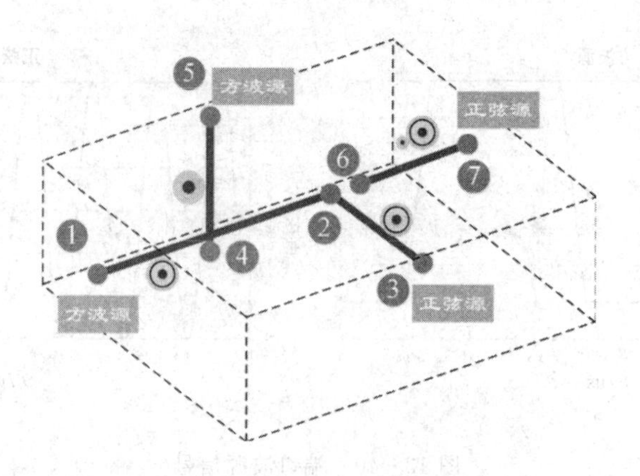

图 12-42 车体线缆辐射分析布局示意图

在三个舱室中分别分析线缆辐射到记录位置的电场强度。场的时域与频域结果如图12-43所示。

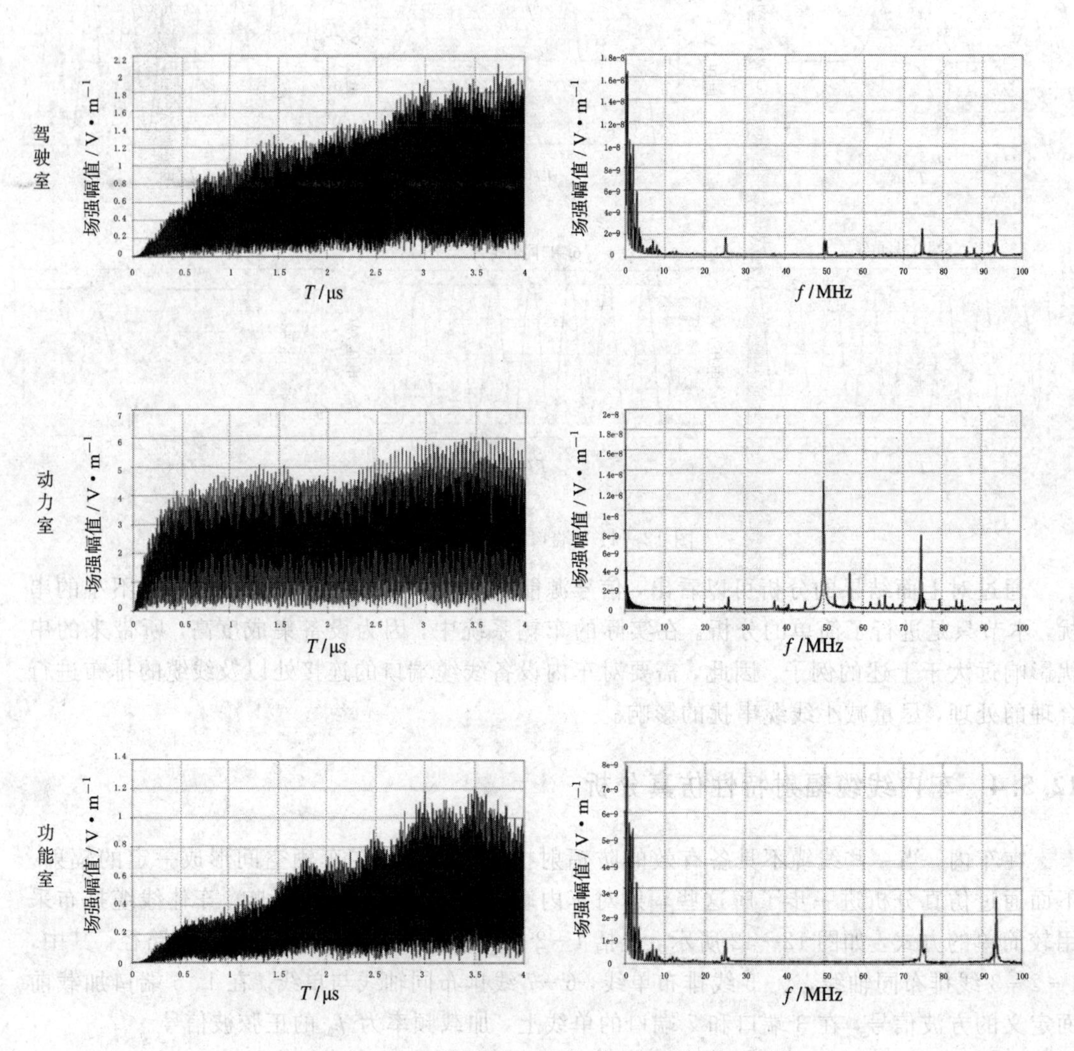

图 12-43 不同舱室场强的时域与频域分析结果

结合以上分析结果可以得到一些结论，如：从场强的时域波形来看，在 μs 级时间内，各个舱室受到的场强干扰比较大，其中受扰程度最低的为功能室，最高的为动力室。对比三个舱室的频域图形，在驾驶室，因为 1 端口加载方波波源，3 端口加载正弦波信号源，所以在频域内会产生由二者共同造成的影响。在低频处主要由方波源影响，在 f_0 处，由于正弦信号影响则出现了波峰。但是因为加载的是同轴线，所以辐射能力较弱，相比动力室的峰值要低。而动力室主要是 7 端口单线辐射，只加载了正弦信号源，且动力室与驾驶室隔断，所以在频域上只表现出了正弦信号频域波形，且 f_0 处的峰值较大。而动力室主要是由于 5 号端口的方波波源影响，因此在频域主要受到方波信号源的影响，在 f_0 处没有波峰。通过分析可知，整体辐射强度较小，车底部相对较大。

本节以车辆为平台模型，对车外天线、车身结构、车内线缆等一些典型的车辆电磁兼容问题进行了仿真分析。通过对上述具体案例的仿真计算，可以直观、方便地了解车辆电磁兼容仿真中的一些特点和规律。

12.6　基于 FSS 加载的车辆电磁兼容设计案例

在系统电磁兼容分析设计中，一种有效的方法是以电磁理论和计算机技术为基础，使用仿真分析方法，通过分析程序对设计方案进行系统电磁兼容预测。若发现系统不兼容问题或设计存在过量冗余，则修改设计并进行再次预测，形成合理方案后再进行研制与生产。在实际复杂电磁系统内往往会安装或设置各种敏感设备及分系统，同时还要兼具通风、散热、观察等用途。因此，设备通常并非完全封闭。然而，为了有效抵御外部电磁干扰，在系统性电磁屏蔽要求较高的情况下，则应进行相关的屏蔽设计，这对具体的电磁兼容性是十分必要的。下面以车辆系统为例，进行相关电磁兼容分析与设计的简要讨论。对于车辆平台，金属是其主要框架的结构材料。但是在实际运载平台上，系统的透光性是必需的，所以常需要在整个系统的外壳上附加一些窗口部件，除了透光还可以满足防水、防雾等需求，窗口通常加装玻璃材料。而玻璃作为一种普通介质并不具备有效屏蔽电磁波的能力，外界空间中的电磁波大多可以通过这些玻璃窗进入系统的内部空间。所以就需要采取一些措施对运载平台上的玻璃窗口进行屏蔽防护。因此，研究如何改变透光部件的屏蔽性，对提高整个运载平台的抗电磁干扰能力具有积极的工程价值。

12.6.1　车辆平台的电磁兼容性分析

首先假设一个车辆的简化模型，车辆包含车前窗、车门窗以及车身侧窗，用以观察、通风等，如图 12-44 所示。图中，车辆前方的车窗(图中较大的浅色矩形)称为车前窗，车门上的车窗(图中浅色三角形)称为车门窗，车辆侧面的车窗(图中较小的浅色矩形)称为车侧窗，车辆轮胎为橡胶材质，窗户为玻璃材质，其余部分为金属材质。设车辆长度(或高度)的归一化尺寸定义为：车辆上某一部件距离车辆的头部(或地面)的距离与车辆的总长度(或总高度)的比值。因此，车辆的车前窗与车门窗的归一化尺寸为长 0.15、高 0.8，车侧窗的归一化尺寸为长 0.6、高 0.8。下面所涉及车辆模型的坐标均与此处坐标相同。车体横向设定为 y 方向，纵向为 z 方向。

当外部有干扰辐射源照射车辆时，会有大量电磁能量进入车辆系统。下面以一般通信频段(1.71～2.69 GHz)为例，选用中心频率为 2 GHz 的角锥喇叭天线为辐射源。根据角锥喇叭天线指标要求，设计所得的喇叭天线如图 12-45 所示。该角锥喇叭天线的口径面保持与车辆的距离为 10λ 处，进行正面45°固定照射。

图 12-44 车辆简化模型

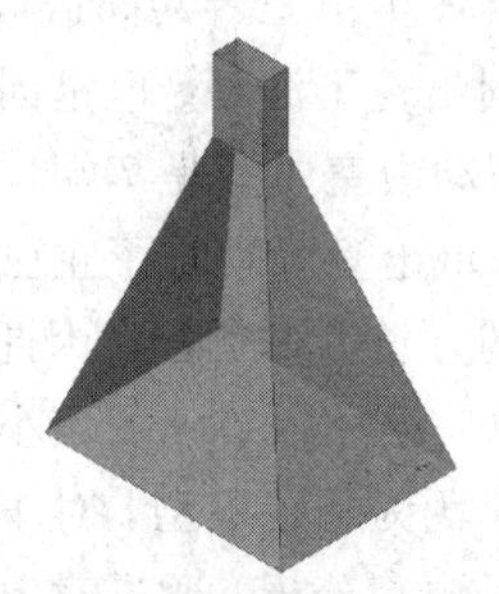

图 12-45 角锥喇叭天线

当角锥喇叭天线从车体正面以 45°辐照时，通过仿真分析可以得到车辆表面电流和内部电场的分布如图 12-46 所示。由图可知，表面电流的最大值 I_{max} =3.5430 A/m，出现在车前窗边缘，车体的表面电流多集中在车前窗附近，车前部电流分布较强于车体其他部分，车身侧面同样是车窗附近的电场远强于其他位置。通过分析可知，大量的电磁波进入车体内部，车内电场最大为 E_{max} =965.6 V/m。在车内前窗附近，即驾驶座与副驾驶座的位置上，电场分布非常集中，且电场强度很大，这对车内驾驶员、乘车人员以及车头部的各种敏感电子设备是不利的，所以在车前窗采取一定的防护措施是必要的。在车辆内部，电磁波进入车内并传播至车尾部后反射回来，在尾部电磁波与其反射波相互叠加，由于车体长度等原因，在车辆尾部形成的叠加场强较大。所以，在这些位置上，尽量不要装备或者存放电磁敏感设备或物质。

(a) 表面电流

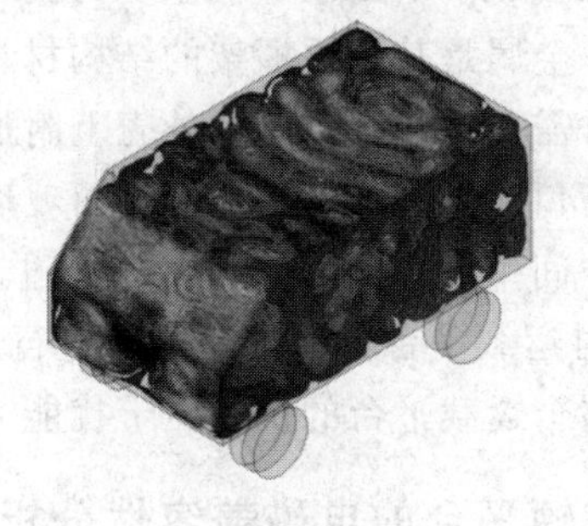

(b) 内部电场

图 12-46 车辆表面电流和内部电场分布(未加载 FSS)

12.6.2 车载屏蔽用 FSS 的设计

通过先前分析可以看到，外部辐射在车辆窗口处会形成较强的传输耦合。对于一般的运载平台，在应对电磁环境中存在的电磁干扰时，玻璃窗是较为薄弱的环节，只有对玻璃窗进行一定的改进或加固，使其具有电磁屏蔽的功能，才能很好地解决干扰问题。对于上述车辆的具体电磁问题，频率选择表面(FSS)是解决上述问题的设计选择之一。该设计技术既可以设置在窗上，以利于透光和观察，又能够对空间电磁波有一定的选择性，在利用特殊结构实现对空间电磁波频率选择的同时，也不会影响某些通信频段的使用。

从特性上来看，FSS 可以依据频率对空间电磁波进行选择，属于滤波的范畴。类似于滤波器，依据其频率的选择特性，FSS 也可以分为：高通型、低通型、带阻型、带通型四种类型。图 12-47 分别给出了这四种类型 FSS 的典型结构和特性。为表示方便，采用二维顶视表示 FSS 结构，白色区域表示空白或介质区，灰色区域表示金属区。高通型通常采用孔的形式实现，一般常见的有方形孔、圆形孔等。低通型通常采用与高通型相反的贴片形式实现，一般常见的有方形贴片、圆形贴片等。带通型通常以环形的缝隙形式实现，一般常见的有方形缝隙、圆形缝隙等。带阻型通常以环形贴片的形式实现，一般常见的有方形的环形贴片、圆形的环形贴片等。

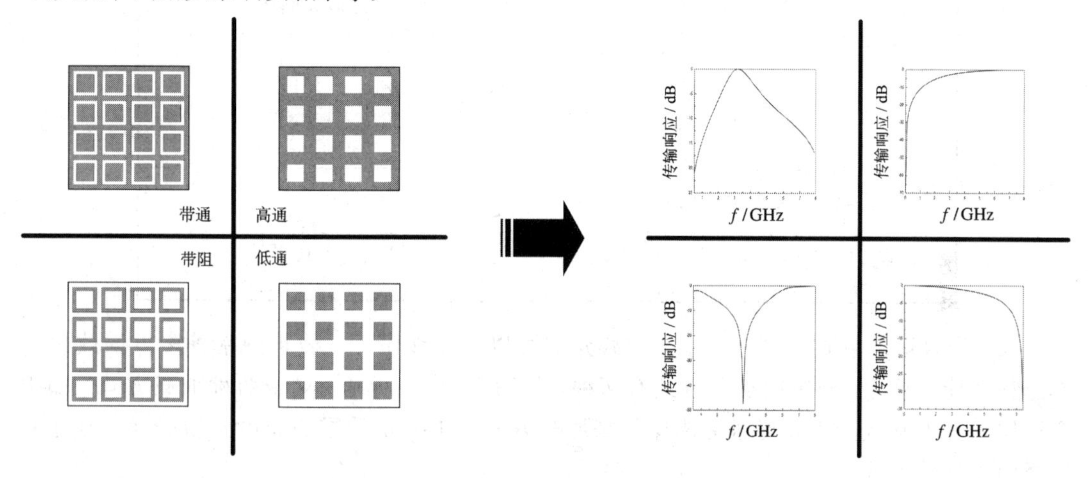

图 12-47　多类型 FSS 及其频率响应

在设计频率选择表面过程中需要注意的因素有很多，其中重要的三个方面设计因素如下：

(1) 正确设计 FSS 单元结构。这一点是设计频率选择表面过程中的基本内容，因为只有合理选择 FSS 单元结构，才能从基本构成层面上保证频率选择表面性能的有效性。图 12-48 给出了几种比较常用的 FSS 单元结构。在实际应用中，针对不同的设计要求还可以采用很多具有优越性能的结构。

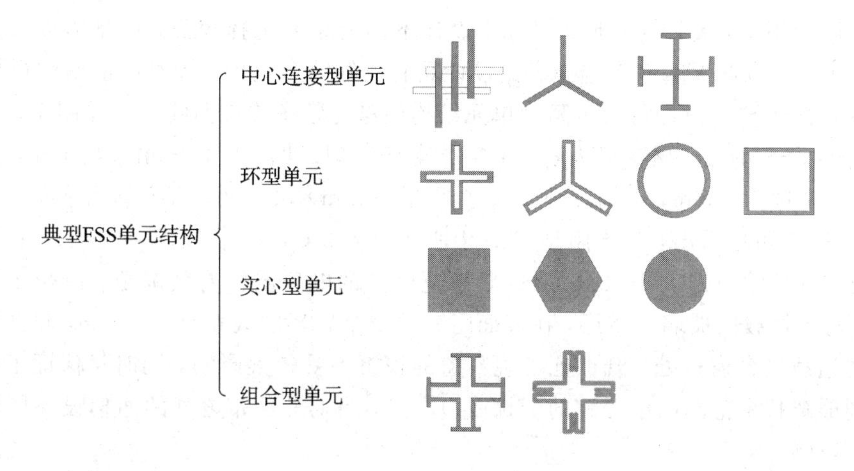

图 12-48　频率选择表面的单元形式

(2) 合理选择 FSS 单元排布。频率选择表面的排布方式多种多样，但是一般情况下都会选择较为规律的排布方式，可使设计出的频率选择表面满足综合性能要求。常见的 FSS 单元排布方式有等边三角形排布方式、正方形排布方式等，不同的设计要求需要选择不同的排布方式。排布方式的合理选择是十分重要的。通过合理选择 FSS 单元排布，可以控制带宽大小、栅瓣高低等。一般情况下，FSS 单元间距越大，带宽越宽，栅瓣越高。表 12-5 中列出了在选择单元 FSS 排布方式时的一般原则。当然，还有一些具体的特殊要求，设计时需要视情况而定。

表 12-5 选择 FSS 单元排布方式的一些典型原则

排布方式	单元最大间距
正方形 $\Omega=90°$, $d_x=d_y=d$	$\dfrac{d}{\lambda_0}<\dfrac{1}{1+\sin\theta}$
等边三角形 $\Omega=60°$, $d_x=d$, $d_y=\dfrac{d}{2}\tan\Omega$	$\dfrac{d}{\lambda_0}<\dfrac{1.15}{1+\sin\theta}$

(3) 以合适的方式加载介质层。加载介质可以从工作带宽、截止频率等多方面改善频率选择性能。通常，介质层加载方式有两种，如图 12-49 所示。对于两种加载方式，如果介质层的介电常数较大，则通常选择单侧加载方式；如果介质层的介电常数较小，则通常选择两侧加载方式。

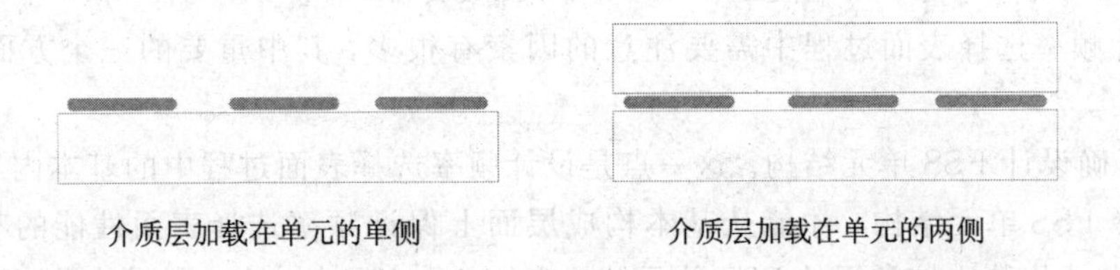

图 12-49 介质层加载方式

在实际应用中，要针对不同的要求，设计不同的频率选择表面，但常需以上述三个因素为基本原则，以此保障频率选择表面设计具有较好的有效性。针对此前所假设的 2 GHz 辐射频率，通过 FSS 设计可得带阻型单元结构模型与频率响应曲线分别如图 12-50 所示。设计所得的 FSS 单元介质基板为 $\varepsilon_r=5.5$ 的玻璃，其尺寸设为 40 mm×40 mm，灰色部分为金属片，宽度为 2 mm，金属片外圈尺寸约为 32 mm×32 mm，FSS 单元厚度约为 2 mm。从图 12-50 中可以看出，该带阻型 FSS 中心频率为 2 GHz，若以 $S_{21}=-10$ dB 作为抑制标准，则在其传输阻带 1.5～2.5 GHz 频率范围内的电磁波被有效屏蔽。由初步设计的结构来看，对于加载的玻璃介质层，在表面附着的窄金属环的线宽只有 2 mm，将此结构应用在设计的运载平台窗口处，既保证了观察窗的视野不受较大影响，同时又保证了运载平台不会受到屏蔽频率范围内电磁波的干扰或“攻击”，且对此频带之外的通信设备同样不会产生很大的影响。

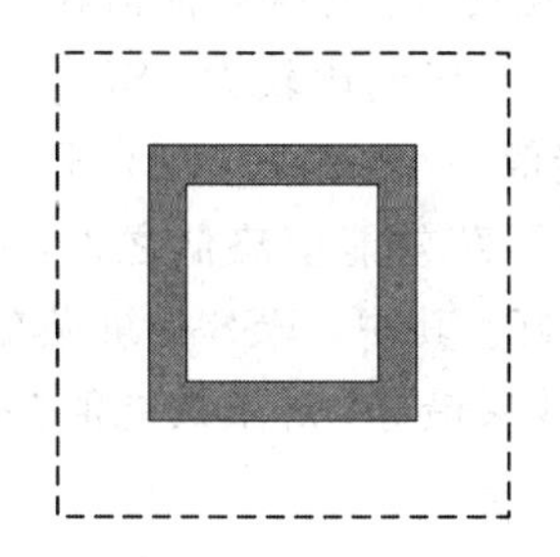
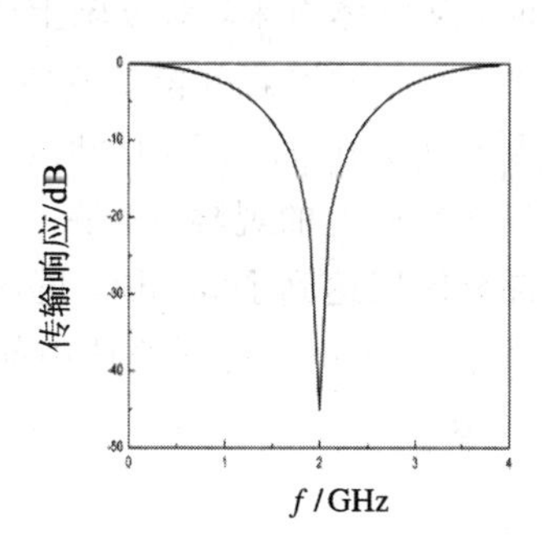

图 12 - 50　设计所得的带阻型 FSS 单元结构及其频率响应曲线

12.6.3　加载 FSS 后车辆电磁分布及屏蔽效能分析

在完成初步设计后，将设计所得的 FSS 结构应用于车辆平台上，并对在车辆窗口加载 FSS 后的综合模型进行仿真分析。同样，当角锥喇叭天线从车体正面以 45°入射时，可得车辆表面电流和内部电场的分布如图 12 - 51 所示。从图中可以看出，当辐射源入射时，表面电流的最大值 $I_{max}=19.6$ A/m 出现在车前窗 FSS 处，在 FSS 上的表面电流高于车体其他位置的表面电流；除去 FSS 部分，其他位置的表面电流最大值只有 $I_{max}=1.8$ A/m，并且也分布在车前窗边缘。通过场分析结果可以看到，当辐射源入射时，只在车前窗表面附近有电磁波的存在，而车体内部电磁波明显减弱。由此充分反应了 FSS 对电磁波的屏蔽作用。

(a) 表面电流

(b) 内部电场

图 12 - 51　车辆表面电流和内部电场分布(加载 FSS)

在前述场特性分析的基础上，可以进一步具体讨论 FSS 加载设计对于车辆整体屏蔽性能的影响。通常，屏蔽电磁干扰的能力需要用屏蔽效能(SE)来考量。电场屏蔽效能的定义是某一观测点在未加屏蔽时的场强(F_0)与加屏蔽之后场强(F_s)的比值。一般在工程上 SE 常用分贝(dB)来表示，则屏蔽效能为

$$\mathrm{SE}=20\lg\frac{F_0}{F_s}$$

由此指标量可知，当腔体的屏蔽效能越大时，腔体屏蔽效果越好。因此，可对外部辐照下车辆加载 FSS 后所构成腔体的整体屏蔽效能进行分析、讨论。图 12 - 52 给出了车辆内两条轴线(y 轴、z 轴)不同位置处屏蔽效能的变化曲线。由图 12 - 52 可以得出，在电磁

波正面 45°辐照时，从整体看来，对 y 轴上的大多数观察点，屏蔽效能值在 15 dB 以上，屏蔽效果良好。其中，FSS 的屏蔽效能值在 0.15、0.5～1 区间内较大，SE_{max}=42 dB，即对车尾部的屏蔽效果最好；在 0、0.2 两处时，屏蔽效能值最小，SE_{min}=13 dB，即在这两处的屏蔽效果较差。对 z 轴向上的观察点，除 0.4 附近的屏蔽效能值略低之外，屏蔽效能值都在 20 dB 以上，部分区域达到了 30 dB，屏蔽效果良好。其中，FSS 的屏蔽效能值在 0.25 与 0.8 处最大，SE_{max}=29 dB，即对车体中部的屏蔽效果最好；屏蔽效能值在 0.4 附近位置上最小，SE_{min}=12 dB。

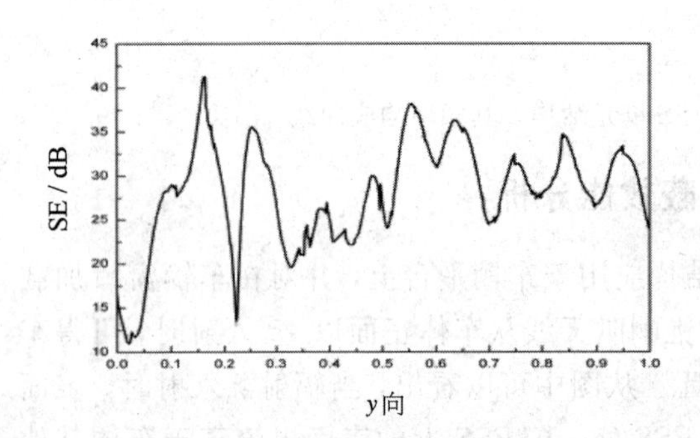

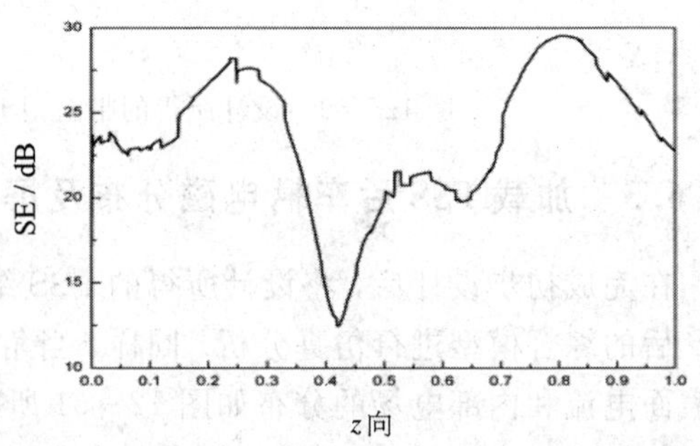

图 12-52 屏蔽效能 y 和 z 方向变化曲线

可通过进一步优化系统设计来完善并提高 FSS 加载车辆后的屏蔽性能。上述基于 FSS 的车辆屏蔽设计案例反映了电磁兼容分析设计的一些主要特点，有助于对电磁兼容仿真的深入理解和运用。

总的来看，仿真计算是有效的电磁兼容分析途径，有利于系统性电磁兼容研究。同时需要注意的是，在各种电磁兼容仿真分析中，必须重视电磁兼容的概念、原理、方法以及相关的电磁知识。只有以专业的电磁兼容知识和相关的电磁知识为支撑，才能在不断的具体工程实践中建立好电磁兼容仿真分析模型，掌握好电磁兼容仿真分析过程，解读好电磁兼容仿真分析结果。

习 题

1. 简述电磁兼容仿真分析的基本原理及过程。

2. 电磁兼容仿真分析中常用的数值分析方法具体有哪些？

3. 在仿真分析的差分方法中，如何将波动方程转化为便于数值分析的差分格式？

4. 从广义线性方程出发，请论述矩量法的基本分析原理和过程。

5. 如何理解有限元方法与变分原理间的关系，并进行具体的数理说明。

6. 常用的高频方法有哪些，并说明其理论基础？

7. 列举电磁兼容仿真分析中会用到的几种仿真软件，并说明各自的应用特点。

8. 通过资料、网络、数据库等资源，了解电磁兼容应用背景，将自身所学专业与电磁兼容相结合，提出一个专业的电磁兼容仿真分析问题，并进行具体分析。

参考文献

[1] 刘尚合，武占成. 静电放电及危害防护. 北京：北京邮电大学出版社，2004.

[2] 马伟明. 电力电子系统中的电磁兼容. 武汉：武汉水利电力大学出版社，2000.

[3] PAUL C R. 电磁兼容导论. 闻映红，等译. 北京：机械工业出版社，2006.

[4] 路宏敏，赵永久，朱满座. 电磁场与电磁波基础. 北京：科学出版社，2006.

[5] 全国无线电干扰标准化技术委员会，全国电磁兼容标准化联合工作组，中国实验室国家认可委员会. 电磁兼容标准实施指南. 北京：中国标准出版社，1999.

[6] 刘培国，覃宇建，周东明. 电磁兼容基础. 2 版. 北京：电子工业出版社，2015.

[7] 陈志雨. 电磁兼容物理原理. 北京：科学出版社，2013.

[8] 蔡仁钢. 电磁兼容原理、设计和预测技术. 北京：北京航空航天大学出版社，1997.

[9] 王守三. 电磁兼容的实用技术、技巧和工艺. 北京：机械工业出版社，2007.

[10] 何金良. 电磁兼容概论. 北京：科学出版社，2010.

[11] 高攸纲，石丹. 电磁兼容总论. 2 版. 北京：北京邮电大学出版社，2011.

[12] 杨显清，杨德强，潘锦. 电磁兼容原理与技术. 3 版. 北京：电子工业出版社，2016.

[13] 张厚，唐宏，丁尔启. 电磁兼容技术及其应用. 西安：西安电子科技大学出版社，2013.

[14] 范丽思，崔耀中. 电磁环境模拟技术. 北京：国防工业出版社，2012.

[15] 周佩白，鲁吾伟，傅正财，等. 电磁兼容问题的计算机模拟与仿真技术. 北京：中国电力出版社，2006.

[16] TESCHE F M，LANOZ M V，KARLSSON T. EMC 分析方法与计算模型. 吕英华，王旭莹，译. 北京：北京邮电大学出版社，2009.

[17] 金明涛. CST 天线仿真与工程设计. 北京：电子工业出版社，2014.

[18] ELSHERBENI A Z，VARERI P，REDDY C I. FEKO 电磁仿真软件在天线分析与设计中的应用. 索莹，李伟，译. 哈尔滨：哈尔滨工业大学出版社，2016.

[19] 李明洋，刘敏. HFSS 电磁仿真设计从入门到精通. 北京：人民邮电出版社，2013.

[20] 黄玉兰. ADS 射频电路设计基础与典型应用. 2 版. 北京：人民邮电出版社，2015.

[21] CST：https://www.cst.com or http://www.softwave.cn.

[22] FEKO：https://altairhyperworks.com/product/FEKO.

[23] HFSS：https://www.ansys.com/Products/Electronics/ANSYS-HFSS.

[24] ADS：https://www.keysight.com/zh-CN/pc-1297113/advanced-design-system-ads?nid=-34346.0.00&cc-CN&lc=chi&cmpid=zzfindeesof-ads.

[25] 唐晓斌，高斌，张玉. 系统电磁兼容工程设计技术. 北京：国防工业出版社，2017.

[26] 区健昌，林守霖，吕英华. 电子设备的电磁兼容性设计. 北京：电子工业出版社，2003.

[27] 杨克俊. 电磁兼容原理与设计技术. 2 版. 北京：人民邮电出版社，2011.

[28] 林汉年. 电磁兼容原理分析与设计技术. 北京：中国水利水电出版社，2016.

[29] 尚开明. 电磁兼容(EMC)设计与测试. 北京：电子工业出版社，2013.

[30] 杨继深. 电磁兼容(EMC)技术之产品研发及认证. 北京：电子工业出版社，2014.
[31] 陈立辉. 电磁兼容(EMC)设计与测试之信息技术设备. 北京：电子工业出版社，2014.
[32] 郑军奇. EMC(电磁兼容)设计与测试案例分析. 北京：电子工业出版社，2006.
[33] 白同云. 电磁兼容设计实例精选. 北京：中国电力出版社，2008.
[34] 铁振宇，史建华. 电气、电子产品的电磁兼容技术及设计实例. 北京：电子工业出版社，2008.
[35] DUFF W G. 电子系统的EMC设计. 王庆贤，顾桂梅，译. 北京：国防工业出版社，2014.
[36] 吉陈力. 装甲车辆电磁兼容性仿真分析. 西安电子科技大学硕士学位论文，2014.
[37] 何越. 车载天线系统电磁兼容性分析. 西安电子科技大学硕士学位论文，2014.
[38] 宋逸超. 基于频率选择表面屏蔽的运载平台电磁兼容研究. 西安电子科技大学硕士学位论文，2014.
[39] 张光硕. 装甲车车载天线系统电磁兼容分析. 西安电子科技大学硕士学位论文，2015.
[40] GJB 151A－97《军用设备和分系统电磁发射和敏感度要求》.
[41] GJB 152A－97《军用设备和分系统电磁发射和敏感度测量》.

第 13 章　电磁兼容诊断与整改

电磁兼容诊断技术是对系统电磁特性、电磁干扰产生的故障、故障因素和征兆之间关系的研究。随着系统集成度和复杂度的提高，故障的诊断定位和改进是一项难度较大的工作，需要采用更好的诊断技术和工具来评估系统的状态，并且指出各接口的 EMC 匹配参数和限值，达到科学评价复杂系统的电磁兼容性的目的。

13.1　电磁兼容诊断基本内容

随着电子技术飞速发展和广泛应用，电子系统内引入了越来越多的电子元器件，新技术同样带来了设备小型化趋势。人们对信息传输速率、使用频率的需求不断增高，同时也大大增加了干扰的可能性，特别是在系统层面上对设计的影响是比较明显的，以往传统的判定规则已经不完全适用于描述电磁环境复杂的系统。电磁兼容设计是从产品的电磁特性出发，采取各种措施来保证系统的电磁兼容性。而电磁兼容诊断则是当发现产品或系统出现不兼容现象后，根据其超标或故障现象，测量其基本参数，分析问题产生的原因，进而采取相应的措施。

电磁干扰类型多、范围大，从探测不到的微弱信号的干扰到高强度干扰，一般将其分为轻微干扰、中等强度干扰和破坏性干扰三个等级。对于车载系统而言，外界电磁波造成收音机杂音和显示仪表出现条纹属于轻微干扰，这种干扰随外界环境的变化而变化，基本无破坏作用。而外界大功率发射装基站、雷达等的辐射发射可能引起 ECU\TCU\ABS 等关键设备失控，造成车毁人亡的严重后果，这属于造成严重故障的干扰情况。而大多数情况下，电磁干扰都是中等强度的，例如发电机工作增加信号传输的误码率，静电放电(ESD)对驾驶员仪表形成闪屏、黑屏干扰等。随着各种大型复杂系统性能的不断提高以及其复杂性的不断增加，由电磁干扰带来的系统可靠性、故障诊断等问题越来越受到重视。

电磁兼容故障诊断涉及的知识领域较广，对人员的要求也较高，通常需要产品相关设计人员和试验人员的积极配合。当前，对于 EMC 问题的迅速认知基于两个方面，一方面是测试认证试验出现超标或敏感现象，另一方面是系统使用过程中发生问题，要求对事件的状态进行评估，同时也需要对产生的问题在设备全寿命期出现的概率和风险做出预测。特别是在电磁兼容试验中，经常出现无法通过试验的情况，如何判定问题所在，如何确定干扰位置，并及时排查和整改，是电磁兼容诊断的主要任务。其次，当系统连接并工作时，多个设备一起工作，需要诊断和识别 EUT 的哪个面或哪几个面对外发射最强，哪几个最敏感，特别需要考虑每个设备的不同发射情况和相应电缆的状态，建立直接和间接测量的干扰源参数，基于相同性质的类似参数，利用关联矩阵模型，判别和分析对初始干扰源的抑制措施和耦合路径的设计是否合理准确，识别可能不符合电磁兼容性设计的干扰源特征，评估系统的电磁发射状态和敏感状态。值得注意的是，即使部件分系统通过了GB18655、GJB151、MIL-STD-461等标准测试，也并不能确保系统兼容性，它只能提供标准符合的可能性，对系统实际应用来说，仍然需要对系统EMC问题保持警惕。例如，在车载通信系统和车载激光武器之间存在着EMC问题。这并不是部件PCB设计失败导致的问题，而是由EMC系统工程的失败导致的。民用EMC技术依靠高速PCB设计，而军用EMC的成功依靠更基本的系统工程问题，比如接地和屏蔽的系统规划。

13.2　电磁兼容三要素及诊断原理

电磁兼容诊断技术需要从电磁干扰三大特性出发，无论是试验中还是使用中出现问题，我们都需要回归到干扰源的内容、传播路径的构成、敏感机理等基本要素，通过分析和诊断测试定位问题，进而采用相应的解决措施。电磁兼容诊断主要是定性判断，不需要严格遵循特定的标准和规范，只要找出问题的原因加以分析定位，最终解决即可。

电磁干扰源、传播耦合途径以及敏感设备是形成电磁干扰的三大要素。大量理论研究和实验结果表明：如果把电磁干扰源用时间函数$S(t)$表示，把敏感设备的敏感性用时间函数$R(t)$表示，把电磁能的传播耦合性用时间函数$C(t)$表示，则产生电磁干扰的充要条件为$S(t)\times C(t)\geqslant R(t)$。可见，对于任何一个电磁干扰的形成过程，这三个要素总是缺一不可的，对于电磁兼容诊断来说，依然要从三要素出发。

13.2.1　电磁干扰的主要来源

各种形式的电磁干扰是影响电子设备电磁兼容性的主要因素，因此，了解其来源是电磁兼容设计的先决条件之一，电磁诊断亦如此。一般的来源分为内部和外部两种。

1. 内部干扰

内部干扰是指电子设备内部各元件之间的相互干扰，包括以下几方面内容：

(1) 电源、变频器等工作电源通过线路的分布电容和绝缘电阻产生漏电而造成的干扰。

(2) 晶振、CPU、数字器件产生的信号，通过地线、电源和传输导线的阻抗互相耦合，或导线之间的互感造成的干扰。

(3) 设备或系统内部某些元件发热，特别是功率器件(如IGBT)影响元件本身或其他元件的稳定性造成的干扰。

(4) 大功率和高电压部件产生的磁场、电场通过耦合影响其他部件造成的干扰。例如，车辆电源系统相关的电磁干扰源以及纹波和谐波。纹波和谐波的产生源是直流发电机、交流发电机、整流器、逆变器和电动机。

(5) 共用电源接通和断开相当大的负载电流时，就会产生浪涌。产生强烈浪涌的主要用电负载是风扇、空调、启动电动机。浪涌通常具有比瞬变干扰更高的能量水平。

2. 外部干扰

外部干扰是指电子设备或系统以外的因素对线路、设备或系统的干扰，主要包括以下内容：

(1) 外部的高电压、电源通过绝缘漏电而干扰电子线路、设备或系统。

(2) 外部大功率的设备在空间产生很强的磁场，通过互感耦合干扰电子线路、设备或系统。

(3) 发射基站，无线电通信发射机、雷达发射系统(主射束或旁瓣)空间电磁，对电子线路或系统产生的干扰。

(4) 工作环境温度不稳定，引起电子线路、设备或系统内部元器件参数改变造成的干扰。

(5) 由工业电网供电的设备和由电网电压通过电源变压器所产生的干扰。

13.2.2 电磁干扰的传播途径

电磁干扰的传播途径可以是传导传输，也可以是辐射传输。传导传输通常在干扰源和敏感器之间有完整的电路连接，辐射干扰传输是通过介质以电磁波的形式传播，干扰特征以电磁场传播规律向周围空间发射。实际工程中出现的电磁干扰现象通常是多路径的，因此诊断起来也比较困难。电磁干扰的传播途径主要包括以下几方面内容：

(1) 当干扰源的频率较高，干扰信号的波长又比被干扰的对象结构尺寸小，或者干扰源与敏感者之间的距离 $r \gg \lambda/(2\pi)$ 时，干扰信号可以认为是辐射场，它以平面电磁波的形式向外辐射电磁场能量。

(2) 干扰信号以漏电和耦合形式，以绝缘支撑物(包括空气)为媒介，经公共阻抗的耦合进入被干扰的线路、设备或系统。互感耦合是通过互感原理，将在一条回路里传输的电信号感应到另一条回路对其造成干扰，例如，变压器、继电器、电感器等。

(3) 传导干扰信号可以通过直接传导方式进入线路、设备或系统，如电源线、信号线、地线、信号地、电源地等。

13.2.3 敏感源

所有低压小信号电路和设备都可以是敏感源，例如无线电通信设备 、图像传输信号、视频电路易被干扰(电源和射频)，如闭路电视、计算机、显示器等。各种模拟信号传感器易被干扰，如热电偶、热敏电阻、应变片、化学 pH 值测量仪等。在实际应用中，发射设备内部也可能包含各类敏感电路，而敏感设备内部也包含发射源。各种电磁发射不但形成内部相互干扰，而且也会形成设备系统间的相互干扰，从而使干扰现象变得更加复杂。

13.3 源头诊断法(PCB 板的设计诊断)

无论最终的电磁干扰现象体现何种特征，源头的控制和诊断是非常必要的。我们在调试 PCB 或者查找电路故障时，传统的工具包括时域的示波器、逻辑分析仪以及频域的频谱分析仪等设备。但是这些手段都无法得出一个反映 PCB 板整体信息的数据。时域设备只能观察一个或者有限的几个信号的时域波形；频域设备也只能给出某个位置点的一个频率段的频谱数据。如果我们能够获得反映 PCB 工作状态的全部信息，对 PCB 的调试及设计改进将会有很大的帮助。

13.3.1 标准测试法面临的风险

在传统的产品开发中，设计和调试通常是利用标准的测试设备和标准方法进行最终验证，随着系统复杂性的提高，某些方面的问题将很难解决，会对开发周期和研制费用存在风险，具体包括：

(1) 所设计的产品越来越复杂，遇到的电路内部和电路之间的电磁干扰问题日益严重。如果在设计阶段不把电磁兼容问题考虑进来，到产品设计的后期再去考虑这些问题，可能要花费更长的时间和更高的成本。

(2) 要让产品符合 EMC，是一项系统工程。为了使产品通过 EMC 测试，需要系统中各个部件来配合。例如电源板、控制器板、背板、机箱、布线等，需要密切配合，才能最终达到通过 EMC 测试的目的。如果能够在设计早期，各个部件的设计人员同步协同工作，保证每个部件产生尽可能小的辐射，则在产品组装完成后，就可以花费最短的时间完成 EMC 调试，同时还保证了产品的设计质量。

(3) 如果产品没有通过 EMC 标准，由于不明确电磁辐射的产生点和传播途径，排除问题时存在很大的盲目性。在某些情况下，屏蔽和滤波能达到通过 EMC 标准的目的，但会增加成本，并可能会牺牲产品的稳定性。在很多情况下，屏蔽或者滤波是无效的，这时，我们必须找到 EMI 的源头，对源头采取抑制措施。

(4) 电子产品中普遍存在瞬态电磁干扰，这类干扰是最捉摸不定的，是引起系统随机死机、复位和不稳定运行的主要原因。传统的手段是无法观察到这些干扰的。

(5) 电子产品中往往会有很多接插件连接到外部，这些接插件以及电缆会产生很强的电磁辐射。我们对其产生机制和抑制手段缺乏非常完整的认识，这往往是产品无法通过 EMC 标准的主要原因。

13.3.2 采用近场扫描诊断法的优势

采用近场扫描诊断的方法是源头控制的最好手段，能帮助我们及早发现问题，及时采取有效措施消除或抑制系统内部和对外的电磁干扰，通过该方法得到的 PCB 板的场强分布图，我们能够得到以下信息：

(1) 能精确定位 EMI 问题区域，并对干扰源电路修改提供立即的反馈。

(2) 能揭示瞬态 EMI 问题，提高产品的性能和可靠性。

(3) 能确认更换元件对 EMC 的影响，准确掌握不同批次的备选元件是否影响产品的 EMC 特性。

同时 EMSCAN 扫描系统还可以精确定位 PCB 的传导及辐射干扰的敏感点，通过对施加干扰前后的 PCB 频谱进行比较，可以检验滤波措施是否覆盖整个频段，以及在高频情况下 PCB 上的布线由分布电容所产生的天线效应。这样做的好处在于能够提早发现 PCB 设计中是否存在敏感点，在降低设计成本的同时还提高了设计成功率，这个问题会在后期花费设计人员大量的时间和金钱对硬件软件进行调整。

13.4　接口诊断法

所有的EUT设备与外界的连接都可用接口来描述，接口诊断是一种比较实用的系统工程诊断方法。通常我们将系统EMC接口分为接地、电源、信号和机械四类，如图13-1所示。这些接口将会要求以文件形式规定到内部设计方针中，例如PCB或供电的设计策略等，以确保部件在实际应用环境中可以正常工作。

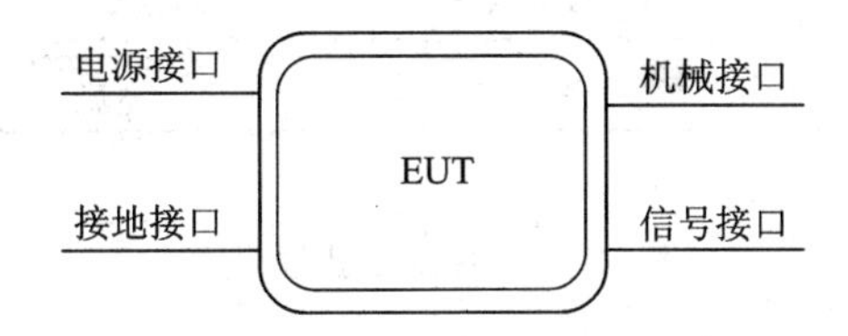

图13-1　EUT设备接口示意图

13.4.1　电源接口

电源是能量接口。这个接口的首要作用就是为设备或系统提供所需能量，且不带来无法预料的问题。从诊断的角度，重点考虑的是电源线瞬态干扰、电压跌落/浪涌和电压损耗，这些都包括在“电源质量”中。此外，还要考虑电源谐波和与电源有关的磁场。

对于电源接口，系统工程方法是非常重要的。首先，外界供电变化范围很大；其次，我们采用的设计方法和使用策略可能会减小(或增大)外界电源的扰动，这对于高速开关电源或专门的低阻抗总线的设计是一个很大的挑战；最后，测试中的电源阻抗(使用LISNs)与实际情况有很大的差别，所有这些因素都需要从系统工程角度考虑。当将电源地也作为接口考虑时，需注意高频瞬态问题，瞬态电源通常含有高于10 kHz的频谱分量，需要采用混合接地方式避免高频干扰。

13.4.2　接地接口

大多数的电源地(DC，50/60 Hz，400 Hz)被认为是低频地。因此，在电源分配系统中通常是单点接地，这种选择有助于避免大的电源回路对其他电路产生问题。车辆系统则是一个例外，电源回流(负极)常通过车体结构进行，如果信号接口同样使用车体作为信号地，这种连接情况存在潜在的干扰问题。下面的例子充分说明了这一问题。

对于特种车车载系统来说，如图13-2所示，用电设备1负端流出的电流通过接地点1流入车辆车体、结构体，电流经由车体、炮塔体回流至电源负端。这种接地方法需要特别关注EMC问题。

图13-2的接地方式很容易产生地环路的影响。在地环路中，噪声电流和信号回流具有同样的路径，也会产生无用的噪声电压，会对低电平的模拟电路(例如音频和仪表电路)带来很大威胁。图13-3是由地环路在通讯端口所产生的干扰曲线，其状态为测试状态，即钥匙门处于“ON”档位置，空调暖风电机开启，其他设备断开。因此，模拟和音频工程通常建议使用单点接地。

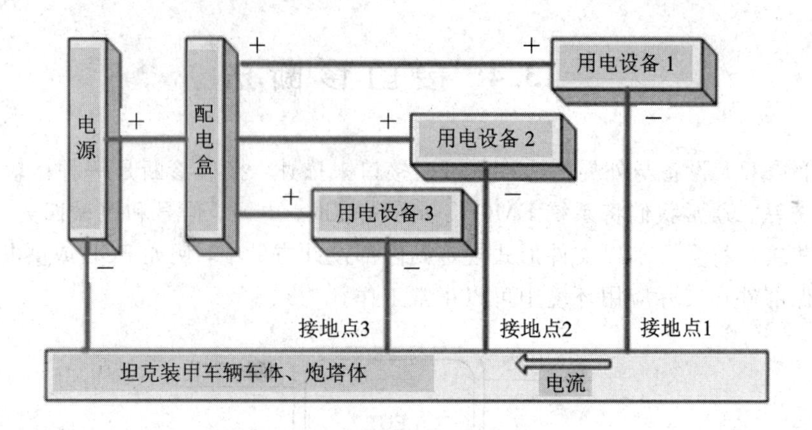

图 13-2 接地干扰原理图

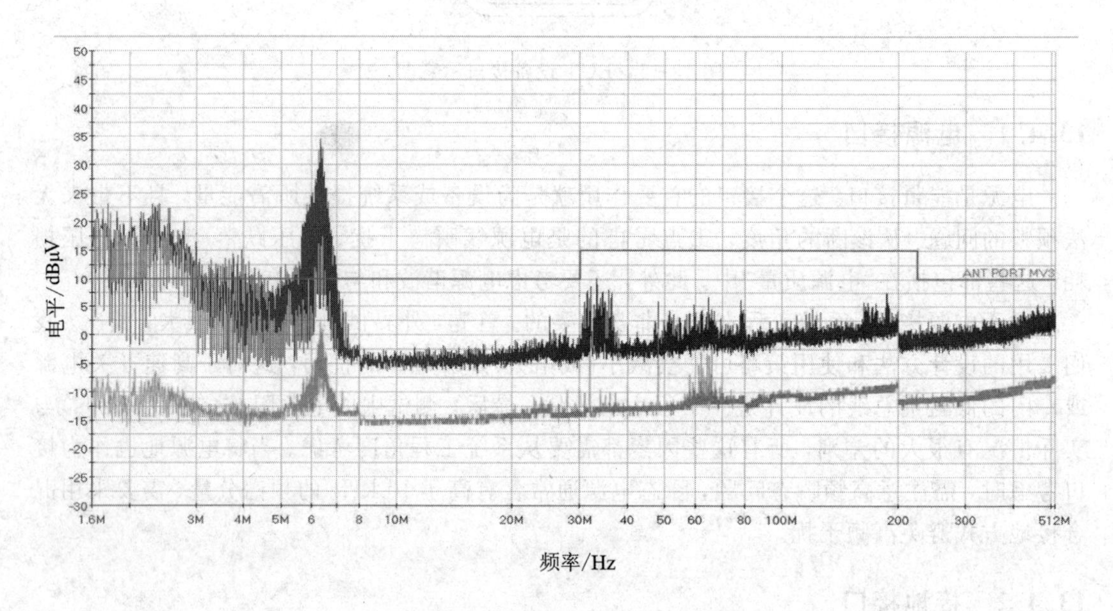

图 13-3 天线端口产生的干扰电压

接地既是EMI接口又是安全接口。“EMI地”主要是为电源和信号电源提供一个回流路径，它同样有助于保持足够的信号和电源安全系数。在电源出现故障的情况下，“安全地”可以提供一个替代回流路径，使保险丝或断路器正常工作，这样就降低了失火和电击的风险。在大多数情况下，“安全地”和EMI接地要求是一致的，但是如果出现冲突，就必须首先考虑安全问题。

需要特别注意的是，EMI地与频率相关。一般地，当干扰频率低于10 kHz时，多采用单点接地；干扰频率高于10 kHz时，多采用多点接地。在系统既受到低频又受到高频干扰时，通常采用“混合”接地。随着频率的升高(高于10 kHz)，寄生电感和电容就会提供替代的间接回路。在更高频段(高于1～10 MHz)，传输线效应也会影响接地。间隔1/4波长，电压由最小(短路)变为最大(开路)。因此，RF和高速数字电路应该使用粗、低电感的地线并且采用多点接地方式。接地和搭接是电磁兼容最重要的设计内容，它具有效果突出、经济性好的优点，是较容易实现但又难于掌握的一种抑制干扰的方法。

13.4.3　信号接口

信号常通过互连电缆传输，这种设备由电缆和连接器组成。产品互连电缆的结构形式和敷设方式对耦合路径和EMC性能有很大的影响。电缆的选择包括是否需要屏蔽电缆、屏蔽类型、屏蔽终端以及连接器等。试验和诊断时，电缆的结构和类型应模拟实际使用情况，确定是否按规定使用了电缆，例如双绞、屏蔽和屏蔽端接等，电磁兼容性测试报告中应提供电缆的布置信息。

对于互连线和互连电缆，测试配置中互连电缆的总长度应与实际平台安装的长度一致。在低于谐振频率时，通常耦合正比于电缆的长度，如果出现谐振现象则更能够代表实际安装的情况。另外，严格来说，由于电缆特性的影响，有用信号将产生失真或衰减，因此接口电路对感应信号的潜在敏感度将类似于实际安装的情况。

电缆和连接器是信号接口，理论上它们应该提供具有足够安全程度的带宽的干净信号。对于信号接口，一个常用的系统工程方法就是在每一种类型的接口上确定一个“噪声目标”。最不利的噪声界限确定后，将这些界限按部分进行分配，例如反射、串扰地电位变化和外界干扰(例如RF能量)的感应噪声。通常在噪声界限和总噪声之间保持最小6 dB的容限。

13.4.4　机械接口

本书所涉及的机械接口主要是壳体的屏蔽特性，与壳体的结构和材质有关。从电磁兼容角度定义屏蔽是电磁场接口，主要目的是为了抑制辐射发射和防止无用电磁场影响设备。在前面的例子中，我们尽力保护附近的无线电通信或导航接收机不受设备的干扰。在后面的例子中，则是尽力保护敏感电路不受附近无线电或雷达发射机所产生场的干扰。也需要对其他的干扰进行屏蔽，例如闪电或核电磁脉冲。其他EMC系统工程方法包括评估电缆屏蔽性能、平衡滤波和屏蔽，以及为电缆布线和结构制定设计指南。

另一个常用的EMC系统工程方法是将屏蔽效能分为不同等级。通常在应用多种屏蔽时使用这种方法，或者作为衡量电缆屏蔽效能的方法。因为屏蔽效能与频率有关，所以必须确定这样的集成安装是有效的。我们经常遇到这样一种情况，当雷达发射机工作时，实际的系统EMC若出现问题，则通过分析系统电磁兼容可发现，在该雷达的工作频率上(较高频率)，并没有要求屏蔽。在类似这样的例子中，系统集成配置时通过一些简单的系统工程法，即可避免潜在问题的发生。

13.5　试验诊断法

试验诊断是最常用的诊断方法，按照标准分类，可以分为发射类诊断、敏感类诊断和瞬态干扰诊断。很多标准测试提供了相关端口的定位方法。

13.5.1　发射类诊断

首先，应区分发射超标是属于传导还是辐射超标，图13-4表明了GJB151B—2013中与发射相关的标准适用性和接口的关系。

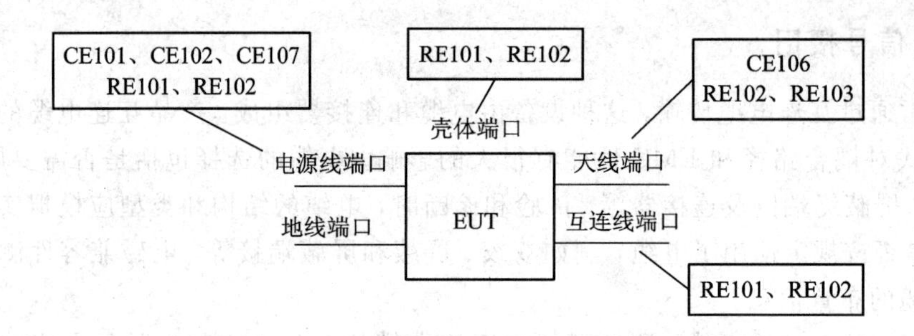

图 13-4　发射类测试项目对各端口的适用性

发射类试验项目与接口特征如表 13-1 所示。

表 13-1　发射类试验项目与接口特征

接口类型	发射类型	场特征	试验目的
电源线接口	传导发射	磁场，电场，时域	CE101：控制 EUT 通过电源线向平台母线注入谐波干扰，提高电源品质 CE102：保护公共电网、灵敏接收机 CE107：控制 ECU 开关操作时对电网的尖峰干扰
	辐射发射	磁场，电磁	RE101：控制低频磁场发射以保护对磁场敏感的设备 RE102：控制通过壳体、电缆向外辐射的电场，保护灵敏接收机
壳体接口	辐射发射	磁场，电磁	RE101：控制低频磁场发射以保护对磁场敏感的设备 RE102：控制通过壳体、电缆向外辐射电场，保护灵敏接收机
天线接口	传导发射	通过天线端口发射	CE106：控制通过天线向外发射的电磁干扰(谐波、乱真等)
	辐射发射		RE102：控制通过壳体、电缆向外辐射的电场，保护灵敏接收机 RE103：控制通过天线向外发射的电磁干扰(谐波、乱真等)
互连线接口	辐射发射		RE101：控制低频磁场发射以保护对磁场敏感的设备 RE102：控制通过壳体、电缆向外辐射的电场，保护灵敏接收机

13.5.2　敏感度诊断

敏感度诊断通常也分为传导敏感度和发射敏感度，而传导敏感类型又分为低频连续波、尖峰信号、脉冲激励、阻尼正弦瞬态、静电等。

敏感类测试项目对各端口的适用性如图 13－5 所示，其与接口特征如表 13－2 所示。

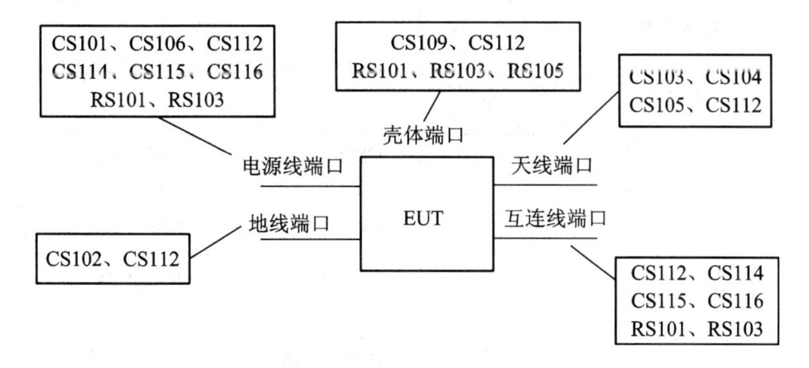

图 13－5　敏感类测试项目对各端口的适用性

敏感类试验项目与接口特征如表 13－2 所示。

表 13－2　敏感类试验项目与接口特征

接口类型	敏感类型	场　特　征	试 验 目 的
电源线接口/互连线接口	传导敏感度		CS101：考核 EUT 承受电网低频连续波干扰的能力 CS106：考核 EUT 承受电网尖峰电压干扰的能力。这些尖峰主要是由感性负载的切换、电路开关(或继电器)的短路等问题引起的 CS114：考核 EUT 承受空间电磁场干扰的能力 CS115：考核 EUT 承受快速脉冲干扰的能力。这些脉冲由平台上的开关切换和外部瞬态干扰(例如雷电和电磁脉冲)引起 CS116：考核 EUT 承受因谐振产生的阻尼正弦瞬态干扰能力
	辐射敏感度	磁场，电磁	RS101：考核 EUT 承受低频磁场干扰的能力。电源线系统经常产生这类低频磁场干扰 RS103：考核 EUT 承受空间电场干扰的能力
	静电放电		CS112：考核 EUT 承受人体静电放电干扰的能力
壳体接口	辐射发射	磁场，电磁	CS109：针对平台结构电流通过 EUT 壳体时，在 EUT 内产生磁场而导致的电磁干扰现象，考核 EUT 承受壳体电流干扰的能力 CS112：考核 EUT 承受人体静电放电干扰的能力 RS101：考核 EUT 承受低频磁场干扰的能力。电源线系统经常产生这类低频磁场干扰 RS103：考核 EUT 承受空间电场干扰的能力 RS105：考核 EUT 承受强电磁脉冲干扰的能力

续表

接口类型	敏感类型	场 特 征	试 验 目 的
天线接口	静电放电	通过天线端口	CS112：考核天线端口受人体静电放电干扰的能力
	辐射发射敏感度		CS103：考核 EUT 抑制互调干扰的能力 CS104：考核 EUT 抑制无用信号的能力 CS105：考核 EUT 抑制交调干扰的能力
地线接口	传导敏感度		CS102：考核 EUT 承受地线低频连续波干扰的能力
	静电放电		CS112：考核天线端口受人体静电放电干扰的能力

13.5.3　瞬态干扰诊断

1. 瞬态干扰引起的功能故障

车辆中不断增加的分布式功能会引起一些意外的紧急行为，这些行为可能是由类似电源电压骤降等瞬态现象引起的。汽车电子系统是公认的高度复杂的网络系统。通过联网可以实现更高的性能，但相应地应提高所有相关部件的动作准确度。而电气部件能够正确动作的最基本要求是有一个稳定的电源供电。电源中断会引起电池馈电及电源电路中的电器中断。电池性能取决于电池电荷状态，尤其会受电池循环、环境温度及电气负载等变化的影响。目前，市场对于后两种情况的需求在日益增加，由于竞争市场的全域化，要求设备具有更多的功能，且能够在更恶劣的环境中使用，如东北漠河常年处于极低温环境。

设备在非正常条件下工作时，可能出现故障。对电气系统，一种非正常条件就是瞬态电压。最普通的例子就是发动机启动时，超过 800A 的瞬态电流瞬时涌入会在电池端产生瞬态电压。还有一些例外的情况，如电池电量低且在低温条件下工作时，在启动发动机时电池电压可能从正常的 24 V 跌落至 1.5 V 左右(如图 13－6)。

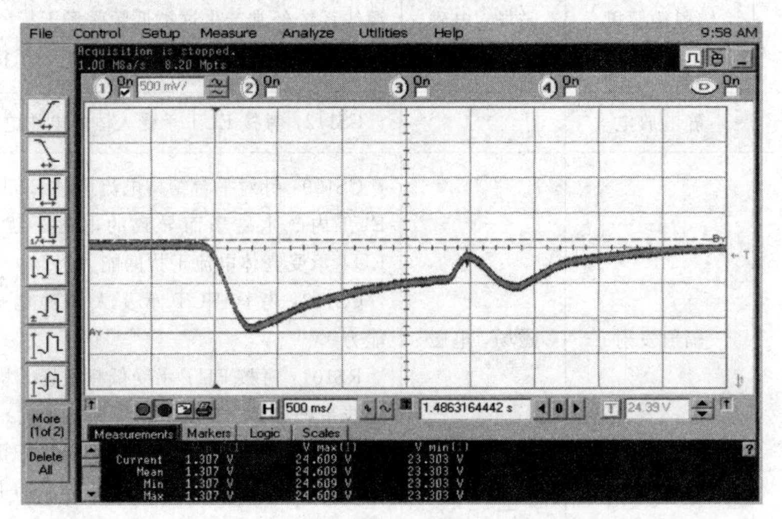

图 13－6　发动机端低温启动的实际波形

当电源电压大幅下降时，系统可能处于某种不确定的状态，并产生故障，如图 13－7 所示。下面，列举两个与低压瞬态相关的故障案例：① 存储器写入错误导致的校验错误；② 两个或更多相互关联以提供系统功能的电控单元之间的通信丢包。很多故障是偶发的，而且在车辆测试中可能无法测出，这是因为瞬态电压不能准确重现，即不能重现故障。另外，不同的电控单元有不同的工作电压范围和响应时间，在供电电压变化时，可能导致每个电控单元产生不同的响应。尤其是当电压在临界上限或工作范围最低限值附近时，需要特别注意。

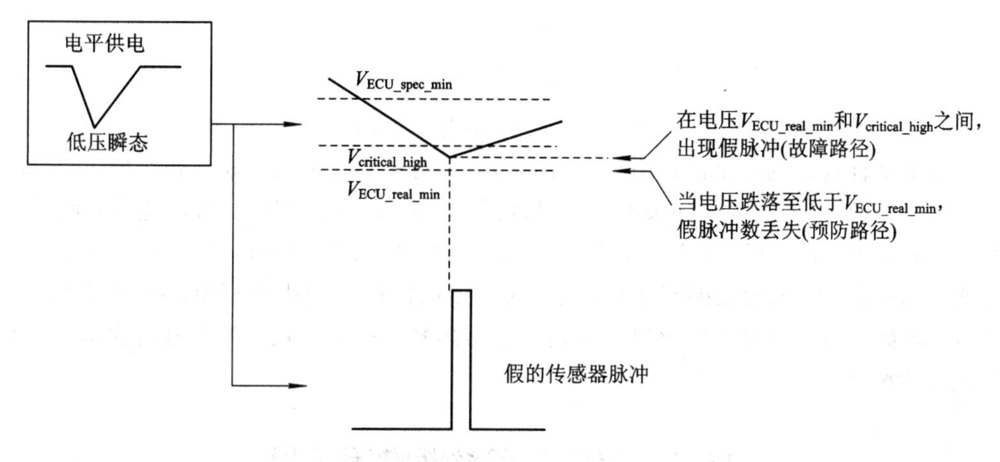

图 13－7　实际的故障路径与预防路径的关系案例

如果瞬态电压在临界电压上限(Vcritical high)和 ECU 实际接收的脉冲电压(V_{ECU} real min)之间，传感器本身会产生假脉冲。如果少数假脉冲产生且被认为是真实的脉冲时，ECU 仍然正常工作。但是如果多个瞬态发生，例如由于连接器质量太差或如图 13－6 描述的一系列严重的低压现象产生的低电压跌落，由此累计的脉冲使系统无法校验，导致出现故障。

2. 测试标准与实际波形

故障现象所面临的挑战是如何将可能产生的模拟干扰施加到故障路径，这与触发电压及触发次数有关。根据现有的测试标准，对现有的低压测试进行分析，可得出标准波形未覆盖所有可能的故障路径。图 13－8 说明了 EMC 技术要求中规定的一种波形，图 13－9 给出了某状态实际测试到的波形。

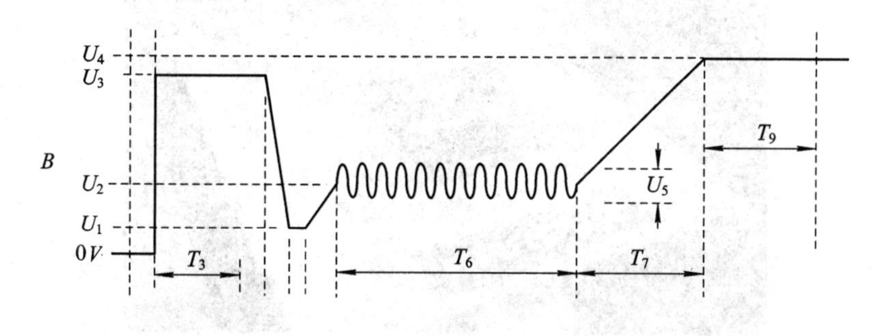

图 13－8　EMC 技术要求规定的波形

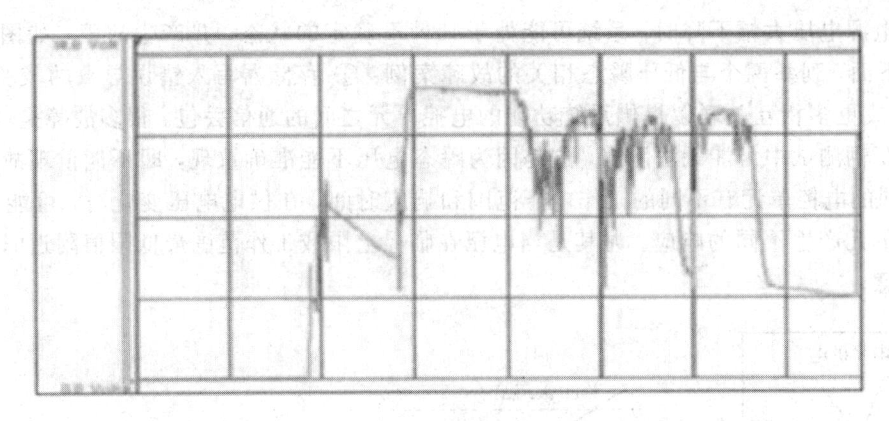

图 13-9 车辆某状态电压实测波形

当技术文件规定的标准测试波形与实际的波形有较大差异时，故障就产生了。电压的快速变化使 ECU 状态失常，如果电压降得过低，那么将导致 ECU 的程序跑飞，使得继电器关闭。由于继电器关闭，电池又逐渐恢复到供电电压，ECU 将被重置，然后继电器再次将电池电压拉低，故障现象循环往复。为了重复该时断时开的中断现象，找出规律修改控制策略，最简单而且最有效的解决方案是利用实际测试的电压跌落波形进行模拟，而不是简单地依赖标准波形。

13.6 电磁兼容诊断常用工具

13.6.1 近场扫描系统(EMSCAN)

1. 系统组成

EMSCAN 系统的扫描器由 1280 个 H 场探头组成，按 32×40 的阵列排放，各探头分布在 7.6 mm×7.6 mm 的矩形栅格内，探头的方向按“人”字形排列，如图 13-10 所示。EMSCAN 控制器常用于实现扫描器内探头的自动切换，并控制频谱分析仪进行滤波和扫频。计算机通过以太网与控制器相连，EMSCAN 的所有控制和数据处理可以由安装在计算机上的软件实现。

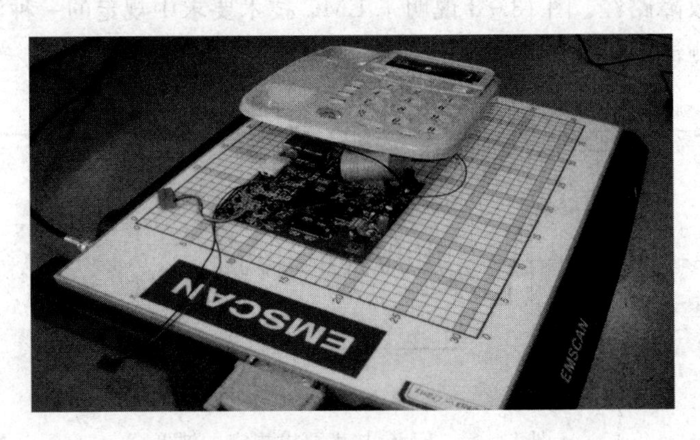

图 13-10 放置在扫描器上的 PCB 板

2. 系统诊断功能

通过频谱扫描功能和空间扫描功能可实现系统诊断。频谱扫描的结果可以让我们对 EUT 产生的频谱有一个大致的认识：系统有多少个频率分量？每个频率分量的幅度大致是多少？空间扫描是针对一个频率点进行的，其结果是一张以颜色代表幅度的地形图，能实时查看 PCB 产生的某个频率点的动态电磁场分布情况。

通过频谱/空间扫描功能，能对选定区域进行一个频率范围的扫描，测量被测物每个空间位置上整个频率段的辐射情况，从而得到被测物完整的电磁场信息。在执行频谱/空间扫描功能时，把工作着的 PCB 放置到扫描器上（如图 13－10 所示），执行对每个探头的全频段扫描（频率范围可以从 10 kHz 到 3 GHz）后，EMSCAN 最终会给出两张图，分别为合成频谱图（如图 13－11 所示）和合成空间图（如图 13－12 所示）。

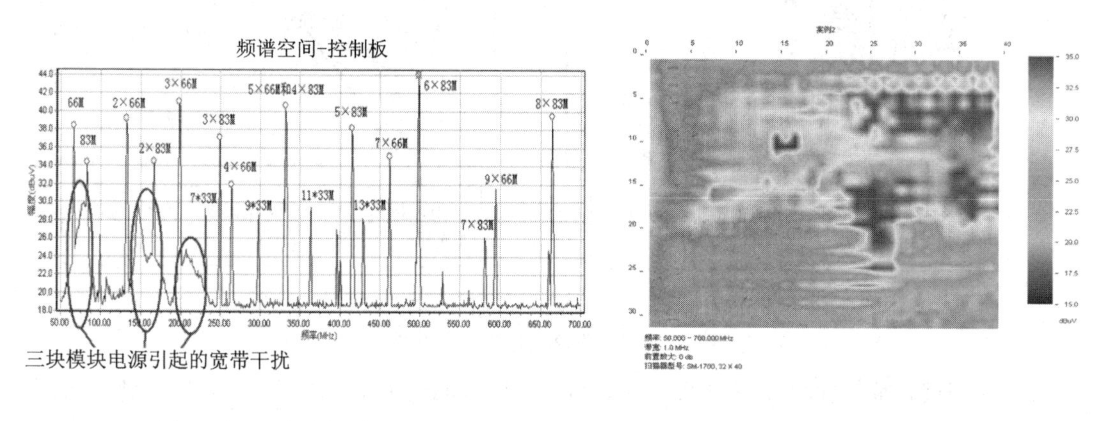

图 13－11　合成频谱图　　　　图 13－12　合成空间图

3. 系统测试应用

在一个通信设备的实测案例中，辐射干扰会从电话线电缆中发散出来，对这根电缆增加屏蔽或者滤波手段显然是不可行的。此时，可以使用 EMSCAN 进行追踪扫描，确定其辐射情况。

频谱/空间扫描获得的是整个扫描区域内每个探头的全部频谱数据。执行一次频谱/空间扫描后就可以得到所有空间位置的所有频率的电磁辐射信息，可以将图 13－11 和图 13－12 的频谱/空间扫描数据想象为一堆空间扫描数据（每个空间扫描分别为不同的频率，可由用户来控制不同的显示），也可以想象为一堆频谱扫描数据（每个频谱扫描来自 PCB 的不同物理位置，可以是一个或几个栅格）。

用户可以查看指定频率点（一个或多个频率）的空间分布图，查看指定物理位置点（一个或多个栅格）的频谱图，如图 13－13 所示。在频谱图中，灰色部分为总频谱图，蓝色部分为指定位置的频谱图。该方法是通过用“×”指定 PCB 上的物理位置，对比该位置产生的频谱图（蓝色）和总频谱图（灰色），找到干扰源的位置。从图中可以看出，对于宽带干扰和窄带干扰，该方法都能很快地找到干扰源的位置。

（1）检查 PCB 的 EMI 问题时，先扫描机箱或者电缆，检查干扰来自哪个部位，进一步追踪到产品内部，确定是哪块 PCB 产生的干扰，再进一步追踪到器件或者布线。在辐射最强的地方采取手段，无疑对解决 EMI/EMC 问题是最有效的方法。例如，某通信设备无法

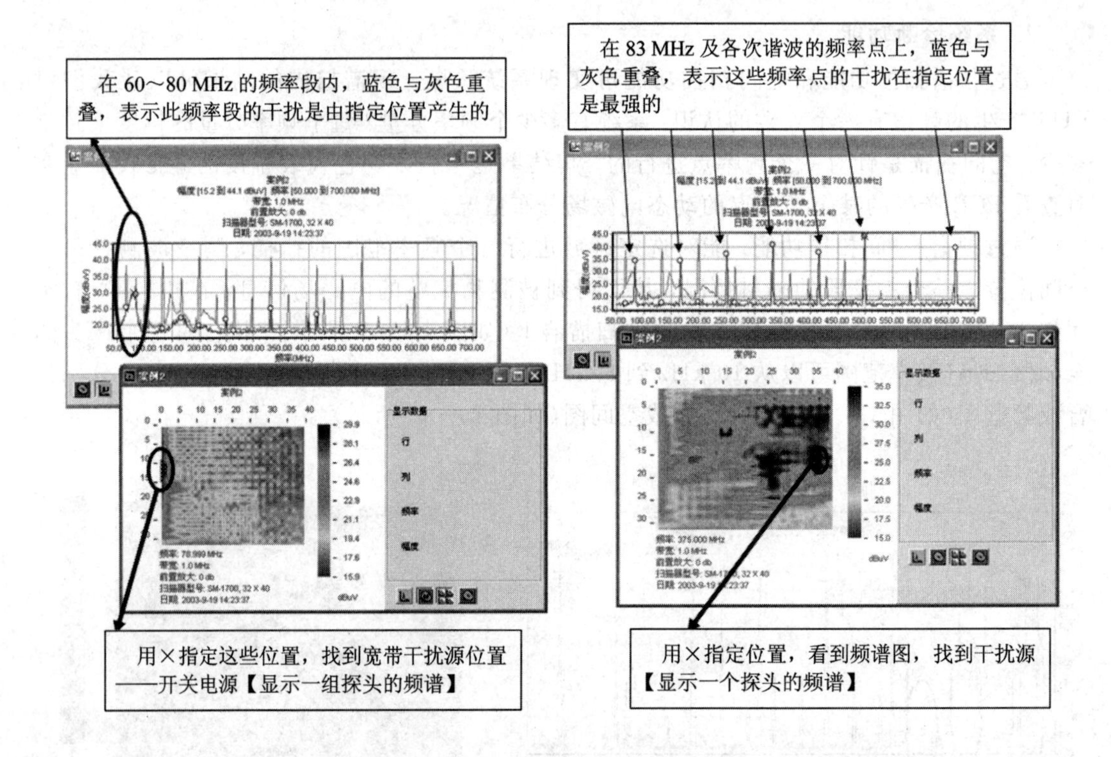

图 13-13 快速定位电磁干扰源

通过认证测试，通不过的频率点为 256 MHz、384 MHz、640 MHz，均为 128 MHz 的谐波。采用 EMSCAN 扫描控制板的频谱/空间扫描功能，即可找到产生 128 MHz 谐波的干扰源。在干扰源附近采取手段，芯片的电源和地之间并联一个 47 pF 的电容，减少电源纹波。增加滤波电容后，扫描控制板的电磁场变化，从干扰源到接插件的干扰被明显抑制(大约减少 9 dB)，证明采取的手段是有效的。

(2) 这种排查方法，能让工程师以最低的成本和最快的速度排除 EMI 问题。在一个通信设备的实测案例中，辐射干扰从电话线电缆中散射出来，对这根电缆增加屏蔽或者滤波手段显然是不可行的，这在以前是一个无法解决的难题。但是，如今采用 EMSCAN 进行追踪扫描后，确定问题最终出现在处理机板上，加装几个滤波电容后，即可有效解决工程师原来束手无策的 EMI 问题。

(3) 随着 PCB 复杂程度的增加，调试的难度和工作量也在不断增加，利用示波器或者逻辑分析仪，同时只能观察到 1 个或者有限的几个信号线波形。而现在的 PCB 上可能有成千上万条信号线，工程师只能凭经验或者运气来找到问题的所在。如果我们拥有正常板和故障板的"完整电磁信息"，通过对比两者的数据，发现异常的频谱，再采用"干扰源定位技术"，找出异常频谱的产生位置，就能很快找到故障的位置及产生的原因。图 13-14 是正常板和故障板的频谱图，通过对比，很容易发现故障板上存在一个异常的宽带干扰。

确定问题后，在故障板的空间分布图上找到产生这个"异常频谱"的位置，如图 13-15 所示。这样，该故障位置即可被定位到一个栅格(7.6 mm×7.6 mm)的位置，问题就能很快确诊。

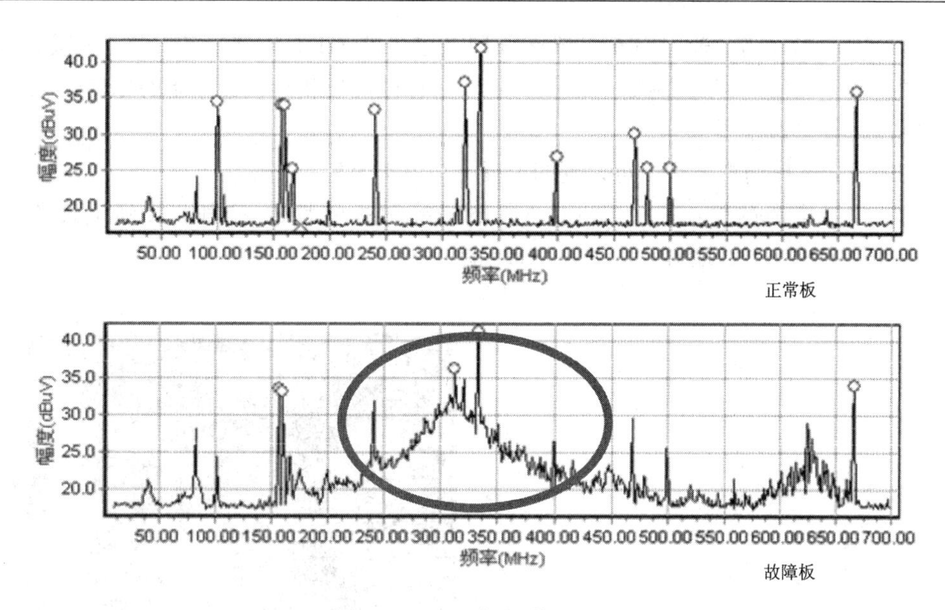

图13－14　整板频谱图对比

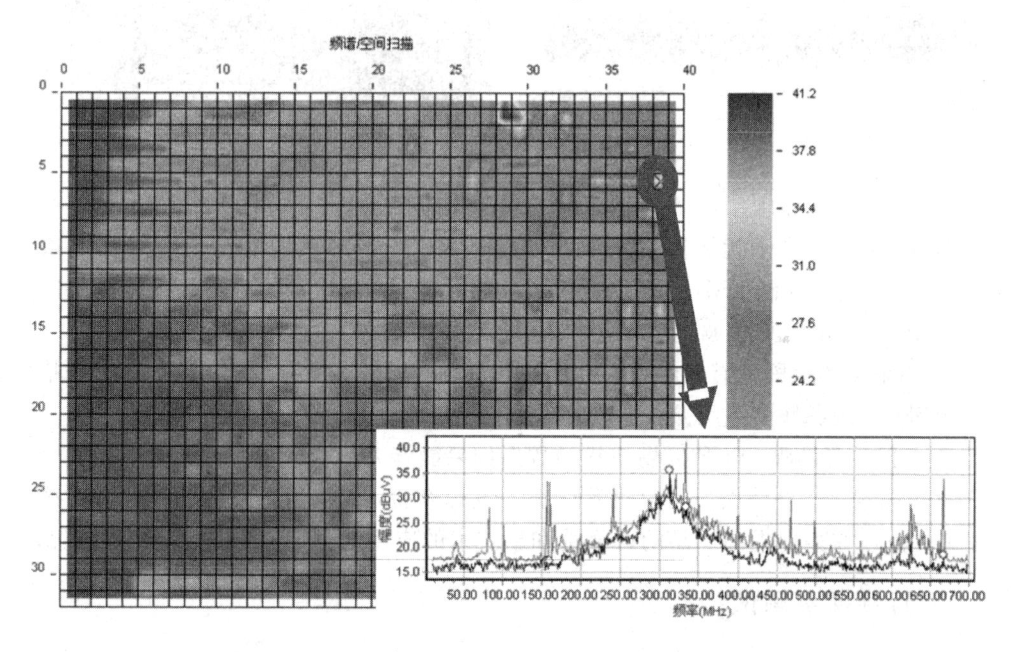

图13－15　在故障板的空间图上找出异常频谱的产生位置

4．测试诊断应用案例

下面，以实际案例介绍测试诊断的应用方法。

被测设备：某类通信设备由多块接口板、一块控制板和一个背板组成，接口板的用户电缆经过背板转接，引到机箱外部，再连接到其他设备，如图13－16所示。

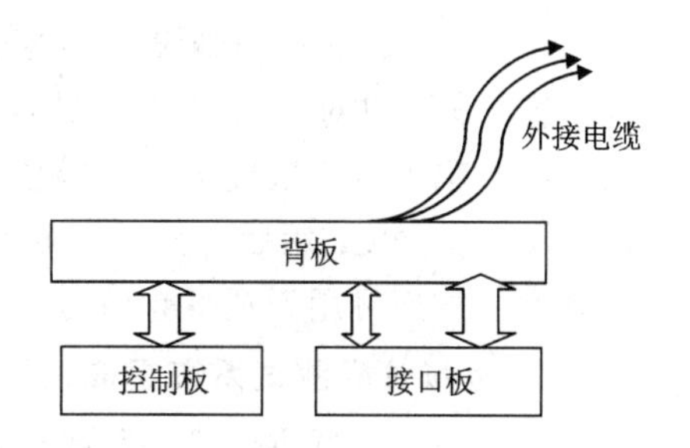

图13－16　某类通信设备组成示意图

电磁兼容测试结果：产品不能通过认证测试，辐射发射超标，通不过的频率点为128 MHz、256 MHz、

384 MHz、640 MHz 等。通过分析，超标分别是以 128 MHz 为基频的 2 次、3 次、5 次谐波；而 128 MHz 信号只在控制板上存在，电缆只与接口板相连接。可能的原因是控制板上的干扰耦合到接口板上。

验证现象：拔掉用户电缆，可以通过；插上电缆，不能通过。

详细定位及排查过程：采用 EMSCAN 扫描控制板的频谱/空间；找到干扰源，见图 13-17。图中标注"×"的地方，是 128 MHz 谐波。

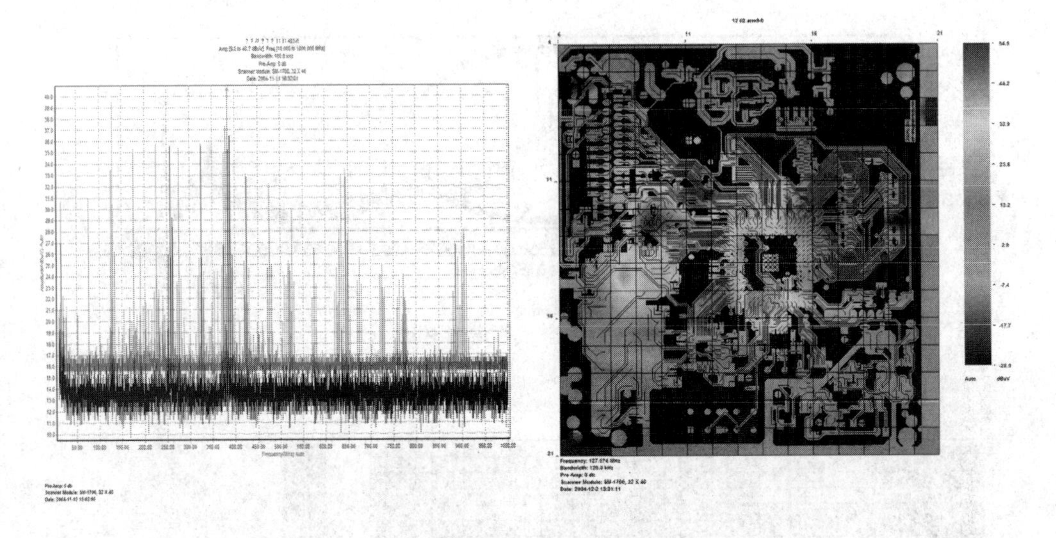

图 13-17　"×"点未加电容前的频谱图和能量空间分布图

根据测试结果，在干扰源附近采取控制措施，首先在芯片的电源和地之间并联一个 47 pF 的电容，用于控制 EMI 传播途径(减少电源纹波)，再次测试观察扫描控制板的电磁场变化，结果表明增加滤波电容后，从干扰源到接插件的干扰被明显抑制(大约减少 9 dB)，证明采取的手段是有效的。然后观察电缆上的辐射有没有变化。这时，再扫描电缆的电磁辐射，发现各频率点均减少了 4 dB 左右。

这里需要再次强调，PCB 近场扫描的数据如果能够大量被获得并保留，则将为今后的设计提供数据参考，设计人员可以借鉴以往的设计经验，不再为重复的问题花费时间和精力，把关注点放在如何提高产品的可靠性和新技术的应用上，形成产品设计的良性循环。

13.6.2　近场探头测试

近场探头是一种简单、实用、低成本的电场、磁场探测器。使用近场探头进行 EMC 预测试，可以帮助我们找到设备未能通过 EMC 标准测试的原因，并且定位是出现故障的位置。甚至还可以对产品的 EMI 特性进行测量。如果使用专门的近场探头，则还能够对产品的传导及辐射抗干扰能力进行检验。近场探头本身仅仅是一种传感器，使用时必须与示波器、频谱仪连接，用后者显示探测到的数据。近场探头与示波器相连可用于观察时域波形，与频谱仪相连可用于观察频域特性。

1. 近场诊断测试系统组成

近场诊断测试方法是一种噪声源定位方法，包括确定辐射源是以共模辐射为主还是以差模辐射为主，以及确定超标噪声源的准确位置。一般近场诊断测试系统由近场探头和接收设备(频谱分析仪或接收机)组成。如果近场测试无法检测到被试品对外的辐射，或测试值随位置的变化表现不明显，则可选择具有更高灵敏度的接收设备或者在探头与接收设备间加前置放大器。系统框图如图 13-18 所示。

图 13-18　近场诊断系统组成框图

一般的近场探头组都具有一系列探头，如图 13-19、图 13-20 所示。实际选择时，往往要考虑几个重要因素，包括灵敏度、分辨率和频率响应等。首先应考虑灵敏度。近场探头的灵敏度不是一个绝对的指标，关键看探头和配合使用的接收设备能不能容易地测量到辐射泄漏信号，并且有足够的裕量去观察改进前后的变化。如果接收设备的灵敏度足够高，则可以选择灵敏度相对低一些的探头，反之就必须选择灵敏度高的探头，甚至考虑外接前置放大器提高系统的灵敏度。其次应考虑分辨率。分辨率也就是探头分辨干扰源位置的能力。通常，分辨率和灵敏度是一对矛盾体。以常用的环状磁场探头为例，尺寸越大的环状探头，灵敏度往往越高，因为它的测试面积大，但是随着测试面积增大，分辨率也会越低，即无法准确分辨出干扰源的位置。因此推荐的办法是，选用一组多个尺寸的探头，在大范围测试时用较大的探头，找到疑似区域，再逐渐减小探头尺寸，最终定位到干扰源。最后应考虑频率响应。频率响应是一个容易被忽略的重要因素。所谓频率响应，就是探头测量同样幅度、不同频率的信号，所得到的幅值差异。使用探头进行 EMI 分析，是一种相对定性的测试，但是如果探头的频率响应较差或不够平坦，则会使全频段的测试结果不够直观，让人忽略一些重要的辐射泄漏信号。

图 13-19　ETS 公司的系列产品

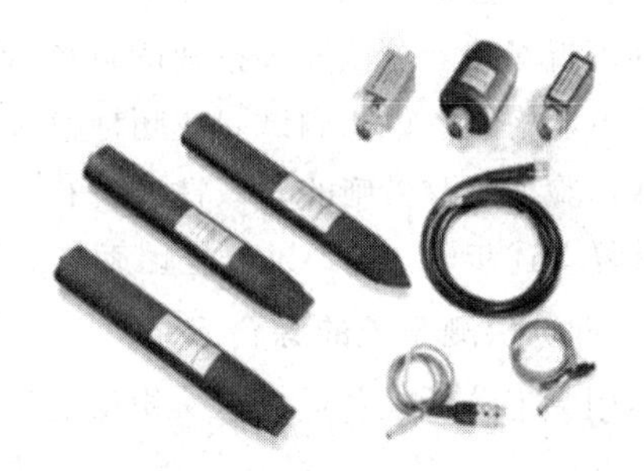

图 13-20　RS 公司的 HZ-14 近场探头

近场探头一般可以分为电场探头和磁场探头，磁场探头有时也被称作环天线，即一个已经屏蔽了电场的“小圈儿”，电场探头即一根非常短的“鞭”天线。近场探头的最大尺寸 D 应小于最高测量频率 f(Hz)的 1/6 波长，计算公式如下：

$$D = \frac{c}{6f}\ \mathrm{m} \tag{13-1}$$

式中，光速 $c=3\times10^{8}$ m/s。

由式(13-1)可知，如果需要测量最高频率为 1 GHz 的信号，则天线直径至少应为 50 mm。需要注意的是，为了保证测量的灵敏度，应尽量选用满足频率上限要求的最大尺寸探头。

图 13-19、图 13-20 为近场探头应物图。这类探头套件主要用于诊断印刷电路板、IC、电缆、屏蔽罩中的泄漏点以及类似电磁干扰源的辐射发射。探测器的人体工学设计使得该设备便于操作，小尺寸的探头可以非常简单地定位辐射源。

磁场探头与放大器连接后，可以用来定位 EMI 敏感部件和仪器或印刷板中的电子模块。RFI 抑制措施的有效性或屏蔽设计的效能，可以利用探测装置轻松地进行验证。

主要参数范围包括：

磁场探头：9 kHz ～30 MHz，30 MHz ～1 GHz。

电场探头：9 kHz ～1 GHz。

宽带预放：9 kHz ～1 GHz 频率范围，30 dB 宽带预放。

2. 近场诊断测试要点

由于近场测试的局限性，近场诊断测试方法具有如下测试要点：① 近场测试发射大的点在远场测试时不一定超标，因此在诊断测试过程中只需关注远场辐射超标频率附近的点即可；② 由于近场测试单次测量数据意义不大，因此测试过程中应选用多种探头进行多次综合测试，切忌用一种天线进行单次测试就盲目得出结论；③ 由于近场测试结果与远场测试结果间无确切的换算关系，因此测量数据的绝对值意义不大，应重点关注数据变化的趋势和相对性；④ 近场测试过程中，探头越靠近被试品越灵敏，因此测试时两者应尽量靠近，但探头设计工艺精细小巧，应小心操作、避免损坏，同时离被试品过近需注意人身安全；⑤ 需要提高诊断系统的探测灵敏度时，可加入前置放大器，但在测试结果中应扣除放大器增益；⑥ 诊断测试时，除对被试品电路系统进行搜索外，还需对电线电缆、箱体接缝和开口等位置进行反复的、变换方位的测试，在测试孔径的辐射时，探头应沿孔的边沿和绕孔旋转，寻找造成辐射干扰的强发射点。

利用近场诊断测试原理搭建的近场诊断测试系统具体使用时可按如下步骤进行：远场测试发现不合格点→近场测试寻找超标位置→分析超标原因并整改→近场验证整改措施的有效性→远场验证整改措施的有效性。如果超标原因较多，一次诊断测试后整改未必能解决问题，则需重复上述步骤。整个过程呈螺旋状上升，每循环一次，离合格目标就更近一步。

3. 近场探测系统的综合应用

利用频谱分析仪和近场探头组搭建近场测试诊断系统，将该系统应用于实际测试，可完成辐射 EMI 超标故障的排查、整改，该方法在实际测试中切实可行，为实验室快速、有效地完成产品辐射 EMI 超标故障的定位、整改提供了一种有效方法，具有实际的指导意义。

整车装车后很可能依然存在较多未被发现的问题。为解决装车后的电磁兼容问题，需要在装满仪器的空间内采用小型的探测设备进行测试。在狭小的车内空间，准确定位干扰源需要近场探测设备配合接收机完成排查，使用场强分布测试设备测得不同空间区域内场强的分布情况，根据所得数据可以有针对性地对系统内的干扰源进行整改，或进行调制安装位置、线缆布置等操作，从而避免各类传感器、控制器受到干扰而不能正常工作。

近场探头虽然不是一种国际通行的标准测试方法，但在很多领域以及产品设计的各个环节都可以使用。虽然我国还未正式开展这样的工作模式，但根据现有的使用经验，可以将其引申到产品设计的各个环节中去。下面分别就产品设计的不同阶段使用近场探头测量带来的帮助进行简单的分析。

1）近场探头在产品设计研发阶段的应用

产品开发的第一步就是诊断与评估设计方案。电磁兼容性也是其中一项重要的指标要求，它包含了机箱的屏蔽结构设计、导电衬垫的选择、滤波设计、PCB 布线、PCB 上的器件选择、线缆屏蔽等。可以通过近场探头验证其可行性，尤其是在选用新的且还未经过相关 EMC 测试的器件时更应采用。例如新型的微处理器、快速扩展接口设计等。通过以往的设计经验和测量结果，可以大致上对新设计方案的电磁兼容性作出评估。

通过近场探头预测试，利用其故障定位的特点，还可以快速暴露设计中的电磁兼容性问题。例如，PCB 布局设计、集成电路供电噪声及去耦、屏蔽效能、滤波性能、电缆布线方式及电缆类型、电缆屏蔽及滤波方式、连接和密封等问题。采用近场探头测试，可为进一步优化设计提供数据支持，缩短设计周期，并且使设计更加具有针对性，有效地节约设计成本。

相比其他器件而言，集成电路往往会带来较差的发射特性及敏感特性，近场探头可以快速地定位需要采取措施的集成电路，而且可以验证更加有效的措施，这样可使产品研发、电磁兼容性设计工作变得更加容易。

2）近场探头在产品设计升级过程中的应用

当我们需要对一个通过 EMC 测试并且已知其“信号特征量”的产品进行有计划的设计更改时(例如替换某个器件或者升级软件)，即可采用相同的测量方式和参数进行测试，比较更改前后的近场探头测量结果，如果差值超出预期的范围，那么就需要对新设计方案进行 EMC 整改，或者更换合适的器件。

如果一个数字产品设计方案更改前后的射频发射“信号特征量”没有明显的改变，通常情况下则可以认为其辐射特性和敏感特性也和以前一样。

所以，近场探头发射测量可用于更改产品设计，但有些时候某些抗扰度的测试还须重新试验才能说明问题。

3）近场探头在系统装配维修过程的应用

当单件样机的设计通过 EMC 标准测试后，接下来应该考虑如何在产品批量装配的过程中及时发现问题，例如错误的滤波器接地方式、错误的电缆屏蔽层端接方式、错误的电缆屏蔽类型使用、没有加屏蔽衬垫、固定不够紧密的部位等等。这时采用的方法与产品设计升级过程的近场探头检测相同，根据通过测试的单件样机的“信号特征量”，使用近场探头在产品装配线上检查其测量结果是否保持一致或在允许的差值范围内。如果一个数字产品批量装配时的射频发射“信号特征量”没有明显的改变，通常情况下则可以认为其辐射特性和敏感特性也将保持同等水平。这样做的好处在于可以有效地控制批量装配的质量，提高产品抽检时的通过率，避免因装配原因造成的个别产品不合格而可能带来的不良后果。

当所关注的部件、系统在装车以后需要维护、维修时，同样可以利用近场探头获得的“信号特征量”进行校验，然后比较完成维护、维修之后的测量结果，观察有没有较为明显的变化。例如，设备维修后机箱盖是否安装到位，设备长久使用后导电衬垫是否失效等问题，都可以通过近场探头测量发现，避免了因产品维护、维修过程中的疏漏而发生 EMC 故障的情况。

4）近场探头在大量产品质量评价(QA)中的应用

产品质量是不能回避的问题，如何通过直观有效的方式检验产品质量的一致性需要着重考虑。众所周知，不同批次的集成电路可能会有不同的电磁兼容特性，可以通过简单地设置近场探头快速发现这些不同点。首先还是为已经通过 EMC 测试的产品建立一个近场探头测试的发射“信号特征量”，并作为标准值保留；然后用相同的方法检查其他产品，比较测试结果，如果差值过大(如超过 10 dB)则说明产品存在问题。

各类电磁兼容性的检测工具都是我们利用的手段，其最终目的都是使产品的电磁兼容性能够满足使用需求。近场探头作为一种相对廉价但简单、实用的检测手段，可以帮助我们避免或者确定产品生命周期全过程中的 EMC 问题。如果使用一些特定的探头(包括自制的简易探头)及测试设备(例如频谱分析仪、示波器等)，测试那些通过或未通过电磁兼容测试的被测设备，则经过大量的数据积累与分析，即可总结出探头测试结果与正式电磁兼容测试结果之间的比较关系，产品的电磁兼容性设计也就有了技术延续性。通过电磁兼容性测试将不再是设计人员的难题。

13.7 整机系统诊断法

随着电子技术的广泛应用和系统功能的发展需求，必然导致其周围空间中产生的电磁场的强度不断增加。电子设备不可避免地在日益恶化的电磁环境(EME)中工作，这类环境也许是超出标准规定的环境。因此，必须评估电子设备在实际工作环境中的适应能力，使其更好地工作，也就是对相应的电磁兼容性设计和试验验证提出更可靠的解决方案，从而最大限度地抑制和消除来自空间的电磁干扰，使电子设备或系统与其他设备联系在一起工作时，整个系统任何部分的工作性能都不会出现恶化或者较大幅度的降低。本节将以两个案例描述整机系统的诊断方法。

13.7.1 案例一 整车系统辐射干扰故障诊断

试验现象，在车辆发动机怠速运行、所有用电设备处于正常工作状态的条件下，使用场天线在车辆车头部位施加脉冲调制、强度为 50 V/m 的射频电磁场，在 20～90 MHz 频率范围内，均出现发动机熄火或发动机转速大幅下降的敏感现象。将干扰场强降至 10 V/m，仍然有上述敏感现象出现。

辐射电磁场干扰测试示意图如图 13-21 所示。

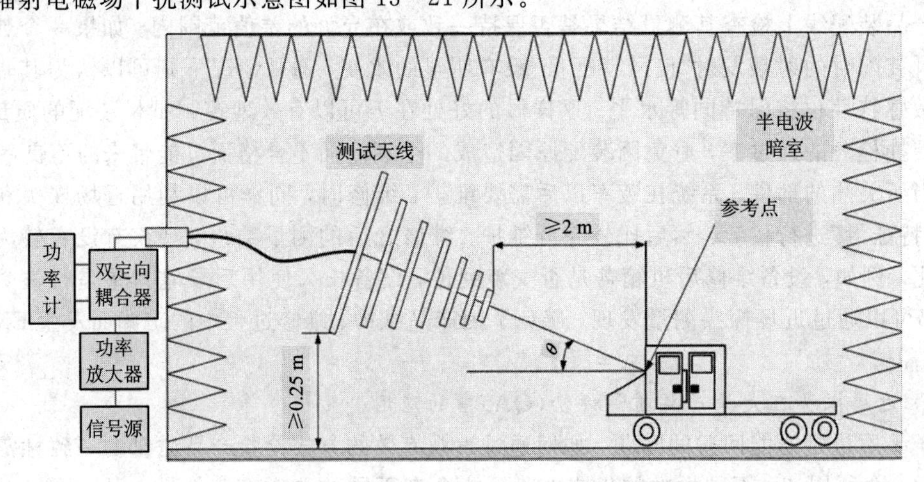

图 13-21 辐射电磁场干扰测试示意图

1. 判断可能受干扰的设备

根据敏感现象与 ECU 系统的组成(如图 13－22)，分析造成发动机熄火及转速大幅下降的原因，表 13－3 中列出了信号在处理的过程或路径上所受到的外界电磁干扰，导致 ECU 控制发动机出现非正常的响应。

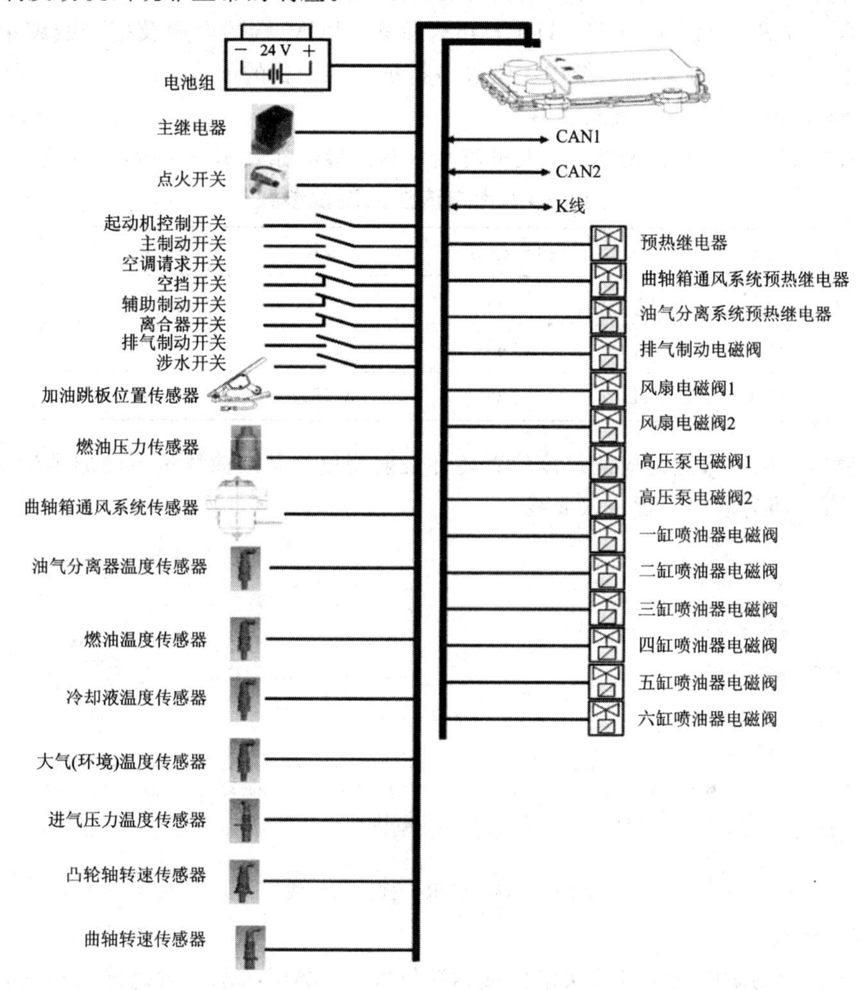

图 13－22　某 ECU 的基本组成

表 13－3　信号列表

信号名称	信号类型
曲轴速度传感器电源(+5 V)	直流电压
曲轴速度传感器信号输入	HALL 霍尔型矩形波
曲轴速度传感器信号地	地
凸轮位置传感器电源(+5 V)	直流电压
凸轮位置传感器信号输入	HALL 霍尔型矩形波
凸轮位置传感器信号地	地
共轨燃油压力传感器电源(+5 V)	直流电压
共轨燃油压力信号输入	模拟量(压力值转换为电压信号)
共轨燃油压力传感器信号地	地

2. 故障诊断与定位

根据前面辐射干扰试验时出现的故障和频率，诊断采用大电流注入的测试方法，测试频率范围为10 kHz～400 MHz，这种方法的好处是操作方便、定位准确。具体诊断过程为：在车辆发动机怠速运行、所有用电设备处于正常工作状态的条件下，使用电流卡钳通过感性耦合的方式，分别在ECU、TCU、组合仪表、BCM端的电源及信号线缆束上施加脉冲调制干扰信号，用于诊断系统中关键设备抵抗传导干扰的能力。

1）选择模拟干扰信号参数及波形

选择模拟干扰信号参数及波形，大电流注入测试参数如表13-4所示。

表13-4　大电流注入测试参数

频率范围	扫描模式	步长	驻留时间
10 kHz～1 MHz	LOG	1%	2 s
1 MHz～30 MHz	LOG	0.5%	2 s
30 MHz～400 MHz	LOG	0.25%	2 s

传导模拟干扰注入强度应满足该位置传导发射测量的基准曲线量值增加至少6 dB，如图13-23所示即为模拟干扰注入曲线。

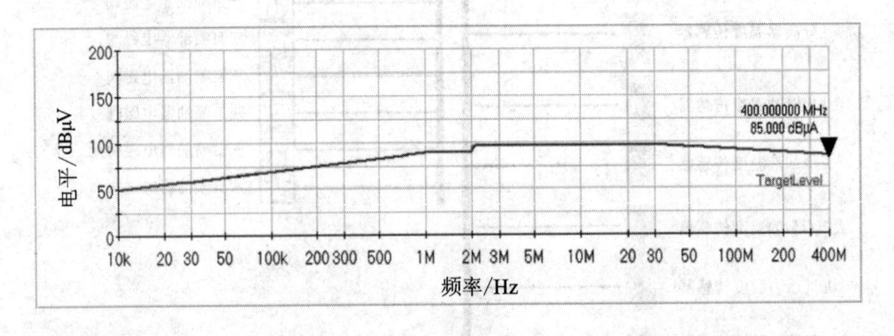

图13-23　模拟干扰注入曲线

2）测试位置

传导敏感度测试中使用排除法定位敏感源位置，在测试状态下对敏感设备的各个端口线束依次进行测试验证，直到找到敏感线束、连接的传感器或单体设备。为确保正确地找到敏感源，进一步定位可以将整束线束按类型分解为单个电源线或信号线的组合，依次施加干扰信号。同时采用示波器、频谱仪等监测设备，观察受扰信号的波形、幅值，从而判定受扰信号的类型及敏感电路。

3）故障分析

根据共轨柴油发动机喷油控制原理，ECU读取各传感器反馈的数据，计算出目标喷油压力，同时根据共轨燃油压力传感器反馈的压力值，确定实际喷油压力，轨压传感器输出信号电平在1～4 V范围内，随共轨燃油压力值的增大而增加。在车辆怠速运转正常的状态下，喷油压力反馈给ECU的信号电平应为1～1.7 V左右；怠速条件下，当压力信号电平增大时，ECU将降低转速以减小喷油压力。如果在共轨内的实际压力没有发生变化，只是传感器在受扰情况下输出了一个错误的信号电平，则ECU将控制发动机降低转速，最终导致共轨内压力不足以维持怠速运转条件，从而使转速下降并熄火。

说明：第一条（绿线）为信号地对车体地；第二条（红线）为信号输入对信号地；第三条（蓝线）为信号输入对车体地。从其测量结果看，在车辆怠速条件下，轨压信号输入对信号地的电压由正常状态下的 1.7 V 增大到 2.5 V，增加了 0.8 V 左右。

施加干扰条件下在轨压传感器两根信号线上测得的波形如图 13－24 所示。

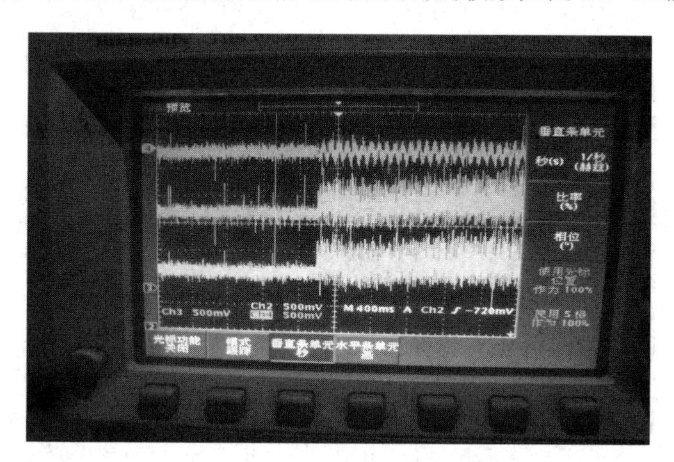

图 13－24　施加干扰条件下在轨压传感器两根信号线上测得的波形

4）敏感设备的故障定位测试

根据上述试验现象描述与初步分析，因曲轴、凸轮传感器信号均为霍尔矩形波的数字量，具备一定的抗干扰能力，为了验证是否是由于轨压传感器受扰而导致的熄火，可采取如下试验方案来进行验证测试。

首先，在 ECU 的 A、B、C 三个端口用电流卡钳施加干扰信号，出现发动机熄火等敏感现象。然后，通过软件策略模拟共轨燃油压力传感器的输入信号（1.5 V），使车辆稳定在怠速运转条件下，并在传感器线缆与 ECU 断开的情况下对 A、B、C 三个端口进行复测，均未再出现敏感现象。由此可以判断，由于共轨燃油压力传感器受到干扰并导致 ECU 误动作使车熄火的可能性最大。

3. 故障原因及机理分析

依据上述的测试结果分析，下面将从电磁干扰构成的三要素（干扰源、耦合途径以及敏感设备）来对干扰机理进行进一步的分析。

1）电磁干扰源分析

由于该车辆的高机动特性，可能会处于各种天线发射产生的辐射电磁场内。这些辐射电磁场将在线缆上产生耦合效应，形成共模干扰。其中至少包含了本车可能安装的超短波通讯电台，在其大功率发射时，天线基座附近产生的场强可以达到 70～80 V/m。因此，即使从系统兼容的角度考虑，这种干扰源也是必然存在且无法改变的。同时，由于该车身结构特征，不可能做到良好的车体屏蔽。所以，为了解决共轨压力传感器的敏感问题，只能从另外两个要素上寻找解决方案。

2）干扰耦合途径

（1）地回路耦合途径。

从图 13-25 可以看出，共轨压力传感器为金属封装，与发动机主体的连接方式为金属螺纹固定。发动机本体没有设置专门的搭接线接地，起动机有一根 50 mm 宽的接地线连接回电瓶负极。从车辆检查情况看，车架表面涂有防锈漆，发动机与车架间有减震垫连接，仅靠固定螺栓很难保证足够小的接地电阻，整个车体地上存在着较大的交流阻抗，面对外部电磁辐射场，电磁场在车体表面容易形成涡流，并可通过地回路串扰进传感器电路中。

图 13-25　轨压传感器安装位置

(2) 传输线缆耦合途径。

ECU 连接传感器的线缆采用普通电缆连接，没有采取绞合或屏蔽的措施，特性阻抗很不稳定，线缆间距很小，容易引起高频干扰信号的串扰。如果线缆两端的连接设备没有同时做好滤波，则干扰信号将直接或间接地进入电路中，从而引起敏感现象。

3) 敏感电路

共轨燃油压力传感器的工作原理是将共轨内传递的燃油压力，通过压敏电阻的阻值变化，改变电桥的平衡状态，将压力值转换为电压信号(Vh 和 Vl)，通过放大器将该电压信号放大，然后输出到 ECU 进行结算，控制发动机的喷油压力。原传感器前部电路原理图如图 13-26 所示。电桥输出的电压非常微弱，放大器的放大倍数接近 400 倍，输出给 ECU 的轨压信号也是一个 1～4 V 变化的电压信号。在施加干扰的情况下，干扰能够通过线缆的耦合、地回路的耦合进入到传感器电路中，导致敏感现象的出现。

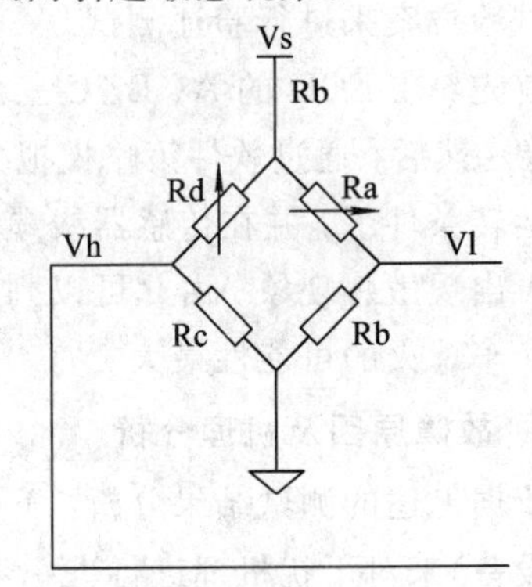

图 13-26　原传感器前部电路原理图

(1) 传感器前部——压力采集转换部分。

电桥输出的电压(Vh、Vl)是十分微弱的信号，PCB 上的线间耦合以及地回路的串扰，很容易影响其信号品质。如果在电桥输出信号与放大器之间不设计滤波电路滤除高频干扰信号，当干扰达到一定的强度后，干扰信号也会由放大器输出到后级，并影响 ECU 的解算。共轨压力传感器为金属封装，与发动机主体的连接方式为金属螺纹固定，相当于与车体共地。如果电桥的接地与车体地不隔离，则外部辐射干扰在车体金属外壳上形成表面电流，这种地电流就有可能影响电桥的输出，且电桥输出与放大器之间没有设置滤波电容，干扰信号经放大器放大后就会影响轨压信号的输出电平。这就印证了在 10 V/m 的外加干扰场强下，仍然会出现发动机熄火现象的可能的原因。

(2) 传感器后部——共轨压力信号输出部分。

从图 13-27 分析，传感器电路的输出部分考虑了滤波措施。由于传感器 PCB 的参考地取自 ECU 的信号地，为避免长线缆传输路径上耦合的干扰，使用了磁珠与电容的 *LC* 滤波电路，起到了滤除高频噪声的作用。同样，在输入 5 V 电源与输出信号端，也都采用了磁珠加电容的 *LC* 滤波电路，也应该具有一定的效果。

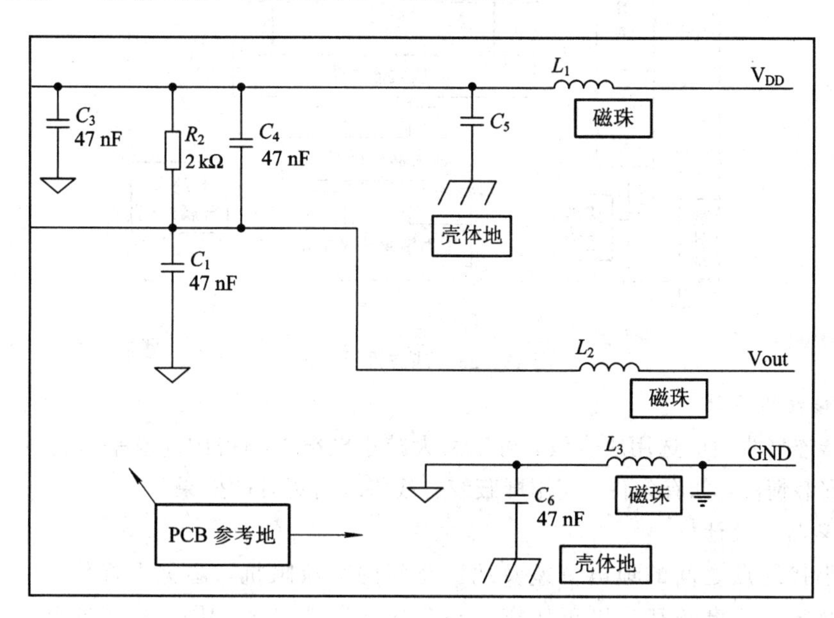

图 13-27　原(设计不足)传感器后部电路原理图

但通过调研传感器厂家，在前期对传感器进行电磁兼容测试时，通常使用的是屏蔽线缆，测试桌的接地平板两端接地，与实际装车情况不符，整车测试时耦合的干扰电流强度应高于其前期的实验室测试。因此，滤波元器件的参数选择以及是否增加其他滤波措施，都应该以实际装车状态来进行设计。

4. 传感器解决方案

1) 滤波设计

针对轨压传感器电路，在电桥输出与放大器电路之间，可增加低通滤波电路，同样需要兼顾考虑响应时间常数(τ_1)与增益的要求，低通滤波器的时间常数(τ_2)应小于等于 τ_1，并留出 30%的设计裕量。在共轨压力传感器内部电路中，在输入的 5 V 电源、输出的轨压信号与地之间，根据轨压传感器设计响应时间常数(τ_1)与增益要求，可增加合适参数的滤波电容，以滤除高频部分的杂散信号；在 *LC* 滤波之后增加并联稳压二极管，使得电源电压更加平稳，改善了过渡特性，正常工作时，稳压二极管增加了输入电压与输出信号的稳定性；在 ECU 内部的 PCB 上，对于与轨压传感器连接的信号输入、输出电路，也应考虑同样的滤波处理，以滤除不必要的高频杂散信号，提升系统的抗干扰能力。滤波设计方案见图 13-28。

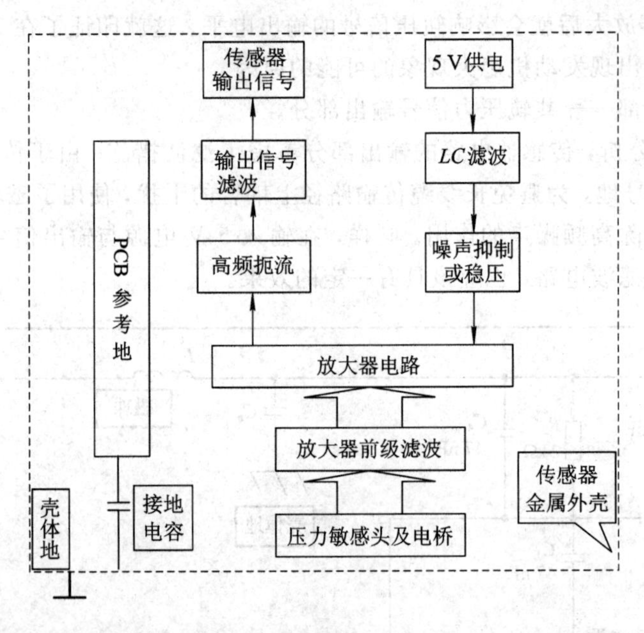

图 13-28 滤波设计方案

2）连接线缆设计

传感器连接线缆应选用绞合线，可以大大减小电缆上测得的高电平串扰及共模干扰。根据实际安装情况，如有条件，使用屏蔽绞合线将取得更好的效果。

3）接地搭接设计

为减小接地点之间的地电位差及地回路间的交流阻抗，避免干扰信号在地回路上的串扰，通常车载设备都是以车架作为整车的参考地平面，凡是直接或间接与车架连接的接地点，连接点都需要进行处理，以保证足够低的接地电阻。对于无法与车架进行直接或间接的硬连接接地设备，例如发动机，需要增加专门搭接线辅助接地，搭接线应有足够的宽度。

4）整改验证

首先对传感器改进设计后，在部件分系统层面完成验证试验，然后在整车上进一步进行试验验证。试验达到预期要求后，应将整改方案落实到产品设计中。

13.7.2 案例二 复杂系统辐射发射超标诊断

1. 干扰现象

某整车系统在电磁兼容实验室进行全系统兼容性的测试，当车辆发动怠速状态测试时，出现车载通讯端口电压升高、电台灵敏度下降的问题，现场采用关断设备和切断互联系统等方式，初步确认主要干扰源之一是由动力传动系统产生的。

2. 故障诊断与定位

为了更好地诊断和定位问题，我们单独对整体综合传动系统进行了分析，分别对电控系统、测试系统和传动全系统等进行试验，逐级增加设备和线缆，以便进一步精确定位问题。

该系统主要由中心电控单元、换挡手柄、变速箱阀组、测试单元、传感器等组成，电控单元与测试单元通过内 CAN 连接。采用 GJB151B 中的 RE102 测试方法进行排查，该项目测试能够反映由设备、分系统壳体和所有互连电缆产生的辐射发射，达到保护整车平台和周围灵敏接收机不受空间耦合干扰信号的影响。

3. 详细诊断步骤

在考虑诊断方案时，我们还是应该从电磁兼容三要素出发，结合系统特征考虑干扰源是什么、频率范围是多少、有多少耦合途径，根据系统组成特点，将分为以下四种状态进行测试排查。

1) 01 状态测试

(1) 测试状态 01 描述：电控单元连接换挡手柄及相关线缆，未连接负载。

(2) 01 状态试验配置及试验照片：如图 13 - 29 所示。

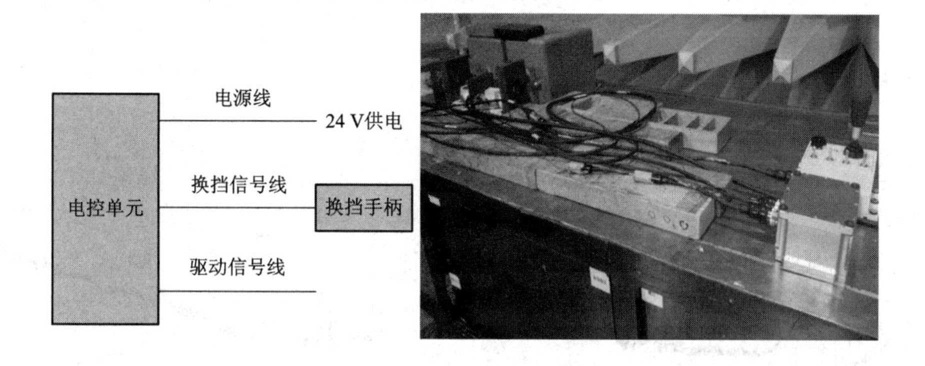

图 13 - 29　01 状态试验配置及试验照片(电控单元与手柄)

(3) 01 状态测试结果：01 状态天线垂直极化和水平极化测试结果如图 13 - 30 所示。由图 13 - 30 可以看出，01 状态不超标，满足 RE102 限值要求。

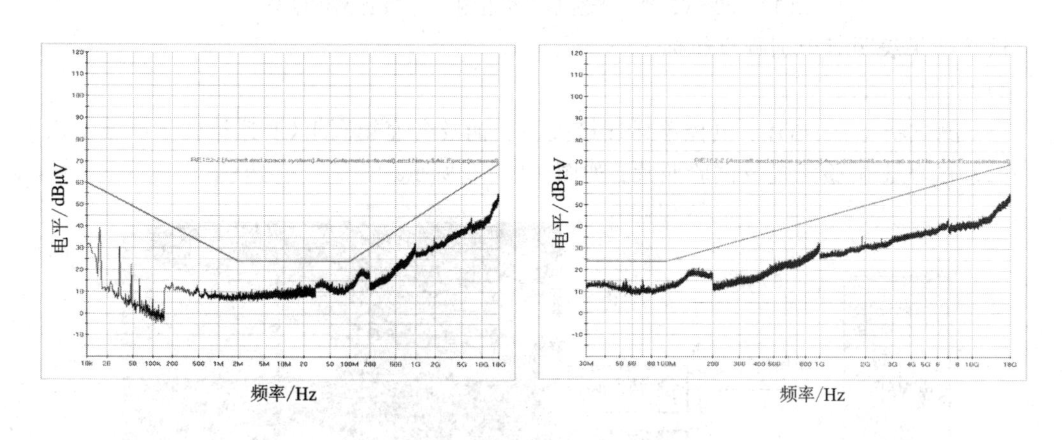

图 13 - 30　01 状态天线垂直极化和水平极化测试结果

2) 02 状态测试

(1) 测试状态 02 描述：电控单元连接换挡手柄及开关电磁阀(电磁阀置于屏蔽室外)。

(2) 02 状态试验配置及试验照片：如图 13 - 31 所示。

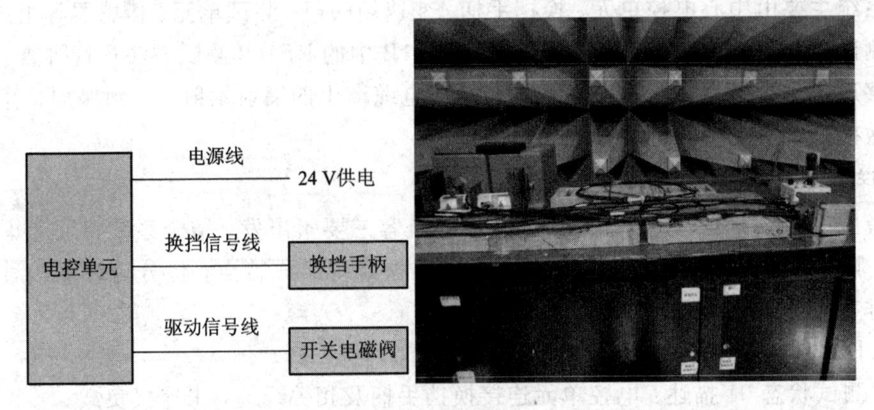

图 13-31　02 状态试验配置及试验照片(开关电磁阀在暗室外)

(3) 02 状态测试结果：02 状态天线垂直极化和水平极化测试结果如图 13-32 所示。

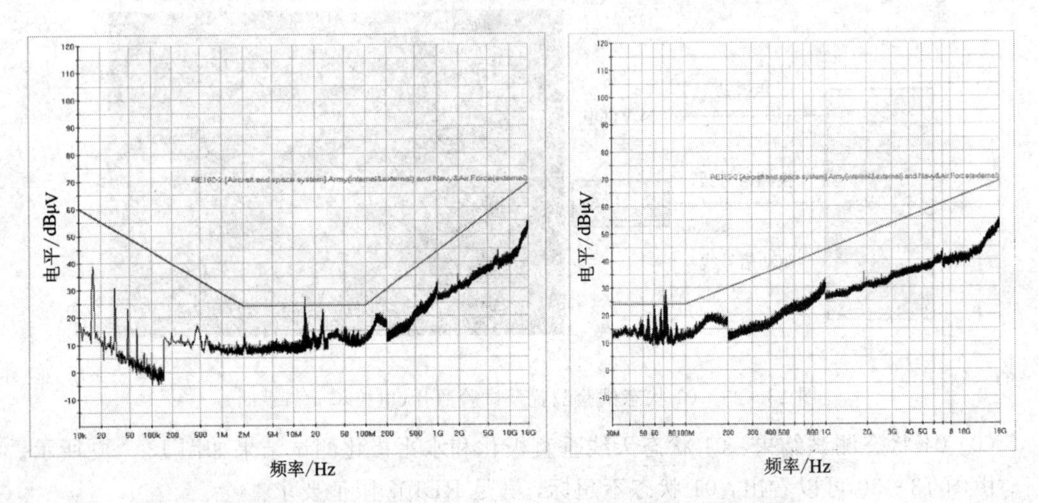

图 13-32　02 状态天线垂直极化和水平极化测试结果

试验结果表明有个别频点超标。

3) 03 状态测试

(1) 测试状态 03 描述：电控单元连接换挡手柄及变速箱阀组(变速箱置于屏蔽室内)。

(2) 03 状态试验配置及试验照片：如图 13-33 所示。

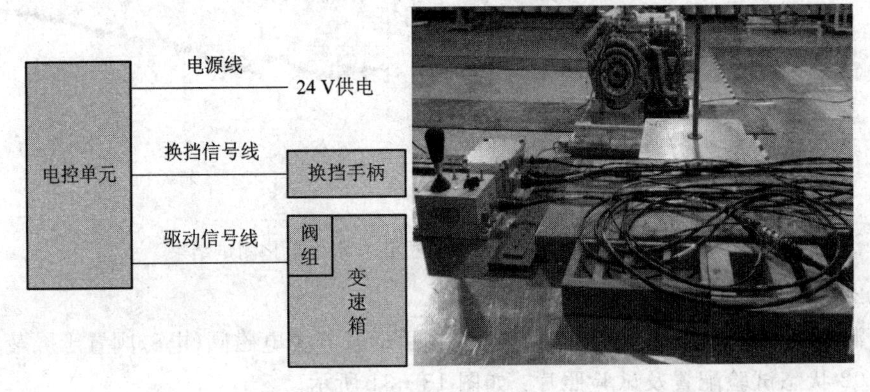

图 13-33　03 状态试验配置及试验照片(电控单元、手柄及变速箱)

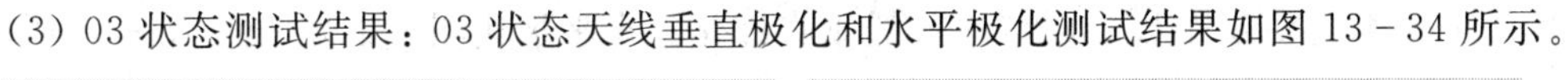
(3) 03 状态测试结果：03 状态天线垂直极化和水平极化测试结果如图 13 - 34 所示。

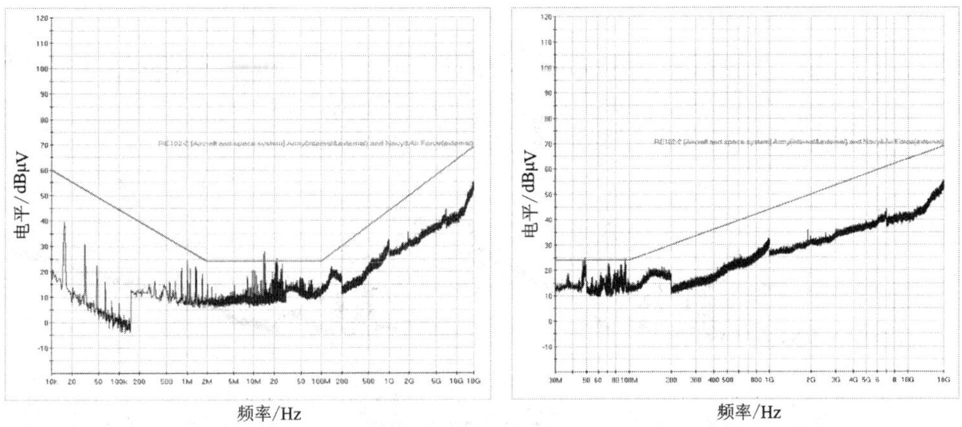

图 13 - 34　03 状态天线垂直极化和水平极化测试结果

更换电控单元内电源模块后在 03 状态下进行 RE102 测试，结果不超标，如图 13 - 35 所示。

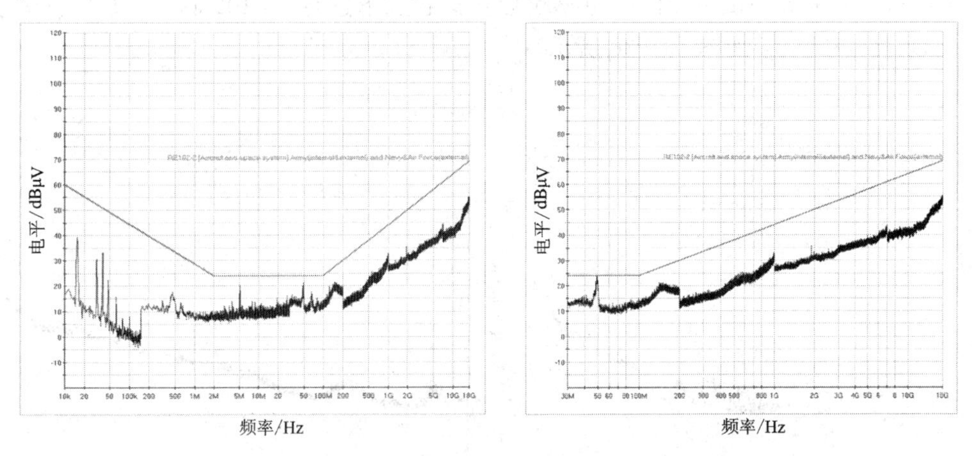

图 13 - 35　更换电源模块 03 状态天线垂直极化和水平极化测试结果

4) 04 状态测试

(1) 测试状态 04 描述：电控单元与换挡手柄、变速箱阀组模块连接，测试单元与变速箱传感器连接，电控单元与测试单元通过内 CAN 连接，与装车连接状态相符，处于正常工作状态。

(2) 04 状态试验配置及试验照片：如图 13 - 36 所示。

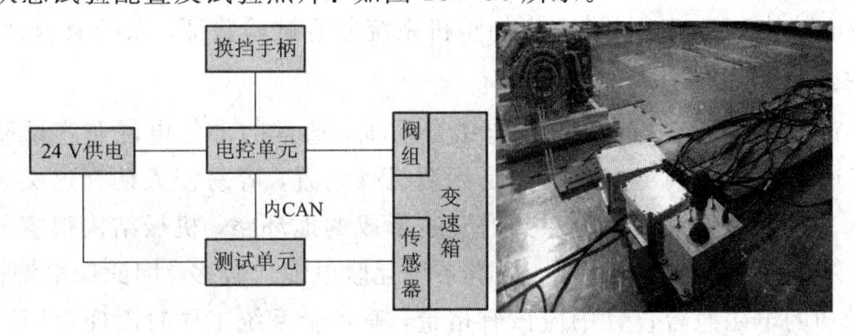

图 13 - 36　04 状态试验配置及试验照片

(3) 04 状态测试结果：04 状态天线垂直极化和水平极化测试结果如图 13-37 所示。

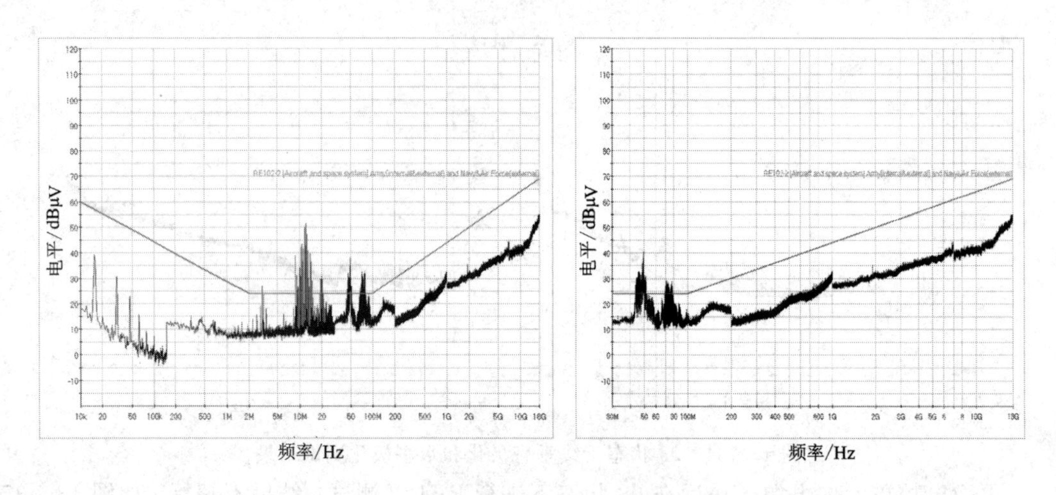

图 13-37　04 状态天线垂直极化和水平极化测试结果

更换电控单元和测试单元内电源模块后在该状态下进行 RE102 测试，结果仅天线水平极化 50 MHz 超标，如图 13-38 所示。

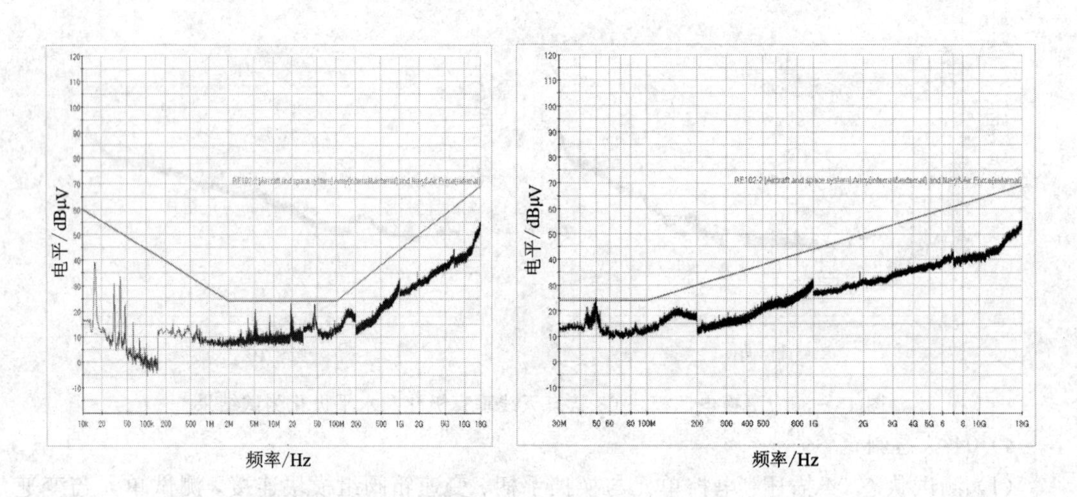

图 13-38　04 状态更换电源模块后天线垂直极化和水平极化的测试结果

测试结果表明，全系统工作时(带变速箱负载接近实车状态)，使用原始电源模块在 30～90 MHz 频段内辐射量值最高超标 15 dB，更换改进后的电源模块进行验证，试验结果满足要求，验证整改有效。通过进一步的整机系统兼容试验验证，系统兼容性良好。

4. 需要关注的问题

值得关注的是，该系统是典型的机电结合系统，通常的部件电磁兼容试验很难将负载带全，同时变速箱和电磁阀组模块本身是无源机械装置，容易使人认为这类装置不会产生电磁兼容问题。然而由于互联电缆和共地安装形成的地环路，机械结构很容易成为发射天线，使辐射发射容易超标。另一方面，这类系统互联电缆比较多，因此像电源模块、计算机控制模块在最初的电磁兼容设计中应该有裕量，避免全系统工作时出现超标风险。

习 题

1. 电磁兼容诊断的基本内容是什么？通过自己的理解阐述电磁兼容诊断的重要性，并举例说明。

2. 电磁兼容诊断技术离不开电磁兼容三要素，阐述电磁兼容三要素分别是什么，以及它们对电磁兼容诊断有什么影响。

3. 采用近场扫描诊断法有什么优势？

4. 试验诊断法分为哪几类？分别简述其含义。

5. 近场扫描系统由什么组成？描述其功能和应用。

6. 近场诊断测试系统由什么组成？在实际使用选择时，要考虑到哪几个因素？分别对它们进行简要描述。

7. 近场诊断测试方法的测试要点有哪些？简述其在具体使用过程中的步骤。

8. 近场探头是用来做什么的？简述其应用有哪些。

9. 滤波器设计是电磁兼容设计工程中非常重要的一个环节，通过对前面的学习理解，简述滤波器的阻抗失配原理。

10. 通过对本章两个案例的学习，总结在进行故障诊断时的主要步骤。

参考文献

[1] 刘尚合，武占成. 静电放电及危害防护. 北京：北京邮电大学出版社，2004.
[2] 马伟明. 电力电子系统中的电磁兼容. 武汉：武汉水利电力大学出版社，2000.
[3] PAUL C R. 电磁兼容导论. 闻映红，等译. 北京：机械工业出版社，2006.
[4] 路宏敏，赵永久，朱满座. 电磁场与电磁波基础. 北京：科学出版社，2012.
[5] 全国无线电干扰标准化技术委员会，全国电磁兼容标准化联合工作组，中国实验室国家认可委员会. 电磁兼容标准实施指南. 北京：中国标准出版社，1999.
[6] 刘培国，覃宇建，周东明，等. 电磁兼容基础. 2版. 北京：电子工业出版社，2015.
[7] 陈志雨. 电磁兼容物理原理. 北京：科学出版社，2013.
[8] 高攸纲，石丹. 电磁兼容总论. 2版. 北京：北京邮电大学出版社，2011.
[9] 杨显清，杨德强，潘锦. 电磁兼容原理与技术. 3版. 北京：电子工业出版社，2016.
[10] 周佩白，鲁君伟，傅正财，等. 电磁兼容问题的计算机模拟与仿真技术. 北京：中国电力出版社，2006.
[11] TESCHE F M，LANOZ M V，KARLSSON T. EMC分析方法与计算模型. 吕英华，王旭莹，译. 北京：北京邮电大学出版社，2009.
[12] 唐晓斌，高斌，张玉. 系统电磁兼容工程设计技术. 北京：国防工业出版社，2017.
[13] 区健昌，林守霖，吕英华. 电子设备的电磁兼容性设计. 北京：电子工业出版社，2003.
[14] 杨克俊. 电磁兼容原理与设计技术. 2版. 北京：人民邮电出版社，2011.

[15] 林汉年. 电磁兼容原理分析与设计技术. 北京：中国水利水电出版社，2016.
[16] 尚开明. 电磁兼容(EMC)设计与测试. 北京：电子工业出版社，2013.
[17] 杨继深. 电磁兼容(EMC)技术之产品研发及认证. 北京：电子工业出版社，2014.
[18] 铁振宇，史建华. 电气、电子产品的电磁兼容技术及设计实例. 北京：电子工业出版社，2008.
[19] DUFF W G. 电子系统的EMC设计. 王庆贤，顾桂梅，译. 北京：国防工业出版社，2014.
[20] 吉陈力. 装甲车辆电磁兼容性仿真分析. 西安电子科技大学硕士学位论文，2014.
[21] 何越. 车载天线系统电磁兼容性分析. 西安电子科技大学硕士学位论文，2014.
[22] 张光硕. 装甲车车载天线系统电磁兼容分析. 西安电子科技大学硕士学位论文，2015.
[23] GJB 151A－97 军用设备和分系统电磁发射和敏感度要求.
[24] GJB 152A－97 军用设备和分系统电磁发射和敏感度测量.